电子工程技术丛书

射频与微波功率放大器工程设计

（第 2 版）

黄智伟　王明华　黄国玉　编著

Publishing House of Electronics Industry

北京·BEIJING

内 容 简 介

射频与微波功率放大器是无线通信系统发射机的重要组成部分。本书从工程设计要求出发，以多家公司的射频与微波功率放大器为基础，通过大量的实例，图文并茂地介绍了射频与微波功率放大器及其参数，以及射频与微波晶体管功率放大器应用电路、单片射频与微波功率放大器应用电路、射频与微波功率检测/控制电路和电源电路、射频与微波电路 PCB 设计、射频与微波电路热设计等电路设计和制作中的方法、技巧和应该注意的问题，具有很强的工程性和实用性。

本书是为从事无线通信系统电路设计的工程技术人员编写的，是一本学习射频与微波功率放大器电路设计与制作基本知识、方法和技巧的参考书，也可以作为本科院校和高职高专通信工程、电子信息工程等专业的学生学习射频与微波功率放大器电路设计和制作的教材。

图书在版编目（CIP）数据

射频与微波功率放大器工程设计 / 黄智伟，王明华，黄国玉编著. -- 2 版. -- 北京：电子工业出版社，2024. 10. --（电子工程技术丛书）. -- ISBN 978-7-121-48927-3

Ⅰ. TN722.1

中国国家版本馆 CIP 数据核字第 2024K1K642 号

责任编辑：刘海艳

印　　刷：涿州市京南印刷厂

装　　订：涿州市京南印刷厂

出版发行：电子工业出版社

　　　　　北京市海淀区万寿路 173 信箱　邮编：100036

开　　本：787×1 092　1/16　印张：32　字数：839.68 千字

版　　次：2015 年 5 月第 1 版

　　　　　2024 年 10 月第 2 版

印　　次：2024 年 10 月第 1 次印刷

定　　价：158.00 元

　　本书是《射频与微波功率放大器工程设计》的第 2 版。第 1 版自 2015 年出版以来，一直受到读者的关注，是射频与微波功率放大器工程设计的首选书籍之一。随着射频与微波功率器件制造技术和放大器设计技术的发展，以及射频与微波功率器件生产制造厂商的合并和重组，为满足读者的需求，对第 1 版进行了修订。

　　射频与微波功率放大器是无线通信系统发射机的重要组成部分。射频与微波功率放大器的工作频率范围从兆赫兹到吉赫兹，功率从毫瓦级到千瓦级，按工作频带可以分为窄带功率放大器和宽带功率放大器。根据匹配网络的性质，功率放大器可分为非谐振功率放大器和谐振功率放大器。根据电流导通角 θ 的不同，功率放大器可分为甲（A）类放大器、甲乙（AB）类放大器、乙（B）类放大器、丙（C）类放大器。另外，还有使功率器件工作于开关状态的丁（D）类放大器和戊（E）类放大器，以及 F 类、G 类和 H 类等高效率放大器。根据工作状态分类，功率放大器可分为线性放大器和非线性放大器。在现代通信技术飞速发展的今天，对功率放大器各项指标的要求越来越高，功率放大器工程的设计会受到各种条件（如效率、线性度等）的制约。

　　作为一个设计者，面对射频与微波功率放大器电路设计这一成熟而又在不断发展和更新的技术、海量的技术资料，以及生产厂商可以提供的几十类、成百上千种型号的器件、数据表中的几十个参数，如何选择合适的器件，完成射频与微波功率放大器电路的设计和制作，是一件并不容易的事情。

　　本书是为从事无线通信系统电路设计的工程技术人员编写的，是一本学习射频与微波功率放大器电路设计与制作基本知识、方法和技巧的参考书，也可以作为本科院校和高职高专通信工程、电子信息工程等专业的学生学习射频与微波功率放大器电路设计和制作的教材。本书没有大量的理论介绍、公式推导和仿真分析，从工程设计要求出发，以不同公司的射频与微波功率放大器为基础，通过对器件的技术参数和特性、应用电路的介绍，以及提供大量的、可选择的器件和应用电路实例，图文并茂地说明射频与微波功率放大器电路设计和制作的一些方法和技巧，以及应该注意的问题，具有很强的工程性和实用性。

　　本书共 9 章。第 1 章为射频与微波功率放大器基础，介绍了十几家公司可供选择的射频与微波功率放大器，以及数据表中的技术参数，包括绝对最大值、推荐工作条件、电特性、热特性等。

　　第 2 章为射频电路设计基础，介绍了频谱的划分，电阻器的射频特性，电容器的阻抗频率特性、衰减频率特性、ESR 和 ESL 特性，电感器的阻抗频率特性、Q 值频率特性和电感值频率特性，铁氧体元件、铁氧体磁珠的基本特性以及安装位置，EMC（电磁兼容）用铁氧体，传输线的定义、类型和特性，Smith 圆图的构成和应用，网络与网络参数，天线种类和基本参数，以及天线分离滤波器等。

　　第 3 章为射频功率放大器电路基础，介绍了射频功率放大器输出功率、效率、线性等主要技术指标，A、B、C、D、E、F 类射频功率放大器电路结构，功率放大器电路的阻抗匹配网络的基本要求、集总参数和传输线变压器匹配网络，功率合成器与分配器，功率放大器的线性化技术等。

第 4 章为射频与微波晶体管功率放大器应用电路，介绍了射频与微波功率晶体管的类型与主要参数，包括绝对最大值、推荐的工作条件、电特性（数据表）、特性曲线图、温度范围、热特性、测试（评估板）电路等；给出了厂商推荐的一些器件以及 60 多个射频与微波双极性晶体管、场效应管、LDMOS 晶体管、GaN 晶体管功率放大器电路实例。

第 5 章为单片射频与微波功率放大器应用电路，介绍了单片射频与微波功率放大器的类型与主要参数，包括绝对最大值、推荐的工作条件、电特性（数据表）、特性曲线图、温度范围、热特性、测试（评估板）电路等；给出了厂商推荐的一些芯片以及通用型、LDMOS和 GaN 单片射频与微波功率放大器、无线局域网（WLAN）、WiFi、射频前端、驱动放大器等 80 多个应用电路实例。

第 6 章为射频与微波功率检测/控制应用电路，介绍了射频与微波功率检测/控制电路的主要类型和特性，给出了 10 多个射频与微波功率检测/控制应用电路实例。

第 7 章为射频与微波功率放大器的电源电路，介绍了射频系统的电源要求，电源管理和电源噪声控制，以及射频功率放大器的供电电路和电源管理；给出了 6 个射频功率放大器电源电路实例。

第 8 章为射频与微波电路 PCB 设计，介绍了 PCB 导线的电阻、电感、阻抗、互感、电容，PCB 电源平面/接地平面的电感，PCB 的平行板电容、过孔电容和过孔电感等；介绍了PCB 电源平面/接地平面的功能、设计的一般原则、叠层和层序以及负作用；介绍了不同结构形式的 PCB 传输线，介质材料对传播速度的影响，以及 PCB 传输线设计与制作中应注意的一些问题；给出了射频与微波电路 PCB 设计的一些技巧，以及 10 多个 PCB 天线设计实例。

第 9 章为射频与微波功率放大器的热设计，介绍了热设计基础，包括热传递的方式、温度（高温）对元器件及电子产品的影响、温度减额设计；射频与微波功率放大器器件的封装与热特性，包括与器件封装热特性有关的一些参数、器件封装的基本热关系和热特性、最大功耗与器件封装和温度的关系；介绍了 PCB 的热设计，包括 PCB 的热性能分析、基材的选择、元器件的布局和布线，PCB 的热设计实例等；给出了裸露焊盘的 PCB 设计，包括裸露焊盘连接的基本要求、散热通孔的设计和实例等；介绍了散热器的安装与接地。

本书在编写过程中，参考了大量的国内外著作和文献资料，引用了一些国内外著作和文献资料中的经典结论，参考并引用了 Analog Devices、Ampleon、Broadcom、MACOM、Microsemi、Mini-Circuits、Mitsubishi Electric Corporation、NXP Semiconductors、Qorvo、STMicroelectronics、Texas Instruments、Wolfspeed 等公司提供的技术资料和应用笔记，得到了许多专家和学者的大力支持，听取了多方面的意见和建议。南华大学王明华副教授、黄国玉副教授、王彦教授等人为本书的编写也做了大量的工作，在此一并表示衷心的感谢。

由于我们水平有限，不足之处在所难免，敬请各位读者批评斧正。

黄智伟
2024 年 5 月于南华大学

目　录

第 1 章　射频与微波功率放大器基础··1

　1.1　可选择的射频与微波功率放大器··1

　　1.1.1　ADI 公司的射频与微波功率放大器··1

　　1.1.2　Ampleon 公司的射频与微波功率放大器··4

　　1.1.3　ANADIGICS 公司的射频与微波功率放大器··5

　　1.1.4　Broadcom 公司的射频与微波功率放大器··6

　　1.1.5　Infineon Technologies 公司的射频与微波功率放大器··7

　　1.1.6　MACOM 公司的射频与微波功率放大器··7

　　1.1.7　Microchip 公司的射频与微波功率放大器··8

　　1.1.8　Microsemi 公司的射频与微波功率放大器··9

　　1.1.9　Mini-Circuits 公司的射频与微波功率放大器··10

　　1.1.10　New Japan Radio 公司的射频与微波功率放大器··12

　　1.1.11　NXP Semiconductors 公司的射频与微波功率放大器··12

　　1.1.12　Qorvo 公司的射频与微波功率放大器··13

　　1.1.13　Renesas Electronics 公司的射频与微波功率放大器··14

　　1.1.14　意法半导体（ST）公司的射频与微波功率放大器··15

　　1.1.15　Skywork 公司的射频与微波功率放大器··16

　　1.1.16　TI（德州仪器）公司的射频与微波功率放大器··17

　　1.1.17　三菱电机机电（上海）有限公司的射频与微波功率放大器··17

　　1.1.18　Wolfspeed 公司的射频与微波功率放大器··18

　　1.1.19　国内的一些射频功率放大器生产厂商··20

　1.2　数据表中的射频与微波功率放大器参数··21

　　1.2.1　绝对最大值··21

　　1.2.2　推荐工作条件··22

　　1.2.3　电特性··23

　　1.2.4　温度范围··26

　　1.2.5　热特性··26

第 2 章　射频电路设计基础··28

　2.1　频谱的划分··28

　2.2　电阻器的射频特性··29

　　2.2.1　电阻器的射频等效电路··29

　　2.2.2　片状电阻的外形和尺寸··30

2.3　电容器的射频特性 ···30

   2.3.1　电容器的阻抗频率特性 ··30

   2.3.2　电容器的衰减频率特性 ··32

   2.3.3　电容器的 ESR 和 ESL 特性 ···33

2.4　电感器的射频特性 ···34

   2.4.1　电感器的阻抗频率特性 ··34

   2.4.2　电感器的 Q 值频率特性 ··35

   2.4.3　电感器的电感值频率特性 ··36

2.5　铁氧体元件 ···37

   2.5.1　铁氧体元件的基本特性 ··37

   2.5.2　铁氧体磁珠的基本特性 ··38

   2.5.3　片式铁氧体磁珠 ···39

   2.5.4　铁氧体磁珠的安装位置 ··47

   2.5.5　EMC（电磁兼容）用铁氧体 ···48

2.6　传输线 ···50

   2.6.1　传输线的定义 ···50

   2.6.2　传输线的类型与特性 ···51

   2.6.3　短路线和开路线 ···53

2.7　Smith 圆图 ···55

   2.7.1　等反射圆 ···55

   2.7.2　等电阻圆图和等电抗圆图 ··56

   2.7.3　Smith 圆图（阻抗圆图） ··58

   2.7.4　Smith 圆图的应用 ··58

2.8　网络与网络参数 ···70

2.9　天线 ···74

   2.9.1　天线种类 ···74

   2.9.2　天线的基本参数 ···77

   2.9.3　天线分离滤波器 ···80

第 3 章　射频功率放大器电路基础 ···86

3.1　射频功率放大器的主要技术指标 ···86

   3.1.1　输出功率 ···86

   3.1.2　效率 ···88

   3.1.3　线性 ···89

   3.1.4　杂散输出与噪声 ···90

3.2　射频功率放大器电路结构 ···90

   3.2.1　射频功率放大器的分类 ··90

   3.2.2　A 类射频功率放大器电路 ··91

   3.2.3　B 类射频功率放大器电路 ··94

    3.2.4 C类射频功率放大器电路 ··· 98
    3.2.5 D类射频功率放大器电路 ··· 100
    3.2.6 E类射频功率放大器电路 ··· 104
    3.2.7 F类射频功率放大器电路 ··· 107
  3.3 功率放大器电路的阻抗匹配网络 ··· 110
    3.3.1 阻抗匹配网络的基本要求 ··· 110
    3.3.2 集总参数的匹配网络 ··· 111
    3.3.3 传输线变压器匹配网络 ··· 113
  3.4 功率合成与分配 ··· 116
    3.4.1 功率合成器 ··· 116
    3.4.2 功率分配器 ··· 120
  3.5 功率放大器的线性化技术 ··· 124
    3.5.1 前馈线性化技术 ··· 125
    3.5.2 反馈技术 ··· 126
    3.5.3 包络消除及恢复技术 ··· 127
    3.5.4 预失真线性化技术 ··· 128
    3.5.5 采用非线性元件的线性放大（LINC） ··· 129
  3.6 功率晶体管的二次击穿与散热 ··· 130
第4章 射频与微波晶体管功率放大器应用电路 ··· 133
  4.1 射频与微波功率晶体管的主要参数 ··· 133
    4.1.1 常用的射频与微波功率晶体管类型 ··· 133
    4.1.2 射频与微波功率晶体管的绝对最大值 ··· 138
    4.1.3 射频与微波功率晶体管推荐的工作条件 ··· 139
    4.1.4 射频与微波功率晶体管的电特性（数据表） ······································· 141
    4.1.5 射频与微波功率晶体管的特性曲线图 ··· 148
    4.1.6 射频与微波晶体管的温度范围 ··· 151
    4.1.7 射频与微波晶体管的热特性 ··· 151
    4.1.8 射频与微波晶体管的测试（评估板）电路 ··· 153
  4.2 射频与微波双极性晶体管功率放大器应用电路实例 ··································· 155
    4.2.1 厂商推荐使用的一些射频与微波双极性晶体管 ····································· 155
    4.2.2 30～500MHz 100W 28V 功率放大器应用电路 ·· 157
    4.2.3 433MHz /866MHz 27dBm 8V 功率放大器应用电路 ····································· 157
    4.2.4 900MHz 1W 3.6V 功率放大器应用电路 ··· 158
    4.2.5 1025～1150MHz 500W 50V 功率放大器应用电路 ······································ 159
    4.2.6 1030MHz 1000W 50V 功率放大器应用电路 ·· 159
    4.2.7 3.1～3.5GHz 25W 36V 功率放大器应用电路 ··· 160
  4.3 射频与微波场效应管功率放大器应用电路实例 ······································· 161
    4.3.1 厂商推荐使用的一些射频与微波场效应管 ··· 161

4.3.2　30MHz 16W 12.5V 功率放大器应用电路 ……………………………………163

4.3.3　1.6～54MHz 400W 48V 功率放大器应用电路 …………………………………164

4.3.4　87.5～108MHz 300W/350W/700W 48V/50V 功率放大器应用电路 ……………164

4.3.5　123MHz 580W/1000W 100V 功率放大器应用电路 ……………………………166

4.3.6　2～175MHz 80W 28V 功率放大器应用电路 ……………………………………166

4.3.7　135～175MHz 8W 7.5V 功率放大器应用电路 …………………………………167

4.3.8　470MHz 2W 3.6V 功率放大器应用电路 ………………………………………168

4.3.9　500MHz 2W 28V 功率放大器应用电路 ………………………………………168

4.3.10　450～520MHz 3W 12.5V 功率放大器应用电路 ………………………………169

4.3.11　520MHz 60W 12.5V 功率放大器应用电路 ……………………………………170

4.3.12　175MHz/527MHz/870MHz 7W 7.2V 功率放大器应用电路 ……………………170

4.3.13　900MHz 50W 12.5V 功率放大器应用电路 ……………………………………171

4.3.14　155/520MHz/890～950MHz 40.2dBm 3.6V 功率放大器应用电路 ……………171

4.3.15　880～960MHz 120W 28V 功率放大器应用电路 ………………………………174

4.3.16　945～1000MHz 30W 28V 功率放大器应用电路 ………………………………176

4.3.17　1～2000MHz 4W 28V 功率放大器应用电路 …………………………………178

4.3.18　0～4000MHz 25W 28V 功率放大器应用电路 …………………………………178

4.4　射频与微波 LDMOS 晶体管功率放大器应用电路实例 ………………………………180

4.4.1　厂商推荐使用的一些射频与微波 LDMOS 晶体管 ……………………………180

4.4.2　88～108MHz 45W/400W 28V 功率放大器应用电路 ……………………………184

4.4.3　1.8～400MHz 600W/1800W 65V 功率放大器应用电路 …………………………186

4.4.4　1～425MHz 1600W 55V 功率放大器应用电路 …………………………………186

4.4.5　400～500MHz 8W 12.5V 功率放大器应用电路 …………………………………187

4.4.6　HF～500MHz 300W/1700W 50V 功率放大器应用电路 …………………………188

4.4.7　10～512MHz 120W 28V 功率放大器应用电路 …………………………………189

4.4.8　340～520MHz 10W 15V 功率放大器应用电路 …………………………………190

4.4.9　520MHz 150W 28V 功率放大器应用电路 ………………………………………191

4.4.10　460～540MHz 20W 13.6V 功率放大器应用电路 ………………………………192

4.4.11　650MHz 250W 28V 功率放大器应用电路 ……………………………………193

4.4.12　470～820MHz 700W 50V 功率放大器应用电路 ………………………………193

4.4.13　HF～860MHz 600W/900W 50V 功率放大器应用电路 …………………………194

4.4.14　860MHz 400W 50V 功率放大器应用电路 ……………………………………195

4.4.15　870MHz 6W 7.5V 功率放大器应用电路 ………………………………………196

4.4.16　2～945MHz 250W 28V 功率放大器应用电路 …………………………………197

4.4.17　HF～1GHz 30W 50V 功率放大器应用电路 ……………………………………198

4.4.18　1GHz 18W/30W/45W/60W/70W 28V 功率放大器应用电路 ……………………199

4.4.19　1030～1090MHz 900W 50V 功率放大器应用电路 ……………………………200

4.4.20　960～1215MHz 250W/1200W 36V/50V 功率放大器应用电路 …………………201

  4.4.21 1200～1400MHz 700W 50V 功率放大器应用电路 ·················202

  4.4.22 1450～1550MHz 250W 28V 功率放大器应用电路 ·················203

  4.4.23 1625MHz 80W 28V 功率放大器应用电路 ·······················205

  4.4.24 2300～2400MHz 100W 28V 功率放大器应用电路 ·················205

  4.4.25 2350～2500MHz 180W 32V 功率放大器应用电路 ·················206

  4.4.26 2400～2500MHz 280W 28V 功率放大器应用电路 ·················207

  4.4.27 3.1～3.6GHz 75W 28V 功率放大器应用电路 ·····················207

 4.5 射频与微波 GaN 晶体管功率放大器应用电路实例 ·······················208

  4.5.1 厂商推荐使用的一些射频与微波 GaN 晶体管 ·····················208

  4.5.2 960～1215MHz 1000W/1300W 50V/65V 功率放大器应用电路 ·······210

  4.5.3 200～2100MHz 100W 50V 功率放大器应用电路 ··················210

  4.5.4 2110～2170MHz 300W 48V 功率放大器应用电路 ·················211

  4.5.5 1.8～2.2GHz 180W 48V 功率放大器应用电路 ····················212

  4.5.6 1.8～2.3GHz 240W 28V 功率放大器应用电路 ····················213

  4.5.7 2300～2400MHz 80W 48V 功率放大器应用电路 ··················214

  4.5.8 2490～2690MHz 250W 48V 功率放大器应用电路 ·················214

  4.5.9 0.5～2.7GHz 5W 50V 功率放大器应用电路 ······················215

  4.5.10 2.7～3.1GHz 240W 28V 功率放大器应用电路 ···················216

  4.5.11 DC～3.5GHz 200W 50V 功率放大器电路 ·······················217

  4.5.12 3.4～3.6GHz 280W 48V 功率放大器应用电路 ···················218

  4.5.13 3.6～3.8GHz 400W 48V 功率放大器应用电路 ···················219

  4.5.14 3.3～3.9GHz 30W 28V 功率放大器应用电路 ····················219

  4.5.15 DC～4GHz 25W 28V 功率放大器应用电路 ······················220

  4.5.16 3700～4100MHz 235W 48V 功率放大器应用电路 ················221

  4.5.17 5.2～5.9GHz 60W 50V 功率放大器应用电路 ····················221

  4.5.18 DC～6GHz 25W 28V 功率放大器应用电路 ······················222

第 5 章 单片射频与微波功率放大器应用电路 ·································224

 5.1 单片射频与微波功率放大器的主要参数 ·······························224

  5.1.1 常用的单片射频与微波功率放大器类型 ·························224

  5.1.2 单片射频与微波功率放大器的绝对最大值 ·······················226

  5.1.3 单片射频与微波功率放大器推荐的工作条件 ·····················229

  5.1.4 单片射频与微波功率放大器的电特性（数据表） ·················230

  5.1.5 单片射频与微波功率放大器的特性曲线图 ·······················233

  5.1.6 单片射频与微波功率放大器的温度范围 ·························235

  5.1.7 单片射频与微波功率放大器的热特性 ···························236

  5.1.8 单片射频与微波功率放大器的测试（评估板）电路 ···············237

 5.2 通用型单片射频与微波功率放大器应用电路实例 ·······················238

  5.2.1 厂商推荐使用的一些通用型单片射频与微波功率放大器芯片 ·······238

5.2.2　728～894MHz 27dBm 5V 功率放大器应用电路····················240

5.2.3　150～960MHz 32dBm 3.6V 功率放大器应用电路····················240

5.2.4　800～1000MHz 250mW 3.6V 增益可控功率放大器应用电路··········242

5.2.5　1.7～2.2GHz 29.5dBm 5V 功率放大器应用电路···················243

5.2.6　400～2400MHz 33dBm 5V 功率放大器应用电路···················243

5.2.7　1.8～2.5GHz 33dBm 3.3V/5V 线性功率放大器应用电路············244

5.2.8　400～2700MHz 1W 3.6V/5V 功率放大器应用电路··················246

5.2.9　3.3～3.8GHz 1W 5V 功率放大器应用电路·······················246

5.2.10　40～4000MHz 25dBm 5V 功率放大器应用电路··················247

5.2.11　DC～7.5GHz 1W 12V 功率放大器应用电路·····················248

5.2.12　DC～10GHz 1W 10V 功率放大器应用电路······················249

5.2.13　9～11GHz 7W 9V 功率放大器应用电路························249

5.2.14　13～18GHz 38dBm 8V 功率放大器应用电路····················249

5.2.15　DC～22GHz 15dBm 5V 线性功率放大器应用电路················250

5.2.16　DC～24GHz 0.5W 10V 功率放大器应用电路····················251

5.2.17　18～27GHz 29dBm 7V 功率放大器应用电路····················252

5.2.18　25～31GHz 33dBm 6V 功率放大器应用电路····················252

5.2.19　25～35GHz 28.5dBm 5V 功率放大器应用电路··················252

5.2.20　32～38GHz 35dBm 6V 功率放大器应用电路····················254

5.2.21　36～40GHz 24～26dBm 5～7V 功率放大器应用电路·············255

5.2.22　20～54GHz 31dBm 5V 功率放大器应用电路····················256

5.2.23　81～86GHz 28dBm 4V 功率放大器应用电路····················256

5.3　LDMOS 单片射频与微波功率放大器应用电路实例··················258

5.3.1　厂商推荐使用的一些 LDMOS 单片射频与微波功率放大器········258

5.3.2　575～960MHz 2×15W 48V 功率放大器应用电路·················259

5.3.3　600MHz～1000MHz 2.5W 48V 功率放大器应用电路··············259

5.3.4　1400～2200MHz 12W 28V 功率放大器应用电路·················260

5.3.5　1800MHz～2200MHz 10W 28V 功率放大器应用电路·············260

5.3.6　1805～2200MHz 2×20W 28V 功率放大器应用电路··············262

5.3.7　2300～2690MHz 8.3W 28V 功率放大器应用电路················262

5.3.8　3400～3800MHz 10W 28V 功率放大器电路····················263

5.3.9　3200～4000MHz 3.4W 28V 功率放大器应用电路················263

5.4　GaN 单片射频与微波功率放大器应用电路实例····················265

5.4.1　厂商推荐使用的一些 GaN 单片射频与微波功率放大器··········265

5.4.2　100～1100MHz 40.5dBm 28V 功率放大器应用电路··············266

5.4.3　900～1600MHz 40W 50V 功率放大器应用电路·················266

5.4.4　20～2700MHz 5W 28V GaN 功率放大器应用电路···············268

5.4.5　2.7～3.5GHz 75W 28V 功率放大器应用电路···················268

5.4.6　2.7～3.5GHz 100W 30V 功率放大器应用电路 ································· 269

5.4.7　2.7～3.8GHz 10W 28V 功率放大器应用电路 ·································· 270

5.4.8　2.5～6GHz 25W 28V 功率放大器应用电路 ···································· 271

5.4.9　1～8GHz 10W 28V 功率放大器应用电路 ······································ 272

5.4.10　8.5～11GHz 25W/35W 28V 功率放大器应用电路 ························ 272

5.4.11　6～12GHz 25W 28V 功率放大器应用电路 ·································· 273

5.4.12　8.0～12.0GHz 2W/5W/12W 20V/24V 功率放大器应用电路 ··········· 275

5.4.13　13.4～16.5GHz 25W 28V 功率放大器应用电路 ·························· 276

5.4.14　2～18GHz 4W 22V 功率放大器应用电路 ·································· 276

5.4.15　2～20GHz 38.5dBm 28V 功率放大器应用电路 ·························· 277

5.4.16　27～31GHz 7W 20V 功率放大器应用电路 ································ 278

5.4.17　28～32GHz 8.5W 28V 功率放大器应用电路 ······························ 279

5.4.18　32～38GHz 10W 24V 功率放大器应用电路 ······························ 280

5.5　无线局域网（WLAN）功率放大器应用电路实例 ································· 281

5.5.1　厂商推荐使用的一些无线局域网（WLAN）功率放大器芯片 ············· 281

5.5.2　2.45GHz 24.5dBm 802.11g WLAN 功率放大器应用电路 ················ 281

5.5.3　2.4GHz 25dBm 802.11g/b WLAN 功率放大器应用电路 ················· 282

5.5.4　2.4GHz 21dBm/27dBm/30dBm IEEE 802.11b/g 功率放大器应用电路 ··· 282

5.5.5　2.4GHz 27.8dBm IEEE802.11n WLAN 功率放大器应用电路 ··········· 282

5.5.6　5GHz 802.11a/n 18dBm 功率放大器应用电路 ···························· 284

5.5.7　2.4GHz/5GHz 802.11a/b/g WLAN 功率放大器应用电路 ················ 284

5.6　WiFi 功率放大器应用电路 ··· 286

5.6.1　2.4～2.5GHz 29dBm WiFi 功率放大器应用电路 ·························· 286

5.6.2　2.2～2.7GHz 2W WiMAX 和 WiFi 功率放大器应用电路 ················ 286

5.6.3　4.9～5.9GHz 25dBm WiFi 功率放大器应用电路 ·························· 287

5.7　射频前端应用电路实例 ··· 288

5.7.1　2.4GHz 高线性度 WLAN 前端模块应用电路 ······························ 288

5.7.2　2.4～2.5GHz 802.11b/g/n WiFi 前端模块应用电路 ······················ 289

5.7.3　2.4～2.5GHz 高功率前端模块应用电路 ··································· 290

5.7.4　2.4GHz 22dBm 射频前端模块应用电路 ··································· 290

5.7.5　802.11a/b/g/n WLAN/蓝牙射频前端模块应用电路 ······················ 291

5.7.6　802.11a/b/g/n WLAN 射频前端模块应用电路 ···························· 292

5.7.7　37～40.5GHz 射频前端模块应用电路 ··································· 293

5.8　驱动放大器应用电路实例 ·· 293

5.8.1　50～750MHz 20.8dBm 5V 驱动放大器 ··································· 293

5.8.2　700～1000MHz 27dBm 5V 驱动放大器应用电路 ························ 294

5.8.3　700MHz～1GHz 1W/2W 5V 驱动放大器应用电路 ························ 295

5.8.4　0～1800MHz 21.0dBm 6V 驱动放大器应用电路 ························ 296

　　　5.8.5　5～2000MHz 24.0dBm 5V 驱动放大器应用电路 ··296

　　　5.8.6　250～2500MHz 24dBm 3.3V/5V 驱动放大器应用电路 ·······································297

　　　5.8.7　100MHz～2.7GHz 9dBm/24dBm/30.7dBm 5V 驱动放大器应用电路 ··············298

　　　5.8.8　0～3500MHz 28.6dBm 5V 驱动放大器应用电路 ···300

　　　5.8.9　3400～3800MHz 22.3dBm 5V 驱动放大器应用电路 ···301

　　　5.8.10　40～4000MHz 19.5dBm/29.1dBm 5V 驱动放大器应用电路 ····························302

　　　5.8.11　2.3～5.0GHz 0.5W 5V 驱动放大器应用电路 ··305

　　　5.8.12　0～5.5GHz 11.6dBm 5V 驱动放大器应用电路 ··306

　　　5.8.13　0.5～6GHz 22dBm 50Ω 驱动放大器应用电路 ··306

　　　5.8.14　DC～10GHz 30dBm 分布式驱动放大器应用电路 ··312

　　　5.8.15　6～12GHz 2.5W 驱动放大器应用电路 ···312

　　　5.8.16　13～18GHz 2W 驱动放大器应用电路 ··313

　　　5.8.17　6～20GHz 16dBm/19.5dBm/33dBm 驱动放大器应用电路 ·····························314

　　　5.8.18　32～45GHz 18dBm/24dBm/26dBm 驱动放大器应用电路 ·······························315

第 6 章　射频与微波功率检测/控制应用电路 ··317

　6.1　射频与微波功率检测/控制电路的主要类型和特性 ··317

　6.2　射频信号功率检测/控制应用电路实例 ··320

　　　6.2.1　10～1000MHz 83dB 射频功率检测器应用电路 ···320

　　　6.2.2　低频～2.5GHz 的功率、增益和 VSWR 检测器/控制器应用电路 ·······················321

　　　6.2.3　50Hz～2.7GHz 射频功率检测器应用电路 ··325

　　　6.2.4　50MHz～3GHz 60dB 射频功率检测器应用电路 ··326

　　　6.2.5　50MHz～3.5GHz 射频功率检测器应用电路 ··327

　　　6.2.6　50MHz～4GHz 40dB 对数功率检测器应用电路 ··328

　　　6.2.7　100MHz～6GHz TruPwr 功率检测器应用电路 ··328

　　　6.2.8　450MHz～6GHz 45dB 峰值和 RMS 功率测量应用电路 ····································329

　　　6.2.9　600MHz～7GHz、−26～12dB 射频功率检测器应用电路 ··································330

　　　6.2.10　1MHz～8GHz 70dB 对数检测器/控制器应用电路 ··331

　　　6.2.11　1MHz～10GHz 50dB 对数检测器/控制器应用电路 ···333

　　　6.2.12　7ns 响应时间 15GHz 射频功率检波器应用电路 ··334

　　　6.2.13　100MHz～70GHz RMS 射频功率检波器应用电路 ··334

第 7 章　射频与微波功率放大器的电源电路 ··336

　7.1　射频系统的电源要求 ··336

　　　7.1.1　射频系统的电源管理 ··336

　　　7.1.2　射频系统的电源噪声控制 ··339

　　　7.1.3　手持设备射频功率放大器的供电电路 ···345

　　　7.1.4　脉冲雷达用 GaN MMIC 功率放大器的电源管理 ··349

　7.2　射频功率放大器电源电路实例 ··351

　　　7.2.1　基带和 RFPA 电源管理单元（PMU）···351

7.2.2 用于 RFPA 的可调节降压 DC-DC 转换器 ··························· 352

7.2.3 具有 MIPI® RFFE 接口的 RFPA 降压 DC-DC 转换器 ··········· 361

7.2.4 用于 3G 和 4G 的 RFPA 降压-升压转换电路 ···················· 368

7.2.5 具有 MIPI® RFFE 接口的 3G/4G RFPA 降压-升压转换器 ······ 371

7.2.6 300mA 3.6V RFPA 电源电路 ···································· 374

第 8 章 射频与微波电路 PCB 设计 ·· 376

8.1 PCB 的 RLC ·· 376

8.1.1 PCB 导线的电阻 ·· 376

8.1.2 PCB 导线的电感 ·· 376

8.1.3 PCB 导线的阻抗 ·· 378

8.1.4 PCB 导线的互感 ·· 379

8.1.5 PCB 电源平面/接地平面的电感 ·························· 380

8.1.6 PCB 导线的电容 ·· 380

8.1.7 PCB 的平行板电容 ······································ 382

8.1.8 PCB 的过孔电容 ·· 382

8.1.9 PCB 的过孔电感 ·· 383

8.1.10 典型过孔的 R、L、C 参数 ·························· 383

8.1.11 过孔的电流模型 ·· 383

8.2 PCB 电源平面/接地平面 ··································· 384

8.2.1 PCB 电源平面/接地平面的功能 ························· 384

8.2.2 PCB 电源平面/接地平面设计的一般原则 ·················· 385

8.2.3 PCB 电源平面/接地平面的叠层和层序 ···················· 387

8.2.4 PCB 电源平面/接地平面的负作用 ························ 391

8.3 PCB 传输线 ·· 392

8.3.1 微带线 ·· 392

8.3.2 埋入式微带线 ·· 393

8.3.3 单带状线 ·· 394

8.3.4 双带状线或非对称带状线 ································ 394

8.3.5 差分微带线和差分带状线 ································ 395

8.3.6 传输延时与介电常数的关系 ······························ 396

8.3.7 PCB 传输线设计与制作中应注意的一些问题 ·············· 396

8.4 射频与微波电路 PCB 设计的一些技巧 ························ 399

8.4.1 射频电路 PCB 基板材料选择 ···························· 400

8.4.2 利用电容的"零阻抗"特性实现射频接地 ················· 401

8.4.3 利用电感的"无穷大阻抗"特性辅助实现射频接地 ········· 403

8.4.4 利用"零阻抗"电容实现复杂射频系统的射频接地 ········· 403

8.4.5 利用半波长 PCB 连接线实现复杂射频系统的射频接地 ······ 404

8.4.6 利用 1/4 波长 PCB 连接线实现复杂射频系统的射频接地 ····· 405

    8.4.7　利用 1/4 波长 PCB 微带线实现电路的隔离 ··405

    8.4.8　PCB 连线上的过孔数量与尺寸 ··405

    8.4.9　端口的 PCB 连线设计 ···406

    8.4.10　谐振回路接地点的选择 ···408

    8.4.11　PCB 保护环 ···408

    8.4.12　利用接地平面开缝减小电流回流耦合 ···409

    8.4.13　隔离 ···411

    8.4.14　PCB 走线形式 ···413

    8.4.15　寄生振荡的产生与消除 ···417

  8.5　PCB 天线设计实例 ··420

    8.5.1　300～450MHz 发射器 PCB 环形天线设计实例 ·······································420

    8.5.2　915MHz PCB 环形天线设计实例 ···424

    8.5.3　2.4GHz F 型 PCB 天线设计实例 ···426

    8.5.4　2.4GHz 倒 F PCB 天线设计实例 ···428

    8.5.5　2.4GHz 蜿蜒式 PCB 天线设计实例 ··428

    8.5.6　2.4GHz 全波 PCB 环形天线设计实例 ···430

    8.5.7　2.4GHz PCB 槽（Slot）天线设计实例 ··430

    8.5.8　2.4GHz PCB 片式天线设计实例 ···431

    8.5.9　2.4GHz 蓝牙、802.11b/g WLAN 片式天线设计实例 ·································431

    8.5.10　2.4GHz 和 5.8GHz 定向双频宽带印制天线实例 ···································432

    8.5.11　2.75～10.7GHz E 面对称切割小型化超宽带天线实例 ····························433

    8.5.12　六陷波超宽带天线实例 ···433

    8.5.13　毫米波雷达 PCB 天线设计实例 ···434

第 9 章　射频与微波功率放大器的热设计 ··437

  9.1　热设计基础 ···437

    9.1.1　热传递的三种方式 ···437

    9.1.2　温度（高温）对元器件及电子产品的影响 ··438

    9.1.3　温度减额设计 ··438

  9.2　射频与微波功率放大器器件的封装与热特性 ···442

    9.2.1　射频与微波功率放大器器件的封装 ···442

    9.2.2　与器件封装热特性有关的一些参数 ···443

    9.2.3　器件封装的基本热关系 ··445

    9.2.4　常用 IC 封装的热特性 ···447

    9.2.5　器件的最大功耗声明 ···448

    9.2.6　最大功耗与器件封装和温度的关系 ···449

  9.3　PCB 的热设计 ··452

    9.3.1　PCB 的热性能分析 ··452

    9.3.2　PCB 基材的选择 ···453

9.3.3　元器件的布局···456

9.3.4　PCB 布线···458

9.3.5　均匀分布热源的稳态传导 PCB 的热设计·······························460

9.3.6　铝质散热芯 PCB 的热设计··462

9.3.7　PCB 之间的合理间距设计···463

9.4　裸露焊盘的 PCB 设计···464

9.4.1　裸露焊盘简介··464

9.4.2　裸露焊盘连接的基本要求···465

9.4.3　裸露焊盘散热通孔的设计···468

9.4.4　裸露焊盘的 PCB 设计实例···471

9.5　散热器的安装与接地···477

9.5.1　散热器的安装··477

9.5.2　散热器的接地··482

参考文献···484

第 1 章
射频与微波功率放大器基础

1.1 可选择的射频与微波功率放大器

1.1.1 ADI 公司的射频与微波功率放大器

ADI 公司（Analog Devices, Inc.）2014 年完成了对 Hittite Microwave 公司的收购。Hittite Microwave 公司是射频、微波和毫米波应用高性能集成电路、模块、子系统和仪表领域的创新设计公司及制造商，2017 年完成了对凌力尔特（Linear Technology）公司的收购。Linear Technology 公司的射频和无线产品系列包括高性能上变频有源混频器、下变频混频器、正交调制器和解调器、射频功率放大器、射频功率检波器等。ADI 公司 2021 年完成了对美信半导体（Maxim Integrated）公司的收购。美信半导体公司提供高性能射频功能模块和高集成度产品，以及无线及射频应用中关键无线模块的解决方案。通过强强联合，ADI 公司专注于高性能模拟，混合信号和数字信号处理（DSP）集成电路设计等领域并提供高效解决方案。

ADI 公司的 RF IC（射频集成电路）覆盖整个射频信号链（包括放大器、衰减器、VGA 和滤波器、检波器、直接数字频率合成器（DDS）和调制器、集成收发器、发射器和接收器、混频器和乘法器、调制器和解调器、PLL 锁相环/集成 VCO 的 PLL 锁相环、预分频器（微波）、开关、定时 IC 和时钟，提供 1000 多款产品来满足用户的 RF 系统设计需求。ADI 的射频集成电路提供高的性能，并且通过广泛的免费工具、在线支持社区和 Circuits from the Lab™参考电路来进行支持。

ADI 的射频功率放大器采用 ADI 公司领先的放大器和射频集成电路专业技术而设计。ADI 丰富的单端输入/输出固定增益放大器系列可用于低频至高达 GHz 频率的应用中，包括增益模块（Gain Block）、低噪声放大器（LNA）、中频放大器（IF Amplifier）、驱动器放大器（Driver Amplifier）、差分放大器（RF/IF Differential Amplifier）和射频功率放大器等产品。这些器件提供高线性、低噪声系数和多种固定增益选项，功耗低，并且能在整个频率、温度和电源电压范围内提供额定性能，适合各种应用。

1. ADI 公司的放大器产品

ADI 公司的放大器产品如图 1.1.1 所示，包含 RF（射频）放大器、RF（射频）前端 IC、RF（射频）功率检测器等。

图 1.1.1　ADI 公司的放大器产品（网页截图）

ADI 公司的射频功率放大器基于频率范围为 kHz 至 95GHz 的 GaN 和 GaAs 半导体技术。除了裸片和表贴器件，产品系列还包括基于 GaN 的功率放大器模块，输出功率超过8kW。ADI 公司的射频功率放大器设计优良，在高输出功率下具有出色的线性度，能在各种有线和无线应用，在升温条件下保持良好散热性和高度可靠性。许多功率放大器涵盖了十倍带宽，支持集成单个 IC 的仪器仪表和军事应用。同时还提供许多支持电信和卫星通信的窄带产品。通过大量产品选择，可为具体应用选择合适的产品。

2. 设计支持

为了方便用户更好地使用 ADI 公司的射频放大器，ADI 公司提供技术文档、设计工具和软件以及应用等多方面的支持。

ADI 公司除了提供丰富的技术文档，包括数据表、应用手册、用户指南、选择指南、解决方案指南、模型、白皮书等，同时也提供中文技术论坛讨论、在线研讨会、教程、技术资料等多方面的支持。

ADI 公司针对其射频集成电路产品系列提供全套设计工具支持。射频系统设计是一项极其复杂且耗时的过程，ADI 公司的设计工具可使射频系统的整体设计工作更简单、更快速、更精确、更稳定，从而降低设计风险，加快产品上市。所能够提供的射频设计工具包如下。

（1）ADIsimFrequencyPlanner 工具

对于处理 ADI PLL 频率合成器产生的整数边界杂散的开发人员而言，ADIsimFrequencyPlanner能够根据用户的输出要求快速分析 PFD 频率，然后优化每个输出的频率，以便识别最佳的相关整数边界杂散性能。

（2）ADIsimRF

ADIsimRF 是一款简单易用的射频信号链计算工具，可以计算和导出多达 50 级的信号链级联增益、噪声、失真和功耗并绘制其曲线。ADIsimRF 还包括丰富的 ADI 射频和混合信号器件的模型数据库。

（3）ADIsimCLK 设计与评估软件

ADIsimCLK 是一款专门针对 ADI 公司的超低抖动时钟分配和时钟产生产品系列而开发的设计工具。无论是在无线基础设施、仪器仪表、网络、宽带、自动测试设备领域，还是在其他要求可预测时钟性能的应用，ADIsimCLK 都能帮助设计者迅速开发、评估和优化设计。

（4）射频阻抗匹配计算器

计算将线路与特定复杂负载相匹配的网络。

（5）ADIsimSRD Design Studio

在使用 ADF7×××系列收发器和发射机的典型无线系统中，ADIsimSRD Design Studio 可以对许多参数进行实时模拟和优化。

（6）VRMS/dBm/dBu/dBV 计算器

功率测量和信号强度的标准单位之间的换算工具。

（7）ADIsimDDS（直接数字频率合成）

ADIsimDDS 利用数学公式模拟和显示选定器件的整体性能。ADIsimDDS 根据参考时钟频率和所需的输出频率计算所需的 FTW。该工具还对整体频谱性能估算进行模拟，允许用户探讨外部重建滤波器的效应。

（8）ADIsimPLL

ADIsimPLL 可以对 ADI 公司的 PLL 产品进行快速、可靠的评估。它是目前最全面的 PLL 频率合成器设计和仿真工具，可实现所有对 PLL 性能有显著影响的重要非线性效应仿真。

例如：射频阻抗匹配计算器如图 1.1.2 所示。这款工具用于在额定频率下计算特定复杂负载阻抗（R_L+jX_L）中端接额定特性阻抗（Z_o）线路所需的匹配网络。它同时支持平衡和非平衡线路。该工具在额定频率下提供具有所需阻抗的两种网络，但其性能在高于或低于额定频率下会有所不同，因此可根据应用优选一种网络。

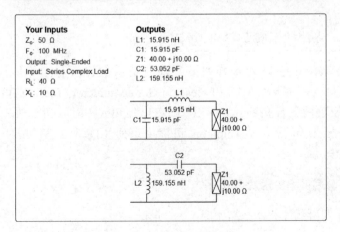

图 1.1.2　射频阻抗匹配计算器

例如：VRMS/dBm/dBu/dBV 计算器如图 1.1.3 所示。该计算器可在 dBm、dBu、dBV、V_{PEAK} 和 V_{RMS}（ANSI T1.523-2001 定义）之间相互转换。dBm 是相对于 1mW 的功率比，dBu 和 dBV 是分别相对于 0.775V 和 1V 的电压比。

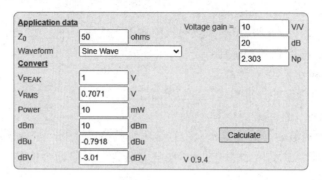

图 1.1.3　VRMS/dBm/dBu/dBV 计算器

例如：功耗与芯片温度计算器如图 1.1.4 所示。该计算器可以根据功耗和封装/散热器特性估计器件的结温。

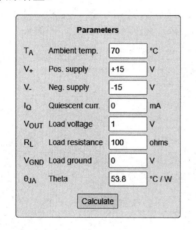
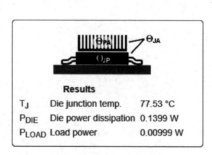

图 1.1.4　功耗与芯片温度计算器

1.1.2　Ampleon 公司的射频与微波功率放大器

Ampleon（安谱隆，也译为安普利昂）公司是从世界著名半导体厂商 NXP（恩智浦）分离出来的。NXP 和飞思卡尔（Freescale Semiconductor, Inc.）这两大半导体厂商并购时，为避免违反美国的反垄断法，NXP 剥离出 RFPA（射频功率放大器）芯片业务，2015 年成立了 Ampleon 公司。Ampleon 可提供系列 LDMOS 和 GaN 技术的射频晶体管、模块和 MMIC。

1. Ampleon 公司的射频放大器产品

Ampleon 公司的射频放大器产品如图 1.1.5 所示。

Mobile Broadband →
- 0.4-1.0 GHz transistors
- 1.4-2.2 GHz transistors
- 2.3-2.7 GHz transistors
- 3.3-4.2 GHz transistors

Pulsed Radars →
- Avionics
- HF, VHF, UHF
- L-band, S-band, C-band

Matched - ISM, Cooking, Defrosting →
- 433 MHz
- 915 MHz
- 1300 MHz
- 2450 MHz

UHF Broadcast →
- 470-860 MHz

Extremely Rugged →
- 50 V
- 65 V

General Purpose Wideband →
- 50 V
- 32 V
- 12.5-14 V

图 1.1.5　Ampleon 公司的射频放大器产品（网页截图）

2. 设计支持

为了方便用户更好地使用 Ampleon 公司的射频放大器器件，Ampleon 公司提供技术文档、设计工具和软件以及应用等多方面的支持。

1.1.3　ANADIGICS 公司的射频与微波功率放大器

1. ANADIGICS 公司的射频与微波功率放大器产品

ANADIGICS 公司是世界领先的通信产品供应商。ANADIGICS 公司可提供高质量的 InGaP HBT、GaAs MESFET 和 GaAs pHEMT 射频集成电路产品，产品适合包括 CDMA/EVDO、GSM/EDGE、LTE、WCDMA/HSPA、WiMAX 和 TD-SCDMA 在内的主要无线标准。

ANADIGICS 公司的射频与微波功率放大器产品如图 1.1.6 所示。

产品信息

Cellular
WCDMA/HSPA混合模式功率放大器
LTE功率放大器
CDMA/EVDO功率放大器

WiFi
WiFi功率放大器
WiFi前端

Wireless Infrastructure
WCDMA/HSPA Mixed Mode Power Amplifiers
LTE Power Amplifiers
WiMAX功率放大器
50欧姆增益模块

CATV
24V线路放大器
12V线路放大器
75欧姆增益模块
上行放大器
有源分离器
FTTx/RFoG射频放大器
上变频器和下变频器

图 1.1.6　ANADIGICS 公司的射频与微波放大器产品（网页截图）

2. 设计支持

为了方便用户更好地使用 ANADIGICS 公司的射频与微波器件，ANADIGICS 公司提供技术文档、器件选择、解决方案、仿真模型和设计应用等多方面的支持。

1.1.4　Broadcom 公司的射频与微波功率放大器

安华高科技公司（Avago Technologies）2016 年完成了对博通公司（Broadcom Corp.）的收购，随后成立新的母公司就以 Broadcom（博通）命名。在一些资料中也标注为 Broadcom（Avago）。

1. Broadcom（博通）公司的射频与微波器件产品

Broadcom 公司的无线嵌入式解决方案和射频组件如图 1.1.7 所示。

Broadcom 公司为智能手机、平板电脑、互联网网关路由器和企业接入点等移动和无线基础设施应用提供广泛的无线解决方案。

Wireless

Wireless RF & Microwave Demo Boards
These parts are at end of life and should not be used in new designs. A wide range of demonstration circuit boards for use in testing the performance of MMICs and discrete solutions.

FBAR Devices
Broadcom FBAR technology filters, duplexers, and multiplexers designed for smartphone handset applications.

Handset Power Amplifiers
Power amplifiers specifically designed for use in cell phone handsets and enabling today's 4G mobile devices and smartphones.

Bluetooth SoCs
These single-chip solutions for Bluetooth® applications are highly integrated System-on-a-Chip (SoC) devices designed to take full advantage of the way consumers interact with smart audio devices in our environment today.

GNSS/GPS SoCs
Products that include GNSS/GPS functionality are consumer favorites, with the technology now integrated into smartphones, wearables, automobiles and IoT devices.

Wireless LAN/Bluetooth Combo
Broadcom's WLAN/BT combo portfolio consists of highly integrated, industry-leading SoCs. These products provide the industry's best connectivity solutions for use in mobile phones and mobile accessories where small form factor and low power consumption are essential.

Wireless LAN Infrastructure
Broadcom is a worldwide leading provider of solutions for wireless LAN infrastructure, developing SoC solutions for 802.11 Wi-Fi routers, service provider gateways and enterprise access points.

图 1.1.7　Broadcom 公司的无线嵌入式解决方案和射频组件（网页截图）

2. 设计支持

为了方便用户更好地使用 Broadcom（Avago）公司的射频与微波器件，Broadcom（Avago）公司提供技术文档、器件选择、解决方案、仿真模型和设计应用等多方面的支持。

1.1.5　Infineon Technologies 公司的射频与微波功率放大器

1．Infineon Technologies（英飞凌）公司的射频器件产品

Infineon Technologies 公司的射频与无线控制产品（按产品类别选择）如图 1.1.8 所示。

> **射频与无线控制**
> > 天线相关器件
> > 射频开关
> > 低噪放大器LNA IC
> > 射频模块（多路复用器模块）
> > 天线开关模块 (ASM)
> > 射频晶体管
> > 射频二极管
> > 无线控制
> > 毫米波 (mmW) 回程和前传
> > 高可靠性分立式半导体

图 1.1.8　Infineon Technologies 公司的射频与无线控制产品（网页截图）

Infineon Technologies 公司的射频前端器件产品组合包含高性能 LNA-MMIC（低噪声放大器-单芯片微波集成电路）、射频双极型和 MOSFET 晶体管、CMOS 开关、射频二极管等，可以满足手机、无线基础设施、WiMAX/WiFi、GPS、军事、测试与测量和汽车应用需求。

2018 年 Cree（科锐）公司收购了 Infineon Technologies（英飞凌）的射频功率（Radio Frequency Power）业务。

2．设计支持

为了方便用户更好地使用 Infineon Technologies 公司的射频器件，Infineon Technologies 公司提供技术文档、器件选择、解决方案、仿真模型和设计应用等多方面的支持。

1.1.6　MACOM 公司的射频与微波功率放大器

1．MACOM 公司的射频与微波功率放大器产品

MACOM（M/A-COM Technology Solutions Inc.）是一家有着 70 多年历史的公司，先后收购了 Optomai（光学产品）、Mindspeed（高速模拟产品）、PhotonicsControls（硅光器件）、BinOptics（激光器）、Fibest（TOSA、ROSA 集成封装）、Applied Micro（云计算基础设施与数据中心通信、计算解决方案）、Mimix（单片集成的微波产品）和 Nitronex（GaN 技术）等公司，是一个技术先进的模拟射频、微波和光学半导体产品供应商。MACOM 公司的射频功率放大器产品如图 1.1.9 所示。

Home > Products > RF Power Amplifiers >5W

RF Power Amplifier – GaN

MACOM GaN RF power amplifier solutions are designed with the latest GaN-on-Si and GaN-on-SiC technologies. Our **MACOM PURE CARBIDE** series of GaN-on-SiC power amplifiers is our most recent addition and offers high performance and reliability for the most demanding applications. Our expanding GaN portfolio is designed to address the challenging requirements of Aerospace & Defense applications and 5G wireless infrastructure. MACOM GaN products deliver output power levels ranging from 2W to over 2KW and exhibit best in class RF performance with respect to gain and efficiency.

Home > Products > RF Power Amplifiers >5W

RF Power Amplifiers – Silicon Bipolar & MOSFET

MACOM offers a broad range of silicon based RF power transistor products as discrete devices, modules, and pallets from DC to 3.5 GHz. Our silicon bipolar and MOSFET high power transistors are ideal for civil avionics, communications, networks, radar, and industrial, scientific, and medical applications. Our all gold metallization fabrication processes ensures high performance and long term reliability for ground and space applications.

图 1.1.9　MACOM 公司的射频功率放大器产品（网页截图）

2. 设计支持

　　为了方便用户更好地使用 MACOM 公司的射频与微波器件，MACOM 公司提供技术文档、器件选择、解决方案、仿真模型和设计应用等多方面的支持。

1.1.7　Microchip 公司的射频与微波功率放大器

1. Microchip 公司的射频功率放大器和无线解决方案

Microchip 公司的射频和微波器件产品如图 1.1.10 所示。

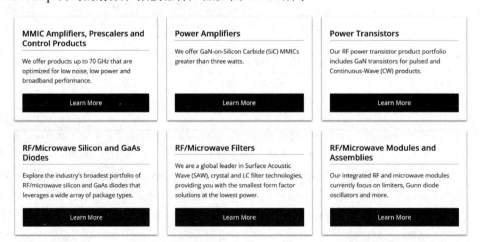

图 1.1.10　Microchip 公司的射频和微波器件产品（网页截图）

Microchip 公司可提供的无线连接产品如图 1.1.11 所示。

Wi-Fi®

- High data rates enable video/audio
- Deploy globally with pre-certified modules
- Popular cloud provider support
- Personal and enterprise security support
- Extensive interoperability testing
- Linux® and RTOS support

Learn More

Bluetooth®

- Connect mobile apps to Bluetooth audio or data devices
- Low power enables long battery life
- Small packaging for portable/wearable devices
- Mobile app source code
- Extensive interoperability testing
- Bluetooth 5 support

Learn More: Bluetooth Low Energy

Learn More: Bluetooth Audio and Voice

LoRa®

- Long range, up to 15 km, enables lower-cost networks and distant locations
- Easy-to-use add-on modules
- Low power enables long battery life
- Global network and radio certification support
- Certified LoRaWAN™ protocol stack

Learn More

Sub-GHz

- Robust point-to-point communication for ruggedized, industrial environments
- Highly-integrated MCU with radio for a cost-effective node solution
- Free MiWi networking stack with mesh and point-to-point modes

Learn More

Zigbee®

- Perfect for low-power, wireless sensor network applications
- Highly-integrated MCU with radio for a cost-effective node solution
- FCC-certified modules speed development
- Free MiWi™ and Zigbee stacks

Learn More

Remote Controls

- Simple and economical RF remotes
- Minimal MCU resources required
- Broad selection of modulations and frequencies for design scalability
- Ideal for short-range and low data-rate applications
- Passive RFID, RF and IR solutions

Learn More

Wireless Medical

- Medical Implant Communication Service (MICS) RF technology
- Ultra-low power to support long battery life
- 5 mA average Tx/Rx current
- 10 nA sleep current
- Proven supplier of IC solutions for Class III medical devices

Learn More

图 1.1.11　Microchip 公司的无线连接产品（网页截图）

2．设计支持

Microchip 公司为其所有产品提供了全面的设计支持，包括技术文档、设计与模拟工具、质量和可靠性信息以及第三方设计支持等。

1.1.8　Microsemi 公司的射频与微波功率放大器

1．Microsemi 公司的射频、微波和毫米波产品

Microsemi 公司是一家领先的高性能模拟和混合信号集成电路及高可靠性半导体设计商、制造商和营销商。Microsemi 公司可以提供射频、微波和毫米波放大器产品。

2011 年 Microsemi 公司收购了 Zarlink Semiconductor 公司，Zarlink Semiconductor 公司能够为通信和医疗应用提供世界领先的混合信号芯片技术。2018 年，Microchip Technology

（微芯半导体）完成了对 Microsemi Corporation（美高森美半导体公司）的收购。

Microsemi 公司的射频、微波和毫米波产品如图 1.1.12 所示。

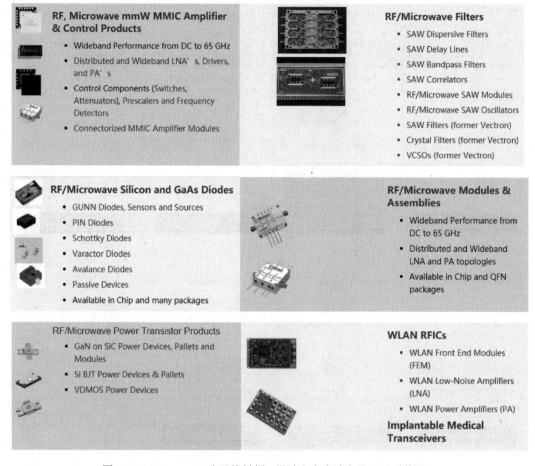

图 1.1.12　Microsemi 公司的射频、微波和毫米波产品（网页截图）

2. 设计支持

为了方便用户更好地使用 Microsemi 公司的射频、微波和毫米波器件，Microsemi 公司提供技术文档、器件选择、解决方案、仿真模型和设计应用等多方面的支持。

1.1.9　Mini-Circuits 公司的射频与微波功率放大器

1. Mini-Circuits 公司的射频器件产品

Mini-Circuits 是专业从事射频、中频、微波信号处理器件研发和生产的全球领先厂家。Mini-Circuits 现有 25 种标准化产品线和不断更新的定制化器件共 10000 多款产品，产品频段覆盖 DC～40GHz，是全球最大的信号处理器件供应商。Mini-Circuits 公司的射频产品如图 1.1.13 所示。

产品目录

型号	工作频段	型号	工作频段
Adapters 适配器	DC-18000MHz	Amplifiers 放大器	DC-14000MHz
Attenuators 衰减器	DC-18000MHz	Bias-Tees 偏置器	100KHz-2000MHz
Cables 测试线	DC-18000MHz	Chokes RF 射频扼流圈	50MHz -10000MHz
Line Stretchers Electronic 电线耦合器	110MHz-13000MHz	DC Blocks 隔直器	100KHz-18000MHz
Phase Detectors 相位检波器	1MHz-400MHz	Filters 滤波器	DC-13000MHz
Limiters 限幅器	100KHz-900MHz	Couplers 耦合器	5KHz-4200MHz
Matching Pads Impedance 阻抗匹配端子	DC-3000MHz	Mixers Frequency 混频器	10Hz-12000MHz
Multipliers Frequency 倍频器	100KHz-10GHz	Switches 开关	DC-5000MHz
Modulators/Demodulators 调制解调器	9MHz-2000MHz	Shifters Phase 移相器	8MHz-1000MHz
Power Splitters/Combiners 功分器/合路器	DC-12600MHz	Synthesizer 频综	50MHz-5000MHz
Terminations 负载	DC-20000MHz	Transformers 变压器	4KHz-3000MHz
Voltage Controlled Oscillators 压控振荡器	12.5MHz-3000MHz	Custom Product	DC-20GHz

（a）射频产品分类（网页截图）

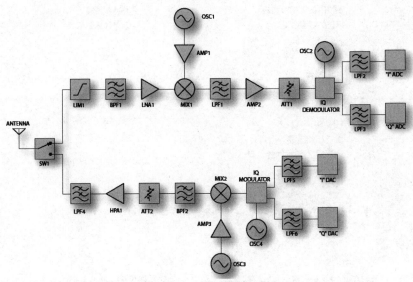

（b）通用系统方框图（数据表截图）

Schematic Part No.	Sample Mini-Circuits Model Families
AMP1, AMP2, AMP3	MAR, GALI, GVA, VNA, VAM, RAM, YSF, ERA, MNA, LEE, PGA, PHA, PSA
ATT1, ATT2	GAT, PAT, YAT, RCAT
BPF1, BPF2	BFCN, RBP, BFCG, BPF, CBP, JCBP, SXBP, SYBP
HPA1	GVA(up to 1watt)
LIM1	RLM, CLM
LNA1	SAV, TAV, CMA, PMA, PGA, PSA, RAMP, TAMP
LPF1, LPF2, LPF3, LPF4, LPF5, LPF6	LFCN, XLF, LFCW, LFTC, LPF, RLP, SALF, SCLF, SXLP
MIX1, MIX2	ADE, SIM, MAC, etc
OSC1, OSC2, OSC3, OSC4	ROS, KSN
SW1	HSWA, GSWA, CSWA, JSW, KSW, KSWA, MSW, MSWA, RSWA, VSW, VSWA

（c）射频产品型号（数据表截图）

图 1.1.13 Mini-Circuits 公司的射频产品

2. 设计支持

为了方便用户更好地使用 Mini-Circuits 公司的射频器件，Mini-Circuits 公司提供技术文档、器件选择、解决方案、仿真模型和设计应用等多方面的支持。

1.1.10　New Japan Radio 公司的射频与微波功率放大器

1. New Japan Radio 公司的射频与微波器件

New Japan Radio 公司的射频与微波器件产品如图 1.1.14 所示。

通信用IC和射频器件 製品一覽

通信用IC
- 通信用FM IF检波器
- RF放大器/PLL IC
- 功率放大器

- 调制解调器
- 电力线通信IC

射频器件
- 射频低噪声放大器(LNA)
  前端模块
  GNSS
  数字移动电视
  电视调谐器/机顶盒
  3G/LTE
  WLAN/WiMAX

- RF开关

图 1.1.14　New Japan Radio 公司的射频与微波器件产品（网页截图）

2. 设计支持

为了方便用户更好地使用 New Japan Radio 公司的射频与微波器件，New Japan Radio 公司提供技术文档、器件选择、解决方案、仿真模型和设计应用等多方面的支持。

1.1.11　NXP Semiconductors 公司的射频与微波功率放大器

NXP Semiconductors 公司 2015 年成功收购了 Freescale Semiconductor, Inc.（飞思卡尔半导体公司）。Freescale Semiconductor 公司的射频产品组合非常丰富，从功率放大器、通用放大器、增益模块、信号控制产品到功能丰富的低噪声放大器和高性能射频集成电路，可以满足无线基础设施、无线通信、蜂窝通信、工业、生命科学和医疗、汽车及其他多样化市场需求。

1. NXP Semiconductors 公司的射频器件产品

NXP Semiconductors 公司的射频产品如图 1.1.15 所示。

射频功率器件
1.8 mW至1.8 kW、DC至47 GHz的LDMOS、GaN、SiGe和GaAs射频功率晶体管和IC。专为通信和工业应用而设计的射频功率解决方案。

WLAN前端IC和模块
恩智浦提供高性能WLAN11ax产品组合，支持我们的客户满足对带宽日益增长的需求，从而实现了Wi-Fi 6的下一步发展。

射频放大器 - 低/中功率
我们是中低功率射频放大器的领先供应商，在无线和蜂窝市场以及电子计算和CATV应用中拥有优良的传统。

雷达收发器
我们高度集成的雷达MCU和雷达收发器技术(RFCMOS或BiCMOS)为客户提供可扩展的系统解决方案，以满足超短程、短程、中程和远程雷达的需求。

无线
这些面向嵌入式器件的低功耗、高性价比解决方案产品组合以满足射频物联网监测和控制应用的需求，包括消费电子、智能能源、工业控制和医疗应用。

控制电路
高级Doherty调整模块(ADAM)是一类创新型高度集成式GaAs MMIC控制电路，专为优化现在的Doherty放大器性能而设计。

低功耗TX/RX IC
TX/RX IC包括发射器IQ调制器、基于小数N分频锁相环的发射器和高度集成式单芯片Sub-GHz射频收发器。

射频分立组件 - 低功耗
TX/RX分立组件包括双极射频功率晶体管、面向开关和一般射频应用的JFET，以及面向开关和一般射频应用的MOSFET。

射频混频器
射频混频器包含丰富的器件，部分器件带有本机振荡器(LO)。其他选项包括完全集成(PLL频率合成器/混频器/IF增益模块)和射频测试，可大幅缩短制造时间。

图 1.1.15　NXP Semiconductors 公司的射频产品（网页截图）

2．设计支持

为了方便用户更好地使用 NXP Semiconductors 公司的射频器件，NXP Semiconductors 公司提供技术文档、器件选择、解决方案、仿真模型和设计应用等多方面的支持。

1.1.12　Qorvo 公司的射频与微波功率放大器

1．Qorvo 公司的射频器件产品

RF Micro Devices 公司和 TriQuint Semiconductor 公司都是高性能射频器件的生产商。2014 年 RF Micro Devices 公司和 TriQuint Semiconductor 公司合并，新公司名为 Qorvo。2020 年 Qorvo 公司宣布已完成对 Custom MMIC 公司的收购。Custom MMIC 是适合国防、航天和商业应用的高性能 GaAs 和 GaN 单芯片微波集成电路（MMIC）的领先供应商。

Qorvo 公司的射频产品如图 1.1.16 所示。

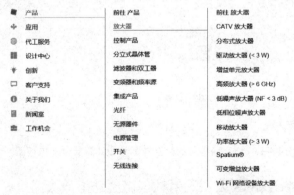

图 1.1.16　Qorvo 公司的射频产品（网页截图）

2．设计支持

为了方便用户更好地使用 Qorvo 公司的射频器件，Qorvo 公司提供技术文档、器件选择、解决方案、仿真模型和设计应用等多方面的支持。Qorvo 公司的设计工具如图 1.1.18

所示。

　　展开的图 1.1.17 中的"INTERACTIVE TOOLS & CALCULATORS"，所提供的交互式工具和计算器如图 1.1.18 所示。

Evaluation Tools

Order evaluation tools & kits to evaluation Qorvo products and prototype your solutions.

　　　　　　　》》

Interactive Tools & Calculators

Use our free RF design tools and calculators to assist in designing your solutions.

　　　　　　　》》

Simulation Model Libraries

Explore model libraries from Keysight and Modelithics to simulate your solutions.

　　　　　　　》》

图 1.1.17　Qorvo 公司的设计工具（网页截图）

2 Carrier Aggregation Maximum Power Reduction Calculator
pop-up

一款上行载波聚合计算工具,可计算两个复合载波间最大的功率差损。

3 Carrier Aggregation Maximum Power Reduction Calculator
pop-up

An uplink 3 carrier aggregation tool that calculates maximum power reduction for three component carriers.

3GPP Frequency Bands
pop-up

表格显示了3GPP LTE FDD和TDD在不同频率,带宽以及区域的频谱。

Butterworth vs. Chebyshev Bandpass Filter Response

使用频率输入查看并分析Butterworth 和 Chebyshev 滤波器性能。

Cascade Calculator
pop-up

分析系统性能,包括小信号增益和噪声系数和1 dB压缩点。

dBm-Volts-Watts Conversion
pop-up

请参见单位为 dBm、瓦特和 RMS电压的功率之间的关系。这与很多功率应用相关。

Image Rejection Calculator
pop-up

Displays the contours of constant image rejection as a function of phase and amplitude error. Allows the user to see which error is most significant, thereby offering a path to improved performance.

MatchCalc™ RF Design Calculator

一款简单易用的RF/匹配计算器,轻松匹配S1p和S2P文件。

Noise Figure & Noise Temperature Calculator
pop-up

计算 RF 系统的噪声系数和噪声温度。

Pad Attenuator (Pi & Tee) Calculator
pop-up

基于阻抗和衰减输入获取 Pi 和Tee 衰减器的电阻值。

PAE / Pdiss / Tj Calculator
pop-up

计算应用的功率附加效率,功耗和最大结温。

PCB Trace Power Handling Calculator
pop-up

使用IPC-2221 图,通过提供当前厚度和温度值等输入来计算轨迹宽度值。

RF Impedance Matching Calculator
pop-up

通过输入 R 负载以及中心频率范围计算 L 型匹配网络的电容和电感。此类计算器对于将一个放大器的输出与下一级的输入相匹配非常有用。

VSWR / Return Loss Conversion
pop-up

查看 VSWR 和回波损耗之间的关系。VSWR 值的范围为 1.01:1 至3.5:1。

图 1.1.18　Qorvo 公司的交互式工具和计算器（网页截图）

1.1.13　Renesas Electronics 公司的射频与微波功率放大器

1. Renesas Electronics（瑞萨电子）公司的射频器件产品

　　瑞萨科技（Renesas Technology Corp.）和 NEC 电子（NEC Electronics Corp.）于 2010 年 4月 1 日正式合并成立了瑞萨电子公司（Renesas Electronics）。瑞萨电子（Renesas Electronics）

2018 年完成了对美国 Integrated Device Technology（IDT）公司的收购。

Renesas Electronics 公司的射频产品如图 1.1.19 所示。Renesas Electronics 提供单芯片微波集成电路（MMIC）和射频晶体管器件，可以满足手机、无线基础设施、WiMAX/WiFi、GPS、军事、测试与测量以及点对点应用需求。

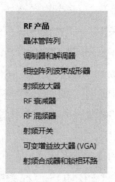

图 1.1.19　Renesas Electronics 公司的射频产品（网页截图）

2．设计支持

为了方便用户更好地使用 Renesas Electronics 公司的射频器件，Renesas Electronics 公司提供技术文档、器件选择、解决方案、仿真模型和设计应用等多方面的支持。

1.1.14　意法半导体（ST）公司的射频与微波功率放大器

1．意法半导体（ST）公司的射频晶体管

意法半导体集团（STMicroelectronics）成立于 1987 年，总部位于瑞士，由意大利 SGS 微电子公司和法国 Thomson 半导体公司合并成立。

意法半导体公司的射频晶体管产品如图 1.1.20 所示。

图 1.1.20　意法半导体公司的射频晶体管产品（网页截图）

意法半导体公司提供工作电源电压范围为 28～300V 的 RF DMOS 晶体管。它们面向频率为 1～250MHz 的应用，具有峰值功率高（高达 1.2kW）和稳定性高（无穷:1 VSWR）的特点。适合 RF 等离子体发生器、激光驱动器、RF 加热、磁共振成像（MRI）、HF 收发器、FM 广播等应用。与采用陶瓷封装的器件相比，采用意法半导体创新型 STAC 气腔封装的全

新 50V DMOS 器件将热阻降低了 25%，提高了 MTTF，提升了 RF 性能（高达 350W）和稳定性要求（65∶1 全相 VSWR）。

意法半导体公司提供工作电源电压为 7～36V 的射频 LDMOS 晶体管。它们面向频率为 1MHz～4GHz 的应用，具有峰值功率高（高达 1kW）和稳定性高（20∶1 VSWR）的特点，最新 28V & 50V LDMOS 技术旨在提高晶体管的功率饱和能力，最大限度减小在较高功率水平下的畸变，从而改善射频性能（+3dB，+15%效率）、稳定性和可靠性。它们采用多种封装形式，例如 PowerSO-10、SOT-89、PowerFLAT™和 PowerSO-10RF 等，加强了热性能，提升了射频性能，实现了同类中最佳的可靠性，适合 ISM & 广播、移动宽带通信、航空电子、雷达、电信、卫星通信等方面的应用。某些器件也可以以晶片形式提供，以便进行板上芯片（CoB）设计。除了广泛的评估板以外，意法半导体还提供一些软件模拟器和分析工具，以帮助工程师快速将设计推向市场。

意法半导体公司面向 HF/VHF 和 UHF 应用的射频双极型晶体管属于成熟产品，建议不要用于新设计。对于新设计，敬请查看 LDMOS 产品系列。

2. 设计支持

为了方便用户更好地使用意法半导体公司的射频晶体管产品，意法半导体（ST）公司提供技术文档、器件选择、解决方案、仿真模型和设计应用等多方面的支持。

1.1.15 Skywork 公司的射频与微波功率放大器

1. Skywork 公司的射频器件产品

Skyworks 公司是高可靠性模拟和混合信号半导体领域的创新者。该公司的产品组合包括放大器、衰减器、检波器、二极管、定向耦合器、前端模块、混合微电路、基础架构射频子系统、混频器、解调器、移相器、PLLs/合成器/VCO、功率分配器/合成器、接收器、开关等，提供所有空中接口标准（包括 CDMA2000、GSM/GPRS/EDGE、LTE、WCDMA、WLAN 和 WiMAX）的解决方案。利用其核心技术，Skyworks 提供各种标准和自定义线性产品，支持汽车、宽带、蜂窝基础架构、能源管理、工业、医疗、军事和移动手持设备等应用。

Skyworks 公司的射频产品如图 1.1.21 所示。

图 1.1.21　Skyworks 公司的射频产品（网页截图）

2．设计支持

为了方便用户更好地使用 Skyworks 公司的射频器件，Skyworks 公司提供技术文档、器件选择、解决方案、仿真模型和设计应用等多方面的支持。

1.1.16　TI（德州仪器）公司的射频与微波功率放大器

1．TI 公司的射频和微波器件产品

TI 公司射频和微波产品如图 1.1.22 所示。

图 1.1.22　TI 公司射频和微波产品（网页截图）

"射频&微波"产品包括有 RF/IF（射频/中频）增益模块、射频功率检测器、独立和集成的 IQ 调制器/解调器、PLL/VCO 合成器、数字上变频器、数字下变频器以及峰值系数抑制和数字预失真解决方案等，适用于无线基础设施、测试、测量以及国防和航空设备。

TI 公司通过 SimpleLink™解决方案简化连接过程。以业界最广泛的无线连接产品系列作为后盾，TI 为短距离、长距离、网状网络和 IP 网络、个人区域网等提供经济高效、低功耗的解决方案。TI 无线连接器件正不断帮助用户连接到物联网。

2．设计支持

为了方便用户更好地使用 TI 公司的射频和无线连接产品，TI 公司提供技术文档、设计工具和软件以及应用等多方面的支持。

TI 公司可以提供丰富的技术文档，包括数据表、应用手册、用户指南、选择指南、解决方案指南、模型、白皮书等。

1.1.17　三菱电机机电（上海）有限公司的射频与微波功率放大器

1．三菱电机机电（上海）有限公司的射频器件产品

三菱电机机电（上海）有限公司的射频器件产品如图 1.1.23 所示。

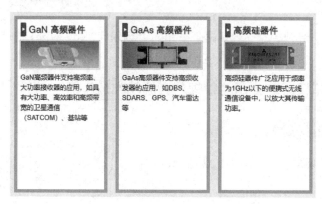

图 1.1.23 三菱电机机电（上海）有限公司的射频器件产品（网页截图）

三菱电机的射频器件在移动通信、卫星通信、远洋导航、无线局域网等无线信号传输系统的功率放大和信号放大环节得到广泛应用。为了满足各种通信领域对功率放大器和低噪声放大器高输出功率、优良线性性能、低噪声系数、高效率、低能耗、体积小等功能的要求，三菱电机致力于新型器件研究和开发。

2. 设计支持

为了方便用户更好地使用三菱电机公司的射频器件，三菱电机公司提供技术文档、器件选择、解决方案、仿真模型和设计应用等多方面的支持。

1.1.18 Wolfspeed 公司的射频与微波功率放大器

1. Wolfspeed 公司提供的射频器件

成立于 1987 年的 Cree（科锐）公司是 LED 产业最知名的品牌之一，主要产品包括 LED 芯片和封装器件。2018 年 Cree 收购 Infineon Technologies（英飞凌）的射频功率（Radio Frequency Power）业务。Cree 在 2021 年底正式更名为 Wolfspeed。

Wolfspeed 公司的射频与微波产品如图 1.1.24 所示。

Wolfspeed 射频器件的核心在于 GaN HEMT。该系列产品包括已封装的分立式晶体管（工作电压为 28V，输出功率为 6～240W；工作电压为 50V，输出功率为 15～350W），和已封装的 50Ω MMIC 放大器（工作电压为 28V/50V，适合 DC～18GHz 应用）。该产品组合还包括分立式裸芯片和 MMIC 裸芯片，Wolfspeed 的 GaN HEMT 器件其高功率密度、低干扰和高截止频率 f_T 的内在特性，适合要求高可靠性和高效率的超宽带放大器应用。

Wolfspeed 提供用于通信系统设计的碳化硅基氮化镓和 LDMOS 功率晶体管丰富产品组合，可以支持频率 450MHz～5GHz 和功率水平达到 1000W 的所有全球标准和频带应用。

Wolfspeed 提供支持卫星通信的高效率、高增益碳化硅基氮化镓器件，以多载波流（每兆赫最快比特/秒的传输速率）实现全视频带宽。这些器件还提供卓越的热特性，通过更有效地散热，碳化硅基氮化镓可以在更低温度下工作。

All Aerospace & Defense

Wolfspeed has enabled RF technology advancements that are the backbone of wireless communication and radar systems across commercial and military aviation, air traffic control, weather services, aircraft-to-satellite communications, space exploration and more.

Communications Infrastructure

Extensive portfolio of GaN on SiC and LDMOS power transistors for use in the design of telecommunication systems supporting all global standards and frequency bands, from 450 MHz to 5 GHz and power levels to 1,000 W.

General-Purpose Broadband 28 V

This family of products consists of packaged, unmatched discrete transistors from output powers 6 W to 240 W (CW) at 28 V and packaged 50-ohm MMIC amplifiers operating at 28 V suitable from DC–18 GHz applications.

General-Purpose Broadband 40 V

This family of products consists of packaged, discrete transistors and discrete bare die (designed for hybrid amplifiers and multi-function transmit/receive modules) from output powers 6 W to 70 W (CW) at 40 V that are suitable for DC–18 GHz applications.

General-Purpose Broadband 50 V

This family of products consists of packaged, unmatched discrete transistors from output powers 15 W to 350 W (CW) at 50 V and packaged 50-ohm MMIC amplifiers operating at 50 V suitable from DC–6 GHz applications.

C-Band Radar

Wolfspeed's C-Band portfolio consists of a variety of solution platforms including MMICs, IM-FETs and transistors. Our multi-stage MMICs offer a variety of power levels, high gain and high efficiency in relatively small, overmold QFN packages.

L-Band Radar

Wolfspeed's L-Band portfolio consists of broadband MMICs and transistors. Our array of partial and unmatched transistor solutions offers power levels from 6W up to 1.4kW.

S-Band Radar

Wolfspeed's GaN on SiC solutions are well suited for pulsed and CW S-band applications. Our S-Band portfolio consists of a variety of solution platforms including MMICs, IM-FETs and transistors.

X-Band Radar

Wolfspeed's GaN on SiC solutions are well suited for pulsed and CW X-Band applications. Our X-Band portfolio consists of a variety of solution platforms including MMICs, IM-FETs and transistors.

Satellite Communications

Wolfspeed offers high-efficiency and high-gain GaN on SiC components that support satellite communications delivering full video bandwidth for multi-carrier streaming – the fastest bits/sec per MHz.

图 1.1.24　Wolfspeed 公司的射频与微波产品（网页截图）

2. 设计支持

　　为了方便用户更好地使用 Wolfspeed 公司的射频器件，Wolfspeed 公司提供技术文档、器件选择、解决方案、仿真模型和设计应用等多方面的支持。Wolfspeed 公司的设计支持如图 1.1.25 所示。

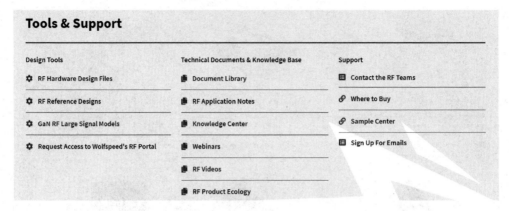

图 1.1.25　Wolfspeed 公司的设计支持（网页截图）

1.1.19　国内的一些射频功率放大器生产厂商

紫光展锐是中国集成电路设计产业的龙头企业，其产品包括移动通信中央处理器、基带芯片、AI 芯片、射频前端芯片、射频芯片等各类通信、计算及控制芯片。射频功率放大器产品有：支持 5G 所有频段的 5G RFFE 射频解决方案，4G 射频前端 RTM7916-51/61+RPM6743-31，匹配 Cat.1bis 产品的功率放大器 6743C，2G 射频功率放大器 6625E 等。

成都华光瑞芯微电子股份有限公司是国内领先的微波射频芯片（MMIC）和高速模拟芯片研发生产商，具备 GaAs/GaN HEMT、SiGe BiCMOS 和 Si CMOS 等工艺的芯片设计开发及批量交付能力。公司主营产品为 GaN/GaAs 功率放大器芯片、GaN 高功率功放管、幅相控制多功能芯片、数控移相器、数控衰减器、低噪声放大器、混频器等射频微波芯片，以及环行器/隔离器、MCM/SIP 模组等微波射频产品，频率覆盖范围达 DC-100GHz，可提供有源相控阵（AESA）雷达 T/R 组件全套解决方案。

唯捷创芯（天津）电子技术股份有限公司专注于射频前端及高端模拟芯片的研发与销售，主要产品是应用于 2G、3G、4G 手机及数据卡产品的射频功率放大器。

无锡中普微电子有限公司专业从事射频 IC 设计、研发及销售，产品涵盖 GSM、W-CDMA、TD-SCDMA、CDMA2000 和 TD-LTE，提供全面的 2G/3G/4G 射频前端解决方案。

上海艾为电子技术股份有限公司专注于数模混合、模拟、射频等 IC 设计，为手机、人工智能、物联网、汽车电子、可穿戴和消费类电子等众多领域的智能终端产品全面提供技术领先且高品质、高性能的 IC 产品。

中国台湾 Airoha 络达科技主要包括手机功率放大器、射频开关、低噪声功率放大器、数字电视与机顶盒卫星（DVB-S/S2）调谐器、WiFi 射频收发器、蓝牙低功耗单芯片、蓝牙无线音频系统解决方案、WiFi 物联网芯片、卫星定位芯片及智能装置与可穿戴系统解决方案。

北京昂瑞微电子技术股份有限公司的主要产品有 2G/3G/4G/5G 全系列射频前端芯片（射频前端模组 PAMiD/PAMiF、L-FEM、MMMB、TxM、PAM 等，以及射频开关、低噪声放大器、天线调谐器等）、物联网无线连接 SoC 芯片（蓝牙 BLE、蓝牙 Audio、双模蓝牙、2.4GHz 无线通信芯片等）。

深圳飞骧科技股份有限公司专注于射频功率放大器、开关芯片及射频前端模组的设计、开发和销售，主要产品有 2G/3G/4G 射频功率放大器，4G/WiFi 射频开关（RF Switch），4G 射频前端模块（RF Front-end Module）。

广州慧智微电子是高性能微波射频前端芯片提供商，主要提供 5G/4G 和 NB-IoT 的系列射频前端芯片。

1.2　数据表中的射频与微波功率放大器参数

在数据表（Datasheet）中的射频与微波功率放大器参数可以分成三种主要类型：绝对最大值、推荐工作条件和电特性，此外还有温度范围和热特性。

1.2.1　绝对最大值

绝对最大值（也称为绝对最大额定值）是一些极限值，超过了这些极限值，器件的寿命也许会受损。所以，在使用和测试中绝不可超过这些极限值。根据定义，所谓极限值就是最大值，极限值指定的两个端点所包含的区域就叫范围（如工作温度范围）。

〖举例〗　AMMC-5620 MMIC 6～20GHz 高增益宽带放大器的绝对最大额定值[1]如图 1.2.1 所示。从图 1.2.1 可见，AMMC-5620 的一些极限值，如漏极电源电压 V_{DD} 不能够超过 7.5V，漏极电流 I_{DD} 不能够超过 135mA，直流功耗不能够超过 1W，RF CW 输入功率最大为 20dBm，沟道温度 T_{ch}=+150℃，等等。

AMMC-5620 Absolute Maximum Ratings[1]

Symbol	Parameters/Conditions	Units	Min.	Max.
V_{DD}	Drain Supply Voltage	V		7.5
I_{DD}	Total Drain Current	mA		135
P_{DC}	DC Power Dissipation	W		1.0
P_{in}	RF CW Input Power	dBm		20
T_{ch}	Channel Temp.	°C		+150
T_b	Operating Backside Temp.	°C	- 55	
T_{stg}	Storage Temp.	°C	- 65	+165
T_{max}	Maximum Assembly Temp. (60 sec max)	°C		+300

Note:
1. Operation in excess of any one of these conditions may result in permanent damage to this device.

图 1.2.1　AMMC-5620 MMIC 的绝对最大额定值（数据表截图）

〖举例〗　BLP7G22-05 LDMOS 驱动晶体管的绝对最大额定值[2]如图 1.2.2 所示。从图 1.2.2 可见，BLP7G22-05 的一些极限值，如漏-源电压 V_{DS} 最大值为 65V，栅-源电压 V_{GS} 为–0.5～+13V，等等。

Table 4.　Limiting values
In accordance with the Absolute Maximum Rating System (IEC 60134).

Symbol	Parameter	Conditions	Min	Max	Unit
V_{DS}	drain-source voltage		-	65	V
V_{GS}	gate-source voltage		–0.5	+13	V
T_{stg}	storage temperature		–65	+150	°C
T_j	junction temperature		-	150	°C

图 1.2.2　BLP7G22-05 LDMOS 驱动晶体管的绝对最大额定值（数据表截图）

1.2.2　推荐工作条件

推荐工作条件与上面的最大值有这样的一个相似性，这就是，超出了规定的工作范围，可以导致不满意的性能。但是，推荐工作条件并不表示超出规定范围时器件会损坏。

〖举例〗 BGU7060 模拟高线性低噪声可变增益放大器推荐的工作条件[3]如图 1.2.3 所示。从图 1.2.3 可见，BGU7060 的电源电压 V_{CC1} 和 V_{CC2} 可以为+4.75～+5.25V，功率增益控制电压 $V_{ctrl(GP)}$ 为 0～+3.3V，特性阻抗为 50Ω，外壳温度范围为–40～+85℃，等等。

Table 5.　Recommended operating conditions

Symbol	Parameter	Conditions	Min	Typ	Max	Unit
V_{CC1}	supply voltage 1		4.75	5	5.25	V
V_{CC2}	supply voltage 2		4.75	5	5.25	V
$V_{ctrl(Gp)}$	power gain control voltage		0	-	3.3	V
$V_{I(GS1)}$	input voltage on pin GS1		0	-	3.3	V
$V_{I(GS2)}$	input voltage on pin GS2		0	-	3.3	V
Z_0	characteristic impedance		-	50	-	Ω
T_{case}	case temperature		–40	-	+85	℃

图 1.2.3　BGU7060 推荐的工作条件（数据表截图）

〖举例〗 AWL6153 2.4GHz 无线 LAN 功率放大器模块推荐的工作条件[4]如图 1.2.4 所示。从图 1.2.4 可见 AWL6153 的电源电压 V_{CC} 可为+3.0～+5.5V，外壳温度为–40～+85℃，等等。

Table 3: Operating Ranges

PARAMETER	MIN	TYP	MAX	UNIT	COMMENTS
Operating Frequency (f)	2400	-	2485	MHz	
Supply Voltage (V_{CC})	+3.0	-	+5.5	V	
Reference Voltage (V_{REF})	- 0	+2.85 -	- +0.5	V	PA"on" PA"shut down"
RF Output Power (P_{OUT})	- - - -	+21 +25 +25 +28	- - - -	dBm	V_{CC} = +3.3 V, 802.11g modulation V_{CC} = +5.0 V, 802.11g modulation V_{CC} = +3.3 V, 802.11b modulation V_{CC} = +5.0 V, 802.11b modulation
Case Temperature (T_C)	-40	-	+85	℃	

The device may be operated safely over these conditions; however, parametric performance is guaranteed only over the conditions defined in the electrical specifications.

图 1.2.4　AWL6153 推荐的工作条件（数据表截图）

〖举例〗 BLP7G22-05 LDMOS 驱动晶体管的典型射频性能[2]如图 1.2.5 所示。从图 1.2.5 可见，BLP7G22-05 的一些射频特性参数对应不同的应用而不同。

Table 1.　Application information

Typical RF performance at T_{case} = 25 ℃; in a class-AB application circuit.

Test signal	f (MHz)	I_{Dq} (mA)	V_{DS} (V)	$P_{L(AV)}$ (W)	G_p (dB)	η_D (%)	ACPR (dBc)
IS-95 [1]	788	60	28	1	23.9	25	−41
2-carrier W-CDMA [2]	2140	55	28	1	16.7	27	−40
Pulsed CW	2700	55	28	5	14.5	45	-

[1]　Single carrier IS-95 with pilot, paging, sync and 6 traffic channels (Walsh codes 8 - 13). PAR = 9.7 dB at 0.01 % probability on the CCDF. Channel bandwidth is 1.2288 MHz.

[2]　Test signal: 2-carrier W-CDMA: carrier spacing = 5 MHz. PAR = 8.4 dB at 0.01% probability on CCDF; RF performance at V_{DS} = 28 V; I_{Dq} = 55 mA.

图 1.2.5　BLP7G22-05 LDMOS 驱动晶体管的典型射频特性参数（数据表截图）

　　IS-95 是由高通公司发起的第一个基于 CDMA 数字蜂窝标准。IS-95 也叫 TIA-EIA-95。它是一个使用 CDMA 的 2G 移动通信标准，一个数据无线电多接入方案，用来发送声音、数据和在无线电话和蜂窝站点间发信号数据（如被拨电话号码）。IS-95 是 TIA 为最主要基于 CDMA 技术 2G 移动通信的空中接口标准分配的编号。IS 全称为 Interim Standard，即暂时标准。IS-95 及其相关标准是最早商用的基于 CDMA 技术的移动通信标准，它或者它的后继 CDMA2000 也经常被简称为 CDMA。

　　WCDMA（Wideband Code Division Multiple Access，宽带码分多址）是一种第三代无线通信技术。W-CDMA（Wideband CDMA）是一种由 3GPP 具体制定的，基于 GSM MAP 核心网、UTRAN（UMTS 陆地无线接入网）为无线接口的第三代移动通信系统。目前 WCDMA 有 Release 99、Release 4、Release 5、Release 6 等版本。目前中国联通采用的就是此种 3G 通信标准。

　　CW：在无线电通信中，等幅电报通信（Continuous Wave）简称 CW 方式。

　　PAR（Peak to Average Radio，峰值功率与均值功率的比）：无线信号从时域上观测是幅度不断变化的正弦波，幅度并不恒定，一个周期内的信号幅度峰值和其他周期内的幅度峰值是不一样的，因此每个周期的平均功率和峰值功率是不一样的。在一个较长的时间内，峰值功率是以某种概率出现的最大瞬态功率，通常概率取为 0.01%。在这个概率下的峰值功率跟系统总的平均功率的比称为峰均比（峰值功率与均值功率的比）。在概率为 0.01% 处的 PAR，一般称为峰值因子（CF CREST Factor，CF）。

　　CCDF（Complementary Cumulative Distribution Function，互补累计分布函数）：用来定义多载波传输系统中峰均值超过某一门限值 z 的概率。

1.2.3　电特性

　　电特性是器件的可测量的电学特性，这些电特性是由器件设计确定的。电特性被用来对器件用作电路元件时的性能进行预测。出现在电特性表中的数据是根据工作在推荐工作条件下的器件而获取的。

　　〖举例〗　图 1.2.6 所示参数是在 T_b=25℃、V_{DD}=5V、I_{DD}=95mA、Z_o=50Ω 和 "Parameters and Test Conditions（参数和测试条件）" 规定的一些工作条件下所获得的。

　　〖举例〗　AMMC-5620 MMIC 的电特性[1]如图 1.2.6 所示，分为直流特性（DC Specifications/Physical Properties）和射频特性（RF Specifications）两个部分。

　　图 1.2.6 中的表格列出了 AMMC-5620 MMIC 的参数（Parameters）、参数符号（Symbol）、

测试条件（Test Conditions）、参数值［分为最小值（Min）、典型值（Typical）和最大值（Max）］，以及它们的单位（Units）和使用说明等。在图 1.2.6 中的表格中，有些符号是参数，有些符号是测试条件。测试条件是指在参数测试时对器件施加的条件。表中的有些符号则同时用作条件和参数。参数或条件所使用的单位，属于标准的 SI 计量单位（国际单位制，来自法语：Système International d'Unités）。在数据手册中，还经常在这些单位前使用一些乘数，如 p（皮）和 M（兆）。

AMMC-5620 DC Specifications/Physical Properties [1]

Symbol	Parameters and Test Conditions	Units	Min.	Typical	Max.
V_{DD}	Recommended Drain Supply Current	V		5	
I_{DD}	Total Drain Supply Current (V_{DD} = 5V)	mA	70	95	130
I_{DD}	Total Drain Supply Current (V_{DD} = 7V)	mA		105	
θ_{ch-b}	Thermal Resistance [3] (Backside temperature (T_b) = 25 °C)	°C/W		33	

Notes:
1. Backside temperature Tb = 25°C unless otherwise noted
2. Channel-to-backside Thermal Resistance (θch-b) = 47°C/W at Tchannel (Tc) = 150°C as measured using infrared microscopy. Thermal Resistance at backside temperature (Tb) = 25°C calculated from measured data.

AMMC-5620 RF Specifications [3]

Tb = 25°C, V_{DD}=5V, I_{DD}=95 mA, Z_o=50 Ω

Symbol	Parameters and Test Conditions	Units	Min.	Typical	Max.
$\lvert S21 \rvert^2$	Small-signal Gain	dB	16	19	22
Gain Slope	Positive Small-signal Gain Slope	dB/GHz		+0.21	
RL_{in}	Input Return Loss	dB	10	13	
RL_{out}	Output Return Loss	dB	10	14	
$\lvert S12 \rvert^2$	Reverse Isolation	dB		− 55	
P_{-1dB}	Output Power at 1 dB Gain Compression @ 20 GHz	dBm	12.5	15	
P_{sat}	Saturated Output Power (3dB Gain Compression) @ 20 GHz	dBm	14.5	17	
OIP3	Output 3rd Order Intercept Point @ 20 GHz	dBm		23.5	
NF	Noise Figure @ 20 GHz	dB		4.2	5.0

Notes:
3. 100% on-wafer RF test is done at frequency = 6, 13 and 20 GHz, except as noted.

图 1.2.6　AMMC-5620 MMIC 的电特性（数据表截图）

〖**举例**〗 BGU7060 模拟高线性低噪声可变增益放大器的电特性[5]如图 1.2.7 所示，器件工作在高增益模式（Characteristics high gain mode）或者低增益模式（Characteristics low gain mode），其电特性参数是不同的。出现在电特性表中的数据是器件工作在推荐工作条件下的参数。注意，不同的工作条件，参数会不同。

〖**举例**〗 BLP7G22-05 LDMOS 驱动晶体管的电特性[2]如图 1.2.8 所示，从图 1.2.8 可见，BLP7G22-05 的一些电特性参数分为直流特性（DC Specifications）和射频特性（RF Specifications）两个部分。出现在电特性表中的数据是器件工作在推荐工作条件下的参数。注意，不同的工作条件，参数会不同。

Table 7.　Characteristics high gain mode

GS1 = LOW; GS2 = HIGH (see Table 9); V_{CC1} = 5 V; V_{CC2} = 5 V; f = 725 MHz; T_{amb} = 25 ℃; input and output 50 Ω; unless otherwise specified. All RF parameters have been characterized at the device RF input and RF output terminals.

Symbol	Parameter	Conditions	Min	Typ	Max	Unit
$I_{CC(tot)}$	total supply current		197	224	267	mA
$G_{p(min)}$	minimum power gain	$V_{ctrl(Gp)}$ = 3.3 V	-	11.8	-	dB
$G_{p(max)}$	maximum power gain	$V_{ctrl(Gp)}$ = 0 V	-	36.4	-	dB
$G_{p(flat)}$	power gain flatness	699 MHz ≤ f ≤ 748 MHz; 18 dB ≤ G_p ≤ 35 dB	-	0.3	-	dB
NF	noise figure	$V_{ctrl(Gp)}$ = 0 V (maximum power gain)	-	0.71	-	dB
		G_p = 35 dB	-	0.84	1	dB
		G_p = 18 dB	-	6.11	-	dB
$IP3_I$	input third-order intercept point	2-tone; tone-spacing = 1.0 MHz				
		G_p = 35 dB	0	1.0	-	dBm
		G_p = 30 dB	-	3.7	-	dBm
		G_p = 29 dB	-	4.0	-	dBm
		G_p = 18 dB	-	6.1	-	dBm
$P_{i(1dB)}$	input power at 1 dB gain compression	G_p = 35 dB	−13	−12.6	-	dBm
		G_p = 30 dB	-	−7.9	-	dBm
		G_p = 29 dB	-	−7.2	-	dBm
		G_p = 18 dB	-	−5.5	-	dBm
RL_{in}	input return loss	$V_{ctrl(Gp)}$ = 0 V (maximum power gain)	-	27.3	-	dB
		G_p = 35 dB	-	54.4	-	dB
RL_{out}	output return loss	$V_{ctrl(Gp)}$ = 0 V (maximum power gain)	-	18.3	-	dB
K	Rollett stability factor	0 GHz ≤ f ≤ 12.75 GHz	1	-	-	

Table 8.　Characteristics low gain mode

GS1 = HIGH; GS2 = LOW (see Table 9); V_{CC1} = 5 V; V_{CC2} = 5 V; f = 725 MHz; T_{amb} = 25 ℃; input and output 50 Ω; unless otherwise specified. All RF parameters have been characterized at the device RF input and RF output terminals.

Symbol	Parameter	Conditions	Min	Typ	Max	Unit
$I_{CC(tot)}$	total supply current		175	194	230	mA
$G_{p(min)}$	minimum power gain	$V_{ctrl(Gp)}$ = 3.3 V	-	−6.2	-	dB
$G_{p(max)}$	maximum power gain	$V_{ctrl(Gp)}$ = 0 V	-	18.8	-	dB
$G_{p(flat)}$	power gain flatness	699 MHz ≤ f ≤ 748 MHz; 3 dB ≤ G_p ≤ 17 dB	-	0.2	-	dB
NF	noise figure	G_p = 17 dB	-	10.5	-	dB
		G_p = 3 dB	-	22.4	-	dB
$IP3_I$	input third-order intercept point	2-tone; tone-spacing = 1.0 MHz				
		G_p = 17 dB	-	20.5	-	dBm
		G_p = 12 dB	-	25.5	-	dBm
		G_p = 11 dB	-	26.4	-	dBm
		G_p = 3 dB	-	31.8	-	dBm
$P_{i(1dB)}$	input power at 1 dB gain compression	G_p = 17 dB	-	5.6	-	dBm
		G_p = 12 dB	-	10.0	-	dBm
		G_p = 11 dB	-	10.7	-	dBm
		G_p = 3 dB	-	12.7	-	dBm
RL_{in}	input return loss	$V_{ctrl(Gp)}$ = 0 V (maximum power gain)	-	28.4	-	dB
		G_p = 17 dB	-	28.2	-	dB
RL_{out}	output return loss	$V_{ctrl(Gp)}$ = 0 V (maximum power gain)	-	24.3	-	dB
K	Rollett stability factor	0 GHz ≤ f ≤ 12.75 GHz	1	-	-	

图 1.2.7　BGU7060 模拟高线性低噪声可变增益放大器的电特性（数据表截图）

Table 6.　DC characteristics

T_j = 25 ℃; per section unless otherwise specified.

Symbol	Parameter	Conditions	Min	Typ	Max	Unit
$V_{(BR)DSS}$	drain-source breakdown voltage	V_{GS} = 0 V; I_D = 0.09 mA	65	-	-	V
$V_{GS(th)}$	gate-source threshold voltage	V_{DS} = 10 V; I_D = 9 mA	1.5	1.9	2.3	V
V_{GSq}	gate-source quiescent voltage	V_{DS} = 28 V; I_D = 55 mA	1.45	2.0	2.55	V
I_{DSS}	drain leakage current	V_{GS} = 0 V; V_{DS} = 28 V	-	-	1.4	μA
I_{DSX}	drain cut-off current	V_{GS} = $V_{GS(th)}$ + 3.75 V; V_{DS} = 10 V	-	1.6	-	A
I_{GSS}	gate leakage current	V_{GS} = 11 V; V_{DS} = 0 V	-	-	140	nA
g_{fs}	forward transconductance	V_{DS} = 10 V; I_D = 9 mA	-	80	-	mS
$R_{DS(on)}$	drain-source on-state resistance	V_{GS} = $V_{GS(th)}$ + 3.75 V; I_D = 315 mA	-	2	-	Ω

Table 7.　RF characteristics

Test signal: 1-tone pulsed; t_p = 50 μs; δ = 10 %; f = 2140 MHz; RF performance at V_{DS} = 28 V; I_{Dq} = 55 mA; T_{case} = 25 ℃; unless otherwise specified, in a production circuit.

Symbol	Parameter	Conditions	Min	Typ	Max	Unit
G_p	power gain	$P_{L(AV)}$ = 1 W	15	16	-	dB
η_D	drain efficiency	$P_{L(AV)}$ = 1 W	20	23	-	%
$P_{L(1dB)}$	output power at 1 dB gain compression		5.5	-	-	W
RL_{in}	input return loss	$P_{L(AV)}$ = 1 W	-	-16	-12	dB

图 1.2.8　BLP7G22-05 LDMOS 驱动晶体管的电特性（数据表截图）

1.2.4　温度范围

通常器件指定三种温度范围。

- 规定温度范围：射频与微波功率放大器工作性能满足数据表规定的温度，如 +25℃。
- 工作温度范围：射频与微波功率放大器不会损坏，但性能不一定能够保障的放大器工作温度范围，如-40～+85℃。
- 存储温度范围：可能会导致封装永久损坏的最高和最低温度，如-65～+125℃。在这个温度范围内的最高和最低温度点，射频与微波功率放大器可能无法正常工作。

1.2.5　热特性

对于射频与微波功率放大器，数据表中会给出器件的热特性。

〖举例〗　BLP7G22-05 LDMOS 驱动晶体管的热特性[2]如图 1.2.9 所示。热特性用结到外壳的热阻 $R_{th(j-c)}$表示。

〖举例〗　BLF8G09LS-400PW、BLF8G09LS-400PGW LDMOS 功率晶体管的热特性[6]如图 1.2.10 所示。热特性用结到外壳的热阻 $R_{th(j-c)}$表示。

注意，器件的输出功率不同（例如，BLP7G22-05 是一个 5W 塑封 LDMOS 驱动晶体管，BLF8G09LS-400PW 是一个 400W LDMOS 功率晶体管），采用的封装形式不同（例如，

BLP7G22-05 采用 SOT1179-2 封装，BLF8G09LS-400PW 采用 SOT1242B 封装），热阻 $R_{\text{th(j-c)}}$ 不同。

Table 5.　Thermal characteristics

Symbol	Parameter	Conditions		Typ	Unit
$R_{\text{th(j-c)}}$	thermal resistance from junction to case	T_{case} = 80 °C; P_L = 5 W	[1]	6.4	K/W

[1]　$R_{\text{th(j-c)}}$ is measured under RF conditions.

图 1.2.9　BLP7G22-05 LDMOS 驱动晶体管的热特性（数据表截图）

Table 5.　Thermal characteristics

Symbol	Parameter	Conditions	Typ	Unit
$R_{\text{th(j-c)}}$	thermal resistance from junction to case	T_{case} = 80 °C; P_L = 95 W	0.26	K/W

图 1.2.10　BLF8G09LS-400PW LDMOS 功率晶体管的热特性（数据表截图）

第2章

射频电路设计基础

2.1 频谱的划分

由电气和电子工程师学会（IEEE）建立的频谱分段见表 2.1.1。频率与波长的关系为

$$\lambda = \frac{c}{f} \tag{2.1.1}$$

式中，$c=3\times10^8$m/s，为电磁波在真空中的传播速度；f 的单位为 Hz；λ 的单位为 m。

表 2.1.1 IEEE 频谱

频 段	频 率	波 长
ELF（极低频）	30～300Hz	10000～1000km
VF（音频）	300～3000Hz	1000～100km
VLF（甚低频）	3～30kHz	100～10km
LF（低频）	30～300kHz	10～1km
MF（中频）	300～3000kHz	1～0.1km
HF（高频）	3～30MHz	100～10m
VHF（甚高频）	30～300MHz	10～1m
UHF（特高频）	300～3000MHz	100～10cm
SHF（超高频）	3～30GHz	10～1cm
EHF（极高频）	30～300GHz	1～0.1cm
亚毫米波	300～3000GHz	1～0.1mm
P 波段	0.23～1GHz	130～30cm
L 波段	1～2GHz	30～15cm
S 波段	2～4GHz	15～7.5cm
C 波段	4～8GHz	7.5～3.75cm
X 波段	8～12.5GHz	3.75～2.4cm
Ku 波段	12.5～18GHz	2.4～1.67cm
K 波段	18～26.5GHz	1.67～1.13cm
Ka 波段	26.5～40GHz	1.13～0.75cm
毫米波	40～300GHz	7.5～1mm

从式（2.1.1）可见，频率 f 越高，波长 λ 越短。在高频（30～300MHz）以下波段，即波长大于 1m 的情况，这时元件的尺寸远小于波长 λ，元件的参数为集总参数形式，参数集中

在 R、L、C 等元件中，可以认为与导线和路径无关。在 300MHz～300GHz 以上波段，即波长λ<1m，进入 cm 级和 mm 级时，这时元件的尺寸大于或等于波长λ，元件的参数为分布参数形式，参数分布在元件的腔体、窗口、微带线等中，与导线和路径有关。

在射频频段，集总电阻、集总电容和集总电感等元件的特性是不具有"纯"的电阻、电容和电感的性质，这是在射频电路设计、模拟和布线过程中必须注意的。

2.2 电阻器的射频特性

2.2.1 电阻器的射频等效电路

电阻器的射频等效电路如图 2.2.1 所示，图中，两个电感 L 等效为引线电感；电容 C_b 表示电荷分布效应，C_a 表示为引线间电容，与标称电阻相比较，引线电阻常常被忽略。从图 2.2.2 可见，在低频时电阻的阻抗是 R；随着频率的升高，寄生电容的影响成为引起电阻阻抗下降的主要因素；然而随着频率的进一步升高，由于引线电感的影响，电阻的总阻抗上升。在很高的频率时，引线电感会成为一个无限大的阻抗，甚至开路。一个金属膜电阻的阻抗绝对值与频率的关系如图 2.2.2 所示。

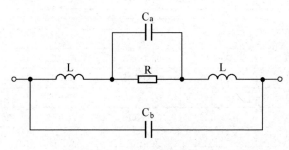

图 2.2.1 电阻器的射频等效电路

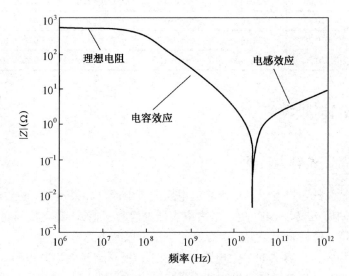

图 2.2.2 一个金属膜电阻的阻抗绝对值与频率的关系

2.2.2　片状电阻的外形和尺寸

目前，在射频电路中主要应用的是薄膜片状电阻，该类电阻的尺寸能够做得非常小，可以有效地减小引线电感和分布电容的影响。片状电阻的类型（尺寸）见表 2.2.1，功率范围为 $0.031\sim1W$，阻值范围为 $0.1\Omega\sim10M\Omega$，外形如图 2.2.3 所示。从表 2.2.1 可见，最小尺寸的 01005 片状电阻，其封装尺寸仅 0.4mm（长 L）×0.2mm（宽 W）× 0.13mm（高 h）。

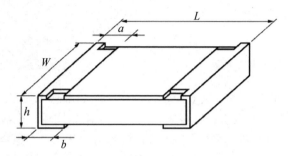

图 2.2.3　片状电阻的外形

表 2.2.1　片状电阻的尺寸

类型（in）	尺寸（mm）					功率（W）
	L	W	a	b	h	
01005	0.40±0.02	0.20±0.02	0.10±0.03	0.10±0.03	0.13±0.02	0.031
0201	0.60±0.03	0.30±0.03	0.10±0.05	0.15±0.05	0.23±0.03	0.05
0402	1.00±0.05	0.50±0.05	0.20±0.10	0.25±0.05	0.35±0.05	0.1
0603	1.60±0.15	0.80+0.15	0.30±0.15	0.30±0.15	0.45±0.10	0.1
0805	2.00±0.20	1.25±0.10	0.40±0.20	0.40±0.20	0.60±0.10	0.125
1206	3.20+0.05	1.60±0.05	0.50±0.20	0.50±0.20	0.60±0.10	0.25
1210	3.20±0.20	2.50±0.20	0.50±0.20	0.50±0.20	0.60±0.10	0.5
1812	4.50±0.20	3.20±0.20	0.50±0.20	0.50±0.20	0.60±0.10	0.75
2010	5.00±0.20	2.50±0.20	0.60±0.20	0.60±0.20	0.60±0.10	0.75
2512	6.40±0.20	3.20±0.20	0.65±0.20	0.60±0.20	0.60±0.10	1

2.3　电容器的射频特性

2.3.1　电容器的阻抗频率特性

从电容的阻抗公式可以看出，对于直流电压或者电流，如果 $\omega=0$（$\omega=2\pi f$），电容器的阻抗趋于无穷大；如果 $\omega\neq0$（$\omega=2\pi f$），增大电容器的容量（值），其阻抗随之减小。理论上，增大电容器的容量（值）至无穷大，电容器的阻抗可以减小为零。

而在射频电路中，电容器的等效电路如图 2.3.1 所示，等效串联电感（ESL）包含引线电感，等效串联电阻（ESR）包含引线导体损耗和介质损耗。由图 2.3.1 可见，电容器的等效串联电感（ESL）将随着频率的升高而降低电容器的特性。如果等效串联电感（ESL）与实际电容器的电容 C 谐振，这将会产生一个自谐振（LC 串联谐振）。由于这个串联谐振产生一个很小的串联阻抗，所以非常适合在去耦电路中应用。然而，当电路的工作频率高于串联谐振频率时，该电容器将表现为电感性而不是电容性。电容器的阻抗绝对值与频率的关系如图 2.3.2 所示。

在射频电路中，希望隔直和旁路电容的阻抗为"零"，即所谓的"零阻抗电容"。由图 2.3.2 可知，阻抗为"零"的电容器并不存在。通常选择在电容器自谐振点 ESR 最小的电容器，作为"零阻抗电容"。工程中通常使用的是片状（贴片）电容器，等效串联电阻（ESR）通常为 mΩ 级。

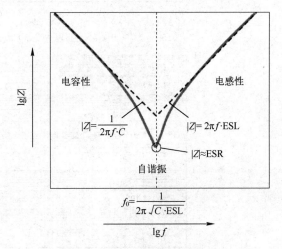

图 2.3.1　电容器的等效电路　　　　　图 2.3.2　电容器的阻抗频率特性

GRM 系列片状独石陶瓷电容器的阻抗频率特性[7]如图 2.3.3 所示。

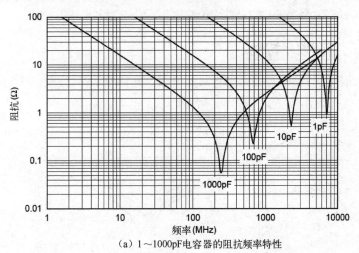

（a）1～1000pF电容器的阻抗频率特性

图 2.3.3　GRM 系列片状独石陶瓷电容器的阻抗频率特性

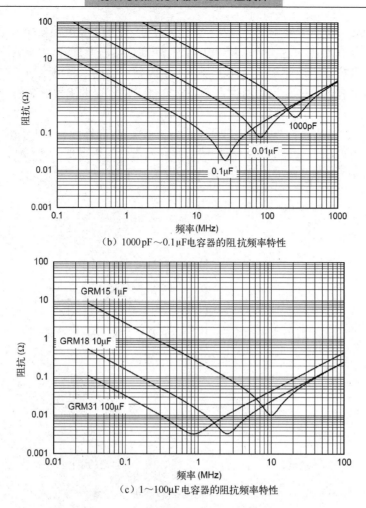

（b）1000pF～0.1μF电容器的阻抗频率特性

（c）1～100μF电容器的阻抗频率特性

图 2.3.3　GRM 系列片状独石陶瓷电容器的阻抗频率特性（续）

2.3.2　电容器的衰减频率特性

电容器的衰减特性与频率有关。电容器的衰减频率特性示例[8]如图 2.3.4 所示。

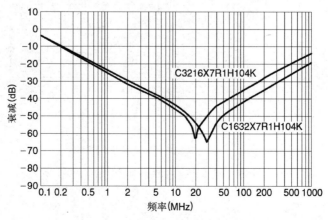

图 2.3.4　电容器的衰减频率特性示例

2.3.3　电容器的 ESR 和 ESL 特性

不同结构和容量的电容器其等效串联电阻（ESR）也不同，示例[9]如图 2.3.5 所示。

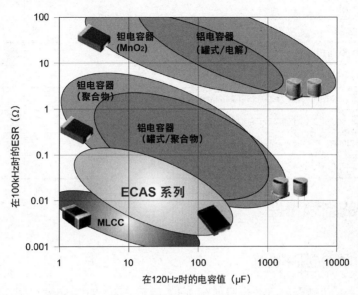

图 2.3.5　不同结构和容量电容器的等效串联电阻（ESR）

不同结构和不同容量的电容器其等效串联电阻（ESR）和等效串联电感 ESL 也不同，示例见表 2.3.1[10]和表 2.3.2[11]。

表 2.3.1　不同容量的 X5R 和 X7R 电容器的 ESR 和 ESL

电容值	尺寸	介质	ESR（mΩ）	L（内部）(nH)	L（安装）(nH)	SRF（MHz）	Q
100μF	1812	X5R	1.8	2.72	0.600	0.341	0.7
47μF	1210	X5R	1.9	1.487	0.600	0.537	1.1
22μF	1210	X5R	2.5	1.300	0.600	0.867	1.3
10μF	0805	X5R	3.6	0.773	0.600	1.60	1.6
4.7μF	0805	X5R	4.2	0.544	0.600	2.32	2.1
2.2μF	0805	X5R	6.1	0.413	0.600	3.55	2.2
1.0μF	0603	X5R	9.1	0.391	0.600	5.69	2.3
470nF	0603	X5R	13	0.419	0.600	7.85	2.3
220nF	0603	X7R	19	0.438	0.600	11.9	2.3
100nF	0603	X7R	29	0.443	0.600	18.0	2.3
47nF	0603	X7R	38	0.451	0.600	24.7	2.4
22nF	0603	X7R	64	0.492	0.600	36.6	2.1
10nF	0603	X7R	80	0.518	0.600	50.4	2.4

表 2.3.2　电容器的 ESL

电容器类型	ESL
引线型陶瓷电容器（0.01μF）	3.0nH
引线型陶瓷电容器（0.1μF）	2.6nH
引线型独石陶瓷电容器（0.01μF）	1.6nH
引线型独石陶瓷电容器（0.1μF）	1.9nH
片状独石陶瓷电容器（0.01μF，尺寸为 2.0mm×1.25mm×0.6mm）	0.7nH
片状独石陶瓷电容器（0.1μF，尺寸为 2.0mm×1.25mm×0.85mm）	0.9nH
片状铝电解电容器（47μF，尺寸为 8.4mm×8.3mm×6.3mm）	6.8nH
片状钽电解电容器（47μF，尺寸为 5.8mm×4.6mm×3.2mm）	3.4nH

2.4　电感器的射频特性

2.4.1　电感器的阻抗频率特性

在射频电路中，电感器的等效电路如图 2.4.1 所示，阻抗频率特性如图 2.4.2 所示。从等效电路中可见，等效并联电容（EPC）与等效并联电阻（EPR）同电感线圈（L）出现并联。电感器阻抗在较低频率下显示出电感性，并且几乎呈线性增加。从图 2.4.1 可见，等效并联电容与电感线圈并联，这也意味着，一定存在着某一频率，在该频率点线圈电感和等效并联电容产生并联谐振，使阻抗迅速增加。通常称这一谐振频率点为电感器的自谐振频率（SRF，Self Resonant Frequency），阻抗在自谐振频率 f_0 时达到最大值。当频率超过自谐振频率点时，等效并联电容的影响将成为主要因素，电感线圈呈现电容特性，其阻抗几乎呈线性下降。自谐振频率的阻抗受到 EPR 的限制，电容区的阻抗受到 EPC 的限制。

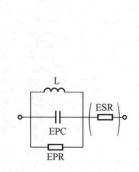

图 2.4.1　电感器的等效电路

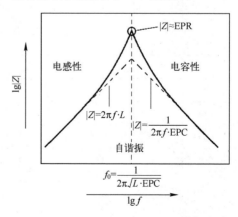

图 2.4.2　电感器的阻抗频率特性

目前片式电感也在射频电路中被广泛使用。片式电感器有绕线型片式电感器、陶瓷叠层片式电感器、多层铁氧体片式电感器、片式磁珠等多种形式。例如，一种 FHW 系列的绕线型片式电感器尺寸有 0603、0805、1008、1210、1812，电感范围为 3.3～100000nH，0603 的封装尺寸为 1.70mm（长）×1.16mm（宽）×1.02mm（高）。

　　一般信号用电感和电源用电感的阻抗频率特性[12,13]如图 2.4.3 所示，工作频率低于谐振频率时，电感器表现出电感性，阻抗随着频率的升高而增大；当工作频率高于谐振频率时，电感器表现出电容性，阻抗随着频率的升高而减小。在电感器的自谐振频率（SRF）点，阻抗最大。不同用途和不同电感值的电感器，电感器的自谐振频率点不同。在高速电路设计时，应选择自谐振频率点高于工作频率的电感。

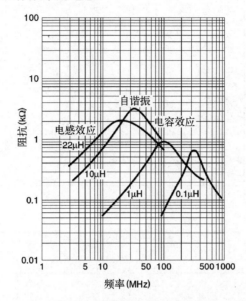

（a）一般信号用电感的阻抗频率特性

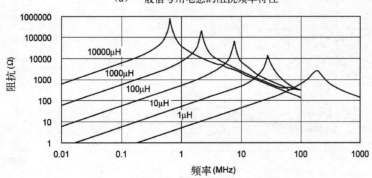

（b）电源用电感的阻抗频率特性

图 2.4.3　电感器的阻抗频率特性

2.4.2　电感器的 *Q* 值频率特性

　　Q 值是衡量电感器性能的主要参数，是指电感器在某一频率的交流电压下工作时，所呈现的感抗与其等效损耗电阻之比。

$$Q = \frac{X}{R_\mathrm{s}} \qquad\qquad (2.4.1)$$

式中，X 是电抗；R_s 是电感线圈的串联电阻。品质因数 Q 表征无源电路的电阻损耗，通常希望得到尽可能高的品质因数。

　　一个电感线圈的 Q 值频率特性[13]如图 2.4.4 所示。随着频率的上升，Q 值会上升，而达到一定的频率后会快速下降。不同用途和不同电感值的电感器，转折的频率点不同。

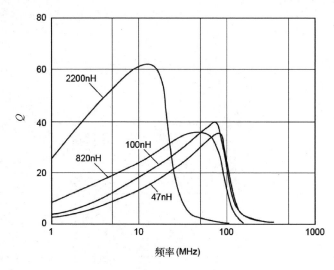

（a）一般信号用电感的Q值频率特性

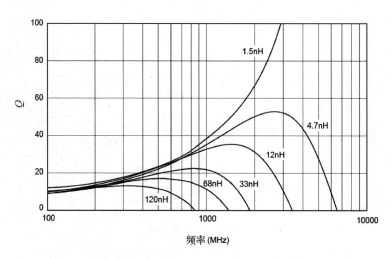

（b）高频信号用电感的Q值频率特性

图 2.4.4　电感器的 Q 值频率特性

2.4.3　电感器的电感值频率特性

　　电感器的电感值频率特性[13]如图 2.4.5 所示，不同用途和不同电感值的电感器，转折的频率点不同。从图 2.4.5 可知，工作频率低于某一频率点时，电感值基本保持稳定；但一旦工作频率超过这一频率点后，电感值将会迅速增大。不过，如果频率继续增大并达到一定程度后，电感值又会迅速减小，图 2.4.5 中没有给出这个减小的过程。在射频电路设计时，应选择该频率点高于工作频率的电感。

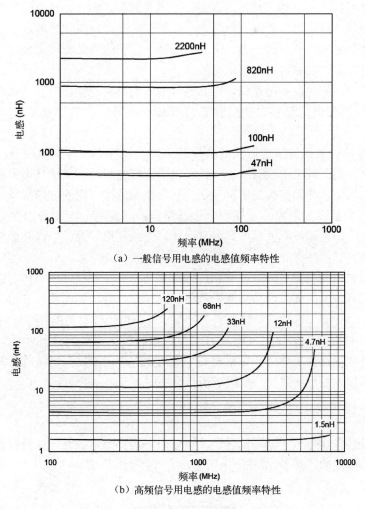

（a）一般信号用电感的电感值频率特性

（b）高频信号用电感的电感值频率特性

图 2.4.5 电感器的电感值频率特性

2.5 铁氧体元件

2.5.1 铁氧体元件的基本特性

铁氧体（Ferrites）是一种非金属磁性材料，用 MFe_2O_4 表示。它是由三氧化二铁和一种或几种其他金属氧化物（如氧化镍、氧化锌、氧化锰、氧化镁、氧化钡、氧化锶等）配制烧结而成的。它的相对磁导率可高达几千，电阻率是金属的 10^{11} 倍，涡流损耗小，适合制作高频电磁元件。铁氧体可以根据相关用途选择最佳的材质，如具有代表性的锰锌（Mn-Zn）基铁氧体和镍锌（Ni-Zn）基铁氧体。锰锌基铁氧体具有高磁导率和高磁通密度，在 1MHz 以下具有低损耗特性。镍锌基铁氧体具有极高的电阻率，而磁导率在数百赫兹以下，在 1MHz 以上具有低损耗特性。

铁氧体可以分为软磁、硬磁、旋磁、矩磁和压磁五大类。

铁氧体软磁材料在较弱的磁场下，易磁化，也易退磁，如锌铬铁氧体和镍锌铁氧体等。软磁铁氧体是目前用途广、品种多、数量大、产值高的一种铁氧体材料。它主要用作各种电感元件，如滤波器磁芯、变压器磁芯、无线电磁芯，以及磁带录音和录像磁头等，也是磁记录元件的关键材料。

铁氧体硬磁材料磁化后不易退磁，因此也称为永磁材料或恒磁材料，如钡铁氧体、钢铁氧体等。它主要用在电信设备中的录音器、拾音器、扬声器中，以及用作各种仪表的磁芯等。

铁氧体旋磁材料大都与输送微波的波导管或传输线等组成各种微波器件，主要用于雷达、通信、导航、遥测等电子设备中。磁性材料的旋磁性是指在两个互相垂直的稳恒磁场和电磁波磁场的作用下，平面偏振的电磁波在材料内部虽然按一定的方向传播，但其偏振面会不断地绕传播方向旋转的现象。金属、合金材料虽然也具有一定的旋磁性，但由于电阻率低、涡流损耗太大，电磁波不能深入其内部，所以无法利用。因此，铁氧体旋磁材料旋磁性的应用，就成为铁氧体独有的领域。

铁氧体矩磁材料是指具有矩形磁滞回线的铁氧体材料，如镁锰铁氧体、锂锰铁氧体等。它的特点是，当有较小的外磁场作用时，就能使之磁化，并达到饱和，去掉外磁场后，磁性仍然保持与饱和时一样。这种铁氧体材料主要用于各种电子计算机的存储器磁芯等。

铁氧体压磁材料是指磁化时在磁场方向作机械伸长或缩短的铁氧体材料，如镍锌铁氧体、镍铜铁氧体和镍铬铁氧体等。压磁材料主要用于制作电磁能与机械能之间的相互转化的换能器。换能器作为磁致伸缩元件被用于超声设备中。

2.5.2　铁氧体磁珠的基本特性

铁氧体磁珠的作用等效于低通滤波器，可以较好地抑制电源线、信号线和连接器的高频干扰。铁氧体磁珠结构示意图如图 2.5.1 所示。

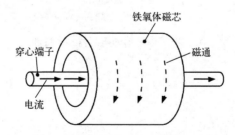

图 2.5.1　铁氧体磁珠结构示意图

当铁氧体磁珠用在交流电路时，它的等效电路可视为由电感 L 和损耗电阻 R 组成的串联电路，如图 2.5.2 所示。铁氧体元件的等效阻抗 Z 是频率的函数：

$$Z(f) = R(f) + \mathrm{j}\omega L(f) = K\omega\mu_2(f) + \mathrm{j}K\omega\mu_1(f) \qquad (2.5.1)$$

式中，K 为一个常数，与磁芯尺寸和匝数有关；对于磁性材料来说，磁导率 μ 不是一个常数，它与磁场的大小、频率的高低有关，磁导率 μ 可以表示为复数形式，实数部分 μ_1 代表无功磁导率，它构成磁性材料的电感，虚数部分 μ_2 代表损耗；ω 为角频率。

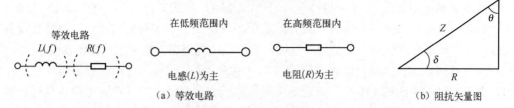

图 2.5.2　铁氧体磁珠的等效电路和阻抗矢量图

铁氧体磁珠的损耗电阻 R 和感抗 $j\omega L$ 都是频率的函数。在低频时，铁氧体的 μ_2 值较小，损耗电阻较小，主要是感抗起作用，等效为电感。在高频时，铁氧体的实数部分 μ_1 值开始下降，而虚数部分 μ_2 值增大，所以感抗损耗起主要作用，等效为电阻。低频时，EMI 信号被反射而受到抑制；高频时，EMI 信号被吸收并转换成热能。例如，一个磁导率为 850 的铁氧体磁珠，在 10MHz 时阻抗小于 10Ω，而超过 100MHz 后阻抗大于 100Ω，使高频干扰大大衰减，等效为一个低通滤波器。

铁氧体磁珠应用时的等效电路如图 2.5.3 所示。图中 Z 为铁氧体磁珠的阻抗，Z_S 和 Z_L 分别为源阻抗和负载阻抗。铁氧体磁珠通常用插入损耗来表示对 EMI 信号的衰减能力。铁氧体磁珠的插入损耗越大，表示器件对 EMI 噪声的抑制能力越强。铁氧体磁珠的插入损耗的定义为

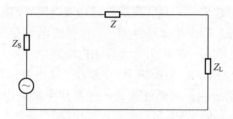

图 2.5.3　铁氧体磁珠应用时的等效电路

$$I_L = 10\lg\frac{P_1}{P_2} = 20\lg\frac{u_1}{u_2} \qquad (2.5.2)$$

式中，P_1、u_1 分别为铁氧体磁珠接入前负载上的功率和电压；P_2、u_2 分别为铁氧体磁珠接入后负载上的功率和电压。

铁氧体磁珠的插入损耗和铁氧体磁珠的阻抗有如下关系：

$$I_L = 20\lg\frac{Z_S + Z_L + Z}{Z_S + Z_L}(\text{dB}) \qquad (2.5.3)$$

在源阻抗和负载阻抗一定时，铁氧体磁珠的阻抗越大，抑制效果越好。由于铁氧体磁珠的阻抗是频率的函数，所以插入损耗也是频率的函数。

2.5.3　片式铁氧体磁珠

片式铁氧体磁珠是一个叠层型片式电感器，采用铁氧体磁性材料与导体线圈组成的层叠型独石结构，在高温下烧结而成，它两端的电极由银、镍、焊锡三层构成，可满足再流焊和波峰焊的要求。

片式铁氧体磁珠的外形尺寸与公差符合 EIA/EIAJ 片式元件标准，有 3216（1206）、2012（0805）、1608（0603）、1005（0402）和 0603（0201）等多种规格。从阻抗特性及其应用来看，片式铁氧体磁珠可以分成信号线用、电源线用等类型，适用于不同的场合。

片式铁氧体磁珠作为应用最为广泛的 EMI 抑制元件，在选用时，一般根据生产厂家提供的数据和阻抗频率曲线。生产厂家通常可提供阻抗 Z、直流电阻、额定电流等数据和阻抗频率曲线。不同的片式铁氧体磁珠，其阻抗 Z 随频率的上升趋势是不相同的。选择时要注意，在有用的信号频率范围内 Z 尽可能低，不致造成信号的衰减和畸变；而在需要抑制的 EMI 频率范围内，Z 尽可能高，能够将高频噪声有效抑制。同时还要考虑其直流电阻和额定电流的大小。

片式铁氧体磁珠允许通过的额定电流与阻抗有关。例如，一个 1005 规格的通用型片式铁氧体磁珠，当其阻抗为 5Ω（100MHz）时，额定电流可以达到 500mA；当阻抗为 60Ω（100MHz）时，额定电流为 200mA；当阻抗为 500Ω（100MHz）时，额定电流为 100mA。如果超过额定电流使用，将会使铁氧体接近饱和，磁导率下降，以致抑制高频噪声的效果明显减弱，这是不能允许的。

片式磁珠和片式电感的结构及频率特性是不同的，但电路符号相同，可以从型号分辨是磁珠还是电感。

片式磁珠由铁氧磁体组成，把 RF 噪声信号转化为热能，是能量转换（消耗）元件，多用于信号回路，主要用于 EMI 方面。片式磁珠主要功能是用来消除存在于传输线结构（PCB 电路）中的 RF 噪声信号。RF 噪声信号是叠加在直流传输电平上的交流正弦波成分，是沿着线路的传输和辐射的无用的 EMI。磁珠用来吸收 RF 噪声信号，像一些 RF 电路、PLL、振荡电路、存储器电路（SDRAM、RAMBUS 等），都需要在电源输入部分加磁珠。

片式电感由磁芯和线圈组成，是储能元件，通常用来实现电路谐振或者扼流电抗，如 LC 振荡电路、高的 Q 值带通滤波器电路、电源滤波电路等。

1. 信号线用片式铁氧体磁珠

〖举例〗 TDK 的信号线用片式磁珠（SMD）MMZ 系列 MMZ1608 型[14]，电源电流为 0.2～1.5A。采用不同的材质其阻抗频率特性不同。不同的材质的阻抗频率特性示意如图 2.5.4 所示，其中各种材质的说明如下。

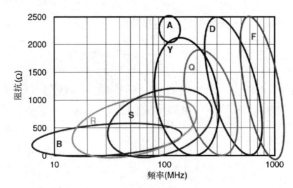

图 2.5.4　不同的材质的阻抗频率特性示意图

B 材是适合高速数字信号的材质。磁珠的 R 成分和 X 成分相同的频率为 5MHz，可以抑制高速数字信号的过冲、下冲和振荡。例如，MMZ1608B121C 的阻抗为 120(1±25%)Ω（100MHz），最大直流电阻为 0.15Ω，额定最大电流为 600mA，阻抗频率特性如图 2.5.5 所示。

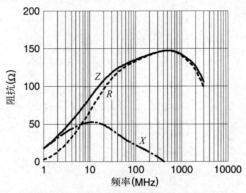

图 2.5.5　MMZ1608B121C 的阻抗频率特性

R 材是可以产生大范围阻抗特性的宽频带型材质，用于重视波形质量的数字信号线，在 10～200MHz 具有有效的阻抗特性。例如，MMZ1608R150A 的阻抗为 15(1±25%)Ω（100MHz），最大直流电阻为 0.005Ω，最大额定电流为 1.5A，阻抗频率特性如图 2.5.6 所示。

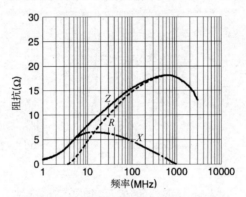

图 2.5.6　MMZ1608R150A 的阻抗频率特性

S 材是具有普通铁氧体磁芯阻抗特性的标准材质，用于频带为 100MHz 的信号线，在 40～300MHz 范围具有有效的阻抗特性。例如，MMZ1608S400A 的阻抗为 40(1±25%)Ω，最大直流电阻为 0.10Ω，最大额定电流为 0.6A，阻抗频率特性如图 2.5.7 所示。

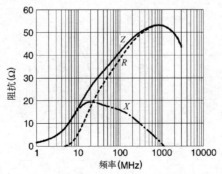

图 2.5.7　MMZ1608S400A 的阻抗频率特性

Y 材是适合 100MHz 以上频带的高频率型材质，用于源信号和对应频带信号分离的信号线，在 80～400MHz 具有有效的阻抗特性。例如，MMZ1608Y150B 的阻抗为 15(1±25%)Ω，最大直流电阻为 0.05Ω，最大额定电流为 1.5A，阻抗频率特性如图 2.5.8 所示。

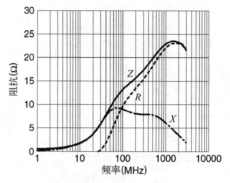

图 2.5.8   MMZ1608Y150B 的阻抗频率特性

A 材是以 Y 材的阻抗频率特性为基础的高阻抗材质，可以在 100MHz 左右具有 2500Ω 高阻抗特性。例如，MMZ1608A252B 的阻抗为 2500(1±25%)Ω，最大直流电阻为 0.80Ω，最大额定电流为 0.2A，阻抗频率特性如图 2.5.9 所示。

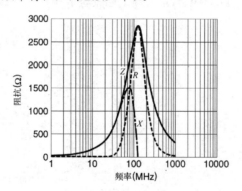

图 2.5.9   MMZ1608A252B 的阻抗频率特性

Q 材是适合 100MHz 以上频带的高频率型材质，在 100～800MHz 具有有效的阻抗特性。例如，MMZ1608Q121B 的阻抗为 120(1±25%)Ω，最大直流电阻为 0.30Ω，最大额定电流为 0.5A，阻抗频率特性如图 2.5.10 所示。

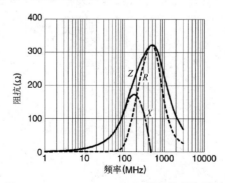

图 2.5.10   MMZ1608Q121B 的阻抗频率特性

D 材在低频范围损耗较小，是阻抗值可以急速增加的高频型材料，用于重视波峰值的信号线在 300MHz～1GHz 具有有效的阻抗特性。例如，MMZ1608D121B 的阻抗为 120(1±25%)Ω，最大直流电阻为 0.30Ω，最大额定电流为 0.4A，阻抗频率特性如图 2.5.11 所示。

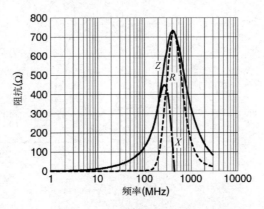

图 2.5.11　MMZ1608D121B 的阻抗频率特性

F 材继承了阻抗值可以急速增加的 D 材特性，是阻抗峰值特性更接近高频段的最新材质，在 600MHz～1GHz 具有有效的噪声抑制能力。例如，MMZ1608F121B 的阻抗为 120(1±25%)Ω，最大直流电阻为 0.75Ω，最大额定电流为 0.2A，阻抗频率特性如图 2.5.12 所示。

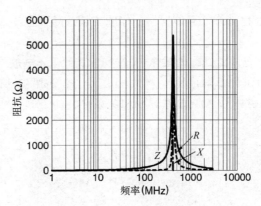

图 2.5.12　MMZ1608F121B 的阻抗频率特性

2. 电源线用片式铁氧体磁珠

普通型片式铁氧体磁珠的额定电流只有几百毫安，但在某些应用场合要求额定电流达到几安培。例如，安装在直流开关电源输出端口的片式铁氧体磁珠，必须在通过大的直流电流的同时能够有效地抑制直流电源中产生的高次谐波分量，即片式铁氧体磁珠必须在大的偏置磁场下对高频信号仍然保持较高的阻抗值。为此，生产厂家开发了大电流型片式铁氧体磁珠，额定电流几乎提高了 1 个数量级。

〖举例〗　TDK 的电源线用片式磁珠（SMD）MPZ 系列 MPZ1608 型[15]，电源电流

为 1～5A。采用不同的材质其阻抗特性不同。不同材质的阻抗频率特性示意图如图 2.5.13
所示。

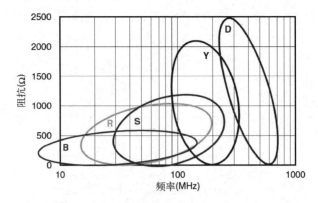

图 2.5.13　不同材质的阻抗频率特性示意图

3. 吉赫兹高频型片式铁氧体磁珠

高速数字电路和射频电路的时钟频率越来越高，要求装入高速数字电路和射频电路的
片式铁氧体磁珠在几百兆赫兹（如 400MHz）以下的频段内保持低阻抗 Z，以免引起信号
波形的畸变；而在几百兆赫兹至 2～3GHz 的高频段内具有高阻抗 Z，能够有效地抑制高频
EMI。

采用低温烧结 Z 型 6 角晶系铁氧体材料制作的吉赫兹高频型片式铁氧体磁珠可以满足上
述要求。

〖**举例**〗　吉赫兹高频型片式铁氧体磁珠 BLM18HG 系列（一般信号线用）和 BLM18HE
系列（高速信号线用）的阻抗频率特性[16]分别如图 2.5.14 和图 2.5.15 所示。高吉赫兹频带
（UHF 频带）片式铁氧体磁珠 BLM15G 系列的阻抗频率特性[16]如图 2.5.16 所示。

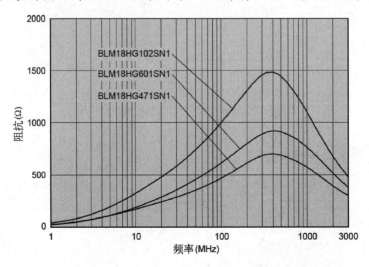

图 2.5.14　BLM18HG 系列（一般信号线用）的阻抗频率特性

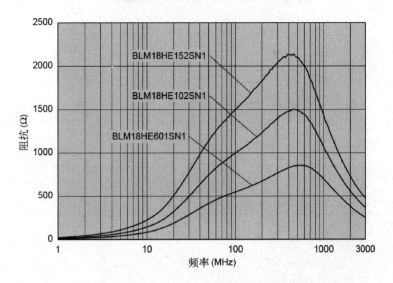

图 2.5.15　BLM18HE 系列（高速信号线用）的阻抗频率特性

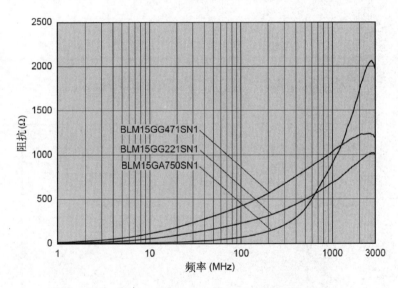

图 2.5.16　BLM15G 系列（UHF 频带）的阻抗频率特性

4. 片式铁氧体磁珠阵列（磁珠排）

片式铁氧体磁珠阵列（Chip Beads Array）又称为磁珠排，一般是将几个（如 2 个、4 个、6 个、8 个）铁氧体磁珠并列封装在一起，构成一个集成型片式 EMI 抑制元件。这样可以大大缩小在 PCB 上所占据的面积，有利于高密度组装。

〖举例〗　BLA2AA/BLA2AB 系列[16]就是将 4 个磁珠并列封装在 2.0mm×1.0mm 尺寸的外壳内，阵列中的每一线的性能与单个磁珠相同，如图 2.5.17 所示。BLA2ABD 系列的阻抗频率特性如图 2.5.18 所示。

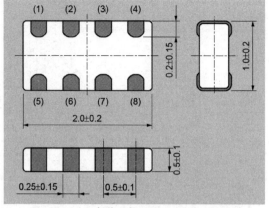

（a）封装形式（单位：mm）

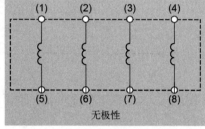

无极性

（b）等效电路

图 2.5.17　BLA2AA/BLA2AB 系列的封装形式和等效电路

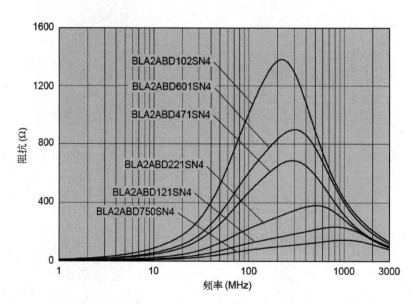

图 2.5.18　BLA2ABD 系列的阻抗频率特性

5. 其他类型的片式铁氧体磁珠

（1）低直流电阻型片式铁氧体磁珠

在使用电池供电、低电源电压的便携式电子产品中，为减小功耗和电源压降，要求片式铁氧体磁珠的直流电阻越小越好。在某些电路中，为降低片式铁氧体磁珠的直流电阻引起热噪声，也要求片式铁氧体磁珠的直流电阻越小越好。目前市场上已经有直流电阻低于 0.01Ω 的片式铁氧体磁珠供应。

（2）尖峰型片式铁氧体磁珠

一些电子电路有时会在某一固定的频率点存在着强烈的干扰信号，这样的干扰信号出现在固定的频率下，幅度很大，采用普通的 EMI 元件很难将其抑制。

尖峰型片式铁氧体磁珠在某一频率下，阻抗 Z 呈现尖锐的峰值。如果所选择尖峰型片式铁氧体磁珠的阻抗 Z 呈现尖锐峰值的频率与干扰信号的频率重合，那么就能够将此干扰信号有效地抑制。不同电子电路出现这样的干扰信号的频率是不相同的，在设计中要根据干扰信号的频率、频带、幅度等具体情况，向生产厂家订购，才能达到满意的抑制效果。

6. 片状铁氧体磁珠的选择

片状铁氧体磁珠有多种材料和各种形状、尺寸供选择。设计中必须掌握需要抑制的 EMI 信号的频率和强度，要求抑制的效果和插入损耗值，以及允许占用的空间（包括内径、外径和长度等尺寸），选择合适的片状铁氧体磁珠，保证对噪声更有效地抑制。

磁导率与最佳抑制频率范围有关见表 2.5.1。在有直流或低频交流电流的情况下，尽量选用磁导率低的材料，防止抑制性能的下降和饱和。

表 2.5.1　磁导率与最佳抑制频率范围

磁　导　率	最佳抑制频率范围	磁　导　率	最佳抑制频率范围
125	>200MHz	2500	10～30MHz
850	30～200MHz	5000	<10MHz

铁氧体磁珠形状和尺寸对 EMI 信号的抑制有一定的影响。一般来说，铁氧体磁珠的体积越大，抑制效果越好。在体积一定时，长而细的形状比短而粗的形状的阻抗要大，长而细的比短而粗的抑制效果更好。另外，铁氧体磁珠的效能随内径倒数的减小而下降，应尽可能选用长而内径较小的铁氧体磁珠，内径越小，抑制效果越好。在有直流或交流电流的情况下，横截面积越大，越不易饱和。总之，铁氧体磁珠选择的原则是，在使用空间允许的条件下，选择尽量长、尽量厚和内孔尽量小的。

铁氧体磁珠在直流或低频交流情况下会发生饱和，使磁导率下降，以致抑制高频噪声的效果明显减弱。对小信号滤波，可忽略电流，但对电源线或大功率信号滤波，必须考虑峰值电流。

选择用于单根导线上干扰抑制的磁珠时，要注意，一般长单珠优于短单珠，多孔珠优于单孔珠。尽可能选用内径较小、长度较长的磁珠，同时，磁珠的内径尺寸要与导线的外径尺寸紧密配合。

2.5.4　铁氧体磁珠的安装位置

在去耦合电路中，为了进一步提高去耦电容的效果，可以在去耦电容的电源一侧安装一只铁氧体磁珠，如图 2.5.19 所示。铁氧体磁珠和去耦电容器的组合可以看作一个低通滤波器。由于铁氧体磁珠对高频电流呈现较大的阻抗，因此阻止了电源向电路提供高频电流，增强了去耦电容的效果。选用的磁珠应该是专门用于电磁干扰抑制的铁氧体磁珠，这种磁珠在频率较高时呈现电阻特性，不会引起额外的谐振。

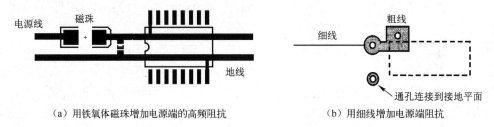

（a）用铁氧体磁珠增加电源端的高频阻抗　　　　　　（b）用细线增加电源端阻抗

图 2.5.19　铁氧体磁珠在去耦合电路中的应用

需要注意的是，铁氧体磁珠的位置绝对不能放在去耦电容靠近 IC 器件的一侧。如果放在靠近 IC 器件一侧，等于增加了电容输出电荷的阻抗，降低了去耦电容的效果。在 PCB 布线时，要使去耦电容电源一侧的电源线尽量细（但要满足供电的要求），以增加走线的阻抗，使与芯片连接的一侧走线尽量宽、尽量短，减小去耦电容供电回路的阻抗，也可以起到一定的效果，如图 2.5.19（b）所示。

需要注意的是，由于铁氧体磁珠的电阻太大，有些 IC 无法在它们的电源总线中使用铁氧体磁珠。倘若按照上述的方法简单地增设铁氧体磁珠将会引起从 IC 所看到的电源总线阻抗的上升。因此，它将会经受较高电平的电源噪声（限值波动）。对某些 IC 来讲，它们的运行会由此而出现问题。

2.5.5　EMC（电磁兼容）用铁氧体

1. EMC（电磁兼容）用铁氧体类型

EMC 用铁氧体根据用途不同，可以分为不同的类型，包括高磁导率的环形铁氧体磁芯，不平衡变压器和扼流圈用铁氧体磁芯，共模滤波器用的铁氧体磁芯，通用的铁氧体磁珠，圆形电缆用铁氧体磁芯，扁平电缆和柔性基板用铁氧体磁芯，IC 连接器用铁氧体磁芯，等等。

2. EMC（电磁兼容）用铁氧体阻抗频率特性

不同的类型的 EMC 用铁氧体其阻抗频率特性也不完全相同，以适应不同的用途。

（1）高磁导率的环形铁氧体磁芯的阻抗频率特性

〖举例〗　TDK 公司的采用 HF90[17]高磁导率材质的环形铁氧体磁芯，其初始磁导率为 5000，适合数百 kHz～MHz EMC 用，其阻抗频率特性如图 2.5.20 所示。

（2）6 孔穿心磁珠的阻抗频率特性

〖举例〗　TDK 公司的采用 HF70/HF40[17]材质的 6 孔穿心磁珠，其初始磁导率为 1500/120，适合数百 kHz～MHz EMC 用，其阻抗频率特性如图 2.5.21 所示。

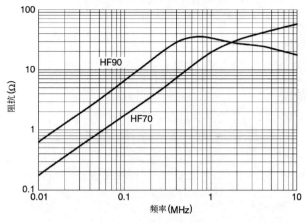

样品形状：T28×14×15 卷数：1T

图2.5.20 HF90系列铁氧体磁芯的阻抗频率特性

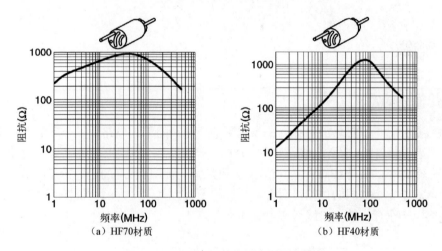

（a）HF70材质 （b）HF40材质

图2.5.21 6孔穿心磁珠的阻抗频率特性

（3）扁平电缆和柔性基板用铁氧体磁芯的阻抗频率特性

不同材质的扁平电缆和柔性基板用铁氧体磁芯的阻抗频率特性如图2.5.22所示。

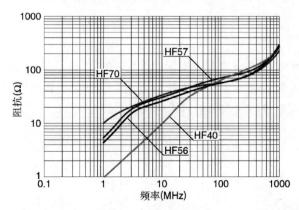

图2.5.22 不同材质的扁平电缆和柔性基板用铁氧体磁芯的阻抗频率特性

（4）IC 连接器用铁氧体磁芯的阻抗频率特性

采用 HF70 材质的 IC 连接器用铁氧体磁芯的阻抗频率特性如图 2.5.23 所示。

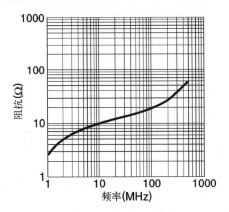

图 2.5.23　采用 HF70 材质的 IC 连接器用铁氧体磁芯的阻抗频率特性

2.6　传输线

2.6.1　传输线的定义

传输线是传输电流信号的导体。一个实际的传输线的等效电路由一个离散电容 C、离散电感 L、电阻 R 和电导 G 所组成，如图 2.6.1 所示。其中，电阻 R 为单位长度的串联等效电阻，对于一个理想的传输线而言，其值应为 0Ω；G 为单位长度的电导，反映传输线介质的绝缘品质，对于一个理想的传输线而言，其值应为无穷大。L 为单位长度的电感，C 为单位长度的电容，一个理想的传输线只有电感和电容。

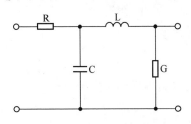

图 2.6.1　传输线的等效电路（单位长度）

一个理想传输线的输入阻抗，即所谓的特性阻抗如下：

$$Z_0 = \sqrt{\frac{L}{C}} \tag{2.6.1}$$

从式（2.6.1）可见，一个理想传输线的特性阻抗是常数，不是频率的函数。特性阻抗在射频电路设计中非常重要，它是阻抗匹配的一个重要参数。

传输线单位长度的时间延迟称为"传播延迟"，单位为 ps/in 或者 ps/mm；"传播速度"与"传播延迟"呈现反比关系，单位是"传播延迟"的倒数；传输线的"传播延迟"与单位长度的串联电感和并联电容有关，传播延迟时间的计算公式为

$$t_{\mathrm{pd}} = \sqrt{LC} \tag{2.6.2}$$

传播速度为

$$v = 1/\sqrt{LC} \tag{2.6.3}$$

即信号在传输线上的传播速度。而传输的时延为传输线的长度/传播速度。

2.6.2 传输线的类型与特性

射频电路中使用的传输线有双绞线、同轴电缆、PCB 传输线（微带线、带状线）和波导等形式。

1. 300Ω平衡式传输线（双绞线）

300Ω平衡式传输线（双绞线）如图 2.6.2 所示，它具有极小的损耗，能够允许很高的线电压，通常作为电视或者 FM 接收器天线的馈线，或者作为一个偶极子的发射/接收天线的平衡式馈线。

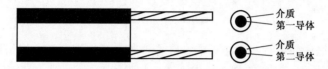

图 2.6.2　300Ω平衡式传输线（双绞线）

2. 同轴电缆

同轴电缆是最常用的非平衡式传输线，如图 2.6.3 所示，外层屏蔽采用编织铜网（或铝箔）来进行屏蔽，以阻止同轴电缆接收和辐射任何信号。同轴电缆的内导体传输射频电流，而外部的屏蔽层导体保持地电位。同轴电缆具有低的损耗，工作频率可达 50GHz，特性阻抗有 50Ω、75Ω等形式。

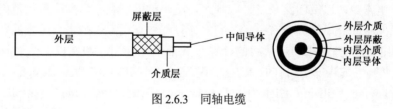

图 2.6.3　同轴电缆

3. PCB 传输线

PCB 内的传输线有微带线和带状线两种基本的拓扑类型。当印制线在外层布线时，它的结构呈非对称性，称此类布线为微带线拓扑。微带线包括单微带线和埋入式结构形式。当印制线在内层布线时，常被称为带状线。带状线包括单、双和对称或非对称等结构形式。共面型的拓扑类型可以同时实现微带线和带状线的结构。

在微波频段，PCB 上的微带线常被用作传输线，如图 2.6.4 所示。微带线具有低损耗和易于实现的特点，电路元器件，如表面安装电容器、电阻器、晶体管等，可以直接安装在 PCB 上的微带线的导体层（印制板铜箔导线）上。微带线是非平衡传输线，具有非屏蔽特性，因此能够辐射射频信号。

带状线如图 2.6.5 所示，导体层被放置在 PCB 的金属层（平衡的接地层）之间，因此它没有辐射。

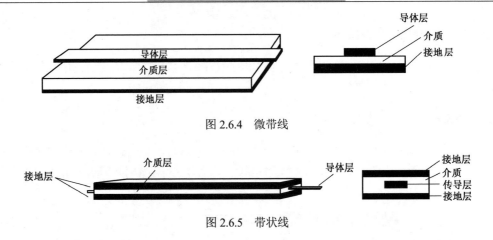

图 2.6.4 微带线

图 2.6.5 带状线

带状线和微带线一般都有一个由玻璃纤维、聚苯乙烯、聚四氟乙烯组成的印制电路板衬底。微带线可以使用标准 PCB 的制造技术制造，与带状线相比，制造更容易。

在射频电路中，PCB 导线的传输线效应已成为影响电路正常工作的一个主要因素。在射频电路系统中使用不同的射频器件，不同的射频器件具有不同的输入/输出阻抗。在 PCB 布线时，必须要考虑传输线阻抗与器件输入/输出阻抗的匹配。

在射频电路中的传输线都必须进行阻抗控制。为获得最佳性能，在布线前，可以利用厂商提供的计算软件确定最佳的布线宽度和布线到最近的参考平面的距离。

应注意如下几点。

① 在传输线阻抗计算时，传输线阻抗计算精度与线宽、线条距离参考平面的高度（介质厚度）和介电常数，以及回路长度、印制线厚度、侧壁形状、阻焊层覆盖范围、同一个部件中混合使用的不同介质等因素有关，精确的计算与仿真实际上是十分困难的。注意：在一些资料中介绍的关于微带线和带状线的计算公式都不能应用在两层以上介质材料（空气除外）或由多种类型的薄板压制的 PCB 的情况。在"IPC-D-317A Design Guidelines for Electronic Packaging Utilizing High-Speed Techniques"或"IPC-2141 Controlled Impedance Circuit Boards and High Speed Logic Design"中介绍了主要微带线和带状线的结构形式和计算公式。

② 由于制造过程中制造公差的影响，印制板材料会有不同的厚度和介电常数，另外刻蚀的线宽可能与设计要求值也有所差异等工艺因素的影响，要获得精确传输线阻抗往往也不是很容易的。为了获得精确的传输线阻抗，需要与厂商协商和测试，以获得真实的介电常数及刻蚀铜线的顶部和底部宽度等制造工艺参数。

③ 由于公式的计算在很多时候是近似的，这时，经验法则会起到很有效的作用，通常在很多情况下，只用一个简单计算器计算出的结果也可以满足多数应用的要求。

4. 波导

在大功率的微波应用中，波导作为传输线具有一定的优势。波导一般被制作成圆形的或方形的中空金属腔。波导尺寸大小与波导的工作频率有关。在波导结构中，使用 1/4 波长的直探针耦合和环形探针耦合来注入或传输微波能量。在现代微波电路设计中，常用同轴电缆代替波导来发射和接收射频信号。

2.6.3　短路线和开路线

传输线的负载情况可以分为匹配状态、短路状态、开路状态、纯电阻负载状态和阻抗负载状态等形式。在不同负载状态下，传输线的工作状态有显著的不同[19-23]。

1. 短路线

当负载阻抗 $Z_L=0$ 时，称为终端短路线，简称短路线。无损耗短路线上的瞬时电压、电流分布、电压和电流的振幅、电压和电流的相位、阻抗曲线和等效电路如图 2.6.6 所示。

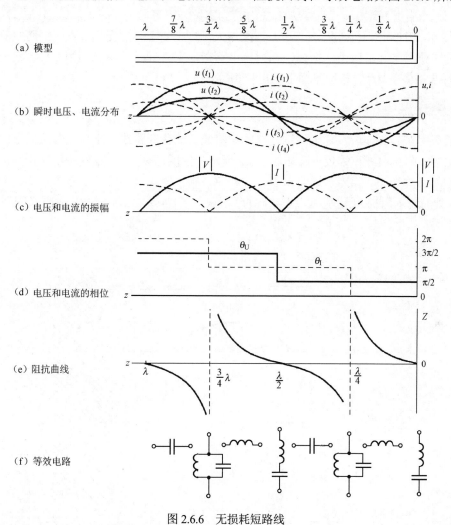

图 2.6.6　无损耗短路线

从对图 2.6.6 的分析可得出如下结论。

① 在短路点及离短路点为 $\lambda/2$ 整数倍的点处，电压总是为 0，该点即为电压驻波波节；而在距离短路点为 $\lambda/4$ 奇数倍的点处，电流总是为 0，该点即为电流驻波波节。这就是说，在空间上电压的波节点和电流的波节点以 $\lambda/4$ 的距离交替出现。自然，电压的波腹点和电流的波腹点也是以 $\lambda/4$ 的距离交替出现的。

② 在时间相位上，电压与电流的相位差为π/2。在电压最大的瞬时，电流最小；反之，在电压最小的瞬时，电流最大，因此没有能量的传播。

③ 如果短路线的长度为λ/4 的整数倍，则总的电磁能量为某一恒定值。在电能最大的地方磁能最小；反之，在磁能最大的地方电能最小。这种电能与磁能的交换就是电磁振荡，平面微带线谐振器就是基于这个原理做成的。

④ 短路线的输入阻抗为纯电抗，且随频率和线的长度而变化。当频率一定时，阻抗随线的长度周期性地变化，其周期为λ/2，如图 2.6.6（e）所示。由图可见，短路端阻抗为0，相当于串联谐振；当0<l<λ/4 时，为感抗，可等效为一个电感；当 l=λ/4 时，输入阻抗为无穷大，相当于并联谐振；当λ/4<l<λ/2 时，为容抗，可等效为一个电容；当 l=λ/2 时，输入阻抗为 0，相当于串联谐振。如果 l 继续增大，将重复上述的变化过程。短路线的这些特性在实际中获得了许多应用。例如，在射频电路接地点处理时，可以利用λ/2 半波长微带线使长传输线上或者大尺寸接地平面上的电位相等。

2. 开路线

当负载阻抗 $Z_L=\infty$ 时，称为终端开路的传输线，简称开路线。无损耗开路线上的电压和电流的振幅、阻抗曲线和等效电路如图 2.6.7 所示。由图可见，离开路端为λ/4 奇数倍距离的点处的输入阻抗为 0，相当于短路；当 l<λ/4 时，输入阻抗呈容性，等效为一个电容；在开路端λ/2 处的输入阻抗为无穷大，相当于并联谐振；当λ/4<l<λ/2 时，输入阻抗为感性，等效为一个电感。

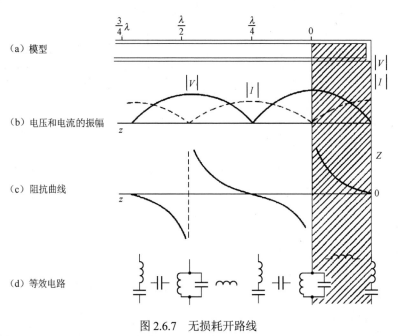

图 2.6.7　无损耗开路线

由此可见开路线的驻波分布与短路线相似，只不过电压与电流交换了位置。或者说，沿短路线的驻波曲线移动λ/4 的距离即可得到开路线的驻波曲线。还需注意到，无论是短路线还是开路线，由于在终端发生全反射，故驻波曲线的节点均为 0，且曲线按正弦或余弦律分布，这种驻波称为纯驻波。开路线的这些特性在实际中获得了许多应用。例如，在射频电路接地点处理时，可以利用 $\lambda/4$ 波长微带线使长传输线上或者大尺寸接地平面上的电位相等。

2.7 Smith 圆图

在处理射频系统的实际应用问题时，总会遇到一些非常困难的工作，对各部分级联电路的不同阻抗进行匹配就是其中之一。一般情况下，需要进行匹配的电路包括天线与低噪声放大器（LNA）之间的匹配、功率放大器输出与天线之间的匹配、LNA/VCO 输出与混频器输入之间的匹配。匹配的目的是保证信号或能量有效地从"信号源"传送到"负载"。

在高频端，寄生元件（如连线上的电感、板层之间的电容和导体的电阻）对匹配网络具有明显的、不可预知的影响。频率在数十兆赫兹以上时，理论计算和仿真已经远远不能满足要求，为了得到适当的最终结果，还必须考虑在实验室中进行的射频测试，并进行适当调谐。需要用计算值确定电路的结构类型和相应的目标元件值。

目前有很多种阻抗匹配的方法[18]，大致如下。

- 计算机仿真：由于这类软件是为不同功能设计的而不只是用于阻抗匹配，所以使用起来比较复杂。设计者必须熟悉用正确的格式输入众多的数据。设计人员还需要具有从大量的输出结果中找到有用数据的技能。另外，除非计算机是专门为这个用途制造的，否则电路仿真软件不可能预装在计算机上。
- 手工计算：这是一种极其烦琐的方法，因为需要用到较长的计算公式，并且被处理的数据多为复数。
- 经验：只有在射频领域工作过多年的人才能使用这种方法。总之，它只适合资深的专家。
- Smith 圆图：Smith 圆图不仅能够为我们找出最大功率传输的匹配网络，还能帮助设计者优化噪声系数，确定品质因数的影响以及进行稳定性分析。

Smith 圆图是解决传输线、阻抗匹配等问题的有效图形工具，1933 年由 AT&T 贝尔实验室的工程师 Philip Smith 发明[18-22]。

在拥有功能强大的软件和高速、高性能计算机的今天，人们会怀疑在解决电路基本问题的时候是否还需要 Smith 圆图这样一种基础和初级的方法。

实际上，一个真正的工程师不仅应该拥有理论知识，更应该具有利用各种资源解决问题的能力。在程序中加入几个数字然后得出结果的确是件容易的事情，当问题的解十分复杂、并且不唯一时，让计算机做这样的工作尤其方便。然而，如果能够理解计算机的工作平台所使用的基本理论和原理，知道它们的由来，这样的工程师或设计者就能够成为更加全面和值得信赖的专家，得到的结果也更加可靠。

2.7.1 等反射圆

等反射圆是一组同心圆，半径为 0～1。等反射圆可以用来表示相量形式的反射系数。

传输线的反射系数 Γ_0 的表达式为

$$\Gamma_0 = \frac{Z_L - Z_0}{Z_L + Z_0} = \Gamma_{0r} + j\Gamma_{0i} = |\Gamma_0| e^{j\theta_L} \tag{2.7.1}$$

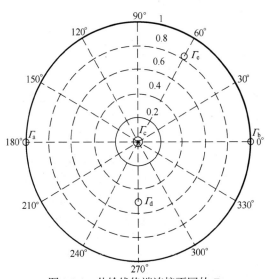

图 2.7.1　传输线终端连接不同的 Z_L
在等反射圆图的表示

式中，$\theta_L = \arctan(\Gamma_{0i}/\Gamma_{0r})$。

〖**举例**〗　一个特性线阻抗 $Z_0 = 50\Omega$ 的传输线，其终端连接下列负载阻抗（Z_L）：

（a）$Z_L = 0$（短路线）；

（b）$Z_L = \infty$（开路线）；

（c）$Z_L = 50\Omega$；

（d）$Z_L = (30.67 - j40.8)\Omega$；

（e）$Z_L = (19 + j82)\Omega$。

传输线终端连接不同的 Z_L 在等反射圆图上的表示[22]，如图 2.7.1 所示。其中：

（a）$Z_L = 0$（短路线）的 $\Gamma_0(\Gamma_a) = -1$（即 $\angle 180°$）；

（b）$Z_L = \infty$（开路线）的 $\Gamma_0(\Gamma_b) = +1$（即 $\angle 0°$）；

（c）$Z_L = 50\Omega$（匹配电路）的 $\Gamma_0(\Gamma_c) = 0$（即在圆心处，表示反射为 0）；

（d）$Z_L = (30.67 - j40.8)\Omega$ 的 $\Gamma_0(\Gamma_d) = 0.50\angle 271°$；

（e）$Z_L = (19 + j82)\Omega$ 的 $\Gamma_0(\Gamma_e) = 0.81\angle 61°$。

2.7.2　等电阻圆图和等电抗圆图

1. 归一化阻抗公式

一端连接负载无耗传输线的输入阻抗可表示为

$$Z_{\text{in}}(d) = Z_0 \frac{1 + \Gamma_r + j\Gamma_i}{1 - \Gamma_r - j\Gamma_i} \tag{2.7.2}$$

式中，Z_0 为特性阻抗。

对传输线的特性阻抗进行归一化处理可得

$$Z_{\text{in}}(d)/Z_0 = Z_{\text{in}} = r + jx = \frac{1 + \Gamma(d)}{1 - \Gamma(d)} = \frac{1 + \Gamma_r + j\Gamma_i}{1 - \Gamma_r - j\Gamma_i} \tag{2.7.3}$$

式中，Z_{in} 为归一化阻抗。

用分母的复共轭乘以式（2.7.3）的分子和分母，得到

$$Z_{\text{in}} = r + jx = \frac{1 - \Gamma_r^2 - \Gamma_i^2 + 2j\Gamma_i}{(1 - \Gamma_r)^2 + \Gamma_i^2} \tag{2.7.4}$$

可分别求得归一化电阻 r 和电抗 x 的表达式为

$$r = \frac{1 - \Gamma_r^2 - \Gamma_i^2}{(1 - \Gamma_r)^2 + \Gamma_i^2} \tag{2.7.5}$$

$$x = \frac{2\Gamma_i}{(1 - \Gamma_r)^2 + \Gamma_i^2} \tag{2.7.6}$$

重新排列后得

$$\left(\Gamma_r - \frac{r}{r+1}\right)^2 + \Gamma_i^2 = \left(\frac{1}{r+1}\right)^2 \tag{2.7.7}$$

$$(\Gamma_r - 1)^2 + \left(\Gamma_i - \frac{1}{x}\right)^2 = \left(\frac{1}{x}\right)^2 \tag{2.7.8}$$

2. 等电阻圆和等电抗圆

式（2.7.7）和式（2.7.8）分别表示直角平面 Γ_r 和 Γ_i 上的两组圆。等电阻圆如图 2.7.2 所示。等电抗圆如图 2.7.3 所示。

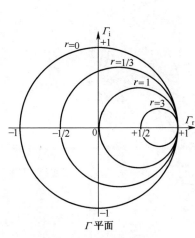

图 2.7.2　等电阻圆

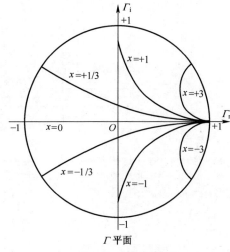

图 2.7.3　等电抗圆

（1）等电阻圆

对于等电阻圆有

$$\left.\begin{array}{l} 半径：\dfrac{1}{r+1} \\[2mm] 圆心：\Gamma_r = \dfrac{r}{1+r}, \Gamma_i = 0 \end{array}\right\} \tag{2.7.9}$$

r 的范围是 $0 \leqslant r < \infty$。当 $r=0$ 时，圆的中心在原点，半径为 1。当 $r=1$ 时，圆的中心向正 Γ_r 方向位移 1/2 单位，半径为 1/2。当 $r \to \infty$ 时，圆的中心位移收敛到 +1 点，圆的半径 $\to 0$。

（2）等电抗圆

对于等电抗圆

$$\left.\begin{array}{l} 半径：\dfrac{1}{x} \\[2mm] 圆心：\Gamma_r = 1, \Gamma_i = \dfrac{1}{x} \end{array}\right\} \tag{2.7.10}$$

x 的范围为 $-\infty < x < +\infty$，x 可为负（电容性），也可为正（电感性）。所有的圆的中心都在过 $\Gamma_r = +1$ 点并垂直于实数轴（Γ_r）的线（虚线）上。对于 $x = \infty$，可以得到一个半径为零的圆，就是位于 $\Gamma_r = +1$ 和 $\Gamma_i = 0$ 的一个点。当 $x \to 0$ 时，圆的半径和圆的中心沿着垂直于实

数轴（Γ_r）的线（虚线）的位移趋于无限大。从图 2.7.3 可以看出，代表电感性阻抗的正值位于 Γ 平面的上半部分，代表电容性阻抗的负值位于 Γ 平面的下半部分。

2.7.3 Smith 圆图（阻抗圆图）

将等电阻圆和等电抗圆组合在一起，在 $|\Gamma| \leqslant 1$ 的圆内可得到如图 2.7.4 所示的 Smith 圆图（也称为阻抗圆图，简称圆图）。在 Smith 圆图中，上半部分 x 为正数，表示阻抗具有电感性，下半部分 x 为负数，表示阻抗具有电容性。水平轴表示的是纯电阻。圆图上的任何一点描述的是电阻和电抗的串联，即 $z=r+\mathrm{j}x$ 形式[22]。

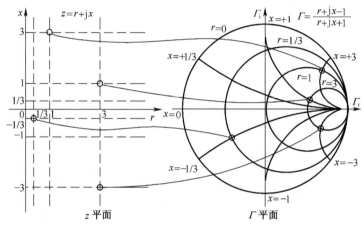

图 2.7.4 Smith 圆图

2.7.4 Smith 圆图的应用

Smith 圆图是解决传输线、阻抗匹配等问题的有效图形工具，不仅能够为我们找出最大功率传输的匹配网络，还能帮助设计者优化噪声系数，确定品质因数的影响以及进行稳定性分析。

1. 阻抗匹配[18]

如图 2.7.5 所示，要使信号源传送到负载的功率最大，信号源阻抗必须等于负载的共轭阻抗，即

$$R_S+\mathrm{j}X_S=R_L-\mathrm{j}X_L \tag{2.7.11}$$

在这个条件下，从信号源到负载传输的能量最大。另外，为有效传输功率，满足这个条件可以避免能量从负载反射到信号源，尤其是在诸如视频传输、RF 或微波网络的高频应用环境中更是如此。

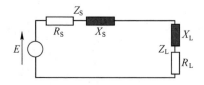

图 2.7.5 阻抗匹配示意图

2. 反射系数[18]

Smith 圆图是由很多圆周交织在一起的一个图。正确地使用它，可以在不作任何计算的前提下得到一个表面上看非常复杂的系统的匹配阻抗，唯一需要做的就是沿着圆周线读取并跟踪数据。

Smith 圆图是反射系数（伽马，以符号 Γ 表示）的极坐标图。反射系数也可以从数学上定义为单端口散射参数，即 S_{11}。

Smith 圆图是通过验证阻抗匹配的负载产生的。这里我们不直接考虑阻抗，而是用反射系数 Γ_L。反射系数 Γ_L 可以反映负载的特性（如导纳、增益、跨导），在处理射频频率的问题时 Γ_L 更加有用。

如图 2.7.6 所示，反射系数 Γ_L 定义为反射波电压与入射波电压之比。负载反射信号的强度取决于信号源阻抗与负载阻抗的失配程度。反射系数 Γ_L 的表达式定义为

$$\Gamma_L = \frac{V_{refl}}{V_{inc}} = \frac{Z_L - Z_0}{Z_L + Z_0} = \Gamma_r + j\Gamma_i \tag{2.7.12}$$

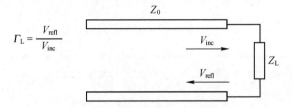

图 2.7.6 反射系数定义示意图

由于阻抗是复数，反射系数 Γ_L 也是复数。

为了减少未知参数的数量，可以固化一个经常出现并且在应用中经常使用的参数。这里 Z_0（特性阻抗）通常为常数并且是实数，是常用的归一化标准值如 50Ω、75Ω、100Ω 和 600Ω。于是我们可以定义归一化的负载阻抗：

$$z = \frac{Z_L}{Z_0} = \frac{R + jX}{Z_0} = r + jx \tag{2.7.13}$$

据此，将反射系数 Γ_L 的公式重新写为

$$\Gamma_L = \Gamma_r + j\Gamma_i = \frac{Z_L - Z_0}{Z_L + Z_0} = \frac{(Z_L - Z_0)/Z_0}{(Z_L + Z_0)/Z_0} = \frac{z-1}{z+1} = \frac{r + jx - 1}{r + jx + 1} \tag{2.7.14}$$

由式（2.7.14）可知负载阻抗与其反射系数 Γ_L 间的直接关系。但是这个关系式是一个复数，所以并不实用。我们可以把 Smith 圆图当作上述方程的图形表示。

3. 建立等电阻圆[18]

为了建立圆图，方程必须重新整理以符合标准几何图形的形式（如圆或射线）。

首先，由式（2.7.14）求解出

$$z = r + jx = \frac{1 + \Gamma_L}{1 - \Gamma_L} = \frac{1 + \Gamma_r + j\Gamma_i}{1 - \Gamma_r - j\Gamma_i} \tag{2.7.15}$$

并且

$$r = \frac{1 - \Gamma_r^2 - \Gamma_i^2}{1 + \Gamma_r^2 - 2\Gamma_r + \Gamma_i^2} \tag{2.7.16}$$

令式（2.7.16）的实部和虚部相等，得到两个独立的关系式：

$$r = \frac{1 - \Gamma_r^2 - \Gamma_i^2}{1 + \Gamma_r^2 - 2\Gamma_r + \Gamma_i^2} \tag{2.7.17}$$

$$x = \frac{2\Gamma_i}{1 + \Gamma_r^2 - 2\Gamma_r + \Gamma_i^2} \tag{2.7.18}$$

重新整理式（2.7.17），经过式（2.7.19）～式（2.7.24）再得到最终的式（2.7.25）。式（2.7.25）是在复平面（Γ_r, Γ_i）上圆的参数方程 $(x-a)^2+(y-b)^2=R^2$，它以[$r/(r+1)$, 0]为圆心，半径为 $1/(1+r)$。

$$r + r\Gamma_r^2 - 2r\Gamma_r + r\Gamma_i^2 = 1 - \Gamma_r^2 - \Gamma_i^2 \tag{2.7.19}$$

$$\Gamma_r^2 + r\Gamma_r^2 - 2r\Gamma_r + r\Gamma_i^2 + \Gamma_i^2 = 1 - r \tag{2.7.20}$$

$$(1+r)\Gamma_r^2 - 2r\Gamma_r + (r+1)\Gamma_i^2 = 1 - r \tag{2.7.21}$$

$$\Gamma_r^2 - \frac{2r}{r+1}\Gamma_r + \Gamma_i^2 = \frac{1-r}{1+r} \tag{2.7.22}$$

$$\Gamma_r^2 - \frac{2r}{r+1}\Gamma_r + \frac{r^2}{(r+1)^2} + \Gamma_i^2 - \frac{r^2}{(r+1)^2} = \frac{1-r}{1+r} \tag{2.7.23}$$

$$\left(\Gamma_r - \frac{r}{r+1}\right)^2 + \Gamma_i^2 = \frac{1-r}{1+r} + \frac{r^2}{(1+r)^2} = \frac{1}{(1+r)^2} \tag{2.7.24}$$

$$\left(\Gamma_r - \frac{r}{r+1}\right)^2 + \Gamma_i^2 = \left(\frac{1}{1+r}\right)^2 \tag{2.7.25}$$

图 2.7.7 圆周上的点表示具有相同实部的阻抗（等电阻圆）。例如，$r=1$ 的圆，以（0.5, 0）为圆心，半径为 0.5。它包含了代表反射零点的原点（0, 0）（负载与特性阻抗相匹配）。以（0, 0）为圆心、半径为 1 的圆代表负载短路。负载开路时，圆退化为一个点 [以（1, 0）为圆心，半径为零]。与此对应的是最大的反射系数 1，即所有的入射波都被反射回来。

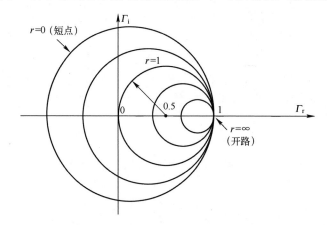

图 2.7.7　圆周上的点表示具有相同实部的阻抗

在作 Smith 圆图时，有一些需要注意的问题：

● 所有的圆周只有一个相同的、唯一的交点（1，0）。

● $r=0$，表示 0Ω，$r=0$ 的圆是最大的圆。

● $r=\infty$，表示无限大的电阻，$r=\infty$ 对应的圆退化为一个点（1，0）。

● 实际中没有负的电阻，如果出现负阻值，电路有可能产生振荡。

● 选择一个对应于新电阻值的圆周就等于选择了一个新的电阻。

4. 建立等电抗圆[18]

经过式（2.7.26）～式（2.7.29）的变换，由式（2.7.18）可以推导出式（2.7.30）。

$$x + x\Gamma_r^2 - 2x\Gamma_r + x\Gamma_i^2 = 2\Gamma_i \tag{2.7.26}$$

$$1 + \Gamma_r^2 - 2\Gamma_r + \Gamma_i^2 = \frac{2\Gamma_i}{x} \tag{2.7.27}$$

$$\Gamma_r^2 - 2\Gamma_r + 1 + \Gamma_i^2 - \frac{2}{x}\Gamma_i = 0 \tag{2.7.28}$$

$$\Gamma_r^2 - 2\Gamma_r + 1 + \Gamma_i^2 - \frac{2}{x}\Gamma_i + \frac{1}{x^2} - \frac{1}{x^2} = 0 \tag{2.7.29}$$

$$(\Gamma_r - 1)^2 + \left(\Gamma_i - \frac{1}{x}\right)^2 = \frac{1}{x^2} \tag{2.7.30}$$

同样，式（2.7.30）也是在复平面（Γ_r，Γ_i）上的圆的参数方程$(x-a)^2+(y-b)^2=R^2$，它的圆心为（1，1/x），半径为 1/x。

图 2.7.8 圆周上的点表示具有相同虚部 x 的阻抗（等电抗圆）。例如，$x=1$ 的圆以（1，1）为圆心，半径为 1。所有的圆（x 为常数）都包括点（1，0）。与实部圆周不同的是，x 既可以是正数也可以是负数。这说明复平面下半部是其上半部的镜像。所有圆的圆心都在一条经过横轴上 1 点的垂直线上。

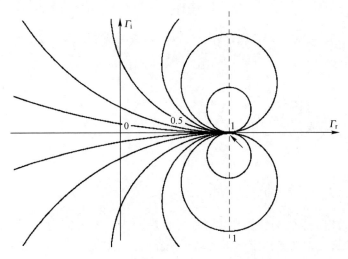

图 2.7.8　圆周上的点表示具有相同虚部 x 的阻抗

5. 在 Smith 圆图上找到反射系数[18]

将图 2.7.7 和图 2.7.8 两簇圆周放在一起，可以发现一簇圆周的所有圆会与另一簇圆周的所有圆相交。若已知阻抗为 $r+jx$，只需要找到对应于 r 和 x 的两个圆周的交点就可以得到相应的反射系数。

上述过程是可逆的，如果已知反射系数，可以找到两个圆周的交点从而读取相应的 r 和 x 的值。过程如下：

● 确定阻抗在 Smith 圆图上的对应点；
● 找到与此阻抗对应的反射系数（Γ）；
● 已知特性阻抗和 Γ，找出阻抗；
● 将阻抗转换为导纳；
● 找出等效的阻抗；
● 找出与反射系数对应的元件值（尤其是匹配网络的元件）。

6. 图解示例[18]

Smith 圆图是一种基于图形的解法，所得结果的精确度直接依赖于图形的精度。

〖**举例**〗　已知特性阻抗为 50Ω，负载阻抗如下：

$Z_1=100+j50\Omega$

$Z_2=75-j100\Omega$

$Z_3=j200\Omega$

$Z_4=150\Omega$

$Z_5=\infty$（开路）

$Z_6=0$（短路）

$Z_7=50\Omega$

$Z_8=184-j900\Omega$

利用式（2.7.13）对上面的值进行归一化并标示在圆图中，如图 2.7.9 所示。

$Z_1=2+j$

$Z_2=1.5-j2$

$Z_3=j4$

$Z_4=3$

$Z_5=8$

$Z_6=0$

$Z_7=1$

$Z_8=3.68-j18$

现在可以通过图 2.7.9 的圆图直接解出反射系数 Γ。画出阻抗点（等阻抗圆和等电抗圆的交点），只要读出它们在直角坐标水平轴和垂直轴上的投影，就得到了反射系数的实部 Γ_r 和虚部 Γ_i（见图 2.7.10）。

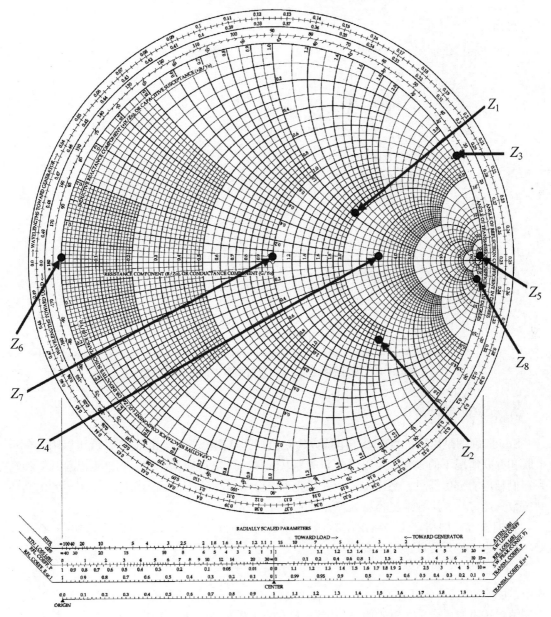

图 2.7.9 $Z_1 \sim Z_8$ 在 Smith 圆图上的标注点

在该示例中可能存在 8 种情况，在图 2.7.10 所示 Smith 圆图上可以直接得到对应的反射系数 Γ。

$\Gamma_1 = 0.4 + 0.2j$

$\Gamma_2 = 0.51 - 0.4j$

$\Gamma_3 = 0.875 + 0.48j$

$\Gamma_4 = 0.5$

$\Gamma_5 = 1$

$\Gamma_6=-1$

$\Gamma_7=0$

$\Gamma_8=0.96-0.1j$

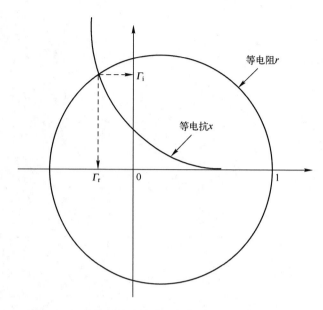

图 2.7.10　从坐标轴直接读出反射系数 Γ 的实部和虚部

7. 用导纳表示[18]

Smith 圆图是用阻抗（电阻和电抗）建立的。一旦作出了 Smith 圆图，就可以用它分析串联和并联情况下的参数。可以添加新的串联元件，确定新增元件的影响只需沿着圆周移动到它们相应的数值即可。然而，增加并联元件时分析过程就不是这么简单了，需要考虑其他的参数。通常，利用导纳更容易处理并联元件。

我们知道，根据定义 $Y=1/Z$，$Z=1/Y$。导纳的单位是西门子（S）。并且，如果 Z 是复数，则 Y 也一定是复数。所以有

$$Y=G+jB \tag{2.7.31}$$

式中，G（或者 g）为元件的"电导"；B（或者 b）为元件的"电纳"。在演算的时候应该小心谨慎，按照似乎合乎逻辑的假设，可以得出 $G=1/R$ 及 $B=1/X$，然而实际情况并非如此，这样计算会导致结果错误。

采用导纳表示时，第一件要做的事是归一化，$y=Y/Y_0$，得出 $y=g+jb$。但是如何计算反射系数呢？通过下面的式（2.7.32）进行推导。

$$\Gamma = \frac{Z_L - Z_0}{Z_L + Z_0} = \frac{1/Y_L - 1/Y_0}{1/Y_L + 1/Y_0} = \frac{Y_0 - Y_L}{Y_0 + Y_L} = \frac{1-y}{1+y} \tag{2.7.32}$$

结果是 G 的表达式符号与 z 相反，并有 $\Gamma(y)=-\Gamma(z)$。

如果知道 z，就能通过将 Γ 的符号取反找到一个与（0，0）距离相等但在反方向的点。围绕原点旋转 180°可以得到同样的结果，如图 2.7.11 所示。

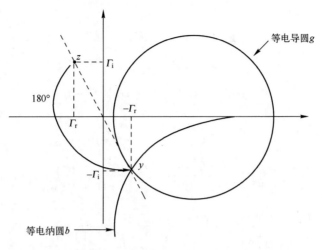

图 2.7.11 旋转 180°后的结果

当然，表面上看新的点好像是一个不同的阻抗，实际上 Z 和 $1/Y$ 表示的是同一个元件（这个新值在圆图上呈现为一个不同的点，而且反射系数也不相同，依此类推）。出现这种情况的原因是我们的图形本身是一个阻抗图，而新的点代表的是一个导纳。因此在圆图上读出的数值单位是西门子。

尽管用这种方法就可以进行转换，但是在解决很多并联元件电路的问题时仍不适用。

8. 导纳圆图[18]

在前面的讨论中，我们看到阻抗圆图上的每一个点都可以通过以 Γ 复平面原点为中心旋转 180° 后得到与之对应的导纳点。于是，将整个阻抗圆图旋转 180° 就得到了导纳圆图。这种方法十分方便，它使我们不用建立一个新图。所有圆周的交点（等电导圆和等电纳圆）自然出现在点（$-1, 0$）。使用导纳圆图，使得添加并联元件变得很容易。

在数学上，导纳圆图由下面的公式构造：

$$\Gamma_L = \Gamma_r + j\Gamma_i = \frac{1-y}{1+y} = \frac{1-g-jb}{1+g+jb} \tag{2.7.33}$$

解这个方程：

$$y = g + jb = \frac{1-\Gamma_L}{1+\Gamma_L} = \frac{1-\Gamma_r-j\Gamma_i}{1+\Gamma_r+j\Gamma_i} \tag{2.7.34}$$

$$g + jb = \frac{(1-\Gamma_r-j\Gamma_i)(1+\Gamma_r-j\Gamma_i)}{(1+\Gamma_r+j\Gamma_i)(1+\Gamma_r-j\Gamma_i)} = \frac{1-\Gamma_r^2-\Gamma_i^2-j2\Gamma_i}{1+\Gamma_r^2+2\Gamma_r+\Gamma_i^2} \tag{2.7.35}$$

接下来，令式（2.7.35）的实部和虚部相等，我们得到两个新的独立的关系：

$$g = \frac{1-\Gamma_r^2-\Gamma_i^2}{1+\Gamma_r^2+2\Gamma_r+\Gamma_i^2} \tag{2.7.36}$$

$$b = \frac{-2\Gamma_i}{1+\Gamma_r^2+2\Gamma_r+\Gamma_i^2} \tag{2.7.37}$$

由式（2.7.36）可以推导出的式（2.7.38）～式（2.7.44）。

$$g + g\Gamma_\mathrm{r}^2 + 2g\Gamma_\mathrm{r} + g\Gamma_\mathrm{i}^2 = 1 - \Gamma_\mathrm{r}^2 - \Gamma_\mathrm{i}^2 \tag{2.7.38}$$

$$\Gamma_\mathrm{r}^2 + g\Gamma_\mathrm{r}^2 + 2g\Gamma_\mathrm{r} + g\Gamma_\mathrm{i}^2 + \Gamma_\mathrm{i}^2 = 1 - g \tag{2.7.39}$$

$$(1+g)\Gamma_\mathrm{r}^2 + 2g\Gamma_\mathrm{r} + (g+1)\Gamma_\mathrm{i}^2 = 1 - g \tag{2.7.40}$$

$$\Gamma_\mathrm{r}^2 + \frac{2g}{g+1}\Gamma_\mathrm{r} + \Gamma_\mathrm{i}^2 = \frac{1-g}{1+g} \tag{2.7.41}$$

$$\Gamma_\mathrm{r}^2 + \frac{2g}{g+1}\Gamma_\mathrm{r} + \frac{g^2}{(g+1)^2} + \Gamma_\mathrm{i}^2 - \frac{g^2}{(g+1)^2} = \frac{1-g}{1+g} \tag{2.7.42}$$

$$\left(\Gamma_\mathrm{r} + \frac{g}{g+1}\right)^2 + \Gamma_\mathrm{i}^2 = \frac{1-g}{1+g} + \frac{g^2}{(1+g)^2} = \frac{1}{(1+g)^2} \tag{2.7.43}$$

$$\left(\Gamma_\mathrm{r} + \frac{g}{g+1}\right)^2 + \Gamma_\mathrm{i}^2 = \left(\frac{1}{1+g}\right)^2 \tag{2.7.44}$$

它也是复平面（Γ_r，Γ_i）上圆的参数方程$(x{-}a)^2+(y{-}b)^2=R^2$，以$[-g/(g{+}1), 0]$为圆心，半径为$1/(1{+}g)$。

由式（2.7.37）可以推导出下面的式（2.7.45）～式（2.7.49）。

$$b + b\Gamma_\mathrm{r}^2 + 2b\Gamma_\mathrm{r} + b\Gamma_\mathrm{i}^2 = -2\Gamma_\mathrm{i} \tag{2.7.45}$$

$$1 + \Gamma_\mathrm{r}^2 + 2\Gamma_\mathrm{r} + \Gamma_\mathrm{i}^2 = \frac{-2}{b}\Gamma_\mathrm{i} \tag{2.7.46}$$

$$\Gamma_\mathrm{r}^2 + 2\Gamma_\mathrm{r} + 1 + \Gamma_\mathrm{i}^2 + \frac{2}{b}\Gamma_\mathrm{i} = 0 \tag{2.7.47}$$

$$\Gamma_\mathrm{r}^2 + 2\Gamma_\mathrm{r} + 1 + \Gamma_\mathrm{i}^2 + \frac{2}{b}\Gamma_\mathrm{i} + \frac{1}{b^2} - \frac{1}{b^2} = 0 \tag{2.7.48}$$

$$(\Gamma_\mathrm{r} + 1)^2 + \left(\Gamma_\mathrm{i} + \frac{1}{b}\right)^2 = \frac{1}{b^2} \tag{2.7.49}$$

同样得到$(x{-}a)^2+(y{-}b)^2=R^2$型的参数方程。

9. 求解等效阻抗[18]

当解决同时存在串联和并联元件的混合电路时，可以使用同一个 Smith 圆图，在需要进行从 z 到 y 或从 y 到 z 的转换时将图形旋转。

考虑图 2.7.12 所示网络（其中的元件以 $Z_0{=}50\Omega$ 进行了归一化）。串联电抗（x）对电感元件而言为正数，对电容元件而言为负数。电纳（b）对电容元件而言为正数，对电感元件而言为负数。

这个电路需要进行简化（见图 2.7.13）。从最右边开始，有一个电阻和一个电感，数值都是 1，我们可以在 $r{=}1$ 的圆周和 $\Gamma{=}1$ 的圆周的交点处得到一个串联等效点，即点 A。下一个元件是并联元件，我们转到导纳圆图（将整个平面旋转 180°），此时需要将前面的那个点变成导纳，记为 A'。现在我们将平面旋转 180°，于是我们在导纳模式下加入并联元件，沿着电导圆逆时针方向（负值）移动距离 0.3，得到点 B。然后又是一个串联元件。现在我们再回到阻抗圆图。

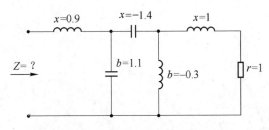

图 2.7.12 串联和并联元件的混合电路

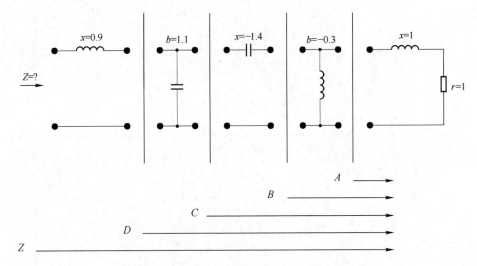

图 2.7.13 将图 2.7.12 网络中的元件拆开进行分析

在返回阻抗圆图之前，还必须把刚才的点转换成阻抗（此前是导纳），变换之后得到的点记为 B'，用上述方法，将圆图旋转 180° 回到阻抗模式。沿着电阻圆周移动距离 1.4 得到点 C 就增加了一个串联元件，注意是逆时针移动（负值）。进行同样的操作可增加下一个元件（进行平面旋转变换到导纳），沿着等电导圆顺时针方向（因为是正值）移动指定的距离 1.1，这个点记为 D。最后，我们回到阻抗模式增加最后一个元件（串联电感）。于是我们得到所需的值 Z，位于 0.2 电阻圆和 0.5 电抗圆的交点。至此，得出 $Z=0.2+j0.5$。如果系统的特性阻抗是 50Ω，有 $Z=10+j25\Omega$（见图 2.7.14）。

10. 进行阻抗匹配举例[18]

〖举例〗 进行阻抗已知而匹配网络元件未知的阻抗匹配。

Smith 圆图的另一个用处是进行阻抗匹配。这和找出一个已知网络的等效阻抗是相反的过程。此时，两端（通常是信号源和负载）阻抗是固定的，如图 2.7.15 所示。我们的目标是在两者之间插入一个设计好的网络以达到合适的阻抗匹配。

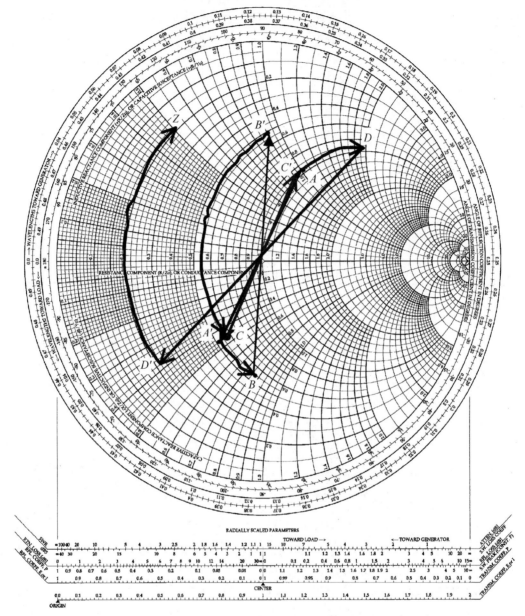

图 2.7.14　在 Smith 圆图上画出的网络元件

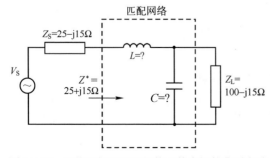

图 2.7.15　阻抗已知而匹配网络元件未知的典型电路

初看起来好像并不比找到等效阻抗复杂。但是问题在于有无限种元件的组合都可以使匹配网络具有类似的效果，而且还需考虑其他因素（如滤波器的结构类型、品质因数和有限的可选元件）。

实现这一目标的方法是在 Smith 圆图上不断增加串联和并联元件，直到得到我们想要的阻抗。从图形上看，就是找到一条途径来连接 Smith 圆图上的点。

例如，设计要求在 60MHz 工作频率下匹配源阻抗（Z_S）和负载阻抗（Z_L）（见图 2.7.15）。网络结构已经确定为低通 L 型（也可以把问题看作如何使负载转变成数值等于 Z_S 的阻抗，即 Z_S 复共轭）。将图 2.7.15 的匹配网络对应的点画在 Smith 圆图上，如图 2.7.16 所示。求解过程如下：

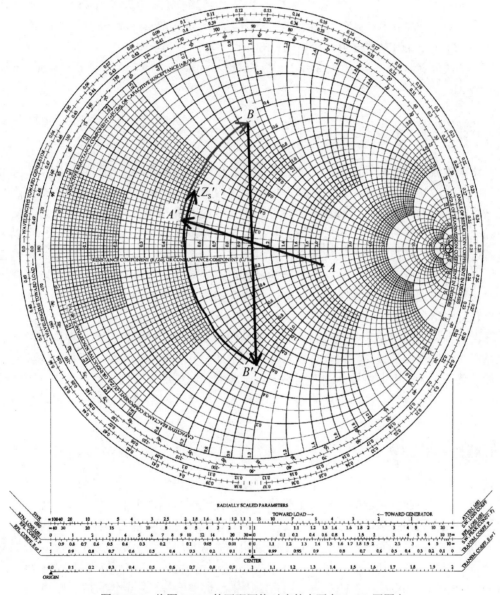

图 2.7.16　将图 2.7.15 的匹配网络对应的点画在 Smith 圆图上

要做的第一件事是将各阻抗值归一化。如果没有给出特性阻抗，选择一个与负载/信号源的数值在同一量级的阻抗值。假设 Z_0 为 50Ω。于是 $Z_S=0.5-j0.3$，$Z_S^*=0.5+j0.3$，$Z_L=2-j0.5$。

下一步，在图上标出这两个点，A 代表 Z_L，D 代表 Z_S^*。

然后判别与负载连接的第一个元件（并联电容），先把 Z_L 转化为导纳，得到点 A'。

确定连接电容 C 后下一个点出现在圆弧上的位置。由于不知道 C 的值，所以我们不知道具体的位置，然而我们确实知道移动的方向。并联的电容应该在导纳圆图上沿顺时针方向移动、直到找到对应的数值，得到点 B（导纳）。下一个元件是串联元件，所以必须把 B 转换到阻抗平面上去，得到 B'。B' 必须和 D 位于同一个电阻圆上。从图形上看，从 A' 到 D 只有一条路径，但是如果要经过中间的 B 点（也就是 B'），就需要经过多次的尝试和检验。在找到点 B 和 B' 后，我们就能够测量 A' 到 B 和 B' 到 D 的弧长，前者就是 C 的归一化电纳值，后者为 L 的归一化电抗值。A' 到 B 的弧长为 $b=0.78$，则 $B=0.78Y_0=0.0156\mathrm{S}$。因为 $\omega C=B$，所以 $C=B/\omega=B/(2\pi f)=0.0156/[2\pi(60\times10^6)]=41.4\mathrm{pF}$。

B' 到 D 的弧长为 $X=1.2$，于是 $X=1.2\times Z_0=60\Omega$。由 $\omega L=X$，得 $L=X/\omega=X/(2\pi f)=60/[2\pi(60\times10^6)]=159\mathrm{nH}$。

2.8　网络与网络参数

网络根据其不同的特性，有不同的划分方法。例如，按照网络的端口数，网络可划分为单端口网络、双端口网络和多端口网络；按照网络内部电路结构，网络可划分为有源网络和无源网络；按照网络内部电路特性，网络可划分为线性网络和非线性网络。一个射频器件或者射频电路都可以等效为一个射频网络。利用射频网络进行射频电路分析和设计，可以更好地理解射频电路的性能。例如，射频晶体管可等效为一个两端口有源网络，电感或者电容可等效为一个两端口无源网络。将一个复杂的射频电路等效为一个网络，进行射频电路分析和设计时，只需要通过测量获得各端口的特性和相互关系，而不必知道内部电路的具体结构，就可以利用网络参数描述射频电路的特性[22-23]。

无源元件构成的网络通常是线性网络，所谓线性是指网络的响应对施加在端口的电压或者电流存在线性叠加的关系。包含有源器件的网络通常具有非线性特性，例如，大信号下射频晶体管就等效为一个非线性两端口网络。由于非线性网络的复杂性，分析是十分困难的。在小信号条件下，包含有源器件的网络可以等效为一个线性网络进行分析。在多数情况下，可以使用线性网络进行射频电路分析。

1. 线性网络

线性无源网络由电阻、电容和电感等元件组成，网络内电路的元件参数（如电阻、电容和电感）不随电流或者电压的幅度发生变化。线性无源网络可以用于分析阻抗匹配电路、滤波电路等由无源元件组成的网络。线性有源网络满足线性无源网络的条件，并且网络内的电压源和电流源也保持为常数，或者与其他电压和电流成正比。在小信号的条件下，射频双极型晶体管对信号的放大作用可以等效为一个线性电流控制电流源，场效应管的放大作用可以等效为一个线性压控电流源。线性有源网络适用于分析小信号射频晶体管放大电路。

线性网络输出信号的频谱与输入信号的频谱是完全一致的，不会产生新的频率成分。例如，在射频滤波电路和阻抗匹配电路中，相对于网络的输入射频信号，尽管输出信号的幅度发生了改变，但是输出信号中没有新的频率成分出现。

相对于输入信号频谱，如果输出信号的频谱发生了变化，这个网络就是一个非线性网络。工程中，如果测量到输出信号中存在输入信号中没有的新频率成分，就可以判断该网络是一个非线性网络。例如，混频电路和检波电路就是一个典型的非线性网络，在输出信号中都包含了新的频率成分。

在射频电路的分析讨论中，需要注意区分非线性网络和非线性频率响应的区别。电路的非线性频率响应是指随着频率的改变，电路的阻抗或者导纳发生改变，进而导致输出的电压或电流的幅度随频率发生改变。例如，对于由电容、电感和电阻组成的复杂电路，随着频率的变化其阻抗具有明显的非线性特征，但是电路本身是一个线性网络。

理想电阻器的电阻、电容器的电容和电感器的电感都不会随电压或者电流的幅度改变，也不会随信号的频率改变而发生变化，所以由理想的电阻、电容和电感构成的网络是线性无源网络。对于一个两端口网络，如果单独输入电压为 $u_1(\omega_1)$ 时，得到的输出电流为 $i_1(\omega_1)$；单独输入电压为 $u_2(\omega_2)$ 时，得到输出电流为 $i_2(\omega_2)$。当输入电压为 u_1 和 u_2 的线性组合时，对于线性网络，可以得到输出信号将是 $i_1(\omega_1)$ 和 $i_2(\omega_2)$ 的线性组合。对于线性网络，信号可以相互叠加而不相互影响，存在可叠加性。如果输入信号增加了 N 倍，输出信号会随之增加 N 倍，输出信号和输入信号之间存在线性关系。线性网络对于信号具有可线性叠加的特性[22-23]。

线性网络是进行网络分析和电路分析的基础。众多的电路分析基本定理都适用于线性网络，如戴维宁定理（Thevenin's Theorem）、对偶定理（Duality Theorem）、诺顿定理（Norton's Theorem）、叠加定理（Superposition Theorem）和密勒定理（Miller's Theorem）等。线性网络是给出各种网络参数定义和进行网络运算的基本条件。

2. 单端口网络

如图 2.8.1（a）所示，一个阻抗为 Z 的负载可以看作一个单端口网络，只需要一个参数 Z 就可以描述网络的特性[22-23]。网络端口的电压 u 和电流 i 满足关系

$$u = Zi \tag{2.8.1}$$

电流 i 是有方向的，定义流入网络的电流为正，流出网络的电流为负。

如图 2.8.1（b）所示，网络内部是一个复杂的电路，Z_{IN} 为整个电路的等效阻抗。如果不关心网络内部电路的具体结构，而只关心网络端口电压 u 和电流 i 之间的关系，依然可以使用一个参数 Z_{IN} 来描述网络的特性。Z_{IN} 可以根据内部电路的结构，通过计算获得。端口电压 u 和电流 i 的关系可以表示为

$$u = Z_1 /\!/ (Z_2 + (Z_3 + Z_4) /\!/ Z_5)i = Z_{IN}i \tag{2.8.2}$$

如果网络内部电路十分复杂，不易获得等效输入阻抗 Z_{IN} 的表达式，这时需要进行实际测量，得到端口电压 $u(\omega)$ 和端口电流 $i(\omega)$ 的关系，以获得描述该网络的参数 $Z(\omega)$。

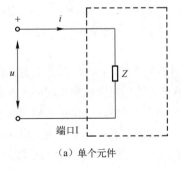

（a）单个元件

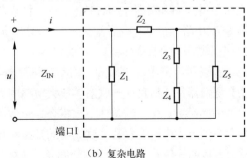

（b）复杂电路

图 2.8.1　单端口网络的概念

3. 两端口网络

两端口网络可以由单个元件或者复杂电路组成。一个单元件两端口网络[22-23]如图 2.8.2 所示。可以采用阻抗矩阵[Z]来描述一个两端口网络的网络端口电压和电流的关系。参数 Z_{11}

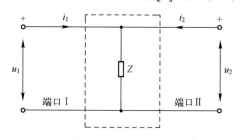

用来描述在端口 II 开路的条件下，端口 I 电压 u_1 和电流 i_1 的关系；参数 Z_{22} 用来描述在端口 I 开路的条件下，端口 II 电压 u_2 和电流 i_2 的关系。采用 Z_{21} 和 Z_{12} 两个参数反映网络的传输特性。参数 Z_{21} 用来描述在端口 II 开路的条件下，端口 I 的电流 i_1 在端口 II 产生的电压 u_2；参数 Z_{12} 用来描述在端口 I 开路的条件下，端口 II 的电流 i_2 在端口 I 产生的电压 u_1。

图 2.8.2　一个单元件两端口网络

利用阻抗矩阵和导纳矩阵可以给出从端口电流获得电压和从端口电压获得电流的方法。阻抗矩阵和导纳矩阵反映了网络端口电压和电流之间的关系，可以描述多端口网络。

4. 混合矩阵

混合矩阵和转移矩阵以另一种方式反映两端口网络电压和电流之间的关系[22-23]。混合矩阵和转移矩阵是针对两端口网络提出的，不适合描述多端口网络。

混合矩阵适合用来描述射频有源器件，可以非常方便地给出射频晶体管等效两端口网络的参数。

5. 转移矩阵

转移矩阵在分析级联网络的时候非常方便，可以将复杂的射频电路分解为小单元网络进行分析[22-23]。

6. 网络的连接

复杂的射频网络通常可以分解为一些基本的网络单元，网络之间的连接通常可分为串联、并联和级联形式[22-23]。

7. 散射参数（S 参数）

阻抗矩阵、导纳矩阵、混合矩阵和转移矩阵的定义都是基于电流和电压的关系，矩阵的元素需要在开路（$i_k=0$）或者短路（$u_k=0$）的条件下定义。对于低频电路，在一定条件下，通常允许在短路和开路的状态下进行测量。

然而在射频电路中，端口的开路和短路都会导致电压反射系数模值$|\Gamma|=1$，对于有源器件网络可能会烧毁器件。而且在一些射频放大电路中，对负载和信号源的阻抗匹配要求严格，在开路（$i_k=0$）或者短路（$u_k=0$）的条件下，将会导致放大电路工作在非稳定区域，电路处于振荡状态，无法测量得到放大电路的参数。宽频带的开路和短路条件在射频电路中也是不易实现，很难达到电压反射系数的模值$|\Gamma|=1$。因此，需要有一种在网络端口匹配条件下描述网络特性的参数。

在射频电路中，散射参数（S 参数）可以直接通过测量获得，具有很多独特的优势，应用广泛。无论有源器件还是无源网络，无论两端口网络还是多端口网络，都可以方便地使用 S 参数表述，而且物理概念清晰。下面将介绍射频网络散射参数的定义和具体应用，以及从两端口网络 S 参数到其他两端口网络参数的变换方法[22-23]。

〖举例〗　ADL5535 是一个内部有匹配 IF 增益模块，输入和输出内部匹配 50Ω，固定增益 16dB 的线性放大器，工作频率为 20MHz～1.0GHz，可用于各种蜂窝、有线电视、军事和仪器仪表设备[24]。ADL5535 应用电路如图 2.8.3 所示，只需配置输入和输出交流耦合电容（C_1 和 C_2，$0.1\mu F$）、电源去耦电容（C_4、C_5 和 C_6，）和一个外部电感（L_1，470nH）便可工作。ADL5535 等效为一个两端口网络，其散射参数（S 参数）如图 2.8.4 所示。

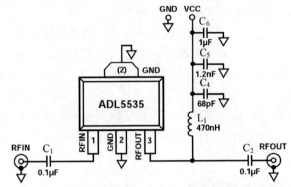

图 2.8.3　ADL5535 应用电路

典型散射参数(S参数)

$V_{CC} = 5\,V$，$T_A = 25°C$；已消除到器件引脚为止的测试夹具影响。

表2.

频率 (MHz)	S11		S21		S12		S22	
	幅度(dB)	角度(°)	幅度(dB)	角度(°)	幅度(dB)	角度(°)	幅度(dB)	角度(°)
20	−13.03	−112.72	17.11	167.18	−19.70	+10.45	−14.78	−125.49
70	−18.32	−152.93	16.33	171.17	−19.67	+0.77	−15.85	−161.12
120	−19.04	−161.05	16.22	169.68	−19.66	−1.99	−15.99	−166.87
190	−19.31	−163.81	16.16	166.09	−19.65	−4.89	−15.97	−168.23
240	−19.35	−163.54	16.10	163.36	−19.65	−6.74	−15.91	−167.75
290	−19.26	−162.62	16.08	160.44	−19.65	−8.54	−15.81	−166.89
340	−19.24	−161.59	16.01	157.37	−19.66	−10.20	−15.70	−166.07
390	−19.12	−158.71	15.94	154.60	−19.65	−11.99	−15.53	−164.46
440	−18.88	−157.70	15.91	151.65	−19.65	−13.65	−15.28	−163.07
490	−18.58	−157.00	15.84	148.72	−19.69	−15.34	−15.02	−162.82
540	−18.35	−156.08	15.80	145.67	−19.71	−16.97	−14.80	−162.40
590	−18.12	−154.28	15.71	142.80	−19.70	−18.60	−14.58	−161.54
640	−17.82	−153.50	15.67	139.94	−19.71	−20.26	−14.31	−161.17
690	−17.57	−152.78	15.59	136.89	−19.73	−21.87	−14.07	−160.95
740	−17.30	−151.90	15.51	134.11	−19.74	−23.49	−13.82	−160.76
790	−17.04	−151.31	15.44	131.17	−19.75	−25.11	−13.58	−160.71
840	−16.76	−150.77	15.35	128.31	−19.77	−26.74	−13.34	−160.76
900	−16.41	−150.20	15.26	125.01	−19.79	−28.65	−13.05	−160.99
950	−16.15	−149.94	15.17	122.08	−19.80	−30.29	−12.82	−161.31
1000	−15.87	−149.69	15.08	119.42	−19.82	−31.88	−12.59	−161.67
1050	−15.60	−149.72	15.00	116.58	−19.84	−33.51	−12.38	−162.13
1100	−15.35	−149.61	14.89	113.89	−19.86	−35.10	−12.17	−162.71
1150	−15.08	−149.74	14.81	111.22	−19.88	−36.69	−11.97	−163.25
1200	−14.86	−149.84	14.70	108.43	−19.90	−38.29	−11.79	−163.86
1250	−14.58	−149.97	14.61	105.97	−19.92	−39.90	−11.59	−164.52
1300	−14.35	−150.33	14.52	103.20	−19.94	−41.52	−11.41	−165.22
1350	−14.11	−150.67	14.41	100.66	−19.96	−43.13	−11.25	−166.05
1400	−13.90	−151.10	14.32	98.10	−19.99	−44.68	−11.08	−166.79
1450	−13.69	−151.43	14.21	95.51	−20.02	−46.23	−10.93	−167.47
1500	−13.46	−151.86	14.11	93.03	−20.04	−47.82	−10.78	−168.33
1550	−13.26	−152.41	14.02	90.50	−20.06	−49.37	−10.63	−169.12

图 2.8.4　ADL5535 的散射参数（S 参数）（数据表截图）

2.9　天线

2.9.1　天线种类

天线是无线电系统中不可缺少的部分。天线的种类繁多，按工作性质，可分为发射天线和接收天线；按用途，可分为通信天线、雷达天线、导航天线、电视天线和广播天线等；按工作频段，可分为长波天线、中波天线、短波天线、超短波天线和微波天线等；按结构和分析方法，可大致分为线天线和面天线（口径）两大类。

天线理论和分析计算方法是天线技术发展的基础。传输线理论、空间积分方程法、等效原理、电磁场矢量积分法等是经典的天线理论和分析计算方法。目前，能够在计算机上运行的各种电磁场数值计算方法（如矩量法、时域有限差分法和几何绕射理论等），是分析各种复杂天线问题的有力工具。

天线阵理论是天线理论的重要组成部分。自适应天线和智能天线的基础理论属于信号处理学科的范畴。自适应天线阵的理论极大地改变了天线阵的传统概念和设计方法，是天线理论的重要前沿分支。

1．偶极天线、单极天线和环形天线

偶极天线、单极天线和环形天线等属于线天线。线天线由导线构成，其导线的长度比横截面大得多。这类天线在分析方法上的特征是利用天线上的电流分布确定天线的辐射特性和阻抗特性。天线形式有双锥天线、细双锥天线、对称偶极天线、折合偶极天线、八木天线、旋转场天线、蝙蝠翼天线、盘锥天线和环形天线等。

偶极天线与单极天线在长中波、短波和超短波波段都得到了广泛应用，是应用最为广泛的天线形式。小环形天线在手机等移动通信设备中广泛应用。

2．宽带天线

非频变天线和行波天线是宽带天线中的两大类。

（1）非频变天线

非频变天线是指天线的方向图和阻抗特性都与频率无关的天线。非频变天线的输入阻抗和方向特性都是宽带的。

非频变天线可分为如下两类。

一类是天线的形状仅由角度决定，这类天线可以在连续变化的频率上得到非频变特性。平面等角螺旋天线和阿基米德螺旋天线等属于这类天线。

另一类非频变天线基于电磁场的相似原理：若天线的尺寸和工作频率按相同的比例变化，则天线的特性不变；这类天线的尺寸按特定的比例因子变化，仅在一系列离散频率点上可以得到准确的非频变特性；在这些频率点之间天线的特性是变化的，若变化在允许的范围内仍可得到良好的非频变特性。属于这类天线的有各种对数周期天线。

（2）行波天线

行波天线上的电流按行波分布，根据传输线的理论，可以获得很宽的阻抗带宽。行波天

线具有很宽的输入阻抗特性。

获得行波的方法通常是在天线的终端连接匹配电阻，单导线行波天线、V 形天线、菱形天线等属于这种情况。若由于辐射使天线电流衰减到终端电流可以忽略不计的程度，也可以不接匹配电阻。等角螺旋天线、阿基米德螺旋天线和粗螺旋天线都属于这种情况。

3. 超宽带天线

超宽带（Ultra Wide Band，UWB）无线电不使用载频，而是以占空比很低的冲激脉冲作为信息的载体，直接发射和接收冲激脉冲串。冲激脉冲通常采用单周期高斯脉冲，频谱的宽度和中心频率由脉冲波形决定，一般脉冲宽度为 0.2～1.5ns，重复周期为 25～1000ns。冲激脉冲具有很宽的频谱，如宽度为 1ns 的高斯脉冲，其中心频率为 1GHz 时，相对带宽约为 1GHz。超宽带天线要求天线的传输函数在整个带宽中具有平坦的幅频特性和线性的相位特性，能够无畸变地辐射和接收超宽带脉冲信号。如窄带的细半波偶极天线的传输函数的相位特性近似是线性的，通过加载改善幅频特性，可以应用于超宽带辐射。

目前研究的超宽带天线形式有加载偶极天线、双锥天线及变形、TEM 喇叭等，这几类天线的严格的数学分析都比较困难，多采用 FDTD（Finite Difference Time Domain，时域有限差分法）或者 FDTD 加遗传算法进行结构优化。

4. 波导口和喇叭天线

波导开口面是最简单的口径天线，但波导开口面辐射特性较差，很少直接作为辐射器。为了得到较好的辐射特性，通常把波导的开口面逐渐扩大使波导口变成喇叭。喇叭天线结构简单，波瓣受其他杂散因素影响小，两个主平面的波瓣易被分别控制，常作为抛物面天线的馈源及标准增益天线等使用。

喇叭天线有 H 面扇形喇叭、E 面扇形喇叭、角锥喇叭、圆锥喇叭、多模喇叭、波纹喇叭等多种形式。在喇叭天线中可以利用透镜将喇叭内的球面波或者柱面波变成平面波，构成透镜天线。

5. 反射面天线

反射面天线通常由馈源和反射面组成。馈源可以是振子、喇叭、缝隙等弱方向性天线，反射面可以是旋转抛物面、切割抛物面、柱形抛物面、球面、平面等。旋转抛物面是一种主瓣窄、副瓣低、增益高的微波天线，常用来得到笔形波束、扇形波束或具有特殊形状的波束，在雷达、通信、天文等领域有着广泛的应用。

反射面天线辐射场的计算方法主要有感应电流法、口径场法和几何绕射理论。感应电流法（又称镜面电流法）和口径场法是计算反射面天线的两种经典方法。

6. 缝隙天线

缝隙天线是由金属面上的缝隙构成的天线。缝隙天线的形式很多，可以加工在各种形状的金属面上，缝隙可由同轴线或波导馈电。缝隙天线在飞机、导弹等高速飞行器上得到了广泛应用。

加工在波导壁上的缝隙天线阵是缝隙天线的另一种形式。由于这种天线阵对天线口径内场的幅度分布容易控制，口径面利用率高，体积小，易于实现低副瓣特性，因而在各种地面、舰载、机载、弹载、导航、气象等雷达领域获得了广泛应用。

7. 微带天线

微带天线有微带贴片天线、微带振子天线、微带线型天线、微带缝隙天线、微带天线阵等多种形式。微带贴片天线是在带有导体接地板的介质基片上附加导体贴片构成的天线，贴片可以是矩形、圆形、圆环形、窄条形等各种规则形状。如果贴片是窄长形的薄片振子则称为微带振子天线。微带线型天线利用微带传输线的各种弯曲结构形成的不连续性来辐射电磁波。微带缝隙天线是由介质基片另一侧的微带线激励的接地板上的缝隙构成的一种缝隙天线或口径天线。微带天线阵由微带天线元组成，有直线阵和平面阵形式。

微带天线的剖面低、质量小，可与各种载体共形。馈电网络可与天线印制在一起，适合采用印制电路技术批量生产，便于实现圆极化、双极化、双频段工作，但功率容量小，损耗（介质损耗和表面波损耗等）大，因此效率低、频带窄。

微带天线的分析方法主要有传输线模型法和空腔模型法。传输线模型法主要用于矩形微带贴片天线，是一种一维空间的分析方法。空腔模型法是一种二维空间的分析方法，适用于基片厚度远小于波长的情况。

对于电磁耦合微带天线、多层结构等复杂微带天线结构的分析采用积分方程法或谱域导抗法。

8. 阵列天线

阵列天线是使用某些方向图较尖锐的天线（如抛物面天线），或者用某种弱方向性的天线按一定的方式排列起来组成天线阵。组成天线阵的天线叫作天线元。常用的天线阵按其维数分为一维线阵和二维面阵。线阵是天线阵的基础，天线阵的主要参数有阵元数、阵元的空间分布、各阵元的激励幅度和激励相位等。

阵列天线适合点对点通信、雷达等要求天线方向图较尖锐和增益较高的情况下使用。

9. 自适应天线阵

自适应天线阵通过对各阵元信号的幅度和相位进行自适应控制，使天线阵的主瓣方向自动对准需要的信号，零点方向自动对准干扰信号，以达到增强有用信号、抑制干扰信号的目的。自适应天线阵极大地改变了天线阵的传统概念和设计方法，已成为天线理论的重要前沿分支。

自适应天线阵通过最小均方误差（MSE）准则、最大信噪比（SNR）准则、最大似然比（LH）准则、最小噪声方差准则等不同的准则来确定自适应权，并利用不同的算法来实现这些准则。

自适应算法主要分为闭环算法和开环算法。主要的闭环算法有最小均方（LMS）算法、差分最陡下降算法（DSD）、加速梯度算法（AG），以及它们的一些变形算法。闭环算法实现简单、性能可靠，不需要数据存储，但收敛于最佳权的响应时间取决于数据特征值的分布，在某些干扰分布情况下算法收敛速度较慢。开环算法主要有直接矩阵求逆（DMI 或

SMI）法。DMI 法的收敛速度和相消性能都比闭环算法好得多。开环算法被认为是实现自适应处理的最佳途径。自适应算法和工程实现是自适应天线理论研究的热点。

2.9.2　天线的基本参数

天线的方向特性、阻抗特性、效率、极化特性、有效长度、有效面积、频带宽度、接收天线的等效噪声温度等参数是评价天线电性能的主要指标[28]。根据互易原理，同一天线用作接收和发射时性能相同，因此除专用于描述接收天线性能的等效噪声温度之外，天线电参数的定义都建立在发射天线的基础上。

1. 天线的方向特性参数[26]

一般说来，天线的辐射场 E 在球坐标系中总可以表示为

$$E = A(r)f(\theta, \varphi) \tag{2.9.1}$$

式中，$A(r)$ 为幅度因子；$f(\theta, \varphi)$ 为方向因子，称为天线的方向性函数。

在各种坐标系中，根据天线的方向性函数绘出的表征天线方向特性的图，称为天线的方向图，如场强振幅方向图、功率方向图、相位方向图和极化方向图。场强振幅方向图表征天线的场强振幅方向特性，功率方向图表征天线的功率方向特性，相位方向图表征天线的相位方向特性，极化方向图表征天线的极化方向特性。通常使用的是功率方向图或场强振幅方向图。

天线的方向图是一个三维图形，为了方便，常采用两个相互正交的主平面上的剖面图来描述天线的方向性，通常取 E 平面（电场矢量与传播方向构成的平面）和 H 平面（磁场矢量与传播方向构成的平面）作为两个正交的主平面。

通常采用极坐标或直角坐标绘制方向图，极坐标方向图直观性强，直角坐标方向图易于表示和比较各方向上场强电平的相对大小。为了便于比较各种天线的方向图，方向图一般都对最大值归一化。

在天线方向图中的最强辐射区域称为天线方向图的主瓣，其他辐射区域称为副瓣或旁瓣。副瓣中最值得注意的是主瓣两边的第一副瓣和与主瓣方向相反的后瓣，主瓣和副瓣统称为方向图的波瓣。波瓣之间存在辐射强度为零的区域称为方向图的零点。

半功率波瓣宽度和零点波瓣宽度是两个描述方向图主瓣在给定主截面上特性的重要参数。半功率主瓣宽度定义为

$$BW_{0.5} = \theta_{0.5}^{right} + \theta_{0.5}^{left} \tag{2.9.2}$$

式中，$\theta_{0.5}^{left}$ 和 $\theta_{0.5}^{right}$ 为从天线的最大辐射方向到半功率点的角度。

零点波瓣宽度定义为

$$BW_0 = \theta_0^{right} + \theta_0^{left} \tag{2.9.3}$$

式中，θ_0^{right} 和 θ_0^{left} 为从最大辐射方向到第一零点的角度。

天线最大辐射强度与天线最大副瓣辐射强度之比定义为天线的副瓣电平（SLL）。天线的最大辐射强度与相反方向上的辐射强度之比定义为天线的后瓣电平（FBR）。天线的功率方向图及相关参数的示意图如图 2.9.1 所示。

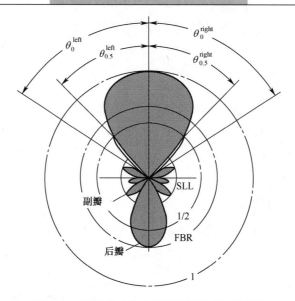

图 2.9.1 天线的功率方向图及相关参数示意图

方向性系数用来表征天线辐射能量集中的程度，其定义为：在相同的辐射功率下，某天线在空间某点产生的电场强度的平方与理想无方向性点源天线（该天线的方向图为一球面）在同一点产生的电场强度平方的比值，即

$$D(\theta,\varphi) = \frac{E^2(\theta,\varphi)}{E_0^2}\bigg|_{相同辐射功率} \qquad (2.9.4)$$

由于辐射功率和电场强度成正比，方向性系数也可以定义为在某点产生相等电场强度的条件下无方向性点源辐射功率 P_0 与某天线的总辐射功率 P_r 之比，即

$$D = \frac{P_0}{P_r}\bigg|_{相同电场强度} \qquad (2.9.5)$$

天线增益的定义与方向性系数相似，但实际天线与理想天线场强平方的比值是在相同输入功率条件下进行的，即在相同的输入功率下，某天线在空间某点产生的电场强度的平方与理想无方向性点源天线在同一点产生的电场强度平方的比值：

$$G(\theta,\varphi) = \frac{E^2(\theta,\varphi)}{E_0^2}\bigg|_{相同输入功率} \qquad (2.9.6)$$

同样，增益也可以定义为在某点产生相等电场强度的条件下，无方向性点源天线输入功率 P_{in0} 与某天线的总输入功率 P_{in} 之比，即

$$G = \frac{P_{in0}}{P_{in}}\bigg|_{相同电场强度} \qquad (2.9.7)$$

2. 天线的阻抗特性[26]

将天线辐射功率等效为一个电阻吸收的功率，这个等效电阻就称为天线的辐射电阻。辐

射电阻可以作为天线辐射能力的表征。辐射功率与辐射电阻的关系为

$$P_r = \frac{1}{2} I^2 R_r \qquad (2.9.8)$$

式中，若电流 I 取天线上的波腹电流，则 R_r 称为"归于波腹电流的辐射电阻"；若电流 I 取天线的输入电流，则 R_r 又称为"归于输入电流的辐射电阻"。

天线的输入电压与输入电流的比值称为天线的输入阻抗，是决定天线与馈线匹配状态的重要参数。在理想情况下，天线的输入阻抗是一个恒定的电阻，其值等于该天线归于输入电流的辐射电阻。此时天线可以直接与特性阻抗（等于该天线辐射电阻的传输线）相连，传输线馈入天线的功率全部被辐射到空间。当天线的输入阻抗与传输线的特性阻抗不匹配时，馈入天线的功率会被反射。天线与馈线匹配越好，驻波比或回波损耗越小。

天线输入阻抗与天线的输入电流、天线的辐射功率、损耗功率和近区场中储存的无功能量等有关。一般情况下，天线的输入阻抗既有实部也有虚部。天线输入阻抗的计算是比较困难的，特别是输入电抗，因为它需要准确地知道天线上的电流分布和近区感应场的表达式。

3. 天线的效率[26]

天线的效率定义为天线的辐射功率与输入功率之比，即

$$\eta = \frac{P_r}{P_{in}} = \frac{P_r}{P_r + P_l} \qquad (2.9.9)$$

式中，P_r、P_{in}、P_l 分别是天线的辐射功率、输入功率和损耗功率。也可以写成

$$\eta = \frac{R_r}{R_{in}} = \frac{R_r}{R_r + R_l} \qquad (2.9.10)$$

式中，R_r、R_{in}、R_l 分别是天线的归于输入电流的辐射电阻、输入电阻和损耗电阻。

从式（2.9.10）可见，为了提高天线的效率，应尽可能提高天线的辐射电阻 R_r 和降低损耗电阻 R_l。

4. 天线的极化特性[26]

天线的极化特性是指天线辐射电磁波的极化特性。由于电场与磁场有恒定的关系，通常都以电场矢量端点轨迹的取向和形状来表示电磁波的极化特性，电场矢量方向与传播方向构成的平面称为极化平面。电磁波的极化方式有线极化、圆极化和椭圆极化。

电场矢量恒定指向某一方向的波称为线极化波，工程上常以地面为参考。电场矢量方向与地面平行的波称为水平极化波，电场矢量方向与地面垂直的波称为垂直极化波。若电场矢量存在两个具有不同幅度和相位相互正交的坐标分量，则在空间某给定点上合成电场矢量的方向将以场的频率旋转，其电场矢量端点的轨迹为椭圆，而随着波的传播，电场矢量在空间的轨迹为一条椭圆螺旋线，这种波称为椭圆极化波。当电场的两正交坐标分量具有相同的振幅时，椭圆变成圆，此时这种波称为圆极化波。椭圆极化波可视为两个同频率线极化波的合成，或两个同频反相圆极化波的合成。线极化波和圆极化波可视为椭圆极化波的特例。

根据天线辐射的电磁波是线极化或圆极化，相应的天线称为线极化天线或圆极化天线。

极化效率是接收天线的极化参数。极化效率定义为：天线实际接收的功率与极化匹配良好时天线在此方向所应接收的功率之比。当入射平面波的极化椭圆在给定方向上与接收天线具有相同

的轴比、倾角和极化方向时，在此给定方向上天线将获得最大信号，这种情况称为极化匹配。

5. 天线的有效长度和有效面积[26]

有效长度和有效面积是用来表示天线发射和接收电磁波能力的参数，有效长度是针对线天线定义的，有效面积是针对口径天线定义的。

对于发射天线的有效长度定义：天线的有效长度是指假想天线的长度，该假想天线的电流是均匀分布的，其大小等于原天线输入端电流，且在最大辐射方向能产生与原天线相等的电场。

发射天线的有效面积定义：一具有均匀口径场分布的口径天线的面积，该口径天线与原口径天线在最大辐射方向产生相同的辐射场强。

接收天线的有效面积定义：天线所接收的功率等于单位面积上的入射功率乘以它的有效面积。

6. 天线频带宽度[26]

天线的以上各种参数都和天线的工作频率有关。天线的频带宽度根据天线参数的允许变动范围来确定，这些参数可以是方向图、主瓣宽度、副瓣电平、方向性系数、增益、极化、输入阻抗等。天线的频带宽度随规定的参数不同而不同，由某一参数规定的频带宽度一般并不满足另一参数的要求。若同时对几个参数都有要求，则应以其中最严格的要求作为确定天线频带宽度的依据。

天线频带宽度通常用相对带宽表示，即

$$B = \frac{f_{\max} - f_{\min}}{(f_{\max} + f_{\min})/2} \qquad (2.9.11)$$

天线的带宽目前习惯按以下的相对带宽分类。

- 窄带天线：$0 \leqslant B < 1\%$；
- 宽带天线：$1\% \leqslant B < 25\%$；
- 超宽带天线：$25\% \leqslant B \leqslant 200\%$。

天线带宽还可用比值 $f_{\max}/f_{\min}$ 来表示。

7. 接收天线的等效噪声温度[26]

等效噪声温度是接收天线的特殊参数，是天线用于接收微弱信号时的一个重要参数。在接收信号十分微弱且干扰十分突出的场合，仅仅用天线的增益、有效面积等参数已不能衡量天线性能的优劣，必须把天线输送给接收机的信号功率和噪声功率的比值作为重要参数。表征天线向接收机输送噪声功率的参数就是天线的等效噪声温度。

噪声温度的概念来源于电阻的热噪声。为了降低天线的噪声温度，应该减小天线损耗，提高天线的效率；减小指向地面的副瓣，降低环境温度；对天线制冷，降低天线自身温度。

天线等效噪声温度与天线所处的环境密切相关，因此计算十分困难，一般由测量确定。

2.9.3 天线分离滤波器

在无线电收发机的射频输入、输出端，通常需要使用天线分离滤波器。天线分离滤波器由两个或多个滤波器构成，用来分离两个或多个不同频率的信号。

1. 共用天线[27]

在无线电收发机中，通常共用一个天线。以智能手机为例，今天的智能手机通常必须支持很宽频率范围内的一系列蜂窝和无线网络服务。例如，除了 GSM、UMTS 或 LTE 等蜂窝服务，智能手机还必须提供 GPS 和蓝牙/无线区网连接能力。为了节省空间并提高性能，标准结构提倡 Tx（发送）和 Rx（接收）使用蜂窝天线（Cellular Antenna），而单独接收使用分集式天线（Diversity Antenna）。如图 2.9.2 所示，典型的分集式天线必须支持 GPS、无线区网以及蜂窝频段。

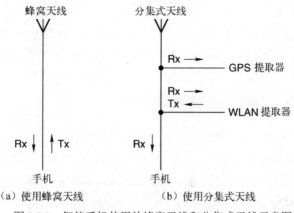

（a）使用蜂窝天线　　　　　　（b）使用分集式天线

图 2.9.2　智能手机使用的蜂窝天线和分集式天线示意图

主蜂窝天线用于发送和接收蜂窝信号。除了蜂窝接收信号，蜂窝分集式天线还适用于 GPS（接收）和 WLAN（无线局域网）/蓝牙（发送和接收）。

智能手机不仅必须超薄紧凑，其中多频段、多功能设备（器件）还要能提供基于 RF 服务的全部功能。换句话说，用户期望上传一个大文件的同时，还可以通过 LTE 打电话，并能同时使用 GPS 进行导航，所有这些都要同时进行，不能有延迟，性能上也不能打折扣。用户的这些期望对智能手机的 RF 信号滤波及处理提出了很高的要求，尤其是对于用来从分集式天线提取 GPS 和 WLAN（无线局域网）信号的滤波器和模块。

基于支持蜂窝、GPS 和 WLAN 操作所需的频段，RF 设计必须解决 3 个主要的共同存在的挑战：

- 极相邻通信频段（≤20MHz）的干扰；
- 来自低频段蜂窝发送信号对 GPS 信号的二次谐波干扰；
- 来自 WLAN 发送信号与 GPS 信号的互调干扰。

蜂窝、GPS 和无线连接所用频段不同，产生了 3 个主要的共存问题，是智能手机中 RF 信号滤波及处理的主要挑战。

（1）极相邻频段

频谱是一个有限的资源。随着通信服务和协议的不断增加，频谱也变得日益密集。特别是 WLAN 和蓝牙使用的频段是从新频段 7 以及 LTE 蜂窝服务使用的频段 40 和 41 中分离出来，频率分离间隔不超过 20MHz。

在这种情况下，对蜂窝和 WLAN 频带的 RF 滤波器就提出了很高的要求。RF 滤波器必须能够阻止无线和高频段蜂窝信号彼此之间的干扰。这就需要 RF 滤波器选择性高且插入损耗小。高效的 RF 过滤还会影响智能手机的耗电量。使相邻频段的干扰最小意味着降低传输功率且不影响性能。

（2）可靠的二次谐波滤波

谐波效应是智能手机 RF 设计的主要挑战。卫星导航系统，如 GPS、俄罗斯的 GLONASS 和中国北斗卫星系统，工作频率范围为 1561～1605MHz。此外，导航接收器的信号强度很弱。这样，导航信号就很容易受到低频段蜂窝发送信号的二次谐波干扰，该谐波是从主天线耦合到分集式天线。因此，需要对使用高线性 SAW 滤波器的整个 GPS 接收路径进行额外的滤波，再加上低噪放大器（LNA），以阻止这些低频段蜂窝信号干扰 GPS 信号。

（3）互调制影响可靠的滤波

由于分集式天线还可用于发送 WLAN 信号，WLAN 信号和低频段蜂窝信号的频率差就会产生交互调变，从而干扰 GPS 接收信号。这些非线性效应会严重危害 GPS 性能，特别是无线发送信号通常都比 GPS 信号强 150dB 以上。高效的滤波要求高线性滤波器和放大器。

2. GPS 提取器的基本电路和频率特性[27]

在多频段使用单根天线发送和接收信号时，就需要用到所谓的信号提取器（Extractor）。这些频率复用器将接收信号（如蜂窝、GPS）分离，这样就可以使用不同的接收器接收不同的信号。

例如，GPS 信号提取器结合了 GPS 带通滤波器和 GPS 陷波滤波器。带通滤波器只允许 GPS 频带信号通过至 GPS 接收器，而陷波滤波器只允许蜂窝信号通过至蜂窝接收器。一个典型的 GPS 提取器如图 2.9.3 所示，该提取器有带通滤波器（提取 1575MHz GPS 信号）和陷波滤波器（1575MHz，在蜂窝口阻止 GPS 信号，提取蜂窝信号）。

扫码看彩图

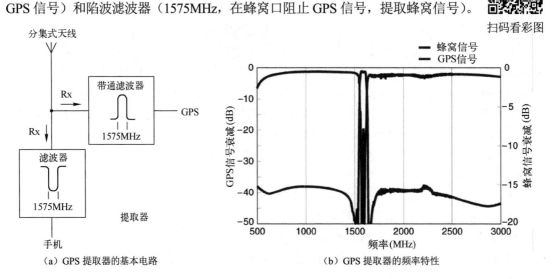

（a）GPS 提取器的基本电路 　　　（b）GPS 提取器的频率特性

图 2.9.3　GPS 提取器的基本电路和频率特性

GPS 提取器利用了一个只允许 GPS 信号通过至 GPS 端口的带通滤波器和一个相同频率允许其他所有频率通过至蜂窝端口的陷波滤波器。

一些公司可提供图 2.9.3 所示的模块产品。

〖**举例**〗 图 2.9.4 所示的爱普科斯（EPCOS）R159 GPS-GLONASS 前端模块，允许蜂窝接收器和 GPS 接收器共用蜂窝分集式天线。该新模块组合了 GPS 和 GLONASS 频段（频率范围为 1575～1605MHz），封装尺寸为 2.5mm×2.5mm×0.8mm，采用了 LNA、集成匹配和线性增强电路，无须其他额外部件。

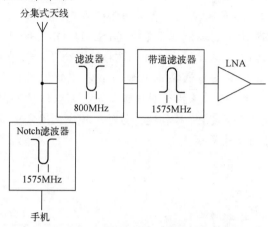

图 2.9.4　R159 GPS-GLONASS 前端模块方框图

3．GPS+WLAN 提取器的基本电路和频率特性[27]

使用 WLAN 带通滤波器取代 GPS 带通滤波器，可以用类似方式实现 WLAN 提取器。如图 2.9.5 所示，组合 GPS 提取器+WLAN 提取器，这样就可以同时提取 GPS 和 WLAN 信号。图 2.9.5 显示的 GPS+WLAN 提取器组合，其特性是 2 个带通滤波器[用于 GPS 和 WLAN（无线局域网）频带，频率分别为 1575MHz 和 2450MHz]和一个用于 2 个频带的双陷波滤波器。GPS+WLAN 利用一个带通滤波器，分别允许 GPS 和无线区网信号通过至 GPS 和无线端口。相同频率的双陷波滤波器用来允许其他频率的信号通过至蜂窝接收器。

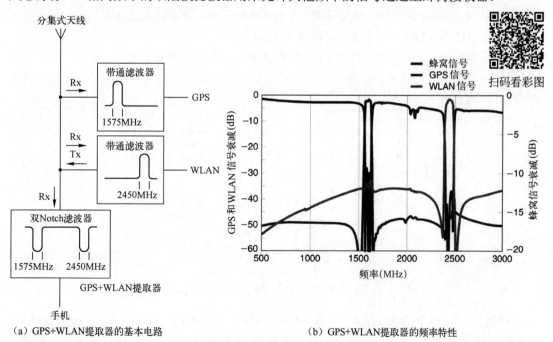

（a）GPS+WLAN提取器的基本电路　　　　　　（b）GPS+WLAN提取器的频率特性

图 2.9.5　GPS+WLAN 提取器的基本电路和频率特性

一些公司可提供图 2.9.5 所示所需要的模块产品。

〖**举例**〗 爱普科斯（EPCOS）R157 GPS-GLONASS-北斗前端模块如图 2.9.6 所示。爱普科斯（EPCOS）LS70 BT/无线局域网 BAW 滤波器如图 2.9.7 所示。

R157 GPS-GLONASS-北斗前端模块（支持 GPS、GLONASS 和北斗、蜂窝服务以及无线局域网），是一个先进的 GPS 前端解决方案。该模块整合了最新的 GPS/GLONASS/北斗声表滤波器、线性增强电路，以及超低噪声系数与低电流的低噪放大器。该模块尺寸仅为 2.5mm×2.5mm×0.8mm。模块的封装采用金属电镀覆层，可以保护 GPS 接收路径，阻止杂散信号（通过空中接口接收）干扰 GPS 接收链。另外，模块采用完全屏蔽，可以为 GPS 接收路径提供对热噪级别信号的最佳灵敏度。

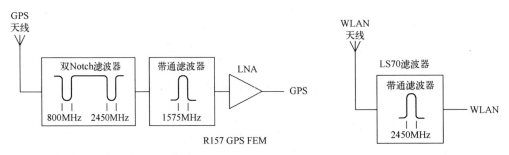

图 2.9.6　R157 GPS-GLONASS-北斗前端模块　　　图 2.9.7　LS70 BT/无线局域网 BAW 滤波器

4. 带通-带通天线分离滤波器（双工器）

带通-带通天线分离滤波器方框图如图 2.9.8 所示。接收时，天线接收频率为 f_{r1} 的信号，通过带通中心频率为 f_{r1} 的带通滤波器进入无线电收发机的输入端。发射时，无线电收发机输出端输出频率为 f_{r2} 的射频信号，通过带通中心频率为 f_{r2} 的带通滤波器送入到天线。两个滤波器能够分别阻止不同频率（f_{r1} 和 f_{r2}）的射频信号进入。

天线分离滤波器必须设计为两个没有重叠通带的、不同频率的滤波器。如果两个滤波器的通带距离太近，它们将互相影响。这种有害的影响将减小回波损耗、增大插入损耗，并且将同时牺牲通带的平坦与对称性。

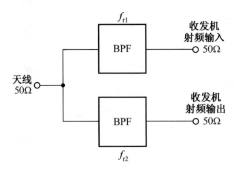

图 2.9.8　带通-带通天线分离滤波器方框图

〖**举例**〗 Avago Technologies 公司的 ACMD-6207（LTE Band 7）双工器（Duplexer），内部结构和频带特性[28]如图 2.9.9 所示：接收通道采用了平衡器，接收频带为 2620～

2690MHz，插入损耗最大值为 3.0dB，接收噪声阻塞最小值为 50dB；发射频带为 2500～2570MHz，插入损耗最大值为 3.0dB，发射干扰阻塞最小值为 55dB。

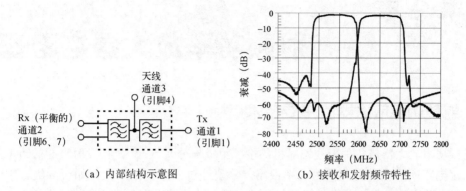

（a）内部结构示意图　　　　　　（b）接收和发射频带特性

图 2.9.9　ACMD-6207（LTE Band 7）双工器内部结构和频带特性

第 3 章
射频功率放大器电路基础

3.1 射频功率放大器的主要技术指标

射频功率放大器是各种无线发射机的主要组成部分[19-23,29-35]。在发射机的前级电路中，调制振荡电路所产生的射频信号功率很小，需要经过一系列的放大，如缓冲级、中间放大级、末级、功率放大级，获得足够的射频功率后，才能馈送到天线并辐射出去。为了获得足够大的射频输出功率，必须采用射频功率放大器。射频功率放大器电路设计需要对输出功率、激励电平、功耗、失真、效率、尺寸和质量等问题进行综合考虑。射频功率放大器的主要技术指标是输出功率与效率，是研究射频功率放大器的关键。对功率晶体管，主要是考虑击穿电压、最大集电极电流和最大管耗等参数。为了实现有效的能量传输，天线和放大器之间需要采用阻抗匹配网络。

3.1.1 输出功率

在发射系统中，射频末级功率放大器输出功率的范围可小至毫瓦级（便携式移动通信设备）、大至数千瓦级（发射广播电台）。通常采用 dB 为单位来表示功率大小的关系[19-23,29-35]，如式（3.1.1）所示。

$$\mathrm{dB} = 20\lg\left(\frac{V_2}{V_1}\right) = 10\lg\left(\frac{P_2}{P_1}\right) \tag{3.1.1}$$

式中，P_1、P_2、V_1、V_2 分别为进行比较的功率和电压。

反之，如果给出 dB 值，可以利用指数求出电压和功率的比值：

$$\frac{V_2}{V_1} = 10^{\frac{\mathrm{dB}}{20}}, \qquad \frac{P_2}{P_1} = 10^{\frac{\mathrm{dB}}{10}} \tag{3.1.2}$$

常用电压比值、功率比值与 dB 值的换算表见表 3.1.1，绝对功率 dB 值见表 3.1.2。

表 3.1.1　常用电压比值、功率比值与 dB 值的换算表

电　压			功　率	
电压比值	电压指数	dB 值	功率比值	功率指数
1.0	10^0	0	1	10^0
1.41	$10^{0.15}$	3	2	$10^{0.30}$
1.73	$10^{0.24}$	4.77	3	$10^{0.477}$
2.0	$10^{0.30}$	6	4	$10^{0.60}$
3.16	$10^{0.50}$	10	10	10^1

续表

电　压		dB 值	功　率	
电压比值	电压指数		功率比值	功率指数
7.07	$10^{0.85}$	17	50	$10^{1.7}$
10.0	10^{1}	20	100	10^{2}
0.707	$10^{-0.85}$	-3	0.5	$10^{-0.3}$
0.5	$10^{-0.30}$	-6	0.25	$10^{-0.60}$
0.316	$10^{-0.5}$	-10	0.1	10^{-1}
0.1	10^{-1}	-20	0.01	10^{-2}

表 3.1.2　绝对功率 dB 值

绝 对 功 率	dBm 值	dBW 值
1nW	-60	-90
10nW	-50	-80
0.1μW	-40	-70
1μW	-30	-60
10μW	-20	-50
0.1mW	-10	-40
1mW	0	-30
10mW	10	-20
0.1W	20	-10
1W	30	0
10W	40	10
0.1kW	50	20
1kW	60	30

　　dB 值表示两个功率的比值。在实际中，经常采用 dBm 和 dBW 表示功率的绝对单位。如果以 1mW 作为参考功率，则 0dBm 表示 1mW 的功率。如果以 1W 作为参考功率，则 0dBW 表示 1W 的功率。对于任意电平的功率，可以用以下公式计算：

$$\text{dBm} = 10\lg(P_{\text{mW}}) \qquad \text{dBW} = 10\lg(P_{\text{W}}) \qquad (3.1.3)$$

从以上 dBm 或 dBW 的数值可以得到实际的功率值：

$$P_{\text{mW}} = 10^{\frac{\text{dBm}}{20}}, P_{\text{W}} = 10^{\frac{\text{dBW}}{10}} \qquad (3.1.4)$$

　　功率单位的改变规律是，每当功率值改变 1000 倍时，相应地有一个新的单位。例如：pW→nW→μW→mW→W→kW→MW，每当功率改变一个单位时，相邻的功率变化是 30dB。

　　在有些情况下，人们愿意使用电压单位衡量信号的功率，因为功率与电压之间存在关系 $P = \dfrac{V^2}{R}$。所以，在用 dBV、dBmV 等电压单位说明功率时，应当指明相应的电阻值。例如，0dBmV/75Ω 表示在 75Ω 电阻两端的电压是 1mV，20dBμV/50Ω 表示在 50Ω 电阻两端的

电压是 $10\mu V$。

　　要实现大功率输出，末级功率放大器的前级放大器必须有足够高的激励功率电平。显然大功率发射系统中，往往由二到三级甚至由四级以上功率放大器组成射频功率放大器，而各级的工作状态也往往不同。

　　根据对工作频率、输出功率、用途等的不同要求，可以采用晶体管、场效应管、射频功率集成电路或电子管作为射频功率放大器。在射频大功率方面，目前，无论是在输出功率还是在最高工作频率方面，电子管仍然占优势。现在已有单管输出功率达 2000kW 的巨型电子管，千瓦级以上的发射机大多数还是采用电子管。当然，晶体管、场效应管也在射频大功率方面不断取得新的突破。例如，目前单管的功率输出已超过 100W，若采用功率合成技术，输出功率可以达到 3000W。

3.1.2　效率

　　功率放大器由于输出功率大，因而要求直流电源提供的功率也较大，这就存在一个效率问题。效率是射频功率放大器极为重要的指标，特别是对于移动通信设备。定义功率放大器的效率，通常采用集电极效率 η_C（在 FET 中称为漏极效率 η_D）和功率增加效率 PAE 两种方法[19-23,29-35]。

1. 集电极效率 η_C

　　集电极效率是指功率管集电极输出的有用功率 P_{out} 和电源供给的直流功率 P_{dc} 的比值，用 η_C 表示。

$$
\begin{aligned}
\eta_C &= \frac{P_{out}}{P_{dc}} \times 100\% \\
&= \frac{P_{out}}{P_{out} + P_C} \times 100\%
\end{aligned}
\tag{3.1.5}
$$

式中，P_C 为管耗。效率 η_C 越大，意味着在相同输出功率情况下，要求直流电源供给的功率越小，相应管子内部消耗的功率越小。

　　〖举例〗 在 P_{out}=100W、η_C=54%时，需要电源供给的功率 P_{dc}=185W、P_C=85W。

　　若 η_C 提高到 84%，需要电源提供的功率 P_{dc}=119W，节省了 66W 的功率，同时管耗 P_C=19W，比 P_C=85W 时大大减小了。这样可选用最大管耗 P_{CM} 小的功率管，可以降低设备的成本。

2. 功率增加效率（PAE，Power Added Efficiency）

　　功率增加效率定义为输出功率 P_{out} 与输入功率 P_{in} 的差与电源供给功率 P_{dc} 之比，即

$$
\eta_{PAE} = \text{PAE} = \frac{P_{out} - P_{in}}{P_{dc}} = \left(1 - \frac{1}{A_P}\right)\eta_C
\tag{3.1.6}
$$

功率增加效率的定义中包含了功率增益的因素，当有比较大的功率增益，即 $P_{out} \gg P_{in}$ 时，有 $\eta_C \approx \text{PAE}$。功率放大器的分类与功率放大器的 PAE 密切相关。

如何提高输出功率和效率，是射频功率放大器设计的核心。

3.1.3　线性

衡量射频功率放大器线性度[19-23,29-35]的指标有三阶互调截点（IP₃）、1dB 压缩点、谐波、邻道功率比等。邻道功率比用于衡量由放大器的非线性引起的频谱再生对邻道的干扰程度。

由于非线性放大器的效率高于线性放大器的效率，射频功率放大器通常采用非线性放大器。功率放大电路工作在大信号状态，晶体管工作在非线性区域，会出现较多的非线性失真。从频谱的角度看，由于非线性的作用，输出信号中会有新的频率分量，如三阶互调分量、五阶互调分量等，它干扰了有用信号并使被放大的信号频谱发生变化（即频带展宽了）。在功率放大电路中的失真主要是互调失真，互调失真是衡量功率放大器电路性能的一个重要参数。

在有两个或多个单频信号输入的情况下，非线性放大电路会产生（输出）除这些单频外的新频率信号。这些新出现的新频率信号是非线性系统互调的产物。例如，如果输入信号 $u_i(t)$ 是两个频率为 f_1 和 f_2，幅度相同的单频信号：

$$u_i(t) = \cos(2\pi f_1 t) + \cos(2\pi f_2 t) \tag{3.1.7}$$

功率放大器电路的非线性幅度响应用幂函数逼近表示为

$$u_o(t) = A u_i(t) + B u_i^2(t) + C u_i^3(t) + \cdots \tag{3.1.8}$$

式中，A、B、C 为常数。如果只取到二次方项，则输出电压为

$$\begin{aligned} u_o(t) = & A\cos(2\pi f_1 t) + A\cos(2\pi f_2 t) + B\cos^2(2\pi f_1 t) + B\cos^2(2\pi f_2 t) + \\ & 2B^2\cos(2\pi f_1 t)\cos(2\pi f_2 t) \end{aligned} \tag{3.1.9}$$

将式（3.1.9）展开后，可以发现输出电压 $u_o(t)$ 包含直流、f_1、f_2、$2f_1$、$2f_2$、$f_1\pm f_2$ 频率成分。如果在放大电路的非线性幅度响应中取到三次方项，除二次方展开输出电压 $u_o(t)$ 得到的频率成分外，还得到包含 $3f_1$、$3f_2$、$2f_1\pm f_2$、$f_1\pm 2f_2$ 的频率成分。这些频率成分可以分类为二次谐波 $2f_1$、$2f_2$（u^2 项引起），三次谐波 $3f_1$、$3f_2$（u^3 项引起），二阶互调 $f_1\pm f_2$（u^2 项引起），三阶互调 $2f_1\pm f_2$、$f_1\pm 2f_2$（u^3 项引起）。

在这些频率中，距离输入信号频率 f_1 和 f_2 最近的频率是三阶互调的产物 $2f_1-f_2$ 和 $2f_2-f_1$。其他频率距离基频 f_1 和 f_2 较远，很容易使用滤波器滤除，但三阶互调的产物 $2f_1-f_2$ 和 $2f_2-f_1$ 会落在放大电路的有效带宽内，不能使用滤波器滤除。三阶互调是造成射频功率放大电路的一项主要失真，是衡量功率放大电路性能的一项重要指标。

三阶互调产物的输出功率 $P_{2f_1-f_2}$ 随 f_1 的输入功率 P_{f_1} 变化，近似有线性关系。

三阶互调截点的定义：对于线性两端口网络，输入功率 P_{f_1} 和三阶互调产物输出功率 $P_{2f_1-f_2}$ 的交叉点，用 P_{IP3} 表示。P_{IP3} 是一个理论上存在的功率值，其值越高，放大电路就具有越高的动态范围。理论和实验都可以得到三阶互调截点在 1dB 增益压缩点以上 10dB，关系表示为

$$P_{IP}(\text{dBm}) = P_{1dB}(\text{dBm}) + 10\text{dB} \tag{3.1.10}$$

对于线性两端口网络，根据式（3.1.8），可以得到输入功率与不同频率分量的输出功率

之间的关系。

实验中可以使用射频信号源和频谱分析仪进行三阶互调截点的测量。射频信号源产生两个相近的频率 f_1 和 f_2，经过功率放大电路后使用频谱分析仪测量基频输出的功率 P_{f_1} 和一个三阶和互调输出的功率 $P_{2f_1-f_2}$，可以计算得到三阶互调截点：

$$P_{\text{IP3}} = P_{f_1} + \frac{1}{2}(P_{f_1} - P_{2f_1-f_2}) \qquad (3.1.11)$$

在得到三阶互调截点后，还可以计算得到 1dB 增益压缩点。

从时域的角度看，对于波形为非恒定包络的已调信号，由于非线性放大器的增益与信号幅度有关，因此输出信号的包络发生了变化，引起波形失真，同时频谱也发生变化，并引起频谱再生现象。对于包含非线性电抗元件（如晶体管的极间电容）的非线性放大器，还存在使幅度变化转变为相位变化的影响，干扰了已调波的相位。

非线性放大器对发射信号的影响，与调制方式密切相关。不同的调制方式，所得到的时域波形是不同的。例如，欧洲移动通信的 GSM 制式采用了高斯滤波的最小偏移键控（GMSK），是一种相位平滑变化的恒定包络的调制方式，因此可以用非线性放大器来放大，不存在包络失真问题，也不会因为频谱再生而干扰邻近信道；但北美的数字蜂窝（NADC）标准，采用的是 $\frac{\pi}{4}$ 偏移差分正交移相键控 $\left(\frac{\pi}{4}-\text{DQPSK}\right)$ 调制方式，已调波为非恒定包络，必须用线性放大器放大，以防止频谱再生。

3.1.4　杂散输出与噪声

对于通过天线双工器共用一副天线的接收机和发射机，如果接收机和发射机采用不同的工作频带，发射机功率放大器产生的频带外的杂散输出或噪声若位于接收机频带内，就会由于天线双工器的隔离性能不好而被耦合到接收机前端的低噪声放大器输入端，形成干扰，或者也会对其他相邻信道形成干扰。因此，必须限制功率放大器的带外寄生输出，而且要求发射机的热噪声的功率谱密度在相应的接收频带处要小于 –130dBm/Hz，这样对接收机的影响基本上可以忽略[19-23,29-35]。

3.2　射频功率放大器电路结构

3.2.1　射频功率放大器的分类

射频功率放大器的工作频率很高（从几十兆赫兹一直到几百兆赫兹，甚至到几吉赫兹），按工作频带分类，可以分为窄带射频功率放大器和宽带射频功率放大器。窄带射频功率放大器的频带相对较窄，一般都采用选频网络作为负载回路，如 LC 谐振回路。宽带射频功率放大器不采用选频网络作为负载回路，而是以频率响应很宽的传输线作为负载。这样它可以在很宽的范围内变换工作频率，而不必重新调谐。

根据匹配网络的性质，可将功率放大器分为非谐振功率放大器和谐振功率放大器。非谐振功率放大器匹配网络是如高频变压器、传输线变压器等非谐振系统，负载性质呈现纯电阻性质。谐振功率放大器的匹配网络是谐振系统，负载性质呈现电抗性质。

　　射频功率放大器按照电流导通角 θ 的不同分类，可分为甲（A）类、甲乙（AB）类、乙（B）类、丙（C）类。甲（A）类放大器电流的导通角 $\theta=180°$，适用于小信号低功率放大。乙（B）类放大器电流的导通角 $\theta=90°$；甲乙（AB）类放大器介于甲类放大器与乙类放大器之间，$90°<\theta<180°$；丙（C）类放大器的导通角 $\theta<90°$。乙类放大器和丙类放大器都适用于大功率工作状态。丙类放大器工作状态的输出功率和效率是这几种工作状态中最高的。射频功率放大器大多工作于丙类状态，但丙类放大器的电流波形失真太大，只能用于采用调谐回路作为负载谐振功率放大。由于调谐回路具有滤波能力，回路电流与电压仍然接近于正弦波形，失真很小。

　　射频功率放大器还有使功率器件工作于开关状态的丁（D）类放大器和戊（E）类放大器。丁类放大器的效率高于丙类放大器，理论上可达 100%，但最高工作频率受到开关转换瞬间所产生的器件功耗（集电极耗散功率或阳极耗散功率）的限制。如果在电路上加以改进，使电子器件在通断转换瞬间的功耗尽量小，则丁类放大器的工作频率可以提高，即构成戊类放大器。这两类放大器是晶体管射频功率放大器的新发展。

　　另外一类高效率放大器是 F 类、G 类和 H 类放大器。在它们的集电极电路设置了包括负载在内的专门无源网络，产生一定形状的电压波形，使晶体管在导通和截止的转换期间，电压 u_{CE} 和 i_C 均具有较小的数值，从而减小过渡状态的集电极损耗。同时还设法降低晶体管导通期间的集电极损耗来实现高效率的功放。

　　射频功率放大器按工作状态分类可分为线性放大器和非线性放大器两种。线性放大器的效率最高也只能够达到 50%，而非线性放大器则具有较高的效率。

　　射频功率放大器通常工作于非线性状态，属于非线性电路，因此不能用线性等效电路来分析。通常采用的分析方法是图解法和解析近似分析法。图解法利用电子器件的特性曲线来对工作状态进行计算。解析近似分析法先将电子器件的特性曲线用某些近似解析式来表示，然后对放大器的工作状态进行分析计算。最常用的解析近似分析法是用折线来表示电子器件的特性曲线，故也称为折线法。总的来说，图解法从客观实际出发，计算结果比较准确，但对工作状态的分析不方便，步骤比较烦冗；折线近似法的物理概念清楚，分析工作状态方便，但计算准确度较低。

3.2.2　A 类射频功率放大器电路

　　A 类射频功率放大器电路属于线性放大器，放大器电流的导通角 $\theta=180°$，即在正弦信号一周期内，放大器电路的功率管处于全导通工作状态，适合放大 AM、SSB 等非恒定包络已调波。对于一些射频小功率情况，例如，在 4GHz 频率以下实现 1W（30dBm）的输出功率，或者在 UHF 频段实现 5W 的输出功率，可以选用 A 类放大电路作为功率放大电路。

　　晶体管 A 类射频功率放大器的典型电路结构、负载线和波形[19-23,29-35]如图 3.2.1 所示。为了输出大的功率，一般采用如下措施：集电极采用扼流圈（或线圈）馈电；让晶体管工作于可能的最大输出功率状态；在实际负载 R_L 和最佳负载 R_{opt} 间采用一个阻抗变换网络，使放大器输出最大功率。

　　对于 A 类射频功率放大器，为使功率管能有最大交流信号摆幅，从而获得最大输出功率，需要将直流工作点 Q 选择在交流负载线的中点，如图 3.2.1（b）所示。需要注意的是，激励信号幅度不能过大，以避免输出波形产生失真。

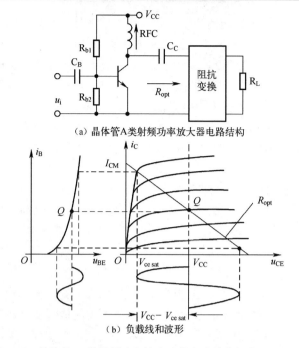

（a）晶体管A类射频功率放大器电路结构

（b）负载线和波形

图 3.2.1　晶体管 A 类射频功率放大器的电路结构、负载线和波形

当正弦信号输入时，i_C 由直流分量 I_{CQ} 和交流分量 i_L 组成，即令 $i_C=I_{CQ}+i_L$，其中交流分量 $i_L=I_{Lm}\sin\omega t$，$I_{Lm}\leqslant I_{CQ}$。假设 $R_L=R_{opt}$，则 A 类功率放大器的输出功率 P_o 为

$$P_o = \frac{1}{2}I_{Lm}^2 R_L \leqslant \frac{1}{2}I_{CQ}^2 R_L \tag{3.2.1}$$

电源供给功率 P_{dc} 为

$$P_{dc} = I_{CQ}V_{CC} \leqslant \frac{V_{CC}^2}{P_L} \tag{3.2.2}$$

因此，效率为

$$\eta = \frac{P_o}{P_{dc}} = \frac{I_{Lm}^2 R_L}{2I_{CQ}V_{CC}} \leqslant \frac{I_{Lm}^2 R_L^2}{2V_{CC}^2} \leqslant 50\% \tag{3.2.3}$$

当 $I_{Lm}=I_{CQ}$ 时，效率 η 为最高，$\eta=50\%$。

A 类射频功率放大器在没有输入信号时，电源供给的全部功率都消耗在功率管上，即管耗达到最大，这是人们所不希望的。

A 类射频功率放大器的效率不仅与输入信号的幅度有关，还与输入信号的波形有关。对于输入信号为一个方波的情况，输出集电极电流必然也是一个方波。分析表明：A 类射频功率放大器电路在输入和输出均为方波的情况下，理想效率可达到 100%。为实现不失真放大，通常用 LC 并联谐振回路做集电极负载。如果 LC 回路调谐在基波选出基波频率分量，则输出功率 P_o 为

$$P_o = \frac{1}{2}I_{Lm}^2 R_e \tag{3.2.4}$$

式中，I_{Lm} 为 i_L 中的基波电流振幅；R_e 为 LC 回路谐振阻抗。

基波最大输出功率 $P_{o\,max}$ 为

$$P_{o\ max} = \frac{8I_{Lm}^2 R_e}{\pi^2} = \frac{8I_{CQ}V_{CC}}{\pi^2} \qquad (3.2.5)$$

最高效率 η_{max} 为

$$\eta_{max} = \frac{P_{o\,max}}{P_{dc}} = \frac{8}{\pi^2} = 81\% \qquad (3.2.6)$$

可见，A 类射频功率放大器在方波工作时的最大效率比正弦工作时的理想效率还高出 31%。如果把 LC 回路调谐在 n 次谐波上，就可实现 n 次倍频，但效率将随次数 n 很快下降，即 $\eta_n=8/(n^2\pi^2)$。

在小信号输入时，A 类放大电路始终工作在线性区域，可以使用最大功率增益、最小噪声系数等设计方案。在大信号输入时，A 类放大电路可能工作在非线性区域，会出现较大的非线性失真。在输出匹配电路的设计中，需要提高电路的品质因数，才能抑制基频信号的谐波，减小信号的非线性失真。

对于 A 类功率放大电路，随着输出射频功率的增加，晶体管趋于功率饱和，晶体管的 S 参数也随之发生很大的变化。实验测量大信号下晶体管的 S 参数是比较困难的，所以一般直接采用厂家提供的大信号下的 S 参数。使用厂家提供的大信号下晶体管的 S 参数，A 类功率放大电路可以参考小信号放大电路设计步骤进行设计。

通常厂家在提供大信号下晶体管各种参数时，往往给出当工作在 1dB 增益压缩点时，晶体管的大信号源电压反射系数 Γ_{SP} 和负载电压反射系数 Γ_{LP} 以及输出功率 P_{1dB}。

1dB 增益压缩点（G_{1dB}）的定义：由于晶体管的非线性特性，放大电路实际输出功率增益比线性功率增益降低 1dB 时放大电路的实际功率增益，表示为

$$G_{1dB}(dB)=G_O(dB)-1dB \qquad (3.2.7)$$

式中，G_O 是小信号线性功率增益时的分贝值。1dB 增益压缩点如图 3.2.2 所示，实线代表晶体管输出功率 P_{out} 随输入功率 P_{in} 增加的实际变化，虚线代表输出功率 P_{out} 与输入功率 P_{in} 之间理想的线性关系。当输入功率 P_{in} 增加到 $P_{in,1dB}$ 时，输出功率 $P_{out}=P_{1dB}$，比线性功率增益 P_O 下降了 1dB。因此，输入功率、输出功率和 1dB 增益压缩点满足关系

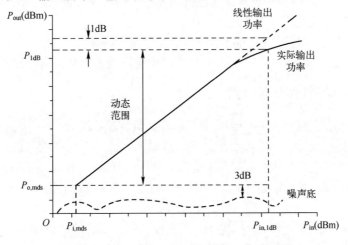

图 3.2.2 功率放大器 1dB 增益压缩点和动态范围

$$P_{1dB}(dBm)=P_{in,1dB}(dBm)+G_{1dB} \qquad (3.2.8)$$

A 类功率放大电路在正常工作范围内，能输出的最大功率定义为 1dB 增益压缩点的输出功率 P_{1dB}，能输出的最小功率定义为比噪声底功率高 3dB 的功率 $P_{o,mds}$。如果放大电路输出功率超出 P_{1dB}，则输出信号产生严重非线性失真；如果输出信号功率小于 $P_{o,mds}$，则噪声信号会淹没有用的输出信号。

在设计 A 类功率放大电路时，需要根据厂家给出的晶体管在 1dB 增益压缩点的参数，调整信号源和负载的电压反射系数。厂家给出的源电压反射系数为 Γ_{SP}，负载电压反射系数为 Γ_{LP}，含义如图 3.2.3 所示，分别为从晶体管输出和输出端口通过匹配网络向信号源和负载看过去的电压反射系数。由于 Γ_{SP} 和 Γ_{LP} 都会随着频率改变而发生变化，厂家一般会在 Smith 圆图上给出变化数据。另外，如果固定晶体管的输出功率，在 Γ_{LP} 平面可以得到等输出功率的曲线。由于大信号下有源器件有非常强的非线性，所以等输出功率曲线一般不为圆。厂家有时也会以等输出功率曲线的形式给出晶体管的大信号参数。

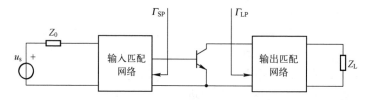

图 3.2.3   反射系数 Γ_{SP} 和 Γ_{LP} 示意图

依照厂家给出的 1dB 增益压缩点的数据，设计 A 类射频功率放大电路的步骤如下。

① 选择合适的有源器件，检验晶体管在 1dB 增益压缩点的特性和频率特性，是否能满足放大电路设计需要。

② 检查稳定条件，判断晶体管是否满足绝对稳定条件，或者在 Smith 圆图上绘出稳定区域。

③ 对于给定输出功率的要求，在 Smith 圆图上绘出等输出功率曲线。如果厂家没有给出该等输出功率曲线，可以通过插值的方法获得。

④ 选择合适的 Γ_{LP} 以满足输出放大电路功率的需要，并根据负载电压反射系数 Γ_{LP} 计算晶体管输出端口的电压反射系数 Γ_{IN}。

⑤ 选择 $\Gamma_{SP}=\Gamma_{IN}$，以满足共轭匹配条件获得最大的功率增益。

⑥ 依据获得的 Γ_{LP} 和 Γ_{SP}，设计 A 类功率放大电路的输入和输出匹配网络。

3.2.3   B 类射频功率放大器电路

晶体管 B 类射频功率放大器的典型电路结构、负载线和波形[19-23,29-35]如图 3.2.4 所示。

电路中，偏置电压 $V_{BB}=V_{on}$，当正弦波信号输入时，功率管在输入波形的半个周期内导通，而在另半个周期则是截止的。显然静态时，集电极电流 i_C 为零，集射极间电压为 V_{CC}。由于功率管在半个周期内导通，电流导通角 $\theta=\pi/2$，所以输出是一个半波正弦信号，如图 3.2.4（b）所示。

B 类射频功率放大器电路采用双管 B 类推挽工作，即先用两只 B 类工作的功率管各放大半个正弦波，然后在负载上合成一个完整的正弦波（图中仅给出了 VT_1 的波形）。

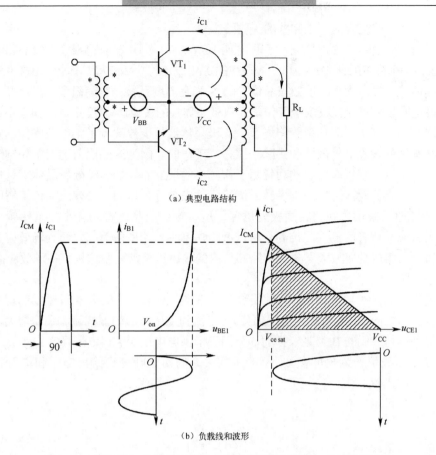

（a）典型电路结构

（b）负载线和波形

图 3.2.4　晶体管 B 类射频功率放大器的典型电路结构、负载线和波形

输出功率 P_o 为

$$P_o = \frac{1}{2} I_{CM} (V_{CC} - V_{ce\,sat}) \qquad (3.2.9)$$

式中，I_{CM} 为晶体管集电极最大电流；V_{CC} 为电源电压；$V_{ce\,sat}$ 为晶体管集电极和发射极饱和电压。

电流 i_{C1} 可用开关函数表示，$i_{C1} = I_{CM} \cos(\omega t) S_1(\omega t)$，其直流分量为 $I_{dc1} = \frac{1}{\pi} I_{CM}$。电源供给功率为

$$P_{dc} = 2 I_{dc1} V_{CC} \qquad (3.2.10)$$

效率为

$$\eta_C = \frac{P_o}{P_{dc}} \approx \frac{\pi}{4} = 78.5\,\% \qquad (3.2.11)$$

如图 3.2.4 所示，当输入正弦信号时，功率管在输入波形的半个周期内导通，而在另半个周期则是截止的。显然静态时，集电极电流 i_C 为零，集射极间电压为 V_{CC}。由于功率管在半个周期内导通，电流导通角 θ 为 $\pi/2$，所以输出是一个半波正弦信号。

B 类射频功率放大器常采用双管 B 类推挽工作方式，即用两只 B 类功率管各放大半个

正弦波，然后在负载上合成一个完整的正弦波。

B 类推挽射频功率放大器也可以由两只互补功率场效应晶体管（Metallic Oxide Semiconductor Field Effect Transistor，MOSFET）组成。与功率双极晶体管（BJT）相比，功率场效应晶体管有很多优点。场效应晶体管的 I_D 为负温度系数，它随温度升高而减小，这使功率管温度上升以后仍能保证安全工作。而双极晶体管的 I_C 为正温度系数，如果不采用复杂的保护电路，则温度上升后功率管将烧坏。双极晶体管是少数载流子工作的器件，它是靠少数载流子在基区的聚集（扩散）和排除（漂移）工作的。因为这些电荷的聚集和排除都需要时间和能量，所以，双极晶体管的功耗随工作频率的增加而增加。场效应晶体管是多数载流子工作的器件，是靠栅区电场控制多数载流子运动来进行工作的。场效应晶体管栅区因不存储电荷，在导通、截止之间的转换极为迅速，所以场效应晶体管功耗小、工作频率高。另外，由于场效应晶体管的输入阻抗高，所以激励功率小，功率增益高，而且场效应晶体管易于集成，所以在集成功率放大器集成电路芯片内的输出级常常采用这种互补场效应晶体管 B 类推挽功放电路。

根据需要，高效率功率放大器可使用过激励 B 类工作模式[32]。B 类过激励的理想集电极电流和电压波形如图 3.2.5 所示（实线部分），电流和电压波形的振幅随激励而增大，但它们截断的峰值保持与一般的 B 类是一样的，分别等于供电电压 V_{CC} 和电流峰值 I_{CM}。

电流和电压波形作为角度参数 θ_1 的函数关系的傅里叶分析给出电压和电流各分量的值，它们的表达式如下。

直流电压分量：

$$V_0 = V_{CC} \tag{3.2.12}$$

基波电压分量：

$$u_1 = \frac{2V_{CC}}{\pi}\left(\frac{\theta_1}{\sin\theta_1} + \cos\theta_1\right) \tag{3.2.13}$$

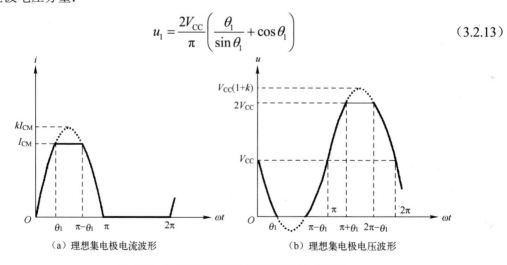

（a）理想集电极电流波形   （b）理想集电极电压波形

图 3.2.5 B 类过激励的集电极电流和电压波形

奇次电压分量：

$$u_n = \frac{2V_{CC}}{\pi}\left[\frac{\sin(\theta_1 - n\theta_1)}{(1-n)\sin\theta_1} - \frac{\sin(\theta_1 + n\theta_1)}{(1+n)\sin\theta_1} + \frac{2\cos(n\theta_1)}{n}\right] \tag{3.2.14}$$

式中，$n=3,5,\cdots$。

直流电流分量：

$$I_0 = \frac{I_{CM}}{\pi}\left(\frac{\pi}{2} - \theta_1 + \tan\frac{\theta_1}{2}\right) \tag{3.2.15}$$

基波电流分量：

$$i_1 = \frac{I_{CM}}{\pi}\left(\frac{\theta_1}{\sin\theta_1} + \cos\theta_1\right) \tag{3.2.16}$$

奇次电流分量：

$$i_n = \frac{I_{CM}}{\pi}\left[\frac{\sin(\theta_1 - n\theta_1)}{(1-n)\sin\theta_1} - \frac{\sin(\theta_1 + n\theta_1)}{(1+n)\sin\theta_1} + \frac{2\cos(n\theta_1)}{n}\right] \tag{3.2.17}$$

基波频率输出功率 $P_1 = u_1 i_1 / 2$ 作为角度参数 θ_1 的函数，可由下式计算：

$$P_1 = \frac{V_{CC} I_{CM}}{\pi^2}\left(\frac{\theta_1}{\sin\theta_1} + \cos\theta_1\right)^2 \tag{3.2.18}$$

直流功率 $P_0 = V_0 I_0$ 也可作为角度参数 θ_1 的函数：

$$P_0 = \frac{V_{CC} I_{CM}}{\pi}\left(\frac{\pi}{2} - \theta_1 + \tan\frac{\theta_1}{2}\right) \tag{3.2.19}$$

带外阻抗等于

$$Z_n = \frac{2V_{CC}}{I_{CM}} = R_L，\ n\ 为奇数 \tag{3.2.20}$$

$$Z_n = 0，\ n\ 为偶数 \tag{3.2.21}$$

式中，R_L 是负载电阻。这样，耗散在负载上的总功率不仅仅是基波（正如在一般 B 类工作那样），还包括奇次谐波分量。

由基波输出功率和直流功率表达式可见，集电极效率可以写成

$$\eta = \frac{1}{\pi}\frac{\left(\dfrac{\theta_1}{\sin\theta_1} + \cos\theta_1\right)^2}{\dfrac{\pi}{2} - \theta_1 + \tan\dfrac{\theta_1}{2}} \tag{3.2.22}$$

对于方波电压和电流波形的极端情况，θ_1 逼近为零，集电极效率可逼近式（3.2.23）：

$$\eta = \frac{8}{\pi^2} = 81\% \tag{3.2.23}$$

这个值高于传统 B 类工作的最大集电极效率 $\eta_C = 78.5\%$，这个值只要式（3.2.22）中代入 $\theta_1 = 90°$ 就可以得到。但是分析式（3.2.22）作为 θ_1 的函数，并对其求极值，结果 B 类过激励模式具有的最大集电极效率 $\eta_C = 88.6\%$，此时角度参数 $\theta_1 = 32.4°$。

为了估算功率附加效率（PAE），需要计算过激励工作下的有效工作功率增益 G_{Peff}。

如果假设过激励不足，从图 3.2.5（虚线）可见，这种状态是传统的 B 类工作模式，有效工作功率的增益 G_{Peff} 小于没有过激励的有效工作功率增益 G_P，它们之间的关系如式（3.2.24）所示。

$$G_{Peff} = \frac{G_P}{k^2} \cdot \frac{P_{1e}}{P_1} = G_P\left(\frac{2\sin\theta_1}{\pi}\right)^2\left(\frac{\theta_1}{\sin\theta_1} + \cos\theta_1\right)^2 \tag{3.2.24}$$

式中，$k=1/\sin\theta_1$。这样，作为角度参数 θ_1 函数的功率附加效率可根据下式计算：

$$PAE = \frac{P_1 - P_{in}}{P_0} = \frac{P_1}{P_0}\left(1 - \frac{1}{G_{Peff}}\right) \tag{3.2.25}$$

在不同 G_P 值下的 PAE 对 θ_1 的依赖关系不同。传统 B 类工作模式在典型的 $G_P=12\text{dB}$ 值下，过激励模式的功率附加效率，在 $\theta_1=53.4°$ 时可达 77.2%。

3.2.4 C 类射频功率放大器电路

晶体管 C 类射频功率放大器的典型电路结构、负载线和波形[19-23,29-35]如图 3.2.6 所示。

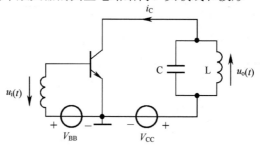

（a）晶体管C类射频功率放大器的典型电路结构

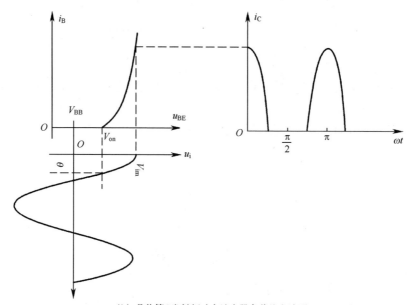

（b）晶体管C类射频功率放大器负载线和波形

图 3.2.6　晶体管 C 类射频功率放大器的典型电路结构、负载线和波形

C 类射频功率放大器又称谐振功率放大器，放大器电流的导通角 $\theta<90°$，属于非线性功率放大器，只适合放大恒定包络的信号。电路中基极偏置电压 $V_{BB}<V_{on}$，V_{BB} 与输入信号 V_{im} 决定导通角，导通角 $\theta\approx\dfrac{V_{on}-V_{BB}}{V_{im}}$，集电极电流 i_C 为脉冲形式［见图 3.2.6（b）］，集电极的 LC 输出谐振回路完成选频与阻抗变换功能，输出电压为正弦波。

C 类射频功率放大器电路的功率管的导通时间小于半个周期，即导通角 $\theta<\pi/2$。显然，

这种工作状态的集电极电流 i_C 的波形为小于半个周期的正弦脉冲，如图 3.2.7 所示。对于这一电流脉冲，可以用如下关系表示

$$i_C = \begin{cases} I_{CM}\sin(\omega t) - I_D, & \theta_1 \leqslant \omega t \leqslant \theta_2 \\ 0, & \omega t < \theta_1, \omega t > \theta_2 \end{cases} \tag{3.2.26}$$

式中，$I_{CM} > I_D = I_{CM}\sin\theta_1$。

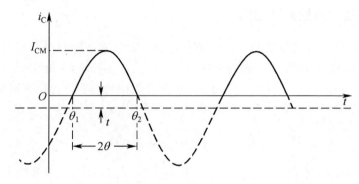

图 3.2.7　C 类射频功率放大器电路集电极电流 i_C 的波形

C 类功放电路的输出功率 P_o 为

$$P_o = \frac{1}{2}I_{Lm}^2 R_L = \frac{1}{2}V_{CM}I_{Lm} = \frac{I_{CM}^2 R_L}{8\pi^2}[2\theta - \sin(2\theta)]^2$$
$$= \frac{V_{CM}I_{CM}}{4\pi}[2\theta - \sin(2\theta)] \tag{3.2.27}$$

式中，I_{Lm} 为集电极电流 i_C 中的基波分量，有

$$I_{Lm} = \frac{2}{\pi}\int_0^\theta [I_{CM}\cos(\omega t) - I_D]\cos\omega t \mathrm{d}(\omega t) = \frac{I_{CM}}{2\pi}[2\theta - \sin(2\theta)] \tag{3.2.28}$$

电源供给功率 P_{dc} 为

$$P_{dc} = V_{CC}I_{C0} = \frac{V_{CC}I_{CM}}{\pi}(\sin\theta - \theta\cos\theta) \tag{3.2.29}$$

C 类功放的效率 η 为

$$\eta = \frac{P_o}{P_{dc}} = \frac{\frac{1}{2}I_{Lm}^2 R_L}{V_{CC}I_{C0}} = \frac{\frac{1}{2}V_{CM}I_{Lm}}{V_{CC}I_{C0}}$$
$$= \frac{1}{4}\cdot\frac{V_{CM}}{V_{CC}}\cdot\frac{2\theta - \sin(2\theta)}{\sin\theta - \theta\cos\theta} \tag{3.2.30}$$

式（3.2.30）表明，C 类功放的效率 η 是导通角 θ 的函数。减小导通角 θ，效率 η 增大。相反增大导通角 θ，效率 η 将减小。导通角 $\theta=90°$，电路工作于 B 类放大器状态。

C 类射频功率放大器的主要设计参数为输出功率 P_o、电源供给功率 P_{dc}、功率管的管耗 P_C、功率管的最大集射（漏源）电压和功率管最大输出电流等。C 类射频功率放大器效率高，主要作为发射机末级功率放大器。

由于 C 类射频功率放大器的电流脉冲中含有很丰富的谐波分量，因此只要把负载并联 LC 回路调谐在某次谐波上，C 类射频功率放大器可构成一个倍频功放电路。在 I_{CM} 为定值

时，各次谐波的振幅 I_{CM} 与导通角 θ 有关。在设计倍频器时，对应倍频次数应选择合适的导通角 θ。值得指出的是，倍频次数越高，相应的谐波最大幅值越小，而且效率也越低，因此实践中常限于 2～3 次倍频。

用音频信号改变 C 类射频功率放大器的集电极馈电方式，C 类射频功率放大器可以实现调幅功能。

3.2.5　D 类射频功率放大器电路

B、C 类射频功率放大器是通过减小功率管的导通时间，即减小导通角 θ 来提高效率 η 的。但是，θ 的减小是有限度的。因为 θ 减小时，虽效率 η 提高了，但基波振幅 I_{CM} 却减小了，从而使输出功率下降，二者相互制约。从上述分析中可以看出，功率消耗在功率管上的原因是集电极电流 i_C 流过功率管时，功率管集射极间电压 u_{CE} 不为零。功率管的管耗 P_C 为

$$P_C = \frac{1}{2\pi} \int_{-\pi}^{\pi} u_{CE} \times i_C \mathrm{d}(\omega t) \tag{3.2.31}$$

由式（3.2.31）可知，功率管导通期间 $i_C \neq 0$，若 $u_{CE}=0$，则 $P_C=0$。功率管截止期间若 $u_{CE}\neq 0$，$i_C=0$，则同样有 $P_C=0$。管耗 P_C 为零以后，效率 η 就可以达到 100%。

D 类射频功率放大器电路的基本设计思想是，要求功率管在导通时，饱和管压降为零；截止时，流过功率管的电流为零。显然，这时的功率管处于开关工作状态，而 A、B、C 类射频功率放大器的功率管处于放大工作状态。

D 类射频功率放大器可分为电流型 D 类放大器和电压型 D 类放大器两种形式。电流型 D 类放大器的集电极电流为矩形波。电压型 D 类放大器的集电极电压为矩形波。

1. 电流开关型 D 类放大器

一个双端推挽式电流开关型 D 类放大器的电路原理图和工作波形如图 3.2.8[16]所示。图中，输入信号无论是方波或是正弦波，其幅度都应足够大，应能够保证导通管进入饱和导通状态。两管的激励信号相位相反，故一管导通时，另一管截止，两管轮流工作。集电极供电电源通过一个高频扼流圈 L_C 连接至谐振回路电感 L 的中心抽头（A 点）。当 L_C 呈现的感抗大于 A 点和任一功率管集电极之间的等效谐振电阻的 10 倍以上时，从 A 点向直流电源看去，是一个等效的恒流源。所谓恒流，是指谐振回路 A 点和任一管集电极之间的总交流电压变化时，通过扼流圈的电流变化很小。通过两管的集电极电流为幅度等于 I_{CC}，占空比为 0.5 的方波。而通过 L_C 的电流为脉动很小的直流，其值等于 I_{CC}。

LC 谐振回路调谐于工作频率 f_0，用以提取两管电流脉冲中的基波成分，在其两端产生近似正弦波的电压。

由于电流上、下两臂对称，两臂的输入、输出电压在相位上相差 180°。因此，将一臂的波形移相 180°，便是另一臂的波形。设 VT_1 在 0～π 期间导通，$u_{CE1}=u_{CES}$。在 π～2π 期间，VT_1 截止 VT_2 导通，于是 u_M 等于 VT_2 的饱和压降加上谐振回路两端的电压。设回路两端的交流电压振幅为 u_M，则 VT_1 截止期间的电压如图 3.2.8（b）所示，为振幅等于 u_M 的半个正弦波加 u_{CES}。而 VT_2 则在 0～π 期间的电压为振幅等于 u_M 的半个正弦波加 u_{CES}。在 0～π 和 π～2π，A 点的电压均为振幅等于 $u_M/2$ 的半个正弦波加 u_{CES}。

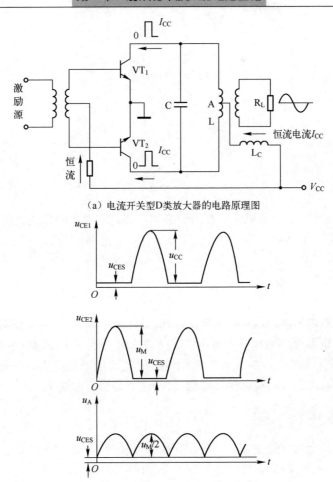

（a）电流开关型D类放大器的电路原理图

（b）电流开关型D类放大器工作波形

图 3.2.8　电流开关型 D 类放大器的电路原理图和工作波形

因为 A 点电压的平均值等于 u_{CC}，故有

$$\frac{1}{\pi}\int_{2}^{\pi}\frac{u_M}{2}\sin(\omega t)\,\mathrm{d}(\omega t) + u_{CES} = V_{CC} \tag{3.2.32}$$

由此得到谐振回路两端的交流电压振幅为

$$u_M = \pi(V_{CC} - u_{CES}) \tag{3.2.33}$$

由于每管向半个回路提供一个振幅为 I_{CC} 的矩形波，此波形在整个谐振回路两端产生的基波分量振幅应等于 $\dfrac{2}{\pi}I_{CC}$。设回路的谐振阻抗为 R_{CC}，便有

$$u_M = \frac{2}{\pi}I_{CC}R_{CC}$$

移项得

$$I_{CC} = \frac{\pi u_M}{2R_{CC}} \tag{3.2.34}$$

I_{CC} 便是直流电源提供给整个电路（两管）的电流。

输出功率为

$$P_o = \frac{u_M^2}{2R_{CC}} = \frac{\pi^2}{2R_{CC}}(V_{CC} - u_{CES})^2 \tag{3.2.35}$$

输入直流功率为

$$P_d = V_{CC}I_{CC} = \frac{\pi^2}{2R_{CC}}(V_{CC} - u_{CES})V_{CC} \tag{3.2.36}$$

效率为

$$\eta_C = \frac{P_o}{P_d} = \frac{V_{CC} - u_{CES}}{V_{CC}} = 1 - \frac{u_{CES}}{V_{CC}} \tag{3.2.37}$$

由式（3.2.37）可见，效率取决于晶体管饱和压降与供电电源电压之比。若 u_{CES} 占供电电压的 5%，则效率可达 0.95。

由式（3.2.36）可得

$$R_{CC} = \frac{\pi^2}{2P_o}(V_{CC} - u_{CES}) \tag{3.2.38}$$

谐振回路的谐振电阻 R_{CC} 是回路固有损耗和二次负载反射到一次回路的总等效电阻。

以上分析中假定器件从饱和转为截止，或从截止转为饱和导通的转换时间可以忽略。实际上，当工作频率升高时，转换在一个周期内所占的比例随之增大，特别是从饱和转为截止，储存时间相当可观，因此实际的效率比式（3.2.38）给出的要小。

2. 电压开关型 D 类放大器

一个单端推挽式电压开关型 D 类放大器电路原理图和等效电路如图 3.2.9 所示，加在器件两端的电压为脉冲状，输出连接一个串联谐振回路以滤除谐波分量。

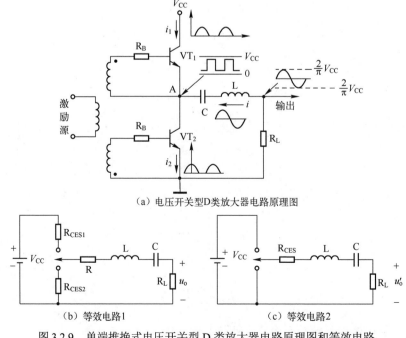

（a）电压开关型D类放大器电路原理图

（b）等效电路1　　　　　　（c）等效电路2

图 3.2.9　单端推挽式电压开关型 D 类放大器电路原理图和等效电路

　　两管的输入信号幅度都应足够大，应能够保证导通管进入饱和导通状态。两管输入信号相位相反，故一管导通时，另一管截止，两管轮流工作。电路谐振时，电抗上的电压远大于 A 点对地（等效信号源）的电压，流过器件的电流等于串联谐振回路的电流，其波形近似为正弦波。正半周时 VT_1 导通，电源通过 VT_1 向回路输送能量；负半周时 VT_2 导通，由回路中储存的能量维持。由于流过器件的电流在变化，故器件导通时集、射极间的饱和导通电压不是一个固定值。其影响用饱和电阻 R_{CES} 来等效，其值可由晶体管饱和区 I_C-V_{CE} 特性曲线求得。图 3.2.9 中等效信号源为一幅度为 V_{CC}、占空比为 0.5 的矩形波。矩形波为高电平 V_{CC} 时，代表 VT_1 导通，矩形取零值时代表 VT_2 导通。

　　矩形电压波的基频分量为 $2V_{CC}/\pi$。回路谐振时总电抗等于零，故基频电流为

$$I_{C1} = \frac{2V_{CC}}{\pi(R_{CES} + R_L)} \tag{3.2.39}$$

　　与之相对应的平均值，亦即直流分量为

$$I_{CC} = \frac{I_{C1}}{\pi} = \frac{2V_{CC}}{\pi^2(R_{CES} + R_L)} \tag{3.2.40}$$

　　输出功率为

$$P_o = \frac{2V_{CC}^2}{\pi^2(R_{CES} + R_L)} \frac{R_L}{R_{CES} + R_L} \tag{3.2.41}$$

　　直流功率为

$$P_d = \frac{2V_{CC}^2}{\pi^2(R_{CES} + R_L)} \tag{3.2.42}$$

　　效率为

$$\eta_C = \frac{P_o}{P_d} = \frac{R_L}{R_{CES} + R_L} \tag{3.2.43}$$

　　由于电压型 D 类放大器工作时器件电流是缓变的，故器件存储时间对放大器工作特性的影响较小。

　　晶体管 D 类射频放大器在应用时有两个问题需要注意：一个是晶体管的饱和压降会随频率的升高而增大，另一个是晶体管的开关时间。当输入电压发生跳变使晶体管导通时，晶体管的输出电流 i_C 存在一个延迟时间 t_d 和上升时间 t_r；而当输入电压跳变使晶体管截止时，输出电流 i_C 存在一个存储时间 t_s 和下降时间 t_f。当晶体管的这些开关延迟时间与信号的周期相比变得不可忽略，两只晶体管的轮流导通、截止变得不理想，而且在开关转换瞬间，可能会出现同时导通或同时截止的现象。这样，一方面会增加损耗降低效率，另一方面也会增大管子损坏概率。晶体管的开关时间限制了 D 类射频放大器工作频率和效率的提高。

　　电路中的晶体管也可以采用两只 FET 功率管代替，组成 FET D 类射频功率放大器电路。功率管可采用 N 沟道增强型 MOS 场效应管（NEMOSFET），$V_{GS(th)} > 0$。对于功率管 NEMOSFET，导通时漏源极间仅有一个很小的导通电阻 R_{on}，因此 $V_{DS} \approx 0$；而截止时基本上是 $i_D = 0$，接近理想开关状态。

　　D 类射频功率放大器采用单电源双管工作时，由于 LC 串联回路中的电容 C 不足够大，很难在 VT_1 截止以后给 VT_2 供电，并促使 VT_2 饱和。若改为双电源供电，则又增加了电路的

复杂性。同时，由于功率管极间电容和电路中的分布电容，将使功率管在导通至截止和截止至导通的开关转换期间 u_{DS}（或 u_{CE}）和 i_D（或 i_C）均不为零，从而使实际的效率降低。

3.2.6 E 类射频功率放大器电路

E 类射频功率放大器电路的设计思想是：① 功率管截止时，使集电极电压 u_{CE} 的上升沿延迟到集电极电流 $i_C=0$ 以后才开始；② 功率管导通时，迫使 $u_{CE}=0$ 以后，才开始出现集电极电流 i_C，使功率管从导通至截止或从截止至导通的开关期间，功率管的功耗最小。在 E 类射频功率放大器中，晶体管作为通断开关，产生的电压与电流必须满足一个条件：高电流、大电压不会同时交叠。

1. 具有并联电容的 E 类射频功率放大器[32]

具有并联电容的单端开关模式 E 类功率放大器首次发布于 1975 年，由于设计简单且高效率，E 类功率放大器被用于不同的频率范围，功率电平范围从几千瓦（低 RF 频率）到 1W 左右（微波频率）。

E 类功率放大器的特性由其稳态集电极电压和电流波形来确定。具有并联电容的 E 类功率放大器的基本电路如图 3.2.10（a）所示，它的负载网络由与晶体管并联的电容 C、串联电感 L、调谐于基波的串联 L_0C_0 电路和负载电阻 R 组成。并联电容 C 由器件内部的输出电容和加在负载网络的外部电容一起组成。晶体管集电极通过 RF 扼流圈（RFC）连到电源电压，此 RF 扼流圈对基波频率具有高电抗。晶体管可认为是理想开关，处于开或关的状态。集电极电压决定于开关导通状态和断开状态时负载网络的瞬态响应。

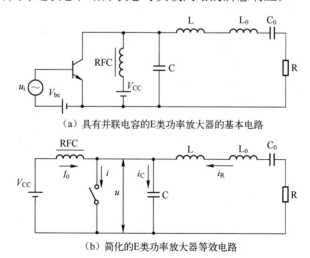

（a）具有并联电容的E类功率放大器的基本电路

（b）简化的E类功率放大器等效电路

图 3.2.10 具有并联电容的 E 类功率放大器基本电路

简化的 E 类功率放大器等效电路如图 3.2.10（b）所示，并假设：

① 晶体管饱和电压设为零，饱和电阻为零，开路电阻为无限大，开关动作是瞬时的和无损耗的。

② 并联电容 C 独立于集电极，并假设是线性元件。

③ RF 扼流圈仅允许直流电流通过，直流电阻为零。

④ 串联谐振回路 L_0C_0 调谐于基频，$\omega_0 = 1/\sqrt{L_0C_0}$，具有足够高的有载品质因数，可以认为开关频率的输出电流是正弦的。

⑤ 除负载电阻 R 外，其他电路无损耗。

⑥ 使用 50% 占空比的最佳工作模式。

经推导可得，在 $\pi \leqslant \omega t < 2\pi$ 间隔内，归一化稳态集电极电压波形表达式为

$$\frac{u(\omega t)}{V_{CC}} = \pi\left(\omega t - \frac{3\pi}{2} - \frac{\pi}{2}\cos(\omega t) - \sin(\omega t)\right) \tag{3.2.44}$$

在 $0 \leqslant \omega t < \pi$ 间隔内的电流波形表达式为

$$\frac{i(\omega t)}{I_0} = \omega t - \frac{3\pi}{2} - \frac{\pi}{2}\cos(\omega t) - \sin(\omega t) \tag{3.2.45}$$

从集电极电压和电流波形表达式可以看出当晶体管是"关闭"时，开关两端无电压，电流 i 由通过器件的负载正弦电流和直流电流组成。但是，当晶体管是"断开"时，电流流过并联电容 C。

由于电压与电流没有同时存在，这意味着无功率损耗，也即理想集电极效率 100%，直流功率和基波输出功率相等。

$$I_0 V_{CC} = \frac{I_R^2}{2}R \tag{3.2.46}$$

直流供电电流的值为

$$I_0 = \frac{V_{CC}}{R}\frac{8}{\pi^2 + 4} = 0.577\frac{V_{CC}}{R} \tag{3.2.47}$$

输出电压 $V_R = I_R R$ 的幅值可由下式求得。

$$V_R = \frac{4V_{CC}}{\sqrt{\pi^2 + 4}} = 1.074V_{CC} \tag{3.2.48}$$

最佳的串联电感 L 和并联电容 C 的值可从下式求得。

$$\frac{\omega L}{R} = \frac{V_L}{V_R} = 1.1525 \tag{3.2.49}$$

$$\omega CR = \frac{\omega C}{I_R}V_R = 0.1836 \tag{3.2.50}$$

给定供电电压 V_{CC} 和输出功率 P_o 最佳负载电阻 R 可用下式求得

$$R = \frac{8}{\pi^2 + 4}\frac{V_{CC}^2}{P_o} = 0.5768\frac{V_{CC}^2}{P_o} \tag{3.2.51}$$

在理想 E 类工作条件的分析结果中，没有考虑到由于非理想器件特性引起的可能的损耗。例如，饱和电阻 R_{sat} 为有限值，导通到截止工作状态转换所需的时间也不为零。

另外，在一般情况下，器件本征输出电容是非线性的，当考虑击穿电压指标时，必须关注这个电容的非线性性质。为得到最佳串联电感值时，这个电容的非线性性质也应该考虑。

2. 具有并联电路的 E 类射频功率放大器[32]

具有并联电路的 E 类射频功率放大器是具有并联电容的 E 类射频功率放大器的变形。

在并联电路 E 类射频功率放大器中，晶体管也工作在开关状态，产生的电流和电压波形不会同时出现，以减小功率耗散，增大功率放大器效率。这样的工作模式的实现是依靠合适选择它的负载网络中的电抗元件的值，使之失谐于基波频率。对于并联电路 E 类功率放大器，电路图所要求的波形、相位角和电路元件值是与具有并联电容的 E 类功率放大器不一样的。

开关模式并联电路 E 类功率放大器的基本电路和等效电路如图 3.2.11 所示。

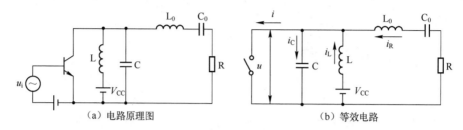

（a）电路原理图　　　　　　　　　　　（b）等效电路

图 3.2.11　具有并联电路的 E 类功率放大器

电路中有源器件采用理想开关来替代，负载网络由并联电感 L、并联电容 C、调谐于基频的串联 L_0C_0 谐振电路和负载电阻 R 组成。一般情况下，并联电容 C 由器件内部的输出电容和附加于负载网络的外电路电容一起组成。

在理想并联电路 E 类工作功率放大器中，当晶体管（开关）"导通"时，开关两端无电压，流过器件的电流 i 由负载正弦电流和电感电流组成。但是，当晶体管（开关）处于"断开"状态时，电流流过并联电容 C。这种情况下，非零电压和非零电流不会同时出现，无功率损耗发生，理想的集电极效率可达 100%。

经推导可得，最佳并联电感 L 和并联电容 C 的表达式为

$$L = 0.732 \frac{R}{\omega} \tag{3.2.52}$$

$$C = \frac{0.685}{\omega R} \tag{3.2.53}$$

给定供电电压 V_{CC} 和输出功率 P_o 可求得最佳负载电阻，考虑到 $R = V_R^2 / (2P_o)$，有

$$R = 1.365 \frac{V_{CC}^2}{P_o} \tag{3.2.54}$$

串联谐振回路的参数作为有载品质因数（此值应尽可能高）的函数，可由此计算它们的参数：

$$C_0 = \frac{1}{\omega R Q_L} \tag{3.2.55}$$

$$L_0 = \frac{1}{\omega^2 C_0} \tag{3.2.56}$$

如果理想 E 类功率放大器电阻 R 的计算值太小，或者与所需负载阻抗相差太大，则需使用一个另外的匹配电路完成传递给负载最大输出功率的任务。在这样状态下的匹配电路中的串联元件应该是电感，给谐振提供一个高阻抗条件，一个具有集中参数匹配电路的并联电路 E 类功率放大器如图 3.2.12 所示。

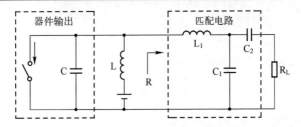

图 3.2.12　一个具有集中参数匹配电路的并联电路 E 类功率放大器

电路中，最大集电极电流 I_{CM} 和最大集电极电压 V_{CM}，表达式如下：

$$I_{CM} = 2.647I_0 \tag{3.2.57}$$

$$V_{CM} = 3.647V_{CC} \tag{3.2.58}$$

器件的输出电容 C_{out} 是限制最高工作频率的主要因素，因为 C_{out} 是一个器件内在的参数，给定有源器件后是不能减小的。这种情况下，最高工作频率 f_{max}、器件输出电容 C_{out} 和供电电压 V_{CC} 之间的关系为

$$f_{max} = 0.0798\frac{P_{out}}{C_{out}V_{CC}^2} \tag{3.2.59}$$

这个值比具有并联电容的最佳 E 类功率放大器的最高工作频率高 3.4 倍[32]。

3.2.7　F 类射频功率放大器电路

1. 理想的 F 类电流和电压波形

从前面的分析可见，为了增加 B 类过激励工作的效率，最好是使集电极电流的角度参数 $\theta_1 = 90°$，为一常数，即保持集电极电流波形为半个正弦波形，集电极电压波形的 θ 逼近 0，如图 3.2.13 所示[32]。

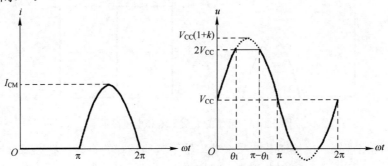

图 3.2.13　最佳效率下的 B 类过激励集电极电波和电压波形

极端情况下的 $\theta_1 = 0$，集电极电压逼近方波，这样基波电流和电压分量分别为

$$I_1 = \frac{I_{CM}}{2} \tag{3.2.60}$$

$$V_1 = \frac{4V_{CC}}{\pi} \tag{3.2.61}$$

基波的输出功率为

$$P_1 = \frac{V_{CC}I_{CM}}{\pi} \tag{3.2.62}$$

当 $\theta_1 = 90°$ 时，直流输出功率的值为

$$P_0 = \frac{V_{CC}I_{CM}}{\pi} \tag{3.2.63}$$

结果，理论上可达到的最大集电极效率为

$$\eta = \frac{P_1}{P_0} = 100\% \tag{3.2.64}$$

器件集电极 100%理想集电极效率的阻抗条件必须是

$$\begin{cases} Z_1 = R_1 = \frac{8}{\pi}\frac{V_{CC}}{I_{CM}} \\ \\ Z_n = 0, n为偶数 \\ Z_n = \infty, n为奇数 \end{cases} \tag{3.2.65}$$

式（3.2.65）给出的阻抗条件对应于理想 F 类工作的电压与电流波形如图 3.2.14 所示。这里，奇次谐波的总和给出了方波电压，基波和偶次谐波的总和近似为半个正弦电流形状。在这样一种条件下，具有对称集电极电压和电流波形，对应于具有 100%集电极效率的理想 F 类工作模式，能够使用具有无耗 $\lambda/4$ 传输线与具有无限品质因数的谐振回路相串联来实现。

理想的谐波阻抗条件用实际的硬件来实现是不可能的。但是，在 F 类放大器设计中可使用平坦波形的近似技术，采用若干个电流和电压分量来峰化，使高阶谐波分量构成的输出电压波形愈平坦，使输出电流引起的功率耗散愈小，也可实现功率放大器的高效率工作。功率放大器效率可根据适当的电压和电流波形的频率谐波数数值计算。

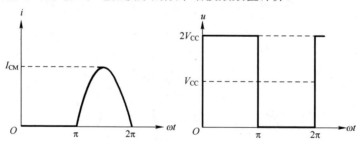

图 3.2.14　理想的 F 类电流和电压波形

假设输出网络理想，仅传递基波频率功率给无其他损耗的负载。有源器件用一个理想电流源表示，是一个可提供饱和和夹断工作区的理想开关，具有饱和电压输出，输出电容等于零。实现 F 类工作的电压波形和电流波形的信号，可使用奇次谐波来近似方波电压，偶次谐波来近似半正弦电流波形，表达式如下：

$$u(\theta) = V_{CC} + V_1\sin\theta + \sum_{n=3,5,7,\cdots}^{\infty} V_n\sin(n\theta) \tag{3.2.66}$$

$$i(\theta) = I_0 - I_1\sin\theta - \sum_{n=2,4,6,\cdots}^{\infty} I_n\cos(n\theta) \tag{3.2.67}$$

式中，$\theta = \omega_0 t$，$\omega_0 t = 2\pi f_0$，f_0 是基波频率。

　　由图 3.2.14 可知，电压波形到达最大值中间点和最小值中间点的位置分别在 $\theta=\pi/2$ 和 $\theta=3\pi/2$。最小电压时的最大平坦度要求在 $\theta=3\pi/2$ 偶阶导数为零。由于 $\cos(n\pi/2)=0$，n 为奇数时，奇阶导数等于零可以定义由式（3.2.66）给出的电压波形的偶阶导数。

　　应注意的是，电路的寄生参数的存在，如有源器件输出电容 C_{out}、双极晶体管集电极电容 C_C 或 FET 漏源电容加上栅漏电容 $C_{ds}+C_{gd}$、输出引线电感等都会对效率产生很大的影响。

　　对集中参数放大器，在集电极或漏极，可使用外加的并联或串联谐振回路补偿 C_{out} 影响，使 F 类放大器实现近似理想化，使阻抗条件 $Z_1=Z_3=\infty$，$Z_2=0\Omega$。具有附加集中参数的阻抗-峰化电路如图 3.2.15 所示，图（a）为并联谐振电路形式，图（b）为串联谐振电路形式。

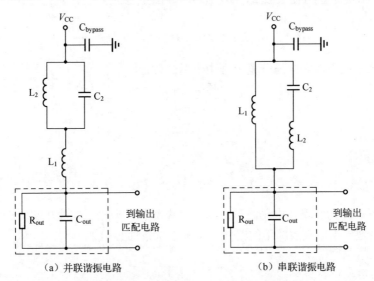

图 3.2.15　集中参数的输出阻抗-峰化电路

　　包括如图 3.2.15（a）所示的阻抗-峰化电路的输出导纳的虚部可由下式求出。

$$\mathrm{Im}\,Y_{out}=\omega C_{out}-\frac{1-\omega^2 L_2 C_2}{\omega L_1(1-\omega^2 L_2 C_2)+\omega L_2} \tag{3.2.68}$$

　　采用三个谐波阻抗条件：对基波和三次谐波开路，对二次谐波短路。并联谐振阻抗-峰化电路中的元件值是

$$L_1=\frac{1}{6\omega_0^2 C_{out}}\quad L_2=\frac{5}{3}L_1\quad C_2=\frac{12}{5}C_{out} \tag{3.2.69}$$

　　图 3.2.15（b）的输出电路采用相同条件，可得到串联谐振阻抗-峰化电路的元件值为

$$L_1=\frac{4}{9\omega_0^2 C_{out}}\quad L_2=\frac{9}{15}L_1\quad C_2=\frac{15}{16}C_{out} \tag{3.2.70}$$

式中，$L_2 C_2$ 满足对二次谐波产生短路的条件，所有元件构成的并联谐振回路对应于基波和三次谐波分量谐振。

2. 逆 F 类模式[32]

　　逆 F 类模式将 F 类集电极电压和电流波形的相互交换。在这种情况下，最大输出电流波形的幅值较小，减小了由于寄生电阻引起的两端电压以及集中参数电感上的损耗。逆 F 类模

式的理想电压和电流波形如图 3.2.16 所示。奇次谐波的总和给出了方波电流，奇波与偶次谐波的总和给出了近似的半个正弦电压波形。

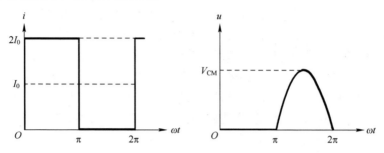

图 3.2.16　逆 F 类模式的理想电压和电流波形

逆 F 类模式基波电流和电压分量分别由下两式确定。

$$V_1 = \frac{V_{CM}}{2} = \frac{\pi}{2} V_{CC} \tag{3.2.71}$$

$$I_1 = \frac{4 I_0}{\pi} \tag{3.2.72}$$

基频功率如下：

$$P_1 = \frac{V_{CM} I_0}{\pi} = V_{CC} I_0 = P_0 \tag{3.2.73}$$

这种状况下，因为电流和电压波形之间无交叠部分，理论上的集电极（或漏极）效率可达 100%。100% 理想集电极效率下的器件集电极阻抗条件必须是

$$\begin{cases} Z_1 = R_1 = \dfrac{\pi}{8} \dfrac{V_S}{I_0} \\ Z_n = 0, \quad n \text{为奇数} \\ Z_n = \infty, \quad n \text{为偶数} \end{cases} \tag{3.2.74}$$

理想逆 F 类功率放大器也需要一个简单的阻抗-峰化电路。

3.3　功率放大器电路的阻抗匹配网络

3.3.1　阻抗匹配网络的基本要求

在射频功率放大器中，阻抗匹配网络是为了实现有效的能量传输，阻抗匹配网络介于功率放大器电路和负载之间，如图 3.3.1 所示。图中负载可以是天线网络，也可以是后级功放输入电路的输入阻抗[19-23,29-35]。

在图 3.3.2 所示功率放大器的组成框图中，匹配网络的任务是将外接负载电阻转换成功率管所要求的最佳交流负载。匹配网络也会引入一定的损耗，传输效率为

$$\eta_T = \frac{P_L}{P_o} \times 100\%$$

所以实际放大器的效率应为

$$\eta = \frac{P_L}{P_D} = \frac{P_o}{P_D}\frac{P_L}{P_o} = \eta_C \eta_T \qquad (3.3.1)$$

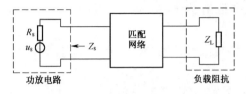

图 3.3.1　阻抗匹配网络的连接

图 3.3.2　功率放大器的组成框图

对阻抗匹配网络的基本要求如下。

① 将负载阻抗变换为与功放电路所要求相匹配的负载阻抗，以保证射频功放电路能输出最大的功率；

② 能滤除不需要的各次谐波分量，以保证负载上能获得所需频率的射频功率；

③ 网络的功率传输效率要尽可能高，即匹配网络的损耗要小。

常用的射频功率放大器匹配网络有 L 型、π型和 T 型，有时也采用电感耦合匹配网络。根据匹配网络的性质，可将功率放大器分为非谐振功率放大器和谐振功率放大器。非谐振功率放大器匹配网络采用高频变压器、传输线变压器等非谐振系统，它的负载阻抗呈现纯电阻性质。而谐振功率放大器的匹配网络是一个谐振系统，它的负载阻抗呈现电抗性质。

3.3.2　集总参数的匹配网络

1. L 型匹配网络

L 型匹配网络的基本形式[19-23,29-35]如图 3.3.3 所示。图中，X_1 通常为电容元件，X_2 则为电感元件。

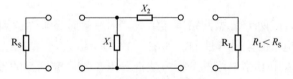

图 3.3.3　L 型匹配网络的基本形式

R_L 到 R_S 的精确匹配只能在特定的频率 f_0 处实现，在特定频率 f_0 处，L 型匹配网络中各元件的关系如下，即

$$|X_1| = \frac{R_S}{Q_e} = R_S\sqrt{\frac{R_L}{R_S - R_L}} \qquad (3.3.2)$$

$$|X_2| = Q_e R_L = \sqrt{R_L(R_S - R_L)} \qquad (3.3.3)$$

$$Q_e = \sqrt{\frac{R_S}{R_L} - 1} \qquad (3.3.4)$$

这种匹配网络结构简单，但只适用于 $R_S > R_L$ 的情况。而且，当 R_S 和 R_L 给定以后，Q_e 值也就确定了，因此无法调整。

2．π型匹配网络

π型匹配网络[19-23,29-35]如图 3.3.4 所示。串联支路 X_L 为电感元件 L，并联支路 X_{C1}、X_{C2} 为电容元件 C。

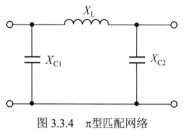

图 3.3.4　π型匹配网络

在某一特定频率范围内，可得出π型匹配网络的设计关系式为

$$|X_{C1}| = R_S / Q \quad （先选定 Q 值） \tag{3.3.5}$$

$$|X_{C2}| = \sqrt{\dfrac{R_S R_L}{(Q^2 + 1) - \dfrac{R_S}{R_L}}} \tag{3.3.6}$$

$$X_L = \frac{R_S}{Q^2 + 1}\sqrt{\frac{R_L}{R_S}(Q^2 + 1) - 1} + \frac{R_S Q}{Q^2 + 1} \tag{3.3.7}$$

在工作频率较高时，必须将射频功率管的输出电容 C_{out} 考虑在匹配网络内。这时 X_{C1} 内应包含 C_{out} 的容抗，计算 C_1 时也应减去 C_{out}。

3．T 型匹配网络

T 型匹配网络[19-23,29-35]如图 3.3.5 所示。

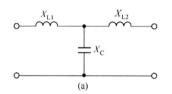
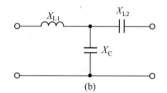

图 3.3.5　T 型匹配网络

T 型网络也可以看成两个 L 型网络串接组成，但分解时必须注意到这两个 L 型网络的串联支路和并联支路的电抗必须是异性的，如图 3.3.6 所示。将 T 型网络分解成两个 L 型匹配网络串接以后，就可以用 L 型网络的分析方法推导出 T 型匹配网络的设计关系式。通过分析可得到 T 型匹配网络设计关系式。

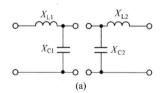
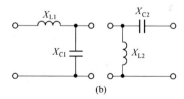

图 3.3.6　T 型网络的分解

对图 3.3.6（a）所示网络，有

$$X_{L2} = R_L Q \quad （先选定 Q 值） \tag{3.3.8}$$

$$X_{L1} = R_S B \tag{3.3.9}$$

$$X_C = \frac{A}{Q + B} \tag{3.3.10}$$

式中，
$$A = R_L(Q^2 + 1); \quad B = \sqrt{\dfrac{A}{R_S} - 1}$$

对图 3.3.6（b）网络，有

$$X_{L1} = R_S Q \quad \text{（先选定 } Q \text{ 值）} \tag{3.3.11}$$

$$X_{C2} = R_L A \tag{3.3.12}$$

$$X_C = \dfrac{B}{Q - A} \tag{3.3.13}$$

式中，$A = \sqrt{\dfrac{R_S(Q^2 + 1)}{R_L} - 1}$；$B = R_S(Q^2 + 1)$。

上述 π 型和 T 型匹配网络都可以看成 L 型匹配网络的串接组合网络。这种 L 型网络既有阻抗变换作用，又有阻抗补偿特性，因此被广泛采用在射频功率放大器的匹配网络中。

3.3.3　传输线变压器匹配网络

1. 传输线变压器结构与等效电路[19-23,29-35]

传输线变压器是将传输线绕在磁环上构成的，传输线可以采用同轴电缆、带状传输线、双绞线或高强度的漆包线，磁芯采用高频铁氧体磁环（MXO）或镍锌磁环（NXO）。频率较高时，采用镍锌材料。磁环直径小的只有几毫米，大的有几十毫米，选择磁环直径与功率大小有关，一个 15W 功率放大器需要采用直径为 10～20mm 的磁环。传输线变压器的上限频率可高达几千兆赫，频率覆盖系数可以达到 10^4。

一个 1∶1 的倒相传输线变压器的结构示意图如图 3.3.7 所示，采用 2 根导线（1-2 为一根导线，3-4 为另一根导线），内阻为 R_S 的信号源 u_S 连接在 1 和 3 始端，负载 R_L 连接在 2 和 4 终端，引脚端 2 和 3 接地。

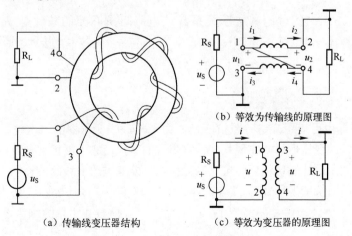

（a）传输线变压器结构　　　（b）等效为传输线的原理图　　　（c）等效为变压器的原理图

图 3.3.7　1∶1 倒相传输线变压器

传输线变压器的等效电路如图 3.3.7（b）和图 3.3.7（c）所示。图 3.3.7（b）和图 3.3.7（c）在电路连接上完全相同。作为传输线变压器，必须是 2 和 3 端或 1 和 4 端接地才行。由电源端 1、3 看进去的阻抗应该等于负载阻抗 R_L（等于传输线的特性阻抗 Z_C），因为输出电压与输入电压反相，所以它相当于一个反相变压器。

传输线变压器在变压器模式工作时，主要作用是在输入端和输出端之间实现阻抗转换、平衡不平衡变换等。为了使输出电压倒相，2 端必须接地［见图 3.3.7（b）］。传输线变压器将传输线绕在磁芯上，在 1、2 端有较大的感抗存在，信号源就不会被短路；同样，4、3 端也有感抗存在，负载也不会被短路。如图 3.3.7（c）所示，输入信号和负载分别加在其一次侧的 1、2 端和二次侧的 3、4 端绕组上。其中输入信号加在绕组上的电压为 u，与传输线上的始端电压相同；通过磁感应在负载 R_L 上产生的电压也为 u，与传输线终端电压相同。从而可见，传输线变压器可以实现信号的传输，并可实现信号倒相。

必须指出，传输线变压器是依靠传输线传送能量的一种宽带匹配元件，它的上限频率取决于传输线的长度及其终端匹配程度，下限频率取决于一次绕组的电感量。

2. 1∶1 平衡不平衡变换器

根据传输线变压器原理可制作的宽频带平衡不平衡变换器，一个平衡输入转换为不平衡输出的电路如图 3.3.8（a）所示；一个不平衡输入转换为平衡输出的电路如图 3.3.8（b）所示，图中，两个绕组上的电压值均为 $u/2$。

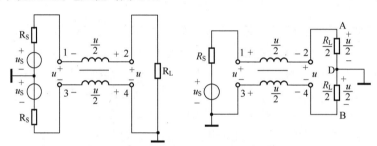

（a）平衡输入转换为不平衡输出的电路　　（b）不平衡输入转换为平衡输出的电路

图 3.3.8　1∶1 平衡不平衡变换器

以图 3.3.8（b）为例讨论其电压关系。该电路阻抗匹配的条件是 $R_i = Z_C = R_L$，或写成 $Z_C = \sqrt{R_i R_L}$。根据传输线原理，若设 $u_{13} = u$，则 $u_{24} = u_{13} = u$。负载中点接地，所以 $u_{AD} = u_{DB} = u/2$，$u_{13} = u_{12} + u_{AD}$，$u_{12} = u_{13} - u_{AD} = u/2$，两绕组上电压相等，所以 $u_{34} = u_{12} = u/2$。

3. 1∶4 和 4∶1 传输线变压器

传输线变压器也可以用来进行阻抗变换。由于传输线变压器的一次绕组、二次绕组的匝数是相同的，传输线变压器只能实现某些特定阻抗的变化，它不能像普通变压器依靠改变一次绕组、二次绕组的匝数比实现任何阻抗比的变换，只能通过改变线路的接法来实现一些特定阻抗的变换，常用的阻抗变换形式有 1∶4 与 4∶1，1∶9 与 9∶1，以及 1∶16 与 16∶1 等。

一个 1∶4 传输线变压器如图 3.3.9（a）所示，它把负载阻抗降到原来的 $\dfrac{1}{4}$，以便和信号源匹配。图中，由于变压器的 4 端与 1 端相连，所以 4、3 两端的电压必然等于传输线的输入电压 u，又由于传输线的终端 2、4 上的电压和输入端一样也是 u，所以负载电阻两端，即 2、3 端（接地端）的电压为 $2u$。通过负载的电流为 i，即 $i = \dfrac{2u}{R_L}$ 时，另外当传输线从 1 端到 2 端有电流 i 通过时，传输线另一导体上必然有电流为 i，即 $i = \dfrac{2u}{R_L}$ 时，另外当传输线从 1 端到 2 端有电流 i 通过时，传输线另一导体上必然有电流 i 从 4 端流向 3 端，因为 4 端与 1 端相连，这个电流相当于从 1 端到 3 端，结果信号源流入传输线输入端的总电流为 $2i$。根据上述分析可得传输线变压器的输入阻抗为

$$R_i = \frac{u}{2i} = \frac{u}{2\dfrac{2u}{R_L}} = \frac{R_L}{4} \tag{3.3.14}$$

上式说明该变压器把 R_L 变换为 $R_L/4$，即输入端阻抗与负载阻抗之比为 1∶4，实现了 1∶4 的阻抗变换。

要求传输线的特性阻抗为

$$Z_C = \frac{u}{i} = \frac{1}{2} \cdot \frac{2u}{i} = \frac{R_L}{2} \tag{3.3.15}$$

1∶4 传输线变压器形式等效电路如图 3.3.9（b）所示。它相当于一个升压的自耦合变压器，当 4、3 端输入电压为 u 时，在 2、1 端感应电压也为 u，从而使 2 端对地具有 $2u$ 的电压，这样保证了传输线两导线间的电压恒为 u，使传输线正常工作。从阻抗变换角度来看，它为 1∶2 的自耦合变压器，所以阻抗变换关系为 1∶4。

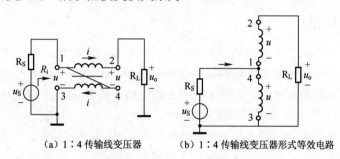

（a）1∶4 传输线变压器　　　　（b）1∶4 传输线变压器形式等效电路

图 3.3.9　1∶4 传输线变压器

对于图 3.3.9（a）所示的 1∶4 传输线变压器，如果把输入端和输出端对调就成为图 3.3.10（a）所示的 4∶1 传输线变压器，它把负载升高 4 倍，以便与信号源匹配。

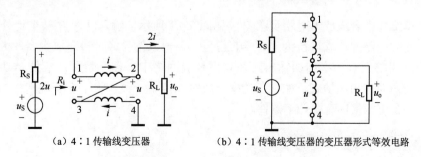

（a）4∶1 传输线变压器　　　　（b）4∶1 传输线变压器的变压器形式等效电路

图 3.3.10　4∶1 传输线变压器

由于传输线两根导线间的电压为 u，两导线上的电流都为 i，但方向相反，所以 4∶1 阻抗变换传输线变压器的电压、电流如图 3.3.10（a）所示。

由图可知，加于 R_L 两端电压为 u_o，而流过 R_L 的电流为 $2i$，故存在 $u_o=2iR_L$ 或 $i = \dfrac{u_o}{2R_L}$，而传输线输入端的等效电阻为 $R_i = \dfrac{2u}{i}$，所以负载电阻经传输线变压器变换后，在变压器输入端等效电阻为

$$R_i = \frac{2u}{i} = \frac{2u}{u/(2R_L)} = 4R_L \qquad (3.3.16)$$

要求传输线的特性阻抗为

$$Z_C = \frac{u}{i} = 2\frac{u}{2i} = 2R_L \qquad (3.3.17)$$

4∶1 传输线变压器的变压器形式等效电路如图 3.3.10（b）所示，它相当于一个降压的自耦变压器。当在 1、4 端作用有 $2u$ 的电压时，在 1、3 端和 2、4 端都得到电压 u，从而保证传输线两导体间的电压恒为 u，使传输线正常工作。从阻抗变换角度来看，它是 2∶1 的自耦变压器，所以阻抗变换关系为 4∶1。

此外，还有 9∶1、1∶9、16∶1、1∶16 传输线变压器等结构形式。

3.4　功率合成与分配

3.4.1　功率合成器

如果单个射频有源器件输出的最大功率不能满足设计的要求，可以使用功率合成技术，把两个或者多个射频功率放大电路的输出信号同相相加，提高射频输出功率。例如，每一个射频功率放大电路的最大输出功率为 1W，如果把 10 个同样的放大电路并联起来，经过功率合成网络就可以获得 10W 的射频功率输出。

有源器件直接并联使用对有源器件一致性的要求很高，直接把多个有源器件并联使用会导致放大电路效率下降，稳定性变差（一个有源器件的损坏，可能将导致整个放大电路不能使用），而且输入和输出匹配网络的设计会更为困难。因此通常采用功率合成网络和功率分配网络并联有源器件实现输出功率的增加。

1. 单级功率合成放大电路

一个单级功率合成放大电路示意图[23]如图 3.4.1 所示，输入功率 P_i 被平均分配到 N 个放大电路，放大电路的功率增益为 G_i（$i=1,2,\cdots,N$），输入信号经过多路放大器放大后，再利用功率合成网络将射频功率相加输出。在功率合成网络中，需要特别注意的是功率合成时相位，应保证为同相相加形式。如果在功率合成时相位不一致，将不能实现同相相加，会降低输出功率并有可能损坏有源功率器件。

2. 多级功率合成放大电路

一个多级功率合成放大电路[23]如图 3.4.2 所示，每两个放大电路输出的功率先经过第一级功率合成网络相加在一起，每两个输出功率再经过第二级功率合成网络相加在一起，最后经过多级合成后将相加的功率输出。

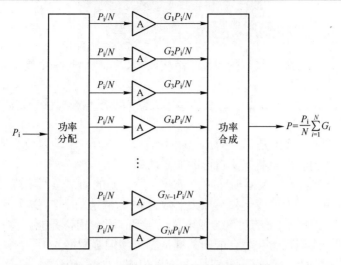

图 3.4.1   单级功率合成放大电路示意图

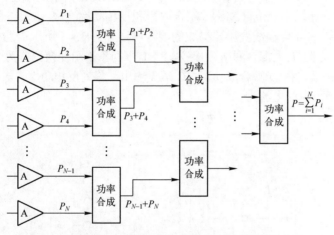

图 3.4.2   多级功率合成放大电路示意图

3．基于 3dB 耦合器的功率合成电路

在平衡放大电路中使用的 3dB 耦合器可以作为功率合成网络，把两个端口输入的功率在一个端口输出，如图 3.4.3 所示[23]。电路为上下对称的两部分，射频输入信号经过 3dB 耦合器分为两路，分别送入上下两路放大电路进行放大，再送入 3dB 耦合器输出。

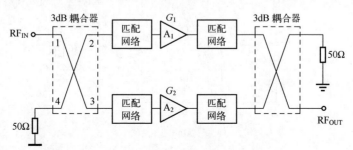

图 3.4.3   基于 3dB 耦合器的功率合成电路

4. 基于魔 T 型混合网络的功率合成电路[19-23,29-35]

采用传输线变压器组成的具有频带宽、结构简单、损耗小的魔 T 型混合网络来实现功率合成或功率分配具有如下特点。

① 若有 N 个相同功率放大器，每个功率放大器为匹配负载提供额定的功率 P_1，则 N 个负载上得到总功率为 NP_1。

② N 个功率放大器彼此是隔离的。也就是说，当任何一个功率放大器损坏时，不影响其余放大器工作，各自仍向负载提供自己的额定功率。

③ 当一个或数个功率放大器损坏时，负载上所得到的功率虽然下降，但下降要尽可能小。在最好的情况下，减少值等于损坏放大器数目 M 与额定功率 P_1 的乘积，即 MP_1。

目前基于魔 T 型混合网络的功率合成电路已得到广泛应用，并能获得几百瓦至上千瓦高频输出功率。显然，实现理想功率合成的关键是魔 T 型混合网络。

魔 T 型混合网络有四个端点，分别是 A 端、B 端、C 端（Σ 端）和 D 端（Δ 端），将两个同频信号分别加到 A、B 端，可在 C 端（或 D 端）获得倍增的输出功率，称为功率合成。功率合成分为同相功率合成（或称零相合成）和反相功率合成（或称π相合成）。

一个用 4∶1 或 1∶4 传输线变压器构成的混合网络如图 3.4.4 所示。图 3.4.4（a）为反相功率合成电路，Tr$_1$ 为魔 T 型混合网络，Tr$_2$ 为 1∶1 平衡不平衡变换器。两个等值反相的同频信号分别加在 A、B 端，在 D 端合成功率，C 端无输出，称为反相功率合成。由图 3.4.4（a）可知，通过 Tr$_1$ 两个绕组的电流为

$$i = i_a - i_d = i_d - i_b \tag{3.4.1}$$

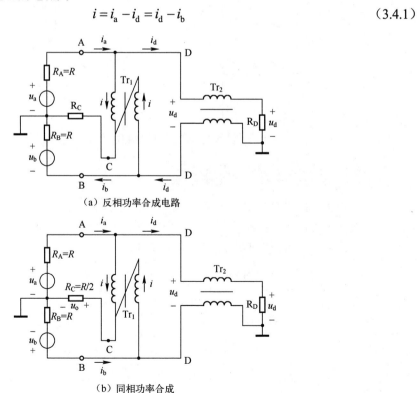

（a）反相功率合成电路

（b）同相功率合成

图 3.4.4 4∶1 魔 T 型混合网络功率合成电路

式中，i_d 为通过 R_D 的电流，因而

$$i_d = \frac{1}{2}(i_a + i_b) \tag{3.4.2}$$

$$i = \frac{1}{2}(i_a - i_b) \tag{3.4.3}$$

相应地，通过 R_C 的电流为

$$i_C = 2i = i_a - i_b \tag{3.4.4}$$

若 $i_a = i_b$，即两功率放大器提供等值反相电流，则 $i_d = i_a = i_b$，$i_C = 0$。由图 3.4.4 可知，Tr_1 两绕组上的电压相等，都为 $\frac{1}{2}u_d$，所以 $i_C = 0$，$u_C = 0$，$u_a = u_b = \frac{1}{2}u_d$。这样两个功率放大器输出的反相等值功率在 R_D 上叠加（即 $u_d i_d = u_a i_a + u_b i_b$），而 $u_C i_C = 0$，即 C 端无功率输出。这时，每个功率放大器的等效输出负载为

$$R_L = \frac{u_a}{i_a} = \frac{u_b}{i_b} = \frac{u_d/2}{i_d} = \frac{R_D}{2} = R \tag{3.4.5}$$

可见，选择合适的 R_D，便可得各功率放大器所要求的输出负载电阻（即 $R_D = 2R$，$R_A = R_B = R$）。

同理，若两个等值同相的同频信号分别加到 A、B 端，则在 C 端合成功率，D 端无功率输出，称为同相功率合成，如图 3.4.4（b）所示。由图可见，$i_a = -i_b$，则 $i_C = 2i_a = 2i_b$，$i_d = 0$，即 $u_d = 0$，从而使 Tr_1 两个绕组的电压均为零，因而 $u_a = u_b = u_C$，两功率放大器输出的同相等值功率在 R_C 上叠加（$u_C i_d = u_a i_a + u_b i_b$），而 D 端无功率输出。这时，每个功率放大器的等效输出负载电阻为

$$R_L = \frac{u_a}{i_a} = \frac{u_b}{i_b} = \frac{u_C}{\frac{1}{2}i_C} = 2R_C = R \tag{3.4.6}$$

若 $i_a \neq i_b$，而且 i_b 为任意值，则由图 3.4.6 可见，A 端电压 $u_a = \frac{1}{2}u_d + 2iR_C$，其中 $u_d = i_d R_D$，可将式（3.4.4）代入，得

$$
\begin{aligned}
u_a &= \frac{1}{2}R_D i_d + R_C(i_a - i_b) \\
&= \frac{1}{4}R_D(i_a + i_b) + R_C(i_a - i_b) \\
&= i_a\left(\frac{1}{4}R_D + R_C\right) + i_b\left(\frac{1}{4}R_D - R_C\right)
\end{aligned} \tag{3.4.7}
$$

由上式可知，若 R_C 取值为

$$R_C = \frac{1}{4}R_D \tag{3.4.8}$$

则 $u_a = \frac{1}{2}R_D i_a$，因此，当 $i_a = i_b$ 时，A 端呈现的等效负载电阻 $R_L = \frac{1}{2}R_D$。当 $i_a = -i_b$ 时，A 端呈现的等效负载电阻 $R_L = 2R_C$。

可见，当满足 $R_C = \dfrac{1}{4} R_D$ 时，i_b 的任何变化都不会影响呈现在 A 端功率放大器上的等效负载电阻，或者任一功率放大器工作状态的变化不会影响其他功率放大器的工作状态。因此，式（3.4.8）称为 A、B 端之间的隔离条件。这时两个功率放大器的输出功率已不再全部叠加在 R_D（或 R_C）上。在极端情况下，当一个功率放大器损坏时，另一功率放大器的输出功率也将均等地分配在 R_D 或 R_C 上。

采用图 3.4.5 所示两个 1∶1 传输线变压器的混合网络构成的魔 T 型网络，同样可以完成功率的合成。

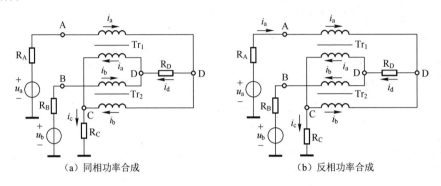

（a）同相功率合成　　　　　　　　　　　（b）反相功率合成

图 3.4.5　1∶1 传输线变压器构成魔 T 型网络

3.4.2　功率分配器

在射频/微波电路中，为了将功率按一定的比例分成两路或多路，需要使用功率分配器（简称功分器）。功率分配器在射频/微波大功率固态发射源的功率放大器中广泛使用，而且与功率分配器常是成对使用，先将功率分成若干份，然后分别放大，再合成输出。

图 3.4.6　功率分配器示意图

一个一分为二功率分配器是三端口网络结构，如图 3.4.6 所示。信号输入端的功率为 P_1，而其他两个输出端口的功率分别为 P_2 和 P_3。由能量守恒定律可知 $P_1 = P_2 + P_3$，

在实际电路中，最常用的情况是 $P_2(\text{dBm}) = P_3(\text{dBm})$，如果 $P_2(\text{dBm}) = P_3(\text{dBm})$，三端口之间的功率关系可写成

$$P_2(\text{dBm}) = P_3(\text{dBm}) = P_{\text{in}}(\text{dBm}) - 3\text{dB} \tag{3.4.9}$$

但 P_2 并不一定要等于 P_3，因此，功率分配器可分为等分型（$P_2 = P_3$）和比例型（$P_2 = kP_3$）两种类型。

功率分配器的技术指标包括频率范围、承受功率、主路到支路的分配损耗、输入和输出间的插入损耗、支路端口间的隔离度、每个端口的电压驻波比等。

1. 集总参数功率分配器

（1）等分型功率分配器

等分型功率分配器[20]根据电路使用元件的不同，可分为电阻式和 LC 式两种形式。

① 电阻式。

电阻式等分型功率分配器电路仅利用电阻设计，按结构可分成△型和 Y 型，如图 3.4.7（a）和（b）所示。

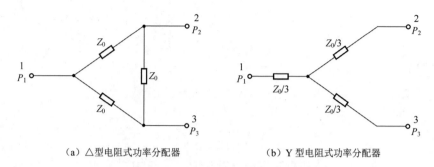

（a）△型电阻式功率分配器　　　　　　（b）Y 型电阻式功率分配器

图 3.4.7   △型和 Y 型电阻式功率分配器

在图 3.4.7 中 Z_0 是电路特性阻抗，在高频电路中，不同的使用频段，电路中的特性阻抗是不相同的，这里以 50Ω 为例。这种电路的优点是，频宽大，布线面积小，设计简单；缺点是，功率衰减较大（–6dB）。以 Y 型电阻式二等分功率分配器为例（见图 3.4.8），计算如下：

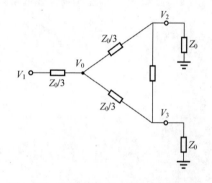

$$\left.\begin{array}{l} V_0 = \dfrac{1}{2}\dfrac{4}{3}V_1 = \dfrac{2}{3}V_1 \\[2mm] V_1 = V_3 = \dfrac{3}{4}V_0 \\[2mm] V_2 = \dfrac{1}{2}V_1 \\[2mm] 20\lg \overline{V_1} = -6\text{dB} \end{array}\right\} \qquad (3.4.10)$$

图 3.4.8   Y 型电阻式二等分功率分配器

② LC 式。

LC 式集总参数功率分配器[20]电路利用电感及电容进行设计。按结构可分成高通型和低通型，如图 3.4.9（a）和（b）所示。下面分别给出其设计公式。

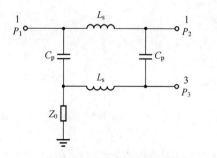
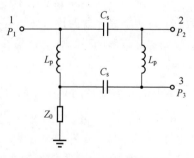

（a）低通型 LC 式集总参数功率分配器　　　　（b）高通型 LC 式集总参数功率分配器

图 3.4.9   LC 式集总参数功率分配器

a. 低通型。

$$
\left.\begin{aligned}
L_s &= \frac{Z_0}{\sqrt{2}\,\omega_0} \\
C_p &= \frac{1}{\omega_0 Z_0} \\
\omega_0 &= 2\pi f_0
\end{aligned}\right\}
\tag{3.4.11}
$$

b. 高通型。

$$
\left.\begin{aligned}
L_p &= \frac{Z_0}{\omega_0} \\
C_s &= \frac{\sqrt{2}}{\omega_0 Z_0} \\
\omega_0 &= 2\pi f_0
\end{aligned}\right\}
\tag{3.4.12}
$$

（2）比例型功率分配器

比例型功率分配器[20]的两个输出口的功率不相等。假定一个支路端口与主路端口的功率比为 k，可按照下面公式设计图 3.4.9（a）所示低通式 LC 式集总参数比例功率分配器。

$$
\left.\begin{aligned}
P_3 &= kP_1 \\
P_2 &= (1-k)P_1 \\
\left(\frac{Z_s}{Z_0}\right)^2 &= 1-k \\
\left(\frac{Z_s}{Z_p}\right)^2 &= k \\
Z_s &= Z_0\sqrt{1-k} \\
L_s &= \frac{Z_r}{\omega_0} \\
Z_p &= Z_0\sqrt{\frac{1-k}{k}} \\
C_p &= \frac{1}{\omega_0 Z_p}
\end{aligned}\right\}
\tag{3.4.13}
$$

其他形式的比例型功率分配器可用类似的方法进行设计。

（3）集总参数功率分配器的设计方法

集总参数功率分配器的设计需要计算出各个电感、电容或电阻的值。设计时可以使用现成软件 Microwave Office 或 MathCAD，也可以查手册或手工解析计算。

2. 基于魔 T 型混合网络的功率分配器电路[20]

将输入功率加到魔 T 型混合网络的 C 端（或 D 端）在 A 端 B 端的负载上可得到等值同相（或等值反相）的功率，称为功率分配。

一个以 4∶1 传输线构成魔 T 型网络构成的功率分配器电路如图 3.4.10 所示。若内阻为 R_C 的信号源接在 D 端，可在 A、B 端得到等值反相的功率，实现了反相功率分配，如图 3.4.10（a）所示。当 $R_A = R_B = R$ 时，$i_c = 2i = 0$，$i_a = i_b = i_d$。可见，A 端和 B 端获得等值反相功率，而 C 端没有获得功率。这时，由于 $i = 0$，D 端呈现的等效负载电阻 R_L 为 R_A 和 R_B 之和，即

$$R_L = R_A + R_B = 2R \tag{3.4.14}$$

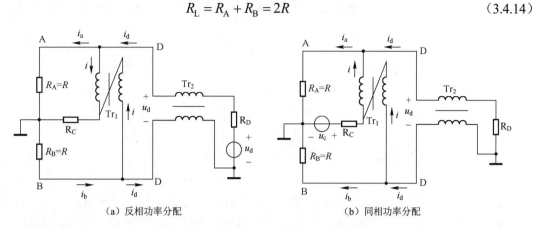

（a）反相功率分配　　　　　　　　　　　　　（b）同相功率分配

图 3.4.10　基于魔 T 型网络的功率分配器电路

　　基于魔 T 型网络的二分配器电路是基础，可以组成各高次分配器，如三分配器、四分配器、六分配器、八分配器、九分配器等。一般常用的是二、三、四分配器。因为分配次数过大，分配单元的平衡和插入损耗将明显增加。图 3.4.11（a）所示为三分配器，也是基本分配器。将 Tr_2、Tr_3 魔 T 型混合网络以端相接，并为一个负载端，因此在每负载上可获得信号源功率的三分之一。图 3.4.11（b）所示为四分配器，由三个二分配器连接而成，每个负载上可获得信号源功率的四分之一。图中，R_1^*、R_2^*、R_3^* 是平衡电阻，在实际调测中选配，以保证分配器达到最佳匹配状态。

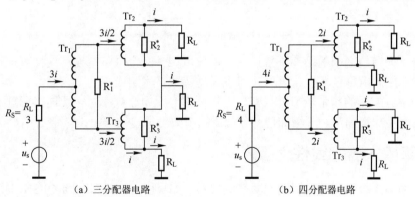

（a）三分配器电路　　　　　　　　　　　　（b）四分配器电路

图 3.4.11　三分配器和四分配器电路

3. 分布参数功率分配器[19-23]

　　分布参数功率分配器的基本结构是 Wilkinson（威尔金森）功率分配器。这种功率分配器的原始模型是同轴形式。工程中大量使用的是微带线形式，其他分布参数功率分配器是带状线、波导、同轴结构形式。在大功率情况下会用到空气带状线或空气同轴线形式。空气带状线是大功率微波频率低端常用结构，原理与微带线威尔金森功率分配器相同，只是每段传输线的特性阻抗的实现要用到带状线计算公式（承受大功率就是要加大各个结构尺寸）。微波高端常用到波导 T 型接头或魔 T 结构。同轴结构加工困难，尽可能少用。功率分配器/合成器有两路和多路或三路情况。

　　微带线的 T 型分支如图 3.4.12 所示。通常可以用在接头的转弯处将跃变部分的较宽微带逐渐变窄的方法来降低不连续性的影响，如将直角转弯的直角切掉一部分，或切掉一个倒三角。

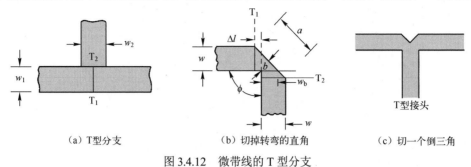

（a）T 型分支　　　　　（b）切掉转弯的直角　　　　　（c）切一个倒三角

图 3.4.12　微带线的 T 型分支

一个微带线等分功率分配器示例如图 3.4.13 所示，特性阻抗为 Z_C 的微带线在 1 点处分成两路，这两路分支微带线的线长均为 $\lambda_g/4$，特性阻抗分别为 Z_{C2} 和 Z_{C3}，在 2 与 3 点间跨接有一隔离电阻 R。假定两路分支微带线的负载分别为 R_2 和 R_3，其对应的电压和功率分别为 V_2、V_3 和 P_2、P_3。

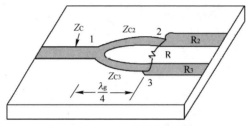

图 3.4.13　微带线等分功率分配器

两路分支微带线之间的距离不宜过大，一般取 2～3 个带条宽度，这样可使跨接在两线之间电阻的寄生效应尽量减小。电阻 R 可以采用集成技术制成。

二路功率分配器的频带较窄。只有当工作频率等于中心频率时，才能得到理想的匹配和隔离。为进一步加宽频带，可增加功率分配器的节数。

3.5　功率放大器的线性化技术

在一些通信系统中需要使用线性功率放大器，如采用 QPSK 和 π/4-QPSK 调制技术的系统，需要使用线性功率放大器来使频谱再生达到最小。在多载波系统中，比如基站发射机、有线电视发射机和正交频分复用（OFDM）电路之中，同时处理多个频道的功率放大器为避免交叉调制，也要求是线性的。

大多数的线性功率放大器都使用了效率在 30%～40%的 A 类输出电路。为了得到更高的效率，可以先使用非线性功率放大器进行放大，再对电路进行线性化处理。理想情况下，这种方法可以使整体的失真达到可以接受的程度，而不会很明显地降低效率。

本节描述的线性化技术已在一些复杂、昂贵的射频和微波系统中应用。但是在低成本的便携式终端系统中，线性化技术一般会使设计变得复杂，电路还需要进行多种调整，而且当器件特性随温度和输出功率变化时，这种方法会变得不那么有效。

很多线性化方法还有一个重要的缺点是，它们需要功率放大器的核心部分具有一定的线性度，如果输出管工作为一个理想开关，这些方法就没有效果了。另外，每种技术只适用于某种类型的放大器。

3.5.1　前馈线性化技术

非线性功率放大器产生的输出电压波形可以看作一个线性"复制"（放大）的输入信号和一个误差信号的和。前馈线性化的设计思想是利用前馈网络计算这个误差，对其进行适当的放大或缩小，再从输出波形中扣除。前馈放大器的基本形式[32]如图 3.5.1 所示，其中主功率放大器的输出为 u_M，而 u_N 为 u_M 的 $1/A_u$。u_N 减去输入信号，所得结果再放大 A_u 倍，再被 u_M 减去。如果 $u_M = A_u u_{in} + u_D$，其中 u_D 代表失真量，那么 $u_N = u_{in} + u_D/A_u$，由此得到 $u_P = u_D/A_u$，$u_Q = u_D$，因此 $u_{out} = A_u u_{in}$。

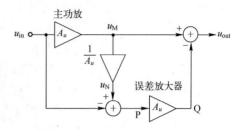

图 3.5.1　前馈放大器的基本形式

前馈结构的优点：即使带宽是有限的，而且在每个电路模块都有大的相移时，它仍然是稳定的。这一点在射频和微波电路中显得尤为重要。

前馈结构的缺点：模拟延时器件需要使用无源器件（例如微带线），并且对 $\Delta\varphi_2$ 的功率损耗有很高的要求。输出部分的减法器必须利用低损耗元件实现，例如高频变压器。线性化的量取决于每个减法器的输入信号的功率和相位匹配。在误差修正回路中的相位和增益失配也会进一步降低电路的性能。

在实际电路中，两个放大器在高频时会产生较大的相移，为补偿相移，需要进行延迟处理。如图 3.5.2 所示，其中 $\Delta\varphi_1$ 用于补偿主功率放大器的相移，$\Delta\varphi_2$ 用于补偿误差放大器的相移。有时候称从 u_{in} 到第一个减法器的两个通路为信号抵消回路，称从 M 节点和 P 节点到第二个减法器的两个通路为误差抵消回路。

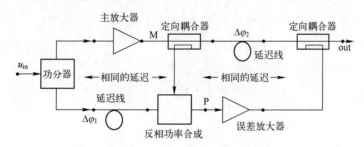

图 3.5.2　基本的前馈环方框图

在图 3.5.2 所示电路中，未失真的抽样输入信号经延迟后，与经主放大器放大的信号经过适当衰减耦合后在 0°～180°合成器中比较。如果主放大器无增益或相位失真，合成器会产生零输出。若主放大器有任何增益和相位失真、压缩或 AM-PM 效应，合成器输出端就会有小的射频误差信号，输入到误差放大器放大到输出抽样信号的电平，主信号经延迟并补偿误差放大器的延迟后与误差放大器的输出合成校准后输出。必须强调，相位与振幅的校准（加或减）全都在射频进行，而不是在视频或基带进行。换句话说，校准在最终带宽内进行。最终带宽由系统各种元件的相位、振幅的跟踪特性决定。

前馈系统的定量分析主要讨论主功率放大器和误差放大器功率容量的分析，误差放大器的非线性贡献，不完善的增益、相位跟踪特性的影响等。最简明的办法是，首先分析主放大器存在增益压缩和 AM-PM 转换失真时，连续波扫描时环路的静态特性。

3.5.2 反馈技术

局部反馈与全局反馈技术不能简单地用于射频功率放大器。在射频领域要实现真正的负反馈是很不容易的。在经典的反馈技术中，假设反馈过程是瞬时发生的，在输出电压 u_O 与产生的反馈电压 Bu_O 之间无时间延迟。这种假设在很高的射频频率范围内是不成立的。

相对射频信号周期而言，放大器（射频晶体管或射频功率模块）会在信号途径中引入大的时间延迟。在晶体管器件模型中的跨导可延迟几皮秒，输入与输出匹配网络组合，使射频放大器系统像一个带通滤波器，产生的群延迟可达一个以上射频周期量级。例如，图 3.5.3 所示的单级 1W 功率放大器的相频特性，它的相频斜率近似等于 26.7cm 长的传输线，时域约为 2 个导波波长传输线的相频斜率。这样的一个相频特性会给反馈设计带来很多困难。

一个利用混频器下变频的反馈放大器方框图[32]如图 3.5.4 所示，在这个环路中，基带信号或者 IF 信号通过上变频后，由功率放大器放大，使 u_{PA} 成为 u_{in} 的"复制"。但在射频范围，通过混频器和功率放大器的总的相移通常都超过 180°。如果对功率放大器的输出进行下变频，得到的信号就可以与负反馈回路中的原低频信号进行比较。为了确保电路的稳定性，一个额外相位 θ 被叠加到其中一个本振（LO）信号中。

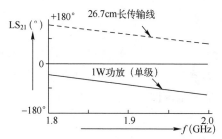

图 3.5.3 一个单级 1W 功率放大器的相频特性

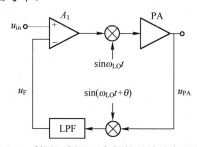

图 3.5.4 利用混频器下变频的反馈放大器方框图

一个基本的笛卡儿环原理方框图如图 3.5.5 所示。I、Q 输入信号通过差动校准放大器后进入 I-Q 调制器，构成实际的射频信号 $u(t)$，这里

$$u(t)=I(t)\cos\omega_c t+Q(t)\sin\omega_c t$$

式中，ω_c 是射频载波角频率。

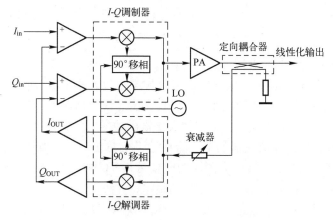

图 3.5.5 笛卡儿环线性化系统框图

信号 *u*(*t*)送入射频功率放大器放大，射频功率放大器的输出会产生一些失真，输出信号通过定向耦合器，一部分被耦合出来进入下变频器。下变频器（*I-Q* 调制器）的结构、性能与上变频器（*I-Q* 调制器）完全相同。利用下变频器检取 *I*、*Q* 信号的失真信号，然后直接与未失真的输入基带信号相比较。调节输入差动放大器的增益，强迫输出信号跟踪原来的 *I*、*Q* 信号。跟踪精度与放大器电路的增益与带宽、下变频解调器的线性度等有关。

采用笛卡儿环，在两条正交信道处理途径上，增益和带宽具有对称性，这将减小处理过程中的 AM-AM 和 AM-PM 失真。笛卡儿环线性度虽可提高 45dB 左右，但带宽和稳定性仍限制了它处理多载波信号的能力。

采用笛卡儿环也可以实现线性化处理，*I*、*Q* 信号采用 DSP 等芯片产生，可以利用数字电路对基带信号进行比较和校准。

一个简单的包络反馈系统如图 3.5.6 所示，输入和输出端都连接定向耦合器，通过峰值检波器检波后送入差动放大，形成一个振幅误差校准信号进行增益控制。假设放大器没有进入饱和状态，这样的一个反馈环强迫输出包络"复制"输入包络，改善系统的频谱特性。这种简单的包络反馈主要用于移动通信的 VHF 和 UHF 频段固态功率放大器中，可得到几 dB 的 IM（互调）性能改善。这种简单的振幅校准并不能增加器件内在的饱和功率，包络摆动进入压缩区，效果将显著下降。在低驱动功率电平时，差动放大器的增益很高，会引起系统带宽与稳定性问题。事实上，应用该技术时必须注意，使用这个技术可较好地减小 IM 产物，但不能校准 AM-PM 失真，否则反而增加 AM-PM 失真。检波和差动信号放大器的延迟会引起 AM-PM 转换失真，IM 边带不对称。间接反馈技术基本上不能用于多载波系统。

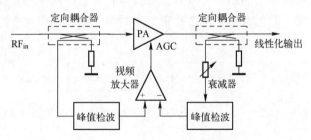

图 3.5.6　简单的包络反馈系统

3.5.3　包络消除及恢复技术

任意一个带通信号可以表示为 *u*(*t*)=*a*cos[*ω*$_c$*t*+*Φ*(*t*)]，即可以通过包络 *a*(*t*)和相位 *Φ*(*t*)来表示。因此，可以先将 *u*(*t*)分解为包络信号和调相信号，再分别进行放大，最后再进行混合。

一个包络的消除和恢复（ERR）电路方框图[32]如图 3.5.7（a）所示。输入信号通过包络检测器（如采用二极管检测器）和限幅电路，产生包络 *a*(*t*)和调相分量 *b*(*t*)=*b*$_0$cos[*ω*$_c$*t*+*Φ*(*t*)]。这两个信号在开关型功率放大器中进行放大和混合。

包络的消除和恢复（ERR）电路的主要优点是采用开关型功率放大器，因而可以设计出效率最大的输出电路。但是，ERR 要求两个通路的总相移与增益间的失配必须降低到可以接受的水平，而这是很难的，因为两个通路的电路形式不同，工作的频率也相差甚远。其次，限幅电路中的有源部分（如差分对）在高频时会产生显著的调幅到调相的转换。

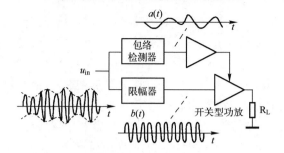

图 3.5.7　包络的消除和恢复（ERR）电路方框图

3.5.4　预失真线性化技术

开环系统没有闭环系统那样的校准精度，但它不存在稳定性问题，有更宽的频带。在开环线性化技术中，预失真技术是最常用的方法之一。在信号源与功率放大器输入之间，可以增加一个预失真器，实现功率放大器的线性化处理。预失真器主要用来进行 AM-PM 校准，特别是用在行波管（TWT）放大器中。在移动或手持系统中的功率放大器已采用了预失真线性化技术，仅用少量的几个元件可以降低 IM 产物几 dB。采用预失真技术成本低，但预失真技术用于固态功放的 AM 及 PM 失真校准是很困难的，最好在闭环校准系统中作为一种补充手段。

一个具有预失真线性化器的功率放大器方框图[32]如图 3.5.8 所示，预失真线性化器对射频输入信号提供正的幅度和负的相移，来补偿放大器有源器件内在的非线性（见图 3.5.9）。一个线性化功率放大器一般包含为了使之稳定工作的两个隔离器和一个用于调整输入信号电平的衰减器。

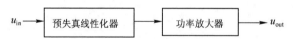

图 3.5.8　具有预失真线性化器的功率放大器方框图

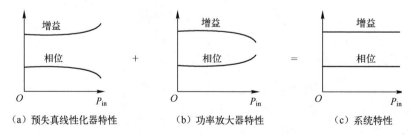

（a）预失真线性化器特性　　　　（b）功率放大器特性　　　　（c）系统特性

图 3.5.9　具有预失真线性化器的功率放大器特性

预失真线性化器可以采用定向耦合器或混合式功分器，通过非线性有源器件，把输入信号分成非线性和线性两个途径，然后用一个输出耦合器——相减器完成相减。一种预失真线性化器的方框图如图 3.5.10 所示。非线性途径包含功率放大器，它完成所要求的正相移的特性。适当的长度微带线补偿由有源器件产生的附加相移，所要求的振幅条件由可选择的输出耦合器——相减器的耦合系数来实现。

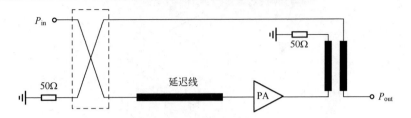

图 3.5.10　具有输入功率分配的功率放大器方框图

为得到预失真技术的校准精度，需精确测量 PA 的非线性特性，记忆并对输入信号包络进行合适的补偿。一个预失真改进型补偿查表法的处理流程如图 3.5.11 所示。校准矩阵是基于包络仿真的关键，它包含矢量（振幅和相位失真），可由标量（振幅）寻址。在合适的信号动态范围内，每个标量寻址指定一个唯一的相位和振幅校准，可采用 DSP 芯片实现。

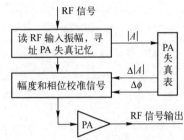

图 3.5.11　使用查表法的预失真系统

一个数字自适应预失真系统如图 3.5.12 所示，它实际上是一个闭环校准系统，是笛卡儿环的变形。正常工作是，在开环预失真状态，对每个采录包络抽样查表，提供预编程的 I-Q 输出对，I-Q 输出对中包含补偿当前 PA 信号非线性的相位和振幅校准。系统有脱机的自适应模式，类似于闭环的笛卡儿校准环。

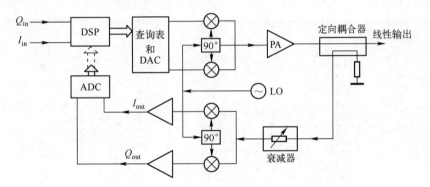

图 3.5.12　数字自适应预失真系统

3.5.5　采用非线性元件的线性放大（LINC）

功率放大器系统中为了避免幅度发生变化的一个方法是，用非线性元件进行线性放大（Linear amplification with Nonlinear Components，LINC）。一个 LINC 电路[32]如图 3.5.13 所示，输入信号（带通信号形式）$u_{in}(t)=a(t)\cos[\omega_c t+\phi(t)]$通过信号分离器分离为 $u_1(t)$和 $u_2(t)$，$u_1(t)=0.5V_{in1}\sin[\omega_c t+\phi(t)+\theta(t)]$，$u_2(t)=0.5V_{in2}\sin[\omega_c t+\phi(t)-\theta(t)]$，其中 $\theta(t)=\arcsin[a(t)/V_{in}]$，为两个常幅度调相信号。$u_1(t)$和 $u_2(t)$由 $u_{in}(t)$产生，通过非线性电路放大后进行叠加，输出信号 u_o 就具有与 $u_{in}(t)$相同的包络和相位。

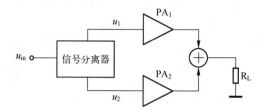

图 3.5.13　采用非线性电路级的线性放大

由 $u_{in}(t)$ 产生 $u_1(t)$ 和 $u_2(t)$ 需要很复杂的电路，主要是因为它们的相位必须通过对 $\theta(t)$ 调制得到，而 $\theta(t)$ 本身是 $a(t)$ 的非线性函数，虽可以采用非线性频率转换的反馈回路来实现，但存在的环路稳定性问题限制了它的应用。

另一个方法是将 $u_1(t)$ 和 $u_2(t)$ 分别表示为

$$u_1(t) = u_1(t)\cos(\omega_c t + \phi) + u_Q(t)\sin(\omega_c t + \phi)$$

$$u_2(t) = -u_1(t)\cos(\omega_c t + \phi) + u_Q(t)\sin(\omega_c t + \phi)$$

式中，$u_1(t) = a(t)/2$，而 $u_Q(t) = \sqrt{V_{in}^2 - a^2(t)/2}$。由于产生 $u_Q(t)$ 所需要的非线性运算可以在低频下进行（可以用模拟方法，或者是采用查表的 ROM），$u_1(t)$ 和 $u_2(t)$ 可以简单地采用正交上变频来产生。

实际上，实现完整的 LINC 功率放大器是十分困难的，系统对于两个功率放大器的分路之间不同的电长度引起的相位误差是敏感的。在 LINC 功率放大器结构方框图中，可以插入反馈环来补偿相位误差，如图 3.5.14 所示。两个分路之间的相位差先由一个乘法器检测，然后一个分路加或减一个相位增量实现相位控制。这种方法也可有效地抑制带外频谱分量。

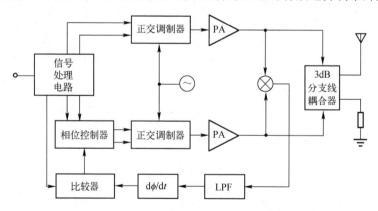

图 3.5.14　具有相位误差补偿环的 LINC 功率放大器

3.6　功率晶体管的二次击穿与散热

发射机的末级必须通过功率放大器产生最大的输出功率，因而功率管应用在一个大的动态范围中。

功率放大器的输出电压、输出电流都要足够大，往往使功率管在接近极限运用状态下工作，即晶体管集电极最大电流 $i_{c\,max}$ 接近晶体管极限最大集电极电流 I_{CM}，最大管压降接近晶体管集电极和发射极间能承受的最大管压降 $V_{(BR)CEO}$，最大耗散功率 $P_{c\,max}$ 接近晶体管集电极最大耗散功率 P_{CM}。其中 $i_{c\,max}>I_{CM}$，虽然管子不会损坏，但将导致 β 下降，因而产生较大失真，所以一般取 $i_{c\,max}<I_{CM}$。

选择功率管时，要特别注意极限参数的选择，以保证功率管安全工作。功率管的安全工作条件还应考虑到"二次击穿"问题。以晶体管特性曲线为例，如图 3.6.1 所示，当集电极和发射极之间电压大到一定数值 $V_{CE\,max}>V_{(BR)CEO}$ 时，晶体管将产生击穿现象，并且 I_B 越大，击穿电压越低，然而只要限制 I_C 的值，使 I_C 不致过分增大，保证 $P_C<P_{CM}$，晶体管仍不受损坏，这种击穿称为一次击穿。晶体管发生一次击穿后，如果电流不加限制，一旦超出某一值，就会产生二次击穿现象，这时晶体管的集电极电压将迅速减小，集电极电流将急剧增大。

产生二次击穿的主要原因是晶体管内部结构缺陷，例如结面不均匀、晶格缺陷等，一旦发生二次击穿，结面的某些薄弱点上的电流密度就会剧增，形成局部过热点，局部过热点的温度升高，反过来又使电流密度增大，如此循环作用，最后导致过热点上晶体熔化，在集电极和发射极间形成低阻通道，结果使 u_{CE} 急剧下降，i_C 急剧增大，导致功率管在来不及发热（外壳不发烫）时就损坏了。

晶体管的二次击穿是不可逆的。为防止晶体管产生二次击穿，将限定功率晶体管的参数不能够超过图 3.6.1 中所示的 I_{CM}、P_{CM}、P_{SB}、$V_{(BR)CEO}$ 极限参数所确定的安全工作区。

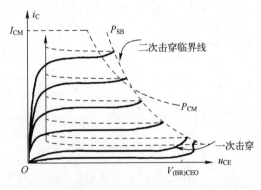

图 3.6.1 晶体管特性曲线

功率放大器有相当大的功率消耗在晶体管的集电极上，称为管耗 P_C，管耗使结温 T_j 和管温升高，当结温 T_j 超过最大允许结温 T_{jM}，集电极电流将会急剧上升，对锗管 $T_{jM}\approx$ 85℃，硅管 $T_{jM}=120\sim175$℃，会导致管子被烧坏。晶体管的管耗 P_C 越大，产生的结温越高。在同样的结温下，减少集电极耗散功率 P_C，或者选择具有大的集电极最大耗散功率 P_{CM} 的晶体管，也可以提高输出功率。

在双极型功率管中，集电极耗散功率（管耗）P_C 为热源，结温为 T_j，环境温度为 T_a，设集电结到周围空气的热阻（热在物体中传导时所受的阻力）为 R_{th}，单位为℃/W。当集电结消耗功率为 P_C 时，集电结产生温度升高，热量从管芯向外传递，它们的关系为

$$T_j - T_a = R_{th}P_C \tag{3.6.1}$$

式（3.6.1）表明 R_{th} 越大，在相同温差下，能够散发的热量越小，即热源温度越接近周围空气温度。当 R_{th} 为定值时，热源温度与周围空气温差直接取决于 P_C，随 P_C 成正比增加，当 $T_j=T_{jM}$ 时，P_C 达到最大允许值，即 $P_C=P_{CM}$，其值为

$$P_{CM} = \frac{T_{jM} - T_a}{R_{th}} \tag{3.6.2}$$

式（3.6.2）表明当 T_a 一定时 P_{CM} 与 R_{th} 成正比，只要减小 R_{th}，就可以有效地增大 P_{CM}。在实际工作时必须根据最高室温确定功率管能够承受的最大允许管耗 P_{CM}。

以双极型功率管为例，如图 3.6.2（a）所示，由图可见，管芯 j 向环境空气 a 散热的途径有两条：一是管芯 j 到外壳 c，再经外壳 c 到环境空气 a；二是管芯 j 到外壳 c，再经散热器 s 到环境空气 a。图中 $R_{(th)jc}$ 是集电极与金属外壳之间热阻，$R_{(th)ca}$ 是管壳与环境空气之间的热阻，$R_{(th)cs}$ 是金属外壳与散热器之间的热阻，$R_{(th)sa}$ 是散热器与环境空气之间的热阻，相应的热等效电路如图 3.6.2（b）所示。因此热阻为

$$\begin{aligned} R_{th} &= R_{(th)jc} + [R_{(th)ca} \, // \, R_{(th)cs} + R_{(th)sa}] \\ &\approx R_{(th)jc} + R_{(th)cs} + R_{(th)sa} \end{aligned} \tag{3.6.3}$$

通常散热器面积远大于管壳面积相应有 $R_{(th)cs} + R_{(th)sa} \ll R_{(th)ca}$，所以一般情况下 $R_{(th)jc}$、$R_{(th)cs}$ 均很小，R_{th} 主要取决于散热器的热阻 $R_{(th)sa}$，根据 R_{th} 的要求便可估算散热器的面积。

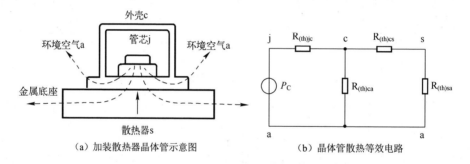

（a）加装散热器晶体管示意图　　（b）晶体管散热等效电路

图 3.6.2　晶体管散热通道与等效电路

散热器与周围空气的热阻 $R_{(th)sa}$ 主要取决于散热器的散热面积、材料、厚度和放置位置。散热器有多种不同的结构与形式。散热器的面积越大，厚度越厚，热阻就越小；采用热导率高的铜比采用铝的热阻小；垂直放置比水平放置的对流好，相应的热阻也小，将散热器钝化涂黑，热阻可进一步减小。通常为了扩大散热面积，又不增加所占空间，散热器都设计成翼片形状。除加大散热器外，也可以采用电风扇强制冷风，改善散热条件。

第 4 章
射频与微波晶体管功率放大器应用电路

4.1 射频与微波功率晶体管的主要参数

4.1.1 常用的射频与微波功率晶体管类型

射频与微波功率放大器使用的晶体管有双极性结型晶体管［Bipolar Junction Transistor，BJT，简称双极性晶体管（Bipolar Transistor）］、金属氧化物半导体场效应晶体管（Metal-Oxide-Semiconductor Field-Effect Transistor，MOSFET）、砷化镓金属半导体场效应管［GaAs MESFET，金属半导体场效应管（Metal Semiconductor Field Effect Transistor，MESFET）］、结型场效应管（JFET）、横向扩散金属氧化物半导体场效应管（Laterally Diffused Metal Oxide Semiconductor，LDMOS），以及氮化镓（GaN、Gallium nitride）晶体管、InGaP（Indium gallium phosphide，磷化铟镓）/GaAs（砷化镓）异质结双极晶体管（Heterojunction Bipolar Transistor，HBT）等。采用不同工艺技术制造的射频与微波功率放大器器件性能如图 4.1.1 所示。

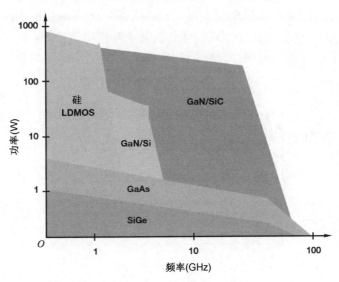

图 4.1.1 采用不同工艺技术制造的射频与微波功率放大器器件性能

1. 双极性晶体管[36-42]

双极性晶体管是一种具有三个端子的电子器件。这种晶体管的工作，同时涉及电子和空穴两种载流子的流动，因此它被称为双极性的，所以也称双极性载流子晶体管。

一个双极性晶体管（NPN 型）由三个不同的掺杂半导体区域组成，如图 4.1.2 所示，它们分别是发射极区域、基极区域和集电极区域。这些区域在 NPN 型晶体管中分别是 N 型、P 型和 N 型半导体，而在 PNP 型晶体管中则分别是 P 型、N 型和 P 型半导体。每一个半导体区域都有一个引脚端接出，通常用字母 E、B 和 C 来表示发射极（Emitter）、基极（Base）和集电极（Collector）。

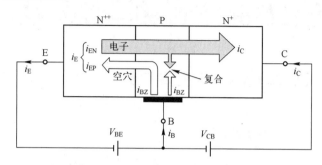

图 4.1.2　NPN 型晶体管结构示意图

　　集电极-发射极电流可以视为受基极-发射极电流的控制，这相当于将双极性晶体管视为一种"电流控制"的器件；还可以将它看作受发射结电压的控制，即将它看作一种"电压控制"的器件。事实上，这两种思考方式可以通过基极-发射极结上的电流-电压关系相互关联起来，而这种关系可以用 PN 结的电流-电压曲线表示。

　　一个典型的双极性晶体管的输出特性曲线如图 4.1.3 所示。细竖虚线左边的区域为饱和区（Saturation）；由细竖虚线、细横虚线和粗虚线包围的区域为放大区（Active），在这个区域里，发射极电流与基极电流成近似线性关系；细横虚线下方表示晶体管尚未导通，处于截止区（Cut-off）；I_{B0} 为开启晶体管的最小基极电流；图中粗虚线为晶体管的最大集电极耗散功率，它与两条坐标轴包围的区域为安全工作区，与横轴的交点为最大集电极-基极电压。

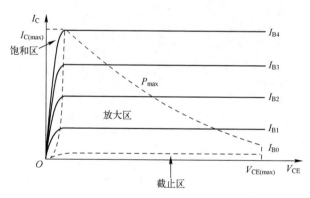

图 4.1.3　双极性晶体管的输出特性曲线

2. 异质结双极性晶体管

　　异质结双极性晶体管（Heterojunction Bipolar Transistor，HBT）是一种改良的双极性晶体管，它的发射区和基区使用了不同的半导体材料，这样，发射结（即发射区和基区之间的 PN 结）就形成了一个异质结。异质结是 PN 结的一种，异质结的两端由不同的半导体材料制成。在这种双极性晶体管中，发射结通常采用异质结结构，即发射极区域采用宽禁带材料，基极区域采用窄禁带材料。常见的异质结用砷化镓（GaAs）制造基极区域，用铝-镓-砷固溶体制造发射极区域。InGaP/GaAs HBT 由于高可靠性、相对较低的成本和相对成熟的工艺，仍是目前微波器件中最具竞争力的材料体系。

异质结双极性晶体管比一般的双极性晶体管具有更好的高频信号特性和基区发射效率，可以在高达数百 GHz 的信号下工作，是微波和毫米波领域中重要的高速固态器件之一。

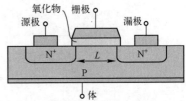

图 4.1.4　场效应晶体管结构示意图

3. 场效应管[36-43]

场效应晶体管（Field Effect Transistor，FET）有栅极（Gate）、漏极（Drain）和源极（Source）三个端子，如图 4.1.4 所示，大致分别对应双极性晶体管的基极（Base）、集电极（Collector）和发射极（Emitter）。

除了结型场效应管（JFET）外，所有的 FET 也有第四个端子，被称为体（Body）、基（Base）、块体（Bulk）或衬底（Substrate）。在电路设计中，通常很少让体端发挥大的作用，但是当设计集成电路时，它的存在就是很重要的。图中，栅极的长度 L 是指源极和漏极的距离；宽度 W（Width）是指晶体管的范围，在图中和横截面垂直。通常情况下宽度比长度大得多。长度 1μm 的栅极限制最高频率约为 5GHz，0.2μm 则大约是 30GHz。

通过外加电压，栅极可以控制源极和漏极之间的沟道，从而允许或者阻碍电子流过。在外加电压的作用下，电子流将从源极流向漏极。体（Body）是指栅极、漏极和源极所在的半导体的块体。通常体端和一个电路中最高或最低的电压相连，根据类型不同而不同。体端和源极有时连在一起，因为有时源极也连在电路中最高或最低的电压上。当然有时一些电路中场效应晶体管并没有这样的结构，如级联传输电路和串叠式电路。

场效应晶体管通过影响导电沟道的尺寸和形状，控制从源极到漏极的电子流（或者空穴流）。加在栅极和源极的电压直接影响沟道的尺寸和形状（为了讨论的简便，这里默认体和源极是相连的）。

在 N 沟道"耗尽模式"器件中，一个负的栅源电压（在栅极和源极之间的电压）将产生一个耗尽区去拓展宽度，侵占沟道，使沟道变窄。如果耗尽区扩展至完全关闭沟道，源极和漏极之间沟道的电阻将会变得很大，场效应晶体管就会像开关一样有效关断。类似的，一个正的栅源电压将增大沟道尺寸，而使电子更易流过；而在一个 N 沟道"增强模式"器件中，则是相反的。

无论是"耗尽模式"还是"增强模式"器件，在漏源电压远低于栅源电压时，改变栅极电压将改变沟道电阻，漏电流将和漏电压（相对于源极的电压）成之比。在这种模式下，场效应晶体管将像一个可变电阻一样运行，被称为"线性模式"或"欧姆模式"。

与"线性模式"运行有所不同，在饱和模式下，场效应晶体管就像一个稳恒电流源而不是电阻，它可以在大多数的电压放大器中有效地运用。在这种情况下，栅源电压决定了通过沟道的固定电流的大小。

一个典型的场效应晶体管特性曲线如图 4.1.5 所示。

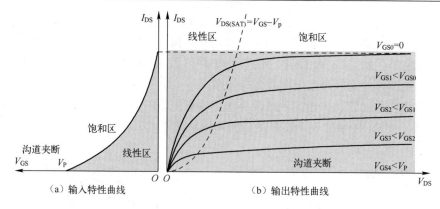

图 4.1.5　典型的场效应晶体管特性曲线

掺杂场效应晶体管的沟道用来制造 N 型半导体或 P 型半导体。场效应晶体管根据绝缘沟道和栅极的不同方法而区分为不同的类型。

- DEPFET（Depleted FET）是一种在完全耗尽基底上制造，同时用作一个感应器、放大器和记忆极的 FET，如用作图像（光子）感应器。
- DGMOFET（Dual-Gate MOSFET）是一种有两个栅极的 MOSFET。
- DNAFET 是一种用作生物感应器的特殊 FET，它通过用单链 DNA 分子制成的栅极去检测相配的 DNA 链。
- FREDFET（Fast Recovery Epitaxial Diode FET）是一种用于提供非常快的重启（关闭）体二极管的特殊 FET。
- HEMT（高电子迁移率晶体管，High Electron Mobility Transistor），也被称为 HFET（异质结场效应晶体管，Heterostructure FET），是运用带隙工程在三重半导体如 AlGaAs 中制造的。完全耗尽宽带隙造成了栅极和体之间的绝缘。
- IGBT（Insulated-Gate Bipolar Transistor）是一种用于电力控制的器件，和类双极主导电沟道的 MOSFET 的结构类似。它们一般用于漏源电压范围在 200~3000V 的情况。功率 MOSFET 仍然被选择为漏源电压在 1~200V 时的器件。
- ISFET 是离子敏感的场效应晶体管（Ion-Sensitive Field Effect Transistor），用来测量溶液中的离子浓度。当离子浓度（如 pH 值）改变，通过晶体管的电流将相应改变。
- JFET 用相反偏置的 PN 结去分开栅极和体。
- MESFET（Metal-Semiconductor FET）用一个肖特基势垒替代了 JFET 的 PN 结，特别适用于使用 GaAs（砷化镓）和其他三五族半导体材料的射频、高速电子器件。
- MODFET（Modulation-Doped FET）用了一个由筛选过的活跃区掺杂组成的量子阱结构。
- MOSFET 用一个绝缘体（通常是二氧化硅）于栅极和体之间。
- NOMFET 是纳米粒子有机记忆场效应晶体管（Nanoparticle Organic Memory FET）。
- OFET 是有机场效应晶体管（Organic FET），其沟道中为有机半导体。

4. GaN HEMT[44-46]

GaN（Gallium Nitride，氮化镓）是氮和镓的化合物。宽禁带半导体材料氮化镓具有禁带宽度宽，临界击穿电场强度大，饱和电子漂移速度高，介电常数小，以及良好的化学稳定性等特点，是高频、高压、高温和大功率应用的优良半导体材料。特别是基于 GaN 的 AlGaN/GaN 结构具有更高的电子迁移率，使得 GaN 器件具有低的导通电阻、高的工作频率，能满足电子装备对功率器件需要具有更大功率、更高频率、更小体积和更高温度的要求。GaN 器件的工作电压为 28～50V，拥有低损耗、高热传导基板［如碳化硅（SiC）］，开启了一系列全新的可能应用。

HEMT（High Electron Mobility Transistor，高电子迁移率晶体管），也称调制掺杂场效应管（Modulation-Doped FET，MODFET）是一种场效应管，它使用两种具有不同能隙的材料形成异质结，为载流子提供沟道，而不像金属氧化物半导体场效应管那样，直接使用掺杂的半导体而不是结来形成导电沟道。砷化镓、砷镓铝三元化合物半导体是构成这种器件的可选材料，当然根据具体的应用场合，可以有其他多种组合。例如，含铟的器件普遍表现出更好的高频性能，而近年来发展的氮化镓高电子迁移率晶体管则凭借其良好的高频特性吸引了大量关注。高电子迁移率晶体管可以在极高频下工作，因此在移动电话、卫星电视和雷达中应用广泛。

5. GaAs MESFET（砷化镓金属半导体场效应管）

MESFET（Metal Semiconductor Field Effect Transistor，金属半导体场效应管）简称金半场效应管，是一种在结构上与结型场效应管类似，不过它与后者的区别是这种场效应管并没有使用 PN 结作为其栅极，而是采用金属、半导体接触结，构成肖特基势垒的方式形成栅极。金属半导体场效应管通常由化合物半导体构成，如 GaAs（砷化镓）、InP（Indium Phosphide，磷化铟）、SiC（Silicon Carbide，碳化硅）等。它的速度比由硅制造的结型场效应管或 MOSFET 更快，但是造价相对更高。金属半导体场效应管的工作频率最高可以达到 45GHz 左右，在微波频段的通信、雷达等设备中有着广泛应用。

GaAs（砷化镓）是镓和砷两种元素所合成的化合物，也是重要的ⅢA 族、ⅤA 族化合物半导体材料，可以用来制作微波集成电路［如单晶微波集成电路（MMIC）］、红外线发光二极管、半导体激光器和太阳电池等。GaAs 拥有一些比硅还要好的电子特性。例如，高的饱和电子速率及高的电子迁移率，使得 GaAs 可以用在高于 250GHz 的场合。如果等效的 GaAs 和 Si 器件同时都工作在高频时，GaAs 器件会拥有较小的噪声。也因为 GaAs 有较高的击穿电压，所以 GaAs 器件比同样的 Si 器件更适合工作在高功率的场合。因为这些特性，GaAs 器件可以运用在移动电话、卫星通信、微波点对点连线、雷达系统等领域。

6. LDMOS 晶体管

LDMOS（Laterally Diffused Metal Oxide Semiconductor，横向扩散金属氧化物半导体）经常被用于微波/射频电路，制造于高浓度掺杂硅基底的外延层上，采用硅基 LDMOS 技术器件的工作电压为 28V。

LDMOS 晶体管常被用于制作基站的射频功率放大器（RFPA），原因是它可以满足高输出功率、栅源击穿电压高于 60V 的要求。与其他器件（如 GaAs 场效应管）相比，LDMOS 功放极大值的频率相对较小。目前采用 LDMOS 技术的生产制造商有 Ampleon、NXP

Semiconductors、STMicroelectronics、Wolfspeed 等。

4.1.2　射频与微波功率晶体管的绝对最大值

在数据表（Datasheet）中的射频与微波功率晶体管的参数可以分成三种主要类型：绝对最大值、推荐工作条件和电特性。

绝对最大值（也称为绝对最大额定值）是一些极限值，超过了这些极限值，器件的寿命也许会受损。所以，在使用和测试中绝不可超过这些极限值。根据定义，所谓极限值就是最大值，极限值指定的两个端点所包含的区域就叫作范围（如工作温度范围）。

〖举例〗 2SC5753 中功率（60mW）的 NPN 射频晶体管的绝对最大额定值[47]如图 4.1.6 所示。从图 4.1.6 可见 2SC5753 的一些极限值，如集电极到发射极电压 V_{CEO} 不能够超过 6.0V，集电极电流 I_C 不能够超过 100mA，总功耗不能够超过 205mW（安装在 1.08cm^2×1.0mm 环氧树脂玻璃板 PCB），结温 T_j 不能够超过+150℃等。

ABSOLUTE MAXIMUM RATINGS (TA = +25℃)

Parameter	Symbol	Ratings	Unit
Collector to Base Voltage	V$_{CBO}$	9.0	V
Collector to Emitter Voltage	V$_{CEO}$	6.0	V
Emitter to Base Voltage	V$_{EBO}$	2.0	V
Collector Current	I$_C$	100	mA
Total Power Dissipation	P$_{tot}$^{Note}	205	mW
Junction Temperature	T$_j$	150	℃
Storage Temperature	T$_{stg}$	−65 to +150	℃

Note Mounted on 1.08 cm^2 × 1.0 mm (t) glass epoxy PCB

图 4.1.6　2SC5753 中功率（60mW）NPN 射频晶体管的绝对最大额定值（数据表截图）

〖举例〗 70HVF1 大功率（50W）VHF/UHF（甚高频/超高频）MOSFET 的绝对最大额定值[48]如图 4.1.7 所示。从图 4.1.7 可见 70HVF1 的一些极限值，如漏极到源极电压 V_{DSS} 不能够超过 30V，漏极电流 I_D 不能够超过 20A，通道功耗不能够超过 150W，通道温度 T_j 不能够超过+175℃，热阻 $R_{th\,j-c}$ 不能够超过 1.0℃/W 等。

ABSOLUTE MAXIMUM RATINGS
(Tc=25℃ UNLESS OTHERWISE NOTED)

SYMBOL	PARAMETER	CONDITIONS	RATINGS	UNIT
V$_{DSS}$	Drain to source voltage	Vgs=0V	30	V
V$_{GSS}$	Gate to source voltage	Vds=0V	+/-20	V
Pch	Channel dissipation	Tc=25℃	150	W
Pin	Input power	Zg=Zl=50Ω	10(Note2)	W
ID	Drain current	-	20	A
Tch	Channel temperature	-	175	℃
Tstg	Storage temperature	-	-40 to +175	℃
Rth j-c	Thermal resistance	junction to case	1.0	℃/W

Note 1: Above parameters are guaranteed independently.

Note 2: Over 300MHz use spec is 20W

图 4.1.7　70HVF1 大功率（50W）MOSFET 的绝对最大额定值（数据表截图）

〖**举例**〗 600W UHF LDMOS 功率晶体管 BLF888A/BLF888AS 的绝对最大额定值[49]如图 4.1.8 所示。从图 4.1.8 可见 BLF888A/BLF888AS 的一些极限值，如漏极到源极电压 V_{DS} 最大值为 110V，栅源电压 V_{GS} 为-0.5～+11V，结温 T_j 不能够超过+225℃等。

Table 4.　Limiting values
In accordance with the Absolute Maximum Rating System (IEC 60134).

Symbol	Parameter	Conditions	Min	Max	Unit
V_{DS}	drain-source voltage		-	110	V
V_{GS}	gate-source voltage		–0.5	+11	V
T_{stg}	storage temperature		–65	+150	℃
T_j	junction temperature	[1]	-	225	℃

[1] Continuous use at maximum temperature will affect the reliability, for details refer to the on-line MTF calculator.

图 4.1.8　BLF888A/BLF888AS LDMOS 功率晶体管（600W）的绝对最大额定值（数据表截图）

〖**举例**〗 TGF2819-FL 是一个工作频率范围为 0～3.5GHz，输出功率峰值为 100W，平均值为 20W 的 GaN（on SiC HEMT）射频功率晶体管。TGF2819-FL 的绝对最大额定值[50]如图 4.1.9 所示。从图 4.1.9 可见 TGF2819-FL 的一些极限值，如击穿电压 BV_{DG} 为 145V，栅极电压 V_G 为-7～0V，漏极电流 I_D 为 12A，栅极电流 I_G 为-28.8～33.6mA，功耗 P_D 为 144W，射频输入功率 P_{IN} 为 39.8dBm（CW，T=25℃），通道温度 T_{CH} 为 275℃，安装温度（30s）为 320℃，存储温度为 40～150℃等。

Absolute Maximum Ratings	
Parameter	**Value**
Breakdown Voltage (BV_{DG})	145 V
Gate Voltage Range (V_G)	-7 to 0 V
Drain Current (I_D)	12 A
Gate Current (I_G)	-28.8 to 33.6 mA
Power Dissipation (P_D)	144 W
RF Input Power, CW, T = 25℃ (P_{IN})	39.8 dBm
Channel Temperature (T_{CH})	275 ℃
Mounting Temperature (30 Seconds)	320 ℃
Storage Temperature	-40 to 150 ℃

Operation of this device outside the parameter ranges given above may cause permanent damage. These are stress ratings only, and functional operation of the device at these conditions is not implied.

图 4.1.9　TGF2819-FL GaN 功率晶体管（100W）的绝对最大额定值（数据表截图）

注意：由图 4.1.6～图 4.1.9 可见，不同型号和种类的射频与微波功率晶体管器件的绝对最大额定值规格是不同的。在使用和测试中绝不可超过这些极限值，超过了这些极限值，会造成器件损坏。

4.1.3　射频与微波功率晶体管推荐的工作条件

推荐的工作条件（Recommended Operating Conditions）是器件生产商根据器件的特性，所推荐的器件在特定应用领域（或者特定工作状态和电路）使用时的特性。推荐的工作条件与绝对最大额定值有一个相似性，这就是，超出了推荐的规定工作条件（范围），可以导致不满意的性能。但是，在超出推荐的工作条件（规定范围）使用时并不表示会损坏器件。

〖举例〗 TGF2819-FL 推荐的工作条件[50]如图 4.1.10 所示。从图 4.1.10 可见，TGF2819-FL 的漏极电压 V_D=32V，漏极静态电流 I_{DQ}=250mA，漏极峰值电流（脉冲）I_D=7.23A，栅极电压 V_G=−2.9V，CW 功耗 P_D=86W，脉冲功耗 P_D=144W，通道温度 T_{CH}=250℃等。

Recommended Operating Conditions	
Parameter	**Value**
Drain Voltage (V_D)	32 V (Typ.)
Drain Quiescent Current (I_{DQ})	250 mA (Typ.)
Peak Drain Current, Pulse (I_D)	7.23 A (Typ.)
Gate Voltage (V_G)	-2.9 V (Typ.)
Channel Temperature (T_{CH})	250 ℃ (Max.)
Power Dissipation, CW (P_D)	86 W (Max)
Power Dissipation, Pulse (P_D)	144 W (Max)

Electrical specifications are measured at specified test conditions.
Specifications are not guaranteed over all recommended operating conditions.
Pulse signal: 100uS Pulse Width, 20% Duty Cycle

图 4.1.10　TGF2819-FL 推荐的工作条件（数据表截图）

〖举例〗 600W UHF LDMOS 功率晶体管 BLF888A/BLF888AS 在特定应用领域（电路）推荐的工作条件（应用信息）[49]如图 4.1.11 所示。从图 4.1.11 可见，BLF888A/BLF888AS 的一些特性参数对应不同的应用而不同。

Table 1.　Application information
RF performance at V_{DS} = 50 V unless otherwise specified.

Mode of operation	f (MHz)	$P_{L(AV)}$ (W)	$P_{L(M)}$ (W)	G_p (dB)	η_D (%)	IMD3 (dBc)	IMD$_{shldr}$ (dBc)	PAR (dB)
RF performance in a common source narrowband test circuit								
CW	650	-	600	20	67	-	-	-
CW (42 V)	650	-	500	20	69	-	-	-
2-tone, class-AB	f_1 = 860; f_2 = 860.1	250	-	21	46	−32	-	-
pulsed, class-AB [1]	860	-	600	20	58	-	-	-
DVB-T (8k OFDM)	858	110	-	21	31	-	−32 [2]	8.2 [3]
	858	125	-	21	32.5	-	−30 [2]	8.0 [3]
RF performance in a common source 470 MHz to 860 MHz broadband test circuit								
DVB-T (8k OFDM)	858	110	-	20	30	-	−32 [2]	8.0 [3]
	858	120	-	20	31	-	−31 [2]	7.8 [3]

[1]　Measured at δ = 10 %; t_p = 100 μs.

[2]　Measured [dBc] with delta marker at 4.3 MHz from center frequency.

[3]　PAR (of output signal) at 0.01 % probability on CCDF; PAR of input signal = 9.5 dB at 0.01 % probability on CCDF.

图 4.1.11　LDMOS 功率晶体管 BLF888A/BLF888AS 的推荐的工作条件（应用信息）（数据表截图）

CW：在无线电通信中，等幅电报通信（Continuous Wave）简称 CW 方式。

2-tone, class-AB：双音，AB 类放大。

pulsed, class-AB：脉冲，AB 类放大。

DVB-T (8k OFDM)：DVB-T（Digital Video Broadcasting-Terrestrial，地面数码视讯广播），是欧洲广播联盟在 1997 年发布的数码地面电视视讯广播传输标准。

OFDM：Orthogonal Frequency-Division Multiplexing，正交频分复用。

〖举例〗 BLP7G22-05 LDMOS 驱动晶体管在特定应用领域（电路）推荐的工作条件（应用信息）[2]如图 4.1.12 所示。从图 4.1.12 可见，BLP7G22-05 的一些特性参数对应不同的应用而不同。

Table 1.　Application information
Typical RF performance at T_{case} = 25 ℃; in a class-AB application circuit.

Test signal	f (MHz)	I_{Dq} (mA)	V_{DS} (V)	$P_{L(AV)}$ (W)	G_p (dB)	η_D (%)	ACPR (dBc)
IS-95 [1]	788	60	28	1	23.9	25	−41
2-carrier W-CDMA [2]	2140	55	28	1	16.7	27	−40
Pulsed CW	2700	55	28	5	14.5	45	-

[1]　Single carrier IS-95 with pilot, paging, sync and 6 traffic channels (Walsh codes 8 - 13). PAR = 9.7 dB at 0.01 % probability on the CCDF. Channel bandwidth is 1.2288 MHz.

[2]　Test signal: 2-carrier W-CDMA: carrier spacing = 5 MHz. PAR = 8.4 dB at 0.01% probability on CCDF; RF performance at V_{DS} = 28 V; I_{Dq} = 55 mA.

图 4.1.12　BLP7G22-05 LDMOS 驱动晶体管的推荐的工作条件（应用信息）（数据表截图）

4.1.4　射频与微波功率晶体管的电特性（数据表）

电特性是器件的可测量的电学特性，这些电特性（数据表）是由器件设计确定的。电特性被用来对器件用作电路元件时的性能进行预测。出现在数据表（Datasheet）中的电特性数据是根据器件（电路）工作在推荐工作条件下而获取的。

1. 直流特性（DC Characteristics）和射频特性（RF Characteristics）

〖举例〗 2SC5753 中功率（60mW）NPN 射频晶体管的电特性[47]如图 4.1.13 所示，分为直流特性（DC Characteristics）和射频特性（RF Characteristics）两个部分。

ELECTRICAL CHARACTERISTICS (T_A = +25℃)

Parameter	Symbol	Test Conditions	MIN.	TYP.	MAX.	Unit
DC Characteristics						
Collector Cut-off Current	I_{CBO}	V_{CB} = 5 V, I_E = 0 mA	–	–	100	nA
Emitter Cut-off Current	I_{EBO}	V_{BE} = 1 V, I_C = 0 mA	–	–	100	nA
DC Current Gain	h_{FE} Note 1	V_{CE} = 3 V, I_C = 30 mA	75	120	150	–
RF Characteristics						
Gain Bandwidth Product	f_T	V_{CE} = 3 V, I_C = 30 mA, f = 2 GHz	–	12.0	–	GHz
Insertion Power Gain	$\|S_{21e}\|^2$	V_{CE} = 3 V, I_C = 30 mA, f = 2 GHz	8.0	10.5	–	dB
Noise Figure	NF	V_{CE} = 3 V, I_C = 7 mA, f = 2 GHz, Z_S = Z_{opt}	–	1.7	2.5	dB
Reverse Transfer Capacitance	C_{re} Note 2	V_{CB} = 3 V, I_E = 0 mA, f = 1 MHz	–	0.42	0.7	pF
Maximum Available Power Gain	MAG Note 3	V_{CE} = 3 V, I_C = 30 mA, f = 2 GHz	–	13.5	–	dB
Linear Gain	G_L	V_{CE} = 2.8 V, I_{Cq} = 10 mA, f = 1.8 GHz, P_{in} = −5 dBm	–	13.0	–	dB
Gain 1 dB Compression Output Power	$P_{o (1 dB)}$	V_{CE} = 2.8 V, I_{Cq} = 10 mA, f = 1.8 GHz, P_{in} = 7 dBm	–	18.0	–	dBm
Collector Efficiency	η_C	V_{CE} = 2.8 V, I_{Cq} = 10 mA, f = 1.8 GHz, P_{in} = 7 dBm	–	55	–	%

Notes 1.　Pulse measurement: PW ≤ 350 μs, Duty Cycle ≤ 2%

　　　　2.　Collector to base capacitance when the emitter grounded

　　　　3.　MAG = $\left| \dfrac{S_{21}}{S_{12}} \right| (K - \sqrt{(K^2 - 1)})$

图 4.1.13　2SC5753 中功率（60mW）NPN 射频晶体管的电特性（数据表截图）

注意：图 4.1.13 中所示的 "Parameters（参数）" 数值是在规定的一些工作条件下，即

"Test Conditions（测试条件）"下所获得的。

〖举例〗 DC Characteristics（直流特性）中的"DC Current Gain（直流电流增益）"h_{FE}为 75～150，测试条件为 V_{CE}=3V，I_C=30mA。

射频特性（RF Characteristics）中的"Gain Bandwidth Product（增益带宽积）"f_T 为 12GHz，测试条件为 V_{CE}=3V，I_C=30mA，f=2GHz。

〖举例〗 600W UHF LDMOS 功率晶体管 BLF888A/BLF888AS 的电特性[49]如图 4.1.14 所示。从图 4.1.14 可见，BLF888A/BLF888AS 的电特性分为直流特性（DC Characteristics）和射频特性（RF Characteristics）两个部分。

注意：图 4.1.14 中所示的"Parameters（参数）"数值是在规定的一些工作条件下，即"Conditions（测试条件）"下所获得的。

〖举例〗 DC Characteristics（直流特性）中的"drain-source on-state resistance（漏源通态电阻）"$R_{DS(on)}$为 143mΩ，测试条件为 $V_{GS}=V_{GS(th)}$+3.75V，I_D=8.5A。

射频特性（RF Characteristics）中的"Gain Bandwidth Product（增益带宽积）"f_T 为 12GHz，测试条件为 V_{CE}=3V，I_C=30mA，f=2GHz。

注意：在射频特性（RF Characteristics）中，针对不同的应用领域，其参数也会不同。

〖举例〗 "average output power（平均输出功率）$P_{L(AV)}$"在"2-Tone, class-AB（双音，AB 类放大器）"应用时最小为 250W，在"DVB-T (8k OFDM), class-AB[DVB-T (8k OFDM)，AB 类放大器]"应用时最小为 110W；"drain efficiency（漏极效率）η_D"在"2-Tone, class-AB（双音，AB 类放大器）"应用时为 42%～46%，在"DVB-T (8k OFDM), class-AB[DVB-T (8k OFDM)，AB 类放大器]"应用时为 28%～31%。

Table 6.   DC characteristics
T_j = 25 °C; per section unless otherwise specified.

Symbol	Parameter	Conditions		Min	Typ	Max	Unit
$V_{(BR)DSS}$	drain-source breakdown voltage	V_{GS} = 0 V; I_D = 2.4 mA	[1]	110	-	-	V
$V_{GS(th)}$	gate-source threshold voltage	V_{DS} = 10 V; I_D = 240 mA	[1]	1.4	1.9	2.4	V
I_{DSS}	drain leakage current	V_{GS} = 0 V; V_{DS} = 50 V		-	-	2.8	μA
I_{DSX}	drain cut-off current	V_{GS} = $V_{GS(th)}$ + 3.75 V; V_{DS} = 10 V		-	36	-	A
I_{GSS}	gate leakage current	V_{GS} = 10 V; V_{DS} = 0 V		-	-	280	nA
$R_{DS(on)}$	drain-source on-state resistance	V_{GS} = $V_{GS(th)}$ + 3.75 V; I_D = 8.5 A	[1]	-	143	-	mΩ
C_{iss}	input capacitance	V_{GS} = 0 V; V_{DS} = 50 V; f = 1 MHz	[2]	-	220	-	pF
C_{oss}	output capacitance	V_{GS} = 0 V; V_{DS} = 50 V; f = 1 MHz		-	74	-	pF
C_{rss}	reverse transfer capacitance	V_{GS} = 0 V; V_{DS} = 50 V; f = 1 MHz		-	1.2	-	pF

[1] I_D is the drain current.

[2]   Capacitance values without internal matching.

图 4.1.14   600W UHF LDMOS 功率晶体管 BLF888A/BLF888AS 的电特性（数据表截图）

Table 7.　RF characteristics

RF characteristics in NXP production narrowband test circuit; T_{case} = 25 °C unless otherwise specified.

Symbol	Parameter	Conditions	Min	Typ	Max	Unit
2-Tone, class-AB						
V_{DS}	drain-source voltage		-	50	-	V
I_{Dq}	quiescent drain current	[1]	-	1.3	-	A
$P_{L(AV)}$	average output power	f_1 = 860 MHz; f_2 = 860.1 MHz	250	-	-	W
G_p	power gain	f_1 = 860 MHz; f_2 = 860.1 MHz	20	21	-	dB
η_D	drain efficiency	f_1 = 860 MHz; f_2 = 860.1 MHz	42	46	-	%
IMD3	third-order intermodulation distortion	f_1 = 860 MHz; f_2 = 860.1 MHz	-	−32	−28	dBc
DVB-T (8k OFDM), class-AB						
V_{DS}	drain-source voltage		-	50	-	V
I_{Dq}	quiescent drain current	[1]	-	1.3	-	A
$P_{L(AV)}$	average output power	f = 858 MHz	110	-	-	W
G_p	power gain	f = 858 MHz	20	21	-	dB
η_D	drain efficiency	f = 858 MHz	28	31	-	%
IMD_{shldr}	intermodulation distortion shoulder	f = 858 MHz	[2]	−32	−28	dBc
PAR	peak-to-average ratio	f = 858 MHz	[3]	8.2	-	dB

[1]　I_{Dq} for total device.

[2]　Measured [dBc] with delta marker at 4.3 MHz from center frequency.

[3]　PAR (of output signal) at 0.01 % probability on CCDF; PAR of input signal = 9.5 dB at 0.01 % probability on CCDF.

图 4.1.14　600W UHF LDMOS 功率晶体管 BLF888A/BLF888AS 的电特性（数据表截图）（续）

2. 负载牵引性能（Load Pull Performance）

在射频特性（RF Characteristics）中，针对不同的工作频率，其参数也会不同。

〖举例〗　TGF2819-FL 是一个工作频率范围为 0～3.5GHz，输出功率为 100W（峰值）、20W（平均值）的 GaN（on SiC HEMT）射频功率晶体管，其"Load Pull Performance（负载牵引性能）"电特性[50]如图 4.1.15 所示。从图 4.1.15 可见，在 2.7GHz 和在 3.5GHz 工作频率时，其"Load Pull Performance（负载牵引性能）"参数是不完全相同的。

RF Characterization – Load Pull Performance at 2.7 GHz [1]

Test conditions unless otherwise noted: T_A = 25 °C, V_D = 32 V, I_{DQ} = 250 mA

Symbol	Parameter	Min	Typical	Max	Units
G_{LIN}	Linear Gain (Power Tuned)		13.6		dB
P_{3dB}	Output Power at 3 dB Gain Compression (Power Tuned)		135		W
PAE_{3dB}	Power-Added Efficiency at 3 dB Gain Compression (Eff. Tuned)		60.9		%
G_{3dB}	Gain at 3 dB Compression (Power Tuned)		10.6		dB

Notes:
1. Pulse: 100μs, 20%

RF Characterization – Load Pull Performance at 3.5 GHz [1]

Test conditions unless otherwise noted: T_A = 25 °C, V_D = 32 V, I_{DQ} = 250 mA

Symbol	Parameter	Min	Typical	Max	Units
G_{LIN}	Linear Gain (Power Tuned)		13.9		dB
P_{3dB}	Output Power at 3 dB Gain Compression (Power Tuned)		120		W
PAE_{3dB}	Power-Added Efficiency at 3 dB Gain Compression (Eff. Tuned)		59.8		%
G_{3dB}	Gain at 3 dB Compression (Power Tuned)		10.9		dB

Notes:
1. Pulse: 100us. 20%

图 4.1.15　TGF2819-FL 的"Load Pull Performance（负载牵引性能）"电特性（数据表截图）

对于射频与微波功率管放大器而言，其器件特性，如噪声系数、增益、线性度，效率都与阻抗有关。而在真实环境（应用电路）中，其阻抗是变化的。

负载牵引（Load Pull）测量的概念是在射频与微波功率放大器，特别是非线性功率放大器的设计时遇到问题而提出来的。因为在这些设计中，人们十分关心的是功率器件的阻抗参数和器件的抗失配能力，而这是采用一般的测量方法无法解决的。

负载牵引是一种与阻抗相关的测量技术，在这里测量的是在基波频率 f_0 或任何谐波频率（主要是 $2f_0$、$3f_0$）上呈现给被测件的负载阻抗。负载牵引方法可以通过不断调节输入和输出端的阻抗，找到让有源器件输出功率最大的输入、输出匹配阻抗。同理也可以得到让功率管效率最高的匹配阻抗。这种方法可以准确地测量出器件在大信号条件下的最优性能，反映出器件输入、输出阻抗随频率和输入功率变化的特性，为器件和电路的设计优化提供了坚实的基础。

负载牵引测量系统结构示意图[52]如图 4.1.16 所示。在图 4.1.16（a）中，偏置三通（Bias-Tee）放在调谐器（Load Tuner）后面，以降低其损失的影响。但由于偏置三通电感会产生较大的记忆效应，在图 4.1.16（b）中，偏置三通放置尽可能靠近 DUT 放置，以降低不必要的记忆效应。在图 4.1.16 图（c）中，偏置三通放置尽可能靠近 DUT 放置，以降低偏置路径的电感引起的记忆效应。

（a）典型的被动负载牵引测量结构示意图

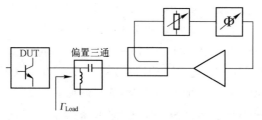

（b）闭环有源负载牵引测量结构示意图

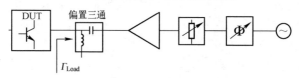

（c）开环有源负载牵引测量结构示意图

图 4.1.16   负载牵引测量系统结构示意图

负载牵引测量目前都采用计算机技术与矢量网络测量技术等构成的负载牵引自动测量系统。负载牵引测量系统是用于测试被测件在真实环境下性能的测试方式，即通过改变从被测件看出去的负载端和源端的阻抗，从而测得被测件性能，得到功率与线性和阻抗的最佳组合。

3. 输入阻抗 Z_i 和负载阻抗 Z_L

数据表中通常会给出器件的阻抗信息。

〖**举例**〗 600W UHF LDMOS 功率晶体管 BLF888A/BLF888AS 的推挽阻抗（push-pull impedance）[49]如图 4.1.17 所示。在图 4.1.17 所示参数中，模拟器件的输入阻抗 Z_i 和负载阻抗 Z_L 这两个阻抗信息是在 V_{DS}=50V 和 $P_{L（AV）}$=110W（DVB-T）条件下测量的。

Table 8.　Typical push-pull impedance
Simulated Z_i and Z_L device impedance; impedance info at V_{DS} = 50 V and $P_{L(AV)}$ = 110 W (DVB-T).

f	Z_i	Z_L
MHz	Ω	Ω
300	0.617 − j1.715	4.989 + j1.365
325	0.635 − j1.355	4.867 + j1.424
350	0.655 − j1.026	4.741 + j1.472
375	0.677 − j0.721	4.614 + j1.511
400	0.702 − j0.435	4.486 + j1.540
425	0.731 − j0.164	4.357 + j1.559
450	0.762 + j0.096	4.228 + j1.570
475	0.798 + j0.347	4.100 + j1.573
500	0.839 + j0.592	4.974 + j1.567
525	0.884 + j0.833	3.850 + j1.554
550	0.936 + j1.072	3.728 + j1.534
575	0.995 + j1.310	3.608 + j1.508
600	1.063 + j1.549	3.492 + j1.475
625	1.141 + j1.791	3.378 + j1.437
650	1.230 + j2.037	3.268 + j1.394
675	1.334 + j2.289	3.161 + j1.347
700	1.456 + j2.548	3.057 + j1.295
725	1.599 + j2.814	2.957 + j1.239
750	1.768 + j3.090	2.860 + j1.180
775	1.971 + j3.376	2.676 + j1.118
800	2.214 + j3.671	2.677 + j1.053
825	2.510 + j3.975	2.591 + j0.985
850	2.873 + j4.282	2.508 + j0.915
875	3.320 + j4.584	2.428 + j0.843
900	3.875 + j4.865	2.351 + j0.770
925	4.562 + j5.095	2.277 + j0.695
950	5.409 + j5.223	2.206 + j0.618
975	6.426 + j5.166	2.138 + j0.540
1000	7.587 + j4.807	2.073 + j0.461

图 4.1.17　BLF888A/BLF888AS 的推挽阻抗（数据表截图）

4. S 参数

当射频与微波晶体管在线性应用（小信号应用）时，在器件的数据表（Datasheet）中，通常都会给出器件的 S 参数。

〖**举例**〗 RQA0011DNS 的 S 参数示例[52]如图 4.1.18 所示。RQA0011DNS 是一个具有高输出功率、高增益和高效率的 MOSFET，输出功率 P_{out}=+40.2dBm，线性增益为 22.5dB，PAE 为 70%（@f=520MHz）。采用小型 WSON0504-2 封装（5.0mm×4.0mm×0.8mm），静电

放电抗扰度试验符合 IEC 标准 61000-4-2 Level4。图 4.1.18 的测试条件：V_{DS}=7.5V，I_{DQ}=200mA，Z_O=50Ω，100～1000MHz（50MHz 步进），1000～2500MHz（100MHz 步进）。

S parameter

(V_{DS} = 7.5 V, I_D = 200 mA, Z_o = 50 Ω)

f (MHz)	S11		S21		S12		S22	
	MAG	ANG (deg.)	MAG	ANG (deg.)	MAG	ANG (deg.)	MAG	ANG (deg.)
100	0.879	-164.2	10.01	85.5	0.014	-3.4	0.758	-171.4
150	0.880	-168.9	6.55	77.0	0.014	-10.6	0.773	-172.1
200	0.884	-170.9	4.75	70.5	0.013	-13.8	0.787	-172.0
250	0.893	-172.1	3.69	64.7	0.012	-20.8	0.803	-171.8
300	0.884	-173.3	2.95	59.3	0.012	-23.7	0.805	-172.0
350	0.906	-173.9	2.37	54.9	0.011	-27.5	0.835	-172.1
400	0.913	-174.8	1.97	50.7	0.010	-29.4	0.852	-172.4
450	0.922	-175.3	1.67	46.9	0.009	-33.1	0.866	-172.6
500	0.931	-175.7	1.43	43.5	0.009	-34.6	0.878	-173.0
550	0.932	-176.0	1.24	40.3	0.008	-35.6	0.887	-173.4
600	0.935	-176.4	1.08	37.4	0.007	-37.2	0.897	-173.7
650	0.938	-177.0	0.95	34.6	0.007	-38.0	0.903	-174.1
700	0.939	-177.7	0.84	32.1	0.006	-36.3	0.913	-174.5
750	0.944	-178.2	0.75	29.5	0.005	-37.3	0.919	-175.0
800	0.946	-178.6	0.67	27.7	0.005	-35.8	0.923	-175.4
850	0.953	-179.3	0.61	25.8	0.004	-34.3	0.929	-175.7
900	0.957	-179.7	0.55	24.0	0.004	-28.9	0.934	-176.2
950	0.964	-180.0	0.50	22.6	0.003	-27.9	0.939	-176.6
1000	0.965	-180.0	0.46	21.5	0.003	-22.4	0.943	-176.9
1050	0.969	179.5	0.42	20.0	0.003	-14.2	0.945	-177.4
1100	0.969	179.6	0.38	18.6	0.002	-7.2	0.949	-177.9
1150	0.968	179.3	0.35	17.4	0.002	5.2	0.951	-178.2
1200	0.973	179.3	0.32	16.6	0.002	8.9	0.954	-178.6
1250	0.972	178.7	0.30	15.0	0.002	24.2	0.954	-179.0
1300	0.972	178.8	0.28	14.1	0.002	31.9	0.957	-179.1
1350	0.971	178.7	0.26	13.1	0.002	41.1	0.959	-179.4
1400	0.975	178.1	0.24	11.9	0.003	46.9	0.959	-179.6
1450	0.974	177.7	0.22	10.6	0.003	51.3	0.959	-180.0
1500	0.975	177.0	0.21	9.4	0.003	59.2	0.961	179.7
1550	0.978	176.5	0.20	9.0	0.003	61.8	0.961	179.5
1600	0.984	175.8	0.19	8.4	0.004	63.3	0.962	179.1
1650	0.990	175.8	0.18	8.1	0.004	67.9	0.962	178.9
1700	0.995	175.5	0.17	7.6	0.004	68.4	0.963	178.5
1750	0.998	175.8	0.16	7.4	0.005	71.3	0.964	178.2
1800	0.999	176.0	0.16	7.3	0.005	71.6	0.967	177.8
1850	0.999	175.7	0.15	7.1	0.005	74.7	0.966	177.5
1900	0.999	175.6	0.14	7.3	0.005	74.8	0.965	177.2
1950	0.999	175.3	0.13	7.2	0.006	75.1	0.967	176.9
2000	0.999	174.8	0.13	7.0	0.006	75.7	0.969	176.7
2050	0.999	174.3	0.12	7.0	0.006	78.5	0.969	176.5
2100	0.999	173.8	0.12	6.4	0.007	76.6	0.971	176.2
2150	0.999	173.3	0.11	5.6	0.007	77.1	0.974	176.0
2200	0.999	172.6	0.11	4.9	0.007	77.0	0.975	175.9
2250	0.999	172.2	0.10	4.1	0.008	77.6	0.974	175.6
2300	0.999	171.8	0.10	3.4	0.008	77.3	0.976	175.3
2350	0.999	171.3	0.09	3.0	0.008	78.4	0.980	175.2
2400	0.999	171.4	0.09	3.1	0.008	78.5	0.977	175.1
2450	0.999	171.3	0.09	2.9	0.009	78.4	0.977	174.8
2500	0.999	171.2	0.09	2.9	0.009	78.8	0.977	174.5

图 4.1.18　RQA0011DNS 的 S 参数示例（数据表截图）

注意：器件的工作电流不同，其 S 参数也不同。

RQA0011DNS 的 S 参数与频率的关系如图 4.1.19 所示。

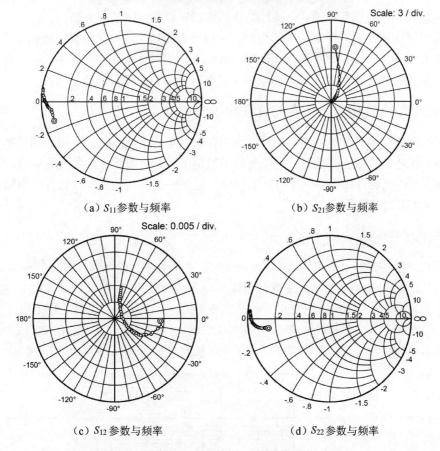

（a）S_{11} 参数与频率　　　　　　　　　（b）S_{21} 参数与频率

（c）S_{12} 参数与频率　　　　　　　　　（d）S_{22} 参数与频率

图 4.1.19　RQA0011DNS 的 S 参数与频率的关系

　　当射频与微波晶体管在线性应用（小信号应用）时，可以用一个线性网络的端口参数来描述其特性，如图 4.1.20 所示。在射频和微波频段使用最多的是 S 参数（也称为散射参数）。S 参数是基于入射波和反射波之间关系的参数。S 参数在射频与微波频段很容易测量，特别适合用于射频与微波频段的电路设计。

　　S 参数矩阵方程定义为[20]

$$\begin{bmatrix} b_1 \\ b_2 \end{bmatrix} = \begin{bmatrix} S_{11} & S_{12} \\ S_{21} & S_{22} \end{bmatrix} \begin{bmatrix} a_1 \\ a_2 \end{bmatrix}$$

图 4.1.20　一个线性网络的端口参数

式中，a_k 是端口 k 上的入射波；b_k 是端口 k 上的反射波，一般规定 a_k 和 b_k 与功率的平方根有关，所以二者与波电压有关。因此，

$$S_{11} = \frac{b_1}{a_1}\bigg|_{a_2=0} = \frac{V_1^-}{V_1^+} \quad 且 \quad S_{21} = \frac{b_2}{a_1}\bigg|_{a_2=0} = \frac{V_2^-}{V_1^+}$$

同样，如果端口 1 终端接入的负载阻抗与系统阻抗相等（端口 1 匹配），a_1 会为零，则

$$S_{12} = \frac{b_1}{a_2}\bigg|_{a_1=0} = \frac{V_1^-}{V_2^+} \quad 且 \quad S_{22} = \frac{b_2}{a_2}\bigg|_{a_1=0} = \frac{V_2^-}{V_2^+}$$

各参数的物理含义和网络特性如下：

S_{11} 是输入端口电压反射系数，即端口 2 匹配时，端口 1 的反射系数。

S_{12} 是反向电压增益，即端口 1 匹配时，端口 2 到端口 1 的反向传输系数。

S_{21} 是正向电压增益，即端口 2 匹配时，端口 1 到端口 2 的正向传输系数。

S_{22} 是输出端口电压反射系数，即端口 1 匹配时，端口 2 的反射系数。

4.1.5 射频与微波功率晶体管的特性曲线图

为了更加直观地了解器件的电特性，在器件的数据表（Datasheet）中，通常都会给出器件的一些参数之间的特性曲线图，可以一目了然地了解这些参数之间的变化关系。这些特性曲线图被用来预测器件在电路中工作时的性能。这些特性曲线图是根据器件（电路）工作在推荐工作条件下而获取的。

1. 电特性曲线图

〖**举例**〗 2SC5753 中功率（60mW）的 NPN 射频晶体管的电特性曲线[47]如图 4.1.21 所示。图 4.1.21（a）反映了基极到发射极电压 V_{BE} 与集电极电流 I_C 之间的变化关系，从图可见，在 0.5～0.8V 的范围内，I_C 随 V_{BE} 的变化而变化，呈线性关系。图 4.1.21（b）反映了集电极到发射极电压 V_{CE} 和基极电流 I_B 与集电极电流 I_C 的变化关系。图 4.1.21（c）反映了输出功率 P_{out}、功率增益 G_P、集电极电流 I_C、集电极效率 η_C 与输入功率 P_{in} 的关系。

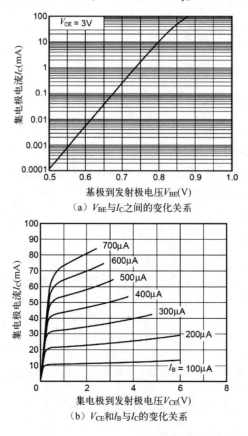

（a）V_{BE} 与 I_C 之间的变化关系

（b）V_{CE} 和 I_B 与 I_C 的变化关系

图 4.1.21　2SC575 的电特性曲线

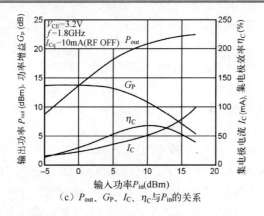

（c）P_{out}、G_P、I_C、η_C 与 P_{in} 的关系

图 4.1.21　2SC575 的电特性曲线（续）

〖举例〗　600W UHF LDMOS 功率晶体管 BLF888A/BLF888AS 的电特性曲线[49]如图 4.1.22 所示。

双音（2-Tone）功率增益 G_P 和漏极效率 η_D 与负载功率 $P_{L(AV)}$ 典型值的关系如图 4.1.22（a）所示。从图 4.1.22（a）可见，功率增益 G_P 随负载功率 $P_{L(AV)}$ 的增大而下降，漏极效率 η_D 随负载功率 $P_{L(AV)}$ 的增大而增大。

双音（2-Tone）功率增益 G_P 和三阶互调失真 IMD3 与负载功率 $P_{L(AV)}$ 典型值的关系如图 4.1.22（b）所示。从图 4.1.22（b）可见，三阶互调失真 IMD3 随负载功率 $P_{L(AV)}$ 的增大而增大。

注：图 4.1.22 所示特性曲线是在一个 BLF888A/BLF888AS 共源窄带 860MHz 的测试电路上测量获得的（$V_{DS}=50V$，$I_{Dq}=1.3A$）。

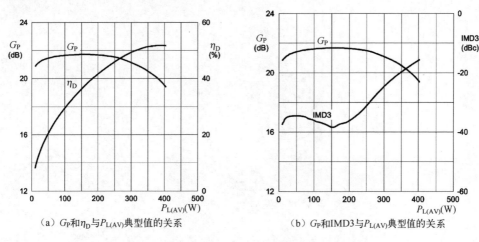

（a）G_P 和 η_D 与 $P_{L(AV)}$ 典型值的关系　　　　（b）G_P 和 IMD3 与 $P_{L(AV)}$ 典型值的关系

图 4.1.22　BLF888A/BLF888AS 的电特性曲线

2. 负载牵引史密斯圆图（Load Pull Smith Charts）

〖举例〗　TGF2819-FL 是一个工作频率范围为 0～3.5GHz，输出功率为 100W（峰值）、20W（平均值）的 GaN（on SiC HEMT）射频功率晶体管。TGF2819-FL 的负载牵引史密斯

圆图（Load Pull Smith Charts）[50]如图 4.1.23 所示。从图 4.1.23 可见，在 2.7GHz 和在 3.5GHz 工作频率时，其 "Load Pull Performance（负载牵引性能）" 参数是不完全相同的。图 4.1.23 所示是当器件放置在指定的阻抗环境时，器件表现出的射频性能。阻抗不是该器件的阻抗，它们是器件通过射频电路或负载牵引系统呈现到器件的阻抗。所列出的阻抗表示在参考平面上维持高功率和高效率的优化特性。测试条件是 V_{DS}=32V，I_{DQ}=250mA。测试信号为脉冲宽度为 100μs，占空比为 20%。

从图 4.1.23（a）可见，在工作频率为 2.7GHz，负载牵引，信号源阻抗 $Z_{s(fo)}$=7.12-3.63iΩ，输出阻抗 Z_o=10Ω，输入功率 P_{in_ref}=19dBm 工作状态下：在 Z=2.704-3.398iΩ，Γ=-0.4692-0.393i 时，最大功率是 51.3dBm；在 Z=2.404-0.809iΩ，Γ=-0.6056-0.1047i 时，最大增益是 12.4dB；在 Z=1.921-1.351iΩ，Γ=-0.6565-0.1877i 时，最大 PAE 是 57.1%。

从图 4.1.23（b）可见，在工作频率为 3.5GHz，负载牵引，信号源阻抗 $Z_{s(fo)}$=7.59+2.45iΩ，输出阻抗 Z_o=10Ω，输入功率 P_{in_ref}=23.7dBm 工作状态下：在 Z=2.293-5.249iΩ，Γ=-0.3761-0.5875i 时，最大功率是 50.8dBm；在 Z=1.314-2.805iΩ，Γ=-0.6653-0.4129i 时，最大增益是 13.5dB；在 Z=2.077-3.533iΩ，Γ=-0.5256-0.4462i 时，最大 PAE 是 48.4%。

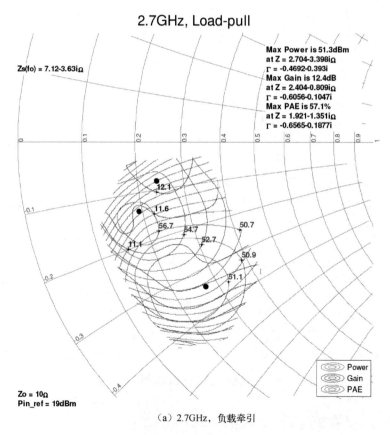

（a）2.7GHz，负载牵引

图 4.1.23　TGF2819-FL 的负载牵引史密斯圆图

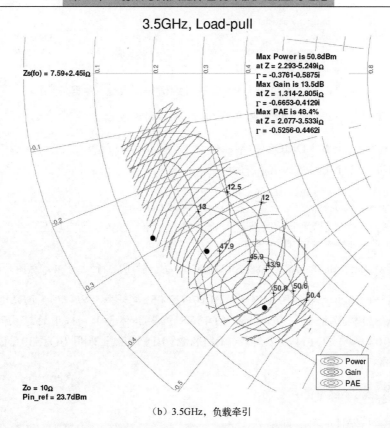

（b）3.5GHz，负载牵引

图 4.1.23　TGF2819-FL 的负载牵引史密斯圆图（续）

4.1.6　射频与微波晶体管的温度范围

通常射频与微波晶体管指定三种温度范围。

- 规定温度范围：例如，+25℃。在这个温度范围，器件的工作参数和性能能够满足数据表所规定的数值。
- 工作温度范围：例如，−40～+85℃。超过这个温度范围内的最高和最低温度点，器件不会损坏，但器件性能不一定能够得到保障。
- 存储温度范围：定义可能会导致封装永久损坏的最高和最低温度，例如，−65～+150℃（BLF888A/BLF888AS）。超过这个温度范围内的最高和最低温度点，器件可能损坏。

4.1.7　射频与微波晶体管的热特性

对于射频与微波晶体管，数据表中会给出器件的热特性。

1. 结到外壳的热阻 $R_{th(j-c)}$

〖举例〗　BLP7G22-05 LDMOS 驱动晶体管的热特性[2]如图 4.1.24 所示。热特性用结到外壳的热阻 $R_{th(j-c)}$表示。

Table 5.　Thermal characteristics

Symbol	Parameter	Conditions		Typ	Unit
$R_{th(j\text{-}c)}$	thermal resistance from junction to case	$T_{case} = 80\ ^\circ C$; $P_L = 5\ W$	[1]	6.4	K/W

[1]　$R_{th(j\text{-}c)}$ is measured under RF conditions.

图 4.1.24　BLP7G22-05 LDMOS 驱动晶体管的热特性（数据表截图）

注意：热阻 $R_{th(j\text{-}c)}$ 在一些资料中也采用 θ_{JC} 或 $R_{\theta JC}$ 形式表示。

〖**举例**〗 600W UHF LDMOS 功率晶体管 BLF888A/BLF888AS 的热特性[49]如图 4.1.25 所示。热特性用结到外壳的热阻 $R_{th(j\text{-}c)}$ 表示。

Table 5.　Thermal characteristics

Symbol	Parameter	Conditions		Typ	Unit
$R_{th(j\text{-}c)}$	thermal resistance from junction to case	$T_{case} = 80\ ^\circ C$; $P_{L(AV)} = 125\ W$	[1]	0.15	K/W

[1]　$R_{th(j\text{-}c)}$ is measured under RF conditions.

图 4.1.25　BLF888A/BLF888AS LDMOS 功率晶体管的热特性（数据表截图）

注意：器件的输出功率不同（例如，BLP7G22-05 是一个 5W 塑封 LDMOS 驱动晶体管，BLF888A/BLF888AS 是一个 600W LDMOS 功率晶体管），采用的封装形式不同（例如，BLP7G22-05 采用 SOT1179-2 封装，BLF888A/BLF888AS 采用 SOT539A/B 封装），热阻 $R_{th(j\text{-}c)}$ 也不同。

2.　器件的结温与器件的可靠性

器件的结温与器件的可靠性相关。

〖**举例**〗 600W UHF LDMOS 功率晶体管 BLF888A/BLF888AS 的可靠性寿命（Years）和结温 T_j 与漏源电流 I_{DS} 的关系[49]如图 4.1.26 所示。在图 4.1.26 中，（1）～（11）分别对应温度 100～200℃，步进为 10℃。在脉冲条件下的可靠性可以利用下式计算：TTF(0.1%)×1/δ。TTF 为 0.1%的失效率。

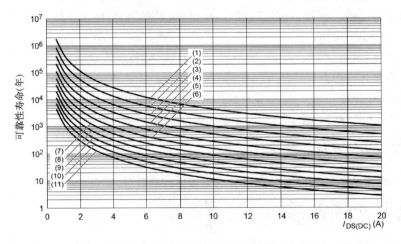

图 4.1.26　BLF888A/BLF888AS 的可靠性寿命（年）和 T_j 与 I_{DS} 的关系

〖**举例**〗 TGF2819-FL 是一个工作频率范围为 0～3.5GHz，输出功率为 100W（峰值）、20W（平均值）的 GaN（on SiC HEMT）射频功率晶体管。TGF2819-FL 的热特性和可靠性信息[50]如图 4.1.27 所示。中值寿命（Median Lifetime）与通道温度（Channel Temperature）的关系如图 4.1.28 所示。从图 4.1.28 可见，随着通道温度的上升，中值寿命不断减小。

Thermal and Reliability Information

Parameter	Test Conditions	Value	Units
Thermal Resistance[(1)] (θ_{JC})	Vd = 32V, Tbase = 85℃ 100uS, 5%, Pdiss = 100W	0.75	℃/W
Channel Temperature (T_{CH})		160	℃
Median Lifetime (T_M)		1.92E09	Hours
Thermal Resistance[(1)] (θ_{JC})	Vd = 32V, Tbase = 85℃ 100uS, 10%, Pdiss = 100W	0.79	℃/W
Channel Temperature (T_{CH})		164.3	℃
Median Lifetime (T_M)		1.24E09	Hours
Thermal Resistance[(1)] (θ_{JC})	Vd = 32V, Tbase = 85℃ 300uS, 20%, Pdiss = 100W	0.88	℃/W
Channel Temperature (T_{CH})		173	℃
Median Lifetime (T_M)		5.13E08	Hours
Thermal Resistance[(1)] (θ_{JC})	Vd = 32V, Tbase = 85℃ 300uS, 50%, Pdiss = 100W	1.15	℃/W
Channel Temperature (T_{CH})		200.3	℃
Median Lifetime (T_M)		4.20E07	Hours

Notes:
1. Thermal resistance measured to bottom of package.

图 4.1.27　TGF2819-FL 的热特性和可靠性信息（数据表截图）

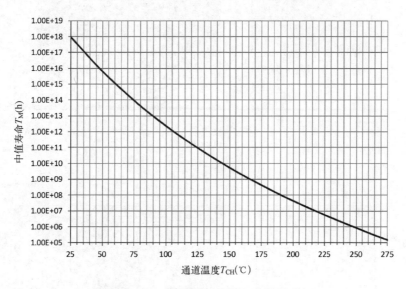

图 4.1.28　中值寿命与通道温度的关系

4.1.8　射频与微波晶体管的测试（评估板）电路

射频与微波晶体管数据表中的电特性和热特性等参数是在特定的工作条件（测试条件）和状态下获得的。器件生产商通常会给出器件的测试（评估板）电路。

〖**举例**〗　600W UHF LDMOS 功率晶体管 BLF888A/BLF888AS 的测试（评估板）电路[49]如图 4.1.29 所示。在图 4.1.29 中，L1～L5、L30～L33 为 PCB 微带线。PCB 材料采用 Taconic RF35，ε_r=3.5，高度为 0.762mm，PCB 顶层和底层覆铜，镀铜厚度为 35μm。

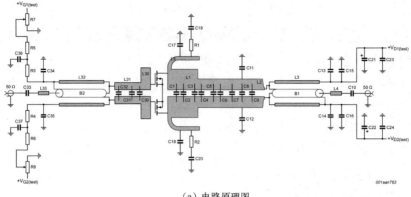

（a）电路原理图

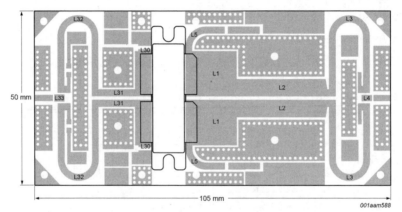

（b）PCB图

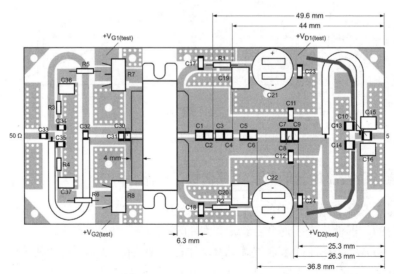

（c）元器件布局图

图 4.1.29 BLF888A/BLF888AS 的测试（评估板）电路

Table 9.　List of components

For test circuit, see Figure 10, Figure 11 and Figure 12.

Component	Description	Value		Remarks
B1, B2	semi rigid coax	25 Ω; 49.5 mm		UT-090C-25 (EZ 90-25)
C1	multilayer ceramic chip capacitor	12 pF	[1]	
C2, C3, C4, C5, C6	multilayer ceramic chip capacitor	8.2 pF	[1]	
C7	multilayer ceramic chip capacitor	6.8 pF	[2]	
C8	multilayer ceramic chip capacitor	2.7 pF	[2]	
C9	multilayer ceramic chip capacitor	2.2 pF	[2]	
C10, C13, C14	multilayer ceramic chip capacitor	100 pF	[3]	
C11, C12	multilayer ceramic chip capacitor	10 pF	[2]	
C15, C16	multilayer ceramic chip capacitor	4.7 μF, 50 V		Kemet C1210X475K5RAC-TU or capacitor of same quality.
C17, C18, C23, C24	multilayer ceramic chip capacitor	100 pF	[2]	
C19, C20	multilayer ceramic chip capacitor	10 μF, 50 V		TDK C570X7R1H106KT000N or capacitor of same quality.
C21, C22	electrolytic capacitor	470 μF; 63 V		
C30	multilayer ceramic chip capacitor	10 pF	[4]	
C31	multilayer ceramic chip capacitor	9.1 pF	[4]	
C32	multilayer ceramic chip capacitor	3.9 pF	[4]	
C33, C34, C35	multilayer ceramic chip capacitor	100 pF	[4]	
C36, C37	multilayer ceramic chip capacitor	4.7 μF, 50 V		TDK C4532X7R1E475MT020U or capacitor of same quality.
L1	microstrip	-	[5]	(W × L) 15 mm × 13 mm
L2	microstrip	-	[5]	(W × L) 5 mm × 26 mm
L3, L32	microstrip	-	[5]	(W × L) 2 mm × 49.5 mm
L4	microstrip	-	[5]	(W × L) 1.7 mm 3.5 mm
L5	microstrip	-	[5]	(W × L) 2 mm × 9.5 mm
L30	microstrip	-	[5]	(W × L) 5 mm × 13 mm
L31	microstrip	-	[5]	(W × L) 2 mm × 11 mm
L33	microstrip	-	[5]	(W × L) 2 mm × 3 mm
R1, R2	wire resistor	10 Ω		
R3, R4	SMD resistor	5.6 Ω		0805
R5, R6	wire resistor	100 Ω		
R7, R8	potentiometer	10 kΩ		

[1]　American technical ceramics type 800R or capacitor of same quality.

[2]　American technical ceramics type 800B or capacitor of same quality.

[3]　American technical ceramics type 180R or capacitor of same quality.

[4]　American technical ceramics type 100A or capacitor of same quality.

[5]　Printed-Circuit Board (PCB): Taconic RF35; ε_r = 3.5 F/m; height = 0.762 mm; Cu (top/bottom metallization); thickness copper plating = 35 μm.

（d）元器件参数表（数据表截图）

图 4.1.29　BLF888A/BLF888AS 的测试（评估板）电路（续）

4.2　射频与微波双极性晶体管功率放大器应用电路实例

4.2.1　厂商推荐使用的一些射频与微波双极性晶体管

厂商推荐使用的一些射频与微波双极性晶体管如表 4.2.1 所示。

表 4.2.1　厂商推荐使用的一些射频与微波双极性晶体管

频率范围	输出功率	电源电压	器件型号	厂商
30MHz	60W	12.5V	MRF455	M/A-COM Technology Solutions Inc.
30MHz	80W	12.5V	MRF454	M/A-COM Technology Solutions Inc.
30MHz	25W	28V	MRF426	M/A-COM Technology Solutions Inc.
30MHz	100W	28V	MRF421	M/A-COM Technology Solutions Inc.
30MHz	150W	28V	MRF422	M/A-COM Technology Solutions Inc.
30MHz	150W	50V	MRF429	M/A-COM Technology Solutions Inc.
30MHz	250W	50V	MRF448	M/A-COM Technology Solutions Inc.
30~200MHz	30W	28V	MRF314	M/A-COM Technology Solutions Inc.
30~200MHz	80W	28V	MRF316	M/A-COM Technology Solutions Inc.
30~200MHz	100W	28V	MRF317	M/A-COM Technology Solutions Inc.
30~500MHz	100W	28V	MRF393	M/A-COM Technology Solutions Inc.
30~500MHz	150W	28V	MRF392	M/A-COM Technology Solutions Inc.
100~500MHz	80W	28V	MRF327	M/A-COM Technology Solutions Inc.
1025~1150MHz	90W	50V	MRF1090MB	M/A-COM Technology Solutions Inc.
1025~1150MHz	350W	50V	MRF10350	M/A-COM Technology Solutions Inc.
1025~1150MHz	500W	50V	MRF10502	M/A-COM Technology Solutions Inc.
960~1215MHz	30W	36V	MRF10031	M/A-COM Technology Solutions Inc.
960~1215MHz	120W	36V	MRF10120	M/A-COM Technology Solutions Inc.
960~1215MHz	5W	28V	MRF10005	M/A-COM Technology Solutions Inc.
1030MHz	1000W	50V	MAPRST1030-1KS	M/A-COM Technology Solutions Inc.
960~1215MHz	50W	50V	MAPRST0912-50	M/A-COM Technology Solutions Inc.
960~1215MHz	350W	50V	MAPRST0912-350	M/A-COM Technology Solutions Inc.
960~1215MHz	500W	50V	MAPRST0912-500S00	M/A-COM Technology Solutions Inc.
1025~1150MHz	350W	50V	MAPR-001090-350S00	M/A-COM Technology Solutions Inc.
1025~1150MHz	850W	50V	MAPR-001011-850S00	M/A-COM Technology Solutions Inc.
2.7~2.9GHz	170W	36V	MAPR-002729-170M00	M/A-COM Technology Solutions Inc.
2.7~3.1GHz	5W	36V	PH2731-5M	M/A-COM Technology Solutions Inc.
2.7~3.1GHz	20W	36V	PH2731-20M	M/A-COM Technology Solutions Inc.
2.7~3.1GHz	75W	36V	PH2731-75L	M/A-COM Technology Solutions Inc.
2.7~3.1GHz	25W	36V	PH2729-25M	M/A-COM Technology Solutions Inc.
2.7~3.1GHz	65W	36V	PH2729-65M	M/A-COM Technology Solutions Inc.
2.7~3.1GHz	110W	36V	PH2729-110M	M/A-COM Technology Solutions Inc.
2.7~3.1GHz	130W	36V	PH2729-130M	M/A-COM Technology Solutions Inc.
3.1~3.4GHz	10W	36V	PH3134-10M	M/A-COM Technology Solutions Inc.
3.1~3.4GHz	20W	36V	PH3134-20L	M/A-COM Technology Solutions Inc.
3.1~3.4GHz	55W	36V	PH3134-55L	M/A-COM Technology Solutions Inc.
3.1~3.5GHz	5W	36V	PH3135-5M	M/A-COM Technology Solutions Inc.
3.1~3.5GHz	20W	36V	PH3135-20M	M/A-COM Technology Solutions Inc.
3.1~3.5GHz	90W	36V	PH3135-90S	M/A-COM Technology Solutions Inc.
3.1~3.5GHz	130W	36V	PHA3135-130M	M/A-COM Technology Solutions Inc.

注：表中数据根据厂商提供的数据表资料整理。

4.2.2　30～500MHz 100W 28V 功率放大器应用电路

一个采用 MRF393 构成的射频功率放大器应用电路[53]如图 4.2.1 所示，图中：电感 L3、L4 为电感线圈（线号#20AWG，2-1/2 圈，内径 0.200in）；电感 L5、L6 为电感线圈（线号 #18AWG，3-1/2 圈，内径 0.200in）；B1 和 B2 为 50Ω 半钢性电缆（外径 86mil，长 4in）；Z1～Z6 为微带线（Z1 和 Z2 的尺寸为 850mil×125mil，Z3 和 Z4 的尺寸为 200mil×125mil，Z5 和 Z6 的尺寸为 800mil×125mil）。

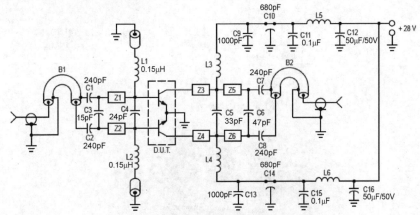

图 4.2.1　MRF393 构成的射频功率放大器电路

MRF393 是一个 NPN 射频功率晶体管，工作频率范围为 30～500MHz。在频率 f=500MHz，V_{CC}=28V 时，输出功率 P_{OUT} =100W，共发射极放大器功率增益 G_P 为 8.5dB，集电极效率 η_C 为 55%。应用电路元器件布局和元器件参数请参考 MRF393 数据表和应用笔记。

4.2.3　433MHz /866MHz 27dBm 8V 功率放大器应用电路

一个采用 BFU590Q/BFU590G 构成的 433MHz/866MHz 功率放大器应用电路实例[54-55]如图 4.2.2 所示，电路电源电压 V_{CC}=8V，电源电流 I_{CC}=100mA，功率增益 G_P=10dB，输入回波损耗 R_{Lin}=−12dB，输出功率 P_{1dB}=27dBm，集电极效率 η_C=55%。

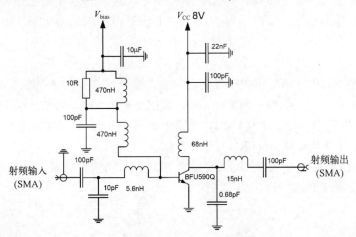

（a）433MHz功率放大器应用电路

图 4.2.2　采用 BFU590Q/BFU590G 构成的 433MHz /866MHz 功率放大器应用电路实例

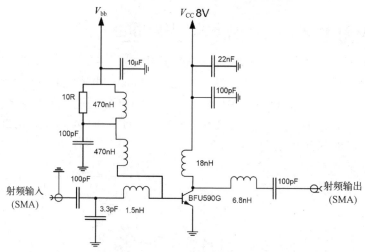

（b）866MHz功率放大器应用电路

（c）电路模块实物图

图 4.2.2　采用 BFU590Q/BFU590G 构成的 433MHz /866MHz 功率放大器应用电路实例（续）

BFU590Q/BFU590G 射频功率放大器应用电路实例的 PCB 和元器件布局请参考 BFU590Q/BFU590G 的数据表和应用笔记。

4.2.4　900MHz 1W 3.6V 功率放大器应用电路

MAX2601/MAX2602 是一个适合便携式无线电设备使用的射频功率晶体管，其电源电压为 3.6V，可采用 3 个 NiCd/NiMH 电池或者 1 个 Li-Ion 电池供电；工作频率范围为 DC～1GHz；功率增益为 11.6dB；噪声系数 N_F 为 3.3dB；谐波抑制为-43dBc；VSWR（电压驻波比）为 8：1；输出功率为 1W；集电极效率为 58%；采用 SO-8 封装；温度范围为-40～+85℃。

一个采用 MAX2601/MAX2602 构成的功率放大器应用电路实例[56]如图 4.2.3 所示。该电路使用 3.6V 电源电压，工作频率为 836MHz，输出功率为 1W（30dBm），输入和输出阻抗为 50Ω，功率增益在 836MHz 时为 11dB。电路中，L1 是 18.5nH COILCRAFT A05T 电感，T1 和 T2 是 1in、50Ω 传输线（@FR-4）。

MAX2601/MAX2602 射频功率放大器应用电路实例的 PCB 和元器件布局请参考 MAX2601/MAX2602 的数据表和应用笔记。

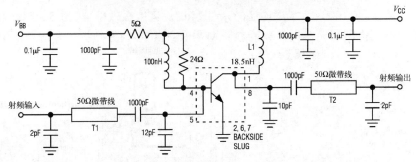

图 4.2.3 采用 MAX2601/MAX2602 构成的功率放大器应用电路实例

4.2.5 1025~1150MHz 500W 50V 功率放大器应用电路

一个采用 MRF10502 构成的频率范围 1025~1150MHz 的射频功率放大器应用电路[57]如图 4.2.4（a）所示，电感 L1 为电感线圈（线号#18AWG，3 圈，内径 1/8in，长 0.18in）；Z1~Z9 为微带线，结构尺寸如图 4.2.4（b）所示。MRF10502 是一个微波脉冲功率 NPN 晶体管，在频率 f=1090MHz，V_{CC}=50V 条件下，峰值输出功率 P_{OUT}=500W，共基放大器功率增益 G_P 为 9.0dB，集电极效率 η_C 为 45%。应用电路元器件布局和元器件参数请参考 MRF10502 数据表和应用笔记。

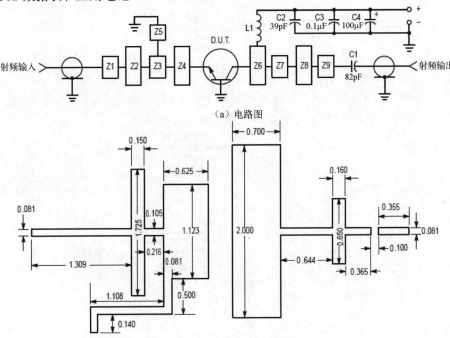

图 4.2.4 采用 MRF10502 构成的射频功率放大器电路（单位：in）

4.2.6 1030MHz 1000W 50V 功率放大器应用电路

一个采用 MAPRST1030-1KS 构成的频率 1030MHz 的射频功率放大器电路元器件布局图[58]如图 4.2.5 所示，在 V_{CC}=50V，脉冲宽度为 10μs，占空比 1%，输入功率 P_{in}=134W 条件下，输出功率 P_{OUT}=1000W，功率增益 G_P=8.74dB，集电极效率 η_D 为 50.8%，输入回波损耗为-21.3dB。应用电路和元器件参数请参考 MAPRST1030-1KS 数据表和应用笔记。

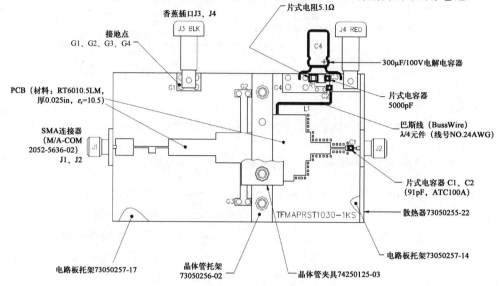

图 4.2.5　MAPRST1030-1KS 构成的射频功率放大器电路元器件布局图

4.2.7　3.1～3.5GHz 25W 36V 功率放大器应用电路

一个采用 PH3135-25S 构成的频率范围为 3.1～3.5GHz 的射频功率放大器电路元器件布局图[59]如图 4.2.6 所示。在 V_{CC}=36V，脉冲宽度为 2μs，占空比为 10%的条件下，输出功率 P_{OUT}=25W，功率增益 G_P 为 7.5dB，集电极效率 η_D 为 35%，输入回波损耗为-6dB。应用电路和元器件参数请参考 PH3135-25S 数据表和应用笔记。

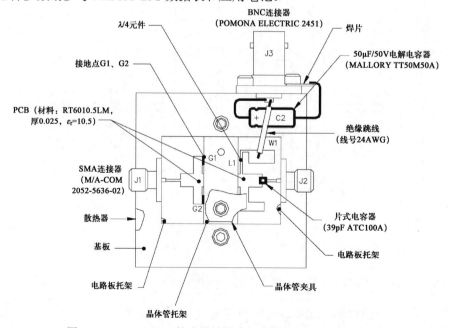

图 4.2.6　PH3135-25S 构成的射频功率放大器电路元器件布局图

4.3　射频与微波场效应管功率放大器应用电路实例

4.3.1　厂商推荐使用的一些射频与微波场效应管

厂商推荐使用的一些射频与微波场效应管如表 4.3.1 所示。

表 4.3.1　厂商推荐使用的一些射频与微波场效应管

频率范围	输出功率	电源电压	型号	厂商
30MHz	6W	12.5V	RD06HHF1	Mitsubishi Electric Corp.
30MHz	16W	12.5V	RD16HHF1	Mitsubishi Electric Corp.
30MHz	100W	12.5V	RD100HHF1C	Mitsubishi Electric Corp.
40.68MHz	150W	125V	ARF460A/B	Microsemi Corp.
40.68MHz	150W	250V	ARF461A/B	Microsemi Corp.
40.68MHz	150W	300V	ARF465A/B（G）	Microsemi Corp.
40.68MHz	150W	150V	ARF466FLA	Microsemi Corp.
40.68MHz	300W	150V	ARF468A/B（G）	Microsemi Corp.
1.6～54MHz	400W	48V	SD2933	ST Microelectronics.
2.0～80MHz	600W	50V	MRF157	M/A-COM Technology Solutions Inc.
81.36MHz	100W	125V	ARF463A/B（G）	Microsemi Corp.
81.36MHz	100W	125V	ARF463AP1/BP1	Microsemi Corp.
2.0～100MHz	600W	50V	MRF154	M/A-COM Technology Solutions Inc.
88～108MHz	300W	50V	SD2932	ST Microelectronics.
87.5～108MHz	350W	48V	SD2942	ST Microelectronics.
123MHz	580W	100V	STAC3932B	ST Microelectronics.
123MHz	1000W	100V	STAC4932B	ST Microelectronics.
3～150MHz	45W	28V	MRF147G	M/A-COM Technology Solutions Inc.
2～175MHz	5W	28V	DU2805S	M/A-COM Technology Solutions Inc.
2～175MHz	10W	28V	DU2810S	M/A-COM Technology Solutions Inc.
2～175MHz	20W	28V	DU2820S	M/A-COM Technology Solutions Inc.
2～175MHz	40W	28V	DU2840S	M/A-COM Technology Solutions Inc.
2～175MHz	60W	28V	DU2860U	M/A-COM Technology Solutions Inc
2～175MHz	80W	28V	DU2880U	M/A-COM Technology Solutions Inc.
2～175MHz	120W	28V	DU28120V	M/A-COM Technology Solutions Inc.
2～175MHz	200W	28V	DU28200M	M/A-COM Technology Solutions Inc.
2～175MHz	300W	28V	MRF141G	M/A-COM Technology Solutions Inc.
135～175MHz	8W	7.5V	MRF1511	Freescale Semiconductor.
175MHz	6W	12.5V	RD06HVF1	Mitsubishi Electric Corp.

频率范围	输出功率	电源电压	型号	厂商
175MHz	10W	7.2V	RD12MVP1	Mitsubishi Electric Corp.
175MHz	12W	7.2V	RD12MVS1	Mitsubishi Electric Corp.
175MHz	15W	12.5V	RD15HVF1	Mitsubishi Electric Corp.
175MHz	150W	50V	STAC2931B	STMicroelectronics.
175MHz	150W	50V	STAC4931B	STMicroelectronics.
175MHz	350W	50V	STAC2942BW	STMicroelectronics.
30～400MHz	5W	28V	MRF134	M/A-COM Technology Solutions Inc.
30～400MHz	15W	28V	MRF136Y	M/A-COM Technology Solutions Inc.
30～400MHz	30W	28V	MRF136	M/A-COM Technology Solutions Inc.
470MHz	2W	3.6V	RD02LUS2	Mitsubishi Electric Corp.
500MHz	2W	28V	MRF158	M/A-COM Technology Solutions Inc.
500MHz	4W	28V	MRF160	M/A-COM Technology Solutions Inc.
100～500MHz	5W	28V	UF2805P	M/A-COM Technology Solutions Inc.
100～500MHz	10W	28V	UF2810P	M/A-COM Tcchnology Solutions Inc.
100～500MHz	15W	28V	UF2815B	M/A-COM Technology Solutions Inc.
100～500MHz	20W	28V	UF2820P	M/A-COM Technology Solutions Inc.
100～500MHz	40W	28V	UF2840P	M/A-COM Technology Solutions Inc.
100～500MHz	100W	28V	UF28100V	M/A-COM Technology Solutions Inc.
150～520MHz	2W	7.2V	RD02MUS2	Mitsubishi Electric Corp.
450～520MHz	3W	12.5V	MRF1513	Freescale Semiconductor.
450～520MHz	3W	12.5V	MRF1513NT1	Freescale Semiconductor.
520MHz	7.5W	9.6V	2SK3075 N	TOSHIBA.
520MHz	12W	7.2V	RFM12U7X	TOSHIBA.
520MHz	>0.8W	7.2V	RD01MUS2/ 2B	Mitsubishi Electric Corp.
520MHz	7.5W	7.2V	RD08MUS2	Mitsubishi Electric Corp.
520MHz	8W	7.2V	RD09MUP2	Mitsubishi Electric Corp.
175～530MHz	35W	12.5V	RD35HUP2	Mitsubishi Electric Corp.
175～530MHz	43W	12.5V	RD35HUF2	Mitsubishi Electric Corp.
175～530MHz	60W	12.5V	RD60HUF1C	Mitsubishi Electric Corp.
175～530MHz	70W/50W	12.5V	RD70HVF1C	Mitsubishi Electric Corp.
175～530MHz	70W	12.5V	RD70HUF2/P2	Mitsubishi Electric Corp.
175～870MHz	7W	7.2V	RD07MUS2B	Mitsubishi Electric Corp.
870MHz	10W	7.2V	RD10MMS2	Mitsubishi Electric Corp.
880MHz	120W	26V	MRF9120LR3	Freescale Semiconductor.
900MHz	50W	12.5V	RD50HMS2	Mitsubishi Electric Corp.

续表

频率范围	输出功率	电源电压	型号	厂商
940MHz	1W	7.2V	RD01MUS3	Mitsubishi Electric Corp.
941MHz	5.5W	7.2V	RD05MMP1	Mitsubishi Electric Corp.
155～950MH	40.2dBm	3.6～7.5V	RQA0011DNS	Renesas Electronics Corp.
150～950MHz	4W	12.5V	RD04HMS2	Mitsubishi Electric Corp.
945MHz	30W	28V	SD57030/ E	STMicroelectronics.
945MHz	45W	28V	SD57045	STMicroelectronics.
945MHz	45W	28V	PD57045S-E	STMicroelectronics.
945MHz	60W	28V	PD57060S-E	STMicroelectronics.
945MHz	30W	26V	MRF9030LR1	Freescale Semiconductor.
1GHz	30W	28V	MRF182/D	Freescale Semiconductor.
1GHz	120W	28V	MRF186/D	Freescale Semiconductor.
400～1500MHz	10W	28V	MW6S010NR1	NXP Semiconductors.
1～2000MHz	4W	28V	MW6S004NT1	NXP Semiconductors.
0～4000MHz	25W	7V	NPT25015	Nitronex Corp.
3.3～3.8GHz	18W	28V	NPT35015	Nitronex Corp.
0～4000MHz	25W	28V	NPTB00025	Nitronex Corp.

*表中数据根据厂商提供的数据表资料整理。

4.3.2　30MHz 16W 12.5V 功率放大器应用电路

RD16HHF1 是一款射频功率 MOSFET。在 f=30MHz，V_{DS}=12.5V，I_{dq}=0.5A，输入功率 P_{IN}=0.15W 条件下，输出功率 P_{OUT}>16W，增益 G_P>16dB，漏极效率为 65%。

RD16HHF1 应用电路[60]如图 4.3.1 所示，电感 L1～L5 均采用内径 5.6mm、0.9mm 漆包线绕制（其中，L1 为 9 圈，L2 为 5 圈，L3 为 5 圈，L4 为 10 圈，L5 为 4 圈），元器件布局图和元器件参数请参考 RD16HHF1 数据表和应用笔记。

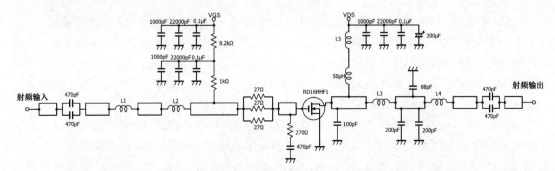

图 4.3.1　RD16HHF1 应用电路

4.3.3　1.6～54MHz 400W 48V 功率放大器应用电路

一个由两个 MOSFET SD2933 构成的射频功率放大器应用电路模块实物图[61]如图 4.3.2 所示，电路原理图和元器件参数请参考 SD2933 数据表和应用笔记。电路模块工作频率范围为 1.6～54MHz，输入功率为 10W，输出功率为 400W，效率为 57%～76%电源电压为 48V。

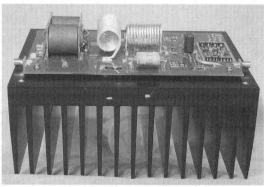

（a）俯视图　　　　　　　　　　　　　　　（b）侧视图

图 4.3.2　SD2933 构成的射频功率放大器应用电路模块实物图

4.3.4　87.5～108MHz 300W/350W/700W 48V/50V 功率放大器应用电路

一个采用 SD2932 构成的 300W 50V FM（调频）广播功率放大器应用电路实例[62]如图 4.3.3 所示，电路工作频率为 88～108MHz，电源电压 V_{dd}=50V，漏极电流 I_{dq}=200mA，输出功率 P_{out}=300W，增益大于 19dB，输入回波损耗小于-11dB，漏极效率大于 70%。

在图 4.3.3（a）所示电路中，PCB 采用 1/32in 玻璃布，0.0030 Cu（铜），2 侧；T1 采用 50Ω 柔性同轴电缆，外径为 0.006in，长为 5in；T2 和 T3 为 9∶1 变压器，采用 25Ω 柔性同轴电缆，外径为 0.1in，长为 3.9in；铁氧体磁芯采用 NEOSIDE；T4/T5 为 4∶1 变压器，采用 25Ω 柔性同轴电缆，外径为 0.1in，长为 5.0in；T6 采用 50Ω 柔性同轴电缆，外径为 0.1in，长为 5.0in；磁珠 FB1 采用 VK200。

SD2932 应用电路实例的 PCB 和元器件布局请参考 SD2932 的数据表和应用笔记。

由一个 MOSFET SD2942B 构成的射频功率放大器应用电路模块实物图[63]如图 4.3.3（b）所示，元器件布局图和元器件参数请参考 SD2942B 数据表和应用笔记。电路模块工作频率范围为 87.5～108MHz，功率增益为 20dB，输出功率为 350W，效率为 77%，谐波最大值为-36dBc，增益平坦度为±0.7dB，电源电压为 48V。

由两个 MOSFET SD2942B 构成的射频功率放大器应用电路模块实物图[64]如图 4.3.3（c）所示，元器件布局图和元器件参数请参考 SD2942B 数据表和应用笔记。电路模块工作频率范围 87.5～108MHz，功率增益为 20dB，输出功率为 700W，效率为 77%，谐波最大值为-36dBc，增益平坦度为±0.5dB，电源电压为 48V。

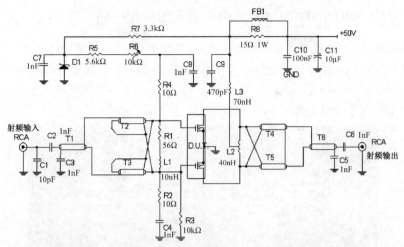

（a）采用SD2932构成的300W 50V FM（调频）广播功率放大器应用电路

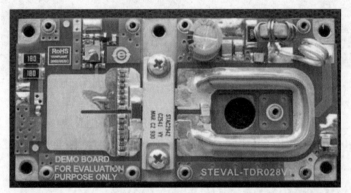

（b）采用一个SD2942B构成的350W射频功率放大器应用电路模块实物图

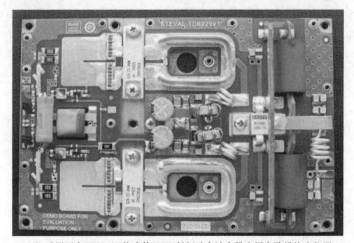

（c）采用两个SD2942B构成的700W射频功率放大器应用电路模块实物图

图 4.3.3　87.5～108MHz 300W/350W/700W 功率放大器应用电路和电路模块实物图

4.3.5　123MHz 580W/1000W 100V 功率放大器应用电路

STAC3932B 是一款射频功率 MOSFET，工作频率可到 250MHz。在 f=123MHz，V_{DD}=100V 条件下，输出功率 P_{OUT}=580W，功率增益为 24.6dB，漏极效率 η_D=70%。

STAC3932B 应用电路模块实物图[65]如图 4.3.4 所示，电路原理图和元器件布局图与元器件参数请参考 STAC3932B 数据表和应用笔记。

图 4.3.4　STAC3932B 应用电路模块实物图

类似产品有 STAC4932B 射频功率 MOS FET[66]，工作频率可至 250MHz。在 f=123MHz，V_{DD}=100V 条件下，输出功率 P_{OUT}=1000W，功率增益为 24dB，漏极效率 η_D=60%。

4.3.6　2～175MHz 80W 28V 功率放大器应用电路

一个采用 DU2880U 构成的射频功率放大器电路和元器件布局图[67]如图 4.3.5 所示，在频率为 175MHz，V_{DD}=28V，I_{DQ}=400mA 条件下，输出功率 P_{OUT}=80W，功率增益 G_P=13dB，漏极效率 η_D=60%。应用电路 PCB 和元器件参数请参考 DU2880U 数据表和应用笔记。

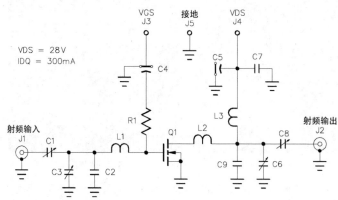

（a）电路原理图

图 4.3.5　DU2880U 构成的射频功率放大器电路和元器件布局图

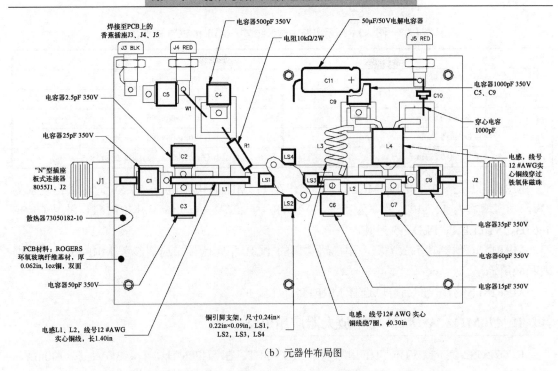

（b）元器件布局图

图 4.3.5　DU2880U 构成的射频功率放大器电路和元器件布局图（续）

4.3.7　135～175MHz 8W 7.5V 功率放大器应用电路

一个采用 MRF1511 构成的 135～175MHz 功率放大器应用电路实例[68]如图 4.3.6 所示，B1、B2 为磁珠（Fair Rite Products 2743021446），L1、L3 电感为 12.5nH（A04T，Coilcraft），L2 电感为 26nH（4 圈，Coilcraft），L4 电感为 55.5nH（5 圈，Coilcraft），微带线 Z1～Z10 和 PCB 的参数见表 4.3.2。

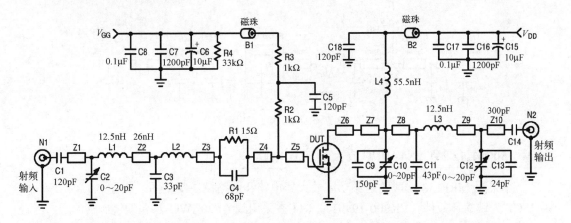

图 4.3.6　采用 MRF1511 构成的 135～175MHz 功率放大器应用电路实例

表 4.3.2　图 4.3.6 所示电路中微带线 Z1～Z10 和 PCB 的参数

符　号	参　　数	符　号	参　　数
Z1	0.200in×0.080in	Z7	0.095in×0.080in
Z2	0.755in×0.080in	Z8	0.418in×0.080in
Z3	0.300in×0.080in	Z9	1.057in×0.080in
Z4	0.065in×0.080in	Z10	0.120in×0.080in
Z5，Z6	0.260in×0.223in	PCB	Glass Teflon，31mil，2oz Copper（铜）

MRF1511 是一个 N 沟道 MOSFET，工作在 175MHz、电源电压为 7.5V 时，输出功率为 8W，功率增益为 11.5dB，效率为 55%，VSWR 为 20：1（@9.5V）。MRF1511 采用 CASE 466.03、STYLE 1、PLD.1.5 封装。

MRF1511 射频功率放大器应用电路实例的 PCB 和元器件布局请参考 MRF1511 的数据表和应用笔记。

MRF1511 的替代产品可以选择 MRF1511NT1。

4.3.8　470MHz 2W 3.6V 功率放大器应用电路

RD02LUS2 是一款 VHF/UHF 射频功率 MOS FET。在 f=470MHz，V_{DS}=3.6V，I_{dq}=140mA，输入功率 P_{IN}=0.2W 条件下，输出功率 P_{OUT}>2W，增益 G_P>10dB，漏极效率为 60%。

RD02LUS2 应用电路[69]如图 4.3.7 所示，PCB 板材为玻璃环氧基材（ε_r=4.8，t=0.8mm），微带线宽度为 1.3mm/50Ω，W 线宽度为 1.0mm。元器件布局图和元器件参数请参考 RD02LUS2 数据表和应用笔记。

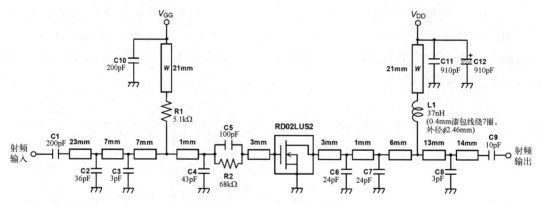

图 4.3.7　RD02LUS2 应用电路

4.3.9　500MHz 2W 28V 功率放大器应用电路

一个采用 MRF158 构成的射频功率放大器电路和电路模块实物图[70]如图 4.3.8 所示，其中 RFC1 为铁氧体元件（VK200-19/4B），RFC2 采用线号#20AWG 漆包线绕制（8 圈，内径为 110mil）。MRF158 是一个射频功率 MOSFET，在频率 f=500MHz，V_{CC}=28V 时，输出功率 P_{OUT}=2W，共源极放大器功率增益 G_P=18dB，漏极效率 η_C=55%。应用电路元器件布局和元器件参数请参考 MRF158 数据表和应用笔记。

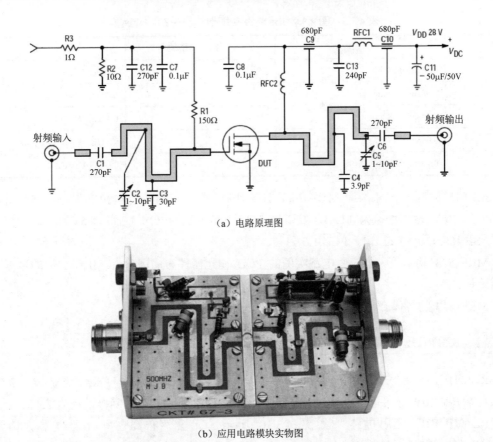

（a）电路原理图

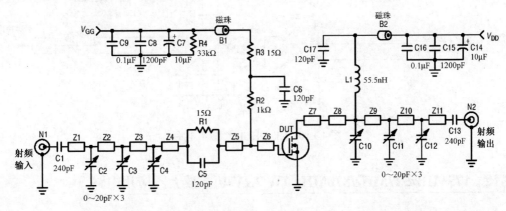

（b）应用电路模块实物图

图 4.3.8　MRF158 构成的射频功率放大器电路和电路模块实物图

4.3.10　450～520MHz 3W 12.5V 功率放大器应用电路

一个采用 MRF1513 构成的 450～520MHz 功率放大器应用电路实例[71]如图 4.3.9 所示，B1、B2 为磁珠（Fair Rite Products #2743021446），电感 L1 为 55.5nH（5 圈，Coilcraft），微带线 Z1～Z11 的参数见表 4.3.3。

图 4.3.9　采用 MRF1513 构成的 450～520MHz 功率放大器应用电路实例

表 4.3.3　图 4.3.9 所示电路中微带线 Z1～Z11 的参数

符　号	参　数	符　号	参　数
Z1	0.236in×0.080in	Z6, Z7	0.260in×0.223in
Z2	0.981in×0.080in	Z8	0.705in×0.080in
Z3	0.240in×0.080in	Z9	0.342in×0.080in
Z4	0.098in×0.080in	Z10	0.347in×0.080in
Z5	0.192in×0.080in	Z11	0.846in×0.080in

MRF1513 是一个 N 沟道 MOSFET，在工作频率为 520MHz、电源电压为 12.5V 时，输出功率为 3W，输出增益为 11dB，效率为 55%，VSWR 为 20∶1（@15.5V）。MRF1513 采用 CASE 466.03、STYLE 1、PLD.1.5 封装。

MRF1513 功率放大器应用电路实例的 PCB 和元器件布局请参考 MRF1513 的数据表和应用笔记。

MRF1513 的替代产品可以选择 MRF1513NT1。

4.3.11　520MHz 60W 12.5V 功率放大器应用电路

RD60HUF1C 是一款 UHF 射频功率 MOS FET。在 f=520MHz，V_{DS}=12.5V，I_{dq}=2.5A，输入功率 P_{IN}=10W 条件下，输出功率 P_{OUT}>60W，增益 G_P>7.7dB，漏极效率为 55%。

RD60HUF1C 应用电路[72]如图 4.3.10 所示。元器件布局图和元器件参数请参考 RD60HUF1C 数据表和应用笔记。

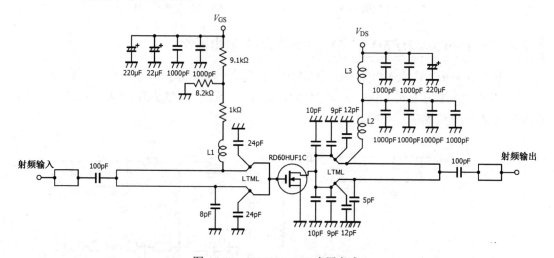

图 4.3.10　RD60HUF1C 应用电路

4.3.12　175MHz/527MHz/870MHz 7W 7.2V 功率放大器应用电路

RD07MUS2B 是一款 VHF/UHF 射频功率 MOS FET。在 f=175MHz/527MHz/870MHz，

V_{DS}=7.2V，I_{dq}=250mA，输入功率 P_{IN}=0.4W 条件下，输出功率 P_{OUT}>7W，增益 G_P>13dB，漏极效率为 65%。

RD07MUS2B 应用电路[73]如图 4.3.11 所示，其中：L1 和 L2 均采用 0.43mm 漆包线绕制（L1 为 5 圈，外径 2.46mm；L2 为 5 圈，外径 1.66mm）；PCB 板材为玻璃环氧基材（ε_r=4.8，t=0.8mm），微带线宽度为 1.3mm/50Ω，W 线宽度为 1.0mm。元器件布局图和元器件参数请参考 RD07MUS2B 数据表和应用笔记。

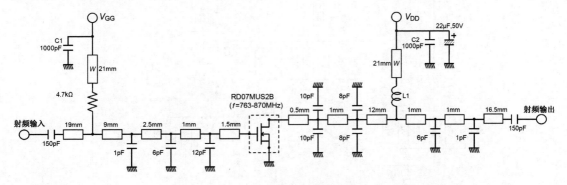

图 4.3.11　RD07MUS2B 870MHz 应用电路

4.3.13　900MHz 50W 12.5V 功率放大器应用电路

RD50HMS2 是一款射频功率 MOSFET。在 f=900MHz，V_{DS}=12.5V，I_{dq}=1A，输入功率 P_{IN}=7W 条件下，输出功率 P_{OUT}>50W，漏极效率为 55%。

RD50HMS2 应用电路[74]如图 4.3.12 所示。元器件布局图和元器件参数请参考 RD50HMS2 数据表和应用笔记。

4.3.14　155/520MHz/890～950MHz 40.2dBm 3.6V 功率放大器应用电路

RQA0011DNS 是一个具有高输出功率、高增益和高效率的 MOSFET，输出功率 P_{out}=+40.2dBm，线性增益为 22.5dB，PAE=70%（@f=520MHz），采用小型 WSON0504-2 封装（5.0mm×4.0mm×0.8mm），静电放电抗扰度试验符合 IEC 标准 61000-4-2 Level 4。

图 4.3.13（a）为频率 f=155MHz 的功率放大器应用电路，电源电压范围为 3.6～7.5V，电感 L1～L3 采用片式电感，电感 L4 采用漆包线绕制（8 圈，D=0.5mm，Φ2.4mm）。输出功率 P_{out} 和漏极电流 I_D 与输入功率 P_{in} 的关系如图 4.3.13（b）所示。功率增益 PG 与功率增加效率 PAE 与输入功率 P_{in} 的关系如图 4.3.13（c）所示。

图 4.3.14（a）为频率 f=520MHz 的功率放大器应用电路，电源电压为 3.6V，电感 L1、L3 采用片式电感，电感 L2 采用漆包线绕制（8 圈，D=0.5mm，Φ2.4mm）。输出功率 P_{out} 和漏极电流 I_D 与输入功率 P_{in} 的关系如图 4.3.14（b）所示。功率增益 PG 和功率增加效率 PAE 与输入功率 P_{in} 的关系如图 4.3.14（c）所示。

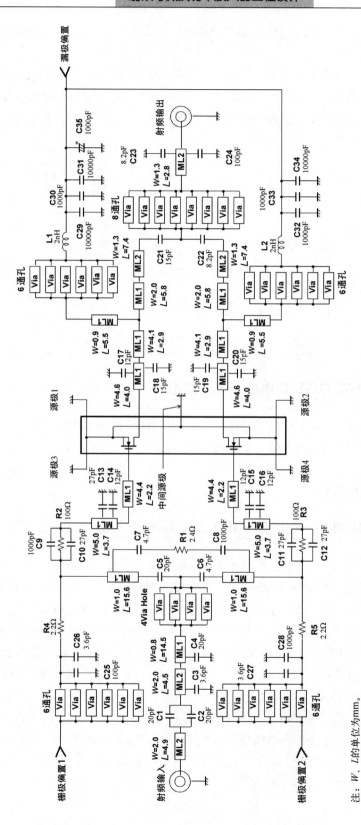

图 4.3.12　RD50HMS2 应用电路

注：W、L 的单位为 mm。

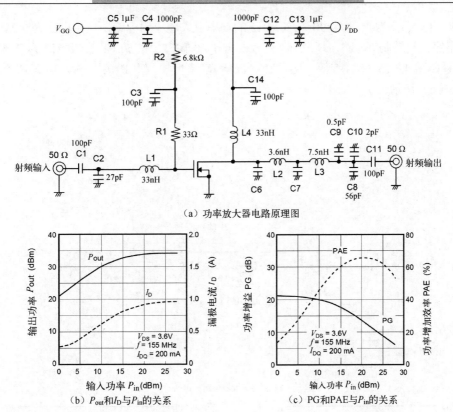

（a）功率放大器电路原理图

（b）P_{out} 和 I_D 与 P_{in} 的关系

（c）PG 和 PAE 与 P_{in} 的关系

图 4.3.13　采用 RQA0011DNS 构成的 f=155MHz 功率放大器应用电路实例

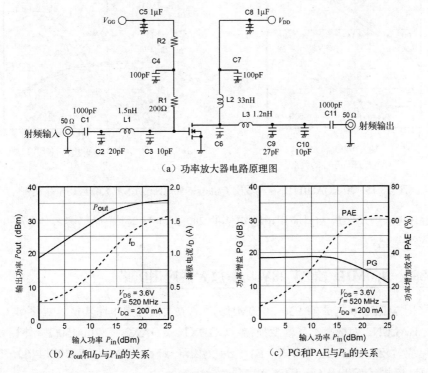

（a）功率放大器电路原理图

（b）P_{out} 和 I_D 与 P_{in} 的关系

（c）PG 和 PAE 与 P_{in} 的关系

图 4.3.14　用 RQA0011DNS 构成的频率 f=520MHz 功率放大器应用电路实例

图 4.3.15（a）为频率 f=890～950MHz 的功率放大器应用电路，电源电压为 3.7V，33nH 电感采用漆包线绕制（8 圈，D=0.5mm，Φ2.4mm）。输出功率 P_{out} 和漏极电流 I_D 与输入功率 P_{in} 的关系如图 4.3.15（b）所示。功率增益 PG 与功率增加效率 PAE 与输入功率 P_{in} 的关系如图 4.3.15（c）所示。

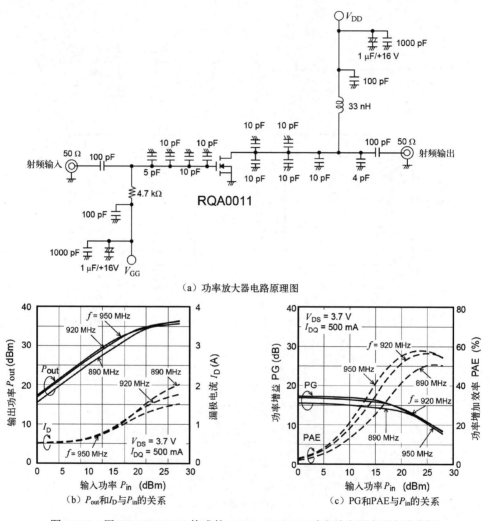

（a）功率放大器电路原理图

（b）P_{out}和I_D与P_{in}的关系　　　　（c）PG和PAE与P_{in}的关系

图 4.3.15　用 RQA0011DNS 构成的 f=890～950MHz 功率放大器应用电路实例

RQA0011DNS 功率放大器应用电路实例的 PCB 和元器件布局请参考 RQA0011DNS 的数据表和应用笔记。

4.3.15　880～960MHz 120W 28V 功率放大器应用电路

一个采用 MRF186 构成的 930～960MHz 功率放大器应用电路实例[76]如图 4.3.16 所示，BALUN1、BALUN2 为平衡不平衡变换器（COAX1、COAX2，2.20in 50Ω，外径 0.086in 半刚性同轴电缆），Z1～Z22 为微带线，B1～B4 为磁珠（Ferrit Bead 2743021446），L1、L2 电感为 24.7nH（3 圈，#20AWG，IDIA 0.126in）。

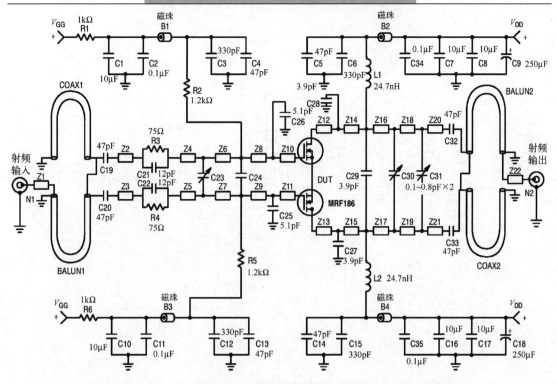

图 4.3.16 采用 MRF186 构成的 930～960MHz 功率放大器应用电路实例

MRF186 是一个 N 沟道的 MOSFET，其工作频率范围为 800MHz～1.0GHz，输出功率为 120W；功率增益 G_{ps}=11dB，效率为 30%，互调失真为–28dBc，VSWR 为 5∶1［@28V（直流），960MHz，120W，CW］，采用 CASE 375B-04、STYLE 1、NI-860 和 CASE 375B-04、STYLE 1、NI-860 模块式封装。

MRF186 功率放大器应用电路实例的 PCB 和元器件布局请参考 MRF186 的数据表和应用笔记。

MRF186 的替换产品可以选择 MRF9120LR3。

MRF9120LR3 是一个 N 沟道的 MOSFET，其工作频率为 880MHz，输出功率为 120W，功率增益 G_{ps} 为 16dB，效率为 26%，采用 CASE 375B-04、STYLE 1、NI-860 模块式封装。

一个采用 MRF9120LR3 构成的功率放大器应用电路实例[77]如图 4.3.17 所示，Balun1、Balun2 为平衡不平衡变换器（Anaren3A412），Z1～Z22 为微带线，B1、B3、B5、B6 为长磁珠（Newark95F787），B2、B4 为短磁珠（Newark95F786），L1、L2 电感为 12.5nH（Coilcraft A04T-5）。微带线 Z1～Z27 的参数见表 4.3.4。

MRF9120LR3 功率放大器应用电路实例的 PCB 和元器件布局请参考 MRF9120LR3 的数据表和应用笔记。

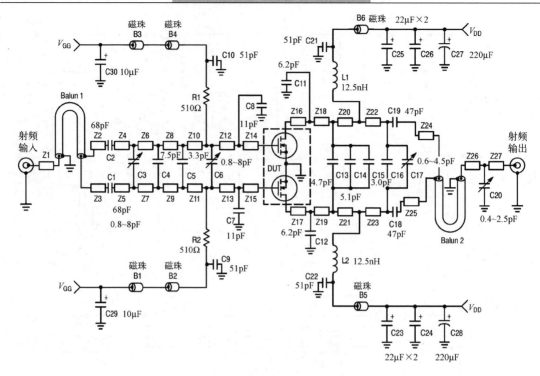

图 4.3.17　采用 MRF9120LR3 构成的功率放大器应用电路实例

表 4.3.4　图 4.3.17 所示电路中微带线的参数

符　号	参　　数	符　号	参　　数
Z1	0.420in×0.080in	Z16, Z17	0.040in×0.630in
Z2, Z3	0.090in×0.420in	Z18, Z19	0.330in×0.630in
Z4, Z5	0.125in×0.220in	Z20, Z21	0.450in×0.630in
Z6, Z7	0.095in×0.220in	Z22, Z23	0.750in×0.220in
Z8, Z9	0.600in×0.220in	Z24, Z25	0.115in×0.420in
Z10, Z11	0.200in×0.630in	Z26	0.130in×0.080in
Z12, Z13	0.500in×0.630in	Z27	0.350in×0.080in
Z14, Z15	0.040in×0.630in		

4.3.16　945～1000MHz 30W 28V 功率放大器应用电路

一个采用 MRF182R1 构成的 1GHz 功率放大器应用电路实例[78]如图 4.3.18 所示，TL1～TL4 为微带线，B1 为磁珠（RF Bead Fair Rite-274301944）。

MRF182R1/MRF182SR1 是一个 N 沟道的 MOSFET，其工作频率为 1GHz，共源功率增益 G_{ps}=14dB（V_{DD}=28V（直流），P_{out}=30W，I_{DQ}=50mA，f=945MHz），漏极效率为 58%，负载 VSWR 为 5∶1，输入电容 C_{iss}=56pF，输出电容 C_{oss}=28pF，反向传输电容 C_{rss}=2.5pF，串联等效输入阻抗 Z_{in}=0.81+j1.6Ω，串联等效输出阻抗 Z_{out}=2.15−j1.7Ω，采用 CASE 360B-05、STYLE 1 NI-360 和 CASE 360C-05、STYLE 1 NI-360S 模块式封装。

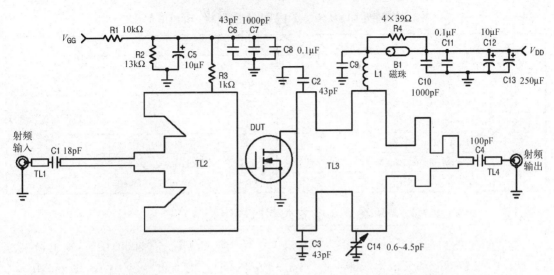

图 4.3.18　采用 MRF182R1 构成的 1GHz 功率放大器应用电路实例

MRF182R1 功率放大器应用电路实例的 PCB 和元器件布局请参考 MRF182R1 的数据表和应用笔记。

MRF182R1 的替代产品可以选择 MRF9030LR1。

MRF9030LR1 是一个 N 沟道的 MOSFET，其工作频率为 945MHz，输出功率为 30W，共源功率增益 G_{ps}=19dB，漏极效率为 41.5%；在电源电压为直流 26V、工作频率为 945MHz、30W CW 输出功率时，VSWR 为 10∶1；采用 CASE 360B-05、STYLE 1 NI-360 模块式封装。

一个采用 MRF9030LR1 构成的 945MHz 功率放大器应用电路实例[79]如图 4.3.19 所示，Z1～Z13 为微带线，B1 为短磁珠（Newark95F786），B2 为长磁珠（Newark95F787）。微带线 Z1～Z13 和 PCB 的参数见表 4.3.5。MRF9030LR1 功率放大器应用电路实例的 PCB 和元器件布局请参考 MRF9030LR1 的数据表和应用笔记。

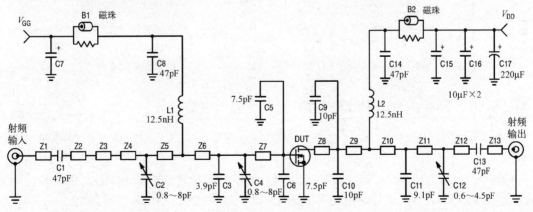

图 4.3.19　采用 MRF9030LR1 构成的 945MHz 功率放大器应用电路实例

表 4.3.5 图 4.3.19 所示电路中微带线 Z1～Z13 和 PCB 的参数

符　号	参　　数	符　号	参　　数
Z1	0.260in×0.060in 微带线	Z8	0.450in×0.270in 微带线
Z2	0.240in×0.060in 微带线	Z9	0.140in×0.270in 微带线
Z3	0.500in×0.100in 微带线	Z10	0.250in×0.060in 微带线
Z4	0.215in×0.270in 微带线	Z11	0.720in×0.060in 微带线
Z5	0.315in×0.270in 微带线	Z12	0.490in×0.060in 微带线
Z6	0.160in×0.270in×0.520in, Taper（锥形）	Z13	0.290in×0.060in 微带线
Z7	0.285in×0.520in 微带线	PCB	Taconic RF-35-0300, 30mil, ε_r=3.55

4.3.17 1～2000MHz 4W 28V 功率放大器应用电路

MW6S004NT1 是一个射频功率 MOSFET，工作频率范围 1～2000MHz，输出功率为 4W@28V。MW6S004NT1 构成的工作频率为 1960MHz，输出功率为 4W@（1960MHz，28V，I_{DQ} = 50 mA）功率放大器应用电路[80]如图 4.3.20 所示。应用电路元器件布局图和元器件参数请参考 MW6S004NT1 数据表和应用笔记。

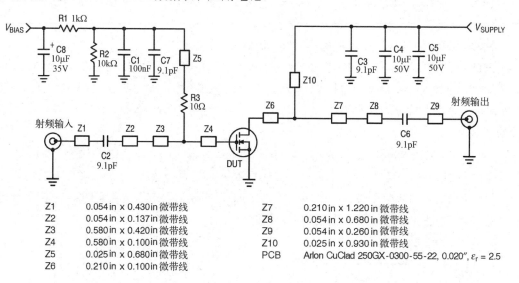

Z1	0.054in x 0.430in 微带线	Z7	0.210in x 1.220in 微带线
Z2	0.054in x 0.137in 微带线	Z8	0.054in x 0.680in 微带线
Z3	0.580in x 0.420in 微带线	Z9	0.054in x 0.260in 微带线
Z4	0.580in x 0.100in 微带线	Z10	0.025in x 0.930in 微带线
Z5	0.025in x 0.680in 微带线	PCB	Arlon CuClad 250GX-0300-55-22, 0.020″, ε_r = 2.5
Z6	0.210in x 0.100in 微带线		

图 4.3.20 MW6S004NT1 构成的 1960MHz 4W 功率放大器应用电路

4.3.18 0～4000MHz 25W 28V 功率放大器应用电路

一个采用 NPTB00025 构成的 0～4000MHz 功率放大器应用电路实例[81]如图 4.3.21 所示。

NPTB00025 是一个射频功率 FET，其工作频率范围为 0～4000MHz，平均输出功率（@P_{1dB}）为 18～21W，平均输出功率（@P_{3dB}）为 22～25W，小信号增益为 12.5～13.5dB，漏极效率为 60%～65%，电源电压为 28V，漏极电流为 4.9～5.4A（电源电压 V_{DD}=7V，V_{GS}=1.5V，I_G=70mA，脉冲宽度为 300μs，占空比为 0.2%）。

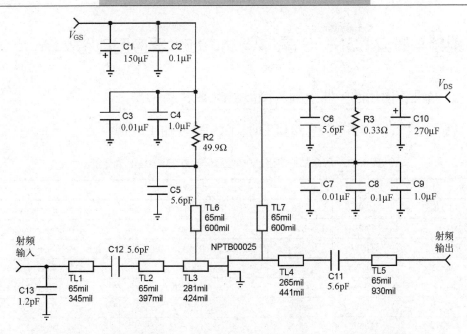

图 4.3.21　采用 NPTB00025 构成的 0～4000MHz 功率放大器应用电路实例

NPTB00025 的源阻抗和负载阻抗示意图如图 4.3.22 所示，在不同频率时的阻抗值见表 4.3.6。

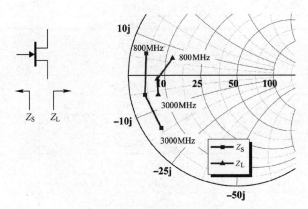

图 4.3.22　NPTB00025 的源阻抗和负载阻抗示意图

表 4.3.6　NPTB00025 在不同频率时的源阻抗和负载阻抗

频率（MHz）	Z_S 源极阻抗（Ω）	Z_L 负载阻抗（Ω）
800	3.9+j5.9	12.2+j6.1
2000	3.7–j5.1	7.7–j1.1
3000	4.7–j15.3	7.4–j5.8

NPTB00025 应用电路实例的 PCB 和元器件布局请参考 NPTB00025 的数据表和应用笔记。

4.4　射频与微波 LDMOS 晶体管功率放大器应用电路实例

4.4.1　厂商推荐使用的一些射频与微波 LDMOS 晶体管

厂商推荐使用的一些射频与微波 LDMOS 晶体管如表 4.4.1 所示。

表 4.4.1　厂商推荐使用的一些射频与微波 LDMOS 晶体管

频率范围	输出功率	电源电压	型号	厂商
88～108MHz	45W	28V	SD57045	STMicroelectronics.
108MHz	400W	28V	RF3L05400CB4	STMicroelectronics.
108MHz	1900W	50V	BLF189XRB/ XRBS	Ampleon.
1.8～400MHz	600W	65V	MRFX600H	NXP Semiconductors.
1.8～400MHz	1800W	65V	MRFX1K80N	NXP Semiconductors.
1～400MHz	2000W	65V	ART2K0FE	Ampleon.
1～425MHz	1600W	55V	ART1K6FH	Ampleon.
423～443MHz	500W	50V	BLP05H9S500P	Ampleon.
1～450MHz	700W	55V	ART700FH	Ampleon.
390～450MHz	500W	50V	PTVA035002EV	Wolfspeed.
425～450MHz	200W	28V	BLP05M7200	Ampleon.
400～500MHz	8W	12.5V	PD55008-E	STMicroelectronics.
HF～500MHz	300W	50V	BLF573/BLF573S	Ampleon.
HF～500MHz	1700W	50V	BLF189XRA/XRAS	Ampleon.
1.8～512MHz	35W	65V	MRFX035H	NXP Semiconductors.
10～512MHz	120W	28V	BLF645	NXP Semiconductors.
340～520MHz	10W	15V	PD85025-E	STMicroelectronics.
520MHz	150W	28V	RF3L05150CB4	STMicroelectronics.
460～540MHz	20W	13.6V	PD55025-E	STMicroelectronics.
HF～600MHz	110W	50V	BLP05H6110XR/XRG	Ampleon.
HF～600MHz	250W	50V	BLF182XR/XRS	Ampleon.
HF～600MHz	250W	50V	BLP05H6250XR/XRG	Ampleon.
HF～600MHz	350W	50V	BLF183XR/XRS	Ampleon.
HF～600MHz	700W	50V	BLP05H6700XR/XRG	Ampleon.
1.8～600MHz	600W	50V	MRFE6VP6600N	NXP Semiconductors.
1～650MHz	35W	65V	ART35FE	Ampleon.
1～650MHz	150W	65V	ART150FE	Ampleon.
HF～1GHz	200W	28V/32V	RF3L05200CB4	STMicroelectronics.
HF～1GHz	250W	28V/32V	RF3L05250CB4	STMicroelectronics.
0.4～1GHz	650W	50V	RF5L08600CB4	STMicroelectronics
HF～700MHz	1200W	50V	BLF978P	Ampleon.

频率范围	输出功率	电源电压	型号	厂商
470～806MHz	700W	50V	PTVA047002EV	Wolfspeed.
470～806MHz	250W	50V	PTVA042502EC/FC	Wolfspeed.
733～805MHz	275W	48V	PTRA083818NF	Wolfspeed.
755～805MHz	370W	48V	PTVA084007NF	Wolfspeed.
790～820MHz	280W	48V	PTRA082808NF	Wolfspeed.
746～768MHz	330W	50V	PTRA093302FC	Wolfspeed.
400～800MHz	800W	50V	BLU9H0408L-800P	Ampleon.
746～821MHz	240W	48V	PTVA082407NF	Wolfspeed.
420～851MHz	107W	48V	A2V07H400-04NR3	NXP Semiconductors.
595～851MHz	120W	48V	A2V07H525-04NR6	NXP Semiconductors.
HF～860MHz	200W	50V	BLF882/BLF882S	Ampleon.
HF～860MHz	350W	50V	884P/BLF884PS	Ampleon.
HF～860MHz	600W	50V	BLF888A/BLF888AS	Ampleon.
HF～860MHz	900W	50V	BLF898/BLF898S	Ampleon.
400～860MHz	30W	50V	BLP0408H9S30	Ampleon.
400～860MHz	450W	50V	BLF984P/BLF984PS	Ampleon.
400～860MHz	900W	50V	BLF989/BLF989S	Ampleon.
470～860MHz	350W	50V	PTVA043502EC/FC	Wolfspeed.
870MHz	1W	7.5V	PD84001	STMicroelectronics.
870MHz	2W	7.5V	PD84002	STMicroelectronics.
870MHz	6W	7.5V	PD84006L-E	STMicroelectronics.
870MHz	8W	7.5V	PD84008L-E	STMicroelectronics.
400～900MHz	600W	50V	BLU6H0410L/LS -600P	Ampleon.
HF～915MHz	750W	50V	BLF0910H9LS750P	Ampleon.
915MHz	600W	50V	BLF0910H9LS600	Ampleon.
900～930MHz	500W	50V	BLA8H0910L/ LS-500	Ampleon.
136～941MHz	100W	32V	A3T09S100N	NXP Semiconductors.
HF～941MHz	25W	13.6V	BLP9LA25S/SG	Ampleon.
945MHz	18W	28V	PD57018-E	STMicroelectronics.
945MHz	30W	28V	PD57030-E	STMicroelectronics.
945MHz	45W	28V	PD57045-E	STMicroelectronics.
945MHz	60W	28V	PD57060-E	STMicroelectronics.
945MHz	70W	28V	PD57070-E	STMicroelectronics.
716～960MHz	93W	28V	A2T09D400-23NR6	NXP Semiconductors.
600～960MHz	500W	48V	BLP9H10S-500AWT	Ampleon.
616～960MHz	600W	48V	BLC9H10XS-600A	Ampleon.
616～960MHz	30W	50V	BLP9H10-30G	Ampleon.
730～960MHz	615W	48V	PTRA084858NF	Wolfspeed.
730～960MHz	800W	48V	PTRA097058NB	Wolfspeed.

续表

频率范围	输出功率	电源电压	型号	厂商
746～960MHz	208W	48V	PTRA094252FC	Wolfspeed.
859～960MHz	400W	48V	PTRA094858NF	Wolfspeed.
859～960MHz	480W	48V	PTRA094808NF	Wolfspeed.
859～960MHz	240W	48V	PTVA092407NF	Wolfspeed.
920～960MHz	630W	48V	PTRA097008NB	Wolfspeed.
925～960MHz	415W	48V	PTRA093818NF	Wolfspeed.
728～960MHz	2W	48V	A2T08VD020NT1	NXP Semiconductors.
HF～1GHz	250W	28V	ST05250	STMicroelectronics.
HF～1GHz	700W	40V	RF4L10700CB4	STMicroelectronics.
0.4～1GHz	400W	50V	RF5L08350CB4	STMicroelectronics.
1GHz	6W	28V	PD57006-E	STMicroelectronics.
1030～1090MHz	200W	28V	BLA6G1011-200R/RG	Ampleon.
1030～1090MHz	300W	32V	BLA8G1011L(S)-300/G	Ampleon.
1030～1090MHz	600W	48V	BLA6H1011-600	Ampleon.
1030～1090MHz	900W	50V	PTVA101K02EV	Wolfspeed.
1030～1090MHz	1000W	50V	RF5L10111K0CB4	STMicroelectronics.
960～1215MHz	250W	50V	BLA9H0912L-250(G)	Ampleon.
960～1215MHz	250W	36V	STAC0912-250	STMicroelectronics.
960～1215MHz	450W	50V	PTVA104501EH	Wolfspeed.
960～1215MHz	500W	50V	BLA6H0912-500	Ampleon.
960～1215MHz	700W	50V	BLA9H0912L(S)-700	Ampleon.
960～1215MHz	1000W	50V	BLA6H0912L-1000	Ampleon.
960～1215MHz	1000W	50V	AFV121KH	NXP Semiconductors.
960～1215MHz	1200W	50V	BLA9H0912L-1200P	Ampleon.
0.3～1.3GHz	200W	32V	STAC9200	STMicroelectronics.
1300MHz	250W	50V	BLF6G13L-250P	Ampleon.
1300MHz	750W	50V	RF5L1214750CB4	STMicroelectronics.
1300MHz	750W	50V	BLF13H9L750P	Ampleon.
0.5～1.4GHz	25W	50V	BLL8H0514-25	Ampleon.
0.5～1.4GHz	130W	50V	BLL8H0514L-130	Ampleon.
0.5～1.4GHz	25W	48V	PTVA120252MT	Wolfspeed.
HF～1.4GHz	2.5W	50V	BLP10H603	Ampleon.
HF～1.4GHz	5W	50V	BLP10H605	Ampleon.
HF～1.4GHz	10W	50V	BLP10H610	Ampleon.
1.2～1.4GHz	250W	36V	BLL6G1214L-250	Ampleon.
1.2～1.4GHz	500W	32V	BLL8H1214L-500	Ampleon.
1.2～1.4GHz	600W	32V	BLL9G1214L-600	Ampleon.
1.2～1.4GHz	700W	50V	PTVA127002EV	Wolfspeed.
HF～1.5GHz	30W	50V	RF5L1500CB2	STMicroelectronics.

续表

频率范围	输出功率	电源电压	型号	厂商
HF～1.5GHz	120W	50V	RF5L15120CB4	STMicroelectronics.
1450～1550MHz	250W	28V	BLF6G15L-250PBRN	Ampleon.
HF～1500MHz	200W	32V	BLF647PS	Ampleon.
960～1600MHz	200W	50V	PTVA102001EA	Wolfspeed.
1300～1700MHz	80W	28V	RF2L16080CF2	STMicroelectronics.
1805～1880MHz	71W	28V	A3T18H400W23SR6	NXP Semiconductors.
1805～1880MHz	175W	28V	PXFE181507FC	Wolfspeed.
1805～1880MHz	180W	28V	PXAC182002FC	Wolfspeed.
1805～1880MHz	240W	28V	PXAC182908FV	Wolfspeed.
1805～1880MHz	320W	28V	PXAE183708NB	Wolfspeed.
1805～1880MHz	420W	28V	PXAD184218FV	Wolfspeed.
1805～1880MHz	550W	32V	BLC10G18XS-551AVT	Ampleon.
1805～1990MHz	150W	28V	PXFC191507FC	Wolfspeed.
1805～1990MHz	220W	28V	PXFC192207FH	Wolfspeed.
1805～1995MHz	18W	28V	A2T18H100-25SR3	NXP Semiconductors.
1805～1995MHz	38W	28V	A2T18S166W12SR3	NXP Semiconductors.
1930～1995MHz	240W	28V	PXAC192908FV	Wolfspeed.
1800～2000MHz	25W	50V	MRFE6VS25NR1	NXP Semiconductors.
HF～2GHz	10W	50V	BLP15H9S10/G	Ampleon.
HF～2GHz	30W	50V	BLP15H9S30/G	Ampleon.
HF～2GHz	100W	50V	BLP15H9S100/G	Ampleon.
1805～2025MHz	160W	28V	BLC8G21LS-160AV	Ampleon.
1880～2025MHz	330W	28V	PXAC203302FV	Wolfspeed.
1700～2100MHz	200W	50V	BLF1721M8LS200	Ampleon.
1805～2170MHz	80W	28V	PTAC210802FC	Wolfspeed.
1805～2170MHz	55W	28V	PXAC210552FC	Wolfspeed.
2110～2170MHz	430W	28V	PXAD214218FV	Wolfspeed.
2110～2170MHz	170W	28V	PXFE211507FC	Wolfspeed.
1800～2200MHz	28W	28V	PTFC210202FC	Wolfspeed.
2110～2200MHz	400W	28V	PXAE213708NB	Wolfspeed.
2110～2200MHz	320W	28V	PXAC213308FV	Wolfspeed.
2300～2400MHz	28W	28V	A2T23H160-24SR3	NXP Semiconductors.
2300～2400MHz	50W	28V	PTAC240502FC	Wolfspeed.
2300～2400MHz	63W	30V	A3T23H300W23SR6	NXP Semiconductors.
2300～2400MHz	100W	28V	PXAC241002FC	Wolfspeed.
2300～2400MHz	150W	28V	PXAC241702FC	Wolfspeed.
2300～2400MHz	200W	28V	BLF2324M8LS200P	Ampleon.
2300～2400MHz	350W	28V	PXAC243502FV	Wolfspeed.
2400～2500MHz	30W	32V	BLF2425M9L30/LS30	Ampleon.

频率范围	输出功率	电源电压	型号	厂商
2400～2500MHz	140W	28V	BLF2425M8L140	Ampleon.
2400～2500MHz	180W	50V	ST24180	STMicroelectronics.
2400～2500MHz	250W	32V	BLC2425M10LS250	Ampleon.
2400～2500MHz	280W	28V	RF2L24280CB4	STMicroelectronics.
2400～2500MHz	300W	32V	BLC2425M8LS300P	Ampleon.
2400～2500MHz	500W	32V	BLC2425M10LS500P	Ampleon.
2515～2675MHz	240W	28V	PXAE261908NF	Wolfspeed.
2620～2690MHz	60W	28V	PXAC260602FC	Wolfspeed.
2620～2690MHz	140W	28V	PTFC261402FC	Wolfspeed.
2620～2690MHz	200W	28V	PTFC262157FH	Wolfspeed.
HF～2700MHz	10W	28V	BLP27M810	Ampleon.
100～2700MHz	20W	28V	BLP9G0722-20/20G	Ampleon
400～2700MHz	2.5W	28V	A2T27S020NR1	NXP Semiconductors.
400～2700MHz	20W	28V	BLP0427M9S20/20G	Ampleon.
700～2700MHz	15W	28V	RF2L27015CG2	STMicroelectronics.
700～2700MHz	25W	28V	RF2L27025CG2	STMicroelectronics.
900～2700MHz	10W	28V	PTFC270101M	Wolfspeed.
1805～2700MHz	1.5W	28V	AFT20S015N	NXP Semiconductors.
2.7～3.1GHz	120W	32V	BLS6G2731-120	Ampleon.
2.7～3.1GHz	130W	32V	BLS6G2731S-130	Ampleon.
HF～3.5GHz	5W	32V	BLP35M805	Ampleon.
2.7～3.5GHz	30W	32V	BLS6 G2735L-30	Ampleon.
3.1～3.5GHz	20W	32V	BLS6G3135-20	Ampleon.
3.1～3.5GHz	115W	32V	BLS9G3135L-115	Ampleon.
3.1～3.5GHz	120W	32V	BLS6G3135-120	Ampleon.
3.1～3.5GHz	200W	32V	BLS7G3135LS-200	Ampleon.
3.1～3.5GHz	400W	32V	BLS9G3135L-400	Ampleon.
2.7～3.6GHz	40W	28V	RF2L36040CF2	STMicroelectronics.
3.1～3.6GHz	20W	28V	ST36015	STMicroelectronics.
3.1～3.6GHz	75W	28V	RF2L36075CF2	STMicroelectronics.
0.7～4.2GHz	8W	28V	RF2L42008CG2	STMicroelectronics.

注：表中数据根据厂商提供的数据表资料整理。

4.4.2 88～108MHz 45W/400W 28V 功率放大器应用电路

一个采用 SD57045 LDMOS 晶体管构成的 45W 28V FM（调频）广播用功率放大器应用电路实例[82]如图 4.4.1 所示，L1、L3、L4、L7 为 50Ω 传输线，L2、L6 为 4∶1 变压器（10.7in，1/8λ，25Ω）。SD5704 在不同频率时的输入和输出阻抗见表 4.4.2。

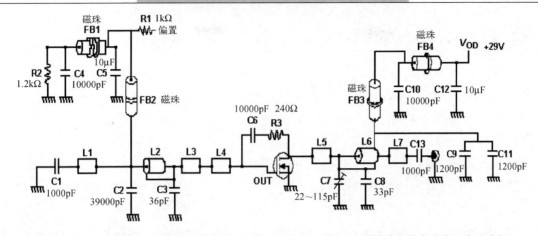

图 4.4.1 采用 SD57045 LDMOS 构成的 45W 28V FM（调频）广播用功率放大器应用电路实例

表 4.4.2 SD57045 在不同频率时的输入和输出阻抗

频率（MHz）	Z_{input}	Z_{output}
88	10.8–j7.60	7.5–j0.15
95	10.6–j8.36	7.8–j0.34
108	10.5–j9.87	8.1–j0.61

SD57045 功率放大器应用电路实例的 PCB 和元器件布局请参考 SD57045 的数据表和应用笔记。

类似产品有 RF3L05400CB4，是一款 400W 28V/32V LDMOS 晶体管，工作频率范围为 HF～1GHz，采用 LBB 封装。一个采用 RF3L05400CB4 构成的工作频率为 108MHz、$V_{DD}=$ 28V、输出功率 $P_{OUT}=$400W 的射频功率放大器应用电路实物图[83]如图 4.4.2 所示。电路原理图、元器件布局图和参数请参考 RF3L05400CB4 数据表和应用笔记。

图 4.4.2 RF3L05400CB4 应用电路模块实物图

4.4.3 1.8～400MHz 600W/1800W 65V 功率放大器应用电路

MRFX600H 是一款射频功率 LDMOS 晶体管，工作频率范围为 1.8～400MHz，输出功率为 600W（CW）@65V。MRFX600H 构成的 87.5～108MHz 功率放大器应用电路元器件布局图[84]如图 4.4.3 所示。应用电路原理图和元器件参数请参考 MRFX600H 数据表和应用笔记。

类似产品有 MRFX1K80N 射频功率 LDMOS 晶体管[85]，工作频率范围为 1.8～400MHz，输出功率为 1800W@65V，采用 OM-1230-4L 封装（MRFX1K80N）和 OM-1230G-4L 封装（MRFX1K80GN）。

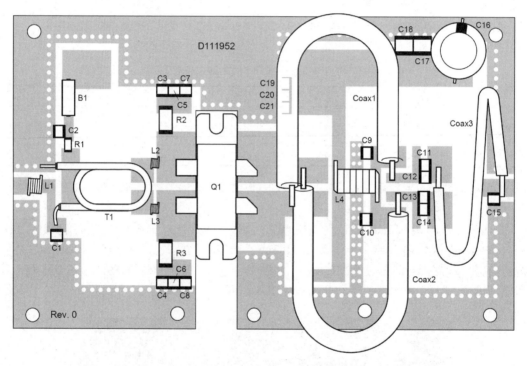

图 4.4.3 MRFX600H 构成的应用电路元器件布局图实例（@87.5～108MHz）

4.4.4 1～425MHz 1600W 55V 功率放大器应用电路

ART1K6FH 是一款射频功率 LDMOS 晶体管，工作频率范围为 1～425MHz，输出功率为 1600W@55V，采用 SOT539AN 封装。加脉冲宽度 t_p=100μs，占空比为 5%的 RF 脉冲信号，在 f =108MHz，V_{DS}=55V，I_{DQ}=50mA 条件下，输出功率 P_{OUT}=1600W，功率增益为 28dB，输入回波损耗为-16dB，漏极效率 η_D=74%。

ART1K6FH 应用电路元器件布局[86]如图 4.4.4 所示，电路原理图和元器件参数请参考 ART1K6FH 数据表和应用笔记。

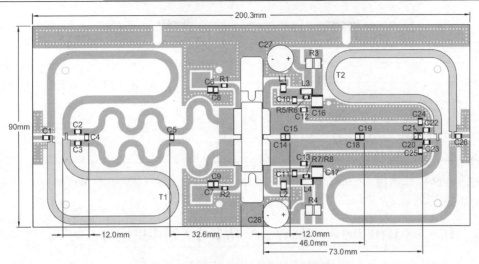

图 4.4.4 ART1K6FH 应用电路元器件布局

4.4.5 400～500MHz 8W 12.5V 功率放大器应用电路

一个采用 LDMOS 晶体管 PD55008-E 构成的功率放大器应用电路实例[87]如图 4.4.5 所示，工作频率范围为 400～500MHz，电源电压为 12.5V，输出功率为 8W，效率为 48%～54%，负载失配为 20∶1，微带线 TL1～TL7 的参数见表 4.4.3，适合 UHF 移动无线电通信使用。

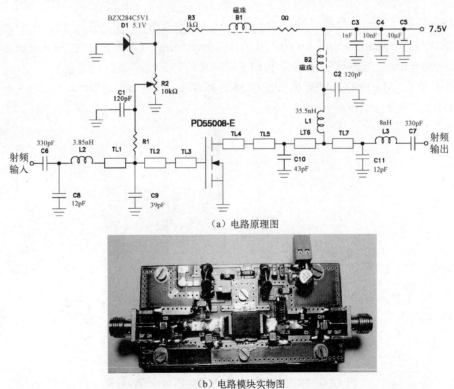

（a）电路原理图

（b）电路模块实物图

图 4.4.5 采用 LDMOS 晶体管 PD55008-E 构成的功率放大器应用电路和模块实例

表 4.4.3　图 4.4.5 所示电路中微带线 TL1～TL7 的参数

符　号	参　数
TL1, TL7	2.87mm×7mm
TL2	4.9mm×5mm
TL3, TL4	6mm×3mm
TL5	4.9mm×2.5mm
TL6	4.9mm×2.5mm

PD55008-E 功率放大器应用电路实例的 PCB 和元器件布局请参考 PD55008-E 的数据表和应用笔记。

4.4.6　HF～500MHz 300W/1700W 50V 功率放大器应用电路

BLF573/BLF573S 是一款射频功率 LDMOS 晶体管，工作频率范围为 HF～500MHz，输出功率为 300W@50V，BLF573S 采用 2 安装孔 2 引脚端 SOT502A 法兰陶瓷封装，BLF573S 采用 2 引脚端 SOT502B 无耳法兰陶瓷封装。CW 信号，在 f=225MHz，V_{DS}=50V，I_{DQ}=900mA 条件下，输出功率 P_{OUT}=300W，功率增益为 27.2dB，输入回波损耗为-13dB，漏极效率 η_D=70%。

BLF573/BLF573S 应用电路和元器件布局[88]如图 4.4.6 所示。L1 和 L2 均采用直径 1mm 漆包线绕制。L1 绕制 2 圈，线圈直径 3mm，长 2mm，两端引线长 6mm。L2 绕制 4 圈，线圈直径 2mm，长 13mm，两端引线长 5mm。L3～L8 为微带线，L3 的尺寸为 96mm×3mm，L4、L5 的尺寸为 15mm×8mm，L6 的尺寸为 105mm×6mm，L7 的尺寸为 3mm×6mm，L8 的尺寸为 12mm×6mm。元器件参数请参考 BLF573/BLF573S 数据表和应用笔记。

类似产品有 BLF189XRA/BLF189XRAS 射频功率 LDMOS 晶体管，工作频率范围为 HF～500MHz，输出功率为 1700W@50V。

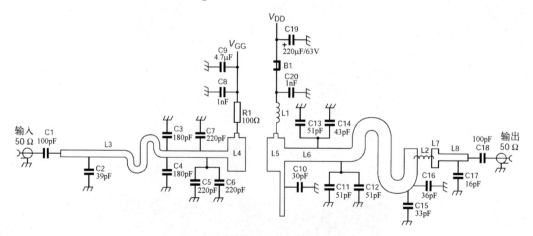

（a）AB类共源极功率放大器电路原理图

图 4.4.6　BLF573/BLF573S 应用电路和元器件布局

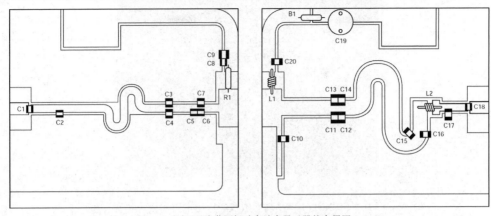

（b）AB 类共源极功率放大器元器件布局图

图 4.4.6　BLF573/BLF573S 应用电路和元器件布局（续）

4.4.7　10～512MHz 120W 28V 功率放大器应用电路

一个采用 LDMOS 晶体管 BLF645 构成的功率放大器应用电路和模块实例[89]如图 4.4.7 所示，工作频率范围为 10～512MHz，输出功率为 120W，电路指定的漏极电压为 28V；静态漏极电流 1A，增益大于或等于 22.5dB，增益平坦度为 1.8dB；输入回波损耗大于或等于 5dB，典型值为 15dB；峰值 CW 功率大于或等于 100W，典型值为 120W；100W 的效率大于或等于 50%；IMD3@100W PEP 为−30dBc。

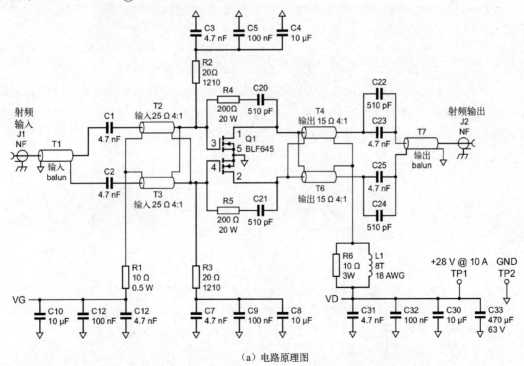

（a）电路原理图

图 4.4.7　10～512MHz 120W 功率放大器应用电路和模块实例

（b）电路模块实物图

图 4.4.7　10～512MHz 120W 功率放大器应用电路和模块实例（续）

　　T1～T7 的功能和参数见表 4.4.4。电路模块的 PCB 材料是 Taconic RF35，ε_r=3.5，厚为 0.79mm，Cu 厚度为 35μm。

表 4.4.4　T1～T7 的功能和参数

符号	参　　数	功　　能
T1	55mm UT-047 50Ω 同轴电缆+3 个 Fair-Rite 2861002402 磁芯	输入 Balun（巴伦）
T2, T3	50mm UT-047 25Ω 同轴电缆+2 个 Fair-Rite 2861002402 磁芯	4∶1 输入变压器
T4, T6	50mm UT-085C-15 15Ω 同轴电缆+Fair-Rite 2861000202 磁芯	4∶1 输出变压器
T7	80mm UT-085 50Ω 同轴电缆+2 个 Fair-Rite 2861000202 磁芯	1∶1 输出 Balun（巴伦）

　　BLF645 功率放大器应用电路实例的 PCB 和元器件布局请参考 BLF645 的数据表和应用笔记。

4.4.8　340～520MHz 10W 15V 功率放大器应用电路

　　一个采用 LDMOS 晶体管 PD85025-E 构成的功率放大器应用电路和模块实例[90]如图 4.4.8 所示，工作频率范围为 340～520MHz，电源电压为 15V，输出功率为 10W，增益为 16.5dB，负载失配为 20∶1，适合 UHF OFDM 和双向移动无线电通信使用。

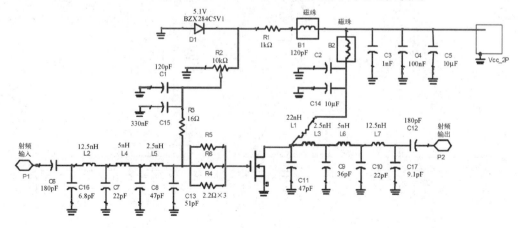

（a）电路原理图

图 4.4.8　采用 LDMOS 晶体管 PD85025-E 构成的功率放大器应用电路和模块实例

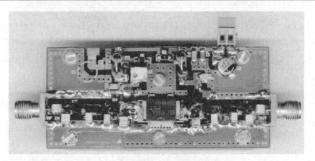

（b）电路模块实物图

图 4.4.8　采用 LDMOS 晶体管 PD85025-E 构成的功率放大器应用电路和模块实例（续）

PD85025-E 功率放大器应用电路实例的 PCB 和元器件布局请参考 PD85025-E 的数据表和应用笔记。

4.4.9　520MHz 150W 28V 功率放大器应用电路

RF3L05150CB4 是一款射频功率 LDMOS FET，工作频率范围为 HF～1GHz，输出功率为 150W@28V/32V，采用 LBB 封装。在 f=520MHz，V_{DD}=28V 条件下，输出功率 P_{OUT}=150W，功率增益为 23dB，漏极效率 η_D=60%。

RF3L05150CB4 应用电路元器件布局和实物图[91]如图 4.4.9 所示，电路原理图和元器件参数请参考 RF3L05150CB4 数据表和应用笔记。

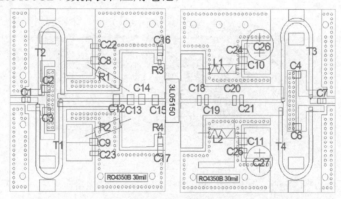

（a）元器件布局图

（b）电路模块实物图

图 4.4.9　RF3L05150CB4 应用电路元器件布局和实物图

4.4.10   460～540MHz 20W 13.6V 功率放大器应用电路

一个采用 LDMOS 晶体管 PD55025-E 构成的功率放大器应用电路和模块实例[92]如图 4.4.10 所示，电路工作频率范围为 460～540MHz，电源电压为 13.6V，电流消耗小于 1.4A，输出功率为 20W，增益为 13.3dB，效率为 51%～66%，负载失配为 20：1，微带线 TL1～TL7 的参数见表 4.4.5，适合 UHF 移动无线电通信使用。

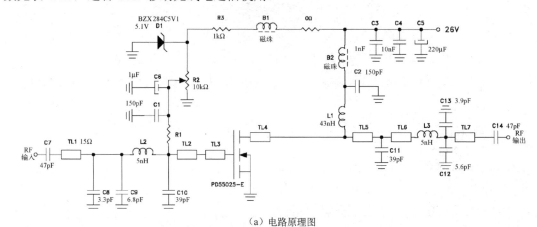

（a）电路原理图

（b）模块实物图

图 4.4.10   采用 LDMOS 晶体管 PD55025-E 构成的功率放大器应用电路和模块实例

表 4.4.5   图 4.4.10 所示电路中微带线 TL1～TL7 的参数

符　　号	参　　数
TL1, TL7	2.87mm×6mm
TL2	4.9mm×5mm
TL3, TL4	6mm×3mm
TL5	4.9mm×2.5mm
TL6	4.9mm×2.5mm

PD55025-E 功率放大器应用电路实例的 PCB 和元器件布局请参考 PD55025-E 的数据表和应用笔记。

4.4.11　650MHz 250W 28V 功率放大器应用电路

RF3L05250CB4 是一款射频功率 LDMOS FET，工作频率范围为 HF～1GHz，输出功率为 250W@28V/32V，采用 LBB 封装。在 f=650MHz，V_{DD}=28V 条件下，输出功率 P_{OUT}=200W，功率增益为 18dB，漏极效率 η_D=62%。

RF3L05250CB4 应用电路元器件布局和实物图[93]如图 4.4.11 所示，电路原理图和元器件参数请参考 RF3L05250CB4 数据表和应用笔记。

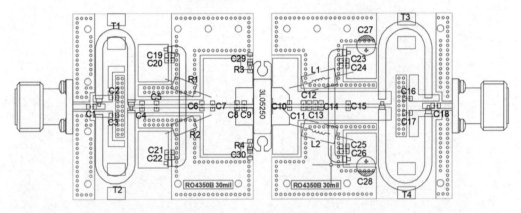

（a）电路原理图

（b）电路模块实物图

图 4.4.11　RF3L05250CB4 应用电路元器件布局和实物图

4.4.12　470～820MHz 700W 50V 功率放大器应用电路

PTVA047002EV 是一款射频功率 LDMOS FET，输出功率为 700W@50V，设计用于470～806MHz 频段的射频功率放大器，采用热增强螺栓固定法兰封装，具有优异的热性能和卓越的可靠性。在 DVB-T 信号条件下，在 130W 平均功率时，能够承受 10∶1 的 VSWR。

PTVA047002EV 的 DVB-T（8K OFDM，64 QAM）特性（在 Wolfspeed 测试夹具测试，窄带 806MHz）：V_{DD}=50V，I_{DQ}=1200mA，f=806MHz，输入 PAR=10.5dB，输出 PAR=7.8dB @ 0.01% CCDF。平均输出功率 P_{OUT}=130W，增益 G_{ps}=16.5～17.5dB，漏极效率为

24%～29%，相邻信道功率比 ACPR=29.5～25dBc。

PTVA047002EV 应用电路元器件布局图[94]如图 4.4.12 所示，应用电路和元器件参数请参考 PTVA047002EV 数据表和应用笔记。

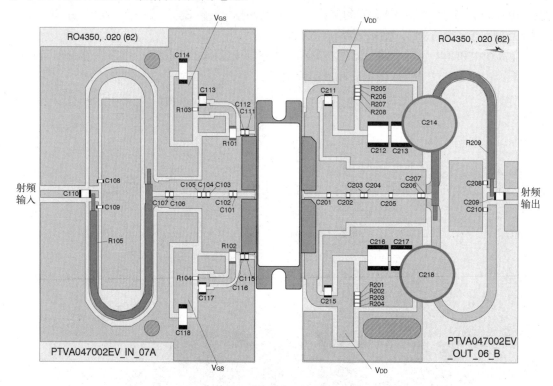

图 4.4.12　PTVA047002EV 应用电路元器件布局图

4.4.13　HF～860MHz 600W/900W 50V 功率放大器应用电路

BLF898/BLF898S 是一款射频功率 LDMOS 晶体管，工作频率范围为 HF～860MHz，输出功率为 900W@50V，BLF898 采用 2 安装孔 4 引脚端 SOT539A 法兰平衡陶瓷封装，BLF898S 采用 4 引脚端 SOT539B 无耳法兰陶瓷封装。加 DVB-T（8k OFDM）信号，在 f=800MHz，V_{DS}=50V，I_{DQ}=900mA 条件下，输出功率 P_{AVG}=180W，功率增益为 20dB，漏极效率 η_D=32%。

BLF898/BLF898S 应用电路原理图和元器件布局[95]如图 4.4.13 所示，元器件参数请参考 BLF898/BLF898S 数据表和应用笔记。

类似产品有 BLF888A/BLF888AS 射频功率 LDMOS 晶体管[96]，工作频率范围为 HF～860MHz。BLF888A 采用 2 安装孔 4 引脚端 SOT539A 法兰平衡陶瓷封装，BLF888AS 采用 4 引脚端 SOT539B 无耳法兰陶瓷封装。加 CW 信号，在 f=650MHz，V_{DS}=50V，I_{DQ}=100mA 条件下，输出功率 P_{OUT}=600W，功率增益为 20dB，漏极效率 η_D=67%。采用 BLF888 构成的 110W DVB-T UHF 射频功率放大器电路模块实物图[97]如图 4.4.14 所示。

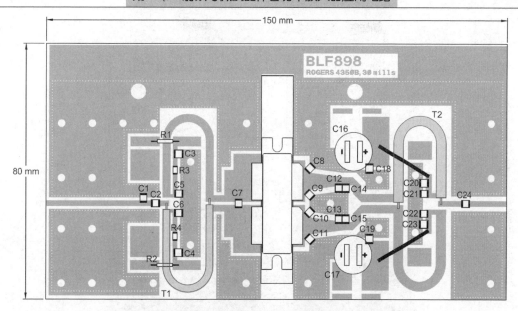

图 4.4.13　BLF898/BLF898S 应用电路原理图和元器件布局

图 4.4.14　采用 BLF888 构成的 110W 射频功率放大器电路模块实物图

4.4.14　860MHz 400W 50V 功率放大器应用电路

RF5L08350CB4 是一款射频功率 LDMOS FET，工作频率范围为 0.4～1GHz，输出功率为 400W@50V，采用 LBB 封装。在 f =860MHz，V_{DD}=50V，输出功率 P_{OUT} 为 400W 条件下，功率增益为 19dB，漏极效率 η_D=61%。

RF5L08350CB4 应用电路元器件布局和实物图[98]如图 4.4.15 所示，电路原理图和元器件参数请参考 RF5L08350CB4 数据表和应用笔记。

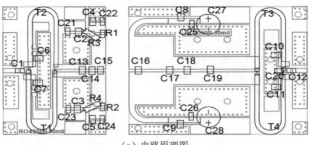

（a）电路原理图

（b）电路模块实物图

图 4.4.15　RF5L08350CB4 应用电路元器件布局和实物图

4.4.15　870MHz 6W 7.5V 功率放大器应用电路

PD84006L-E 是一款射频功率 LDMOS 晶体管，工作频率可到 1GHz。在 f=870MHz、V_{DD}=7.5V 条件下，输出功率 P_{OUT}=6W，功率增益为 13dB，漏极效率 η_D=60%。

PD84006L-E 应用电路和实物图[99]如图 4.4.16 所示，图中，TL1~TL6 为传输线，尺寸长（L）×宽（W）：TL1 为 W=0.92mm，L=13.50mm；TL2 为 W=0.92mm，L= 3.15mm；TL3 为 W=0.92mm，L=2.90mm；TL4 为 W=0.92mm，L=2.00mm；TL5 为 W=0.92mm，L=2.20mm；TL6 为 W=0.92mm，L=13.20mm；射频输入和射频输出采用 SMA-CONN（50Ω，60mil，JOHNSON 142-0701-801）。

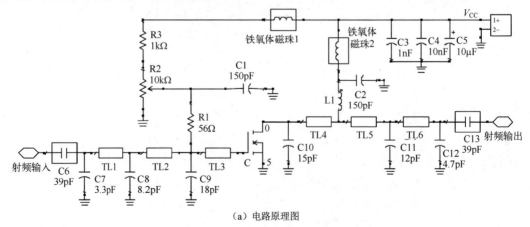

（a）电路原理图

图 4.4.16　PD84006L-E 应用电路和实物图

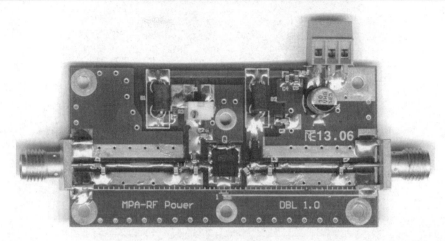

（b）电路模块实物图

图 4.4.16 PD84006L-E 应用电路和实物图（续）

元器件布局图和元器件参数请参考 PD84006L-E 数据表和应用笔记。

4.4.16 2～945MHz 250W 28V 功率放大器应用电路

ST05250 是一款射频功率 LDMOS 晶体管，工作频率范围为 HF～1GHz，采用 B4E 封装。在 f = 945MHz，V_{DD}=28V 条件下，输出功率 P_{OUT}=250W，功率增益为 13.5dB，漏极效率 η_D=52%。

ST05250 应用电路模块实物图[100]如图 4.4.17 所示，电路原理图、元器件布局图和元器件参数请参考 ST05250 数据表和应用笔记。

（a）2～130MHz电路模块实物图

图 4.4.17 ST05250 应用电路模块实物图

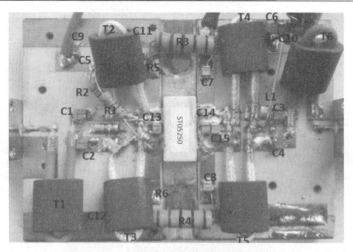

（b）30～520MHz电路模块实物图

PCB：0.762mm（0.030in）厚，ε_r = 3.48，Rogers RO4350B

（c）945MHz电路模块实物图

图 4.4.17　ST05250 应用电路模块实物图（续）

4.4.17　HF～1GHz 30W 50V 功率放大器应用电路

RF5L15030CB2 是一款射频功率 LDMOS 晶体管，工作频率范围为 HF～1.5GHz，采用 GXB 封装。在 f=1GHz、V_{DD}=50V、I_{DQ}=0.1A，CW（脉冲连续波），脉冲宽度为 100μs、占空比为 10%条件下，输出功率 P_{OUT} 为 30W，功率增益为 23.5dB，漏极效率 η_D 为 50 %，VSWR（电压驻波比）为 10∶1。

RF5L15030CB2 应用电路模块实物图[101]如图 4.4.18 所示，电路原理图和元器件参数请参考 RF5L15030CB2 数据表和应用笔记。

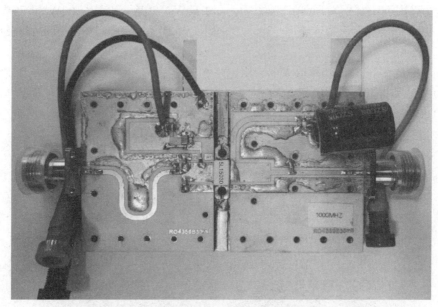

PCB：0.762mm（0.030in）厚，$\varepsilon_r = 3.48$，Rogers RO4350B，1oz铜

图 4.4.18   RF5L15030CB2 应用电路模块实物图

4.4.18   1GHz 18W/30W/45W/60W/70W 28V 功率放大器应用电路

一个采用 PD57018-E 构成的功率放大器应用电路实例[102]如图 4.4.19 所示，FB1、FB2、FB3 为磁珠，L1、L2 为电感（5 圈，#22AWG，线圈内径为 0.059in）。

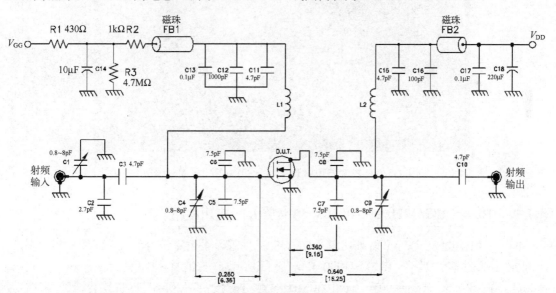

图 4.4.19   采用 PD57018-E 构成的功率放大器应用电路实例

PD57018/30/45/60/70-E 是一个射频功率 LDMOS 晶体管系列，在工作频率为 945MHz、电源电压为 28V 时，它们对应输出功率 P_{OUT} 为 18W、30W、45W、60W 和 70W，功率增益为 13～16.5dB，效率为 48%～53%，VSWR 为 10∶1。它们均采用 PowerSO-10RF 封装。

PD57018/30/45/60/70-E 功率放大器应用电路实例的 PCB 和元器件布局请参考 PD57018/30/45/60/70-E 的数据表和应用笔记。

PD57030/45/60/70-E 的应用电路设计参考 PD57018-E。注意：不同型号的 FET 应用电路的元器件参数有一些不同。

PD57006-E 是一个射频功率 LDMOS 晶体管[103]，其在工作频率为 1GHz、电源电压为 28V 时，输出功率 P_{OUT}=6W，功率增益为 15dB，效率为 50%，VSWR 为 10∶1。PD57006 采用 PowerSO-10 封装。

一个采用 PD57002-E+PD57018-E+2 个 PD57060-E 组成的射频功率放大器模块 STEVAL-TDR007V1[104]如图 4.4.20 所示，模块输出功率为 200W，工作频率为 1030MHz，输入功率为 23dBm，谐波小于-45dBc，上升和下降时间小于 100ns，电源电压为 36V。

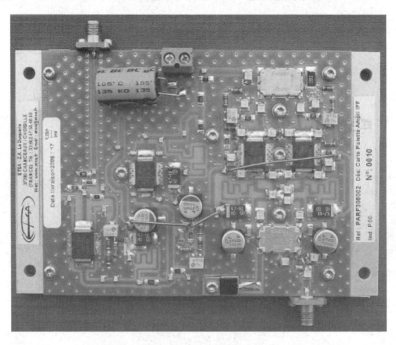

图 4.4.20   采用 PD57002-E+PD57018-E+2 x PD57060-E 组成的射频功率放大器模块

4.4.19   1030～1090MHz 900W 50V 功率放大器应用电路

PTVA101K02EV 是一个射频功率 LDMOS 晶体管，采用宽带内部输入匹配和热增强螺栓固定法兰封装，适合 1030～1090MHz 频段应用。脉冲射频特性：V_{DD}=50V，I_{DQ}= 150mA，输出功率 P_{OUT}=900W，f=1030MHz，脉冲宽度为 120μs，占空比为 10%，增益 G_{ps}=18dB，漏极效率为 65％。注：所有数据在 Wolfspeed 产品测试夹具中测量。

PTVA101K02EV 应用电路元器件布局图[105]如图 4.4.21 所示，应用电路和元器件参数请参考 PTVA101K02EV 数据表和应用笔记。

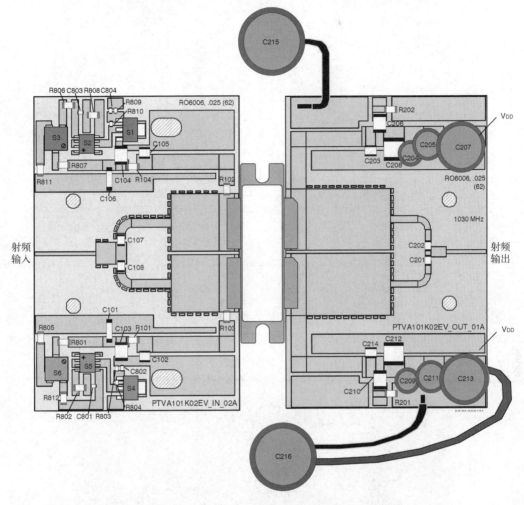

图 4.4.21　PTVA101K02EV 应用电路元器件布局图

4.4.20　960～1215MHz 250W/1200W 36V/50V 功率放大器应用电路

BLA9H0912L-1200P/BLA9H0912LS-1200P 是一款射频功率 LDMOS 晶体管，BLA9H0912L-1200P 采用 2 安装孔 4 引脚端 SOT539A 法兰平衡陶瓷封装，BLA9H0912LS-1200P 采用 4 引脚端 SOT539B 无耳法兰平衡陶瓷封装，工作频率范围为 960～1215MHz。加脉冲宽度 t_p= 50μs，占空比为 2% RF 脉冲信号，在 f=1030MHz，V_{DS}= 50V，I_{DQ}=75mA 条件下，输出功率 P_{OUT}=1200W，功率增益为 19dB，输入回波损耗为-15dB，漏极效率 η_D=60%。

BLA9H0912L-1200P/BLA9H0912LS-1200P 应用电路元器件布局[106]如图 4.4.22 所示，电路原理图和元器件参数请参考 BLA9H0912L-1200P/BLA9H0912LS-1200P 数据表和应用笔记。

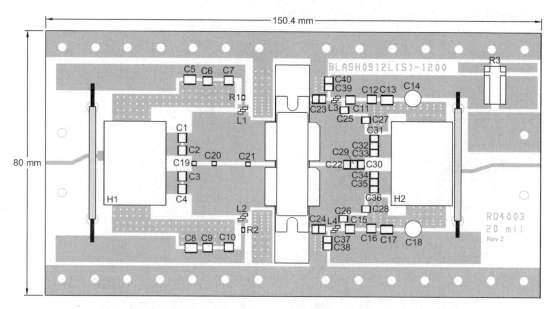

图 4.4.22   BLA9H0912L-1200P/BLA9H0912LS-1200P 应用电路元器件布局

类似产品有 STAC0912-250 射频功率 LDMOS 晶体管，工作频率范围为 960～1215MHz。在 f=960～1215MHz，V_{DD}=36V 条件下，输出功率 P_{OUT}=250W，功率增益为 16dB，漏极效率 η_D=58%。STAC0912-250 应用电路模块实物图[107]如图 4.4.23 所示，元器件布局图和元器件参数请参考 STAC0912-250 数据表和应用笔记。

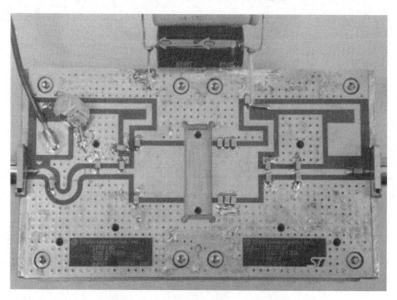

图 4.4.23   STAC0912-250 应用电路模块实物图

4.4.21   1200～1400MHz 700W 50V 功率放大器应用电路

PTVA127002EV 是一款射频功率 LDMOS 晶体管，工作频率范围为 1200～1400MHz，

采用螺栓固定法兰封装。脉冲射频特性（注：所有数据在 Wolfspeed 测试夹具中测量）：V_{DD}=50V，I_{DQ}=150mA，输出功率 P_{OUT}=700W，f=1400MHz，脉冲宽度为 300μs，占空比为 12%，增益 G_{ps}=16dB，漏极效率为 56%。

PTVA127002EV 应用电路元器件布局图[108]如图 4.4.24 所示，应用电路和元器件参数请参考 PTVA127002EV 数据表和应用笔记。

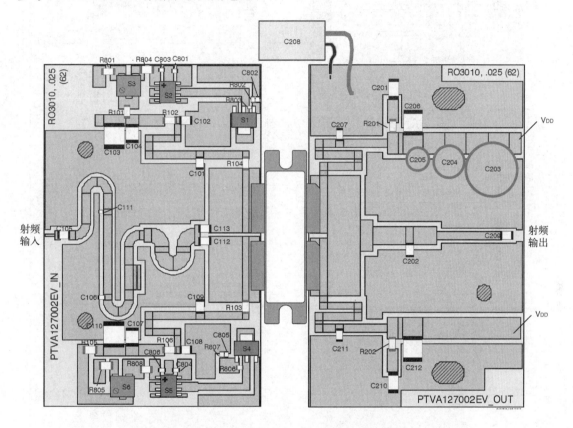

图 4.4.24　PTVA127002EV 应用电路元器件布局图

4.4.22　1450～1550MHz 250W 28V 功率放大器应用电路

BLF6G15L-250PBRN 是一款射频功率 LDMOS 晶体管，工作频率范围为 1450～1550MHz，输出功率为 250W@28V，采用 2 安装孔 8 引脚端 SOT1110A 法兰 LDMOST 陶瓷封装。测试信号：2 载波 W-CDMA：3 GPP（第 3 代合作伙伴计划），64 DPCH（Packet Data Channel，分组数据信道），5MHz，PAR= 7.5dB@ 0.01% CCDF。在 f=1476～1511MHz、V_{DS}= 28V 条件下，输出功率 P_{AVG}=60W，功率增益为 18.5dB，漏极效率 η_D=33.0%，ACPR=−32dBc。

BLF6G15L-250PBRN 构成的基站放大器应用电路元器件布局图[109]和电路模块实物图[110]如图 4.4.25 所示，电路由双向对称 Doherty 放大器（包括一个主放大器和一个峰值放大器）、输入分相器、功率合成器和自动偏置模块组成，电路原理图和元器件参数请参考 BLF6G15L-250PBRN 数据表和应用笔记。

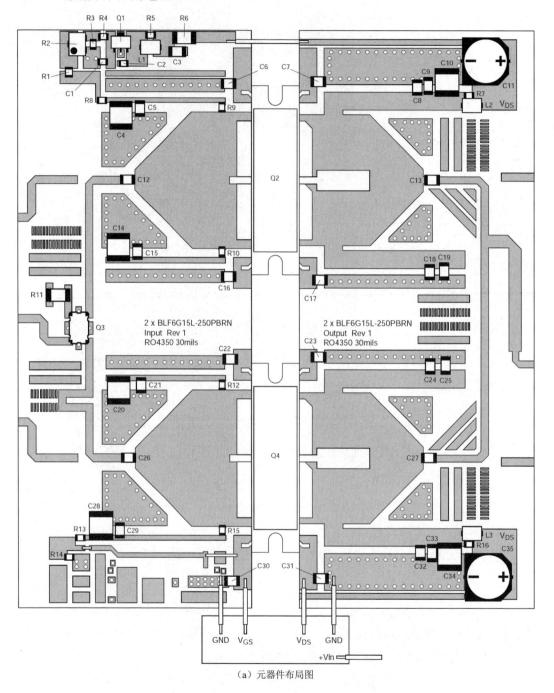

（a）元器件布局图

图 4.4.25　BLF6G15L-250PBRN 应用电路元器件布局图和实物模块图

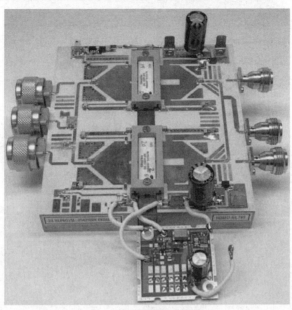

（b）应用电路模块实物图

图 4.4.25   BLF6G15L-250PBRN 应用电路元器件布局图和实物模块图（续）

4.4.23   1625MHz 80W 28V 功率放大器应用电路

RF2L16080CF2 是一款射频功率 LDMOS 晶体管，工作频率范围为 1300～1700MHz。在 f=1625MHz，V_{DD}=28V 条件下，输出功率 P_{OUT} 为 80W，功率增益为 18dB，漏极效率 η_D=57%。

RF2L16080CF2 应用电路模块实物图[111]如图 4.4.26 所示，电路原理图和元器件参数请参考 RF2L16080CF2 数据表和应用笔记。

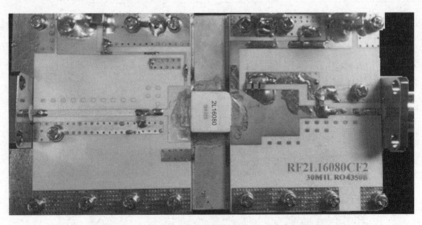

图 4.4.26   RF2L16080CF2 应用电路模块实物图

4.4.24   2300～2400MHz 100W 28V 功率放大器应用电路

PXAC241002FC 是一款射频功率 LDMOS FET，工作频率范围为 2300～2400MHz，输出功率为 100W@28V，采用输入端和输出端内部匹配设计，热增强无耳法兰封装。典型脉冲连续波（CW）性能：2400MHz，28V，Doherty 结构，脉冲宽度为 160μs，占空比为 10%，增益为 13.3dB，P_{1dB} 的输出功率为 34W，P_{3dB} 的输出功率为 81W，效率为 53%，10：1 VSWR@28V 80W（CW）输出功率。注：所有数据在 Wolfspeed 产品测试夹具中测量。

PXAC241002FC 应用电路元器件布局图[112]如图 4.4.27 所示，应用电路和元器件参数请参考 PXAC241002FC 数据表和应用笔记。

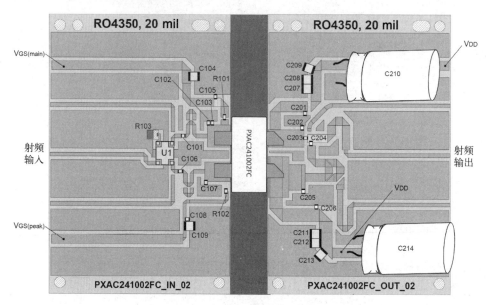

图 4.4.27　PXAC241002FC 应用电路元器件布局图

4.4.25　2350～2500MHz 180W 32V 功率放大器应用电路

ST24180 是一款射频功率 LDMOS 晶体管，工作频率范围为 2300～2500MHz。在 $f =$ 2350MHz，V_{DD}=50V 条件下，输出功率 P_{OUT}=180W，功率增益为 15.3dB，漏极效率 η_D=48%。

ST24180 应用电路实物图[113]如图 4.4.28 所示，电路原理图和元器件参数请参考 ST24180 数据表和应用笔记。

图 4.4.28　ST24180 应用电路模块实物图

4.4.26　2400～2500MHz 280W 28V 功率放大器应用电路

RF2L24280CB4 是一款射频功率 LDMOS 晶体管，工作频率范围为 2400～2500MHz。在 f=2450MHz，V_{DD}=28V 条件下，输出功率 P_{OUT}=280W，功率增益为 13dB，漏极效率 η_D=60%。

RF2L24280CB4 应用电路模块实物图[114]如图 4.4.29 所示，电路原理图、元器件布局图和元器件参数请参考 RF2L24280CB4 数据表和应用笔记。

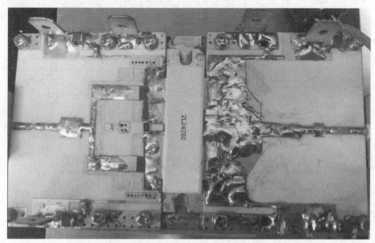

PCB：0.762mm（0.030in）厚，ε_r = 3.48，Rogers RO4350B

图 4.4.29　RF2L24280CB4 应用电路模块实物图

4.4.27　3.1～3.6GHz 75W 28V 功率放大器应用电路

RF2L36075CF2 是一款射频功率 LDMOS 晶体管，工作频率范围为 3.1～3.6GHz。在 f = 3500MHz，V_{DD}=28V 条件下，输出功率 P_{OUT}=75W，功率增益为 12.5dB，漏极效率 η_D=45%。

RF2L36075CF2 应用电路元器件布局图和模块实物图[115]如图 4.4.30 所示，电路原理图和元器件参数请参考 RF2L36075CF2 数据表和应用笔记。

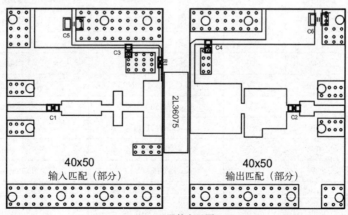

（a）元器件布局图

图 4.4.30　RF2L36075CF2 应用电路元器件布局图和模块实物图

PCB：0.508mm（0.020in）厚，$\varepsilon_r = 3.48$，Rogers RO4350B，1oz铜

（b）电路模块实物图

图 4.4.30   RF2L36075CF2 应用电路元器件布局图和模块实物图（续）

4.5   射频与微波 GaN 晶体管功率放大器应用电路实例

4.5.1   厂商推荐使用的一些射频与微波 GaN 晶体管

厂商推荐使用的一些射频与微波 GaN 晶体管如表 4.5.1 所示。

表 4.5.1   厂商推荐使用的一些射频与微波 GaN 晶体管

频率范围	输出功率	电源电压	型号	厂商
960～1215MHz	1300W	65V	MAPC-A1501	M/A-COM Technology Solutions Inc.
1000～1100MHz	700W	50V	MAGX-101011-700E00	M/A-COM Technology Solutions Inc.
1030～1090MHz	1600W	50V	1011GN-1600VG	Microsemi Corporation.
1030～1090MHz	250W	50V	1011GN-250E/EL	Microsemi Corporation.
200～2100MHz	100W	50V	CLF1G0035-100	NXP Semiconductors
2110～2170MHz	300W	48V	RFG1M2018×2	RF Micro Devices Inc.
1.8～2.2GHz	180W	48V	RFG1M20180	RF Micro Devices Inc.
1800～2200MHz	36W	48V	A2G22S190-01SR3	NXP Semiconductors.
1805～2200MHz	48W	48V	A2G22S251-01SR3	NXP Semiconductors.
1805～2200MHz	107W	48V	A3G18H500-04SR3	NXP Semiconductors.
1.8～2.3GHz	120W	28V	CGH21120F	Wolfspeed.
1.8～2.3GHz	240W	28V	CGH21240F	Wolfspeed.
2300～2400MHz	80W	48V	A3G23H500W17S	NXP Semiconductors.
2.4～2.5GHz	300W	50V	MAGE-102425-300S00	M/A-COM Technology Solutions Inc.
2490～2690MHz	250W	48V	GTRA262802FC	Wolfspeed.
2490～2690MHz	370W	48V	GTRA263902FC	Wolfspeed.
2490～2690MHz	50W	48V	A2G26H281-04SR3	NXP Semiconductors.

续表

频率范围	输出功率	电源电压	型号	厂商
2490~2690MHz	80W	48V	A3G26H502W17S	NXP Semiconductors.
2620~2690MHz	300W	48V	GTVA262711FA	Wolfspeed.
0.5~2.7GHz	5W	50V	CMPA0527005F	Wolfspeed.
DC~2700MHz	2W	50V	MAGX-100027-002S0P	M/A-COM Technology Solutions Inc.
DC~2700MHz	15W	50V	MAGX-100027-015S0P	M/A-COM Technology Solutions Inc.
DC~2700MHz	50W	50V	MAGX-100027-050C0P	M/A-COM Technology Solutions Inc.
DC~2700MHz	100W	50V	MAGX-100027-100C0P	M/A-COM Technology Solutions Inc.
DC~2700MHz	300W	50V	MAGX-100027-300C0P	M/A-COM Technology Solutions Inc.
2.1~2.7GHz	125W	28V	NPT25100	M/A-COM Technology Solutions Inc.
2.3~2.7GHz	8W	48V	MAGB-102327-010B0P	M/A-COM Technology Solutions Inc.
2.3~2.7GHz	10W	48V	MAGB-102327-012B0P	M/A-COM Technology Solutions Inc.
DC~3.0GHz	23W	28V	NPT25015	M/A-COM Technology Solutions Inc.
2.7~3.1GHz	240W	28V	CGH31240F	Wolfspeed.
2.7~3.1GHz	500W	28V	CGHV31500F	Wolfspeed.
DC~3.5GHz	50W	50V	CLF1G0035-50	Ampleon.
DC~3.5GHz	100W	50V	CLF1G0035-100	Ampleon.
DC~3.5GHz	200W	50V	CLF1G0035-200P	Ampleon.
30~3500MHz	15W	50V	MAPC-S1000	M/A-COM Technology Solutions Inc.
DC~3.5GHz	85W	50V	MAPC-A1101	M/A-COM Technology Solutions Inc.
DC~3.5GHz	150W	50V	MAPC-A1102	M/A-COM Technology Solutions Inc.
3400~3600MHz	200W	48V	GTRA362002FC	Wolfspeed.
3400~3600MHz	280W	48V	GTRA362802FC	Wolfspeed.
3400~3600MHz	400W	48V	GTRA364002FC	Wolfspeed.
3400~3600MHz	14W	48V	A3G35H100-04SR3	NXP Semiconductors.
3400~3600MHz	32W	48V	A2G35S160-01SR3	NXP Semiconductors.
3400~3600MHz	40W	48V	A2G35S200-01SR3	NXP Semiconductors.
3600~3800MHz	400W	48V	GTRA384802FC	Wolfspeed.
3600~3800MHz	450W	48V	GTRA374902FC	Wolfspeed.
3.3~3.8GHz	18W	28V	NPT35015	M/A-COM Technology Solutions Inc.
3.3~3.8GHz	50W	48V	MAGB-103338-050S0P	M/A-COM Technology Solutions Inc.
3.3~3.9GHz	15W	28V	CGH35015	Wolfspeed.
3.3~3.9GHz	30W	28V	CGH35030F	Wolfspeed.
DC~4.0GHz	25W	28V	NPTB00025	M/A-COM Technology Solutions Inc.
3.3~4.0GHz	5W	48V	MAGB-103440-005B0P	M/A-COM Technology Solutions Inc.
3.3~4.0GHz	10W	48V	MAGB-103440-010B0P	M/A-COM Technology Solutions Inc.
3.3~4.0GHz	15W	48V	MAGB-103340-015B0P	M/A-COM Technology Solutions Inc.

续表

频率范围	输出功率	电源电压	型号	厂商
3.4~4GHz	50W	50V	MAPC-A2002	M/A-COM Technology Solutions Inc.
3700~4100MHz	235W	48V	GTRA412852FC	Wolfspeed.
4.4~5.0GHz	5W	48V	MAGB-104550-005B0P	M/A-COM Technology Solutions Inc.
4.4~5.0GHz	15W	50V	MAGB-104450-015B0P	M/A-COM Technology Solutions Inc.
5.2~5.9GHz	60W	50V	MAPC-S1504	M/A-COM Technology Solutions Inc.
6.0GHz	25W	28V	CG2H40025	Wolfspeed.
DC~6.0GHz	4W	28V	MAGX-011086A	M/A-COM Technology Solutions Inc.
DC~6.0GHz	5W	28V	NPTB00004B	M/A-COM Technology Solutions Inc.
DC~6.0GHz	10W	50V	CLF1G0060-10	Ampleon.
DC~6.0GHz	30W	50V	CLF1G0060-30	Ampleon.
DC~12GHz	15W	50V	MAPC-S1101	M/A-COM Technology Solutions Inc.

注：表中数据根据厂商提供的数据表资料整理。

4.5.2　960~1215MHz 1000W/1300W 50V/65V 功率放大器应用电路

MAPC-A1501 是一款 GaN HEMT 射频功率放大器[116]，工作频率范围为 960~1215MHz，输出功率为 1300W（61.1dBm @65V）和 1000W（60.0dBm@50V）。在频率 f=1215GHz、V_{DS}=65V、I_{DQ}=650mA 条件下，输出功率 P_{OUT}=61.9dBm，增益 G=18.8dB，漏极效率 η_D=71.0%。

一个采用 MAPC-A1501 构成的功率放大器电路（1.03~1.09GHz）如图 4.5.1 所示，应用电路元器件布局和元器件参数请参考 MAPC-A1501 数据表和应用笔记。

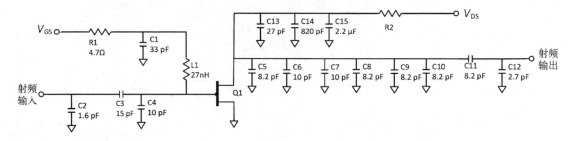

图 4.5.1　MAPC-A1501 构成的功率放大器电路（1.03~1.09GHz）

4.5.3　200~2100MHz 100W 50V 功率放大器应用电路

一个采用 CLF1G0035-100/CLF1G0035S-100 构成的 200~2100MHz 宽带功率放大器应用电路[117]如图 4.5.2 所示，工作频率范围为 200~2100MHz。对于 1-Tone CW 信号，在 V_{DS}=50V，I_{Dq}=300mA 条件下，输出功率为 100W，功率增益为 10.8~14.2dB，漏极效率为 46.4%~61.6%。

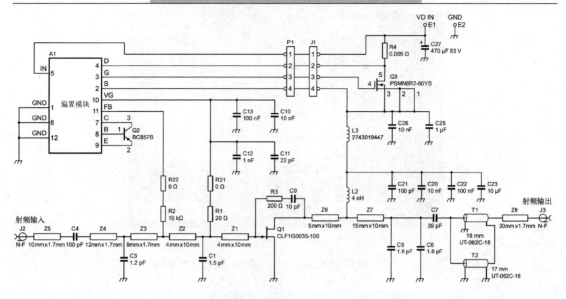

图 4.5.2   CLF1G0035-100/CLF1G0035S-100 应用电路实例

CLF1G0035-100/CLF1G0035S-100 功率放大器应用电路实例的 PCB 和元器件布局请参考 CLF1G0035-100/CLF1G0035S-100 的数据表和应用笔记。

4.5.4   2110～2170MHz 300W 48V 功率放大器应用电路

一个采用两只 RFG1M20180 构成的对称 Doherty 放大器电路和模块实例[118]如图 4.5.3 所示，工作频率范围为 2110～2170MHz，电源电压为 48V，输出功率峰值为 300W。

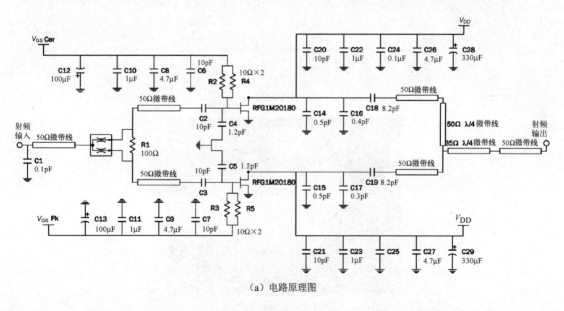

（a）电路原理图

图 4.5.3   采用两只 RFG1M20180 构成的对称 Doherty 放大器电路和模块实例

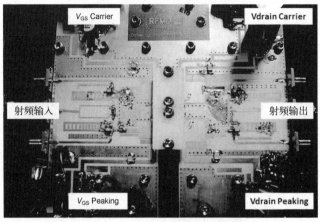

（b）模块实物图

图 4.5.3　采用两只 RFG1M20180 构成的对称 Doherty 放大器电路和模块实例（续）

4.5.5　1.8～2.2GHz 180W 48V 功率放大器应用电路

一个采用 RFG1M20180 构成的 1.8～2.2GHz 180W 功率放大器应用电路和模块实例[119]如图 4.5.4 所示，电路在 48V 电源电压工作时（加 48V 到 VD 引脚端，加-5V 到 VG 引脚端），输出功率 P_{OUT}=45.5dBm，增益为 15dB，漏极效率为 31%，ACP=-38dBc，工作温度范围为-25～85℃。

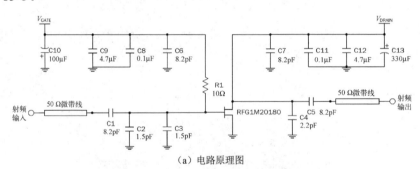

（a）电路原理图

（b）电路模块实物图

图 4.5.4　RFG1M20180 构成的功率放大器应用电路和模块实例

　　PCB 材料选择 Taconic RF-35，板芯厚度为 0.020in，覆铜厚度为 1.0oz，相对介电常数为 3.5@1.9GHz，损耗系数为 0.0018@1.9GHz。

　　RFG1M20180 功率放大器应用电路实例的 PCB 和元器件布局请参考 RFG1M20180 的数据表和应用笔记。

4.5.6　1.8～2.3GHz 240W 28V 功率放大器应用电路

　　CGH21240F 是一款射频功率 GaN HEMT，适合 1.8～2.3GHz 频段的射频功率放大应用。工作电源电压为 28V 时，输出功率为 240W，增益为 15dB，效率为 33%，ACLR（相邻频道泄漏比）为−35dBc，采用 6 引线陶瓷/金属法兰封装。

　　CGH21240F 应用电路和电路模块实物图[120]如图 4.5.5 所示，元器件布局图和元器件参数请参考 CGH21240F 数据表和应用笔记。

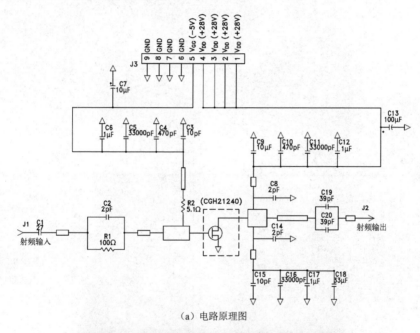

（a）电路原理图

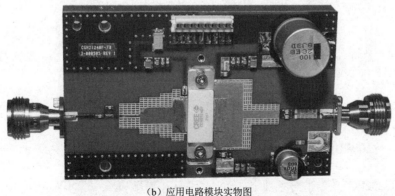

（b）应用电路模块实物图

图 4.5.5　CGH21240F 应用电路和实物图

4.5.7　2300～2400MHz 80W 48V 功率放大器应用电路

A3G23H500W17S 是一款射频功率 GaN 晶体管,工作频率为 2300～2400MHz,输出功率为 80W,电源电压为 48V,采用 Doherty 结构,NI-780S-4S2S 封装。典型 Doherty 单载波 W-CDMA 性能时,V_{DD}=48V(DC),I_{DQ}=200mA,V_{GSB}=−5.0V(DC),输出功率 P_{out}=80W,输入信号 PAR=9.9dB @概率 0.01% CCDF。注:所有数据在器件焊接至散热器的夹具中测量。

A3G23H500W17S 应用电路元器件布局图[121]如图 4.5.6 所示,应用电路和元器件参数请参考 A3G23H500W17S 数据表和应用笔记。

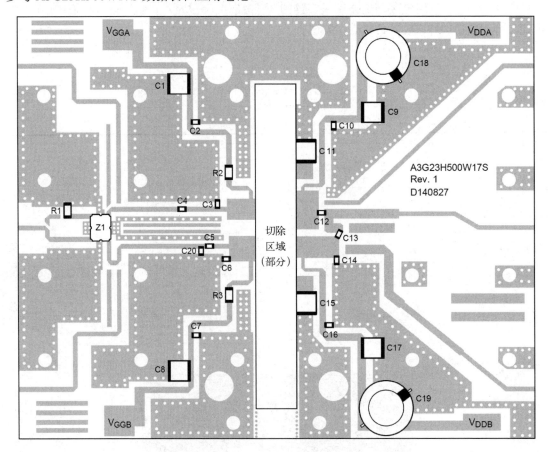

图 4.5.6　A3G23H500W17S 应用电路元器件布局图

4.5.8　2490～2690MHz 250W 48V 功率放大器应用电路

GTRA262802FC 是一款射频功率 GaN HEMT,输出功率为 250W@48V,适合 2490～2690MHz 频段的多标准蜂窝功率放大器应用。采用宽带内部输入匹配,Doherty 设计,热增强无耳法兰封装。典型脉冲连续波(CW)性能:16μs 脉冲宽度,10%占空比,2605MHz,

48V，Doherty 结构，增益为 14.4dB，效率为 62%，P_{3dB}=250W，10：1 VSWR@48V，38W（CW）输出功率。

GTRA262802FC 应用电路元器件布局图[122]如图 4.5.7 所示，应用电路和元器件参数请参考 GTRA262802FC 数据表和应用笔记。

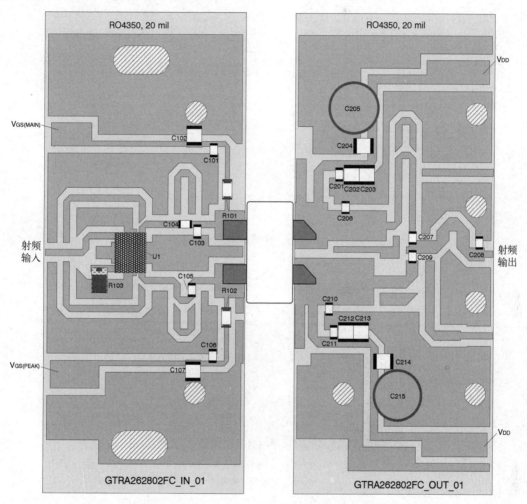

图 4.5.7　GTRA262802FC 应用电路元器件布局图

4.5.9　0.5～2.7GHz 5W 50V 功率放大器应用电路

CMPA0527005F 是一款射频功率 GaN HEMT，适合 0.5～2.7GHz 频段的射频功率放大应用。采用输入端内部匹配为 50Ω，在输出端与 50Ω 不匹配的设计。工作电源电压为 50V，输出功率为 5W，小信号增益为 20dB，效率为 50%，采用 6 引线法兰封装。

CMPA0527005F 应用电路和电路模块实物图[123]如图 4.5.8 所示，元器件布局图和元器件参数请参考 CMPA0527005F 数据表和应用笔记。

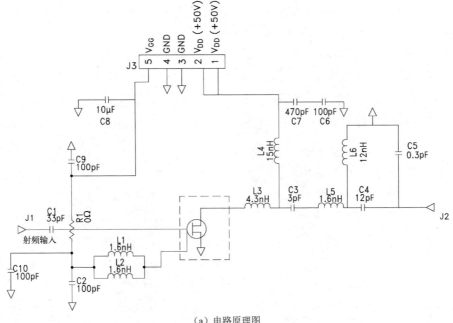

（a）电路原理图

（b）应用电路模块实物图

图 4.5.8　CMPA0527005F 应用电路和电路模块实物

4.5.10　2.7～3.1GHz 240W 28V 功率放大器应用电路

CGH31240F 是一款射频功率 GaN HEMT，适合 2.7～3.1GHz 频段的射频功率放大应用。输入端和输出端内部匹配为 50Ω，电源电压为 28V，输出功率为 240W，增益为 12dB，效率为 60%，采用 6 引线陶瓷/金属法兰封装。

CGH31240F 应用电路和电路模块实物图[124]如图 4.5.9 所示，元器件布局图和元器件参数请参考 CGH31240F 数据表和应用笔记。

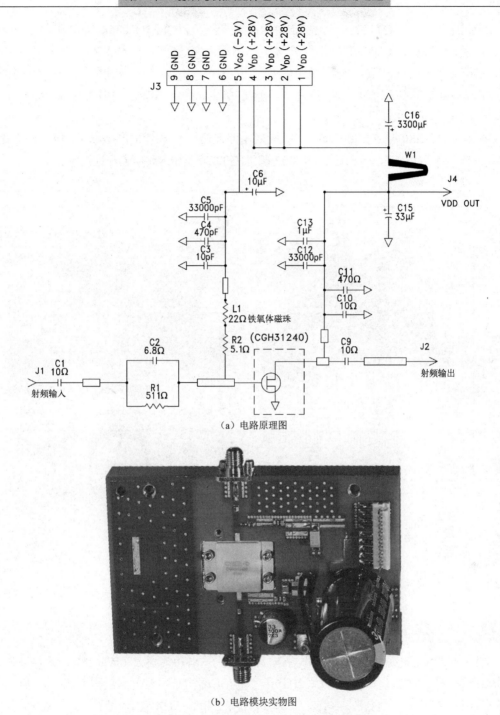

（a）电路原理图

（b）电路模块实物图

图 4.5.9 CGH31240F 应用电路和电路模块实物图

4.5.11 DC～3.5GHz 200W 50V 功率放大器电路

CLF1G0035-200P/CLF1G0035S-200P 是一款射频功率 GaN HEMT，CLF1G0035-200P 采

用 2 安装孔 4 引脚端 SOT1228A 法兰 LDMOST 陶瓷封装，CLF1G0035S-200P 采用 2 引脚端 SOT1228B 无耳法兰 LDMOST 陶瓷封装，工作频率范围为 DC～3.5GHz，输出功率为 200W@50V。测试信号：脉冲宽度 t_p=100μs，占空比为 10%，RF 脉冲信号。在 f =1700～2300MHz、V_DS=50V、I_DQ=300mA 条件下，输出功率 P_OUT=200W，功率增益为 14.0dB，漏极效率 η_D=51%。

CLF1G0035-200P/CLF1G0035S-200P 应用电路元器件布局[125]如图 4.5.10 所示，电路原理图和元器件参数请参考 CLF1G0035-200P/CLF1G0035S-200P 数据表和应用笔记。

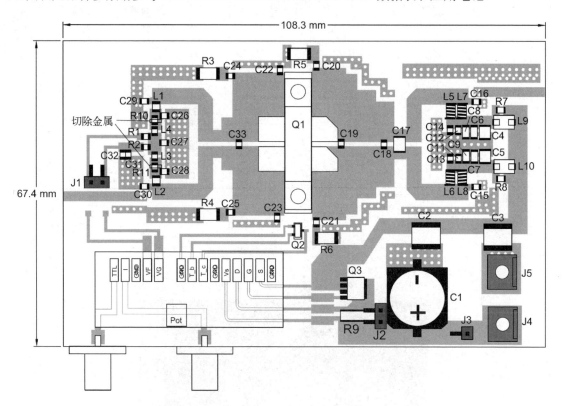

图 4.5.10　CLF1G0035-200P/CLF1G0035S-200P 应用电路元器件布局

4.5.12　3.4～3.6GHz 280W 48V 功率放大器应用电路

GTRA362802FC 是一个射频功率 GaN HEMT，输出功率为 280W@48V，适合 3400～3600MHz 频段的多标准蜂窝功率放大器应用。采用内部输入匹配，非对称 Doherty 设计，热增强无耳法兰封装。典型脉冲连续波（CW）性能：3400～3600MHz，脉冲宽度为 10μs，占空比为 10%，48V，增益=15dB，效率=60%，P_3dB=280W，10∶1 VSWR@48V 44W（CW）输出功率。

GTRA362802FC 应用电路元器件布局图[126]如图 4.5.11 所示，应用电路和元器件参数请参考 GTRA362802FC 数据表和应用笔记。

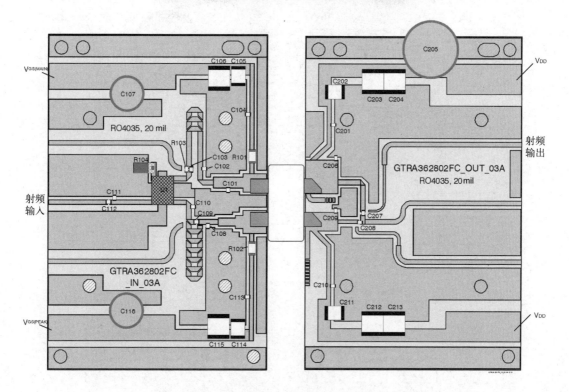

图 4.5.11　GTRA362802FC 应用电路元器件布局图

4.5.13　3.6～3.8GHz 400W 48V 功率放大器应用电路

GTRA384802FC 是一款射频功率 GaN HEMT，采用内部输入端和输出端匹配，热增强无耳法兰封装，输出功率为 400W@48V，适合 3600～3800MHz 频段的多标准蜂窝功率放大器应用。典型脉冲连续波（CW）性能：3800MHz，48V，脉冲宽度为 10μs，占空比为 10%，增益为 12dB，效率为 62%，输出功率为 400W，10∶1 VSWR@48V，63W（WCDMA）输出功率。

GTRA384802FC 应用电路元器件布局图[127]如图 4.5.12 所示，应用电路和元器件参数请参考 GTRA384802FC 数据表和应用笔记。

4.5.14　3.3～3.9GHz 30W 28V 功率放大器应用电路

CGH35030F 是一款射频功率 GaN HEMT，工作频率范围为 3.3～3.9GHz，工作电源电压为 28V，输出功率为 30W，小信号增益为 12dB，4.0W P_{AVE} <2.0% EVM，效率为 25%@4.0W P_{AVE}，采用 6 引线陶瓷/金属法兰封装。

CGH35030F 应用电路模块实物图[128]如图 4.5.13 所示，元器件布局图和元器件参数请参考 CGH35030F 数据表和应用笔记。

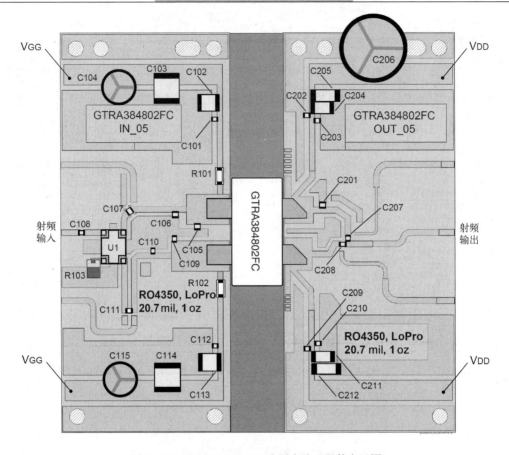

图 4.5.12　GTRA384802FC 应用电路元器件布局图

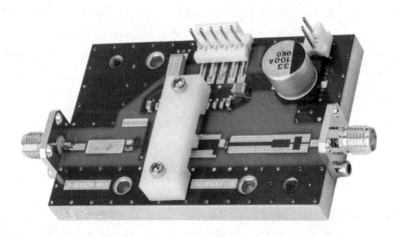

图 4.5.13　CGH35030F 应用电路模块实物图

4.5.15　DC～4GHz 25W 28V 功率放大器应用电路

NPTB00025 是一款射频功率 GaN 晶体管，输出功率为 25W@28V，工作频率范围

DC～4GHz，采用金属陶瓷封装。在频率 f=3GHz，V_{DS}=28V，I_{DQ}=225mA 条件下，输出功率 P_{1dB}=21W，输出功率 P_{3dB}=25W，小信号增益 G_{SS}=13.5dB，漏极效率 η_D=65%，VSWR = 10∶1。

一个采用 NPTB00025 构成的工作频率为 3000MHz 的射频功率放大器电路图[129]如图 4.5.14 所示，PCB 采用 Taconic，RF35，ε_r=3.5，t=30mil，应用电路元器件布局和元器件参数请参考 NPTB00025 数据表和应用笔记。

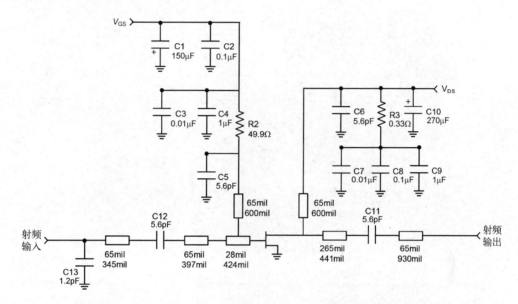

图 4.5.14　NPTB00025 构成的工作频率为 3000MHz 的射频功率放大器电路

4.5.16　3700～4100MHz 235W 48V 功率放大器应用电路

GTRA412852FC 是一个射频功率 GaN HEMT，输出功率为 235W@48V，适合 3700～4100MHz 频段的多标准蜂窝功率放大器应用。采用内部输端和输出端匹配，热增强无耳法兰封装。典型脉冲连续波（CW）性能：4100MHz，48V，100μs 脉冲宽度，10%占空比，增益=10dB，效率=45%，输出功率 P_{3dB}=235W，10∶1 VSWR@48V，30W（WCDMA）输出功率。

GTRA412852FC 应用电路元器件布局图[130]如图 4.5.15 所示。应用电路和元器件参数请参考 GTRA412852FC 数据表和应用笔记。

4.5.17　5.2～5.9GHz 60W 50V 功率放大器应用电路

MAPC-S1504 是一款射频功率 GaN HEMT，输出功率为 60W（47.8dBm）@50V，工作频率范围为 5.2～5.9GHz。在频率 f=5.6GHz，V_{DS}=50V，I_{DQ}=170mA 条件下，输出功率 P_{OUT}=48.4dBm，增益 G= 13.9dB，漏极效率 η_D=50.5%。

一个采用 MAPC-S1504 构成的功率放大器电路图[131]如图 4.5.16 所示，应用电路元器件布局和元器件参数请参考 MAPC-S1504 数据表和应用笔记。

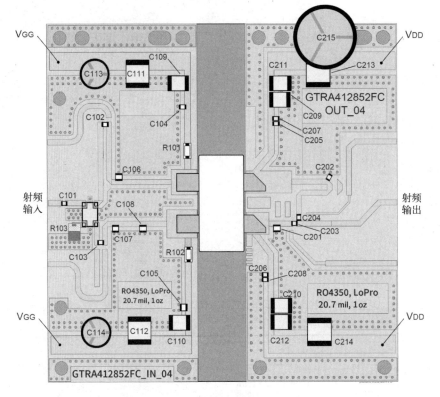

图 4.5.15　GTRA412852FC 应用电路元器件布局图

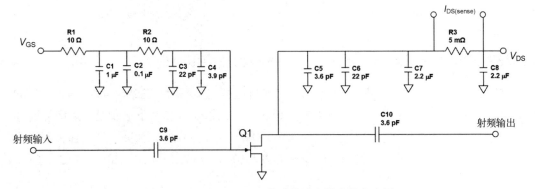

图 4.5.16　MAPC-S1504 构成的功率放大器电路图

4.5.18　DC～6GHz 25W 28V 功率放大器应用电路

CG2H40025 是一款射频功率 GaN HEMT，输出功率为 25W@28V，适合高达 6GHz 的射频功率放大应用。工作电源电压为 28V，饱和输出功率 P_{SAT}=30W，小信号增益为 17dB@2.0GHz，小信号增益为 12dB@4.0GHz，效率为 70%@P_{SAT}，采用螺栓固定法兰封装。

CG2H40025 应用电路[132]如图 4.5.17 所示。元器件布局图和元器件参数请参考 CG2H40025 数据表和应用笔记。

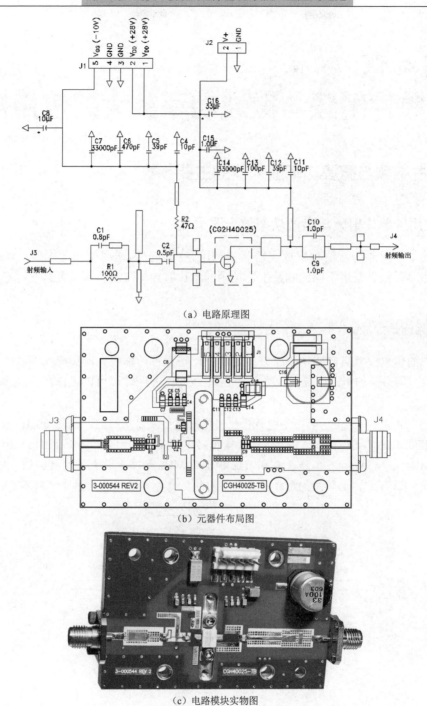

（a）电路原理图

（b）元器件布局图

（c）电路模块实物图

图 4.5.17　CG2H40025 应用电路

第 5 章
单片射频与微波功率放大器应用电路

5.1　单片射频与微波功率放大器的主要参数

5.1.1　常用的单片射频与微波功率放大器类型

常用的单片射频与微波功率放大器类型按用途可以分为通用型和专用型，输出功率在 mW 级或者 W 级。采用不同的制造工艺技术的单片射频与微波功率放大器在性能上有较大差异。

1. 通用型单片射频与微波功率放大器

通用型的单片射频与微波功率放大器通常是一些宽带功率放大器集成电路芯片，内部集成了功率放大器必需的电路，通过改变外部连接的 LC 等元件，可以工作在不同的频段（频率范围）。

〖举例〗 SGA-6486 是一个功率增益模块，输入端和输出端内部匹配到 50Ω，工作频率范围为 0～1800MHz，采用单电源电压工作，输出功率为 21.0dBm（@f=850MHz）和 18.5dBm（@f=1950MHz）。SGA-6486 工作在 900MHz 和 1900MHz 的功率放大器电路实例[133]如图 5.1.1 所示。从图 5.1.1 可见，电路结构形式是完全相同的，仅外部连接的元器件参数不同。

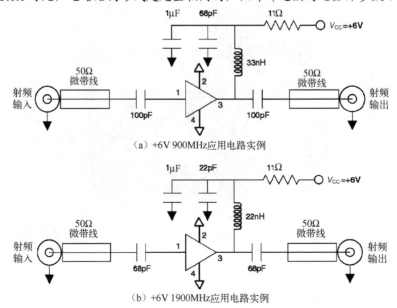

（a）+6V 900MHz 应用电路实例

（b）+6V 1900MHz 应用电路实例

图 5.1.1　SGA-6486 工作在 900MHz 和 1900MHz 的功率放大器电路实例

〖举例〗　RF5110G 是一个高功率、高增益和高效率的功率放大器芯片，工作频率范围为 150～960MHz，采用 2.8～3.6V 单电源供电，输出功率为 32dBm，效率为 53%。RF5110G 工作在 150MHz、865MHz 和 902～928MHz ISM 频段的功率放大器电路实例[134]如图 5.1.2 所示。从图 5.1.2 可见，电路结构形式是完全相同的，仅外部连接的元件参数不同。芯片外部连接的元件可以分为两种：一是连接到芯片各电源引脚端由 LC 组成的滤波电路，二是连接到射频输入端和射频输出端的匹配电路。

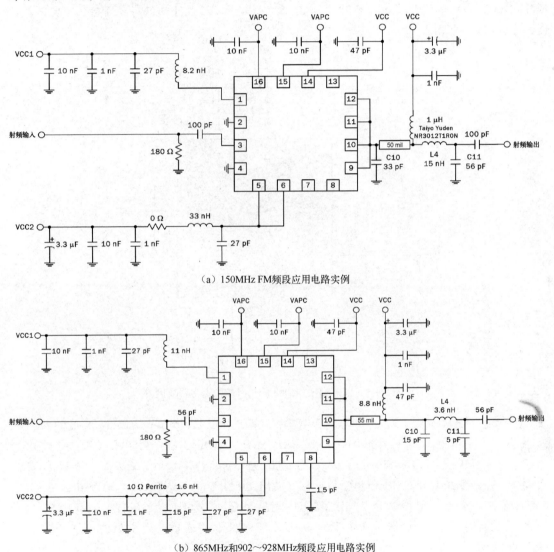

（a）150MHz FM频段应用电路实例

（b）865MHz和902～928MHz频段应用电路实例

图 5.1.2　RF5110G 工作在 150MHz、865MHz 和 902～928MHz ISM 频段的功率放大器电路实例

2. 专用型单片射频与微波功率放大器

专用型单片射频与微波功率放大器是为一些无线应用领域设计的功率放大器集成电路芯片，内部集成了该无线应用领域功率放大器必须的电路，仅需要连接少量的几个外部元件，

就可以满足工作要求，如 802.11a/b/g/n WLAN、WiMAX、WiFi、LTE、蓝牙等应用领域的功率放大器集成电路芯片。

〖举例〗 MGA22003 是一个工作频率范围为 2.3～2.7GHz，适合 WiMAX 范围 WiFi 应用的功率放大器模块。在工作频率为 2.5GHz 时，增益为 35dB；在 16QAM WiMAX，电源电压为 3.3V 和电源电流为 512mA 工作条件下，输出功率为 25dBm；PAE 为 18%；在输出功率为 25dBm，16QAM WiMAX 的 EVM 小于−32dB（2.5%）；增益控制为 9dB/步进。MGA22003 的功率放大器电路实例[135]如图 5.1.3 所示，芯片外部仅需要连接几个电源滤波（去耦、旁路）电容器。

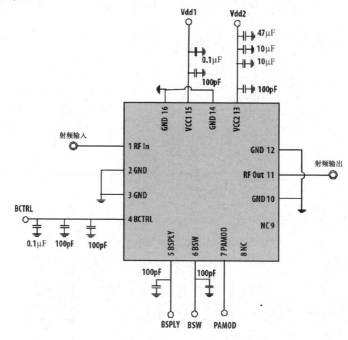

图 5.1.3　采用 MGA22003 的功率放大器电路实例

〖举例〗 AWL6951 是一个适合 2.4GHz/5GHz 802.11a/b/g/n WLAN 应用的功率放大器模块，射频输入端和输出端内部匹配到 50Ω。采用+3.3V 单电源供电。在输出功率 P_{OUT}=+19dBm，IEEE 802.11a 64 QAM OFDM @ 54Mbps 时，EVM 为 3.3%；在输出功率 P_{OUT}=+20dBm，IEEE 802.11g 64 QAM OFDM @ 54Mbps 时，EVM 为 2.9%。2.4GHz 时，线性功率增益为 32dB；5GHz 时，线性功率增益为 29dB。AWL6951 的功率放大器电路实例[136]如图 5.1.4 所示，芯片外部仅需要连接几个电源滤波（去耦、旁路）电容器。

5.1.2　单片射频与微波功率放大器的绝对最大值

与射频与微波功率晶体管类似，在单片射频与微波功率放大器数据表（Datasheet）中的参数也可以分成三种主要类型：绝对最大值、推荐工作条件和电特性。

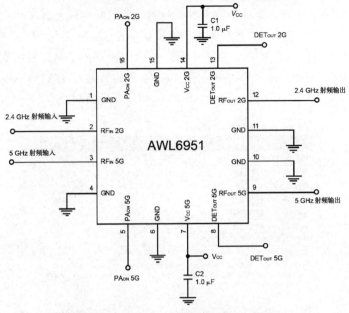

图 5.1.4　AWL6951 的功率放大器电路实例

绝对最大值（也称为绝对最大额定值）是一些极限值，超过了这些极限值，元器件的寿命也许会受损。所以，在使用和测试中绝不可超过这些极限值。根据定义，所谓极限值就是最大值，极限值指定的两个端点所包含的区域就叫作范围（如工作温度范围）。

〖举例〗 TGA2578-CP 是一个工作频率范围为 2～6GHz，饱和输出功率为 30W 的功率放大器，输出功率 P_{OUT} 为 45dBm@P_{IN}=23dBm，PAE>30% CW，小信号增益大于 26dB，IM3 为-30dBc @ 30dBm P_{OUT}/Tone，电源电压 V_D=28V，I_{DQ}=400mA，V_G=-2.8V，TGA2578-CP 的绝对最大额定值[137]如图 5.1.5 所示。从图 5.1.5 可见，TGA2578-CP 的一些极限值，如漏极电压 V_D 不能够超过 40V，栅极电压 V_G 不能够超过-8～0V，漏极电流 I_D 不能够超过 5A，功耗 P_{DISS} 不能够超过 85W@85℃，输入功率不能够超过 27dBm@CW,50Ω，输出负载 VSWR 为 10：1，通道温度 T_{CH} 不能够超过 275℃等。

Absolute Maximum Ratings	
Parameter	Value
Drain Voltage (V$_D$)	40 V
Gate Voltage Range (V$_G$)	-8 to 0 V
Drain Current (I$_D$)	5 A
Gate Current (I$_G$)	85 °C: -15 to 25 mA
	25 °C: -15 to 60 mA
	-40 °C: -15 to 90 mA
Power Dissipation (P$_{DISS}$), 85°C	85 W
Input Power, CW, 50 Ω, (P$_{IN}$)	27 dBm
Input Power, CW, VSWR 3:1, V$_D$ = 30 V, 85 °C, (P$_{IN}$)	27 dBm
Input Power, CW, VSWR 10:1, V$_D$ = 28 V, 85 °C (P$_{IN}$)	25 dBm
Channel Temperature (T$_{CH}$)	275 °C
Mounting Temperature (30 Seconds)	210 °C
Storage Temperature	-55 to 150 °C

Operation of this device outside the parameter ranges given above may cause permanent damage. These are stress ratings only, and functional operation of the device at these conditions is not implied.

图 5.1.5　TGA2578-CP 的绝对最大额定值（数据表截图）

　　〖举例〗　RF5110G 是一个高功率、高增益和高效率的功率放大器芯片，工作频率范围为150～960MHz，采用 2.8～3.6V 单电源供电，输出功率为 32dBm，效率为 53%。RF5110G 的绝对最大额定值[134]如图 5.1.6 所示。从图 5.1.6 可见，RF5110G 的一些极限值，如电源电压 V_{DC} 不能够超过-0.5～+6.0V，功率控制电压 $V_{APC1.2}$ 不能够超过-0.5～+3.0V，直流电源电流不能够超过 2400mA，输出负载 VSWR 为 10∶1，工作外壳温度为-40～+150℃等。

Absolute Maximum Ratings

Parameter	Rating	Unit
Supply Voltage	-0.5 to +6.0	V_{DC}
Power Control Voltage ($V_{APC1,2}$)	-0.5 to +3.0	V
DC Supply Current	2400	mA
Input RF Power	+13	dBm
Duty Cycle at Max Power	50	%
Output Load VSWR	10:1	
Operating Case Temperature	-40 to +85	°C
Storage Temperature	-55 to +150	°C

Note: This table applies to radio operating within GSM specification. For ratings pertaining to general purpose radio applications, see theory of operation section.

图 5.1.6　RF5110G 的绝对最大额定值（数据表截图）

　　〖举例〗　AWL6951 是一个适合 2.4GHz/5GHz 802.11a/b/g/n WLAN 应用的功率放大器模块，射频输入端和输出端内部匹配到 50Ω，采用+3.3V 单电源供电。在输出功率 P_{OUT}=+19dBm，IEEE 802.11a 64 QAM OFDM @54Mbps 时，EVM 为 3.3%；在输出功率 P_{OUT}=+20dBm，IEEE 802.11g 64 QAM OFDM @54Mbps 时，EVM 为 2.9%。2.4GHz 时，线性功率增益为 32dB；5GHz 时，线性功率增益为 29dB。AWL6951 的绝对最小值和最大额定值[136]如图 5.1.7 所示。从图 5.1.7 可见，AWL6951 的一些极限值，如电源电压（V_{CC} 2G，V_{CC} 5G）最大值不能够超过+5.0V，功率控制电压（PA_{ON} 2G，PA_{ON} 5G）最大值不能够超过+5.0V，直流电流消耗最大值不能超过 700mA，工作外壳温度为-40～+85℃等。

Table 2: Absolute Minimum and Maximum Ratings

PARAMETER	MIN	MAX	UNIT	COMMENTS
DC Power Supply (V_{CC} 2G, V_{CC} 5G)	-	+5.0	V	
Power Control Voltage (PA_{ON} 2G, PA_{ON} 5G)	-	+5.0	V	No RF signal applied
DC Current Consumption	-	700	mA	Either PA powered separately
RF Input Level (RF_{IN} 2G, RF_{IN} 5G)	-	-5	dBm	
Operating Case Temperature	-40	+85	°C	
Storage Temperature	-55	+150	°C	
ESD Tolerance	1000	-	V	All pins, forward and reverse voltage. Human body model.

Stresses in excess of the absolute ratings may cause permanent damage. Functional operation is not implied under these conditions. Exposure to absolute ratings for extended periods of time may adversely affect reliability.

图 5.1.7　AWL6951 的绝对最小值和最大额定值（数据表截图）

　　注意：从图 5.1.5～图 5.1.7 可见，不同型号和种类的单片射频与微波功率放大器的绝对最大额定值规格是不同的。在使用和测试中绝不可超过这些极限值，超过了这些极限值，会造成器件受损。

　　VSWR（Voltage Standing Wave Ratio，电压驻波比）也称为驻波比（SWR）。在入射波和反射波相位相同的地方，电压振幅相加为最大电压振幅 V_{max}，形成波腹。在天线系统中，

V_{max} 为馈线上波腹电压。在入射波和反射波相位相反的地方电压振幅相减为最小电压振幅 V_{min}，形成波节。在天线系统中，V_{min} 为馈线上波节电压。其他各点的振幅值则介于波腹与波节之间。这种合成波称为行驻波。驻波比是驻波波腹处的电压幅值 V_{max} 与波节处的电压幅值 V_{min} 之比。

在无线通信系统中，例如在天线与馈线的阻抗不匹配或天线与发射机的阻抗不匹配时，发射机输出的射频能量（电波）就会产生反射折回，并与前进的部分汇合产生驻波。为了表征和测量天线系统中的驻波特性，也就是天线中正向波与反射波的情况，人们建立了"驻波比"这一概念，

$$SWR = Z_L/r = (1+|K|)/(1-|K|)$$
反射系数 $K = (Z_L - Z_{IN})/(Z_L + Z_{IN})$

式中，Z_L 和 Z_{IN} 分别是输出阻抗和输入阻抗；K 为负值时表明相位相反。当两个阻抗数值一样时，即达到完全匹配，反射系数 $K=0$，驻波比为 1。这是一种理想的状况，实际上总存在反射，所以驻波比总是大于 1 的。

驻波比的数值可以用来表示天线和电波发射电路的匹配程度。如果 SWR=1，则表示发射传输给天线的电波没有任何反射，全部发射出去，这是最理想的情况。如果 SWR>1，则表示有一部分电波被反射回来，最终变成热量，使得馈线升温。被反射的电波在发射台输出口也可产生相当高的电压，有可能损坏发射台。VSWR 越大，表示反射越大，匹配越差。

① VSWR>1，说明输进天线的功率有一部分被反射回来，从而降低了天线的辐射功率。

② 增大了馈线的损耗。例如，7/8in 电缆损耗为 4dB/100m[在 VSWR=1（全匹配）情况下测量]；有了反射功率，就增大了能量损耗，从而降低了馈线向天线的输入功率。

③ 在馈线输入端，失配严重时，发射机的输出功率达不到设计额定值。但发射机输出功率通常允许在一定失配情况下（VSWR<1.7 或 2.0）达到额定功率。

④ 在射频系统阻抗匹配中，特别要注意使电压驻波比达到一定要求，因为在宽带运用时，频率范围很广，驻波比会随着频率而变，应使阻抗在宽范围内尽量匹配。

驻波比与反射率的关系见表 5.1.1。

表 5.1.1　驻波比与反射率的关系

驻波比	1.0	1.1	1.2	1.3	1.5	1.7	1.8	2.0
反射率（%）	0.00	0.23	0.83	1.70	4.00	6.72	8.16	11.1
驻波比	2.5	3.0	4.0	5.0	7.0	10	15	20
反射率（%）	18.37	25.00	36.00	44.44	56.25	66.94	76.56	81.86

在工程上可以接受的驻波比是多少？从表 5.1.1 可见，不一定要追求 1.1 以下的驻波比，一般在 1.5 以下也足够了（在驻波比为 1.5 时，反射率为 4.00%），96%的输出功率都发射出去了。一个适当的驻波比指标是要在允许损失能量与制造成本之间进行折中权衡选取的。

5.1.3　单片射频与微波功率放大器推荐的工作条件

单片射频与微波功率放大器的推荐的工作条件（Recommended Operating Conditions）是器件生产商根据器件的特性，所推荐的器件在特定应用领域（或者特定工作状态和电路）使

用时的特性。推荐的工作条件与绝对最大额定值有一个相似性，这就是，超出了推荐的规定工作条件（范围）可以导致不满意的性能。但是，在超出推荐的工作条件（规定范围）使用时并不表示会损坏器件。

〖举例〗 TGA2578-CP 推荐的工作条件（范围）[137]如图 5.1.8 所示，漏极电压 V_D=28V，I_{DQ}=400mA，V_G=-2.8V，工作温度范围为-40～+85℃。

Recommended Operating Conditions	
Parameter	Value
Drain Voltage (V$_D$)	28 V
Drain Current (I$_{DQ}$)	400 mA
Drain Current Under RF Drive (I$_{D\_DRIVE}$)	See plots p. 7
Gate Voltage (V$_G$)	−2.8 V (Typ.)
Gate Current Under RF Drive (I$_{G\_DRIVE}$)	See plots p. 7
Temperature (T$_{BASE}$)	-40 to 85 °C

Electrical specifications are measured at specified test conditions. Specifications are not guaranteed over all recommended operating conditions.

图 5.1.8　TGA2578-CP 推荐的工作条件（范围）（数据表截图）

〖举例〗 AWL6951 推荐的工作条件（范围）[136]如图 5.1.9 所示，工作频率范围为 2400～2500MHz（802.11b/g）和 4900～5900MHz（802.11a）；直流电源电压（V_{CC} 2G，V_{CC} 5G）典型值为+3.3V，范围为+3.0～+4.4V；功率控制电压（PA$_{ON}$ 2G，PA$_{ON}$ 5G）典型值为 +3.3V，范围为+2.0～+4.4V（PA "ON"）和 0～+0.8V（PA "SHUTDOWN"）；工作时外壳温度为-40～+85℃。

Table 3: Operating Ranges

PARAMETER	MIN	TYP	MAX	UNIT	COMMENTS
Operating Frequency (f)	2400 4900	- -	2500 5900	MHz	802.11b/g 802.11a
DC Power Supply Voltage (Vcc 2G, Vcc 5G)	+3.0	+3.3	+4.4	V	with RF applied
Power Control Voltage (PA$_{ON}$ 2G, PA$_{ON}$ 5G)	+2.0 0	+3.3	+4.4 +0.8	V	PA "ON" PA "SHUTDOWN"
Case Temperature (Tc)	-40	-	+85	°C	

The device may be operated safely over these conditions; however, parametric performance is guaranteed only over the conditions defined in the electrical specifications.

图 5.1.9　AWL6951 推荐的工作条件（范围）（数据表截图）

5.1.4　单片射频与微波功率放大器的电特性（数据表）

电特性是器件的可测量的电学特性，这些电特性是由器件设计确定的。电特性用于预测器件工作在电路时的性能。出现在数据表（Datasheet）中的电特性数据是根据器件（电路）工作在推荐工作条件下而获取的。

〖举例〗 TGA2578-CP 的电特性[137]如图 5.1.10 所示，工作频率范围为 2～6GHz，饱和输出功率为 30W，输出功率 P_{out} 为 45dBm@P_{IN}=23dBm，PAE>30% CW，小信号增益大于 26dB，IM3 为-30dBc @ 30dBm P_{out}/Tone，电源电压 V_D=28V，I_{DQ}=400mA，V_G=-2.8V，等等。

Electrical Specifications

Test conditions unless otherwise noted: 25 °C, V_D = 28 V, I_{DQ} = 400 mA, V_G = −2.8 V Typ, CW.

Parameter	Min	Typical	Max	Units
Operational Frequency Range	2.0		6.0	GHz
Small Signal Gain		> 26		dB
Input Return Loss		> 12		dB
Output Return Loss		> 5		dB
Output Power @ Pin = 23 dBm		45		dBm
Power Added Efficiency @ Pin = 23 dBm		> 30		%
IM3 (Pout/tone = 30 dBm/Tone)		−30		dBc
IM5 (Pout/tone = 30 dBm/Tone)		−40		dBc
Small Signal Gain Temperature Coefficient		−0.05		dB/°C
Output Power Temperature Coefficient		−0.02		dBm/°C

图 5.1.10　TGA2578-CP 的电特性（数据表截图）

注意：图 5.1.10 所示的 Parameters（参数）数值是在规定的一些工作条件下，即 Test Conditions（测试条件）下所获得的。

〖**举例**〗 图 5.1.10 所示的 Parameters（参数）测试条件是 25℃，V_D=28V，I_{DQ}=400mA，V_G=−2.8V（典型值），CW。PAE（Power Added Efficiency，功率附加效率）> 30%@ Pin=23dBm。IM3 为−30dBc (Pout/tone=30dBm/Tone)。

〖**举例**〗 AWL6951 是一个适合 2.4GHz/5GHz 802.11a/b/g/n WLAN 应用的功率放大器模块，射频输入端和输出端内部匹配到 50Ω，采用+3.3V 单电源供电。在输出功率 P_{OUT}=+19dBm，IEEE 802.11a 64 QAM OFDM @54Mbps 时，EVM 为 3.3%；在输出功率 P_{OUT}=+20dBm，IEEE 802.11g 64 QAM OFDM @54Mbps 时，EVM 为 2.9%。线性功率增益为 32dB@2.4GHz 和 29dB@5GHz。

AWL6951 的电特性举例[136]如图 5.1.11 所示，可见 2.4GHz CW 应用与 5GHz CW 应用的电特性参数不同，IEEE 802.11g 与 IEEE 802.11a 应用的电特性参数不同，2.4GHz CW 应用与 IEEE 802.11g（2400～2500GHz）应用的电特性参数不同，5GHz CW 应用与 IEEE 802.11a（4900～5900GHz）应用的电特性参数也不同。

Table 4: Electrical Specifications - 2.4 GHz Continuous Wave
(T_C = +25 °C, V_{CC} 2G = +3.3 V, PA_{ON} 2G = +3.3 V)

PARAMETER	MIN	TYP	MAX	UNIT	COMMENTS
P1dB	24.5	27	-	dBm	
Shutdown Current	-	33	100	μA	PA_{ON} 2G = 0 V
Quiescent Current	-	64	80	mA	PA_{ON} 2G = +2.0 V, V_{CC} 2G = +3.3 V RF = off
Harmonics 2fo 3fo	- -	-36 -23	-27 -17	dBm	P_{OUT} 2G = +23 dBm, fo = 2.45 GHz, RBW = 1 MHz
Input Return Loss	-	-14	-10	dB	
Output Return Loss	-	-7	-4	dB	
Reverse Isolation	40	-	-	dB	
Stability (Spurious)	-	-	-60	dBc	6:1 VSWR, at P_{OUT} = +23 dBm, -5 °C
T_{ON} Setting Time	-	-	1	μS	Settles within ±0.5 dB
T_{OFF} Setting Time	-	-	1	μS	
PA_{ON} 2G Pin Input Impedance	-	6.2	-	kΩ	Measured with +3.3 V applied to PA_{ON} 2G pin

（a）2.4GHz CW 应用的电特性参数

图 5.1.11　AWL6951 的电特性举例（数据表截图）

Table 5: Electrical Specifications - 5 GHz Continuous Wave
(Tc = +25 °C, Vcc 5G = +3.3 V, PAon 5G = +3.3 V)

PARAMETER	MIN	TYP	MAX	UNIT	COMMENTS
P1dB	24	26.5	-	dBm	
Shutdown Current	-	33	100	µA	PAon 5G = 0 V
Quiescent Current	-	86	107	mA	PAon 5G = +2.0 V, Vcc 5G = +3.3 V RF = off
Harmonics 2fo 3fo	- -	-26 -42	-17 -33	dBm	Pout 5G = +20 dBm, fo = 5.5 GHz, RBW = 1 MHz
Input Return Loss	-	-17	-10	dB	
Output Return Loss	-	-14	-10	dB	
Reverse Isolation	40	-	-	dB	
Stability (Spurious)	-	-	-60	dBc	6:1 VSWR, at Pout = +22 dBm; -5 °C
Ton Setting Time	-	-	1	µS	Settles within ±0.5 dB
Toff Setting Time	-	-	1	µS	
PAon 5G Pin Input Impedance	-	6.2	-	kΩ	Measured with +3.3 V applied to PAon 5G pin

（b）5GHz CW 应用的电特性参数

Table 6: Electrical Specifications - IEEE 802.11g
(Tc = +25 °C, Vcc 2G = +3.3 V, PAon 2G = +3.3 V, 64 QAM OFDM 54 Mbps)

PARAMETER	MIN	TYP	MAX	UNIT	COMMENTS
Operating Frequency	2400	-	2500	MHz	
Power Gain	29	32	35	dB	
Gain Ripple	-	±0.2	±0.5	dB	Across any 100 MHz band
Error Vector Magnitude (EVM) [1]	- -	2.9 -30.8	4.5 -27.0	% dB	802.11g 54 Mbps data rate Pout 2G = +20 dBm
Current Consumption	-	175	205	mA	Pout 2G = +20 dBm
Power Detector Voltage	960	1100	1240	mV	Pout 2G = +20 dBm, Freq = 2.45 GHz
Power Detector Output Load Impedance	2	-	-	kΩ	

Note:
(1) EVM includes system noise floor of 1% (-40 dB).

（c）IEEE 802.11g 应用的电特性参数

Table 8: Electrical Specifications - IEEE 802.11a
(Tc = +25 °C, Vcc 5G = +3.3 V, PAon 5G = +3.3 V, 64 QAM OFDM 54 Mbps)

PARAMETER	MIN	TYP	MAX	UNIT	COMMENTS
Operating Frequency	4900	-	5900	MHz	
Power Gain	26	29	33	dB	4.9 - 5.85 GHz
Gain Ripple	-	±0.5	±2.0	dB	Across any 100 MHz band
Error Vector Magnitude (EVM) [1]	- -	3.3 -29.6	4.5 -27.0	% dB	Pout 5G = +19 dBm, 4.9 - 5.85 GHz 802.11a 54 Mbps data rate
Current Consumption	-	175	210	mA	Pout 5G = +19 dBm
Power Detector Voltage	1200	1350	1500	mV	Pout 5G = +19 dBm, Freq = 5.55 GHz
Power Detector Output Load Impedance	2	-	-	kΩ	

Notes:
(1) EVM includes system noise floor of 1% (-40dB).

（d）IEEE 802.11a 应用的电特性参数

图 5.1.11　AWL6951 的电特性举例（数据表截图）（续）

回波损耗（Return Loss）：回波损耗是表示信号反射性能的参数。回波损耗说明入射功率的一部分被反射回到信号源。例如，如果注入 1mW（0dBm）功率给放大器，其中 10%被反射（反弹）回来，回波损耗就是 10dB。从数学角度看，回波损耗为-10lg[(反射功率)/(入射功率)]。回波损耗通常在输入端和输出端都进行规定，例如图 5.1.11 中所示的 Input Return Loss（输入回波损耗）和 Output Return Loss（输出回波损耗）。回波损耗与 VSWR 的关系[138]见表 5.1.2。

表 5.1.2　回波损耗与 VSWR 的关系

回波损耗（dB）	VSWR	回波损耗（dB）	VSWR	回波损耗（dB）	VSWR	回波损耗（dB）	VSWR	回波损耗（dB）	VSWR
46.064	1.01	13.842	1.51	9.485	2.01	7.327	2.51	5.999	3.01
32.256	1.05	13.324	1.55	9.262	2.05	7.198	2.55	5.914	3.05
26.444	1.10	12.736	1.60	8.999	2.10	7.044	2.60	5.811	3.10
23.127	1.15	12.207	1.65	8.752	2.15	6.896	2.65	5.712	3.15
20.828	1.20	11.725	1.70	8.519	2.20	6.755	2.70	5.617	3.20
19.085	1.25	11.285	1.75	8.299	2.25	6.620	2.75	5.524	3.25
17.690	1.30	10.881	1.80	8.091	2.30	6.490	2.80	5.435	3.30
16.540	1.35	10.509	1.85	7.894	2.35	6.366	2.85	5.348	3.35
15.563	1.40	10.163	1.90	7.707	2.40	6.246	2.90	5.265	3.40
14.719	1.45	9.842	1.95	7.529	2.45	6.131	2.95	5.184	3.45
13.979	1.50	9.542	2.00	7.360	2.50	6.021	3.00	5.105	3.50

5.1.5　单片射频与微波功率放大器的特性曲线图

与射频与微波功率晶体管类似，为了使用户更加直观地了解器件的电特性，在器件的数据表（Datasheet）中，通常都会给出器件的一些参数之间的特性曲线图，可以一目了然地了解这些参数之间的变化关系。这些特性曲线图被用来预测器件用作电路器件时的性能。这些特性曲线图是根据器件（电路）工作在推荐工作条件下而获取的。

〖举例〗　TGA2578-CP 的特性曲线图举例[137]如图 5.1.12 所示。

从图 5.1.12（a）可见，在 2~6GHz 频率范围内，输出功率可以保持基本平坦不变，电源电压的变化对输出功率有少许影响。

从图 5.1.12（b）可见，输出功率与输入功率呈现一个线性关系，输出功率随输入功率的增大而增大，电源电压的变化对输出功率有少许影响。

从图 5.1.12（c）可见，输出功率与输入功率呈现一个线性关系，输出功率随输入功率的增大而增大，温度的变化对输出功率有少许影响。

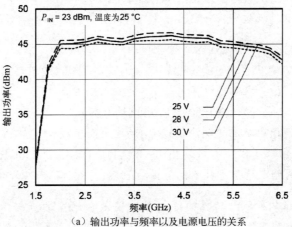

（a）输出功率与频率以及电源电压的关系

图 5.1.12　TGA2578-CP 的特性曲线图举例

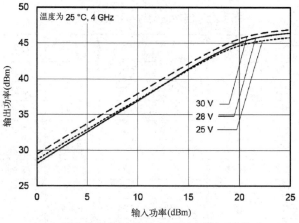

（b）输出功率与输入功率以及电源电压的关系

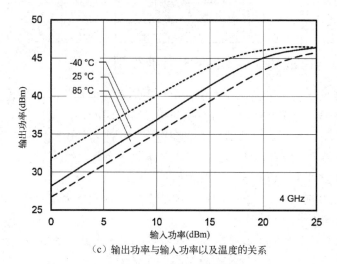

（c）输出功率与输入功率以及温度的关系

图 5.1.12　TGA2578-CP 的特性曲线图举例（续）

　　注意：图 5.1.12 中所示的特性曲线图参数值是在规定的一些工作条件下，即"Test Conditions（测试条件）"下所获得的，如"P_{IN}=23dBm，Temp=25℃"，"Temp=25℃，4GHz"等。

　　〖**举例**〗　AWL6951 的特性曲线图举例[136]如图 5.1.13 所示。

　　从图 5.1.13（a）可见，在 IEEE 802.11g 应用时，在 2.40～2.50GHz 频率范围内，增益可以保持基本平坦不变，输出功率随电源电流 I_{CC} 的增大而增大。

　　从图 5.1.13（b）可见，在 IEEE 802.11a 应用时，在 4.90～5.85GHz 频率范围内，增益可以保持基本平坦不变，输出功率随电源电流 I_{CC} 的增大而增大。

　　从图 5.1.13（a）和（b）可见，IEEE 802.11g（2.40～2.50GHz）与 IEEE 802.11a（4.90～5.90GHz）应用的电特性参数不完全相同。

　　注意：图 5.1.13 中所示的特性曲线图参数值是在规定的一些工作条件下，即"Test Conditions（测试条件）"下所获得的，如"V_{CC}=+3.3V, T_C=+25℃""802.11g 54Mbps OFDM""802.11a 54Mbps OFDM"等。

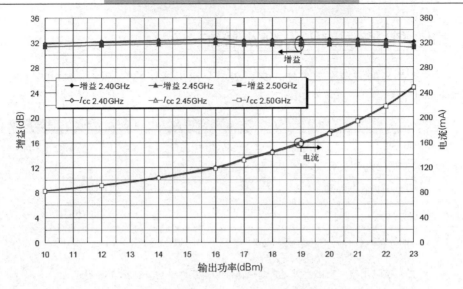

（a）IEEE 802.11g 应用时的特性曲线图

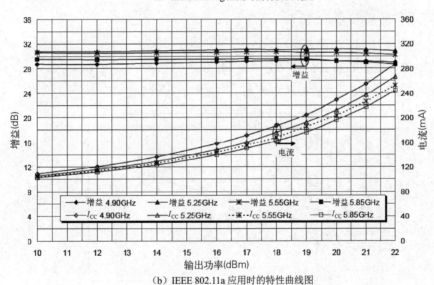

（b）IEEE 802.11a 应用时的特性曲线图

图 5.1.13 AWL6951 的特性曲线图举例

5.1.6 单片射频与微波功率放大器的温度范围

通常单片射频与微波功率放大器指定三种温度范围。

- 规定温度范围：如+25℃。在这个温度范围，器件的工作参数和性能能够满足数据表所规定的数值。
- 工作温度范围：如-40～+85℃。超过这个温度范围内的最高和最低温度点，器件不会损坏，但器件性能不一定能够得到保障。
- 存储温度范围：定义可能会导致封装永久损坏的最高和最低温度，如-55～+150℃（如 AWL6951）。超过这个温度范围内的最高和最低温度点，器件可能损坏。

5.1.7　单片射频与微波功率放大器的热特性

对于单片射频与微波功率放大器，数据表中会给出器件的热特性。例如，TGA2578-CP 的热特性和可靠性信息[137]如图 5.1.14 所示。

Thermal and Reliability Information			
Parameter	**Test Conditions**	**Value**	**Units**
Thermal Resistance (θ_{JC}) [1]	T_{BASE} = 85°C, V_D = 28 V (CW) At Freq = 5 GHz, P_{IN} = 23 dBm: I_{DQ} = 400 mA, I_{D_Drive} = 3.0 A P_{OUT} = 44 dBm P_{DISS} = 55 W	1.95	°C/W
Channel Temperature (T_{CH}) (Under RF drive)		192	°C
Median Lifetime (T_M)		2.6E+7	Hrs

Notes:
1. Thermal resistance measured to back of package.

图 5.1.14　TGA2578-CP 的热特性和可靠性信息（数据表截图）

1.　结到外壳的热阻 θ_{JC}

热特性通常用结到外壳的热阻 θ_{JC} 表示。

〖举例〗 TGA2578-CP 的热阻 θ_{JC}（R_{JC}）为 1.95℃/W。热阻 θ_{JC} 与器件的功耗有关。TGA2578-CP 的热阻 θ_{JC} 与器件的功耗关系[137]如图 5.1.15 所示。

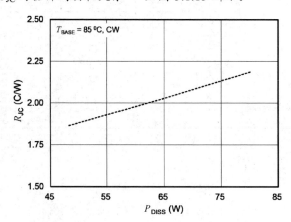

图 5.1.15　TGA2578-CP 的热阻 θ_{JC}（R_{JC}）与器件的功耗关系

注意：器件的输出功率不同，采用的封装形式不同，热阻 θ_{JC} 也不同。

2.　中值寿命与通道温度的关系

中值寿命与通道温度相关，随着通道温度的上升，中值寿命不断缩短。

〖举例〗 TGA2578-CP 的中值寿命（Median Lifetime）与通道温度（Channel Temperature）的关系[137]如图 5.1.16 所示。随着通道温度的上升，中值寿命不断缩短。

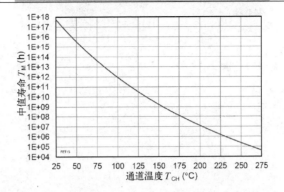

图 5.1.16　TGA2578-CP 的中值寿命与通道温度的关系

5.1.8　单片射频与微波功率放大器的测试（评估板）电路

单片射频与微波功率放大器数据表中的电特性和热特性等参数是在特定的工作条件（测试条件）和状态下获得的。器件生产商通常会给出器件的测试（评估板）电路。

〖**举例**〗　TGA2578-CP 的测试（评估板）电路[137]如图 5.1.17 所示。

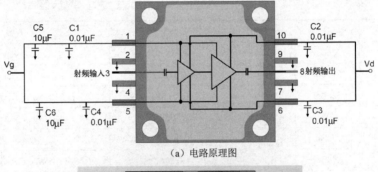

（a）电路原理图

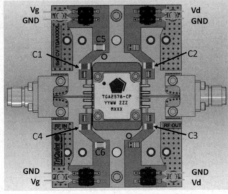

（b）电路模块实物图

图 5.1.17　TGA2578-CP 的测试（评估板）电路

图 5.1.17 所示电路模块加的偏置（上电）程序如下。

① 设置 I_D，限制在 5A；设置 I_G，限制在 25mA。

② 加电源−5V～Vg。

③ 加电源+28V～Vd，确保 $I_{DQ} \approx 0$mA。

④ 调节 Vg 电压直到 I_{DQ}=400mA，Vg 电压典型值约为-2.8V。

⑤ 开启射频电源。

电路模块关偏置（断电）的程序如下。

① 关断射频电源。

② 减少 Vg 电压到-5V，确保 $I_{DQ} \approx$ 0mA。

③ 设置 Vd 电压到 0V。

④ 关断 Vd 电源。

⑤ 关断 Vg 电源。

5.2　通用型单片射频与微波功率放大器应用电路实例

5.2.1　厂商推荐使用的一些通用型单片射频与微波功率放大器芯片

厂商推荐使用的一些通用型单片射频与微波功率放大器芯片如表 5.2.1 所示。

表 5.2.1　厂商推荐使用的一些通用型单片射频与微波功率放大器芯片

频率范围	输出功率	电源电压	器件型号	厂商
728～756MHz	27dBm	5V	MGA43013	Avago Technologies.
851～894MHz	27dBm	5V	MGA-43428	Avago Technologies.
150～960MHz	32dBm	3.6V	RF5110G	RF Micro Devices Inc.
380～960MHz	1W	5V	RFPA0133	RF Micro Devices Inc.
600～960MHz	27dBm	5V	TQP9107	Qorvo, Inc.
800～960MHz	29dBm	3V	RF2162	RF Micro Devices Inc.
810～960MHz	29.5dBm	5V	SPA1118Z	RF Micro Devices Inc.
810～960MHz	29dBm	5V	SPA2118Z	RF Micro Devices Inc.
850～960MHz	4W	5V	QPA9908	Qorvo, Inc.
800～1000MHz	24dBm	3.6V	MAX2232/2233	Maxim Integrated.
800～1000MHz	32.5dBm	5.5V	MAX2235	Maxim Integrated.
100～1000MHz	36.5dBm	3.6V	RF6886	Qorvo, Inc.
1805～1880MHz	4W	5V	QPA9903	Qorvo, Inc.
1.7～2.2GHz	29.5dBm	5V	SPA2318	RF Micro Devices Inc.
1.7～2.17GHz	27dBm	5V	TQP9108	Qorvo, Inc.
0.4～2.2GHz	1W	5V	HMC452QS16G/GE	Analog Devices Inc.
2110～2200MHz	4W	5V	QPA9901	Qorvo, Inc.
400～2400MHz	33dBm	5V	MMG3006NT1	NXP Semiconductors.
2300～2400MHz	4W	5V	QPA9940	Qorvo, Inc.
1.8～2.5GHz	33dBm	3.3V/5V	RF5163	RF Micro Devices Inc.
1.8～2.5GHz	30dBm	3.3V	RF2163	RF Micro Devices Inc.

续表

频率范围	输出功率	电源电压	器件型号	厂商
2.4～2.5GH	21dBm	3.6V	RF5152	RF Micro Devices Inc.
2.4～2.5GHz	22.5dBm	3.6V	MAX2242	Maxim Integrated.
400～2700MHz	1W	3.6V	BGA7130	NXP Semiconductors.
400～2700MHz	29.5dBm	3.6V	BGA6130	NXP Semiconductors.
400～2700MHz	24dBm	5V	BGA7024	NXP Semiconductors.
1.8～2.7GHz	1W	5V	TQP9113	Qorvo, Inc.
1.7～2.7GHz	1/2W	5V	TQP9109	Qorvo, Inc.
2.5～2.7GHz	4W	5V	QPA9907	Qorvo, Inc.
2.2～2.8GHz	30dBm	5V	HMC414MS8G/GE	Analog Devices, Inc.
3.3～3.8GHz	4W	5V	QPA9942	Qorvo, Inc.
40～4000MHz	25dBm	5V	MMG3014NT1	NXP Semiconductors.
3～4GHz	30dBm	5V	HMC327MS8G /GE	Analog Devices, Inc.
5.1～5.9GHz	1W	5V	HMC408LP3 / LP3E	Analog Devices, Inc.
DC～7.5GHz	1W	12V	HMC637BPM5E	Analog Devices, Inc.
6.0～9.5GHz	1W	7V	HMC590LP5E	Analog Devices, Inc.
DC～10GHz	1W	10V	MMA053PP5	Microsemi Corp.
9～11GHz	7W	9V	TGA2704-SM	Qorvo, Inc.
13～18GHz	6.5W	8V	TGA2963-CP	Qorvo, Inc.
6～20GHz	15dBm	5V	AMMC-5620	Avago Technologies.
15～20GHz	2W	5.5V	HMC6981LS6	Analog Devices, Inc.
DC～22GHz	1W	10V	HMC797A	Analog Devices, Inc.
DC～24GHz	0.5W	10V	MMA052PP45	Microsemi Corp.
18～27GHz	29dBm	7V	TGA1135B-SCC	TriQuint Semiconductor.
25～31GHz	33dBm	6V	AMGP-6432	Avago Technologies.
25～31GHz	36dBm	6V	AMGP-6434	Avago Technologies.
25～33GHz	28.5dBm	5V	AMMC-6431	Avago Technologies.
27～32GHz	28.5dBm	7V	TGA1073B-SCC	TriQuint Semiconductor.
25～35GHz	25dBm	6V	TGA4902-SM	TriQuint Semiconductor.
32～38GHz	35dBm	6V	QPA2575	Qorvo, Inc.
36～40GHz	26dBm	7V	TGA1073C-SCC	TriQuint Semiconductor
36～40GHz	29dBm	7V	TGA1171-SCC	TriQuint Semiconductor
DC～40GHz	24.5dBm	10V	HMC5805ALS6	Analog Devices, Inc.
37～40GHz	30dBm	5V	AMMC-6442	Avago Technologies.
20～44GHz	31dBm	5V	ADPA7005CHIP	Analog Devices, Inc.
40.5～43.5GHz	27.5dBm	5V	AMGP-6445	Avago Technologies.
20～54GHz	31dBm	5V	ADPA7008	Analog Devices, Inc.
71～76GHz	28dBm	4V	ADMV7710	Analog Devices, Inc.
81～86GHz	28dBm	4V	ADMV7810	Analog Devices, Inc.

注：表中数据根据厂商提供的数据表资料整理。

5.2.2 728～894MHz 27dBm 5V 功率放大器应用电路

一个采用 MGA43013 构成的功率放大器应用电路实例[139]如图 5.2.1 所示，电路供电 Vdd =VddBias=5.0V，Vc2=3V，Vc3=2.6V。MGA43013 是一个 GaAs E-pHEMT 线性功率放大器芯片，芯片内部集成检波器；输入端和输出端芯片内部匹配到 50Ω；工作频率范围为 728～756MHz；在 751MHz 时，电源电压为 5V；在 LTE DL 10MHz 50 RB ETM 1.1 下行信号工作时，$I_{dqtotal}$=259mA；在 ACLR1 为-48dBc 时，线性输出功率为 27dBm；功率增益为 33.5dB；PAE=16.5%；检波器范围为 20dB；封装尺寸为 5.0mm×5.0mm×0.9mm。

MGA43013 功率放大器应用电路实例的 PCB 和元器件布局请参考 MGA43013 的数据表和应用笔记。

类似产品有 MGA43428 GaAs E-pHEMT 线性功率放大器芯片，工作频率范围为 851～894MHz，电源电压为 5V，线性输出功率为 27dBm。

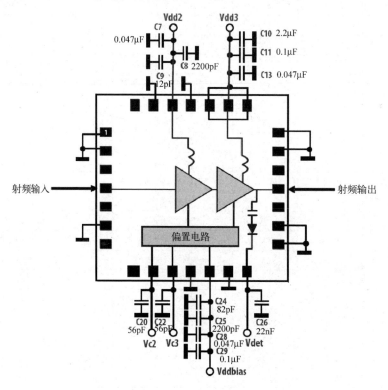

图 5.2.1 采用 MGA43013 构成的功率放大器应用电路实例

5.2.3 150～960MHz 32dBm 3.6V 功率放大器应用电路

一个采用 RF5110G 构成的功率放大器应用电路实例[140]如图 5.2.2 所示。RF5110G 是一个 GaAs HBT 功率放大器，工作频率范围为 150～960MHz，输出功率为 32dBm，效率为 53%，增益为 32dB，可以采用模拟增益控制方式，采用 2.8～3.6V 单电源供电。

RF5110G 功率放大器应用电路实例的 PCB 和元器件布局请参考 RF5110G 的数据表和应用笔记。

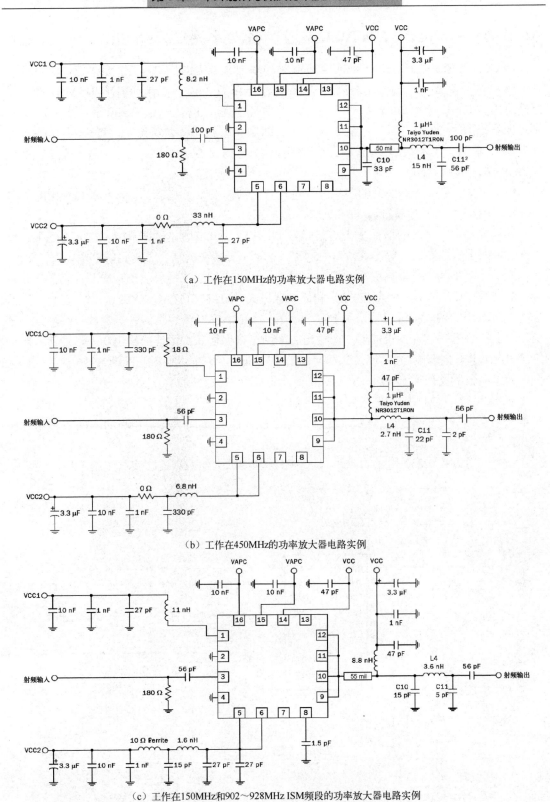

（a）工作在150MHz的功率放大器电路实例

（b）工作在450MHz的功率放大器电路实例

（c）工作在150MHz和902～928MHz ISM频段的功率放大器电路实例

图 5.2.2　采用 RF5110G 构成的功率放大器应用电路实例

5.2.4 800～1000MHz 250mW 3.6V 增益可控功率放大器应用电路

MAX2232/MAX2233 是一个低电压射频功率放大器芯片[141]，工作频率范围为 800～1000MHz，采用 2.7～5.5V 单电压供电。在电源电压为 3.6V，工作频率在 915MHz 时，输出功率为 250mW（+24dBm），PAE=44%，功率增益为 24dB。MAX2232 采用模拟增益控制，调节范围为 24dB，而 MAX2233 采用三级数字编程功率增益控制，每级为 10dB。在低功耗模式时，MAX2232/MAX2233 的电流消耗为 0.2μA。MAX2232/MAX2233 采用 PQSOP-16 封装。

MAX2232 和 MAX2233 的芯片内部包含有射频输入级（RFIN）、驱动级（DRIER）、偏置电路（BIAS）和射频输出级（RFOUT）等电路。

输入级包含一个可变增益放大器（VGA），具有 24dB 增益可调范围。加入合适的匹配网络，输入电压驻波比（VSWR）为 1.5：1。这个引脚端交流耦合时需要隔直电容。

驱动器提供一个足以克服级间损耗的增益，并且提供一个足以驱动输出晶体管的工作信号。驱动级在待机模式（MAX2232）和低功耗模式（MAX2232/MAX2233）时不工作。

电源电压为+3.6V 时，输出级输出功率为+24dB。输出级为晶体管集电极开路形式，需要一个上拉电感到 V_{CC}，也需要一个输出匹配网络来保证获得最佳的输出功率，连接匹配网络到 RFOUT（引脚端 8）。MAX2232/MAX2233 的输出级的地连接到 PQSOP-16 封装底面的金属板上。金属板有利于散热，并且提供一个低感应系数的接地。

MAX2232 和 MAX2233 的应用电路基本相同。MAX2232 具有停机、待机、可变增益和最大增益四种工作模式，MAX2233 具有停机、低功耗、中功率和高功率四种功率控制模式。

一个采用 MAX2232 构成的 800～1000MHz 功率放大器应用电路实例如图 5.2.3 所示。

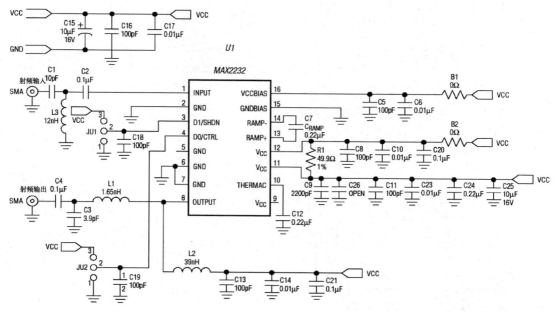

图 5.2.3　采用 MAX2232 构成的 800～1000MHz 功率放大器应用电路实例

　　MAX2232/MAX2233 功率放大器应用电路实例的 PCB 和元器件布局请参考 MAX2232/MAX2233 的数据表和应用笔记。

5.2.5　1.7～2.2GHz 29.5dBm 5V 功率放大器应用电路

　　一个采用 SPA2318 构成的 1.7～2.2GHz 功率放大器应用电路实例如图 5.2.4 所示。SPA2318Z 是一个高性能的 GaAs HBT 功率放大器芯片[142]，工作频率范围为 1.7～2.2GHz，输出功率（P_{1dB}）为 29.5dBm，小信号增益为 22.5～25dB，输出三阶截点为 47.0dBm，噪声系数为 7.0dB，输入 VSWR 为 1.6∶1，邻近信道功率抑制为−55.0dBc，电源电压为 5.0V，电流消耗为 360～425mA，采用 SMDI MPO-101644 封装（EPAD 为芯片背部裸露的焊盘）。

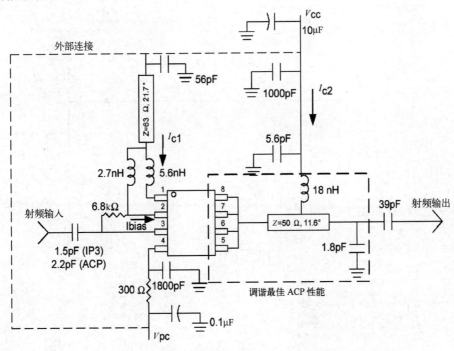

图 5.2.4　采用 SPA2318 构成的 1.7～2.2GHz 功率放大器应用电路实例

　　SPA2318 功率放大器应用电路实例的 PCB 和元器件布局请参考 SPA2318 的数据表和应用笔记。

5.2.6　400～2400MHz 33dBm 5V 功率放大器应用电路

　　MMG3006NT1 是一个集成的宽带高线性功率放大器，输入端采用片上匹配设计，频率范围为 400～2400MHz，输出功率 P_{1dB} 为 33dBm @ 900MHz，小信号增益为 17.5dB @ 900MHz，电源电压为 5V，采用 QFN-16L 封装。

　　MMG3006NT1 应用电路[143]如图 5.2.5 所示，元器件布局和参数请参考 MMG3006NT1 数据表和应用笔记。

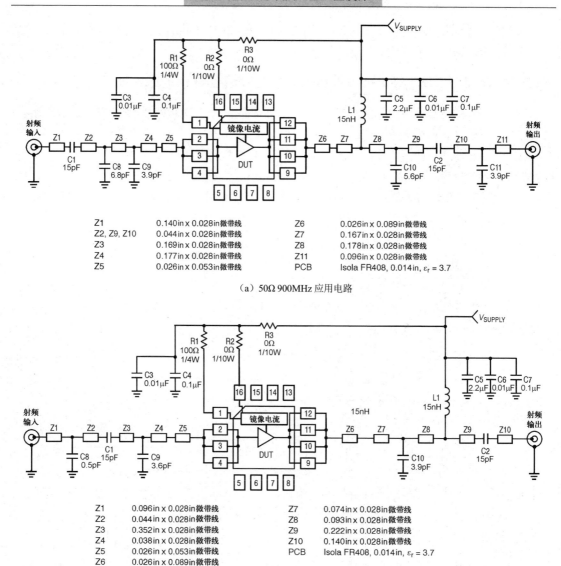

Z1 0.140in x 0.028in微带线
Z2, Z9, Z10 0.044in x 0.028in微带线
Z3 0.169in x 0.028in微带线
Z4 0.177in x 0.028in微带线
Z5 0.026in x 0.053in微带线

Z6 0.026in x 0.089in微带线
Z7 0.167in x 0.028in微带线
Z8 0.178in x 0.028in微带线
Z11 0.096in x 0.028in微带线
PCB Isola FR408, 0.014in, $\varepsilon_r = 3.7$

（a）50Ω 900MHz 应用电路

Z1 0.096in x 0.028in微带线
Z2 0.044in x 0.028in微带线
Z3 0.352in x 0.028in微带线
Z4 0.038in x 0.028in微带线
Z5 0.026in x 0.053in微带线
Z6 0.026in x 0.089in微带线

Z7 0.074in x 0.028in微带线
Z8 0.093in x 0.028in微带线
Z9 0.222in x 0.028in微带线
Z10 0.140in x 0.028in微带线
PCB Isola FR408, 0.014in, $\varepsilon_r = 3.7$

（b）50Ω 2140MHz 应用电路

图 5.2.5 MMG3006NT1 应用电路实例

5.2.7 1.8～2.5GHz 33dBm 3.3V/5V 线性功率放大器应用电路

RF5163 是一个工作频率范围为 1.8～2.5GHz 的 GaAs HBT 射频功率放大器芯片[144]，输出功率为+33dBm，小信号功率增益为 20dB，EVM 为 2.0%（在+26dBm、54Mbps 时），具有功率检测和低功耗控制功能，采用 3.3V 或者 5V 单电源供电，电源电流消耗为 520mA。RF5163 也可以作为 IEEE802.11b/g/n WLAN 功率放大器。

RF5163 芯片内部包含两级功率放大器、偏置电路和功率检测与控制电路，采用 QFN-16 4mm×4mm 封装，Pkg Base（GND）为裸露的焊盘，需要采用最短的导线连接到 PCB 地，推荐在器件的底部采用通孔连接到接地板。

一个采用 RF5163 构成的 2.4～2.5GHz 功率放大器应用电路实例如图 5.2.6 所示。

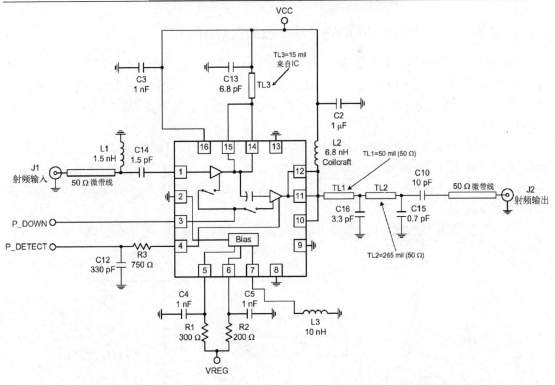

图 5.2.6　采用 RF5163 构成的 2.4～2.5GHz 功率放大器应用电路实例

采用 RF Micro Devices 公司器件构成的 IEEE802.11g/nAP 发射器的结构示意图如图 5.2.7 所示。

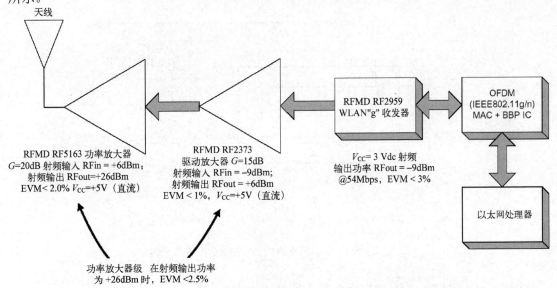

图 5.2.7　采用 RF Micro Devices 公司器件构成的 IEEE802.11g/nAP 发射器的结构示意图

RF5163 功率放大器应用电路实例的 PCB 和元器件布局请参考 RF5163 的数据表和应用笔记。

5.2.8 400～2700MHz 1W 3.6V/5V 功率放大器应用电路

BGA7130 是一个工作频率范围为 400～2700MHz 的 1W MMIC 线性功率放大器[145]。

一个采用 BGA7130 构成的 LTE-750MHz 功率放大器电路实例如图 5.2.8（a）所示，工作频率范围为 728～768MHz，功率增益为 17～23dB，输出功率 P_{1dB} 为 27～30.5dBm，OIP3 为 39～42.5dBm。

一个采用 BGA7130 构成的 UMTS-2140MHz 功率放大器应用电路实例如图 5.2.8（b）所示，工作频率范围为 2110～2170MHz，功率增益为 12～15dB，输出功率 P_{1dB} 为 27～30dBm，OIP3 为 40.4～44dBm。PCB 采用 Rogers RO4003C，厚度为 0.508mm，ε_r=3.38，铜箔厚为 35μm。

BGA7130 功率放大器应用电路实例的 PCB 和元器件布局请参考 BGA7130 的数据表和应用笔记。

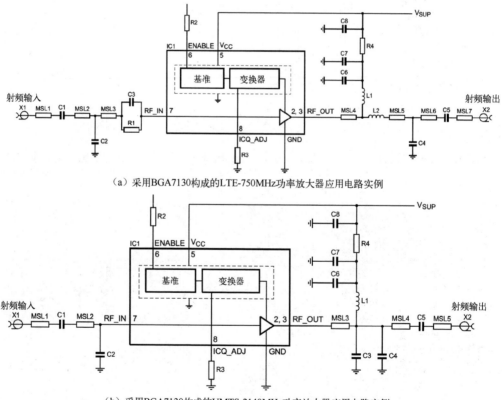

（a）采用BGA7130构成的LTE-750MHz功率放大器应用电路实例

（b）采用BGA7130构成的UMTS-2140MHz功率放大器应用电路实例

图 5.2.8　BGA7130 构成的功率放大器应用电路实例

5.2.9 3.3～3.8GHz 1W 5V 功率放大器应用电路

一个采用 TRF1223 构成的功率放大器应用电路实例[146]如图 5.2.9 所示。TRF1223 是一个高线性 MMIC 功率放大器，工作频率范围为 3.3～3.8GHz，输出功率（P_{1dB}）为 30dBm，OIP3 为 45dBm，增益为 30dB，增益平坦度为±2.5dB，可采用 TTL 信号控制增益。

TRF1223 功率放大器应用电路实例的 PCB 和元器件布局请参考 TRF1223 的数据表和应用笔记。

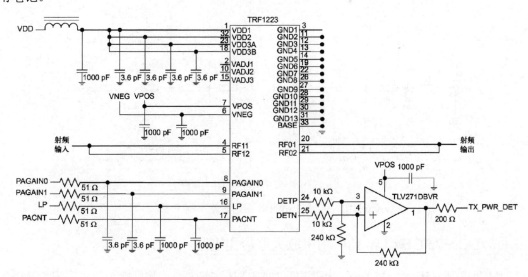

图 5.2.9　采用 TRF1223 构成的功率放大器应用电路实例

5.2.10　40～4000MHz 25dBm 5V 功率放大器应用电路

MMG3014NT1 是一个集成的宽带高线性功率放大器，采用片上匹配设计，频率范围为 40～4000MHz，P_{1dB} 为 25dBm @ 900MHz，小信号增益为 19.5dB @ 900MHz，电源电压为 5V，采用 SOT-89 封装。

MMG3014NT1 应用电路[147]如图 5.2.10 所示，元器件布局和参数请参考 MMG3014NT1 数据表和应用笔记。

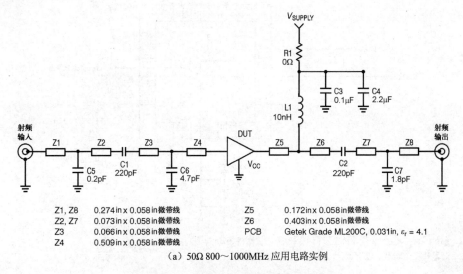

（a）50Ω 800～1000MHz 应用电路实例

图 5.2.10　MMG3014NT1 应用电路实例

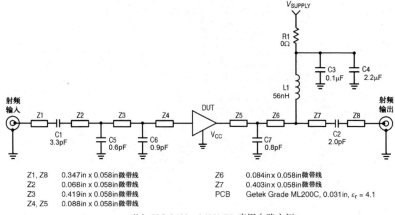

（b）50Ω 3400～3600MHz应用电路实例

图 5.2.10 MMG3014NT1 应用电路实例（续）

5.2.11 DC～7.5GHz 1W 12V 功率放大器应用电路

HMC637BPM5E 是一款 GaAs pHEMT MMIC 功率放大器，输入端和输出端内部匹配为 50Ω，工作频率范围为 DC～7.5GHz，输出功率为 1W，采用 32 引脚端 5mm×5mm LFCSP 封装。放大器采用单+12V 电源供电，$I_{DQ}=345mA$，增益为 11.5dB，输出功率 P_{1dB} 为 28dBm，OIP3 为 39dBm。

HMC637BPM5E 应用电路[148]如图 5.2.11 所示，元器件布局图和元器件参数请参考 HMC637BPM5E 数据表和应用笔记。

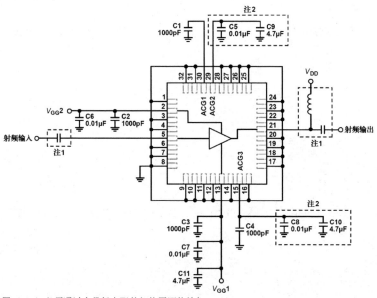

注 1：漏极偏置（V_{DD}）必须通过宽带低电阻外部偏置网络施加。

注 2：若器件在 200MHz 以下运行，则使用可选择的电容器。

图 5.2.11 HMC637BPM5E 应用电路

5.2.12 DC～10GHz 1W 10V 功率放大器应用电路

MMA053PP5 是一款 GaAs MMIC 射频功率放大器，输入端和输出端内部匹配为 50Ω，采用 5mm×5mm QFN-32L 封装，工作频率范围为 DC～10GHz，增益为 17dB，OIP3 为 43dBm，43dB 的输出 IP3，输出功率 P_{3dB} 为 32dBm，偏置电压 V_{DD}=10V，电流为 420mA。在 100MHz～10GHz 的频率范围内，增益平坦度仅变化±1dB。

MMA053PP5 应用电路模块实物图[149]如图 5.2.12 所示，电路原理图和元器件参数请参考 MMA053PP5 数据表和应用笔记。

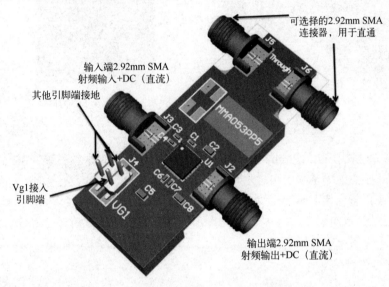

图 5.2.12 MMA053PP5 应用电路模块实物图

5.2.13 9～11GHz 7W 9V 功率放大器应用电路

TGA2704-SM 是一款 GaAs 功率放大器，在输入端和输出端两个射频端口上都集成了隔直电容器，完全匹配为 50Ω，采用 7.0mm×7.0mm×1.27mm 陶瓷 QFN 封装。工作频率范围为 9～11GHz，饱和输出功率 P_{SAT}=7W，小信号增益为 21dB，功率增加效率 PAE=40%。典型电压偏置：V_{D1}=9V，I_{D1}=1.05A，V_{G}=-0.7V。

TGA2704-SM 应用电路模块示意图[150]如图 5.2.13 所示，电路原理图和元器件参数请参考 TGA2704-SM 数据表和应用笔记。

5.2.14 13～18GHz 38dBm 8V 功率放大器应用电路

TGA2963-CP 是一款 GaAs pHEMT Ku 波段功率放大器，工作频率范围为 13～18GHz，饱和输出功率为 6.5W，小信号增益大于 24dB，输入和输出回波损耗为 14dB。典型电源偏置：V_{D}=+8V，I_{DQ}=2600mA，V_{G}=-0.65V。

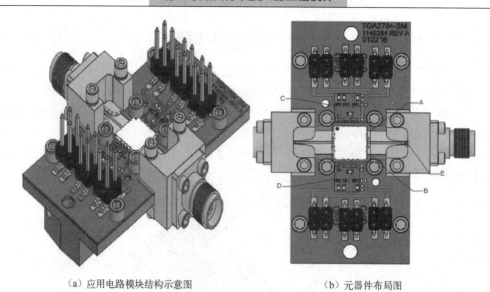

（a）应用电路模块结构示意图　　　　　　（b）元器件布局图

图 5.2.13　TGA2704-SM 应用电路模块示意图

　　TGA2963-CP 采用 11.379mm×17.323mm×3.048mm 10 引脚法兰安装（flange–mounted）封装，该封装底座为纯铜基底，可提供卓越的热管理。

　　TGA2963-CP 输入端和输出端两个射频端口都集成了隔直电容器，完全匹配到 50Ω。应用电路模块示意图[151]如图 5.2.14 所示，电路原理图和元器件参数请参考 TGA2963-CP 数据表和应用笔记。应用电路模块 PCB 材料采用 RO4350，厚度为 0.010 in，ε_r=3.38，两侧金属层为 0.5oz 铜。

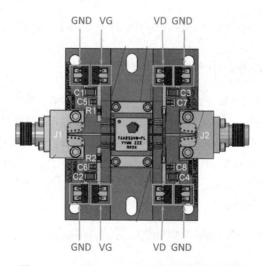

图 5.2.14　TGA2963-CP 应用电路模块示意图

5.2.15　DC～22GHz 15dBm 5V 线性功率放大器应用电路

　　一个采用 AMMC-5620 构成的功率放大器应用电路安装示意图[152]如图 5.2.15 所示。

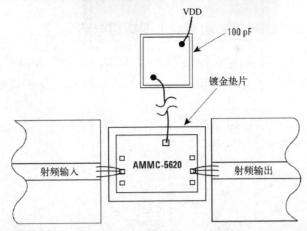

图 5.2.15　采用 AMMC-5620 构成的功率放大器应用电路安装示意图

AMMC-5620 是一个高增益 GaAs MMIC 功率放大器，工作频率范围为 6～20GHz，输出功率为 15dBm，功率增益为 19dB，输入和输出回波损耗小于-10dB，典型正增益斜率为+0.21dB/GHz，采用 5V 单电源供电，电流消耗典型值为 95mA。

AMMC-5620 功率放大器应用电路实例的 PCB 和元器件布局请参考 AMMC-5620 的数据表和应用笔记。

5.2.16　DC～24GHz 0.5W 10V 功率放大器应用电路

MMA052PP45 是一款 GaAs MMIC 射频功率放大器，输入端和输出端内部匹配为 50Ω，采用 4.5mm×4.5mm QFN-32L 封装，工作频率范围为 DC～24GHz，增益为 14dB，OIP3 为 43dBm，输出 IP3 为 35dB，输出功率 $P_{\rm 3dB}$ 为 27dBm@10GHz，电压 $V_{\rm DD}$=10V，电流为 420mA。

MMA052PP45 应用电路模块实物图[153]如图 5.2.16 所示，电路原理图和元器件参数请参考 MMA052PP45 数据表和应用笔记。

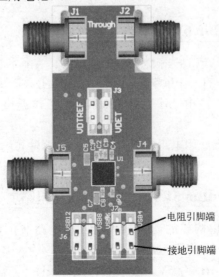

图 5.2.16　MMA052PP45 应用电路模块实物图

5.2.17　18～27GHz 29dBm 7V 功率放大器应用电路

TGA1135B-SCC 的工作频率范围为 18～27GHz pHEMT MMIC，其小信号增益为 14dB@ 23GHz，输出功率为 27～29dBm@P_{1dB}，输出三阶截点为 37dBm，偏置电压为 6～7V@540mA。

TGA1135B-SCC 的应用电路结构[154]如图 5.2.17 所示，元器件参数和布局请参考 TGA1135B-SCC 的数据表和应用笔记。

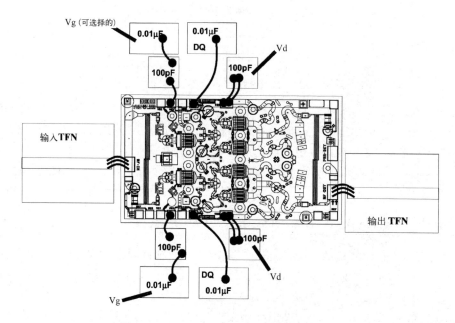

图 5.2.17　TGA1135B-SCC 应用电路结构图

5.2.18　25～31GHz 33dBm 6V 功率放大器应用电路

一个采用 AMGP-6432 构成的功率放大器应用电路和装配示意图[155]如图 5.2.18 所示。功率放大器芯片 AMGP-6432 的工作频率范围为 25～31GHz 的，输入端和输出端内部匹配到 50Ω，在 Vd=6V 工作时，输出功率大于+33dBm，工作温度范围为-40～+85℃，采用 5mm×5mm 表面贴装封装。

AMGP-6432 功率放大器应用电路实例的 PCB 和元器件布局请参考 AMGP-6432 的数据表和应用笔记。

5.2.19　25～35GHz 28.5dBm 5V 功率放大器应用电路

一个采用 AMMC-6431 构成的功率放大器应用电路装配示意图如图 5.2.19 所示。AMMC-6431 是一个 pHEMT MMIC 功率放大器芯片[156]，输入端和输出端内部匹配到 50Ω，工作频率范围为 25～33GHz，在 V_d=5V、I_{dsq}=0.65A 工作条件下，输出功率为 28.5dBm@P_{1dB}，输入和输出回波损耗为 15dB。

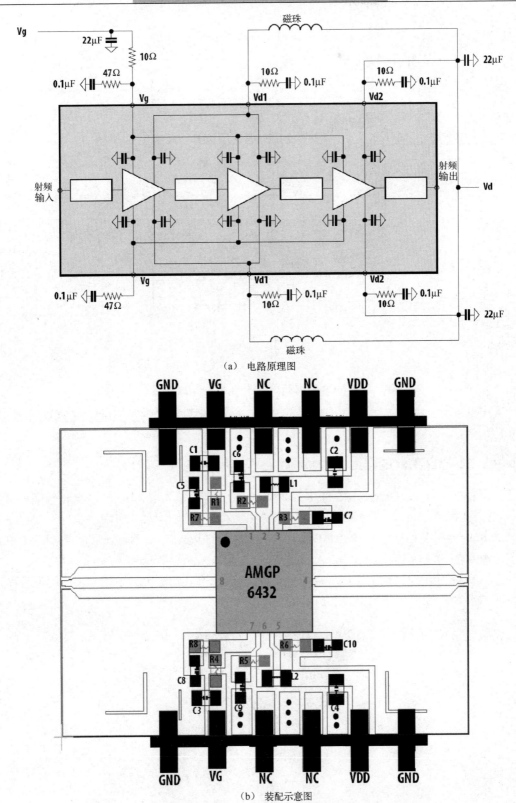

（a）电路原理图

（b）装配示意图

图 5.2.18 采用 AMGP-6432 构成的功率放大器应用电路和装配示意图

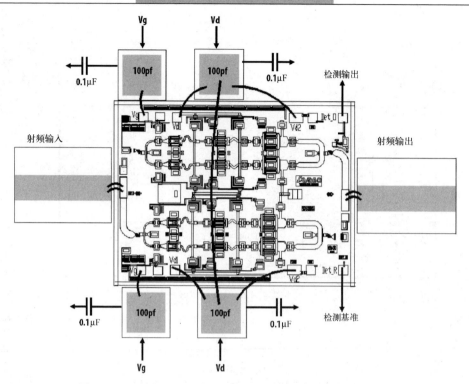

图 5.2.19　AMMC-6431 构成的功率放大器应用电路装配示意图

AMMC-6431 功率放大器应用电路实例的 PCB 和元器件布局请参考 AMMC-6431 的数据表和应用笔记。

5.2.20　32～38GHz 35dBm 6V 功率放大器应用电路

QPA2575 是一款 GaAs pHEMT Ka 波段功率放大器，输入端和输出端都集成了隔直电容器，完全匹配到 50Ω。工作频率范围为 32～38GHz，饱和输出功率 P_{SAT} 为 35dBm@P_{IN}=23dBm，小信号增益大于 19dB，PAE 为 16%@P_{IN}=23dBm，输入和输出回波损耗为 12dB。典型电源偏置：V_D=+6V，I_{DQ}=2100mA。QPA2575 采用 7.0mm×8.0mm×1.465mm 模块封装。

QPA2575 应用电路模块结构示意图和元器件布局图[157]如图 5.2.20 所示，应用电路和元器件参数请参考 QPA2575 数据表和应用笔记。

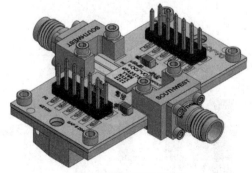

（a）电路模块结构示意图

图 5.2.20　QPA2575 应用电路模块结构示意图和元器件布局图

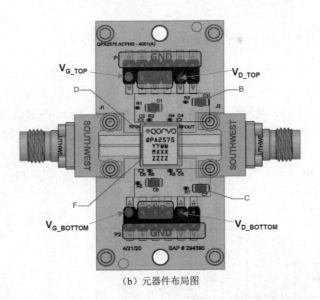

（b）元器件布局图

图 5.2.20　QPA2575 应用电路模块结构示意图和元器件布局图（续）

5.2.21　36～40GHz 24～26dBm 5～7V 功率放大器应用电路

TGA1073C-SCC 是一个 pHEMT MMIC，工作频率范围为 36～40GHz，小信号增益为 15dB，输出功率（P_{1dB}）为 24～26dBm@38GHz，饱和输出功率为 26～28dBm，PAE 为 23%～20%，IMR3 为-34dBc，静态电流为 225～260mA，偏置电压为 5～7V@240mA，芯片尺寸为 2.4mm×1.45mm。

TGA1073C-SCC 的应用电路结构图[158]如图 5.2.21 所示，元器件参数请参考 TGA1073C-SCC 的数据表和应用笔记。

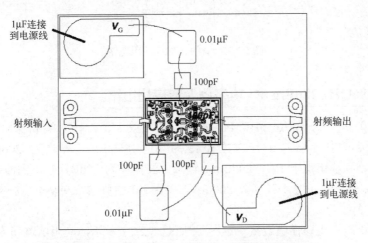

图 5.2.21　TGA1073C-SCC 的应用电路结构图

5.2.22 20～54GHz 31dBm 5V 功率放大器应用电路

ADPA7008 是一款 GaAs MMIC 功率放大器，输入端和输出端内部匹配为 50Ω，工作频率范围为 20～54GHz，采用 18 端子 7mm×7mm 陶瓷无引线芯片带散热器［LCC-HS］封装。放大器采用单+5V 电源供电，I_{DQ}=1500mA，在 22～40GHz 频率范围：增益为 17.5dB，输出功率 P_{1dB}=30dBm，OIP3=37dBm，输入回波损耗为 12dB，输出回波损耗为 9.5dB。

ADPA7008 应用电路[159]如图 5.2.22 所示，元器件布局图和元器件参数请参考 ADPA7008 数据表和应用笔记。

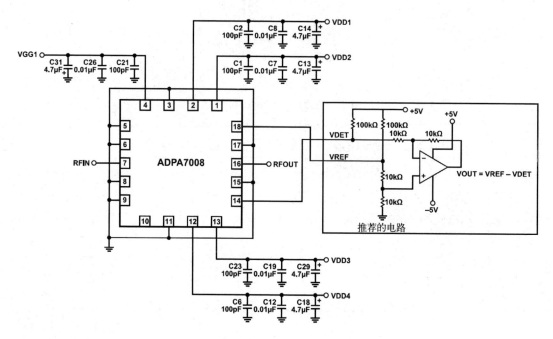

图 5.2.22 ADPA7008 应用电路

5.2.23 81～86GHz 28dBm 4V 功率放大器应用电路

ADMV7810 是一款 GaAs pHEMT MMIC 功率放大器，输入端和输出端内部匹配为 50Ω，并具有隔直电容器，工作频率范围为 81～86GHz，增益为 20dB，输出功率 P_{OUT}=28dBm，饱和输出功率 P_{SAT}=29dBm，输入回波损耗为 12dB，输出回波损耗为 20dB，电源电压 V_{DDxA} 和 V_{DDxB} 为 4V，I_{DD}=800mA。采用 40 引脚端 2.999mm×3.999mm×0.05mm 模块封装。

ADMV7810 应用电路模块连接示意图[160]如图 5.2.23 所示，应用电路和元器件布局图以及元器件参数请参考 ADMV7810 数据表和应用笔记。

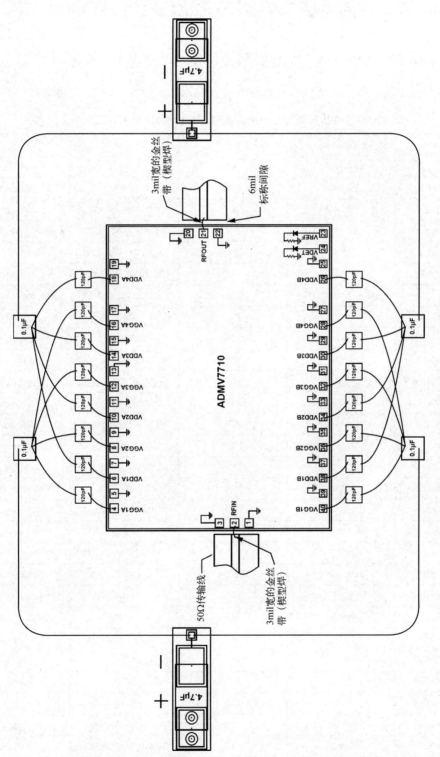

图 5.2.23　ADMV7810 应用电路模块连接示意图

5.3 LDMOS 单片射频与微波功率放大器应用电路实例

5.3.1 厂商推荐使用的一些 LDMOS 单片射频与微波功率放大器

厂商推荐使用的一些 LDMOS 单片射频与微波功率放大器如表 5.3.1 所示。

表 5.3.1 厂商推荐使用的一些 LDMOS 单片射频与微波功率放大器

频率范围	输出功率	电源电压	器件型号	厂商
575～960MHz	4W	48V	A2I09VD030NR1	NXP Semiconductors.
575～960MHz	6.3W	48V	A2I09VD050NR1	NXP Semiconductors.
575～960MHz	2×15W	48V	PTGA090304MD	Wolfspeed.
600～1000MHz	2.5W	48V	BLM9H0610S-60PG	Ampleon.
700～1000MHz	1.5W	28V	BLM8G0710S-15PB	Ampleon.
700～1000MHz	3W	28V	BLM8G0710S-30PB	Ampleon.
1400～2200MHz	2.5W	28V	A2I20D020GNR1	NXP Semiconductors.
1400～2200MHz	5W	28V	A2I20D040GNR1	NXP Semiconductors.
1400～2200MHz	12W	28V	A2I20D060NR1	NXP Semiconductors.
1800～2200MHz	10W	28V	BLM10D1822-60ABG	Ampleon.
1805～2170MHz	5W	28V	BLM8D1822S-50PB	Ampleon.
1805～2170MHz	4W	28V	BLM7G1822S-40PB	Ampleon.
1805～2170MHz	8W	28V	BLM7G1822S-80PB	Ampleon.
1800～2200MHz	2W	28V	BLM9D1822-30B	Ampleon.
1800～2200MHz	3.16W	28V	BLM9D1822S-60PBG	Ampleon.
1800～2200MHz	6.3W	28V	A3I20X050N	NXP Semiconductors.
2100～2200MHz	10W	28V	BLM8AD22S-60ABG	Ampleon.
1805～2200MHz	2×10W	28V	PTMC210204MD	Wolfspeed.
1805～2200MHz	2×20W	28V	PTMC210404MD	Wolfspeed.
1805～2200MHz	20W+40W	28V	PTNC210604MD	Wolfspeed.
2400～2500MHz	12.5W	28V	MHT2012N	NXP Semiconductors.
2300～2690MHz	8.3W	28V	A3I25D080N	NXP Semiconductors.
2300～2700MHz	5W	28V	BLM9D2327-26B	Ampleon.
2300～2700MHz	10W	28V	BLM10D2327-60ABG	Ampleon.
2500～2700MHz	5.75W	28V	BLM10D2327-40AB	Ampleon.
3400～3800MHz	10W	28V	BLM10D3438-70ABG	Ampleon.
3400～3800MHz	7.94W	28V	B10G3438N55D	Ampleon.
3400～3800MHz	5W	28V	BLM10D3438-35AB	Ampleon.
3200～3800MHz	10W	28V	A2I35H060NR1	NXP Semiconductors.

续表

频率范围	输出功率	电源电压	器件型号	厂商
3200～4000MHz	3.4W	28V	A3I35D025WNR1	NXP Semiconductors.
3700～4000MHz	5W	28V	BLM10D3740-35AB	Ampleon.
3700～4100MHz	8W	28V	B10G3741N55D	Ampleon.

注：表中数据根据厂商提供的数据表资料整理。

5.3.2　575～960MHz 2×15W 48V 功率放大器应用电路

PTGA090304MD 是一个宽带射频 LDMOS 集成功率放大器，工作频率范围 575～960MHz，双独立输出（每一个 15W，2×15W），电源电压为 48V。单载波 WCDMA 特性：V_{DD}=48V，I_{DQ1M}=34mA，I_{DQ2M}=144mA，平均输出功率 P_{OUT}=3.9W，f=960MHz，3GPP WCDMA 信号，3.84MHz 带宽，9dB PAR@0.01% CCDF，增益为 32dB，漏极效率为 19%，相邻信道功率比（ACPR）–44dBc，VSWR 为 10∶1。采用带鸥翼引线 14 引脚塑料二次成型封装。注：所有数据在 Wolfspeed 试验夹具中测量。

PTGA090304MD 应用电路元器件布局图[161]如图 5.3.1 所示，应用电路原理图和元器件参数请参考 PTGA090304MD 数据表和应用笔记。

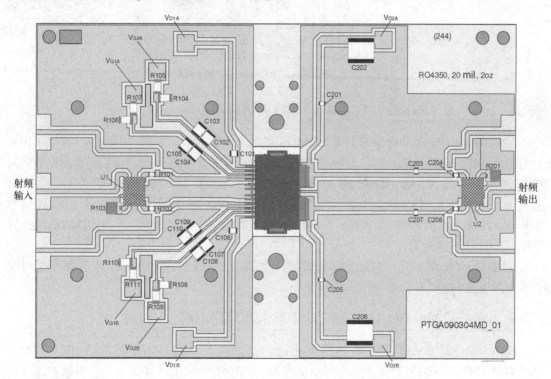

图 5.3.1　PTGA090304MD 应用电路元器件布局图

5.3.3　600MHz～1000MHz 2.5W 48V 功率放大器应用电路

BLM9H0610S-60PG 是一款 LDMOS 射频功率 MMIC，采用 OMP-780-16G-1 封装，工

作频率范围为 600～1000MHz。测试信号：单载波 W-CDMA，3GPP 测试模式 1，64DPCH，PAR=9.9dB@0.01% CCDF。在 V_{DS}=48V、I_{Dq1}=25mA、I_{Dq2}=125mA 条件下，输出功率 P_{AVG}=2.5W，功率增益为 35.5dB，效率 η_D=12%，ACPR$_{5M}$=−45dBc。

BLM9H0610S-60PG 元器件布局[162]如图 5.3.2 所示，电路原理图和元器件参数请参考 BLM9H0610S-60PG 数据表和应用笔记。

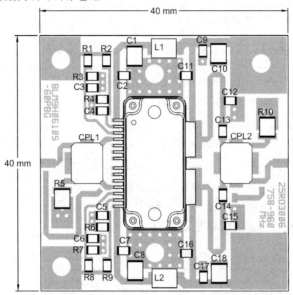

图 5.3.2　BLM9H0610S-60PG 元器件布局

5.3.4　1400～2200MHz 12W 28V 功率放大器应用电路

A2I20D060NR1 是一个宽带射频 LDMOS 集成功率放大器，采用片上匹配设计，工作频率范围为 1400～2200MHz 的。这种多级结构的额定电压为 20～32V，涵盖所有典型的蜂窝基站调制格式。2100MHz 时的典型 Doherty 单载波 W-CDMA 性能：V_{DD}=28V，I_{DQ1A}=24mA，I_{DQ2A}=145mA，V_{GS1B}=1.65V，V_{GS2B}=1.3V，输出功率 P_{out}=12W，输入信号 PAR=9.9dB @ 0.01% CCDF。A2I20D060NR1 采用 TO-270WB-15 封装，A2I20D060GNR1 采用 TO-270WBG-15 封装。

A2I20D060NR1 应用电路元器件布局图[163]如图 5.3.3 所示，应用电路 PCB 和元器件参数请参考 A2I20D060NR1 数据表和应用笔记。

5.3.5　1800～2200MHz 10W 28V 功率放大器应用电路

BLM10D1822-60ABG 是一款采用 Ampleon 先进的 GEN10 LDMOS 技术的 MMIC，采用 PQFN-20（SOT1462-1）封装，工作频率范围为 1800～2200MHz。测试信号：单载波 LTE，20MHz，PAR=7.6dB@0.01% CCDF。在 f=2000MHz，V_{DS}=28V，I_{Dq}=90mA 条件下，P_{AVG}=10W，增益为 27.5dB，效率 η_D=42%，ACCP$_{5M}$=−32dBc。

BLM10D1822-60ABG 元器件布局[164]如图 5.3.4 所示，电路原理图和元器件参数请参考 BLM10D1822-60ABG 数据表和应用笔记。

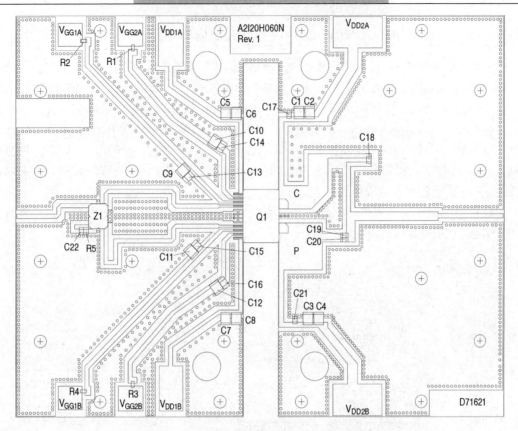

图 5.3.3　A2I20D060NR1 应用电路元器件布局图

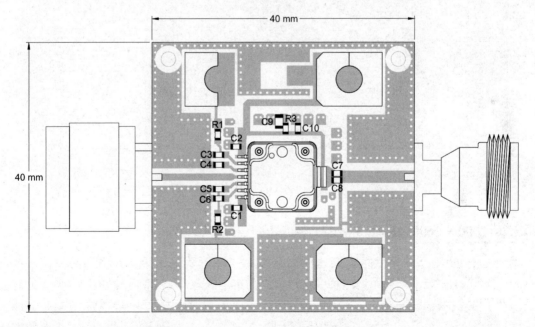

图 5.3.4　BLM10D1822-60ABG 元器件布局

5.3.6   1805～2200MHz 2×20W 28V 功率放大器应用电路

PTMC210404MD 是一个宽带射频 LDMOS 集成功率放大器，工作频率范围为 1805～2200MHz，采用宽度芯片内部匹配设计，双独立输出（每一个 20W，即 2×20W@28V）。单载波 WCDMA 特性（注：所有数据在 Wolfspeed 试验夹具中测量）：V_{DD}=28V，$I_{DQ1(A+B)}$=63mA，$I_{DQ2(A+B)}$=219mA，平均输出功率 P_{OUT}=5W，f=1990MHz，3GPP WCDMA 信号，3.84MHz 带宽，峰值/平均值（Peak/Average，PAR）=7.5dB @ 0.01% CCDF，增益为 30dB，PAE=18.5%，相邻信道功率比（ACPR）为–49.5dBc，10∶1 VSWR @37W。采用带鸥翼引线 14 引脚塑料二次成型封装。

PTMC210404MD 应用电路元器件布局图[165]如图 5.3.5 所示，应用电路和元器件参数请参考 PTMC210404MD 数据表和应用笔记。

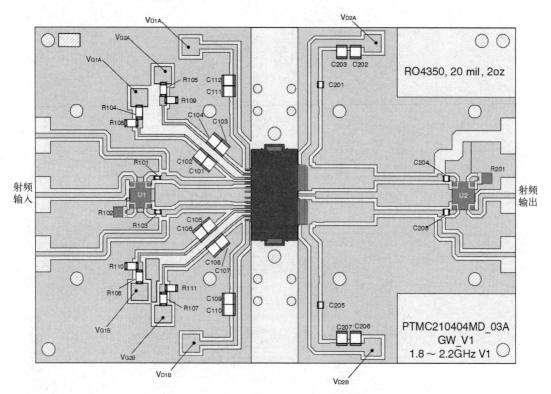

图 5.3.5   PTMC210404MD 应用电路元器件布局图

5.3.7   2300～2690MHz 8.3W 28V 功率放大器应用电路

A3I25D080N 是一个宽带射频 LDMOS 集成功率放大器，采用片上匹配设计，可在 2300～2690MHz 范围内使用。这种多级结构的额定电压为 20～32V，涵盖所有典型的蜂窝基站调制格式。典型 Doherty 单载波 W-CDMA 性能@ 2600MHz：V_{DD}=28V，I_{DQ}=175mA，V_{GS}=1.85V，输出功率 P_{out}=8.3W，0.01% CCDF 时的输入信号 PAR=9.9dB。注：所有数据在器件焊接至散热器的夹具中测量。

A3I25D080N 采用 TO-270WB-17 封装，A3I25D080GN 采用 TO-270WBG-17 封装。

A3I25D080N 应用电路元器件布局图[166]如图 5.3.6 所示，应用电路和元器件参数请参考 A3I25D080N 数据表和应用笔记。

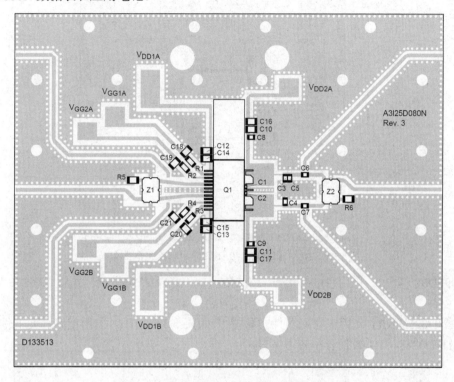

图 5.3.6　A3I25D080N 应用电路元器件布局图

5.3.8　3400～3800MHz 10W 28V 功率放大器电路

BLM10D3438-70ABG 是一款射频功率 LDMOS MMIC，内部采用非对称 Doherty 结构和预匹配设计，OMP-400-8G-1 封装，工作频率范围为 3400～3800MHz，输出功率为 10W（40dBm）@28V。测试信号：单载波 LTE，20MHz，0.01% CCDF 时的 PAR=7.6dB。在 f=3600MHz、V_{DS}=28V、I_{DQ}=110mA（载波）、$V_{GSq(peaking)}$=$V_{GSq(carrier)}$−0.5V 时，输出功率 $P_{L(M)}$=40dBm，功率增益 31.8dB，效率 η_D=37.8%，ACPR$_{20M}$=−24dBc。

BLM10D3438-70ABG 应用电路元器件布局[167]如图 5.3.7 所示，电路原理图和元器件参数请参考 BLM10D3438-70ABG 数据表和应用笔记。

5.3.9　3200～4000MHz 3.4W 28V 功率放大器应用电路

A3I35D025WNR1 是一款射频 LDMOS 集成功率放大器，采用片上匹配和集成 Doherty 电路设计，工作频率范围为 3200～4000MHz。这种多级结构的额定电压为 20～32V，涵盖所有典型的蜂窝基站调制格式。典型 Doherty 单载波 W-CDMA 特性性能@3500MHz：V_{DD}=28V_{DC}，$I_{DQ1(A+B)}$=72mA，$I_{DQ2(A+B)}$=260mA，输出功率 P_{OUT}=3.4W，0.01% CCDF 时的输入信号 PAR=9.9dB。注：所有数据在器件焊接至散热器的夹具中测量。

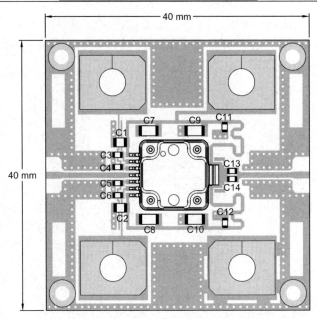

图 5.3.7　BLM10D3438-70ABG 应用电路元器件布局

A3I35D025WNR1 采用 TO-270WB-17 封装，A3I35D025WGNR1 采用 TO-270WBG-17 封装。

A3I35D025WNR1 应用电路元器件布局图[168]如图 5.3.8 所示，应用电路和元器件参数请参考 A3I35D025WNR1 数据表和应用笔记。

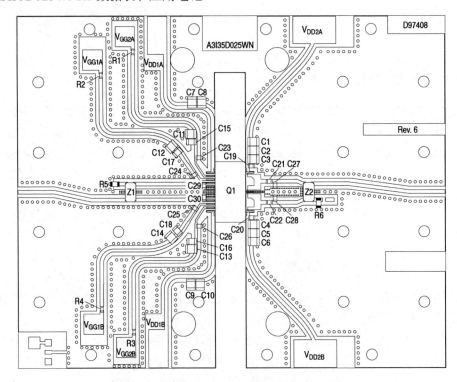

图 5.3.8　A3I35D025WNR1 应用电路元器件布局图

5.4 GaN 单片射频与微波功率放大器应用电路实例

5.4.1 厂商推荐使用的一些 GaN 单片射频与微波功率放大器

厂商推荐使用的一些 GaN 单片射频与微波功率放大器如表 5.4.1 所示。

表 5.4.1 厂商推荐使用的一些 GaN 单片射频与微波功率放大器

频率范围	输出功率	电源电压	器件型号	厂商
20～1000MHz	12.5W	28V	NPA1006A	M/A-COM Technology Solutions Inc.
100～1100MHz	40.5dBm	28V	HMC1099	Analog Devices, Inc.
1200～1400MHz	90W	45V	MAMG-001214-090PSM	M/A-COM Technology Solutions Inc.
20～1500MHz	5W	28V	NPA1003	Nitronex, LLC.
900～1600MHz	46dBm	50V	ADPA1105	Analog Devices, Inc.
1.2～1.85GHz	150W	48V	RFHA1043	RF Micro Devices Inc.
20～2500MHz	10W	28V	NPA1007	M/A-COM Technology Solutions Inc.
30～2500MHz	10W	32V	TGA2237-SM	Qorvo Inc.
20～2700MHz	5W	28V	NPA1008A	M/A-COM Technology Solutions Inc.
2.8～3.2GHz	47dBm	30V	QPA1000	Qorvo, Inc.
2.5～3.5GHz	75W	28V	CMPA2735075F1	Wolfspeed.
2.7～3.5GHz	12W	28V	TGA2975-SM	Qorvo, Inc.
2.9～3.5GHz	50dBm	30V	QPA3055P	Qorvo, Inc.
2.7～3.5GHz	50dBm	30V	QPA3069	Qorvo, Inc.
3.1～3.5GHz	48dBm	30V	QPA1001	Qorvo, Inc.
3.1～3.6GHz	100W	30V	TGA2813-SM	Qorvo, Inc.
2.7～3.8GHz	42dBm	28V	HMC1114PM5E	Analog Devices, Inc.
2.5～6GHz	25W	28V	CMPA2560025F	Wolfspeed.
0.4～6GHz	45.5dBm	50V	HMC8205BCHIPS	Analog Devices, Inc.
2～6GHz	44.5dBm	28V	HMC1086	Analog Devices, Inc.
4.8～6.0GHz	45.0dBm	28V	ADPA1107	Analog Devices, Inc.
2～6GHz	30W	28V	TGA2578-CP	Qorvo, Inc.
2.5～6GHz	40W	30V	TGA2576-2-FL	Qorvo, Inc.
4.5～6.5GHz	47dBm	28V	TGA2307-SM	Qorvo, Inc.
1～8GHz	40dBm	28V	QPA1003D	Qorvo, Inc.
9.0～10.0GHz	20W	28V	CMPA901A020S	Wolfspeed.
9～10GHz	20W	28V	TGA2624-SM	Qorvo, Inc.
8.5～11.0GHz	25W	28V	CMPA801B025	Wolfspeed.
8.5～11.0GHz	36dBm	22V	QPA1022	Qorvo, Inc.
9.0～11.0GHz	35W	28V	CMPA901A035F	Wolfspeed.
8～11GHz	50W	28V	TGA2238-CP	Qorvo, Inc.
10～11GHz	32W	28V	TGA2623-CP	Qorvo, Inc.

续表

频率范围	输出功率	电源电压	器件型号	厂商
6～12GHz	25W	28V	CMPA601C025F	Wolfspeed.
6～12GHz	30W	20V	TGA2590-CP	Qorvo, Inc.
8.5～10.5GHz	33dBm	20V	QPA2610	Qorvo, Inc.
8.0～12.0GHz	41dBm	24V	QPA2612	Qorvo, Inc.
8.0～12.0GHz	37dBm	24V	QPA2611	Qorvo, Inc.
10～12GHz	50dBm	28V	QPM1021	Qorvo, Inc.
10.7～12.7GHz	46dBm	20V	QPA1006D	Qorvo, Inc.
10.7～12.7GHz	43.5dBm	20V	QPA1009D	Qorvo, Inc.
13～15.5GHz	49dBm	28V	QPM2239	Qorvo, Inc.
13.4～15.5GHz	50W	28V	TGA2239-CP	Qorvo, Inc.
13.4～16.5GHz	12W	28V	TGA2218–SM	Qorvo, Inc.
13.4～16.5GHz	25W	28V	TGA2219-CP	Qorvo, Inc.
2～18GHz	4W	22V	TGA2214-CP	Qorvo, Inc.
6～18GHz	40dBm	28V	HMC7149	Analog Devices, Inc.
6～18GHz	20W	20V	TGA2963-CP	Qorvo, Inc.
13～16GHz	38dBm	8V	TGA2514N-FL	Qorvo, Inc.
13～18GHz	33dBm	22V	TGA2598-SM	Qorvo, Inc.
14～18GHz	37dBm	28V	CMD216	Qorvo, Inc.
0.5～20GHz	4.5W	28V	CMD184	Qorvo, Inc.
2～20GHz	38.5dBm	28V	HMC1087F10	Analog Devices, Inc.
17～20GHz	10W	28V	TGA4548-SM	Qorvo, Inc.
27～31GHz	38.4dBm	20V	QPA2210D	Qorvo, Inc.
27.5～31GHz	41.5dBm	22V	QPA2211D	Qorvo, Inc.
27～31GHz	39dBm	20V	TGA2594-HM	Qorvo, Inc.
27.5～31GHz	39dBm	20V	TGA2595-CP	Qorvo, Inc.
28～32GHz	36.7dBm	28V	CMD217	Qorvo, Inc.
32～38GHz	40dBm	24V	TGA2222	Qorvo, Inc.

注：表中数据根据厂商提供的数据表资料整理。

5.4.2　100～1100MHz 40.5dBm 28V 功率放大器应用电路

HMC1099 是一款内部预匹配的 GaN 宽带功率放大器，饱和输出功率 P_{SAT}=40.5dBm，典型小信号增益为 18.5dB，功率附加效率 PAE 高达 69%，瞬时带宽为 0.01～1.1GHz，增益平坦度为±0.5dB。电源电压 V_{DD}=28V (100mA)。

HMC1099 应用电路[169]如图 5.4.1 所示，元器件布局图和元器件参数请参考 HMC1099 数据表和应用笔记。

5.4.3　900～1600MHz 40W 50V 功率放大器应用电路

ADPA1105 是一款 GaN 宽带功率放大器，工作频率范围为 0.9～1.6GHz，输出功率

P_{OUT}=46dBm(40W)@输入功率 P_{IN}=19dBm，小信号增益为 34.5dB，功率增益为 27dB@输入功率 P_{IN}=19dBm，功率附加效率 PAE 高达 60%。电源电压 V_{DD}=50V (400mA)，采用 32 引脚端 5mm×5mm、LFSCP_CAV 封装。

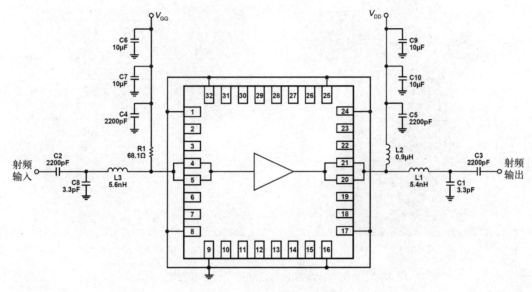

图 5.4.1　HMC1099 应用电路

ADPA1105 应用电路和电路模块实物图[170]如图 5.4.2 所示，元器件布局图和元器件参数请参考 ADPA1105 数据表和应用笔记。

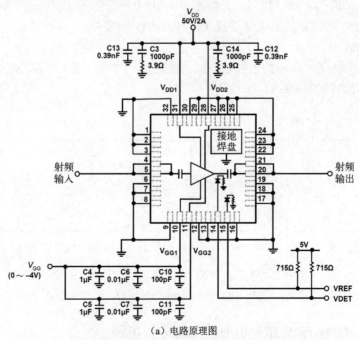

（a）电路原理图

图 5.4.2　ADPA1105 应用电路和电路模块实物图

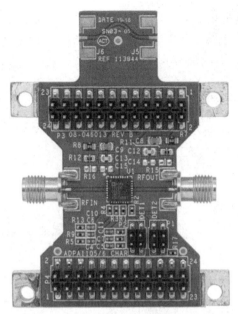

　　（b）电路模块实物图（元器件面）　　　　　　　　（c）电路模块实物图（散热器面）

图 5.4.2　ADPA1105 应用电路和电路模块实物图（续）

5.4.4　20～2700MHz 5W 28V GaN 功率放大器应用电路

　　NPA1008A 是一款 GaN 射频功率放大器，工作频率范围为 20～2700MHz，输出功率为 5W@28V，采用 QFN-24 塑料封装。在频率 f=1900MHz，V_{DS}=28V，I_{DQ}=88mA 条件下，饱和输出功率 P_{SAT}=38.9dBm，小信号增益 G_{SS}=15.6dB，功率增益 G_P=12.5dB，PAE=44.7%，漏极效率 η_D=47%。

　　一个采用 NPA1008A 构成的射频功率放大器电路[171]如图 5.4.3 所示，元器件布局图和元器件参数请参考 NPA1008A 数据表和应用笔记。

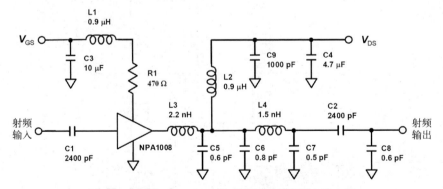

图 5.4.3　采用 NPA1008A 构成的射频功率放大器电路

5.4.5　2.7～3.5GHz 75W 28V 功率放大器应用电路

　　CMPA2735075F1 是一款基于 GaN HEMT 的单片微波集成电路（MMIC），工作频率范围为 2.5～3.5GHz。该 MMIC 包含一个两级匹配放大器，小信号增益为 29dB，典型饱和输出功率 P_{SAT} 为 75W@28V。封装类型为 440219。

CMPA2735075F1 应用电路模块实物图[172]如图 5.4.4 所示，元器件布局图和元器件参数请参考 CMPA2735075F1 数据表和应用笔记。

图 5.4.4　CMPA2735075F1 应用电路模块实物图

5.4.6　2.7～3.5GHz 100W 30V 功率放大器应用电路

QPA3055P 是一款 GaN 两级功率放大器模块，输入端和输出端内部匹配为 50Ω 并具有隔直电容器，工作频率范围为 2.9～3.5GHz，电源电压为+30V，饱和输出功率 P_{SAT} 为 50dBm@P_{IN}=25dBm，功率增益为 25dB@ P_{IN}=25dBm，功率附加效率为 54%@ P_{IN}=26dBm，功率增加效率 PAE 大于 53%@ P_{IN}=25dBm，V_{DD}=30V，I_{DQ}=1500mA，采用 10 引脚端 15.2mm×15.2mm×3.5mm 螺栓固定（Bolt-down）封装。

QPA3055P 应用电路和元器件布局图 [173]如图 5.4.5 所示，元器件参数请参考 QPA3055P 数据表和应用笔记。

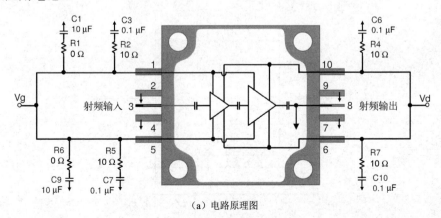

（a）电路原理图

图 5.4.5　QPA3055P 应用电路

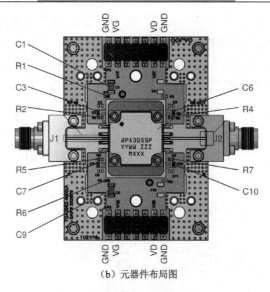

（b）元器件布局图

图 5.4.5　QPA3055P 应用电路 （续）

5.4.7　2.7～3.8GHz 10W 28V 功率放大器应用电路

HMC1114PM5E 是一款 GaN MMIC 功率放大器，工作频率范围为 2.7～3.8GHz，小信号增益为 34.5dB，输出功率 P_{OUT} 为 42dBm（>10W）@ P_{IN}=18dBm，功率效率 PAE=55%，电源电压 +28V，电流 I_{DQ}=150mA。采用 5mm×5mm、32 引脚端 LFCSP_CAV 封装。HMC1114PM5E 具有单端输入端和输出端，其阻抗在 2.7～3.8GHz 频率范围内等于 50Ω。因此，该器件可以直接插入 50Ω 系统，无须阻抗匹配电路，这也意味着多个 HMC1114PM5E 放大器可以背靠背级联，无须外部匹配电路。

HMC1114PM5E 应用电路[174]如图 5.4.6 所示，元器件布局图和元器件参数请参考 HMC1114PM5E 数据表和应用笔记。

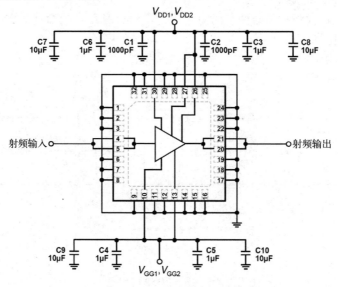

图 5.4.6　HMC1114PM5E 应用电路

5.4.8　2.5～6GHz 25W 28V 功率放大器应用电路

CMPA2560025F 是一款基于 GaN HEMT 的单片微波集成电路（MMIC），工作频率范围为 2.5～6GHz。该 MMIC 包含一个两级匹配放大器，小信号增益为 24dB，典型饱和输出功率 P_{SAT}=25W，工作电压高达 28V。采用一个具有铜钨散热片（Copper-Tungsten Heat-sink）的螺栓拧紧（Footprint Screw-Down）封装。

CMPA2560025F 应用电路元器件布局图和电路模块实物图[175]如图 5.4.7 所示，应用电路和元器件参数请参考 CMPA2560025F 数据表和应用笔记。

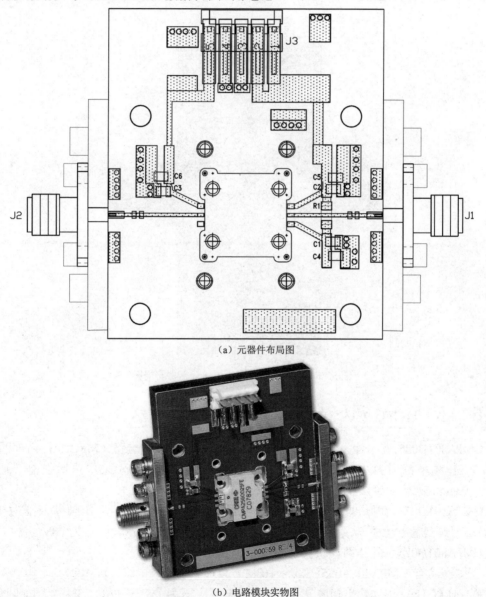

（a）元器件布局图

（b）电路模块实物图

图 5.4.7　CMPA2560025F 应用电路元器件布局图和实物图

5.4.9　1～8GHz 10W 28V 功率放大器应用电路

QPA1003D 是一款 GaN MMIC 功率放大器，输入端和输出端内部匹配为 50Ω 并具有隔直电容器，工作频率范围为 1～8GHz，输入功率 P_{IN}=15dBm 时的输出功率 P_{OUT}=40dBm，P_{IN}=15dBm 时的功率效率 PAE 为 30%，P_{IN}=15dBm 时的大信号增益为 25dB，小信号增益为 30dB，电源电压 V_{DD}=+28V，I_{DQ}=650mA，芯片尺寸为 3.3mm×3.55mm×0.10mm。

QPA1003D 应用电路元器件布局图[176]如图 5.4.8 所示，电路原理图和元器件参数请参考 QPA1003D 数据表和应用笔记。

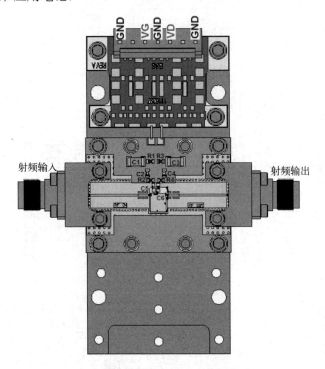

图 5.4.8　QPA1003D 应用电路元器件布局图

5.4.10　8.5～11GHz 25W/35W 28V 功率放大器应用电路

CMPA801B025 是一个基于 GaN HEMT 的单片微波集成电路（MMIC），内部匹配为 50Ω，工作频率范围为 8.5～11.0GHz，输出功率为 25W@28V，采用热增强型 10 引线 25mm×9.9mm 金属/陶瓷法兰封装（Metal/Ceramic Flanged Package）。

CMPA801B025 在脉冲宽度 100μs 占空比 10%条件下测量，工作频率范围为 8.5～11.0GHz，典型输出功率 P_{OUT}=37W，功率增益为 16dB，PAE=36%，电压为 28V。

CMPA801B025 应用电路模块实物图[177]如图 5.4.9（a）所示。

类似产品有 CMPA901A035F GaN HEMT 单片微波集成电路（MMIC），工作频率范围为 9.0～11.0GHz，饱和输出功率 P_{SAT}=35W，电源电压为 28V，PAE>33%，大信号增益为 22.5dB，采用热增强型 10 引线 25mm×9.9mm 金属/陶瓷法兰封装。CMPA901A035F 应用电路模块实物图[178]如图 5.4.9（b）所示。

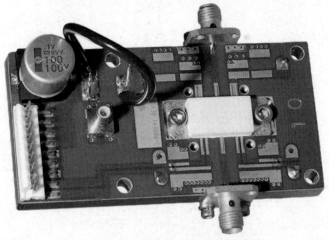

（a）CMPA801B025 应用电路模块实物图

（b） CMPA901A035F 应用电路模块实物图

图 5.4.9 CMPA801B025F 和 CMPA901A035F 应用电路模块实物图

5.4.11 6～12GHz 25W 28V 功率放大器应用电路

CMPA601C025F 是一个基于 GaN on SiC HEMT 单片微波集成电路（MMIC），瞬时带宽为 6～12GHz，输出功率为 25W@28V，采用热增强型 10 引线 25mm×9.9mm 金属/陶瓷法兰封装。

CMPA601C025F 在脉冲宽度 100μs，占空比 10%条件下，工作频率范围为 6.0～12.0GHz，典型饱和输出功率 P_{SAT}=40W，小信号增益为 34dB，PAE=35%，电源电压为 28V。

CMPA601C025F 应用电路[179]如图 5.4.10 所示。

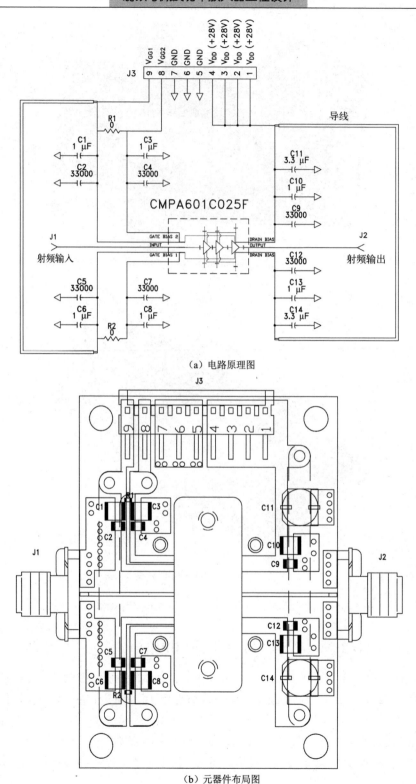

（a）电路原理图

（b）元器件布局图

图 5.4.10　CMPA601C025F 应用电路实例

（c）电路模块实物图

图 5.4.10　CMPA601C025F 应用电路实例　（续）

5.4.12　8.0～12.0GHz 2W/5W/12W 20V/24V 功率放大器应用电路

QPA2612 是一款 GaN MMIC 功率放大器，输入端和输出端内部匹配为 50Ω，并具有隔直电容器，工作频率范围为 8.0～12.0GHz，输出功率 P_{OUT}>41dBm@P_{IN}=18dBm，PAE>40%@P_{IN}=25dBm，小信号增益为 34dB，输入回波损耗大于 16dB，输出回波损耗大于 4dB，电源电压为+24V，I_{DQ}=250mA。采用 5mm×5mm×0.85mm QFN -24 封装。

QPA2612 应用电路元器件布局图[180]如图 5.4.11 所示，电路原理图和元器件参数请参考 QPA2612 数据表和应用笔记。

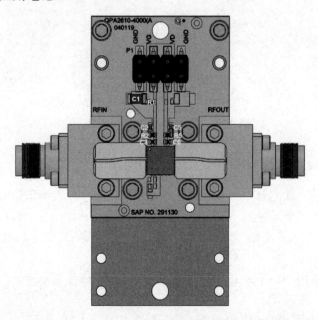

图 5.4.11　QPA2612/QPA2611/QPA2610 应用电路元器件布局图

　　类似产品有 QPA2611 GaN MMIC 功率放大器[181]，输入端和输出端内部匹配为 50Ω，并具有隔直电容器，工作频率范围为 8.0～12.0GHz，输出功率 P_{OUT}>37dBm@P_{IN}=12dBm，PAE>42%@P_{IN}=12dBm，小信号增益为 35dB，输入回波损耗大于 12dB，输出回波损耗大于 15dB，电源电压为+24V，I_{DQ}=100mA。采用 5mm×5mm×0.85mm QFN -24 封装。

　　QPA2610 GaN MMIC 功率放大器[182]，输入端和输出端内部匹配为 50Ω，并具有隔直电容器，工作频率范围为 8.5～10.5GHz，输出功率 P_{OUT}>33dBm@P_{IN}=10dBm，PAE>47%@P_{IN}=10dBm，小信号增益为 37.5dB，输入回波损耗大于 14dB，输出回波损耗大于 12dB，电源电压为+20V，I_{DQ}=56mA。采用 5mm×5mm×0.85mm QFN -24 封装。

5.4.13　13.4～16.5GHz 25W 28V 功率放大器应用电路

　　TGA2219-CP 是一款 GaN on SiC 射频功率放大器，工作频率范围为 13.4～16.5GHz，输出功率为 25W（P_{OUT}=44dBm @ P_{IN}=16dBm），功率增加效率 PAE>31%，小信号增益大于 30dB。典型偏置：V_{DD}=+28V，I_{DQ}=450mA。

　　TGA2219-CP 采用 15.2mm×15.2mm×3.5mm 螺栓固定（bolt-down）封装，带有一个铜底座，可实现卓越的热管理。

　　TGA2219-CP 输入端和输出端两个射频端口内部都集成了隔直电容器，完全匹配到 50Ω。应用电路[183]如图 5.4.12 所示，元器件布局图和元器件参数请参考 TGA2219-CP 数据表和应用笔记。

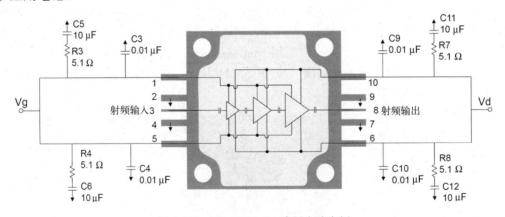

图 5.4.12　TGA2219-CP 应用电路实例

5.4.14　2～18GHz 4W 22V 功率放大器应用电路

　　TGA2214-CP 是一款 GaN on SiC 的宽带功率放大器，输入端和输出端两个射频端口都集成了隔直电容器，完全匹配到 50Ω。工作频率范围为 2～18GHz，饱和输出功率为 4W，功率增加效率 PAE>15%，小信号增益大于 22dB，大信号增益大于 14dB。典型电源偏置：V_D=+22V，I_{DQ}=600mA，V_G=−2.3V。

　　TGA2214-CP 采用 10 引脚 15.2mm×15.2mm×3.5mm 螺栓固定封装，该封装底座为纯铜基底，可提供卓越的热管理。

　　TGA2214-CP 应用电路[184]和元器件布局图如图 5.4.13 所示，元器件参数请参考

TGA2214-CP 数据表和应用笔记。

应用电路 PCB 材料采用 Rogers 4003C 介质，厚度为 0.008inch，两侧为 0.5 铜。

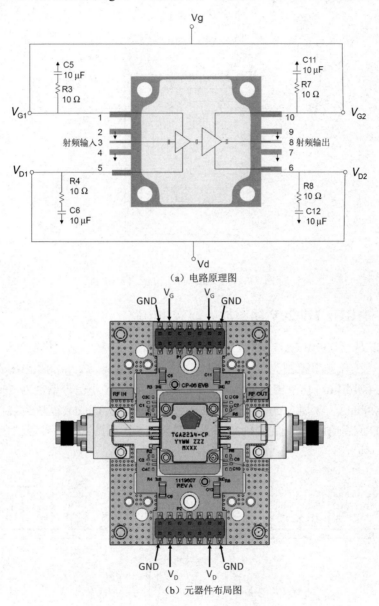

（a）电路原理图

（b）元器件布局图

图 5.4.13　TGA2214-CP 应用电路实例

5.4.15　2～20GHz 38.5dBm 28V 功率放大器应用电路

HMC1087F10 是一款 8W GaN MMIC 功率放大器，输入端和输出端内部匹配为 50Ω，并具有隔直电容器，工作频率范围为 2～20GHz，功率增益为 6.5dB，小信号增益为 11dB，饱和输出功率 P_{SAT}=+38.5dBm，OIP3=+43.5dBm，电源电压为+28V@ 850mA，采用 10 引脚法兰组件（flange mount）封装。

HMC1087F10 应用电路[185]如图 5.4.14 所示，元器件布局图和元器件参数请参考 HMC1087F10 数据表和应用笔记。

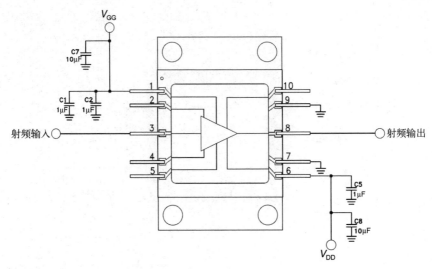

图 5.4.14　HMC1087F10 应用电路

5.4.16　27～31GHz 7W 20V 功率放大器应用电路

QPA2210D 是一款 7W GaN MMIC 功率放大器，输入端和输出端内部匹配为 50Ω，并具有隔直电容器，工作频率范围为 27～31GHz，饱和输出功率 $P_{SAT}>38.4dBm@P_{IN}=21dBm$，$PAE>32\%@P_{IN}=21dBm$，功率增益大于 16dB $@P_{IN}=21dBm$，小信号增益为 25dB，电源电压为+20V，$I_{DQ}=200mA$，采用 10 引脚端 2.740mm×1.432mm×0.050mm 模块封装。

QPA2210D 应用电路[186]和元器件布局图如图 5.4.15 所示，元器件参数请参考 QPA2210D 数据表和应用笔记。

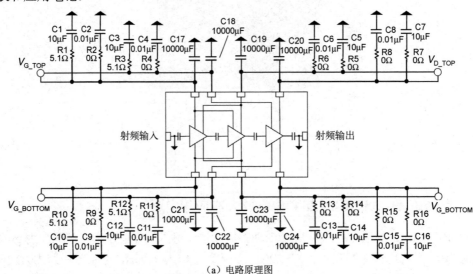

（a）电路原理图

图 5.4.15　QPA2210D 应用电路

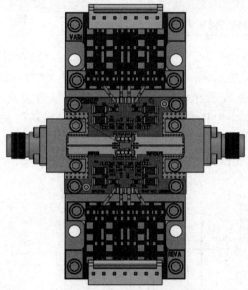

PCB：介质 Rogers 6202，厚 0.005in，两面 0.5oz 铜

（b）元器件布局图

图 5.4.15　QPA2210D 应用电路（续）

5.4.17　28～32GHz 8.5W 28V 功率放大器应用电路

CMD217 是一款 8.5W GaN MMIC 功率放大器，输入端和输出端内部匹配为 50Ω，并具有隔直电容器，工作频率范围为 28～32GHz，输出功率 P_{1dB}=36.7dBm，增益为 20dB，输入回波损耗为 13dB，输出回波损耗为 23dB，电源电压 V_{DD}=28V，V_{GG1}=V_{GG2}=−3.4V，电流为 580mA，采用小尺寸模块封装。

CMD217 应用电路元器件连接示意图[187]如图 5.4.16 所示，电路原理图和元器件参数请参考 CMD217 数据表和应用笔记。

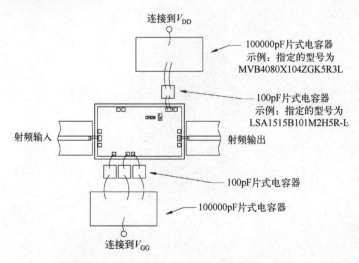

图 5.4.16　CMD217 应用电路元器件连接示意图

5.4.18　32～38GHz 10W 24V 功率放大器应用电路

　　TGA2222 是一款 GaN on SiC 的 Ka 波段功率放大器，输入端和输出端两个射频端口都集成了隔直电容器，完全匹配到 50Ω；工作频率范围为 32～38GHz，饱和输出功率为 40dBm（10W），功率增加效率 PAE 大于 22%，小信号增益大于 25dB，功率增益大于 16dB；典型电源偏置为 V_{DD}=+24V，I_{DQ}=640mA；采用 3.43mm×2.65mm×0.05mm 封装。

　　TGA2222 应用电路[188]元器件布局图如图 5.4.17 所示，元器件参数请参考 TGA2222 数据表和应用笔记。应用电路 PCB 材料采用 Rogers RO6202 介质，厚度为 0.005in，两面金属层为 0.5oz 铜。

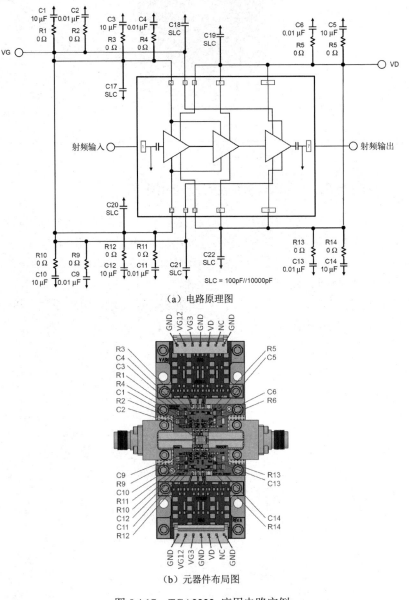

（a）电路原理图

（b）元器件布局图

图 5.4.17　TGA2222 应用电路实例

5.5　无线局域网（WLAN）功率放大器应用电路实例

5.5.1　厂商推荐使用的一些无线局域网（WLAN）功率放大器芯片

厂商推荐使用的一些无线局域网（WLAN）功率放大器芯片如表 5.5.1 所示。

表 5.5.1　厂商推荐使用的一些无线局域网（WLAN）功率放大器芯片

频率范围	标准	输出功率	电源电压	器件型号	厂商
2.45GHz	802.11g	24.5dBm	3.3V	MGA412P8	Avago Technologies.
2.4GHz	802.11g/b	21dBm	3.3V	AWL6153	ANADIGICS, Inc.
2.4GHz	802.11 b/g	20dBm	3.3V	AWL9224	ANADIGICS, Inc.
2.4～2.483GHz	802.11b/g	30dBm	3.3V	RF5117	RF Micro Devices, Inc.
2.4～2.5GHz	802.11b/g/n	21dBm	3.3V	RF5125	RF Micro Devices, Inc.
2.4～2.5GHz	802.11b/g/n	27dBm	3.3～5.0V	RFPA5200	RF Micro Devices, Inc.
2401～2484MHz	802.11n	27.8dBm	5V	MGA-43024	Broadcom Inc.
4.9～5.85GHz	802.11a/n	18dBm	3.0～5V	RF5300	RF Micro Devices, Inc.
5GHz	802.11a/n	19dBm	3.3V	AWL9555	ANADIGICS, Inc.
2.45GHz/5GHz	802.11a/b/g	19dBm	3.3V	AWL9924	ANADIGICS, Inc.
2.4GHz/5GHz	802.11a/b/g/n	19dBm	3.3V	AWL6950	ANADIGICS, Inc.

注：表中数据根据厂商提供的数据表资料整理。

5.5.2　2.45GHz 24.5dBm 802.11g WLAN 功率放大器应用电路

一个采用 MGA412P8 GaAs MMIC 功率放大器构成的 2.45GHz 802.11g WLAN 功率放大器应用电路实例[189]如图 5.5.1 所示，电路饱和输出功率 P_{SAT}=27dBm；P_{1dB}=24.5dBm；大信号增益为 20dB；小信号增益为 25.5dB；输入回波损耗为 5dB；输出回波损耗大于 10dB；噪声系数为 2.5dB；在输出功率为+19dBm、802.11g 信号时，功率附加效率 PAE=25%。

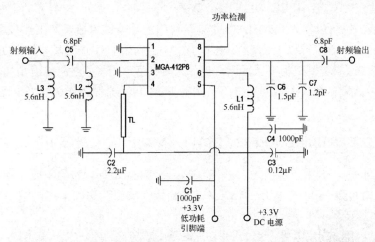

图 5.5.1　采用 MGA412P8 MMIC 构成的 2.45GHz 802.11g WLAN 功率放大器应用电路实例

MGA412P8 WLAN 功率放大器应用电路实例的 PCB 和元器件布局请参考 MGA412P8 的数据表和应用笔记。

5.5.3　2.4GHz 25dBm 802.11g/b WLAN 功率放大器应用电路

一个采用 AWL6153 构成的适合 2.4GHz 802.11g/b WLAN 的功率放大器应用电路实例[190]如图 5.5.2 所示。AWL6153 是一个适合 2.4GHz 802.11g/b WLAN 的功率放大器电路模块，芯片内部包含三级放大器电路、匹配电路和偏置电路，其输入端和输出端内部匹配为50Ω；电源电压范围为 3～5V；采用 802.11g 调制；具有 54Mbps 数据速率；在电源电压为+5V 时，输出功率为+25dBm；电源电压为+3.3V 时，输出功率为+21dBm。

AWL6153 采用 M7-10 模块式封装，封装尺寸为 4mm×4mm×1.5mm。

AWL6153 WLAN 功率放大器应用电路实例的 PCB 和元器件布局请参考 AWL6153 的数据表和应用笔记。

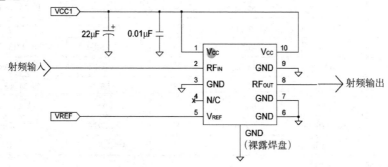

图 5.5.2　采用 AWL6153 构成的适合 2.4GHz 802.11g/b WLAN 的功率放大器应用电路实例

5.5.4　2.4GHz 21dBm/27dBm/30dBm IEEE 802.11b/g 功率放大器应用电路

一个采用 RF5117 构成的 IEEE802.11b 2.4～2.483GHz 功率放大器应用电路实例[191]如图 5.5.3 所示。采用 RF5117 构成的 IEEE802.11g 2.4～2.483GHz 应用电路与 IEEE802.11b 2.4～2.483GHz 应用电路类似。

RF5117 是一个适合 IEEE 802.11b/g WiFi 应用的功率放大器芯片，采用 QFN-16 3mm×3mm 封装，也可以作为 2.5GHz ISM 频带应用的功率放大器，其工作频率范围为 1.8～2.8GHz，采用 3.3V 单电源供电，输入射频功率为+10dBm，小信号功率增益为 26dB，饱和输出功率为+30dBm，功率控制电压范围（V_{REG}）为-0.5～3.5V，电源电流消耗为 600mA。

RF5117 WLAN 功率放大器应用电路实例的 PCB 和元器件布局请参考 RF5117 的数据表和应用笔记。

5.5.5　2.4GHz 27.8dBm IEEE802.11n WLAN 功率放大器应用电路

MGA-43024 是一款用于 WLAN 频段（2401～2484MHz）的功率放大器模块，在使用5.0V 电源电压时可以获得 27.8dBm（802.11n）高线性输出功率，采用微型 5.0mm×5.0mm×0.82mm MCOB 封装。

MGA-43024 的应用电路[192]如图 5.5.4 所示。在 $V_{dd}=V_{ddbias}=5.0V$，$I_{dq1}=50mA$，$I_{dq2}=150mA$，$I_{dq3}=248mA$，$I_{\_Vddbias}=12mA$ 时，这些电流能够实现电路最佳偏置条件，可以获

得 802.11n 信号的最佳线性度。电路中，C1、C2 为射频耦合电容器。供电线路上的所有电容器均为去耦电容器。

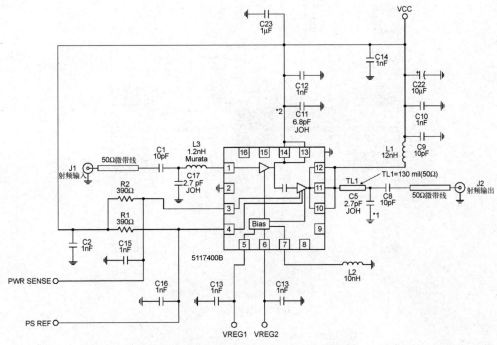

图 5.5.3　采用 RF5117 构成的 IEEE802.11b 2.4～2.483GHz 功率放大器应用电路实例

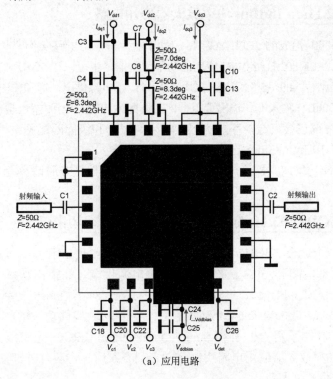

（a）应用电路

图 5.5.4　MGA-43024 的应用电路

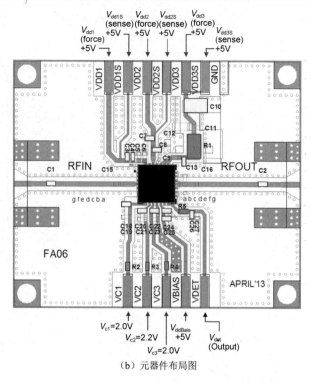

（b）元器件布局图

图 5.5.4　　MGA-43024 的应用电路（续）

5.5.6　5GHz 802.11a/n 18dBm 功率放大器应用电路

一个采用 RF5300 构成的 IEEE 802.11a/n 功率放大器应用电路实例[193]如图 5.5.5 所示。RF5300 是一个适合 IEEE 802.11a/n WiFi 应用的功率放大器，也可以在 5GHz 扩频和 MMDS 系统应用。其工作频率范围为 4.9～5.85GHz，采用 3.0～5V 单电源供电，饱和输出功率为+18dBm，小信号功率增益为 30dB，输入端和输出端阻抗内部匹配为 50Ω，电源电流消耗为 265mA。

RF5300 芯片内部包含三级功率放大器、输入、输出和级间匹配网络、偏置电路和功率检测器。采用 QFN-16 3mm×3mm 封装。

RF5300 WLAN 功率放大器应用电路实例的 PCB 和元器件布局请参考 RF5300 的数据表和应用笔记。

5.5.7　2.4GHz/5GHz 802.11a/b/g WLAN 功率放大器应用电路

AWL9924 是一个适合 2.4GHz/5GHz 802.11a/b/g WLAN 应用的功率放大器模块，射频输入端和输出端内部匹配到 50Ω。采用+3.3V 单电源供电。在输出功率 P_{OUT}=+19dBm，IEEE 802.11a 64 QAM OFDM @54Mbps 时，EVM 为 3.8%。在输出功率 P_{OUT}=+20dBm，IEEE 802.11g 64 QAM OFDM @54Mbps 时，EVM 为 3%。线性功率增益为 32dB@2.4GHz 和 32dB@5GHz。器件采用 16 引脚 4mm×4mm×0.9mm LPCC 无引线封装形式。采用 AWL9924 构成的功率放大器应用电路实例[194]如图 5.5.6 所示，芯片外部仅需要连接几个电源滤波（去耦、旁路）电容器。

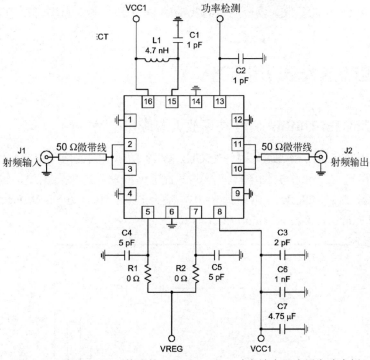

图 5.5.5　采用 RF5300 构成的 IEEE802.11a/n 功率放大器应用电路实例

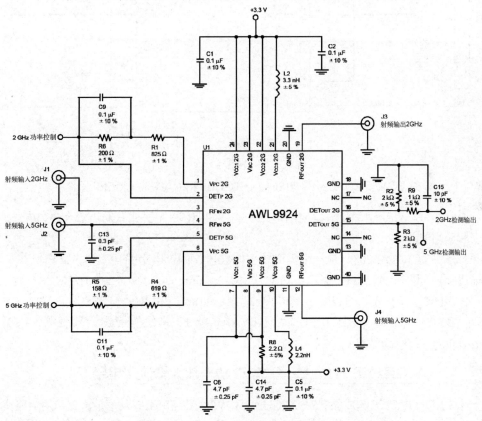

图 5.5.6　采用 AWL9924 构成的功率放大器应用电路实例

AWL9924 WLAN 功率放大器应用电路实例的 PCB 和元器件布局请参考 AWL9924 的数据表和应用笔记。

5.6 WiFi 功率放大器应用电路

5.6.1 2.4~2.5GHz 29dBm WiFi 功率放大器应用电路

一个采用 RFPA5201E 构成的 2.4~2.5GHz WiFi 功率放大器应用电路实例[195]如图 5.6.1 所示。RFPA5201E 是一个集成功率检波器、偏置电路的功率放大器模块，输入端和输出端内部匹配到 50Ω，P_{OUT}=29dBm，增益为 33dB，适合 IEEE 802.11b/g/n WiFi 系统等应用。器件采用 14 引脚 7.0mm×7.0mm×1.0mm LGA 封装。

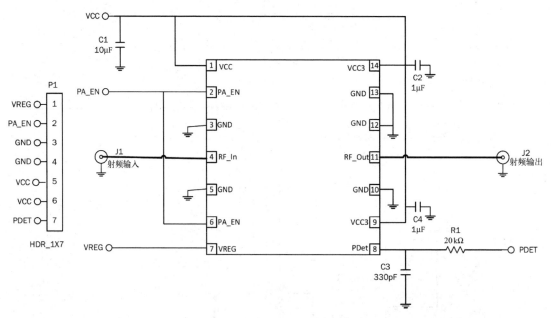

图 5.6.1 采用 RFPA5201E 构成的 2.4~2.5GHz WiFi 功率放大器应用电路实例

RFPA5201E WiFi 功率放大器应用电路实例的 PCB 和元器件布局请参考 RFPA5201E 的数据表和应用笔记。

类似产品有 RFPA5208，是一个集成功率检波器、偏置电路的功率放大器模块[196]，输入端和输出端内部匹配到 50Ω；在输出功率 P_{OUT}=28dBm、802.11n、20MHz MCS7 时，动态 EVM 为-30dB；在输出功率 P_{OUT}=+26dBm、802.11ac、20MHz MCS8 时，动态 EVM 为 -35dB；增益为 40dB；适合 IEEE 802.11b/g/n/ac WiFi 系统等应用。器件采用 10 引脚 4.0mm×4.0mm×1.05mm LGA 封装。

5.6.2 2.2~2.7GHz 2W WiMAX 和 WiFi 功率放大器应用电路

一个采用 RFPA2226 构成的 2.2~2.7GHz 2W WiMAX 和 WiFi 功率放大器应用电路实例[197]如图 5.6.2 所示。RFPA2226 是一个高线性的 AB 类 HBT 功率放大器，工作频率范围为 2.2~

2.7GHz。在 5V、2.4GHz 802.11g 54Mb/sAB 类工作时，P_{1dB}=33.5dBm。在 P_{OUT}=26dBm，V_{CC}=5V 时，EVM 为 2.5%。在输出功率 P_{OUT}=27dBm，V_{CC}=6V 时，EVM 为 2.5%。采用 3～6V 单电源供电，QFN 封装，适合作为 802.16 WiMAX 驱动器或者输出功率放大器，以及 2.4GHz 802.11 WiFi 和 ISM 功率放大器使用。

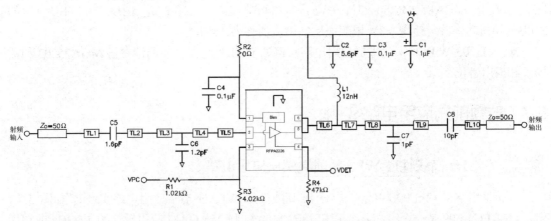

图 5.6.2 采用 RFPA2226 构成的 2.5～2.7GHz 2W WiMAX 和 WiFi 功率放大器应用电路实例

RFPA2226 WiMAX 和 WiFi 功率放大器应用电路实例的 PCB 和元器件布局请参考 RFPA2226 的数据表和应用笔记。

5.6.3 4.9～5.9GHz 25dBm WiFi 功率放大器应用电路

一个采用 MGA25203 构成的 WiFi 功率放大器应用电路实例[198]如图 5.6.3 所示相同。其供电电路采用 3V 电压时，R_1=7kΩ，R_2=40kΩ；采用 5V 电压时，R_1=30kΩ，R_2=20kΩ。

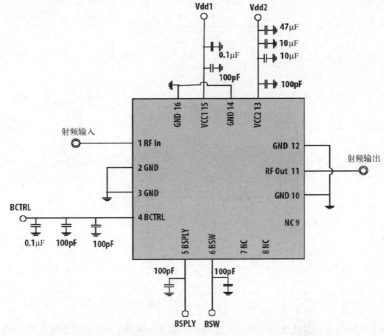

图 5.6.3 采用 MGA25203 构成的 WiFi 功率放大器应用电路实例

　　MGA25203 是一个设计用于 IEEE 802.11a/n WLAN 的线性功率放大器，工作频率范围为4.9～5.9GHz，输入端和输出端内部匹配到 50Ω，并且具有隔直电容器，采用 3～5V 单电源供电，工作温度范围为-40～+85℃，封装尺寸为 3mm×3mm×1mm，特别适合 WiFi 领域应用。在 5.4GHz 工作时，增益为 30dB，P_{out}=25dBm，PAE 为 13%。在输出功率 P_{out}=23dBm、64QAM 54Mbps 时，EVM 为-34dB（2.0%）。在满足 IEEE 802.11n 应用的23dBm 输出功率时，使用 3.3V 电源电压，电流消耗为 425mA。

　　MGA25203 WiFi 功率放大器应用电路实例的 PCB 和元器件布局请参考 MGA25203 的数据表和应用笔记。

5.7　射频前端应用电路实例

5.7.1　2.4GHz 高线性度 WLAN 前端模块应用电路

　　一个采用 SST12LF09 构成的 2.4GHz 高线性度 WLAN 前端应用电路实例[199]如图 5.7.1所示。SST12LF09 是一个专为兼容 IEEE 802.11b/g/n 和 256 QAM 应用设计的 2.4GHz 前端模块（Front-End Module，FEM）。该模块基于 GaAs pHEMT/HBT 技术，集成了高性能发送器功率放大器、低噪声接收器放大器（LNA）和天线 Tx/Rx/BT 开关（SP3T SW）。输入端和输出端的射频端口为单端形式，且内部匹配 50Ω。这些射频端口已经直流去耦，无须隔直电容或匹配元件。这有助于降低系统电路板的物料成本。

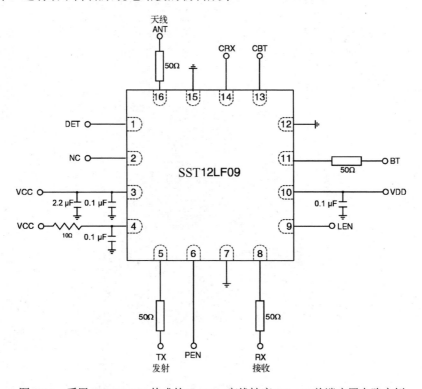

图 5.7.1　采用 SST12LF09 构成的 2.4GHz 高线性度 WLAN 前端应用电路实例

SST12LF09 包含发射器（TX）链路和接收器（RX）链路两个组成部分。

TX 链路包含一个高效率的功率放大器。发射器针对高线性 802.11n 和 256 QAM 操作进行优化，对于 256 QAM 40MHz 操作，1.75%动态 EVM，可提供 15dBm 的输出功率；对于 802.11g 54Mbps 操作，3% EVM，可提供 17dBm 的输出功率（3.6V）。在 5V VCC 下，对于 256 QAM 40MHz 操作，1.75%动态 EVM 时，发射器可提供 17dBm 的输出功率；对于 802.11g 54Mbps 操作，3% EVM，发射器可提供 18dBm 的输出功率。

SST12LF09 具有一个发射器片上单端功率检测器，该检测器具有 20dB 的线性动态范围，可以为板级功率控制提供可靠的解决方案。

SST12LF09 的 Rx 链路提供 12dB 的增益和 2.5dB 的噪声系数。LNA 旁路时，接收器损耗典型值为 9dB。

SST12LF09 的蓝牙链路损耗为 1.6dB，输出（@P_{1dB}）大于 25dBm。

SST12LF09 采用 16 触点 X2QFN 封装（2.5mm×2.5mm×0.4mm）。

SST12LF09 射频前端模块应用电路实例的 PCB 和元器件布局请参考 SST12LF09 的数据表和应用笔记。

5.7.2　2.4～2.5GHz 802.11b/g/n WiFi 前端模块应用电路

RF5395 是一个适合 WiFi 802.11b/g/n 和蓝牙系统使用的前端模块。在 EVM<2.5%时，802.11b 输出功率为 23dBm，802.11n 输出功率为 20dBm。RF5395 内部集成了一个 2.4GHz 802.11b/g/n 功率放大器、2170MHz Notch 滤波器、二次谐波衰减器、功率检波器、SP3T 开关等电路，采用 3.0～4.8V 单电源供电，12 引脚 QFN 封装（2.5mm×2.5mm×0.5mm），特别适合 WiFi 和蓝牙应用。

RF5395 应用电路实例[200]如图 5.7.2 所示。

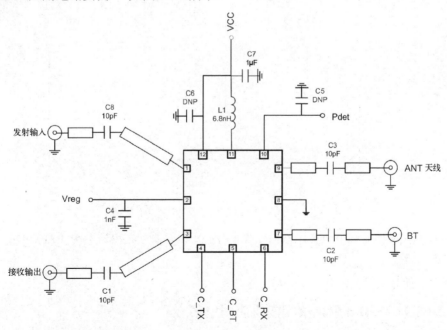

图 5.7.2　RF5395 应用电路实例

RF5395 射频前端模块应用电路实例的 PCB 和元器件布局请参考 RF5395 的数据表和应用笔记。

同类型产品还有 RF5385、RF5755 等。

5.7.3　2.4～2.5GHz 高功率前端模块应用电路

RFFM4201 是一个 1×1 MIMO 模块，适合 IEEE 802.11b/g/n WiFi 2.4～2.5GHz 应用。RFFM4201 模块内部集成一个三级线性功率放大器、发射谐波滤波器和 SPDT 开关；输入端和输出端内部匹配到 50Ω；工作频率范围为 2.4～2.5GHz；在输出功率 P_{OUT}=25dBm 时，动态 EVM<2.5%；增益为 34dB；采用 3.3～5V 单电源供电；6mm×6mm 薄片式封装。

RFFM4201 应用电路实例[201]如图 5.7.3 所示。

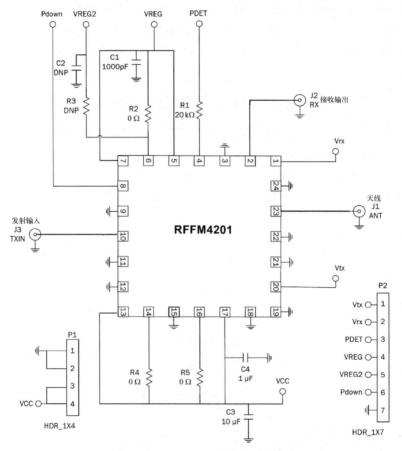

图 5.7.3　RFFM4201 应用电路实例

RFFM4201 射频前端模块应用电路实例的 PCB 和元器件布局请参考 RFFM4201 的数据表和应用笔记。

同类型产品有 RFFM4200、RF5605。

5.7.4　2.4GHz 22dBm 射频前端模块应用电路

CC2591 是一个 2.4GHz 的射频前端模块，工作频率为 2.4GHz，输出功率为 22dBm，模块内部集成 PA（功率放大器）、LNA（低噪声放大器）、T/R（发射/接收）开关、匹配网络和 Balun，在高增益模式电流消耗为 3.4mA，在低增益模式电流消耗为 1.7mA，在低功耗模式电流消耗仅 100nA，LNA 噪声系数为 4.8dB，采用 2～3.6V 单电源供电，采用 QFN16 引脚封装（4mm×4mm），适合 2.4GHz ISM 频段、IEEE 802.15.4 和 ZigBee 系统等应用。

　　CC2591 应用电路实例[202]如图 5.7.4 所示。CC2591 射频前端模块应用电路实例的 PCB 和元器件布局请参考 CC2591 的数据表和应用笔记。

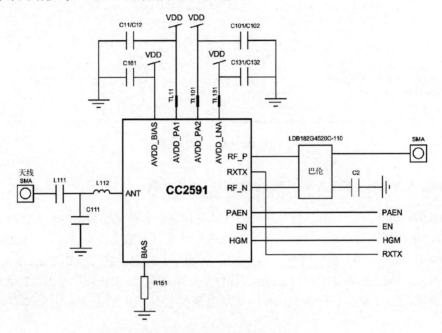

图 5.7.4　CC2591 应用电路实例

同类型产品还有 CC2590 等。

5.7.5　802.11a/b/g/n WLAN/蓝牙射频前端模块应用电路

　　AWL9966 是一个适合 802.11a/b/g/n WLAN/蓝牙应用的射频前端模块，所有射频通道内部匹配到 50Ω；集成 SP3T 射频开关（蓝牙和 2GHz Tx/Rx）和 SP2T 射频开关（5GHz Tx/Rx）；在 3%动态 EVM，IEEE 802.11a 64 QAM OFDM，54Mbps 工作条件下，输出功率 P_{OUT}=+17dBm；在 3%动态 EVM，IEEE 802.11g 64 QAM OFDM，54Mbps 工作条件下，输出功率 P_{OUT}=+20dBm；在 2GHz 和 5GHz 发射通道，线性功率增益为 31dB；在 2GHz 和 5GHz 接收通道，噪声系数为 2.6dB 和 2.5dB；在 2GHz 和 5GHz 接收通道，增益为 12dB 和 14dB；2GHz 和 5GHz 接收通道具有 LNA 旁路模式；采用+3.3V 单电源供电；采用 4.0mm×4.0mm×0.55mm QFN 封装。

　　AWL9966 应用电路实例[203]如图 5.7.5 所示。

　　AWL9966 射频前端模块应用电路实例的 PCB 和元器件布局请参考 AWL9966 的数据表和应用笔记。

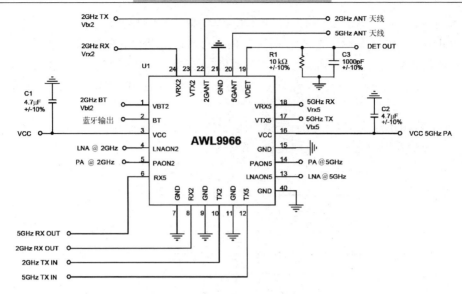

图 5.7.5　AWL9966 应用电路实例

5.7.6　802.11a/b/g/n WLAN 射频前端模块应用电路

AWL9280 是一个适合 802.11a/b/g/n WLAN 应用的射频前端模块，所有射频通道内部匹配到 50Ω，集成功率放大器、LNA 和 TX/RX/BT 开关；在输出功率 P_{OUT}=+19dBm，IEEE 802.11g 64 QAM OFDM @54Mbps 时，动态 EVM 为 3.0%；在 IEEE 802.11b @ 1Mbps CCK/DSSS 时，输出功率 P_{OUT}=22.5dBm；线性功率增益为 26dB；在增益为 12.5dB 时，接收通道噪声系数为 2.2dB；采用+3.0～+4.8V 单电源供电；采用 2.5mm×2.5mm×0.40mm QFN 封装。

AWL9280 应用电路实例[204]如图 5.7.6 所示。

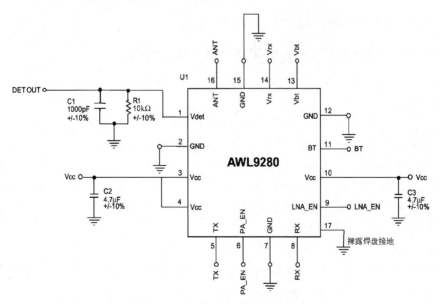

图 5.7.6　AWL9280 应用电路实例

　　AWL9280 射频前端模块应用电路实例的 PCB 和元器件布局请参考 AWL9280 的数据表和应用笔记。

5.7.7　37～40.5GHz 射频前端模块应用电路

　　QPF4006 是一款多功能 GaN MMIC 前端模块，面向 39GHz 相控阵 5G 基站和终端应用，内部包含有低噪声高线性的低噪声放大器、低插入损耗高隔离 TR 开关和高增益、高效率的多级功率放大器；采用 4.5mm × 4.0mm 表面安装封装。

　　QPF4006 在 37～40.5GHz 范围内工作。接收通道（LNA+TR SW）旨在提供 18dB 的增益和小于 4.5dB 的噪声系数。发射通道（PA+SW）提供 23dB 的小信号增益和 2W 的饱和输出功率。

　　QPF4006 应用电路元器件布局图[205]如图 5.7.7 所示。PCB 采用 Rogers 公司 RO4003C（ε_r=3.35），RF 层厚度为 0.008in，金属层厚度为 0.5oz 铜。与输入端和输出端微带线连接的连接器采用 Southwest Microwave 的 1492-04A-5 连接器。

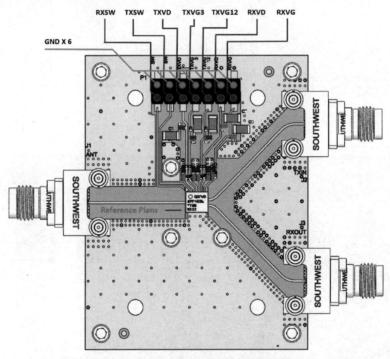

图 5.7.7　QPF4006 应用电路元器件布局图

　　QPF4006 射频前端模块应用电路原理图和元器件参数请参考 QPF4006 的数据表和应用笔记。

5.8　驱动放大器应用电路实例

5.8.1　50～750MHz 20.8dBm 5V 驱动放大器

　　THS9000/THS9001 是一款中功率、可级联的增益模块，针对高中频频率进行了优化。

放大器输入端和输出端内部匹配为 50Ω。安装在标准 EVM 上的 THS9000/THS9001，在 V_S=5V、$R_{(BIAS)}$=237Ω、$L_{(COL)}$=470nH 的情况下，50～325MHz 的输入和输出回波损耗大于 15dB。

　　THS9000/THS9001 应用电路[206]如图 5.8.1 所示，外围元器件只需要两个隔直电容器、一个电源旁路电容器、一个射频扼流圈和一个偏置电阻。

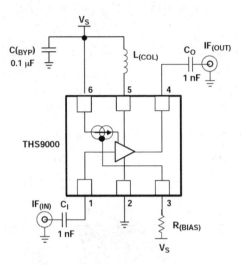

图 5.8.1　THS9000/THS9001 应用电路实例

　　THS9000/THS9001 在典型发射链路中的应用示例如图 5.8.2 所示。

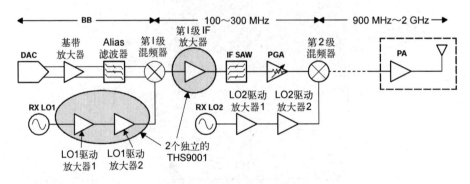

图 5.8.2　THS9000/THS9001 在典型发射链路中的应用示例

5.8.2　700～1000MHz 27dBm 5V 驱动放大器应用电路

　　ADL5322 是一款高线性度 GaAs 驱动器放大器，输入端与输出端内部匹配到 50Ω，工作频率范围为 700～1000MHz，增益为 20dB，OIP3 为 45dBm，P1dB 为 27dBm，噪声系数为 5dB，采用 5V 单电源供电，采用 3mm×3mm LFCSP 封装，工作温度范围为−40～+85℃，专门用于蜂窝基站无线电的输出级中，或用作多载波基站功率放大器中的输入前置放大器。

　　一个采用 ADL5322 构成的驱动放大器应用电路实例[207]如图 5.8.3 所示。

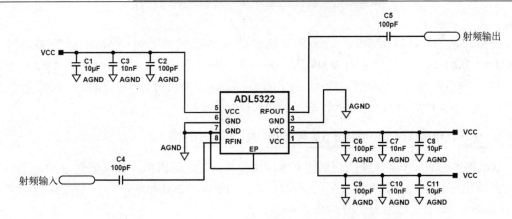

图 5.8.3   采用 ADL5322 构成的驱动放大器应用电路实例

5.8.3   700MHz～1GHz 1W/2W 5V 驱动放大器应用电路

ALM-31122 是一个高线性的功率放大器芯片，工作频率范围为 700MHz～1GHz；在工作频率为 900MHz，采用 5V 单电源供电，电流消耗为 394mA 工作时，增益为 15.6dB，OIP3=47.6dBm，P_{1dB}=31.6dBm，PAE=52.5%@P_{1dB}，噪声系数为 2dB；采用 5.0mm×6.0mm× 1.1mm 22 引脚 MCOB 封装。

一个采用 ALM-31122 构成的功率放大器应用电路实例[208]如图 5.8.4 所示。

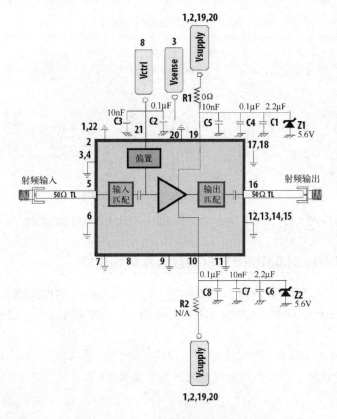

图 5.8.4   采用 ALM-31122 构成的驱动放大器应用电路实例

类似产品有 ALM-32120，是一个高线性的功率放大器芯片[209]，工作频率范围为 700MHz～1GHz；在工作频率为 900MHz，采用 5V 单电源供电，电流消耗为 800mA 工作时，增益为 14.3dB，OIP3=52.0dBm，P1dB=34.4dBm，PAE=50.3%@P1dB，噪声系数为 2.5dB；采用 7.0mm×10.0mm×1.1mm 20 引脚 MCOB 封装。

5.8.4　0～1800MHz 21.0dBm 6V 驱动放大器应用电路

SGA-6486 是一个高性能的功率放大器模块，输入端和输出端内部匹配到 50Ω，工作频率范围为 0～1800MHz，采用 6V 单电源供电，OIP3=+35.0dBm@ 850MHz，输出功率为 21.0dBm@850MHz，增益为 19.7dB@850MHz。

一个采用 SGA-6486 构成的驱动放大器应用电路实例[210]如图 5.8.5 所示。

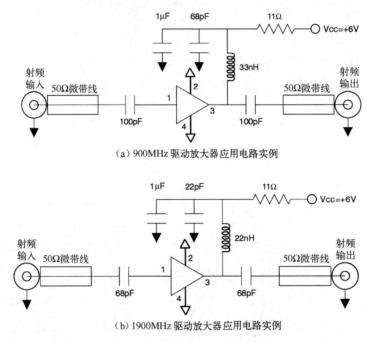

（a）900MHz 驱动放大器应用电路实例

（b）1900MHz 驱动放大器应用电路实例

图 5.8.5　采用 SGA-6486 构成的驱动放大器应用电路实例

5.8.5　5～2000MHz 24.0dBm 5V 驱动放大器应用电路

SXA-289 是一个工作频率范围为 5～2000MHz 的中功率 GaAs HBT 放大器，P_{1dB}=24.0dBm，小信号增益 S_{21}=15.0～20.0dB，OIP3=+41.5dBm，输入 VSWR(S_{11})=1.3：1～1.7：1，噪声系数 NF=5.0～5.7dB。

一个采用 SXA-289 构成驱动放大器应用电路实例[211]如图 5.8.6 所示。在图 5.8.6（a）所示电路中，偏置电阻 R_{bias} 的阻值与电源电压有关，见表 5.8.1。

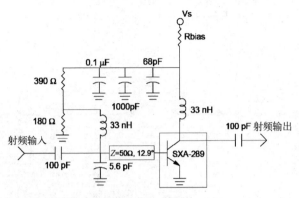

（a）无源偏置形式（850MHz）

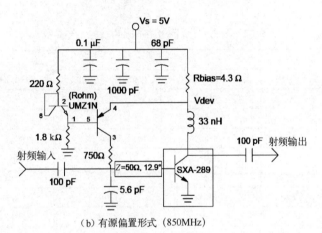

（b）有源偏置形式（850MHz）

图 5.8.6　采用 SXA-289 构成的驱动放大器应用电路实例

表 5.8.1　偏置电阻 R_{bias} 的阻值与电源电压有关

电源电压（Vs）	7V	8V	10V	12V
R_{bias}（Ω）	18	27	47	62
功率	0.5W	1.0W	1.5W	2.0W

5.8.6　250～2500MHz 24dBm 3.3V/5V 驱动放大器应用电路

SKY65009-70LF 是一个宽带线性功率放大器驱动器，工作频率范围为 250～2500MHz，OIP3=+40dBm，输出 P_{1dB}> +24dBm，具有 PAE=40%的高效率；采用单电源供电，电源电压为+3.3V 或者+5V；采用 SOT-89（4 脚 2.4mm × 4.5mm）封装；适合 GSM、GPRS、CDMA、WCDMA、WLAN、WiMAX、RFID 等无线收发设备使用。

SKY65009-70LF 应用电路实例[212]如图 5.8.7 所示，不同频段的元件参数见表 5.8.2，表中元件建议采用 Murata 公司产品，尺寸为 0402。

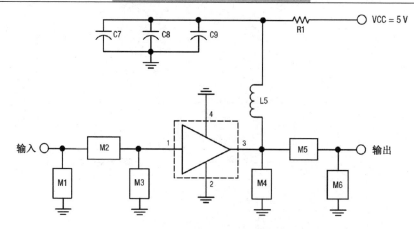

图 5.8.7　SKY65009-70LF 应用电路实例

表 5.8.2　图 5.8.7 所示电路不同频段的元件参数

元件	频　段					
	450MHz	900MHz	1960MHz（OIP3）	1960MHz（ACPR）	2140MHz	2450MHz
R1	0Ω	0Ω	0Ω	0Ω	0Ω	0Ω
C7	1μF	1μF	1μF	1μF	1μF	1μF
C8	1000pF	1000pF	1000pF	1000pF	1000pF	1000pF
C9	68pF	68pF	18pF	18pF	18pF	15pF
L5	47nH	47nH	27nH	22nH	22nH	22nH
M1	8.2nH	8.2nH	1.8nH	1.2pF	1.2pF	1pF
M2	12pF	4.7pF	2.7pF	2.2pF	2.2pF	1.2pF
M3	6.8pF	4.7pF	DNC	DNC	DNC	DNC
M4	DNC	DNC	1.2pF	1.2pF	1.2pF	DNC
M5	12pF	6.8pF	5.6pF	3.3pF	3.3pF	2.2pF
M6	27nH	12nH	1.0pF	0.5pF	0.5pF	1.2pF

5.8.7　100MHz～2.7GHz 9dBm/24dBm/30.7dBm 5V 驱动放大器应用电路

AD8353 是宽带固定增益的线性放大器[213]，工作频率为 100MHz～2.7GHz。由于采用了高性能互补双极型硅工艺，使芯片的工作过程、温度和电源有相当高的稳定度，可以应用在如蜂窝、宽带、CATV 和 LMDS/MMDS 等无线设备中。

AD8353 电源电压为 2.7～5.5V，电流消耗为 35～48mA。

AD8353 在 3V 的电源电压下，外置射频扼流圈连接电源和输出脚时，产生 9dBm 的线性输出功率；工作在 900MHz 时，有 20dB 的功率增益，OIP3>23dBm，噪声系数为 5.3dB，反向隔离在为-35dB；而工作在 2.7GHz 时，OIP3=19dBm，噪声系数为 6.8dB，反向隔离为-30dB。

AD8353 在 5V 工作电源电压下，工作在 900MHz 时，功率增益为 20dB，输出功率为 8dBm。

AD8353 广泛应用于 VCO 缓冲器、通用 TX/RX 放大器、功率放大器预驱动器和低功耗天线驱动器中。

AD8353 采用 CP-8 封装。引脚 1、8（COM1）为器件地，直接连接到低阻抗的接地板。引脚 4、5（COM2）为器件地，直接连接到低阻抗的接地板。引脚 6（VPOS）为电源电压输入正端。引脚 3（INPT）为射频输入端，需要采用隔直电容器耦合。引脚 7（VOUT）为功率放大器输出端，需要采用隔直电容器耦合。引脚 2（NC），无连接。

AD8353 是一个单端输入和输出的固定增益放大器，在 100MHz～2.7GHz 的频率范围内，其输入端和输出端的阻抗为 50Ω，可直接插入一个 50Ω 的系统应用，无需阻抗匹配电路。温度和电源电压的变化对这个器件影响很小，输入和输出阻抗十分稳定，无需阻抗匹配补偿。

AD8353 可以作为发射器功率放大器的驱动器（见图 5.8.8）。由于其高反向隔离性能，也适合作为一个本机振荡器缓冲器的放大器使用，它能驱动窄带上变换或下变换混频器的本机振荡器（见图 5.8.9）。

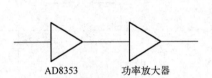

图 5.8.8　作为功率放大器的驱动器　　　　图 5.8.9　作为本机振荡器的隔离器

AD8353 的输出端（VOUT）是晶体管的集电极，当电源电压为 5V 时，内偏置约为 2.2V。因此，在输出端 VOUT 和其负载间需要连接一个隔直电容，电容值应不小于 100pF。当电源电压为 3V 时，最好在电源电压和输出引脚（VOUT）之间接一个射频扼流圈，这将增加输出放大器的集电极上的电压和电流，从而提高输出功率。同时也可改善 AD8353 的电气性能，使其性能与使用 5V 电源电压时的相当。射频扼流圈的电感约为 100nH，应注意确保在 AD8353 的最高工作频率下，扼流圈的自谐振频率为最低。

在电源电压输入端（VPOS），应连接一个约为 0.47μF 或更大容量的旁路电容，在 VPOS 引脚附近应放置一个约为 100pF 的高频旁路电容。

AD8353 应用电路实例如图 5.8.10 所示，该电路用 2.7～5.5V 的单电源供电，电源采用一个 0.47μF 和一个 100pF 的电容器去耦。注意 L1 是可选元件，仅在 VP=3V

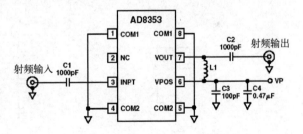

图 5.8.10　AD8353 应用电路实例

时选用，以获得最大的增益。本例应用电路中元器件均采用尺寸为 0603 的片式元器件。

类似产品有 SKY65099-360LF，是一个宽带线性功率放大器驱动器[214]，工作频率范围为 700～2700MHz；OIP3 为+40dBm；输出功率（P_{1dB}）为+24dBm；采用+5V 单电源供电；采用 DFN（8 脚，2mm × 2mm）封装。

ADL5606 是一个宽带两级 1W 功率放大器驱动电路芯片[215]，工作频率范围为 1800～2700MHz，增益为 23.8dB@2140MHz，OIP3=45.7dBm@2140MHz，P_{1dB}=30.7dBm@2140MHz，

噪声系数为 4.8dB@2140MHz，采用 5V 单电源供电，电源电流消耗为 362mA。ADL5606 采用 4mm×4mm 小型 16 引脚 LFCSP 封装，引脚兼容 ADL5605（700～1000MHz）。

TQP9111/TQP9113 是一款采用表面贴装封装的两级驱动放大器[216,217]，TQP9111/TQP9113 的工作频率范围为 1.8～2.7GHz，输出功率 P_{1dB}=+32.5dBm/+30.4dBm，OIP3=+46dBm/+42dBm，增益为 29.8dB/27.2dB。TQP9111 采用符合 RoHS 标准的 4mm×4mm 无引线 SMT 封装。TQP9113 采用 4mm×4mm 无引线 QFN-20 封装。

5.8.8 0～3500MHz 28.6dBm 5V 驱动放大器应用电路

一个采用 SGA-9289 构成的驱动放大器应用电路实例[218]如图 5.8.11 所示。电路微带线参数见表 5.8.3 和表 5.8.4。SGA-9289 是一个高性能的宽带放大器芯片，工作频率范围为 0～3500MHz，输出功率 P_{1dB}=28.6dBm@1.96GHz，输出 IP3=+41.5dBm@1.96GHz，增益为 11.0dB@1.96GHz。

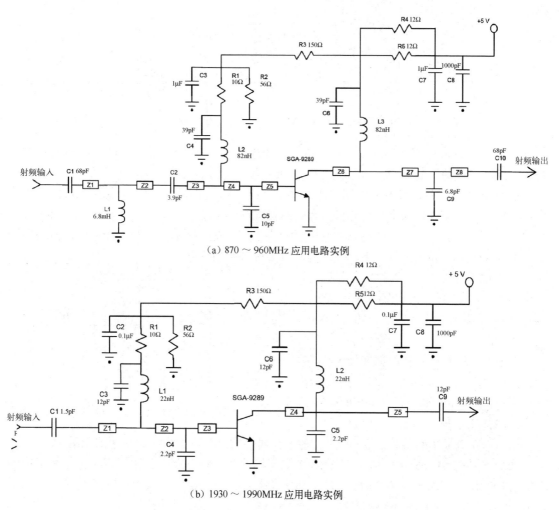

（a）870～960MHz 应用电路实例

（b）1930～1990MHz 应用电路实例

图 5.8.11 采用 SGA-9289 构成的驱动放大器应用电路实例

表 5.8.3　图 5.8.11（a）所示电路的微带线参数　　表 5.8.4　图 5.8.11（b）所示电路的微带线参数

符　号	数　　值
Z1	50Ω，19deg.@915MHz
Z2	50Ω，6deg.@915MHz
Z3	50Ω，9.3deg.@915MHz
Z4	50Ω，1.4deg.@915MHz
Z5	50Ω，5.3deg.@915MHz
Z6	50Ω，14.1deg.@915MHz
Z7	50Ω，21.7deg.@915MHz
Z8	50Ω，22.1deg.@915MHz

符　号	数　　值
Z1	50Ω，7.7deg.@1960MHz
Z2	50Ω，6.9deg.@1960MHz
Z3	50Ω，7.2deg.@1960MHz
Z4	50Ω，14.3deg.@1960MHz
Z5	50Ω，43.8deg.@1960MHz

5.8.9　3400～3800MHz 22.3dBm 5V 驱动放大器应用电路

MMZ38333B 是一个 3 级高线性宽带放大器，ACPR 为–48dBc，输出功率大于 22.3dBm，P_{1dB}=31.7dBm@3600MHz，功率增益为 37dB@3600MHz，覆盖频率为 3400～3800MHz，电源电压为 5V，采用 4mm QFN-24 表面安装封装。

MMZ38333B 频率范围为 3600～3800MHz，电源电压为 5V，50Ω 应用电路[219]如图 5.8.12 所示。

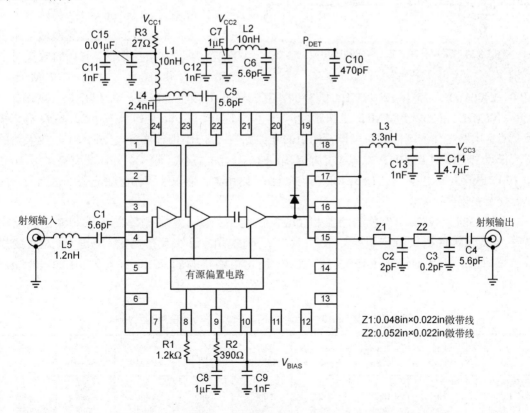

图 5.8.12　50Ω 应用电路：频率范围为 3600～3800MHz 的应用电路实例

　　类似产品有 QPA98×× 系列。QPA98×× 系列产品包含 QPA9842 平衡放大器，工作频率范围为 2700～3800MHz，输出功率为 1/4W。平衡放大器 QPA9807 的工作频率范围为 2300～2700MHz，输出功率为 1/4W。平衡放大器 QPA9801 的工作频率范围为 1805～2400MHz，输出功率为 1/4W。平衡放大器 QPA9805 的工作频率范围为 600～1000MHz，输出功率为 1/2W。

5.8.10　40～4000MHz 19.5dBm/29.1dBm 5V 驱动放大器应用电路

　　ADL5324 是一个宽带的驱动放大器芯片，工作频率范围为 400～4000MHz，增益为 14.6dB@2140MHz，OIP3=43.1dBm@2140MHz，输出功率 P_{1dB}=29.1dBm@2140MHz，噪声系数为 3.8dB，采用 3.3～5V 单电源供电，电源电流消耗为 62～133mA，工作温度范围为 -40～+105℃，采用 SOT-89 封装，MSL-1 级。

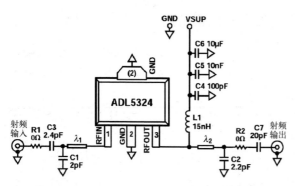

图 5.8.13　采用 ADL5324 构成的驱动放大器
应用电路实例

　　一个采用 ADL5324 构成的驱动放大器应用电路实例[220]如图 5.8.13 所示。电路工作在不同频段的参数值见表 5.8.5。在图 5.8.12 所示电路中，电容 C1、C2 和 C3 采用 Murata GRM615 系列（尺寸 0402）高 Q 值电容器，C7 采用 Murata GRM155 系列（尺寸 0402）电容器，电感 L1 采用 Coilcra_0603CS 系列（尺寸 0603）。C1 和 C2 的放置位置对应电路所工作的频段是很重要的。C3 的放置对于 1880～1990MHz、2110～2170MHz、2300～2400MHz、2570～2690MHz 和 3500～3600MHz 频段至关重要。对于 420～494MHz、728～768MHz 和 869～960MHz 工作频段，电阻 R2 应采用 Coilcra（尺寸 0402）高 Q 电感代替。对应电路工作的不同频率，推荐使用的元件见表 5.8.5。推荐偏置电压为 5V，放大器的直流偏置由连接到 RFOUT 引脚（引脚端 3）的电感 L1 提供。除 C4 外，还需要采用 10nF 和 10μF 电源去耦电容。ADL5324 的典型功耗为 133mA。输入端和输出端应利用适当大小的电容交流去耦。

　　ADL5324 可以实现出色的增益和 OIP3 性能。为此，应用电路的输入和输出匹配网络均必须为器件提供特定阻抗。表 5.8.5 所列的匹配元件旨在提供-10dB 输入回波损耗，同时最大限度地提高 OIP3。图 5.8.13 所示电路推荐的 λ_1 和 λ_2 安装间距如表 5.8.6 所示。

表 5.8.5　图 5.8.13 所示电路不同工作频率推荐使用的元件

功能/元件	420～494MHz	728～768MHz	800～960MHz	1880～1990MHz	2110～2170MHz（默认）	2300～2400MHz	2560～2690MHz	3500～3700MHz
交流耦合电容 C3为0402 C7为0402	10pF 20pF	10pF① 20pF	10pF 20pF	2.4pF① 20pF	2.4pF① 20pF	2.4pF① 20pF	2pF① 20pF	1pF① 20pF

续表

功能/元件	420~494MHz	728~768MHz	800~960MHz	1880~1990MHz	2110~2170MHz（默认）	2300~2400MHz	2560~2690MHz	3500~3700MHz
电源旁路电容								
C4为0402	100pF	100pF	100pF	100pF	100pF	100pF	100pF	100pF
C5为0603	10nF	10nF	10nF	10nF	10nF	10nF	10nF	10nF
C6为1206	10μF	10μF	10μF	10μF	10μF	10μF	10μF	10μF
直流偏置电感								
L1为0603CS	120nH	18nH	18nH	15nH	15nH	15nH	15nH	15nH
调阶电容								
C1为0402	20pF[1]	8pF[1]	8pF[1]	2.4pF[1]	2.0pF[1]	1.5pF[1]	1.0pF[1]	0.5pF[1]
C2为0402	6.2pF[1]	3.9pF[1]	3.6pF[1]	2.4pF[1]	2.2pF[1]	2.0pF[1]	2.0pF[1]	0.75pF[1]
跳线								
R1为0402	2Ω	2Ω	2Ω	0Ω	0Ω	0Ω	0Ω	0Ω
R2为0402	5.6nH[2]	2.4nH[3]	2.4nH[3]	0Ω	0Ω	0Ω	0Ω	4.7nH[3]
电源连接 VSUP				红色测试环路				
GND				黑色测试环路				

① Murata 高 Q 电容。

② 输入端增加 1.6nH 电感。

③ Coilcraft 0402 CS 系列。

ADL5324 实现最佳 OIP3、增益和输出功率的负载阻抗点如图 5.8.14 和图 5.8.15（负载牵引史密斯圆图）所示。表 5.8.7 和表 5.8.8 所列的负载阻抗值（器件看到的输出匹配网络的阻抗）分别用于实现最大增益和最大 OIP3。负载牵引史密斯圆图轮廓显示了各参数离开最佳点时的降级情况。

从表 5.8.7 和表 5.8.8 所列数据可以看出，最大增益和最大 OIP3 不是同时出现。图 5.8.14 和图 5.8.15 中的轮廓图也显示了这一点。因此，输出匹配元件参数选择一般需要权衡增益和 OIP3。此外，负载牵引史密斯圆图也说明：为了优化增益和/或 OIP3，必须牺牲输出阻抗匹配的质量。在线路较短且信号链下一器件的输入回波损耗很低的大多数应用中，牺牲一定的输出匹配是可以接受的。

表 5.8.6　图 5.8.13 所示电路推荐的 λ_1 和 λ_2 安装间距

频率(MHz)	λ_1(mil)	λ_2(mil)
420~494	419	438
728~768	311	422
869~961	207	413
1880~1990	75	239
2110~2170	65	193
2300~2400	71	176
2570~2690	245	132
3500~3700	316	125

为了调整输出匹配以支持不同的工作频率，或者需要调整 OIP3、增益与输出阻抗之间的平衡关系时，推荐采用以下四步骤程序。例如，若要优化 ADL5324 以在 750MHz 时获得最佳 OIP3 和增益，请执行以下四步。

① 安装针对 869~970MHz 调谐频段而推荐的调谐元件，但不要安装 C1 和 C2。

② 将评估板连接到一个矢量网络分析仪，以便同时观测输入和输出回损。

③ 从 C1 和 C2 的推荐值和位置开始，调整这些电容的位置和传输线，直到回波损耗和增益可接受为止。如果移动元件位置不能获得满意的结果，那么应提高或降低 C1 和 C2 的值（这种情况下，电容值很可能需要提高，因为用户是针对较低的频率进行调谐）。

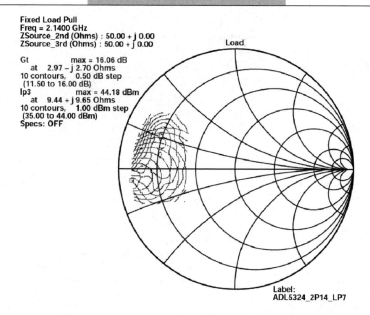

图 5.8.14 ADL5324 负载牵引轮廓图（2140MHz）

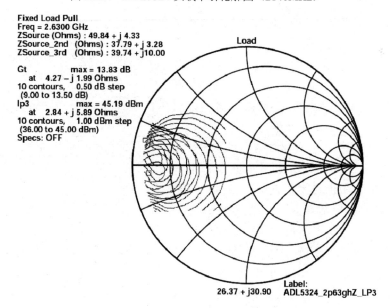

图 5.8.15 ADL5324 负载牵引轮廓图（2600MHz）

表 5.8.7 ADL5324 最大增益（Gain$_{MAX}$）的负载条件

频率 （MHz）	ΓLoad （幅度）	ΓLoad （°）	Gain$_{MAX}$ （dB）
2140	0.888	−173.55	16.1
2630	0.0843	−175.41	13.83

表 5.8.8 ADL5324 最大 OIP3（OIP3$_{MAX}$）的负载条件

频率 （MHz）	ΓLoad （幅度）	ΓLoad（°）	IP3$_{MAX}$ （dBm）
2140	0.654	+163.28	44.18
2630	0.894	+166.52	45.19

④ 根据需要重复步骤③。一旦实现所需的增益和回波损耗，便可测量 OIP3。最有可能的情况是，回损/增益和 OIP3 测量需要来回调整（可能主要是牺牲输出回损），直到实现可接受的折中。

类似产品有 MAX2612～MAX2616，是高性能宽带放大器[221]，设计用于功率放大器的前级驱动、低噪声放大器或可级联的 50Ω 放大器；输入端和输出端内部匹配到 50Ω；工作频率范围为 40MHz～4GHz；输出功率高达+19.5dBm；增益为 18.6dB，在 f_{RFIN}=2.0GHz 时，噪声系数为 2.0dB；在 1～4GHz 频率范围内，频率响应的平坦度小于 0.5dB；OIP3 范围为 +30～+37dBm；具有关断模式（MAX2612/13/14/16）；采用 3.0～5.25V 单电源供电和紧凑的 2mm×3mm TDFN 封装。

QPA9119 是一个高线性驱动放大器[222]，工作频率范围为 400～4200MHz，P_{1dB}=+27.2dBm，OIP3=+44dBm，在 2140MHz 时增益为 17dB，单+5V 电源供电，静态电流 I_{CQ}=130mA，采用 3mm×3mm QFN-16 表面贴装封装。片内 ESD 保护允许放大器具有非常坚固的 1C 级 HBM ESD 额定值。

5.8.11 2.3～5.0GHz 0.5W 5V 驱动放大器应用电路

QPA9120 是一款宽带、高增益、高峰值功率驱动放大器，输入端和输出端内部匹配为 50Ω，工作频率范围为 2.3～5.0GHz，放大器可提供 27dBm P_{3dB}@2.6GHz 和 28dB 增益；+5V 单电源供电，静态电流 I_{CC}=95mA，并可以通过 V_{PD} 引脚实现关机功能；器件采用 16 焊盘 3mm×3mm SMT 封装。

QPA9120 元器件布局图[223]如图 5.8.16 所示，电路原理图和元器件参数请参考 QPA9120 数据表和应用笔记。

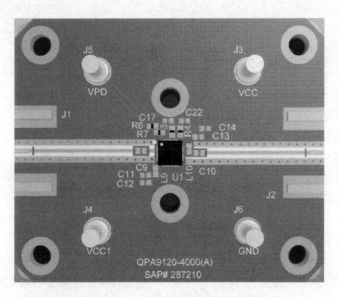

图 5.8.16 QPA9120 元器件布局图

类似产品有 QPA9121 驱动放大器[224]，工作频率范围为 2.3～5.0GHz，输出功率为 0.5W。

5.8.12 0～5.5GHz 11.6dBm 5V 驱动放大器应用电路

SGA-3363Z 是一个高性能的 50Ω MMIC 驱动放大器[225]，其工作频率范围为 0～5500MHz，小信号增益为 15.5～19.5dB，输出功率 P_{1dB}=10.5～11.6dBm，输出三阶截点为 23.1～25.4dBm，噪声系数为 3.5dB，器件工作电源电压为 2.3～2.9V，电流消耗为 31～39mA。

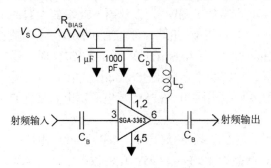

图 5.8.17　SGA-3363Z 的典型应用电路

SGA-3363Z 采用 SOT-363 封装，引脚端 3 为射频输入端，引脚端 6 为射频输出端和偏置端，引脚端 1、2、4、5 为接地端。

SGA-3363Z 典型应用电路如图 5.8.17 所示，元器件参数见表 5.8.9 和表 5.8.10。

表 5.8.9　图 5.8.17 所示电路的元器件参数

参　　数	频率（MHz）				
	500	850	1950	2400	3500
C_B（pF）	220	100	68	56	39
C_D（pF）	100	68	22	22	15
L_C（nH）	68	33	22	18	15

表 5.8.10　图 5.8.17 所示电路在不同电源电压条件下电路偏置电阻的阻值

电源电压（V）	5	8	10	12
R_{BIAS}（Ω）	68	150	200	270

5.8.13 0.5～6GHz 22dBm 50Ω 驱动放大器应用电路

MGA83563 是中功率 GaAs RF IC 放大器[226]，适合以电池为电源的个人通信设备应用。MGA83563 一般用在发射机的驱动级和输出级，例如在 5.7GHz 扩频或 ISM 频带应用的无线通信产品中作为中功率放大器使用。

MGA83563 的工作频率范围为 500MHz～6GHz，由于其 RF IC 接口上的内部电容限制低端频率响应，使它只能应用在 500MH 以上。MGA83563 工作电压为+3V 时，能提供+22dBm（158mW）的功率输出，功率增益为 18dB，功率增加效率为 37%（f=2.4GHz 时），在 1dB 增益压缩点的输出功率 P_{1dB}=19.2dBm（f=2.4GHz 时），放大器的输出端内部匹配到 50Ω。

MGA83563 由两级 FET 放大电路组成，采用超小型 SOT-363（SC-70）封装，引脚端 1（Vd1）为电源电压端，引脚端 2、4、5（GND）为接地端，引脚端 3（INPUT）为输入端，引脚端 6（OUTPUTandVd2）为输出端和电源电压端。

1. MGA83563 应用电路的设计步骤

MGA83563 在芯片上已有部分的射频阻抗匹配和集成的偏置控制电路，简化了使用这个器件的难度。

步骤 1：选择级间电感

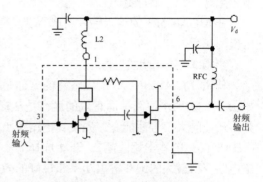

MGA83563 的第一级 FET 的漏极连接到引脚端 1，连接电路如图 5.8.18 所示。电源电压 V_d 通过电感线圈 L2 连接在漏极上，电感线圈连接电源端被电容器旁路到地。这个级间电感线圈用来完成在第一级放大器和第二级放大器之间的匹配。电感线圈 L2 的值取决于 MGA83563 的工作频率，电感 L2 的值也与印制电路板材料、厚度和射频电路的版面设计有关，L2 的数值可以根据工作频率从在图 5.8.19 所示的图表中选择，已经考虑了应用电路 PCB 图版面设计等的相关因素。

图 5.8.18　MGA83563 应用电路
级间电感 L2 及偏置电流

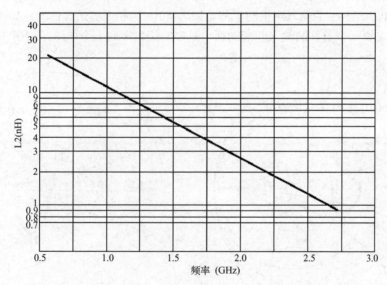

图 5.8.19　MGA83563 应用电路级间电感 L2 的值与频率的关系

步骤 2：偏置连接

MGA83563 是一个需要电压偏置的器件，采用单一的正电源电压工作。电源电压的典型值为+3V，必须连接到 RF IC 两级放大器的漏极。电源电压与第一级 FET 漏极的连接是通过级间电感 L2 完成的。电源电压通过引脚端 6 加到第二级 FET 的漏极，并还与射频输出连接，参照图 5.8.18 所示连接形式。电感（RFC）被用来隔离射频输出信号，在电感（RFC）与电源的连接端连接一个旁路电容，以滤去射频信号。在输出端的隔直电容防止电源电压到下一级电路。

为了防止输出功率的损耗，在工作频带上的电感（RFC）的电抗值为几百欧姆；当工作频率较高时，在放置 RFC 地方，可以使用一条高阻抗的传输线（$\lambda/4$）；而对较低的工作频率，隔直电容和射频旁路电容应选择一个电抗值小的（<1Ω）。

因为 MGA83563 中两级放大器都是使用同一个电源，为了防止从射频输出级到第一级的漏极的电源线产生反馈，应确保射频输出级到第一级的漏极的电源线有非常好的旁路。否则，电路将变得不稳定。

在 MGA83563 的输入端（引脚端 3）是可以不需要使用隔直电容的，除非有一个直流电压出现在输入端。

步骤 3：输出阻抗匹配

使用 MGA83563 时最应注意的方面是，在输出端能获得一个适应大信号的阻抗匹配。如图 5.8.20 所示，简单而有效的途径是从提供一个小信号阻抗匹配开始，然后调节调谐回路获得最佳的大信号性能。首先设计电路使小的信号匹配到 50Ω（负载阻抗的反射系数需要和 MGA83563 的输出相匹配）。开始选择一个小的信号输出匹配，在大的信号的条件之下，调整电路获得最大的饱和输出功率和最好的效率。

步骤 4：输入阻抗匹配（可选择）

MGA83563 内部的输入阻抗匹配对很多应用是适合的（回波损耗典型值是 8dB）。MGA83563 在放大器进入饱和状态时为第一级提供了隔离，因此仅对输入匹配上产生最少的影响。因为 MGA83563 的输入阻抗的实部是接近 50Ω 的和虚部是容性的，如果需要改善输入回波损耗，需要一个更好的输入匹配的话，只需要简单串联一个电感，如图 5.8.21 所示。

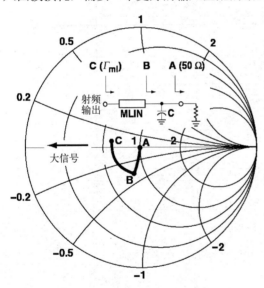
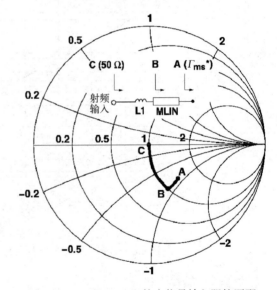

图 5.8.20　MGA83563 的小信号输出阻抗匹配　　　图 5.8.21　MGA83563 的小信号输入阻抗匹配

2. 推荐设计的 PCB 版面

在设计 MGA83563 印制电路板的时候，PCB 版面设计需要综合考虑电气特性、散热和装配。

（1）MGA83563 的引脚焊盘 PCB 尺寸

对于 MGA83563，推荐使用的微型 SOT-363（SC-70）封装的印制电路板引脚焊盘 PCB 尺寸如图 5.8.23 所示。该设计尺寸可提供大的容差，可以满足自动化装配设备的要求，并能够减小寄生效应，保证 MGA83563 的高频性能。

（2）PCB 材料的选择

对于频率到 3GHz 的无线应用来说，应选择 FR-4 或 G-10 印制电路板材料，典型的单层板厚度是 0.508～0.787mm（0.020～0.031in），多层板一般使用电介质层厚度是 0.127～0.254mm（0.005～0.010in）。若在更高的频率应用例如 5.8GHz，建议使用 PTFE/玻璃电介质材料的电路板。

（3）PCB 设计需要考虑的问题

以图 5.8.22 的引脚焊盘为核心，一个 PCB 的版面设计图如图 5.8.23 所示。这个 PCB 版面设计采用了 50Ω 输入和输出微带线（电路板的背面是接地平面），并具有电感 L2 和旁路电容。对于 MGA83563，这个版面设计基本上是一个好的设计。

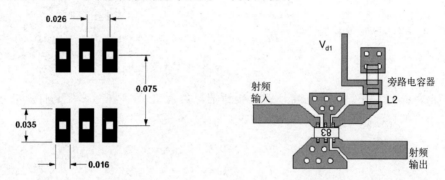

图 5.8.22　MGA83563 的引脚焊盘 PCB 图（尺寸：in）　　图 5.8.23　MGA83563 基本的 PCB 版面设计

适当的接地才能保证电路获得最好性能和维持器件工作的稳定性。MGA83563 全部的接地引脚端通过通孔被连接到在 PCB 背面的射频接地板上。每一个通孔将被设置紧挨着每个接地引脚，以保证好的射频接地。使用多个通孔可进一步减小接地路径上的电感。接地引脚端的 PCB 焊盘在封装下面没有连接在一起，以避免放大器接地引脚端的多级式连接而导致的级间产生不需要的反馈。每个接地引脚端都应该有独立的接地路径。

（4）需要考虑 MGA83563 的温度

MGA83563 的直流功率消耗在 0.5W，已接近 SOT-363 的超小型封装的温度极限。因此，MGA83563 必须非常充分地散热。如同 PCB 印制设计部分中提起的那样，使用接近全部的接地引脚端的多重通孔是为适当降低电感。另外，利用多重通孔散热，也是多重通孔功能的重要组成部分。

为了达到散热的目的，推荐使用一个有较多通孔的、较薄的 PCB，并在通孔上镀上较厚较多的金属，以提供更低热阻和更好的散热条件。不推荐使用比 0.031in 厚的电路板，因为它在散热和电气特性上存在问题。

3. 散热设计

为提高 MGA83563 的可靠性，良好的散热设计是非常重要的。因为半导体器件的平均故障寿命（MTTF）与工作温度成反比。

（1）在饱和模式下的散热设计实例

MGA83563 当工作在饱和模式时，因为其大量的功率作为射频信号功率被输出，只有少的热量产生。因此，饱和模式允许 MGA83563 比全功率线性应用具有更高的电路板温度。

考虑将 MGA83563 作为一个在偏置电压为 3.0V，工作在饱和模式的放大器使用时，应具有 10^6h（114 年）的 MTTF 可靠性目标。可靠性计算将首先考虑在正常（标称）的条件下，随后考虑的是使用在最坏的条件下。

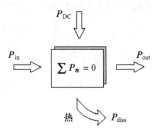

图 5.8.24　MGA83563 的温度表现

首先，计算 MGA86353 产生热量的功率损耗。流向 MGA83563 的功率如图 5.8.24 所示。

从图 5.8.24 可知

$$P_{in} + P_{DC} = P_{out} + P_{diss} \tag{5.8.1}$$

式中，P_{in} 和 P_{out} 为射频输入和输出功率；P_{DC} 为直流输入功率；P_{diss} 为产生热量消耗的功率。处于饱和模式时，$P_{out}=P_{sat}$，并

$$P_{diss} = P_{in} + P_{DC} - P_{sat} \tag{5.8.2}$$

MGA86353 在 3V 电源电压时，电流消耗是 152mA。在温度上升时，电流将大约减小 8%。器件的直流功率消耗是

$$P_{DC} = 3.0\text{V} \times 152\text{mA} \times 0.92$$
$$P_{DC} = 420\text{mW}$$

对一个工作在饱和模式的放大器，射频输入功率水平是+4dBm（2.51mW），并且饱和的输出功率是+22dBm（158mW）。作为热量消耗的功率是

$$P_{diss} = 2.51 + 420 - 158\text{mW}$$
$$P_{diss} = 264\text{mW}$$

通道到外壳的热阻最大绝对值是 175℃/W。

注意，SOT-363 封装的"外壳"被定义为封装引脚和安装面之间的接口，比如在 PCB 焊盘这一点上。通道到外壳温度上升可以采用系数 0.264W×175℃/W，或按 46℃ 计算。

为了达到 10^6h 的 MTTF 目标，安装的器件（即外壳温度）的温度不应该超过 69℃。在使用最坏状态下，器件电流为 200mA，最大的直流功率消耗为 552mW。合计射频输入和输出功率，P_{diss} 为 397mW，因此通道到外壳温度上升到 69℃。

（2）线性放大模式下的散热设计实例

如果 MGA83563 在线性放大器模式使用，总的功率消耗相对饱和模式要高很多。由于有较大的器件工作电流，功耗是较大的。

在电源电压为 3V 时，MGA83563 小信号电流为 156mA，总的器件功率消耗 P_{diss} 为 3.0(V)×156(mA)或 468mW。来自射频集成电路通道到外壳的温度增加为 0.468W×175℃/W 或 82℃。相应的 10^6h 的 MTTF，安装器件的外壳温度将不超过 68℃。

以最坏的条件计算，采用 40%的保护带，为了达到 218mA 的最大直流电流，$P_{diss}=655$mW，通道到外壳的温度上升是 115℃。

对于在线性放大器上应用，为了保证使用 MGA83563 的可靠性，必须通过降低电源电压来降低 P_{diss}。

4. MGA83563 应用电路实例

一个覆盖 900MHz、1.9GHz 和 2.5GHz 的 MGA83563 放大器应用电路实例如图 5.8.25 所示，电路所用元器件的参数见表 5.8.11。电路是在 0.031in 的 FR-4 印制板上组装。加在与 Vd 连接线上的旁路电容器 C5（1000pF），是为了消除级间反馈。在 MGA83563 的输出端有一个电感（L4）。

表 5.8.11　图 5.8.25 所示电路的元器件参数

符 号	数 值			单 位
	900MHz	1.9GHz	2.5GHz	
L1	5.6	2.2	2.7	nH
L2	12	2.7	1.5	nH
L3	82	33	22	nH
L4	未使用		L4	未使用
C2	3.6	1.2	C2	3.6
C1，C3，C4	150	82	C1，C3，C4	150
C5		1000	C5	

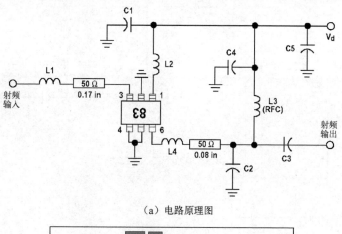

（a）电路原理图

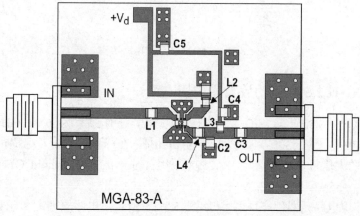

（b）元器件布局图

图 5.8.25　覆盖 900MHz、1.9GHz 和 2.5GHz 的 MGA83563 放大器应用电路实例

类似产品有 TRF37A75，是一个通用的射频增益模块[227]，频率范围为 40～6000MHz，增益为 12dB，噪声系数为 4dB，输出功率 P_{1dB}=18dBm@2000MHz，OIP3=32.5dBm@2000MHz，5V 单电源，电流为 80mA，采用 2.00mm×2.00mm WSON 封装。

CMD231C3 是一款宽带 GaAs MMIC 驱动放大器[228]，单正电源电压供电，采用 3mm×3mm QFN-16 封装。在 4GHz 时，该器件的增益大于 14.5dB，P_{1dB}=+13.5dBm，OIP3=23.5dBm。CMD231C3 采用内部 50Ω 匹配设计，无须外部隔直和射频端口匹配。

5.8.14 DC～10GHz 30dBm 分布式驱动放大器应用电路

CMD314 是一款宽带 GaAs MMIC 驱动放大器，频率范围为 DC～10GHz，在 6GHz 时，放大器的增益大于 18dB，相应的输出 1dB 压缩点为+30dBm，噪声系数为 4dB。CMD314 内部为 50Ω 匹配设计，射频输入端需要外部隔直电容器。CMD314 由漏极正电源、Vgg1 负电源和 Vgg2 正电源偏置。当漏极电压设置为+8～+12V 时，性能得到优化。建议的 Vgg1 和 Vgg2 电压分别为-0.16V 和+4.75V。

CMD314 应用电路[229]如图 5.8.26 所示，元器件参数请参考 CMD314 数据表和应用笔记。CMD314 可替换 HMC637。

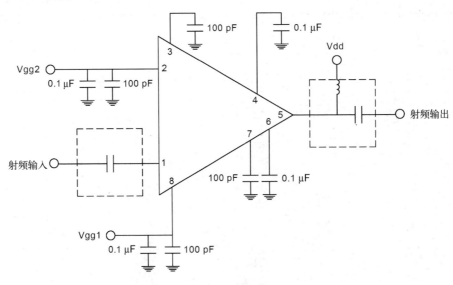

图 5.8.26　CMD314 应用电路实例

5.8.15 6～12GHz 2.5W 驱动放大器应用电路

QPA2598 是一款 GaN on SiC 宽带驱动放大器，工作频率为 6～12GHz，输出功率为 2.5W，功率附加效率 PAE=30%，谐波抑制为-30dBc。在标称偏置下，可提供 22dB 的小信号增益和 16dB 的大信号功率增益。QPA2598 采用 4mm×4mm overmold QFN 封装，典型偏置：V_D=22V，I_{DQ}=55mA，V_G=-2.5V。

QPA2598 应用电路元器件布局图[230]如图 5.8.27 所示，电路原理图和元器件参数请参考 QPA2598 数据表和应用笔记。

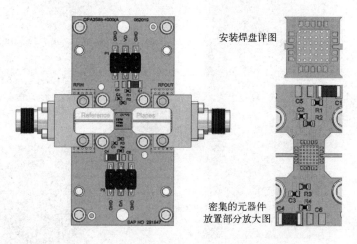

图 5.8.27 QPA2598 应用电路元器件布局图

5.8.16 13～18GHz 2W 驱动放大器应用电路

TGA2598-SM 是一款 GaN on SiC Ku 波段放大器，工作频率范围为 13～18GHz，输入功率 P_{IN}=13dBm 时提供饱和输出功率 P_{SAT}=33dBm，具有 20dB 大信号增益，功率附加效率 PAE>25%。采用 4.0mm×4.0mm×1.74mm 空气腔封装。

TGA2598-SM 具有大于 25dB 的小信号增益，使其能够支持各种低功率 Ku 波段系统，或作为 Qorvo 系列高功率 Ku 波段放大器的线性高压驱动器。

TGA2598-SM 应用电路[231]如图 5.8.28 所示。典型电压偏置：V_D=+20V，V_G=−2.7V，I_{DQ}=70mA。

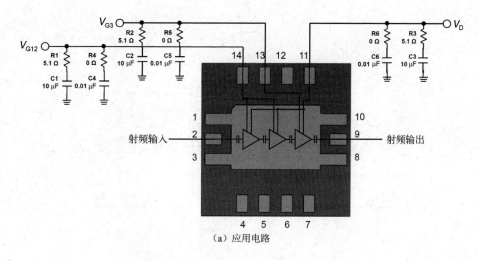

（a）应用电路

图 5.8.28 TGA2598-SM 应用电路实例

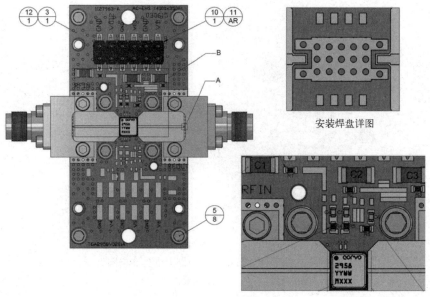

安装焊盘详图

放大的元器件放置图

（b）元器件布局图

图 5.8.28　TGA2598-SM 应用电路实例（续）

5.8.17　6～20GHz 16dBm/19.5dBm/33dBm 驱动放大器应用电路

一个采用 AMMC-5618 构成的驱动放大器应用电路实例[232]如图 5.8.29 所示。AMMC-5618 是一个工作频率范围为 6～20GHz，增益为 14.5dB，输出功率为 19.5dBm，输入和输出回波损耗小于−12dB，增益响应平坦度为 0.3dB 的 MMIC 芯片；采用 5V 单电源供电，电流消耗为 107mA，芯片尺寸为 920μm × 920μm（36.2mil×36.2mil）。

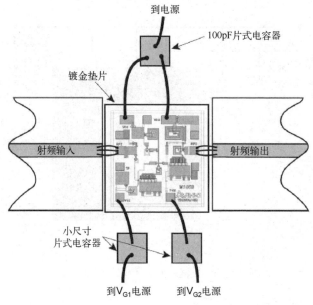

图 5.8.29　采用 AMMC-5618 构成的驱动放大器应用电路实例

类似产品有 QPA2213D，是一款宽带驱动放大器 SiC GaN MMIC[233]，频率覆盖范围为 2.0～20.0GHz，输入功率 P_{IN}=18dBm 时，可提供饱和输出功率 P_{SAT}≥33dBm，以及 16dB 的大信号增益，同时实现功率附加效率 PAE≥23%。

QPA2213D 采用 2.75mm×2.75mm×0.10mm 小尺寸封装。在输入端和输出端两个射频端口上，QPA2213D 内部都有隔直电容器，内部匹配为 50Ω。电源电压 V_{DD}=18V，电流消耗 I_{DQ}=330mA。

CMD295C4 是一款宽带 MMIC 驱动放大器[234]，采用内部 50Ω 匹配设计，无需外部隔直和射频端口匹配，单正电源电压供电，采用 4mm×4mm SMT 封装。在 10GHz 时，该器件的增益大于 27dB，P_{1dB}=+16dBm，OIP3=29dBm。CMD295C4 CMD295C4 应用电路仅需要在漏极正电源和栅极正电源连接几个去耦电容器。CMD295C4 采用漏极正电源和栅极正电源偏置。漏电源和栅极电源不需要进行排序。当漏极电压设置为+3.0V 时，性能可以得到优化。建议的栅极电压为+2.0V。

5.8.18　32～45GHz 18dBm/24dBm/26dBm 驱动放大器应用电路

TGA4521 是一个用于 Ka 频带和 Q 频带的驱动放大器[235]，适宜应用于数字式无线电、军用雷达、军用卫星通信、点对点无线电和点对多点通信等系统。

TGA4521 的电源电压为 6V；电流消耗为 175mA；栅极电压为-0.7V；小信号增益 S_{21}=16dB（在 38GHz），饱和功率为 25dB（在 38GHz）；输入回波损耗 S_{11} 为 6dB；输出回波损耗 S_{22}=10dB；输出功率 P_{1dB}=24dBm（在 38GHz）。

TGA4521 采用模块式封装，封装尺寸为 1.60mm×0.75mm×0.10mm，推荐的应用电路结构如图 5.8.30 所示，图中 V_d=6V，V_g=-0.7V，则 I_d=175mA。

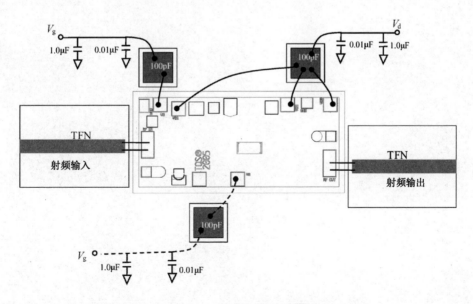

图 5.8.30　TGA4521 推荐的应用电路结构

类似产品有 TGA4042，是一个 41～45GHz Q 频带驱动放大器[236]，采用模块式封装，封装尺寸为 8.50mm×2.18mm×0.1mm。TGA4042 的电源电压为 5～7V，消耗电流为 168mA，小信号增益（S_{21}）为 14dB，输入回波损耗（S_{11}）为 17dB，输出回波损耗（S_{22}）为 20dB，输出功率 P_{1dB}=18dBm，片内具有功率检测功能。

　　QPA2225D 是一款 0.4W GaN MMIC 驱动放大器[237]，输入端和输出端内部匹配为 50Ω，并具有隔直电容器，工作频率范围为 27～31GHz，饱和输出功率 P_{SAT}>26dBm@P_{IN}=13dBm，小信号增益大于 23dB，电源电压为+20V，I_{DQ}=64mA，V_G=-2.5V。采用 1.65mm×0.67mm× 0.05mm 模块封装。

第6章
射频与微波功率检测/控制应用电路

6.1 射频与微波功率检测/控制电路的主要类型和特性

一个无线发射机和接收机的方框图如图 6.1.1 所示。现代无线发射机一般都要求严格控制所发射的射频功率[238]。例如，在无线蜂窝网络中，严格的功率控制是精确设置小区大小以增强覆盖的前提。此外，当实际发射功率不确定时，出于散热考虑，射频功率放大器的尺寸必须非常大，而精密的功率控制则能避免这一问题。例如，当一个 50W（47dBm）功率放大器的发射功率不确定性为 1dB 时，为了安全地发射功率，不至于发生过热现象，PA 必须按照 63W（48dBm）功率要求确定尺寸。

接收机中也会用到功率测量和控制，通常是在中频（IF）。这种应用的目标是测量和控制接收信号的增益，确保不会过驱中频放大器和模数转换器（ADC）。虽然精确测量接收信号（一般称为接收信号强度指示或 RSSI）可以极大地提高信噪比，但它不如发射端重要；前者的目标仅在于将接收信号保持在一定的限值以下。

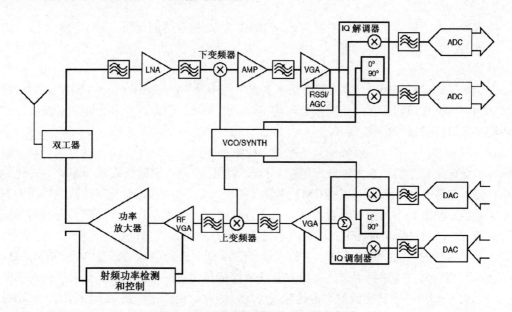

图 6.1.1　无线发射机和接收机的方框图

在设计无线发射机时，射频功率的测量和控制是一项关键考虑因素。高功率的射频功率放大器极少在开环模式下工作，也就是说，送到天线口的功率并没有以某种方式进行监控。但是，如发送功率大小、网络鲁棒性以及与其他无线网络共存的法规要求对发送功率进行严格控制，除了这些外部要求以外，精确的射频功率控制可以提高频谱性能，并且节省发射机功率放大器的成本和功耗。

为了调节发送功率，可能需要在出厂时对功率放大器的输出功率进行某种形式的校准。对于不同的复杂度和有效性，校准算法的变化很大。

一个典型的无线发射机方框图[239]如图 6.1.2 所示，电路集成了发射功率测量和控制功能。通过采用定向耦合器，PA 的一小部分信号被反馈到射频检波器。在该情况下，耦合器的位置一般靠近天线，位于双工器和隔离器之后，因此在校准过程中需考虑与这些器件相关的功率损耗。

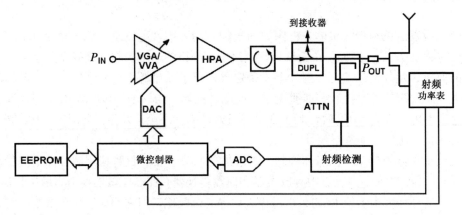

图 6.1.2　典型的无线发射机方框图

定向耦合器的耦合系数的典型值为 20～30dB，因此耦合器的反馈信号比送到天线口的信号低 20～30dB。以该方式耦合信号功率将导致发射路径中的功率损耗，该插入损耗通常为零点几分贝。

在无线基础设施应用中，最大发射功率的典型范围是 30～50dBm（1～100W），对于测量发射功率的射频检波器而言，定向耦合器的信号仍然太强。因此，在耦合器和射频检波器之间需要进行额外的信号衰减。

均方根和非均方根响应射频检波器的功率检测范围约为 30～100dB，并且输出相对温度和频率的变化是稳定的。在大部分应用中，检波器的输出通过模数转换器（ADC）转化为数字量，使用非易失性存储器（EEPROM）中存储的校准系数，从 ADC 获得的码被转换为发射功率的读数。将此功率读数与设置点功率电平进行比较，如果在设置点功率和测得的功率之间存在差异，则应进行功率调节。这个功率调整可以在信号链上多个点中任何一个点上完成。如调节基带数据的幅度，调节可变增益放大器（在 IF 或 RF 端），或者改变 PA 的增益。这样，增益控制环路对其自身进行调节，并使发射功率保持在要求的范围内。需要着重指出的是，VVA 和 PA 的增益控制传递函数常常是非线性的，因此，由给定增益调节获得的实际增益变化是不确定的，所以需要一种控制环路，它能够提供关于所执行的调节的反馈信息，以及对后续重复操作过程的指导信息。

集成的射频功率检波器能够提供关于正在发送的功率的当前水平的连续反馈信息。外部射频功率计可以与射频功率检波器结合使用，以对发射机进行校准。

为了测量和控制多载波无线基础设施中的发射功率，需要进行均方根（RMS）功率检波。传统功率检波器使用二极管检波或对数放大器，当所发射信号的峰均比不固定时，传统方法并不能精确测定功率。测量电路的温度稳定性和检波器传递函数的线性度至关重要。均方根射频功率检波器能够独立于信号峰均比或波峰因数来测量射频功率。当所测量信号的峰均比不断变化时，这一能力非常重要。

ADI、TI、LTC 等公司生产系列射频功率检波器。例如，ADI 公司的一些均方根和非均方根响应射频功率检波器参数和特性如表 6.1.1 和图 6.1.3 所示。

表 6.1.1   ADI 公司均方根和非均方根响应射频功率检波器参数

器　件	最高输入频率（GHz）	动态范围（dB）	温度漂移（dB）	封　　装	注　　释
AD8317	10	55	±0.5	2mm×3mm，8 引脚 LFCSP 封装	非均方根对数检波器
AD8318	8	70	±0.5	4mm×4mm，16 引脚 LFCSP 封装	非均方根对数检波器
AD8319	10	45	±0.5	2mm×3mm，8 引脚 LFCSP 封装	非均方根对数检波器
ADL5513	4	80	±0.5	3mm×3mm，16 引脚 LFCSP 封装	非均方根对数检波器
ADL5519	10	62	±0.5	5mm×5mm，32 引脚 LFCSP 封装	双非均方根对数检波器
AD8361	2.5	30	±0.25	6 引脚 SOT-23，8 引脚 MSOP	线性 V/V 均方根检波器
ADL5501	6	30	±0.1	2.1mm×2mm，6 引脚 SC-70 封装	线性 V/V 均方根检波器
AD8362	3.8	65	±1.0	6.4mm×5mm，16 引脚 TSSOP 封装	均方根对数检波器
AD8363	6	50	±0.5	4mm×4mm，16 引脚 LFCSP 封装	均方根对数检波器
AD8364	2.7	60	±0.5	5mm×5mm，32 引脚 LFCSP 封装	双均方根对数检波器

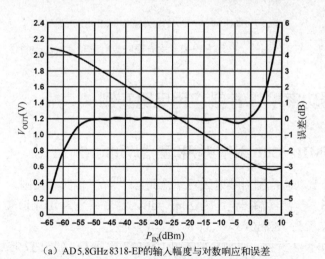

（a）AD 5.8GHz 8318-EP的输入幅度与对数响应和误差

图 6.1.3   ADI 公司的一些均方根和非均方根响应射频功率检波器特性

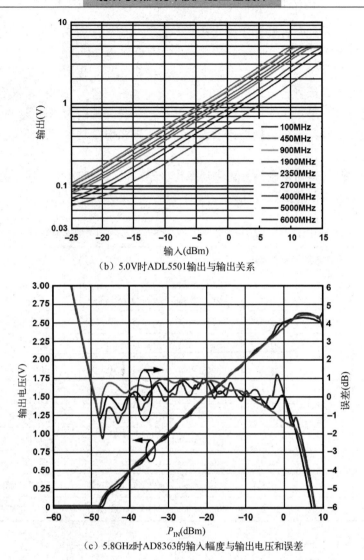

（b）5.0V时ADL5501输出与输出关系

（c）5.8GHz时AD8363的输入幅度与输出电压和误差

图 6.1.3   ADI 公司的一些均方根和非均方根响应射频功率检波器特性（续）

6.2   射频信号功率检测/控制应用电路实例

6.2.1   10～1000MHz 83dB 射频功率检测器应用电路

LT5537 是一个宽动态范围对数射频功率检测器[240]，工作频率范围为 10～1000MHz，输入动态范围为 83dB，检测器输出电压为 20mV/dB，温度系数为 0.01dB/℃，电源电压范围为 2.7～5.25V，电源电流为 13.5mA。

LT5537 采用 DFN-8 封装，引脚端功能见 LT5537 数据表。LT5537 芯片内部包含检波器、偏移补偿、基准电压、输出缓冲器等电路。

LT5537 的应用电路如图 6.2.1 所示。LT3357 最简单的输入匹配方法是采用一个 50Ω 的电阻与输入信号连接，并将其交流耦合到 IN⁺、IN⁻其中任一个输入引脚端，另一个引脚端交流耦合到地。采用这种方式，灵敏度为-76.4dBm/200MHz。

为获得最佳的灵敏度，应增加输入端阻抗，对输入端采取差分驱动，输入端需要采用交流耦合，输入阻抗见表 6.2.1。差分驱动电路如图 6.2.2 所示，电路中 R2 用来设定输入端阻抗为 200Ω，采用一个 1：4 平衡-不平衡变压器，实现 50Ω 的信号源与芯片输入端阻抗匹配。C1 和 C2 为隔直电容器，该电路形式具有-82.4dBm/200MHz 灵敏度。

表 6.2.1　LT5537 的差分信号输入端输入阻抗

频率（MHz）	R（Ω）	C（pF）
100	1.85k	1.51
200	1.73k	1.45
400	1.07k	1.48
600	673	1.52
800	435	1.65
1000	303	1.78

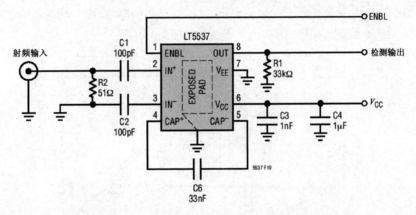

图 6.2.1　LT5537 的应用电路

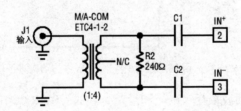

图 6.2.2　LT5537 的差分输入电路

类似产品有 LT5507，是一个单片射频功率检测电路[241]，内部包含肖特基二极管、射频检波器、增益压缩电路、缓冲放大器、偏置电路。LT5507 采用 SOT-6 封装，适合测量射频功率，可应用于无线收发器、射频功率检测/报警器、包络检测器等领域。LT5507 射频输入信号频率范围为 100kHz～1GHz，输入功率范围为-34～+14dBm，电源电压范围为 2.7～6V，工作电流为 550μA。在低功耗模式时，电流小于 2μA。

6.2.2　低频～2.5GHz 的功率、增益和 VSWR 检测器/控制器应用电路

MAX2016 是一个全集成的双路对数检测器/控制器[242]，可对两路输入射频信号的功率、增益/损耗和电压驻波比（VSWR）进行测量。MAX2016 采用差分射频输入端口，内部匹配

到 50Ω，可以在低频至 2.5GHz 范围内对信号同时进行监控。

MAX2016 采用一对对数放大器，检测和比较两路射频输入信号的功率。在器件内部将一路信号功率从另一路中减去，得到与功率差值（增益）成正比的直流输出电压。MAX2016 还能通过检测任何给定负载的入射功率和反射功率，来测量射频信号的回波损耗和 VSWR。采用片上比较器、或门电路和 2V 基准，可以实现窗口检测功能。在增益超出可编程范围时，电路自动指示。通过检测高 VSWR 状态（如开路或短路负载），可实现监控报警。

MAX2016 在 0.1GHz RSSI 模式时，射频输入功率范围为-70～+10dBm，±3dB 动态范围为 80dB，斜率为 19mV/dB；在 2.5GHz RSSI 模式时，射频输入功率范围为-45～+7dBm，±3dB 动态范围为 52dB，斜率为 17.8mV/dB；采用+2.7～+5.25V 单电源供电，电源电流为 55mA；温度范围为-40～+85℃。

MAX2016 采用 5mm×5mm QFN-28 封装，引脚端功能见 MAX2016 数据表。

MAX2016 芯片内部含有两个对数放大器（Log Amplifier）和窗口检测器等电路。

采用 MAX2016 监测 VSWR 的结构方框图如图 6.2.3 所示。

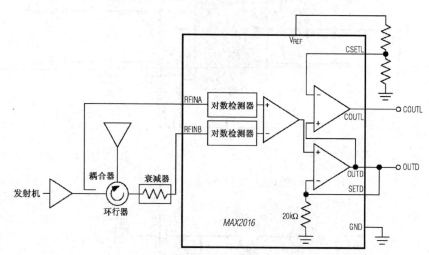

图 6.2.3   采用 MAX2016 监测 VSWR 的结构方框图

采用 MAX2016 测量回波损耗（R_L）和给定负载的 VSWR 如图 6.2.4 所示，其中：

$$R_L = P_{\text{RFINA}} - P_{\text{RFINB}} = \frac{(V_{\text{OUTD}} - V_{\text{CENTER}})}{\text{SLOPE}} \quad\quad (6.2.1)$$

$$\text{VSWR} = \frac{1 + 10^{-\left(\frac{R_L}{20}\right)}}{1 - 10^{-\left(\frac{R_L}{20}\right)}} \qu\quad\quad (6.2.2)$$

采用 MAX2016 的增益测量结构方框图如图 6.2.5 所示。采用 MAX2016 的转换增益测量结构方框图如图 6.2.6 所示。采用 MAX2016 的功率控制模式结构方框图如图 6.2.7 所示。

MAX2016 的应用电路如图 6.2.8 所示，C5、C12、C15 为了实现对频率的补偿可选择不同电容器。图中，$C_1=C_2=C_8=C_9=680\text{pF}$；$C_3=C_6=C_{10}=C_{13}=33\text{pF}$；$C_4=C_7=C_{11}=C_{14}=0.1\mu\text{F}$；$C_{18}=10\mu\text{F}$；$R_1=R_2=R_3=0\Omega$；$V_S=2.7\sim3.6\text{V}$ 时，$R_6=0\Omega$；$V_S=4.75\sim5.25\text{V}$ 时，$R_6=37.4\Omega$。所用电容器封装尺寸为 0402，电阻封装尺寸为 1206。

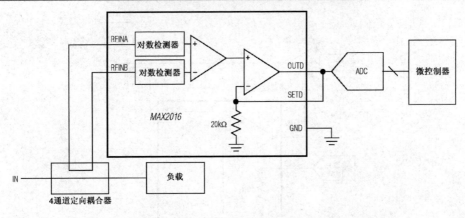

图 6.2.4　采用 MAX2016 测量回波损耗和给定负载的 VSWR

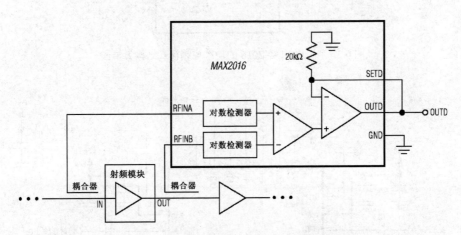

图 6.2.5　采用 MAX2016 的增益测量结构方框图

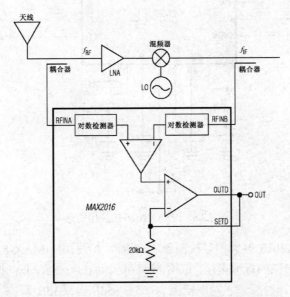

图 6.2.6　采用 MAX2016 的转换增益测量结构方框图

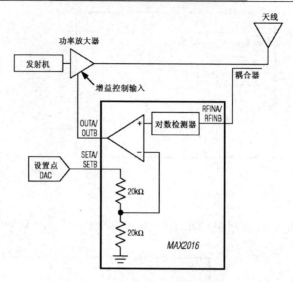

图 6.2.7　采用 MAX2016 的功率控制模式结构方框图

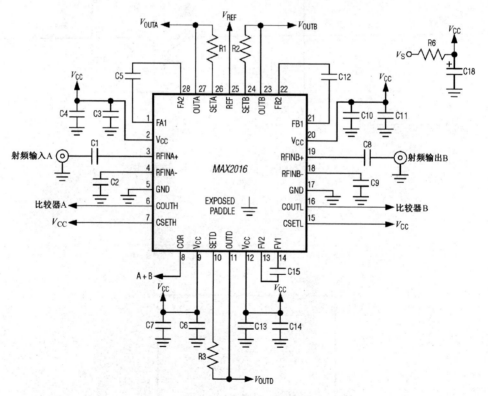

图 6.2.8　　MAX2016 的应用电路

类似产品有 MAX2015 射频信号检测器/控制器[243]，采用 μMAX-8 封装，可以精确地将射频信号功率转换为对应的直流电压；工作频率范围为 0.1～2.5GHz；损耗（S_{11}）为-15dB；在 0.1GHz RSSI 模式，射频输入功率范围为-65～+5dBm，±3dB 动态范围为 70dB，斜率为 19mV/dB；在 2.5GHz RSSI 模式，射频输入功率范围为-45～-5dBm，±3dB 动态范围为 40dB，斜率为 16.8mV/dB。

6.2.3 50Hz～2.7GHz 射频功率检测器应用电路

AD8362 是 ADI 公司生产的单片高精度射频真有效值功率检测电路[244]，是 AD8361 的改进型。该芯片采用真有效值功率测量的专利技术（TruPwr™），具有独特的双平方器闭环比较转换电路，可提供以分贝（dB）为单位的线性输出电压；具有功率测量模式、控制模式、不使能模式 3 种工作模式。

AD8362 的工作频率范围为 50Hz～2.7GHz；测量功率范围为-52～+8dB（在 50Ω 阻抗匹配电路中，其实际测量功率的动态范围可达 80dB，-3dB 带宽为 3.6GHz）；输出电压灵敏度为 50mV/dB；测量误差为±0.5dB；射频输入接口的输入阻抗差分输入为 200Ω，单端输入为 100Ω；内部有 1.25V 基准电压源，温度系数为 0.08mV/℃；采用单电源工作，电压范围为 4.5～5.5V；静态电流为 22mA，在不使能模式时，为 0.2mA；工作温度范围为-40～+85℃。

AD8362 采用 TSSOP-16 封装，引脚端功能见 AD8362 数据表（Datasheet）。

AD8362 内部包含电阻衰减器、宽带放大器、平方器、求和器（Σ）、输出放大缓冲器、1.25V 基准电压源、偏置电路等电路。

射频功率测量应用电路推荐的输入耦合电路形式如图 6.2.9 所示。图 6.2.9（a）为差分输入形式，通过 1：4 的阻抗变换器，将 50Ω 的信号源匹配到 AD8362 输入阻抗（差分输入阻抗为 200Ω）；图 6.2.9（b）为单端输入形式。

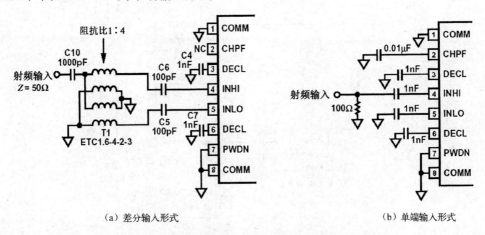

（a）差分输入形式　　　　　　　　　　　（b）单端输入形式

图 6.2.9　在射频功率测量应用电路推荐的输入耦合电路形式

AD8362 的典型应用电路如图 6.2.10 所示。

由 AD8362 构成的射频功率控制应用电路如图 6.2.11 所示，VOUT 引脚端输出用来控制射频功率放大器。

类似产品有 AD8314，是一个具有射频功率检测和控制功能的芯片[245]，内部包含检测器（DET）、I-V 转换器、V-I 转换器、偏移补偿（Offset Compensation）、基准电压源（Band-gap Reference）等电路，采用 SOIC-8 封装，在低功率测量时具有很高的灵敏度；测量频率范围为 100MHz～2.7GHz，功率检测范围为-45～0dBm，输入信号范围为 1.25～224mV（RMS），设置点刻度系数为 20.7～19.7mV/dB。在输入信号为 1.25～224mV 时，AD8314 的输出电压为 0～1.2V。

在输入信号频率为 100MHz 时，输入阻抗为 3000Ω//2pF，输出信号变化率为 18.85～23.35mV/dB。AD8314 的电源电压为 2.7～5.5V，电流消耗为 4.4～6.6mA，低功耗模式电流消耗为 20μA，工作温度范围为−40～+85℃。

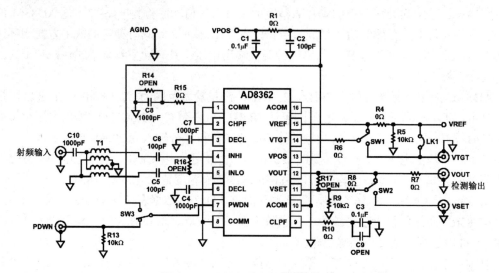

图 6.2.10　AD8362 的典型应用电路

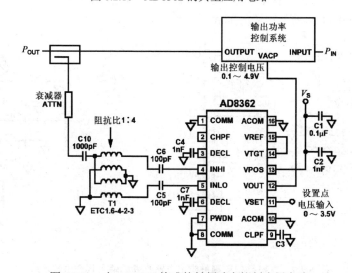

图 6.2.11　由 AD8362 构成的射频功率控制应用电路

LT5504 是一个单片射频功率检测器[246]，内部包含射频限幅器、混频器、低通滤波器（LPF）、多级中频限幅器、射频检波器及中频检波器、求和电路、输出电路、本振输入缓冲放大器、使能控制电路。LT5504 的射频输入信号频率范围为 800MHz～2.7GHz，动态范围为 80dB（−75～+5dB）；电源电压范围为 2.7～5.25V，采用 MSOP-8 封装。电源电压为+3V 时，工作电流为 14.7mA；在低功耗模式时，电流降至 0.2μA。

6.2.4　50MHz～3GHz 60dB 射频功率检测器应用电路

LT5534 是一个 50MHz～3GHz 射频功率检测器，内部包含检测器（DET）、偏移补偿器

（Offset Comp）、偏置电路（Bias）、射频限幅器（RF Limiter）等电路，采用一个低阻抗输出缓冲器输出；线性动态范围为60dB，采用级联的射频检测器和限幅器完成；能够精确地输出与输入射频信号（dB）成线性比例的直流电压；有优越的温度稳定性，在整个温度范围内输出变化为±1dB；输出响应时间小于40ns；输入阻抗为2kΩ，射频输入电压范围为-58～2dBm，输出电压斜率为35mV/dB；无射频输入信号时输出直流电压为30～240mV；输出阻抗为32Ω；采用2.7～5.25V单电源供电；电流消耗为7mA，低功耗模式电流为0.1μA。

LT5534采用SC70-6封装，其引脚端功能见LT5534数据表（Datasheet）。

LT5534的典型应用电路[247]如图6.2.12所示，其输出电压和线性误差与射频输入功率的关系如图6.2.13所示。

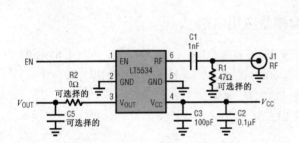

图6.2.12 LT5534的典型应用电路

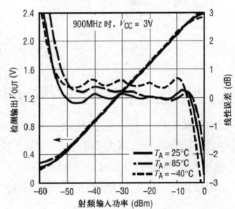

图6.2.13 图6.2.12所示电路输出电压和线性误差与射频输入功率的关系

6.2.5 50MHz～3.5GHz 射频功率检测器应用电路

AD8312是一个射频功率检测器芯片，在低功率测量时具有很高的灵敏度。其测量频率范围为50MHz～3.5GHz，功率检测范围为-45～0dBm，上升/下降时间为85ns/120ns；信号范围在1.25～224mV（RMS），在输入信号为1.25～224mV时，AD8312的输出电压为接地到1.2V；在输入信号频率为50MHz时，输入阻抗为3050Ω//1.4pF，输出信号变化率20.25mV/dB；在输入信号频率为2.5GHz时，输入阻抗为400Ω//1.03pF，输出信号变化率为18.6mV/dB；电源电压为2.7～5.5V；电流消耗为4.2～5.7mA；工作温度范围为-40～+85℃。

AD8312采用6引脚1.0mm×1.5mm晶圆级芯片规模封装，其引脚端功能见AD8312数据表。

AD8312内部包含检测器（DET）和I-V、V-I转换器、偏移补偿（Offset Compensation）、电压基准（Band-gap Reference）等电路。

AD8312的应用电路[248]如图6.2.14所示，C_2=0.1 μF，为电源退耦电容；R_1=52.3Ω，为50Ω输入匹配电阻；R2、R4为输出电压斜率调整电阻，R_4=0Ω，R2可选择为开路形式；C3为可选择的滤波电容器；R3、R8、C4用来检测VOUT对负载电容器和电阻的响应，R_3=0Ω，R8、C4可选择为开路形式；R_7=0Ω，用来减少传输线的负载电容；R5、R6用来检测VOUT和VSET，R5、R6可选择为开路形式。

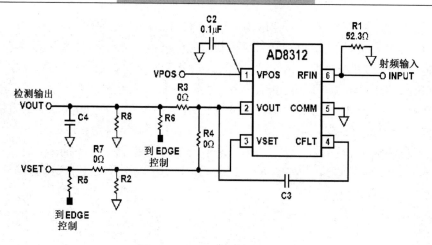

图 6.2.14　AD8312 的应用电路

6.2.6　50MHz～4GHz 40dB 对数功率检测器应用电路

LMH2100 是一个适合 CDMA、WCDMA 和 IEEE 802.11b/g（WLAN）等应用的 40dB 射频检测器，工作频率范围为 50MHz～4GHz，具有 40dB 的线性功率检测范围，输出电压为 0.3～2V，温度补偿精确到 0.5dB，采用 0.4mm 间距 DSBGA 封装。

LMH2100 的典型应用电路形式[249]如图 6.2.15 所示。

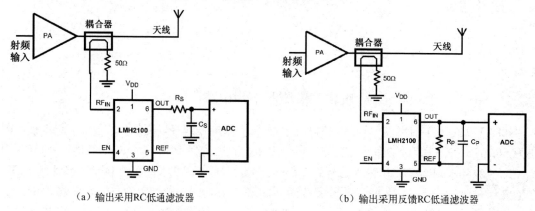

（a）输出采用RC低通滤波器　　　　　　　　　　（b）输出采用反馈RC低通滤波器

图 6.2.15　LMH2100 的典型应用电路形式

6.2.7　100MHz～6GHz TruPwr 功率检测器应用电路

ADL5500 是一个均值响应的功率检测器，可在频率范围为 100MHz～6GHz 的接收机和发射机中应用。

ADL5500 采用 2.7～5.5V 单电源供电，需要退耦电容，静态电流为 1.0mA，功率消耗为 3mW。输入端内部采用交流耦合，具有 50Ω 标准输入阻抗。在 900MHz 时，输出是线性响应，直流电压转换增益为 6.4V/VRMS。在芯片内的输出端串联有一个 1kΩ 电阻，与外部的一个旁路电容连接，构成一个低通滤波器，降低直流输出电压的纹波。

ADL5500 适合简单和复杂波形的真有效值功率测量，尤其适合测量高峰值系数的信号，如 CDMA2000、W-CDMA、基于 QPSK/QAM 的 OFDM 波形。

ADL5500 能提供极好的温度稳定性，在整个温度范围内，温度引起的测量误差几乎为 0dB。在 900MHz 时，以+3dBm 为中心，误差为±0.1dB（−40～+85℃，变化 8.5dB）。在 3.9GHz 时，输入动态范围达到 30dB。在 30dB 量程下，ADL5500 在温度和变化范围低漂移条件下，降低了标准要求。

ADL5500 采用 4 球 1.0mm×1.0mm 封装，引脚端功能见 ADL5500 数据表。

ADL5500 内部包含传导单元电路、内部滤波电容、误差放大器和缓冲器等电路。

ADL5500 的应用电路[250]如图 6.2.16 所示。C1、C2 为电源退耦电容器。R3、R8、C4 构成输出滤波器。C4 与内部的 1kΩ 电阻连接，构成一个低通滤波器，降低输出电压纹波。R3 和 R8 构成电阻分压器。R8 可选择开路形式。R6 预备接口引脚端。通过 R6 连接到外部的连接器。R6 可选择开路形式。

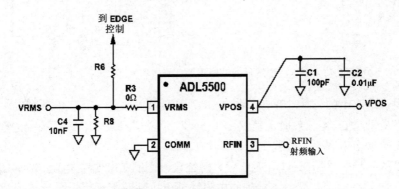

图 6.2.16　ADL5500 的应用电路

6.2.8　450MHz～6GHz 45dB 峰值和 RMS 功率测量应用电路

一个高速、低功耗、波峰因数、峰值和 RMS 功率测量系统[251]（未显示去耦合所有连接）如图 6.2.17 所示，电路可以测量 450MHz～6GHz 的任意射频频率下的峰值和 RMS 功率；动态范围约为 45dB；测量结果转换为差分信号输出以便消除噪声，并通过串行接口和集成基准电压源在 12 位 SAR ADC 的输出端形成数字代码输出。

图中，ADL5502（U1）是一款均值响应（true RMS）功率检波器，内置包络检波器，可以精确地测量调制信号的波峰因数（CF），可以用于 450MHz～6GHz 的高频接收机和发射机信号链，包络带宽超过 10MHz。峰值保持功能允许利用较低采样速率的 ADC 捕获包络中的短峰值。在电源电压为 3V 时，该器件的电流消耗仅为 3mA。

ADA4891-4（U2 和 U3）是一款高速、四通道、CMOS 放大器。在电源电压为 3V 时，该器件的电流消耗仅为 4.4mA。

AD7266 是一款双通道、12 位、高速、低功耗的逐次逼近型 ADC，采用 2.7～5.25V 单电源供电，内置一个 2.5V 基准电压源，采样速率最高可达 2MSPS。这款器件内置两个 ADC，两者之前均配有一个 3 通道多路复用器和一个能够处理 30MHz 以上输入频率的低噪声、宽带宽采样保持放大器。在电源电压为 3V 时，该器件的电流消耗仅为 3mA。

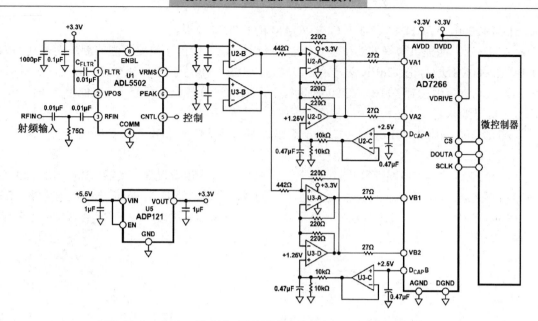

图 6.2.17　高速、低功耗、波峰因数、峰值和 RMS 功率测量系统

电路采用 ADP121 的+3.3V 单电源供电。ADP121 采用 2.3～5.5V 电源供电，最大输出电流为 150mA，驱动 150mA 负载时压差仅为 135mV，可提供 1.2～3.3V 范围内的输出电压，采用 1μF 小型陶瓷输出电容可实现稳定工作。

需要测量的射频信号加在 ADL5502 上，射频输入端的 75Ω 端接电阻与 ADL5502 的输入阻抗并联，提供 50Ω 宽带匹配。更精确的电阻性或电抗性匹配可用于窄频带应用。

该电路或任何高速电路的性能都高度依赖于适当的 PCB 布局，包括但不限于电源旁路、受控阻抗线路（如需要）、元件布局、信号布线以及电源层和接地层。（有关 PCB 布局的详情，请参见 ADI 公司的 MT-031 教程、MT-101 教程和"高速印刷电路板布局实用指南"一文。）

对于需要较小射频检波范围的应用，可以使用 AD8363 均方根检波器。AD8363 检波范围为 50dB，工作频率最高达 6GHz。对于非均方根检波应用，可使用 AD8317/AD8318/AD8319 或 ADL5513。这些器件提供不同的检波范围，输入频率范围最高达 10GHz。

6.2.9　600MHz～7GHz、−26～12dB 射频功率检测器应用电路

LT5536 是一个 600MHz～7GHz 射频功率检测器，内部包含采用温度补偿的肖特基二极管峰值检波器和快速比较器；射频输入信号利用峰值检波器检测，输出电压与片上基准电压进行比较，射频信号输入到输出电压（V_{OUT} 引脚端）的响应时间小于 20ns，射频功率输入范围为−26～12dB。

LT5536 工作电源电压为 2.7～5.5V，电流消耗为 2.1～3mA，比较器输出电流为±15～±20mA，RF_{IN} 引脚端输入电阻为 220Ω，输入电容为 0.65pF。

LT5536 采用 6 引脚 TSOT-23 封装，引脚端功能见 LT5536 数据表（Datasheet）。

LT5536 芯片内部包含射频检测器、比较器、偏置电路等电路。LT5536 的应用电路[252]如图 6.2.18 所示。

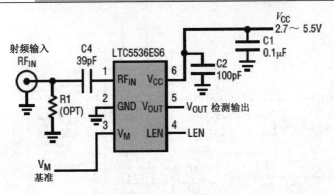

图 6.2.18 LT5536 的应用电路

6.2.10 1MHz～8GHz 70dB 对数检测器/控制器应用电路

AD8318 是一个解调对数检测器，可以准确地将一个射频输入信号转换为一个相应比例的电压（分贝刻度）输出，可以在测量和控制中应用。

AD8318 在信号输入 1MHz～8GHz 范围内，可维持精确的对数关系。其输入动态范围为 60dB（50Ω）；误差不到±1dB；脉冲响应时间为 10ns（下降/上升时间）；工作电源电压为 5V；电流消耗为 68mA；当器件为非使能状态时，电流降低到 150μA；工作温度范围为 40～+85℃。

AD8318 采用 4mm×4mm LFCSP-16 封装，其引脚端功能见 AD8318 数据表。

AD8318 的芯片内部包含检测器、放大器、I-V 转换器、V-I 转换器、增益偏置、斜率发生器和温度传感器等电路。

AD8318 的测量应用电路[253]如图 6.2.19 所示。SW1、R3 为器件使能控制：当置于位置 A 时，ENBL 引脚端连接到 VP，AD8318 在工作模式；当置于位置 B 时，ENBL 引脚端通过 R3 连接到地，AD8318 在低功耗模式。R1、C1、C2 连接在输入引脚端。R1 与 AD8317 内部电阻联合构成一个 50Ω 的电阻。C1、C2 为隔直电容器。用一个电感替换 R1，选择适当的 C1 和 C2 数字，可实现一个电抗性匹配。R2 连接在温度传感器接口。在 SMA 指定为 TEMP 时，温度传感器的输出电压是有效的，R2 是限流电阻。R4 连接在温度补偿引脚端。当 R4 为 500Ω 时，内部温度补偿网络的最佳状态在 2.2GHz。改变 R4 的数值可以改变内部温度补偿网络的最佳状态在其他频率点。R7、R8、R9、R10 连接在输出引脚端。在测量模式时，一部分电压通过 R7 反馈到 VSET 引脚，减少 VOUT 到 VSET 的反馈，在 VOUT 的输出电压斜率幅度增加。R10 可以作为单极低通滤波器的一部分。R8、R9 可选择开路形式。在控制模式时，R7 必须是开路的。在控制模式时，AD8318 可以控制外部器件的增益。一个设置点电压加到 VSET 引脚端，数值与希望加到 AD8318 射频输入端的射频输入电平有关。可以通过一个定向耦合器采样一个可变增益放大器的射频输出信号，加在 AD8318 射频输入端。将 VOUT 引脚端的输出电压加到可变增益放大器的控制端。控制电压可以利用 R8 和 R9 组成的分压器衰减。用一个电容器代替 R8，可以构成一个低通滤波器。R7、R8 可选择开路形式。C5、C6、C7、C8、R5、R6 为电源退耦电容器和电阻，应尽可能靠近电源电压引脚端连接。C9 为滤波器电容，连接在 CLPF 引脚端和地之间，可以降低整个电路的低通角频率。对于脉冲输入信号，C9 电容将增加脉冲信号的上升和下降时间。

AD8318 控制器模式的应用电路实例[253]如图 6.2.20 所示。

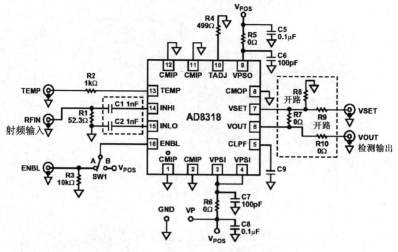

图 6.2.19　AD8318 的测量应用电路

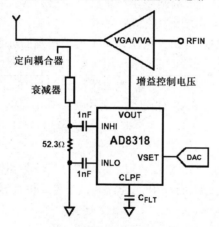

（a）控制器模式的应用电路结构

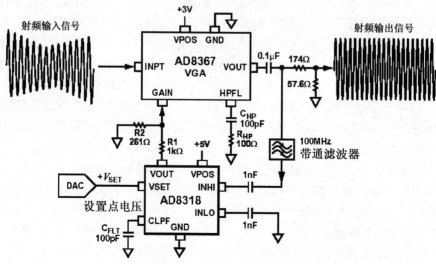

（b）AD8318与AD8367组合实现自动增益控制功能

图 6.2.20　AD8318 控制器模式的应用电路

类似产品有 LMH2110 对数 RMS 功率检测器[254]，工作频率范围为 50～8000MHz，电源电压范围为 2.7V～5V，采用小型 6 凸点 DSBGA 封装。

6.2.11　1MHz～10GHz 50dB 对数检测器/控制器应用电路

AD8317 是一个解调对数检测器，内部采用一个系列级联放大器，在这个系列级联放大器上，逐级采用压缩技术，在每级放大器上都有检测单元，可以准确地将一个射频输入信号转换为一个相应比例的电压（分贝刻度）输出。

AD8317 作为控制器使用时，从 VOUT 引脚端能为功率放大器提供控制电压，将 VOUT 输出电压加到 VSET 端（引脚 4）形成闭环控制，实现调整放大器的输出。AD8317 VOUT 能够提供一个 0～（V_{POS} - 0.1V）的输出，适合作为控制器使用。

AD8317 作为一个测量器件，VOUT 连接 VSET 产生一个输出电压 V_{OUT}，V_{OUT} 是射频输入振幅的递减函数（linear-in-dB）。对数斜率为−22mV/dB，由 VSET 的接口决定。

AD8317 在信号输入 1MHz～10GHz 范围内，可维持精确的对数关系，输入动态范围是 50dB（50Ω），误差不到±1dB；脉冲响应时间是 8ns（上升/下降时间）；工作电源电压为 3.0～5.5V，电流消耗为 22mA，当器件为非使能状态时，电流降低到 200μA。

AD8317 采用 TSSOP-8 封装，其引脚端功能见 AD8317 数据表。

AD8317 的芯片内部包含检测器（DET）、放大器、I-V 转换器、V-I 转换器、增益偏置、斜率发生器和温度传感器等电路。

AD8317 的应用电路[255]如图 6.2.21 所示。R1、C1、C2 连接在输入引脚端。R1 与 AD8317 内部电阻联合构成一个 50Ω 的电阻。C1、C2 为隔直电容器。用一个电感替换 R1，选择适当的 C1 和 C2 数字，可实现一个电抗性匹配。R5、R7 连接在温度补偿引脚端。当 R7 为 10kΩ 时，内部温度补偿网络的最佳状态在 3.6GHz。改变 R7 的数值，可以改变在其他频率点的内部温度补偿网络的最佳状态。R7 可以选择开路形式。R2、R3、R4、R6、RL、CL 连接在输出引脚端。在测量模式时，一部分电压通过 R2 反馈到 VSET 引脚，减少 VOUT 到 VSET 的反馈，使 VOUT 的输出电压斜率幅度增加。R6 可以作为单极低通滤波器的一部分。R3、R4、R6、RL、CL 可以选择开路形式。R2、R3 连接在输出端。在控制模式时，R2 必须是开路的。在控制模式时，AD8317 可以控制外部器件的增益。一个设置点电压加到 VSET 引脚端，数值与希望加到 AD8317 射频输入端的射频输入电平有关。可以通过一个定向耦合器采样一个可变增益放大器的射频输出信号，加在 AD8317 射频输入端。将 VOUT 引脚端的输出电压加到可变增益放大器的控制端。控制电压可以利用 R2 和 R3 组成的分压器衰减。用一个电容器代替 R3，可以构成一个低通滤波器。R2、R3 可以选择开路形式。C4、C5 为电源退耦电容器，尽可能靠近电源电压引脚端连接。C3 为滤波器电容，连接在 CLPF 引脚端和地之间，可以降低整个电路的低通角频率。对于脉冲输入信号，这个电容将增加脉冲信号的上升和下降时间。

类似产品有 ADL5906 真均方根响应的功率检波器[256]，内部包含一个高性能自动增益控制（AGC）环路，采用单端 50Ω 源驱动时具有 67dB 测量范围。ADL5906 的工作频率范围为 10MHz～10GHz，可接受的输入信号范围为−65～+8dBm，对数斜率为 55mV/dB，支持各种峰值因子和带宽，如 GSM-EDGE、CDMA、W-CDMA、TD-SCDMA、WiMAX 和基于 OFDM 的 LTE 载波。此外，该器件电源电压为 4.75～5.25V，休眠电流为 250μA，在电路板的−55～+125℃ 温度范围内具有温度稳定性，是各种通信、军事、工业和仪器仪表应用的理想选择。ADL5906 采用 4mm × 4mm、16 引脚 LFCSP 封装，与 ADL5902 和 AD8363 TruPwr™ 均方根值检波器引脚兼容，适合功率放大器线性化/控制环路、发射机信号强度指示（TSSI）等应用。

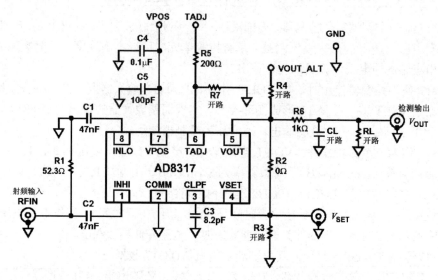

图 6.2.21　AD8317 的应用电路

类似产品还有 LTC5582 RMS 射频功率检波器[257]，频率范围为 40MHz～10GHz，线性动态范围高达 57dB，具有单端或差分射频输入，快速响应时间为 90ns 上升时间，在 3.3V 时，电源电流消耗为 41.6mA，采用 3mm×3mm DFN10 封装。同类型产品还有 LTC5583、LTC5587 等。

6.2.12　7ns 响应时间 15GHz 射频功率检波器应用电路

LTC5564 是一个精准的射频功率检波器，输入频率范围为 600MHz～15GHz，输入功率范围为-24～16dBm，响应时间为 7ns，解调带宽为 75MHz，采用 16 引脚 3mm×3mm QFN 封装。

LTC5564 内部具有一个温度补偿型肖特基二极管峰值检波器、增益可选的运算放大器和快速比较器。由比较器和放大器对射频输入信号进行峰值检波并随后进行检测。比较器对超过 V_{REF} 引脚的输入电平提供了一个 9ns 的响应时间，并具有一种锁存器启用/停用功能。增益可选的运算放大器为模拟输出提供了一个 350V/μs 的转换速率和 75MHz 的解调带宽。V_{OUTADJ} 引脚和 V_{REF} 引脚分别提供了 V_{OUT} 失调和 V_{COMP} 开关点电压的调节功能。

LTC5564 的应用电路实例[258]如图 6.2.22 所示。

6.2.13　100MHz～70GHz RMS 射频功率检波器应用电路

LTC5597 是一个 RMS 射频功率检波器，具有 100MHz～70GHz 超宽匹配的输入频率范围，35dB 线性动态范围（<±1dB 误差），28.5mV/dB 对数斜率，100MHz～60GHz 的±2dB 平坦响应，可实现精确的高峰值均方根功率测量；低功耗关机模式下，电源电压为 3.3V 时，电源电流为 33mA，采用 2mm×2mm DFN-8 塑料封装。一个采用 LTC5597 构成的 100MHz～70GHz RMS 射频功率检波器应用电路实例[259]如图 6.2.23 所示。

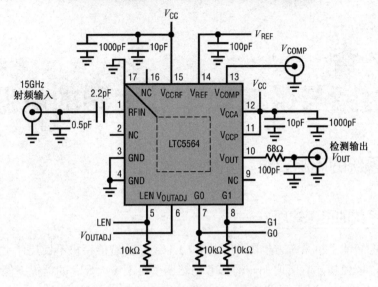

图 6.2.22 LTC5564 的应用电路实例

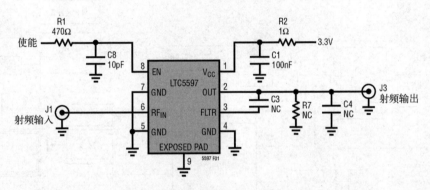

图 6.2.23 100MHz～70GHz RMS 射频功率检波器应用电路实例

类似产品有 LTC5596RMS 射频功率检波器[260]，具有 100MHz～40GHz 超宽匹配的输入频率范围，35dB 线性动态范围（<±1dB 误差），29mV/dB 对数斜率，100MHz～30GHz 的±2dB 平坦响应，可实现精确的高峰值均方根功率测量；低功耗关机模式下，电源电压为 3.3V 时，电源电流为 30mA，采用 2mm×2mm DFN-8 塑料封装。

第 7 章
射频与微波功率放大器的电源电路

7.1 射频系统的电源要求

7.1.1 射频系统的电源管理

一个典型的智能手机系统方框图[261]如图 7.1.1 所示。智能手机不仅尺寸小巧，而且集成了更多的功能，即使功能有所增加，消费者仍然期望在不增大尺寸的前提下保持持久的电池寿命。在一个更狭小的匣子里塞入更多功能，同时又要消耗更小的功率，这给电源管理

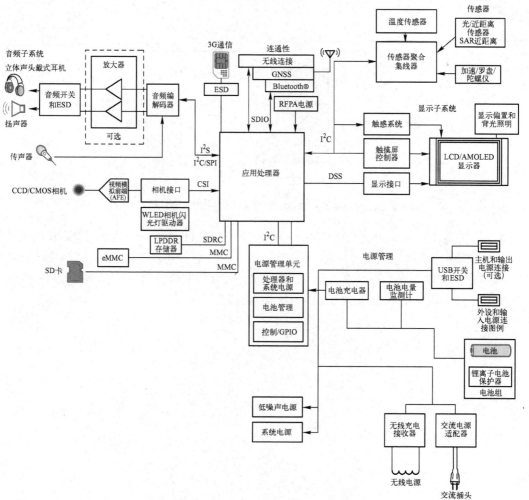

图 7.1.1　一个典型的智能手机系统方框图

设计提出了极为苛刻的要求。为了应对挑战，模拟 IC 制造商需要坚持不懈地开发更小巧、更高性能的电源解决方案。

　　智能手机中的 PDN（Power Distribution Network，电源分配网络）负责管理电池和为手机内各功能单元提供供电，如图 7.1.2 所示，可能包含一个升压型开关调节器（转换器），用来将电池电压提升到适合射频功率放大器（RFPA）要求的电压值。新型的低电压 ASIC（MCU）可能需要一个降压型开关调节器（转换器）供电，其余的射频和模拟电路可采用线性 LDO（低压差）稳压器供电。各种调节器可由系统微处理器控制启动，根据系统要求有选择地工作[262]。

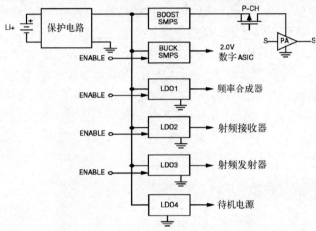

图 7.1.2　智能手机中的 PDN

　　目前，在大多数智能手机中都有一个电源管理 IC（PMIC），或者称为电源管理单元（PMU）。PMU 承担着大部分供电任务和一些其他单元功能，如接口或音频。一些占市场主导地位的模拟半导体厂商提供 PMU 的定制、半定制和/或标准器件。一个电源管理 IC 示例的结构方框图[263]如图 7.1.3 所示。

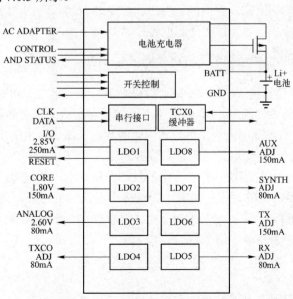

图 7.1.3　一个电源管理 IC 的结构方框图

1. 低压差线性稳压器

大多数智能手机中，一般会用到 5～12 个独立的低压差线性稳压器（LDO）。LDO 的数量如此之多并不代表终端内部存在同样多数量的电压规格，而是由于 LDO 还被当作具有一定电源抑制比（PSRR）的 ON/OFF（导通/关断）开关来阻止噪声耦合。大多数 LDO 集成在 PMU 内部，但仍有时使用个别分离的 LDO，这主要是考虑到 PCB 的布局/布线，一些特殊元件（如压控振荡器）对噪声过于敏感，或者用来驱动一些非标单元例如集成数码相机等。

一直以来，SOT-23 封装的 150mA LDO 是这些离散（分离的）电源的最佳选择。目前，一些最新面世的 IC 采用新型封装、新型亚微米处理工艺和先进的设计方案，能够以更小的尺寸提供更高的性能。现在可以获得 SOT-23 封装单个 300mA LDO 或两路 150mA LDO 的器件，或者微型 SC-70 封装获得单个 120mA LDO，兼有标准版和超低噪声（RMS 值 10μV、85dB PSRR）版的器件。此外，更为先进的晶片级封装（UCSP™）提供了最大可能的细小尺寸，而 QFN 封装则允许在 3mm×3mm 面积的塑料封装中装入最大的晶片尺寸，同时又提供更高的热传导能力。QFN 封装可实现更高电流的 LDO，和在每个封装内封装更多数量的 LDO，其中可包含 3～5 个 LDO，这就缩小了分离式方案和 PMU 之间的差异。

2. 用于处理器核的降压型（Buck）转换器

LDO 具有简单、小尺寸等特点，其主要缺陷是效率较低，特别是为低压电路供电时效率问题更加突出。由于在新一代智能手机内部集成了 PDA 功能或互联网功能，要求处理器的数据处理能力、运算能力更加强大，为了降低功耗，处理器的内核电压不断降低，从 1.8V 降到了 0.9V。为了降低电池损耗，应采用高效的降压型转换器为处理器内核供电。设计中需要考虑的主要因素有低成本、小尺寸、高效率、低静态（待机）电流和快速瞬态响应。为解决上述问题不仅需要丰富的模拟设计经验，还需要一定的独创能力。就目前来说，只有少数几家领先的模拟半导体制造商能够提供适当的、SOT-23 封装、具有 1MHz 以上开关频率、允许选用微型外部电感和电容元件的降压型转换器。

3. 为 RFPA（射频功率放大器）供电的降压型（Buck）转换器

Buck 转换器通常还被用于驱动 CDMA 射频功率放大器，它会随着终端与基站之间距离的改变动态调节功率放大器的 V_{CC} 电源电压。考虑了发送概率密度函数后，Buck 转换器平均可节省 40～65mA 的电池电流。具体节省电流的数量取决于输出电压的级数、功率放大器的特性，以及是在城区还是郊区发送语音或数据。

设计要求这种 Buck 转换器具有非常小的尺寸、低成本、低输出纹波和高效率等特点。SOT-23 封装的转换器再次成为优选方案。为保持尽可能低的压降，通常采用一个分离的低 $R_{DS(ON)}$ P 沟道 MOSFET，在高发送功率时直接由电池驱动功率放大器。为了进一步减小总体尺寸，最新的降压转换器集成了这个附加的 FET。

4. LED 驱动

在带有彩色显示屏的智能手机中，白色 LED 因其电路简单和非常高的可靠性现已成为背光应用中的主流。新一代智能手机一般使用 3 个或 4 个白色 LED 在主显示屏中，两个白色 LED 在副显示屏中（折叠式设计），还有 6 个或更多白色或彩色 LED 在键盘的背面。如果集成有相机的话，还至少需要 4 个白色 LED 用于闪光灯/频闪和 MPEG 影像照明。这样，在一个手机内总共用到了 16 个甚至更多个 LED，它们全部都需要恒流驱动。

目前，大多数设计中采用基于电感的升压转换器来获得更高的转换效率。新推出的 1 倍/1.5 倍压电荷泵可以获得同样高的效率，而且省去了外部电感，只是与 LED 连接时需要许多引线。由于 LED 电源的市场非常大，不可胜数的 IC 被设计出来用于此目的。设计中需要考虑的因素包括高效率、小尺寸外部元件、低输入纹波（防止噪声耦合到其他电路）、简单的调光接口，以及其他一些有利于降低成本或增加可靠性的特性，例如输出过压保护。

一些 PMU 包括有白色 LED 电源，但通常不能驱动多个显示器或相机的频闪，而且可能存在效率低或开关速度过慢的问题。这就要求大尺寸的电感和电容，并产生很大的输入纹波。很多设计中常常需要采用一个分离的 LED 电源驱动 IC 与 PMU 配合工作，或直接选用高集成度的分离方案。

5. 电池充电

几乎所有手机都使用简单的线性充电器为 3 节 NiMH 电池或 1 节锂电池充电。很多情况下该充电器被集成到 PMU 内，不过，为了简化设计，检流电阻和调整管还是在外部。为了保证热耗散在容许范围内有许多措施可以选择：

① 以电池容量的 1/4 或更慢的速率充电；

② 让适配器具有一定的阻性，使大部分电压降落在它上面；

③ 选用脉冲充电方式和限流型适配器；

④ 利用反馈调节适配器使调整管上的压差保持恒定；

⑤ 增加一个恒定热量控制环路，通过节制充电电流来保持恒定的晶片温度，这种方式只有在调整管置于 PMU 内部时才可用。

分离式充电 IC 具有很多灵活性，但在智能手机中这种优势大打折扣，因为集成式充电器很容易通过 PMU 的串行接口重新编程设置，使其适应不同的电池化学类型或容量。

7.1.2 射频系统的电源噪声控制

在一部智能手机中，包含高速数字处理器、射频收发电路、音频电路等，系统工作在复杂的信号和电磁环境中。在一个典型的移动电话中，无线电信号幅度可能仅有 0.35μV，这个信号比邻近的噪声信号幅度低 100dB 以上。为了满足接收要求（如误码率，BER），必须对噪声加以控制。屏蔽和滤波是降低噪声的有效方法，但会增大质量、尺寸和成本，同时也会缩短电池的寿命。比较好的解决方案是在设计之初就考虑降低噪声，使已知的噪声频谱不要干扰射频性能。也就是在设计之初，就需要对噪声的传播机理、噪声的敏感节点、噪声的产生电路等进行掌握与控制。在智能手机中，所有的电路都采用一个电池供电，高速数字处理器、射频收发电路、音频等电路的工作方式不同，供电要求也不同，这给电源管理设计提出了极为苛刻的要求。

1. 功率放大器产生的电源噪声[262]

功率放大器因吸取大的电流而产生噪声。例如，一个 3.6V、50％效率的功率放大器，考虑其信号到达天线之前会有 3dB 的损耗，可能需要从一节锂电池吸取 800mA 的电流。这个电流流经电池连接器、PCB 导线和地线，其中的电阻会在电源线上产生噪声。这个问题在采用突发发射模式的手机中，如 GSM 或者 IS-136 TDMA 系统，会更为复杂。功率放大器突发发射（放大），给电源和电源分配网络带来了严重的瞬态干扰。

驱动突发模式功率放大器的一个流行做法是将电源电压提升起来，以降低峰值电流，减少噪声，并且有利于使用较为廉价的功率放大技术。然而，按照峰值电流定义升压转换器的规格过于浪费。一个比较好的方案是将提升起来的能量存储在电容器上，升压转换器只需要在两次发送间隙为电容器补充能量。对于一个典型的 DC-DC 转换器，当它检测到电容器电压下降后，就会试图迅速地为电容器补充电荷，从锂电池吸取电流产生新的电流浪涌，造成新的噪声。新型的开关转换器可以通过用户设定峰值电流或者自动设定一个自适应的电流限制，使功率放大器存储电容器的充电速率限制在一个可接受的范围。如图 7.1.4 所示，存储电容器和 DC-DC 转换器协同作用，在保持高效率功率转换的同时，使功率放大器的电流浪涌对电源分配网络和系统造成的损害降到最小。为进一步控制噪声，可以在发送期间关闭该器件。

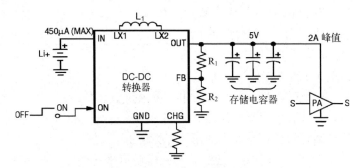

图 7.1.4　DC-DC 转换器和存储电容器协同作用

2. 功率放大器偏置[262]

施加在 GaAs FET 功率放大器的偏置电压控制着功率放大器的偏置电流，同时也设定了功率放大器的增益和输出阻抗。由于偏置引脚是一个幅度调制输入，任何偏置噪声都会被引入到射频输出，并和有用信号一起通过天线发射出去。GaAs FET 功率放大器采用耗尽型 MOSFET，在没有栅极偏压时漏极电流最大。要控制漏极电流，必须为栅极提供负压（低于地电平）。为了产生一个稳定、干净、适当的偏置电压，通行的做法是利用反相电荷泵，后接一个运算放大器调节器。这种方案尽管很灵活，但在尺寸方面却不是很理想。

现在的方案是采用集成有反相电荷泵和负压调节器的 IC，将 GaAs FET 功率放大器所需要的偏置电路都集成在这个 IC 中。正常工作时，它的输出噪声和纹波都非常低（峰-峰值小于 1mV），足以防止在射频输出中引入不期望的噪声。当功率放大器主电源就绪后，集成有反相电荷泵和负压调节器的 IC 还可以检测负偏压，以确保漏极电流的良好控制。这种连锁特性可以防止损坏功率放大器。

3. 频率合成器[262]

在许多手机中，第一本振（LO）是由一个锁相环（PLL）频率合成器产生的。例如，在

AMPS 电话中，压控振荡器（VCO）在 880MHz 附近的±12.5MHz 范围内，以 30kHz 步距进行调谐（VCO 实际频偏相对于第一中频）。假设 PLL 工作于 3V，在整个 25MHz 调谐范围内采用 2V 调谐电压（控制电压）来覆盖。这可以保证 PLL 在瞬态干扰或温度漂移时不饱和。

那么，VCO 的增益为 25MHz/V 或者 12.5MHz/V。高增益将使 VCO 对控制线上的噪声很敏感。如果一个高增益 PLL 中的鉴相器与 VCO 是分开的，VCO 常常会拾取辐射噪声，应采取屏蔽线对 VCO 加以保护。可能会对 VCO 产生调制干扰的源有：

① 注入 PLL 鉴相器的电源噪声。

② 注入 VCO 的电源噪声。

③ 传递给有源积分器或环路滤波器输出的电源噪声。

④ 晶体振荡器噪声（TCXO/VCTCXO）。高 Q 值电路的振荡信号应该是干净且无噪声的，但太多的电源噪声会增加振荡器的背景噪声水平。由于 PLL 会将环路通带内的噪声乘以 PLL 分频比，因此频率合成器对 TCXO 的噪声非常敏感。

⑤ VCO 输出端的负阻抗变化能导致 VCO 输出信号反射，这种反射会引起 VCO 的工作频率变化，从而产生噪声。

对于环路带宽使噪声频谱形成后落在 0～500kHz 范围的系统，①～④项可以采用无源滤波器来改善。频率合成器需要一个单独的 LDO 线性稳压器供电，来消除电源噪声。即使如此，对于智能手机，由电源调制产生的相位噪声仍旧太大。LDO 线性稳压器可以为频率合成器提供一个干净稳定的电源电压，但它本身也会产生噪声。

LDO 线性稳压器的参考电压和误差放大器也会有显著的噪声成分。如图 7.1.5 所示，一些低噪声的 LDO 线性稳压器件将内部参考电压通过一个引脚引出，以便采用电容器将噪声旁路到地。例如，一个 0.01μF 的电容器可以将 10Hz～100kHz 带宽内的输出噪声衰减到 RMS 值 30μV。这种改善将使工作在 900MHz 的 PLL 的噪声降低 20dB。LDO 线性稳压器还可以使手机内不同单元之间有效隔离。在 LDO 线性稳压器带宽内，可以将 10kHz 甚至更高频率的电源噪声衰减几十 dB。如果 LDO 线性稳压器采用 SOT-23 封装或者更小封装，对于减小 PCB 空间来说，这种噪声衰减方式是非常合算的，如果采用无源元件实现这种滤波，尤其是在低频，尺寸要大很多。

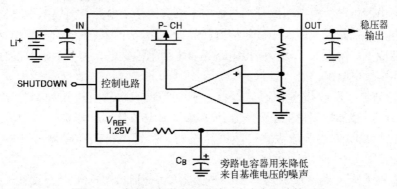

图 7.1.5　将内部参考电压通过一个电容器连接到地

4. 开关转换器产生的噪声[262]

为提高效率，一些专为智能手机设计的一些 DC-DC 开关转换器（如 SMPS 等）具有小尺寸、高效率、低压差、外部元器件少而且小以及噪声控制等特性。为了控制对于高增益中频电路的干扰，一些 DC-DC 开关转换器可以被一个外部信号（如 TCXO 时钟信号）加以同步（在 500kHz～1MHz）。DC-DC 开关转换器的工作频率很重要，因为它关系到外部元件的小型化和噪声频谱的规划。

DC-DC 开关转换器电源产生的噪声频谱最低频率就是基本开关频率。谐波间距等于这个基频，但有关频谱其他方面的情况是难以预见的。噪声功率在谐波上的分布与波形（时域）、电流水平、电感量、电容值以及 PCB 布线等因素有关。

开关噪声可以在输入、输出以及地线上传导，也可以通过 PCB 导线辐射出去。要尽可能地降低由 DC-DC 开关转换器传导过来的纹波和噪声，但同时也要注意到，增加滤波网络降低传导噪声的同时，也可能会增大辐射噪声。辐射噪声通过线路辐射出来后，会高效率地传播到整个系统，到处弥散。

选择 DC-DC 转换器还是 LDO 线性稳压器？升压是一定要选 DC-DC 转换器，降压是选择 DC-DC 转换器还是 LDO 线性稳压器，要在成本、效率、噪声和性能上进行比较。

LDO 线性稳压器与 DC-DC 转换器比较如下[264]。

① 从效率上说，DC-DC 转换器的效率普遍要远高于 LDO 线性稳压器，这是其工作原理决定的。

② DC-DC 转换器有 Boost、Buck、Boost-Buck 等型，而 LDO 线性稳压器只有降压型。

③ DC-DC 转换器因为其开关频率的原因导致其电源噪声很大，远比 LDO 线性稳压器大得多，大家可以关注 PSRR 这个参数。所以当考虑到比较敏感的模拟电路时候，有可能就为保证电源的纯净，要牺牲功率效率，而选择 LDO 线性稳压器。

④ 通常 LDO 线性稳压器所需要的外围器件简单，占面积小；而 DC-DC 转换器一般都会要求电感、二极管、大电容，有的还会要 MOSFET，特别是 Boost 电路，需要考虑电感的最大工作电流、二极管的反向恢复时间、大电容的 ESR 等，所以从外围器件的选择来说比 LDO 线性稳压器复杂，而且所占面积也相应地会大很多。

现代电子产品通常是一个模数混合系统，模拟电路是其不可缺少的部分。数字电路通常可以采用开关电源供电。模拟电路可以与数字电路共用一个电源，但模拟电路如果直接采用开关电源供电，特别是模拟前端小信号检测和放大电路，开关稳压器输出的噪声电压，将会对模拟电路造成不能容忍的干扰。模拟电路需要采用单独供电，需要为模数混合系统中的模拟电路设计一个供电电路。

在测试与测量、医疗设备、通信设备、基站等噪声敏感型应用中，为保持信号精确度和完整性而言，要求一种内部噪声低且能够抑制电源噪声的电源。低噪声电源用于驱动信号链，包括模拟前端、放大器、数据转换器、时钟、抖动消除器、PLL 及众多其他元器件。

〖**举例**〗　一个开关式稳压器的输出噪声频谱[265]如图 7.1.6 所示，该开关式稳压器工作在 500kHz 下，将开关式稳压器的输出送至线性稳压器。TI 公司的 TPS7A4700 线性稳压器的输出噪声频谱，如图 7.1.7 所示，可以看到，500kHz 下开关引起的尖峰噪声被削弱。

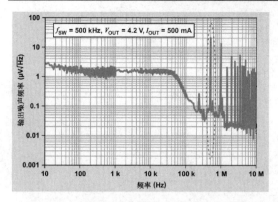

图 7.1.6　典型的开关式稳压器输出噪声频谱

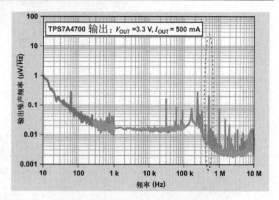

图 7.1.7　TPS7A4700 线性稳压器的
输出噪声频谱（500kHz 尖峰的噪声被削弱）

5. 电源管理 IC（PMIC）的噪声控制[266]

　　近年来，在以智能手机为代表的高性能便携式终端的电源电路部分中，将多路 DC-DC 变换器、LDO、低功耗、保护电路等功能集成在一个 PMIC（电源管理集成电路芯片）中。而因 PMIC 的噪声引起的系统内 EMC 问题，是设备内部的噪声干扰，直接对无线电通信产生干扰，影响接收机的灵敏度。PMIC 引起的噪声如图 7.1.8 所示。例如，手机在充电时，对接收机灵敏度的干扰如图 7.1.9 所示，使接收机灵敏度降低。

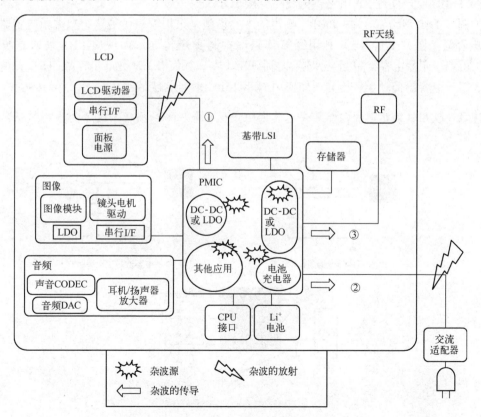

图 7.1.8　PMIC 引起的噪声

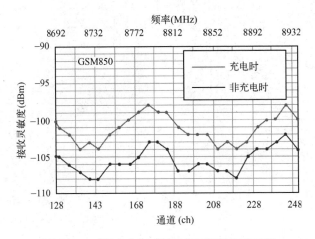

图 7.1.9　手机在充电时对接收机灵敏度的干扰

PMIC 噪声源对接收机灵敏度的干扰（抑制）的传播路径如图 7.1.8 所示。传播路径如下。

① 传导到 LCD 供电线的 PMIC 噪声会产生辐射，干扰到 RF 天线。

② 从 PMIC 的电池充电器部分与交流适配器之间的电源线辐射出的 PMIC 噪声，也会干扰到 RF 天线。

③ PMIC 噪声通过 RF 电路供电线路直接传导。

如图 7.1.10 所示，解决 PMIC 噪声的主要措施是采用铁氧体磁珠、3 端子电容器和低 ESL 电容器。图 7.1.10（a）利用铁氧体磁珠抑制噪声传导，如 EMIFIL 系列滤波器。图 7.1.10（b）利用电容器将噪声旁路，以抑制噪声传导，如使用 LW 逆转电容器。图 7.1.10（c）利用 3 端子电容器抑制噪声传导，如使用 NFM15PC 系列电容器。

注意：使用铁氧体磁珠，需要考虑其内阻产生的电压降和损耗，这对电源效率有影响。

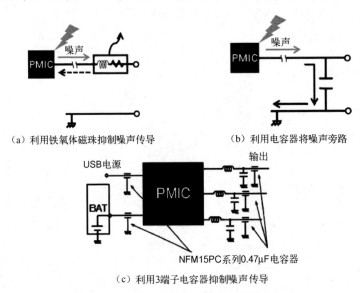

图 7.1.10　解决 PMIC 噪声干扰的主要措施

7.1.3　手持设备射频功率放大器的供电电路

在手持设备中给射频功率放大器（RFPA）供电一直是一个比较难做的设计，因为一方面需要提高 RFPA 的工作效率用来延长电池的工作时间，另一方面又不能在提高工作效率的同时降低 RFPA 的工作性能，所以必须为其提供一个满足要求的高效直流电源。常规的方式是将 RFPA 的电源端与电池直接连接供电，但是这种工作模式会使得 RFPA 的工作效率很低，不能满足高效低功耗要求。

〖举例〗 一个双极工艺的固定增益 WCDMA 功率放大器的负载曲线[267]如图 7.1.11 所示。在峰值发送功率时，功率放大器需要 3.4V 的供电电压，并消耗掉 300～600mA 的电流。在最低发送功率时，也就是当靠近基站并且只发送话音时，功率放大器仅消耗 30mA 的电流，电源电压为 0.4～1V。对应的功率放大器消耗功率分别为 2040mW（最大值）和 12mW（最小值）。话音的发送一般在 1.5V/150mA（225mW）下进行，高速数据的发送一般在 2.5V/400mA（1000mW）下进行。

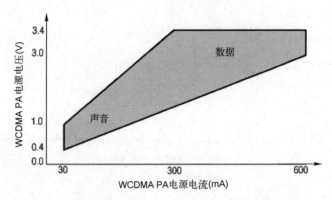

图 7.1.11　固定增益的双极型 WCDMA 功率放大器的典型负载曲线

TI 公司推出的 SuPA（Supply for Power Amplifier，功率放大器的电源）系列的 DC-DC 产品从工作机理上做了创新，采用平均功率跟踪（Average Power Track）技术和包络跟踪技术（Envelop Tracking），优化了 RFPA 工作时功率消耗，从而提高了功率放大器的工作效率，延长了电池的工作时间。

当前越来越多的手持设备要求满足尽可能长的工作时间，常用的方式是：一方面，优化系统软件，将不用的软件和硬件电路关掉，以节省更多的电能，用来延长电池的工作时间，这对优化应用处理器的功率消耗非常有效；另一方面，优化系统的硬件设计，采用低功耗、高效率的电源管理单元，这对优化射频单元和应用处理器单元的功率消耗也非常有效。SuPA 是专业用于射频单元里驱动 RFPA 的电源，除继承 DC-DC 产品工作效率高的优点以外，还采取了平均功率跟踪（APT）技术用以配合 RFPA 工作时不同功率对电压的需求，动态调整输出电压给 RFPA 供电，从而满足高效的工作效率。

1．包络跟踪（Envelop Tracking, ET）技术[268]

简言之，包络跟踪技术就是在 RFPA 的工作电压与输入的射频信号之间建立联系使之实时互相跟随，从而提高工作效率的技术。按照理论计算，相对直接使用电池的供电方式，它可以帮助系统节省 65%的功耗，SuPA 的新一代产品将会支持此模式。它的基本原理是：射频处理单元和基带处理单元根据射频信号、功率等级和功率放大器的自身特性参数［可以使用功率放大器的查询表（Look Up Table）或者称为调理表（Shaping Table）］计算出包络信号（Envelop Signal），同时射频、基带单元中的差分 DAC 会提供一个模拟参考信号，包络跟踪电源（ETPS）会将包络信号放大，然后送往功率放大器，与此同时功率放大器会将射频信号放大，使得射频信号和 RFPA 的工作电压跟随，最后功率放大器将放大后的信号送给双工器，双工器会把带宽以外的信号衰减掉，同时将有用的信号凸显出来。描述这个过程中的信号调理过程如图 7.1.12、图 7.1.13 和图 7.1.14 所示。包络信号系统简图如图 7.1.12 所示。被包络跟踪电源放大后的信号图如图 7.1.13 所示。包络跟踪电源输出的电压信号与射频信号包络跟踪图如图 7.1.14 所示。

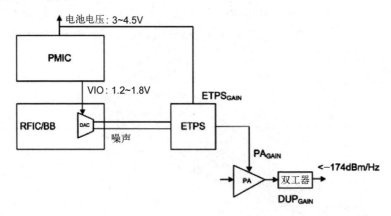

图 7.1.12　包络信号系统简图

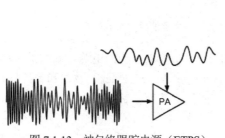

图 7.1.13　被包络跟踪电源（ETPS）
放大后的信号图

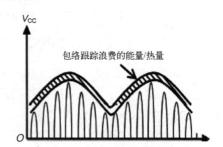

图 7.1.14　包络跟踪电源（ETPS）输出的
电压信号与射频信号包络跟踪图

2. 平均功率跟踪（Average Power Track，APT）技术[268]

平均功率跟踪又称为自适应电压调节（Adaptive Supply），它是根据功率放大器的预先输出功率、结合功率放大器的自身参数（可以使用功率放大器的参数查询表）来自动调整功率放大器工作电压的技术。按照理论计算，相对于电池直接供电模式，它可以帮助系统节省 40%的电能。相对包络跟踪，平均功率跟踪使用和设计起来更加简单和方便，SuPA 当前产品主要支持这种模式。平均功率跟踪模式能量消耗区域和直接电池供电模式能量消耗区域如图 7.1.15 和图 7.1.16 所示，图中灰色部分为能量消耗区。

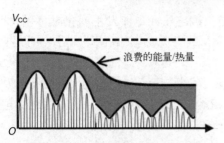

图 7.1.15　平均功率跟踪模式能量消耗区域

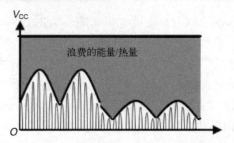

图 7.1.16　直接电池供电模式能量消耗区域

3. RFPA 的发展趋势和特点[268]

随着数据业务的不断增加，目前已经由 3G 和 4G 向 5G 转移，所以要求功率放大器承担更多的任务，因此要求功率放大器具有更多工作模式和频率带宽满足不同地区的制式，同时还要满足更高的工作效率从而保持电池的长时间续航能力，因此为了满足这种要求，使用包络跟踪模式或者平均功率跟踪模式的射频电源就逐步成为趋势。

〖举例〗　图 7.1.17 所示，4 种带宽的功率放大器可以共同使用一个射频电源单元，射频电源单元可以支持 4 种带宽的 GSM/EDGE 模式，输出电压可以 0.5～3.4V 自动调节。

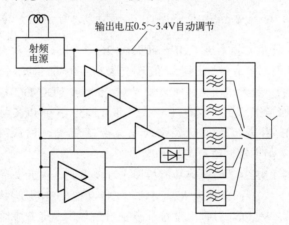

图 7.1.17　4 种带宽的功率放大器可以共同使用一个射频电源单元

4. SuPA 在射频单元中的位置[268]

SuPA 在系统中位于电池和功率放大器之间承担电压转换功能。SuPA 位于系统中的射频单元中，给功率放大器供电的位置如图 7.1.18 所示，它在电池和功率放大器之间，将电池电压根据基带单元和射频单元提供的功率信号以及配合功率放大器的自身特性信号转换成功率放大器的可以处于最优工作模式的工作电压，驱动功率放大器工作在高效模式，达到节省电能的目的。

5. APT 模式的 SuPA 工作过程[268]

SuPA 电源变换器与传统的同步整流降压型直流变换器的内部拓扑是一致的，没有很大的不同，但是它的负载动态响应和主动负载电流辅助旁路控制（Active Current assist and

Bypass，ACB）是做过优化的，因此它可以满足当负载电压和电流发生变化时可以快速响应。主动电流辅助旁路功能可以满足当入口电压瞬间下降或者负载电流瞬间增加时，可以将变换器迅速切换成类似负载开关模式，这样做有两个好处：第一，可以将电池能量快速提供给负载，满足负载需求；第二，可以使用小尺寸、小电流电感，当负载电流超过电感的电流极限时，那么ACB 功能开关 V$_3$ 就进入工作模式，将额外的负载电流承担过来提供给负载，无需再经过电感，所以可以使用小尺寸的电感，满足超紧凑设计要求，这在实际应用设计中是非常重要的。

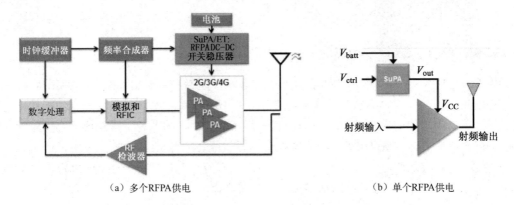

（a）多个RFPA供电　　　　　　　　（b）单个RFPA供电

图 7.1.18　SuPA 在系统中位于电池和功率放大器之间承担电压转换功能

〖举例〗　LM3242 是开关频率为 6MHz 的面向 3G 和 4G 功率放大器的驱动电源，输出电压 0.4～3.6V 连续可调，带有 ACB 模式（FB 引脚和 VIN 引脚之间的 MOSFET 承担此功能，复用 FB 引脚功能），最大输出电流可以支持到 750mA（DC-DC 模式）和 1A（ACB 模式），支持自动省电和低噪声模式、它的下一代产品 LM3243 可以支持高达 2.5A 的输出电流，带有单独的 ACB 引脚实现主动式辅助电流旁路模式，因此 LM3243 可以支持到 2G/3G/4G 模式，功能更加丰富，适用范围更宽。

从图 7.1.19 所示的 LM3242 的内部功能框图中可以看到，主开关管 V$_1$ 和 V$_2$ 承担降压变换功能，符合 $V_{OUT}=D \times V_{IN}$，而开关管 V$_3$，承担 ACB 功能，FB 引脚被复用，承担电压反馈和 ACB 能量输出作用；VCON 引脚用来接收来自射频单元或者基带单元给出的模拟电压信号，这个信号是由基带单元和射频单元的处理芯片将射频信号信息以及射频功率放大器的特征信息经过计算转换成的可变电压信号，这个可变电压信号被送入 LM3242，使得输出电压跟随这个可变输入电压信号，它们可以用数学公式描述：

$$V_{OUT}=A \times V_{CON}$$

式中，A=2.5；V_{CON}=0.16～1.44V。

SuPA 电源变换器的工作过程是：首先当开关管 V$_2$ 导通时，V$_1$ 是断开的，入口电源会给电感充电，此时电感两端的电动势是左边为"正"，右边为"负"，当电感充电完成后，V$_2$ 会断开，V$_1$ 会导通，此时电感上的两端电压会反向，变为左边为"负"，右边为"正"，于是电感中储存的能量会经过负载、V$_1$ 然后回流到电感的负极，此时的电感更像是一颗电池给负载供电。电感的充电和放电过程会周而复始的进行，于是就会源源不断地向负载提供连续的电流，它的数学表达式是

$$V_{OUT}=D \times V_{IN}$$

式中，D 是占空比，即 V_2 导通的时间在整个开关周期内所占的比例；V_{CON} 是用来接收来自射频处理芯片组或者基带芯片组的控制信号，这个信号会送进 SuPA 直流变换器控制单元，将输出电压和 VCON 电压信号按照 A 倍的系数进行转换，于是输出电压和 VCON 信号就会按照 A 倍的比率进行转换，即

$$V_{OUT}=A \times V_{CON}$$

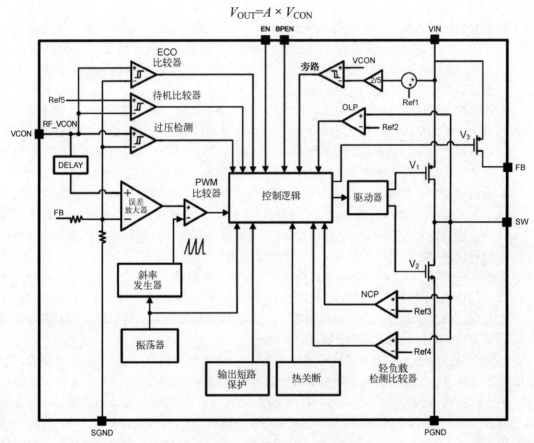

图 7.1.19　LM3242 内部简化功能方框图

当入口电压跌落或者负载电流意外增加时，造成变换器瞬间过流，于是就会开启主动电流辅助旁路功能（ACB）模式，V_3 会将电池电压或者入口电源的电压调整后再接入系统，满足瞬间大负载电流需求，但是当入口电压进一步跌到与输出电压一致或者压差在 200mV 以内时，V_3 就会立刻完全导通，进入真正的旁路模式，这是 SuPA 的独到的控制模式，比如 2G 的功率放大器瞬态电流往往会超过 2A，于是旁路功能就会显得非常重要；在 3G 或者 4G 时，电流需求量不会很大，于是 SuPA 就工作在单一的 DC-DC 转换模式，满足高效率要求。

7.1.4　脉冲雷达用 GaN MMIC 功率放大器的电源管理

脉冲雷达用 GaN MMIC 功率放大器的复杂度和输出功率持续提高，这种高功率系统会产生非常多的热量，进而影响放大器性能和平均故障间隔时间（MTBF）。为了优化性能，管理上电时序，提供故障检测，以及提供放大器系统监测与保护，因此，希望实时监测 GaN

MMIC 功率放大器的性能和温度，以便检测到即将发生的问题，采取必要措施，防患于未然。检测控制系统可利用 FPGA 和/或微控制器实现。

利用 FPGA 和/或微控制器实现的检测控制系统可实现多种并行功能，这些功能同时但独立地运作。控制系统有能力迅速对命令和关键电路状况作出反应，以保护射频功率放大器器件。例如：

- 放大器性能优化：为了优化放大器性能，必须设置适当的栅极电压以实现数据手册中的放大器额定电源电流。栅极电压利用一个 DAC 进行调整，同时利用一个 ADC 监测功率放大器的电源电流。通过这些特性，可以迅速校准射频功率放大器栅极电压。

- 增强的上电时序控制、电源管理和监测：控制系统可用来控制电源稳压器和 RF 功率放大器的上电时序，使上电电流最小，并监控和检测功率放大器与电源故障。可以采取保护措施，根据故障状况检测结果关断系统器件，或通过控制接口报告给微处理器。可以管理系统整体功耗，关断未被使用（处于待机模式）的电路。

- 温度监测、热管理：在高功率放大器系统中，温度是影响射频功率放大器性能的一个关键因素。通过监测温度，控制系统可以实现补偿放大器温度漂移的算法。另外，通过温度监测可以控制散热系统，例如风扇转速，以将性能降幅减至最小。可以检测潜在的破坏性热状况，并采取适当措施。

- 数字和模拟 I/O：控制系统可以控制射频开关、移相器、数字衰减器和电压可变衰减器（模拟衰减器），可监控目标信息或信号，以及（或者）运用算法对其加以处理。

- 控制、计算机接口、图形用户界面（GUI）：可以用来让用户访问放大器系统提供的所有控制、传感器和诊断数据。

连续波（CW）模式和脉冲模式应用均会使用 GaN 射频功率放大器。从控制角度看，脉冲操作更具挑战性。通常使用现场可编程门阵列以及栅极或漏极脉冲技术（取决于系统要求）来使能/禁用 MMIC 功率放大器。控制系统（FPGA）与 MMIC 功率放大器的控制接口通常包括 MMIC 漏极电源切换电路，或某种形式的模拟或数模切换电路（其与栅极接口）。当控制系统向 MMIC 发送脉冲时，根据切换速度和建立时间要求，可能需要使用电容库来将能量存储在本地，以实现最有效的直流偏置。

典型栅极控制方案和典型漏极开关方案[269]如图 7.1.20 和图 7.1.21 所示。利用控制系统（FPGA）控制脉冲信号时序，并为 RF MMIC 功率放大器提供同步状态监控和保护。FPGA 可以接收单脉冲信号并将其分配给一个或多个 MMIC 功率放大器器件，同时维持紧密的时序关系。

在高功率脉冲应用中，栅极发送脉冲的好处是不需要高直流切换。但是，栅极电压必须精确并受到良好控制以优化射频性能的要求，可能会使栅极脉冲复杂化。MMIC 功率放大器特性数据通常是在单静态栅极偏置条件下测得，此时 MMIC 功率放大器性能最佳。MMIC 功率放大器通常不是针对脉冲操作来表征。当栅极电压使 MMIC 功率放大器在夹断状态和导通状态之间切换时，某些 MMIC 功率放大器会表现出不稳定现象。漏极发送脉冲可能更宽松，需要的 MMIC 功率放大器特性数据可能更少。每个脉冲应用的需求都必须仔细审查，以确定最优脉冲发送方法和电路。任何 MMIC 功率放大器的脉冲应用，无论栅极还是漏极发送脉冲，都应结合实际设计要使用的 MMIC 功率放大器进行评估。

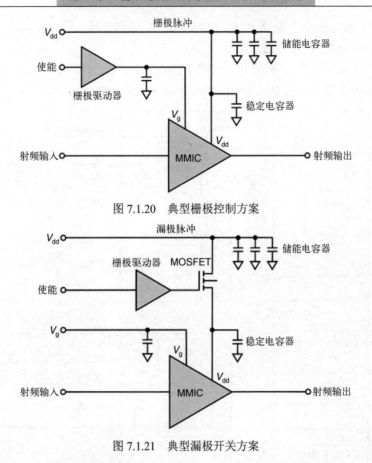

图 7.1.20　典型栅极控制方案

图 7.1.21　典型漏极开关方案

7.2　射频功率放大器电源电路实例

7.2.1　基带和 RFPA 电源管理单元（PMU）

　　TPS657120 提供了三个可配置的 2A 输出电流的降压转换器，还包含两个 LDO 稳压器。降压转换器 DC-DC1 和 DC-DC2 的典型静态电流为 16μA，DC-DC3 转换器的典型静态电流为 26μA，输入电压为 2.8～2.5V，在轻负载电流时具有省电模式，在 PWM 模式输出电压精度为±2%。转换器具有动态电压缩放（刻度），可以为最低压差提供 100%占空比。两个 LDO 是一个低噪声的 RF LDO，LDO1 的输入电压范围为 2.0～2.5V，LDO2 的输入电压范围为 2.8～2.5V，输出电压范围为 1.2～3.4V，静态电流为 32μA。输出电流为 2×10mA，预调节支持独立的电源。LDO1 可以直接由电源输入或由前置调节器 DC-DC1 或者 DC-DC2 转换器提供电源。LDO2 被用作模拟电源输入。两个 GPIO 可以用于热关机和旁路开关（用于驱动 RF 的 DC-DC3 转换器）。内部电源开启/关闭控制器是可配置的，可以支持任何电源导通/关断时序（基于 OTP）。所有的 LDO 和 DC-DC 转换器都可由 MIPI RFFE 兼容的接口和/或引脚 PWRON、CLK_REQ1 和 CLK_REQ2 控制。此外，有一个 nRESET 引脚作为 RFFE 地址选择（ADR_SELECT）的输入，也可以作为通用 I/O 使用，具有 1mA 的吸入能力。TPS657120 采用一个 0.4mm 间距 6 球×5 球的 WCSP 封装（2.5mm×2.3mm）。

TPS657120 的典型应用电路形式[270]如图 7.2.1 所示。

如需要完整的数据表，请发送电子邮件至"pmu_contact@list.ti.com"索取。

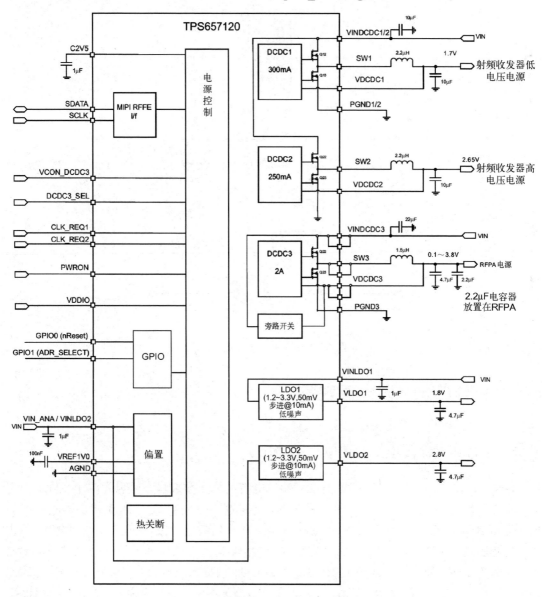

图 7.2.1　TPS657120 的典型应用电路形式

7.2.2　用于 RFPA 的可调节降压 DC-DC 转换器

1. LM3242 的主要特性

LM3242 是一个 DC-DC 转换器[271]，此转换器针对使用单节锂离子电池为 RFPA（射频功率放大器）供电的应用进行了优化，使用一个 VCON 模拟输入设定输出电压以控制 RFPA 的功率水平和效率。

LM3242 由 2.7～2.5V 单节锂离子电池供电运行，可调节输出电压为 0.4～3.6V，具有 750mA 最大负载能力（旁路模式可高达 1A），具有 95% 的高效率（在 500mA 输出时，3.9V 输入，3.3V 输出），具有自动 ECO/PWM/BP 模式变化、电流过载保护、热过载保护和软启动功能，可以提供 5 个与所需电流相关的运行模式。

LM3242 采用 9 焊锡凸点无引线芯片级球栅阵列（DSBGA）封装。6MHz 的开关频率允许只使用 3 个外部微型表面贴装元件［一个 0805（2012）电感器和两个陶瓷电容器］。

LM3242 适合电池供电类 3G/4G 射频功率放大器、手持无线电、电池供电类射频器件等使用。

2. LM3242 的工作模式

LM3242 共有 5 个与所需电流相关的运行模式：PWM（脉宽调制）、ECO（经济模式）、BP（旁路模式）、睡眠和关断。LM3242 运行模式利用引脚 EN 和 BPEN 控制。

LM3242 在更高的负载电流条件下运行在 PWM 模式中。较轻的负载会使器件自动切换进入 ECO 模式。关断模式将器件关闭并将电池流耗减少到 0.1μA（典型值）。

对于 3.6V 输出，DC PWM 模式输出电压精度为 ±2%。效率通常为 95% 左右（典型值），此时负载为 500mA，输出电压 3.3V，输入电压 3.9V。通过调整控制引脚（VCON）上的电压，在无需外部反馈电阻器的情况下，可在 0.4～3.6V 动态地设定输出电压。因为能够根据功率放大器的发送功率来动态地调节其电源电压，这确保了更长的电池使用寿命。

3. LM3242 的其他功能

（1）内部同步整流

当处于 PWM 模式中时，LM3242 使用一个内部 NFET 作为同步整流器来减少整流器前馈压降和相关的功率损失。只要输出电压相对低于普通整流器二极管上的压降，同步整流即可大大提升效率。

在中等负载和重负载时，当电感器电流下降斜率处于每周期的第二部分时，NFET 同步整流器打开，在下一个周期前关闭。NFET 被设计成在打开前的瞬态间隔期间内通过其自身内部的体二极管来导电，从而免除了对于外部二极管的需要。

（2）限流

电流限制特性使得 LM3242 能够在过载条件下保护其自身和外部组件。在 PWM 模式中，逐周期电流限值为 1450mA（典型值）。如果多余的负载将输出电压下拉至少于 0.3V（典型值），NFET 同步整流器被禁用，而电流限值被减少到 530mA（典型值）。此外，当输出电压少于 0.15V（典型值）时，开关频率将减少到 3MHz，从而防止多余电流和热应力。

（3）动态可调节输出电压

LM3242 特有一个动态可调输出电压从而不需要外部反馈电阻器。通过改变模拟 VCON 引脚上的电压 V_{CON}，输出可被设定在 0.4～3.6V。这个特性在只有当话机远离基站或正在进行数据发送时才需要峰值功率的功率放大器应用中十分有用。在其他情况下，发送功率可被减小。因此，传至功率放大器的电源电压可被降低，从而延长了电池的使用寿命。LM3242 在占空比超过大约 92%或者少于大约 15%时进入脉冲跳跃模式，而输出电压纹波会轻微增加。

（4）热过载保护（热关断）

LM3242 有热过载保护功能，以保护自身不受短期误用和过载情况的影响。当结温超过大约 150℃时，LM3242 禁止运行，PFET 和 NFET 都被关闭；当温度下降到低于 125℃时，恢复正常运行。热过载条件下过长时间的运行有可能损坏此器件并被认为是不良的使用方法。

（5）软启动

LM3242 有可在启动期间限制涌入电流的软启动电路。启动期间，此开关电流限值步进增加。如果 EN 在 V_{IN} 达到 2.7V 后从低电平变为高电平，软启动被激活。

4. LM3242 的应用电路

LM3242 的典型应用电路[271]如图 7.2.2 所示。

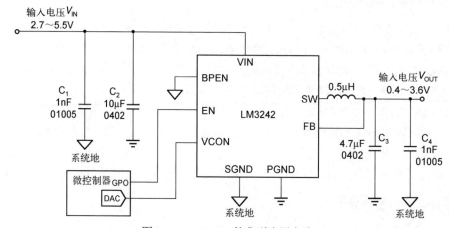

图 7.2.2　LM3242 的典型应用电路

（1）设定输出电压

LM3242 特有一个由可调输出电压的控制引脚，用来免除对外部反馈电阻器的需要。通过设定 VCON 引脚上的电压 V_{CON}，可以对一个 0.4～3.6V 的输出电压 V_{OUT} 进行设定。计算公式如下。

$$V_{\text{OUT}} = 2.5 V_{\text{CON}} \tag{7.2.1}$$

式中，当 V_{CON} 电压为 0.16～1.44V 时，输出电压 V_{OUT} 将随之成比例地变为 V_{CON} 的 2.5 倍。

注意：如果 $V_{\text{CON}} < 0.16\text{V}$（$V_{\text{OUT}} = 0.4\text{V}$），输出电压有可能无法被正确调节。

（2）FB

在通常情况下，FB 引脚被接至 V_{OUT}，用来调节最大值为 3.6V 的输出电压。

5. LM3242 应用电路的元件选择

（1）电感器的选择

当选择电感器时有两个注意事项；电感器不应饱和，电感器电流纹波应足够小以实现所需的输出电压纹波。不同的厂商遵守不同的饱和电流额定值技术规范，所以要对详细信息给予关注。饱和电流通常在 25℃时指定，所以要求厂商提供应用环境温度上的额定值。

在环境温度范围内的偏置电流［I_{LIM}（典型值）］上，确保良好性能的最小电感值为 $0.3\mu H$。屏蔽电感器放射更少噪声，应被优先使用。有两个方法来选择电感器饱和电流额定值。

方法 1：饱和电流 I_{SAT} 应该大于最大负载电流和最差情况平均值至峰值电感器电流的总和。

$$I_{SAT} > I_{OUT\_MAX} + I_{RIPPLE} \tag{7.2.2}$$

$$I_{RIPPLE} = \left(\frac{V_{IN} - V_{OUT}}{2 \times L} \right) \times \left(\frac{V_{OUT}}{V_{IN}} \right) \times \left(\frac{1}{f} \right) \tag{7.2.3}$$

式中，I_{RIPPLE} 为平均值至峰值电感器电流；I_{OUT_MAX} 为最大负载电流（750mA）；V_{IN} 为应用中的最大输入电压；L 为包括最差情况下耐受值的最小电感器值（对于方法 1，可认为下降了 30%）；f 为最小开关频率（2.7MHz）；V_{OUT} 为输出电压。

方法 2：一个更加保守且建议的方法是选择一个能够处理 1600mA 最大电流限值的电感器。为了实现高效率，此电感器的电阻值应该小于大约 0.1Ω。表 7.2.1 列出了推荐的电感器和厂商。

表 7.2.1　LM3242 应用电路推荐的电感器

型　　号	尺寸（$W \times L \times H$）（mm×mm×mm）	供 应 商
MIPSZ2012D0R5	2.0×1.2×1.0	FDK
LQM21PNR54MG0	2.0×1.25×0.9	牧田
LQM2MPNR47NG0	2.0×1.6×0.9	牧田
CIG21LR47M	2.0×1.25×1.0	三星
CKP2012NR47M	2.0×1.25×1.0	Taiyo Yuden

（2）电容器的选择

LM3242 被设计成在其输入和输出滤波器上使用陶瓷电容器。在输入上使用一个 10μF 陶瓷电容器，而在输出上使用总电容为 2.7μF 的电容器。它们应该在直流偏置和温度条件下保持至少 50%的电容值。建议使用诸如 X5R、X7R 和 B 类型的陶瓷电容器。这些类型的电容器针对手机和类似应用可以提供小尺寸、成本、可靠性和性能之间的最优均衡。

表 7.2.2 中列出了推荐的部件号和厂商。在选择电压额定值和电容器外壳尺寸时必须考虑电容器的直流偏置特性。有必要为 V_{IN} 选择一个 0603（1608）尺寸的电容器，为 V_{OUT} 选择 0402（1005）尺寸的电容器，应该仔细地在系统电路板上评估 LM3242 的运行。当连接至需要本地去耦合的功率放大器器件时，也可考虑将一个 2.2μF 电容器与多个 0.47μF 或 1.0μF 电容器并联。

表 7.2.2　LM3242 应用电路推荐的电容器和它们的厂商

电　　容	型　　号	尺寸（$W \times L$）（mm×mm）	供 应 商
2.2μF	GRM155R60J225M	1.0×0.5	牧田
2.2μF	C1005X5R0J225M	1.0×0.5	TDK
2.2μF	CL05A225MQ5NSNC	1.0×0.5	三星

电　容	型　号	尺寸（$W \times L$）（mm×mm）	供　应　商
4.7μF	C1608JB0J475M	1.6×0.8	TDK
4.7μF	C1005X5R0J475M	1.0×0.5	TDK
4.7μF	CL05A475MQ5NRNC	1.0×0.5	三星
10μF	C1608X5R0J106M	1.6×0.8	TDK
10μF	GRM155R60J106M	1.0×0.5	牧田
10μF	CL05A106MQ5NUNC	1.0×0.5	三星

输入滤波电容器在每个周期的第一部分提供汲取自 LM3242 PFET 开关的交流电流并减少施加在输入电源上的电压纹波。输出滤波电容器吸收交流电感器电流，帮助在瞬态负载变化器件保持一个稳定输出电压并减少输出电压纹波。必须选择具有足够电容值和足够低的 ESR（等效串联电阻）的电容器以执行这些功能。滤波电容器的 ESR 通常是决定电压纹波的主要因素。

6. DSBGA 封装的组装和使用

LM3242 采用 9 焊锡凸点无引线芯片级球栅阵列（DSBGA）封装。如 TI 操作说明书 1112 中所述，DSBGA 封装的使用要求专门的电路板布局、精确的安装和仔细的回流焊技术。要获得最佳的组装效果，应该使用 PCB 上的对齐序号来简化器件的放置。与 DSBGA 封装一起使用的焊盘类型必须为 NSMD（非阻焊层限定）类型。这意味着阻焊开口大于焊盘尺寸。否则，如果阻焊层与焊盘重叠的话，会形成唇缘。防止唇缘的形成可使器件紧贴电路板表面并避免妨碍贴装。

LM3242 所使用的 9 焊锡凸点封装具有 250μm 焊球并要求 0.225mm 焊盘用于电路板上的贴装。走线进入焊盘的角度应该为 90° 以防止在角落深处中积累残渣。最初时，进入每个焊盘的走线应该为 7mil 宽，进入长度大约为 7mil 长，用作散热。然后每条走线应该调整至其最佳宽度。重要的标准是对称。这样可确保 LM3242 上的焊锡凸点回流焊均匀并可保证此器件的焊接与电路板水平。应特别注意用于焊锡凸点 A3 和 C3 的焊盘。由于 VIN 和 GND 通常被连接到较大覆铜区上，不充分的散热会导致这些焊锡凸点滞后或者不充分的回流。

建议在 VCON 引脚与针对非标准 ESD 事件或环境和制造工艺的接地之间添加一个 10nF 电容器，以防止意外的输出电压漂移。

7. 印制电路板（PCB）布局布线的注意事项

PCB 布局布线对于成功将一个 DC-DC 转换器设计成一个产品十分关键。如果严格遵守建议的布局布线做法，可将接收（RX）噪声基底改进大约 20dB。适当地规划电路板布局布线将优化 DC-DC 转换器的性能并大大减少对于周围电路的影响，而同时又解决了会对电路板质量和最终产品产量产生负面影响的制造问题。

糟糕的电路板布局布线会由于造成了走线内的电磁干扰（EMI）、接地反弹和阻性电压损耗而破坏 DC-DC 转换器和周围电路的性能。错误的信号会被发送给 DC-DC 转换器集成电路，从而导致不良稳压或不稳定。糟糕的布局布线也会导致造成 DSBGA 封装和电路板焊盘间不良焊接接点的回流问题。不佳的焊接接点会导致转换器不稳定或性能下降。

在可能的情况下，在功率组件之间使用宽走线并且将多层上的走线对折来大大降低阻性损耗。

（1）降低电磁干扰（EMI）的一些措施

由于自然属性，任何开关转换器都会产生电气噪声，而电路板设计人员所面临的挑战就是尽可能减小、抑制或者减弱这些由转换开关产生的噪声。诸如 LM3242 的高频开关转换器，在几纳秒的时间内切换安培级电流，相关组件间互连的走线可作为辐射天线。以下提供的指南有助于将 EMI 保持在可接受的水平内。

① 为了减小辐射噪声需要采取的措施。

● 将 LM3242 转换开关及其输入电容器和输出滤波电感器和电容器尽可能靠近放置，并使得互连走线尽可能短。

● 排列组件，使得切换电流环路以同一方向旋转。在每个周期的前半部分，电流经由 LM3242 的内部 PFET 和电感器，从输入滤波电容器流至输出滤波电容器，然后通过接地返回，从而形成一个电流环路。在每个周期的第二部分，电流通过 LM3242 的内部同步 NFET，被电感器从接地上拉至输出滤波电容器，然后通过接地返回，从而形成第二个电流环路。所以同一方向的电流旋转防止了两个半周期间的磁场反向并减小了辐射噪声。

● 使电流环路区域尽可能小。

② 为了减小接地焊盘噪声需要采取的措施。

● 减小循环流经接地焊盘的开关电流：使用大量组件侧铜填充作为一个伪接地焊盘来将 LM3242 的接地焊锡凸点和其输入滤波电容器连接在一起；然后，通过多个过孔将这个铜填充连接到系统接地焊盘（如果使用了一个的话）。这些多过孔通过为焊盘提供一个低阻抗接地连接来大大减弱 LM3242 上的接地反弹。

● 将诸如电压反馈路径的噪声敏感走线尽可能直接从转换开关 FB 焊盘引至输出电容器的 VOUT 焊盘，但是使其远离功率组件之间的嘈杂走线。

③ 为了去耦合普通电源线路，串联阻抗可被用来策略性地隔离电路。

● 经由电源走线，利用电路走线所固有的电感来减弱功能块间的耦合。

● 将星型连接用于 VBATT（电池输出）至 PVIN（芯片电源输入）和 VBATT（电池输出）至 VBATT_PA（功率放大器电源输入）的单独走线。

● 按照电源走线的走向插入一个单铁氧体磁珠可通过允许使用更少的导通电容器来在电路板面积方面提供一个适当的平衡。

（2）制造的注意事项

LM3242 封装采用一个 250μm 焊球的 9 焊锡凸点（3×3）阵列，焊盘间距为 0.4mm。遵守下面几条简单的设计规则，将对确保良好的布局布线大有帮助。

● 焊盘尺寸应该为 0.225mm±0.02mm。阻焊开口应该为 0.325mm±0.02mm。

● 作为一个散热途径，用 7mil 宽和 7mil 长的走线连接到每个焊盘并逐渐增加每条走线到其最佳宽度。为了确保焊锡凸点回流均匀，对称很重要（请参考 TI 操作说明书 AN-1112 "DSBGA 晶圆级芯片尺寸封装"）。

（3）元器件的布局

元器件的布局图[271]如图 7.2.3 所示。

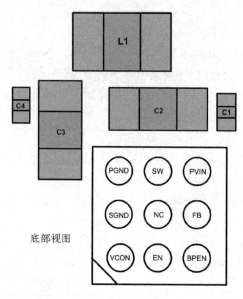

图 7.2.3　LM3242 应用电路元器件的布局图

① 大容量输入电容器 C2 应该被放置在比 C1 更加靠近 LM3242 的位置上。

② 为了实现高频滤波，可在 LM3242 的输入上添加一个 1nF 电容器（C1）。

③ 大容量输出电容器 C3 应该被放置在比 C4 更加靠近 LM3242 的位置上。

④ 要实现高频滤波，可在 LM3242 的输出上添加一个 1nF 电容器（C4）。

⑤ 将 C1 和 C4 的 GND 端子直接接至电话电路板的系统 GND 层。

⑥ 将焊锡凸点 SGND（A2）、NC（B2）、BPEN（C1）直接接至系统 GND。

⑦ 由于 0402 电容器高频滤波特性优于 0603 电容器，将 0402 电容器用于 C2 和 C3。

⑧ 当把小型旁路电容器（C1 和 C4）接至系统 GND 而非与 PGND 一样的接地时，实验证明这样做可提升高频滤波性能。这些电容器应该为 01005 封装尺寸，以实现最小封装和最佳高频特性。

8. PCB 叠层设计

LM3242 PCB 叠层设计示意图[271]如图 7.2.4 所示。PCB 叠层设计应注意：

（1）顶层

用于连接流过大电流的连线，如输入、输出电容、电感的电源线。

① 在 LM3242 SGND（A2）、BPEN（C1）焊盘上安置一个过孔来将其向下直接接至系统 GND 层 4。

② 在 LM3242 SW 焊锡凸点上安置两个过孔来将 VSW 走线向下引至第 3 层。

③ 使用一个星型连接来将 C2 和 C3 电容器 GND 焊盘接至 LM3242 上的 PGND 焊锡凸点。在 C2 和 C3 GND 焊盘上安置过孔使其直接接至系统 GND（层 4）。

④ 为了改进高频滤波性能，添加一个 01005/0201 电容器封装（C1，C4）到 LM3242 的

输入/输出上。将 C1 和 C4 焊盘直接接至系统 GND（层 4）。

⑤ 在 L1 电感器上安置 3 个过孔来将 VSW 走线从第 3 层引至顶层。

（2）第 2 层

连接信号用的连线可以放置在此层，注意的是 FB 引脚是被复用的（作为 ACB 使用），会承载比较大的电流，因此需要使用 10mil 以上的线宽连接。

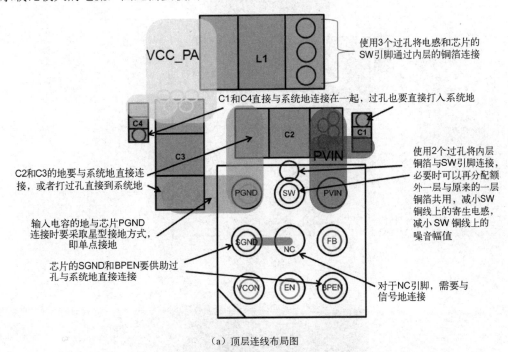

（a）顶层连线布局图

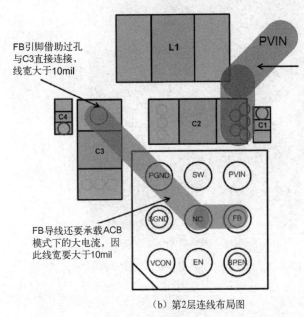

（b）第2层连线布局图

图 7.2.4　LM3242 PCB 叠层设计示意图

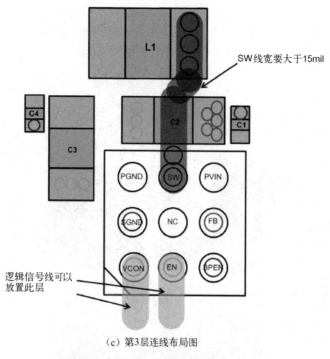

SW线宽要大于15mil

逻辑信号线可以
放置此层

（c）第3层连线布局图

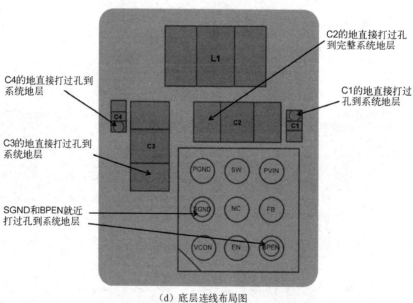

C2的地直接打过孔
到完整系统地层

C4的地直接打过孔到
系统地层

C1的地直接打过
孔到系统地层

C3的地直接打过孔到
系统地层

SGND和BPEN就近
打过孔到系统地层

（d）底层连线布局图

图 7.2.4　LM3242 PCB 叠层设计示意图（续）

① 设计 FB 走线，至少 10mil（0.254mm）宽。

② 将 FB 走线与嘈杂节点隔离并直接接至 C3 输出电容器。在 LM3242 SGND（A2）、BPEN（C1）焊盘内安置一个过孔来向下直接接至系统 GND（层 4）。

（3）第 3 层

连接 SW 的连线可以放置此层，SW 是用来承载大于 1A 以上的峰值电流的，因此线宽需要大于 15mil，在某些应用时甚至需要分配两层同时放置 SW 铜线（两层叠加），用于减小寄生电感，尽可能降低在此铜线上的 du/dt，即 SW 上的开关噪声振铃幅值。

设计 VSW 走线，至少 15mil（0.381mm）宽。

（4）第 4 层（系统 GND）

系统接地层，它需要一层完整的铜箔作为接地层，它可以作为芯片 SGND/PGND 的公共接地层。

① 将 C2 和 C3 PGND 过孔接至本层。

② 将 C1 和 C4 GND 过孔接至本层。

③ 将 LM3242 SGND（A2）、BPEN（C1）、NC（B2）焊盘过孔接至本层。

7.2.3　具有 MIPI® RFFE 接口的 RFPA 降压 DC-DC 转换器

1. LM3263 的主要特性

LM3263 是一款 DC-DC 转换器[272]，此转换器针对多模式多频带 RF 功率放大器（RFPA）的单节锂离子电池供电而进行了优化。LM3263 可将 2.7～2.5V 的输入电压转换为 0.4～3.6V 动态可调的输出电压，输出电压通过 RFFE 数字控制接口外部编程控制，并被设定以确保在 RFPA（射频功率放大器）的所有功率水平都能高效运行。

LM3263 开关频率典型值为 2.7MHz，运行在调频 PWM 模式下，最大负载电流为 2.5A。LM3263 具有一个独特的有源电流辅助与模拟旁路（ACB）特性，可以大大减小电感器尺寸。模拟旁路特性也可实现最小压降运行。LM3263 具有内部补偿、电流过载和热过载保护功能。

LM3263 采用 2mm×2mm 芯片级 16 焊锡凸点 DSBGA 封装，适合智能电话、RF PC 卡、平板电脑、eBook 阅读器、手持无线电设备、电池供电类 RF 器件使用。

2. LM3263 的运行

LM3263 是一款经优化的高效降压 DC-DC 转换器，具有强制 PWM 模式、自动 PFM 模式、旁路模式、关断模式、低功率模式、有源电流辅助和模拟旁路（ACB）、过载保护等多种运行模式。有关 LM3263 不同运行模式下的参数设置的更多内容请参考"LM3263 数据表"。

3. MIPI® RFFE 接口

数控串行总线接口提供到器件上可编程函数和寄存器的 MIPI RF 前端控制接口的兼容访问。LM3263 使用一个 3 引脚数字接口；其中两个引脚用于连接到总线上的集成电路（IC）间的双向通信，连同一个可运行为异步使能和复位的接口电压基准 VIO。当 VIO 电压电源被施加到总线上时，它启用受控接口，并且将用户定义的受控寄存器复位至默认设置。可通过异步 VIO 信号将 LM3263 设定为关断模式，或使用串行总线接口设定适当的寄存器来将 LM3263 设定为低功率模式。两个通信线路为串行数据（SDATA）和串行时钟（SCLK）。SCLK 和 SDATA 必须在 VIO 出现前保持低电平。LM3263 在一个单主控串行总线接口上连接为从器件。

SDATA 信号是双向的，由一个主控或一个从器件驱动。数据在 SCLK 信号的上升沿上由主控和受控写入。主控和受控在 SCLK 信号的下降沿上读取数据。一个施加到 VIO 信号的逻辑低电平将使数字接口断电。

LM3263 RFFE 接口的更多内容请参考"LM3263 数据表"。

4. LM3263 应用电路

LM3263 应用电路[272]如图 7.2.5 所示。

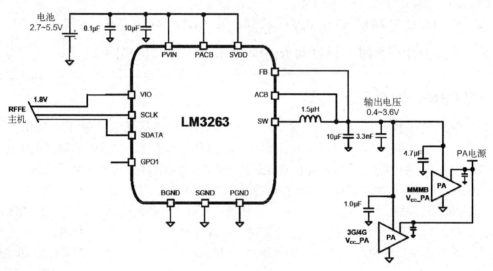

图 7.2.5　LM3263 应用电路

5. LM3263 应用电路外部元件的选择

（1）电感器的选择

为了实现 LM3263 的最佳性能和功能性，需要使用一个 1.5μH 电感器。在 2G 传输电流突发的情况下，有效总体均方根（RMS）电流需求被减少。因此，即使传统电感器技术规格看上去不符合 LM3263 RMS 电流技术规格，也请您咨询电感器制造商以确定他们的某些较小型组件是否满足您的应用需要。

LM3263 通过 SW 引脚来自动管理电感器峰值和 RMS（或者稳定电流峰值）电流。SW 引脚具有两个正电流限值。第一个是典型值为 1.45A（或者最大值 1.65A）过流保护。第二个是超限电流保护。它将大信号瞬态期间（<20μs）的最大峰值电感器电流限制到 1.9A 典型值（或者 2.1A 最大值）。

ACB 电路自动调节其输出电流来将稳定状态电感器电流保持在稳定状态峰值电流限值以下。因此，电感器 RMS 电流将在瞬态突发期间始终小于 $I_{LIM, PFET, 稳定状态}$ 而一直有效。此外，与 2G 中输出电流突发的情况一样，有效总体 RMS 电流将更低。

为了实现高效，电感器电阻值应该少于 0.2Ω；建议使用低 DCR 电感器（<0.2Ω）。表 7.2.3 推荐了一些电感器和供应商。

表 7.2.3　LM3263 应用电路推荐的电感器和供应商

模型	供应商	尺寸（mm×mm×mm）	I_{SAT}（电感值下降30%）	DCR
DFE201610C1R5N（1285AS-H-1R5M）	TOKO		2.2A	120mΩ
LQM2MPN1R5MG	牧田	2.0×1.6×1.0	2.0A	110mΩ
MAKK2016T1R5M	Taiyo-Yuden		1.9A	115mΩ
VLS201610MT-1R5N	TDK		1.4A	151mΩ

（2）电容器的选择

LM3263 被设计成在其输入和输出滤波器上使用陶瓷电容器。在输入上使用一个 10μF 电容器和大约 10μF 的实际总体输出电容。对于这两个电容器，建议使用诸如 X5R、X7R 类型的。这些类型的电容器针对手机和类似应用提供小尺寸、成本、可靠性和性能之间的最优权衡。表 7.2.4 中列出了推荐的电容器和供应商。在选择电压额定值和电容器外壳尺寸时必须考虑电容器的直流偏置特性。当输出电压快速步升和步降时，较小外壳尺寸的输出电容器缓解了电容器的压电振动。然而，它们在直流偏置时具有更大比例的下降值，要实现更小的总体解决方案尺寸，建议使用 0402（1005）外壳尺寸电容器用于滤波，也可考虑使用多个 2.2μF 或 1μF 电容器。对于射频功率放大器应用，将 DC-DC 转换器和射频功率放大器之间的输出电容分开：建议值为 10μF(C_{OUT1}) + 2.7μF(C_{COUT2}) + 3×1.0μF(C_{OUT3})。最优的电容分离视应用而定，并且为了实现稳定性，实际总体电容值（考虑到电容器直流偏压、温度额定值降低、老化和其他电容器耐受的影响）应该达到 10μF 并具有 2.5V 直流偏压（在 RMS 值 0.5V 时测得）。

应将所有输出电容器放置在非常靠近它们各自器件的位置上。强烈建议将一个高频电容器（3300pF）放置在 C_{OUT1} 旁边。

表 7.2.4　LM3263 应用电路推荐的电容器和供应商

电容	型号	尺寸（$W×L$）（mm×mm）	销售商
10μF	GRM185R60J106M	1.6×0.8	牧田
10μF	CL05A106MP5NUN	1.0×0.5	三星
4.7μF	CL05A475MP5NRN	1.0×0.5	三星
1.0μF	CL03A105MP3CSN	0.6×0.3	三星
1.0μF	C0603X5R0J105M	0.6×0.3	TDK
3300pF	GRM022R60J332K	0.4×0.2	牧田

6. PCB 布局布线的注意事项

PCB 布局布线对于成功设计一个 DC-DC 转换器电路是十分关键的。适当地规划电路板布局布线将优化 DC-DC 转换器的性能并大大减少对于周围电路的影响，而同时又解决了会对电路板质量和最终产品产量产生负面影响的制造问题。

PCB 布局布线的一些基本要求与注意事项请参考"7.2.2 用于 RFPA 的可调节降压 DC-DC 转换器"。

LM3263 应用电路的 PCB 和元器件布局图[272]如图 7.2.6 所示。

7. VBATT 星型连接

由于采用一个"菊花链"电源连接有可能会增加功率放大器输出的噪声，所以在 VBATT 电源至 LM3263 PVIN 以及 VBATT 至功率放大器模块之间使用星型连接十分重要，如图 7.2.7 所示。

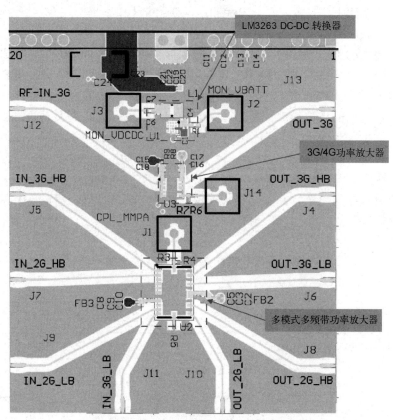

（a）顶层元器件布局图

图 7.2.6　LM3263 的 PCB 和元器件布局图

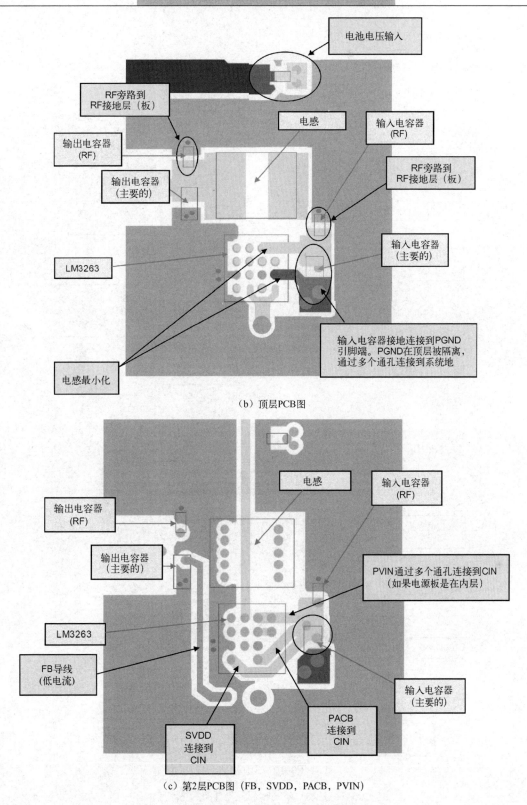

（b）顶层PCB图

（c）第2层PCB图（FB，SVDD，PACB，PVIN）

图 7.2.6　LM3263 的 PCB 和元器件布局图（续）

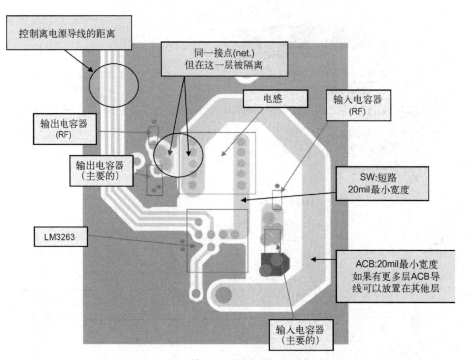

（d）第3层PCB图（SW，ACB）

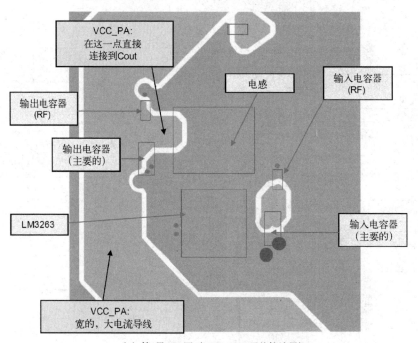

（e）第4层PCB图（VCC_PA，系统接地层）

图 7.2.6　LM3263 的 PCB 和元器件布局图（续）

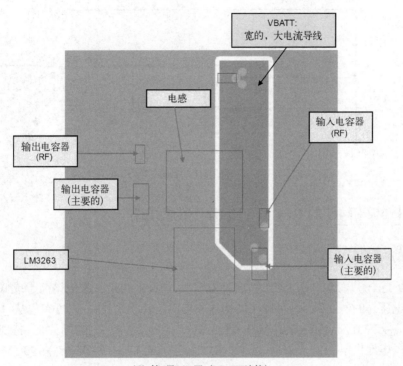

（f）第5层PCB图（VBATT连接）

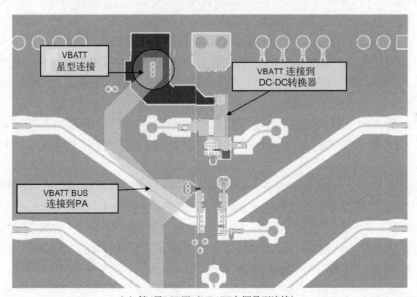

（g）第6层PCB图（VBATT电源星型连接）

图 7.2.6　LM3263 的 PCB 和元器件布局图（续）

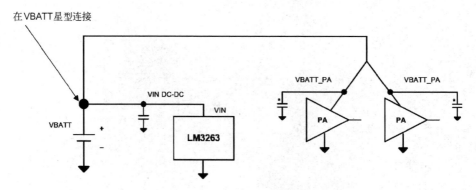

图 7.2.7　PVIN 和 VBATT_PA 上的 VBATT 星型连接

7.2.4　用于 3G 和 4G 的 RFPA 降压-升压转换电路

1. LM3269 的基本特性

　　LM3269 是一款降压-升压 DC-DC 转换器[273]，被设计用于产生应该高于或低于指定输入电压的输出电压（0.6～2.2V），可以实现快速输出电压转换：10μs 内可完成从 1.4～3.0V 的转换。在 V_{BATT}≥3.0V、V_{OUT}=3.8V 时，具有最大 750mA 的负载能力，并且特别适合于由一个单节锂离子电池供电（2.7～2.5V）的便携式应用。在 V_{BATT}=3.7V、V_{OUT}=3.3V 时，输出电流为 300mA 时，效率的典型值可达到 95%。

　　LM3269 在完全同步运行中的典型开关频率为 2.4MHz，并提供降压和升压运行方式间的无缝转换，自动脉冲频率调制（PFM）/脉宽调制（PWM）变化。为了提高效率并节省低功耗 RF 传输模式期间的电流，LM3269 运行在节能脉冲频率调制（PFM）模式。LM3269 功率转换器拓扑结构只需一个电感器和两个电容器。一个独特的内部电源开关拓扑结构可实现较高的总体效率。LM3269 针对降压和升压模式操作而进行了内部补偿，从而提供了最佳的瞬态响应。

　　LM3269 降压-升压转换器在由单节锂离子电池供电时，快速输出电压瞬态响应使得此器件适合用来根据其传输功率来自适应调整射频功率放大器电源电压，这样可以延长电池寿命。

　　LM3269 采用大小为 2.0mm×2.5mm×0.6mm 的 12 凸点 DSBGA 封装，此封装为诸如手机应用等 PCB 面积是重要设计考虑因素的空间有限应用提供最小可能的尺寸。

　　LM3269 具有电流过载保护、输出过压钳位和热过载关断等功能。有关 LM3269 运行控制等功能的更多内容，请参考"zhcs805c 用于 3G 和 4G 射频（RF）功率放大器的 LM3269 无缝转换降压-升压转换器 LM3269"技术文档。

2. LM3269 的应用电路

　　LM3269 的应用电路[273]如图 7.2.8 所示。

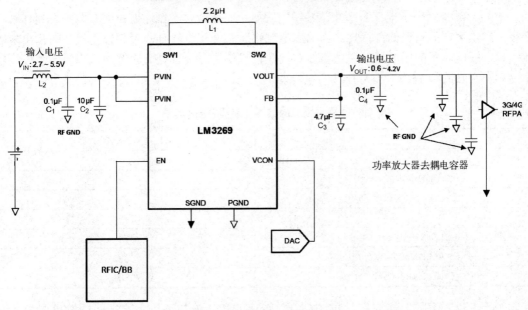

图 7.2.8　LM3269 的应用电路

（1）电感器的选择（见表 7.2.5）

对于几乎所有应用，建议使用一个饱和电流额定值超过 1500mA，并且在完全直流偏置条件下，具有低电感压降的、大小为 2.2μH 的电感器。应该使用具有更小直流电阻（如 110mΩ，这取决于电阻器外壳尺寸）的电感器，以实现高效率。

表 7.2.5　LM3269 应用电路推荐的电感器（2.2μH）

供应商	模型	尺寸（mm×mm×mm）	I_{SAT}（30%下降）	I_{RATING}（Δ40°）	DCR
FDK	MIPSZ2520D2R2	2.5×2.0×1.0	1.5A	1.1A	110mΩ
Murata	LQH2HPN1R0NG0	2.5×2.0×1.2	2.0A	1.2A	112mΩ
三星	CIG22H2R2MNE	2.5×2.0×1.2	1.9A	1.6A	116mΩ
TDK	TFM201610A2R2M	2.0×1.6×1.0	1.7A	1.3A	180mΩ
TOKO	DFE201612C2R2N	2.0×1.6×1.2	2.1A	1.3A	155mΩ

（2）输入电容器的选择

对于大多数应用，建议使用 10μF/6.3V/0603（1608）陶瓷输入电容器。将输入电容器尽可能放置在靠近器件 PVIN 引脚和 PGND 引脚的位置上。可以使用更高数值的电容器来提升输入滤波性能。电容器使用 X7R、X5R 或 B 类型，不要使用 Y5V 或 F 类型。当选择诸如 0402（1005）的外形尺寸时，必须将陶瓷电容器的直流电路板特点考虑在内。

在每个周期的前半部分，输入滤波电容器为 PFET（高侧）开关供电，并减少施加在输入电源上的电压纹波。陶瓷电容器的低等效串联电阻（ESR）提供输入电压尖峰（由快速电流变化导致）的最佳噪声滤波。

（3）输出电容器的选择

选择一个 2.7μF 电容器用作输出电容器。建议使用诸如 X5R、X7R 类型的电容器。这些类型的电容器针对手机和类似应用，提供小尺寸、成本、可靠性和性能之间的最优均衡。表 7.2.6 中列出了推荐的部件型号和供应商。在选择电压额定值和电容器外形尺寸时，必须考虑电容器的直流偏置特性。当输出电压快速步升和步降时，较小外壳尺寸的输出电容器可以缓解电容器的压电振动。然而，它们在直流偏置时具有更大比例的下降值。建议为输出使用一个 0603（1608）外形尺寸的电容器。

表 7.2.6　LM3269 应用电路推荐的电容器

模　　　型	供　应　商
10μF 用于 C$_{IN}$	
C1608X5R0J106K（0603）	TDK
CL05A106MQ5NUN（0402）	三星
4.7μF 用作 C$_{OUT}$	
C1608X5R0J475M（0603）	TDK
CL05A475MQ5NRN（0402）	三星
C1005X5RR0J475M（0402）	TDK

对于 RF 功率放大器应用，将 DC-DC 转换器和 RF 功率放大器之间的输出电容器分离开。建议使用一个 2.7μF［0402（1005）外形尺寸］输出电容器+功率放大器输入电容器［0402（1005）/0201（0603）外形尺寸］。最佳的电容值分离应视应用而定。需要将所有输出电容器放置在非常靠近它们各自器件的位置上。如果使用一个 2.7μF［0402（1005）外形尺寸］的电容器用作输出电容器时，建议在 VOUT 总线上的总的实际电容值应该至少为 7μF（2.7μF+功率放大器去耦合电容值）（请见表 7.2.7）。

表 7.2.7　LM3269 应用电路建议的电容值

总线	最小值（μF）	典型值（μF）	最大值（μF）
PVIN	—	10	—
VOUT	7	—	10

3. PCB 布局布线的注意事项[273]

PCB 布局布线对于成功设计一个 DC-DC 转换器电路是十分关键的。适当地规划电路板布局布线将优化 DC-DC 转换器的性能并大大减少对于周围电路的影响，而同时又解决了会对电路板质量和最终产品产量产生负面影响的制造问题。

PCB 布局布线的一些基本要求与注意事项请参考"7.2.2 用于 RFPA 的可调节降压 DC-DC 转换器"。

（1）电容器和电感布局

电容器和电感布局要求如下。

● 输入电容器 C$_2$ 应该被放置在比 C$_1$ 更加靠近 LM3269 的位置上。
● 为了实现高频滤波，可选择在 LM3269 的输入上添加 100nF 电容器（C$_1$）。
● 大容量输出电容器 C$_3$ 应该被放置在比 C$_4$ 更加靠近 LM3269 的地方。
● 要实现高频滤波，可选择在 LM3269 的输出上添加 100nF 电容器（C$_4$）。
● 将 C$_1$ 和 C$_4$ 的 GND 端子直接接至电话电路板的系统 RF GND 层。

● 将凸点 SGND（G2）直接接至系统 GND。

● 当把小型旁路电容器（C_1 和 C_4）接至系统 GND 而非与 PGND 一样地接地时，其高频滤波性能可以提升。这些电容器应该采用 0201（公制 0603）外形尺寸，以实现最小封装和最佳高频特性。

● 使用一个单铁氧体磁珠（L_2）改进高频噪声。

（2）PCB 叠层布局及注意事项

LM3269 PCB 叠层布局及注意事项与"7.2.2 用于 RFPA 的可调节降压 DC-DC 转换器"类似。一些注意事项如下：

① VBATT 至 LM3269 和 VBATT 至 PA VBATT（VCC1）间使用星型连接。不要将电池 VBATT 菊花链连接至 LM3269 电路，然后连接至功率放大器器件上。

② PCB 顶层。

a. 创建一个 PGND 岛。C_2（C_{IN}）和 C_3（C_{OUT}）的 PGND 焊盘必须相互隔离。这个 PGND 接地焊盘将由很多过孔连接至专用系统接地层（底层）。

b. 每个 SW（C_3）和（D2）凸点将在焊盘上有一个过孔以及旁边有一个额外的过孔，以使 SW 走线下拉至层 3（第 3 层）。

c. SGND 凸点（C_2）在焊盘内有一个过孔，并将其直接接至系统接地。

d. 应将 FB（C_1）直接接至 VOUT 凸点（D1）。

e. 使 PVIN 过孔靠近可选铁氧体磁珠。

f. 将 NC 凸点（A1 和 A2）悬空；不要接至 VBATT 或 GND。

③ PCB 第 2 层。

a. VCON 和数字逻辑信号可在这层上传递。

b. VOUT（VCC2 或 PA）可在这层上传递。

c. 用于 LM3269 的 PVIN 可在这层上传递。

④ PCB 第 3 层。

每个 SW 走线都在这层上布局。针对电流能力，每条走线的宽度应该为 15mil（0.381mm）。使用两个过孔将 SW 走线上拉至电感器焊盘。

⑤ PCB 第 4 层。

连接顶层 PGND、SGND 和高频过孔到本层。

有关 LM3269 PCB 叠层布局及注意事项的更多内容，请参考"用于 3G 和 4G 射频（RF）功率放大器的 LM3269 无缝转换降压-升压转换器 LM3269（zhcs805c.pdf）"等技术文档。

7.2.5 具有 MIPI® RFFE 接口的 3G/4G RFPA 降压-升压转换器

1. LM3279 的基本特性

LM3279 是一款升压-降压型 DC-DC 转换器[274]，此转换器针对多模式多频带 RFPA 的单节锂离子电池供电进行了优化。LM3279 可将 2.7～2.5V 的输入电压升压或者降压至 0.4～2.2V。输出电压是可调节的，输出电压可以通过 RFFE 数字控制接口外部编程控制为 0.4～2.2V，并被设定以确保在 RFPA 的所有功率水平都能高效运行；也可以模拟调节控制输出电压为 0.6～2.2V。

LM3279 开关频率典型值为 2.4MHz，2.4MHz 的高开关频率减小了输入电容器、输出电容器和电感器的尺寸；在 $V_{BATT} \geqslant 3.2V$、$V_{OUT} = 3.6V$ 时，最大负载电流为 1A。在 $V_{BATT} = 3.7V$、$V_{OUT} = 3.3V$ 时，负载电流为 300mA 时，效率为 95%；具有电流过载保护、输出过压钳位和热过载关断等功能。

LM3279 采用 2.121mm×2.504mm 16 焊锡凸点 DSBGA 封装，适合 3G/4G 智能电话、RF PC 卡、平板电脑、eBook 阅读器、手持无线电设备、电池供电类 RF 器件使用。

2. LM3279 的基本应用电路形式

LM3279 的基本应用电路形式[274]如图 7.2.9 所示，图 7.2.9（a）是数字控制形式，图 7.2.9（b）是模拟控制形式。有关数字控制和模拟控制的更多内容，请参考 "SNVS970A LM3279 Buck-Boost Converter with MIPI® RFFE Interface for 3G and 4G RF Power Amplifiers" 技术文档。

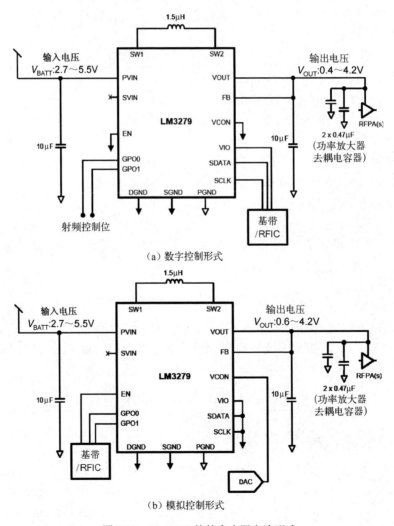

（a）数字控制形式

（b）模拟控制形式

图 7.2.9　LM3279 的基本应用电路形式

LM3279 的输入电压、输出电压和输出电流关系见表 7.2.8。

表 7.2.8　LM3279 的输入电压、输出电压和输出电流关系

V_{OUT}	V_{IN}	最大输出电流 I_{OUT}（mA）
4.2V	≤3.0V	450
	>3.0V	650
3.8V	≥2.5V	500
	≥2.7V	750
	≥3.0V	950
3.4	≥2.5V	750
	≥2.7V	950
	≥3.0V	1100
<1.5V	2.7～5.0V	100mA（在 PFM 模式）

电路中，1.5μH 电感建议使用一个饱和电流额定值超过 1900mA，并且在完全直流偏置条件下，具有低的电感压降的电感器。电感器应具有小于 0.1Ω 的 DC 电阻。小的 ESR 可以实现高效率。LM3279 应用电路推荐的电感器见表 7.2.9。

表 7.2.9　LM3279 应用电路推荐的电感器

型　号	供 应 商	尺寸（mm×mm×mm）	I_{SAT}（mA）	DCR
DFE201610C-1R5M(1285A5-H-1R5M)(1.5μH)	TOKO	2.0×1.6×1.0	2200	120mΩ
TFM201610A-1R5M(1.5μH)	TDK	2.0×1.6×1.0	2000	140mΩ
ELGUEA1R5NA(1.5μH)	Panasonic	2.0×1.6×1.0	1900	100mΩ

输入电容器建议使用 10μF/6.3V/0603（1608）陶瓷电容器。将输入电容器尽可能放置在靠近器件 PVIN 引脚和 PGND 引脚的位置上。可以使用更高的数值的电容器来提升输入滤波性能。电容器使用 X7R、X5R 或 B 类型，不要使用 Y5V 或 F 类型。当选择诸如 0402（1005）的外形尺寸时，必须将陶瓷电容器的直流电路板特点考虑在内。在每个周期的前半部分，输入滤波电容器为 PFET（高侧）开关供电，并减少施加在输入电源上的电压纹波。陶瓷电容器的低等效串联电阻（ESR）提供输入电压尖峰（由快速电流变化导致）的最佳噪声滤波。

建议选择一个 10μF/6.3V/0402 电容器用作输出电容器。建议使用诸如 X5R、X7R 类型的电容器。这些类型的电容器针对手机和类似应用，提供小尺寸、成本、可靠性和性能之间的最优均衡。

表 7.2.10 中列出了推荐的部件号和供应商。在选择电压额定值和电容器外形尺寸时，必须考虑电容器的直流偏置特性。当输出电压快速步升和步降时，较小外壳尺寸的输出电容器可以缓解电容器的压电振动。然而，它们在直流偏置时具有更大比例的下降值。建议为输出使用一个 0603（1608）外形尺寸的电容器。

表 7.2.10　LM3279 应用电路推荐的电容器

型　　　号	供 应 商
10μF@C_{IN}=C_{OUT}	
CL05A106MQ5NUN（0402）	Samsung
1.0μF@功率放大器去耦电容器（×3）	
C0603X5R0G105M［0201（0603）］	TDK
0.47μF@功率放大器去耦电容器（×2）	
GRM033R60J474ME90［0201（0603）］	Murata

对于 RFPA 应用，将 DC-DC 转换器和 RFPA 之间的输出电容器分离开，建议使用一个 10μF（0402）+功率放大器输入电容器 3×1μF（0402/0201）。最佳的电容值分离应视应用而定。需要将所有输出电容器放置在非常靠近它们各自器件的位置上。如果使用一个 2.7μF［0402（1005）外形尺寸］的电容器用作输出电容器时，建议在 VOUT 总线上的总的实际电容值应该至少为 6.8μF（2.7μF+功率放大器去耦合电容值）。

3．LM3279 的 PCB 布局与布线

LM3279 的 PCB 布局与布线的基本要求与原则请参考前面各节所述。有关 LM3279 PCB 叠层布局及注意事项的更多内容，请参考"SNVS970A LM3279 Buck-Boost Converter with MIPI® RFFE Interface for 3G and 4G RF Power Amplifiers"技术文档。

7.2.6　300mA 3.6V RFPA 电源电路

TI 公司早期的产品还可以提供 LM320x 系列的 RFPA 用电源电路，有 LM3200、LM3203、LM3204、LM3205、LM3207 等。

〖举例〗　LM3200 是一个用于射频功率放大器，具有旁通模式的微型、可调节降压 DC-DC 转换器。典型应用电路[275]如图 7.2.10 所示。图 7.2.10 所示电路的工作条件如下：2.7V≤V_{IN}≤2.5V，0.267V≤V_{CON}≤1.2V，0mA≤I_{OUT}≤300mA。在图 7.2.10 中，C_1 尽可能靠近 PV$_{IN}$ 引脚安装，C_4 尽可能靠近 V$_{DD}$ 引脚安装。

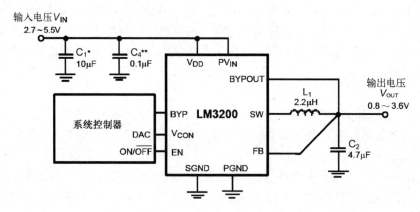

图 7.2.10　LM3200 典型应用电路

电路有三种工作模式。设置 BYP 引脚为低电平（≤0.4V）或者将它设置为浮置状态，

电路工作在 PWM 模式。将 BYP 引脚设置为高电平（≥1.2V），电路被强制工作在旁路模式。设置 EN 引脚为低电平（≤0.4V），电路工作在关机模式。将 EN 引脚设置为高电平（≥1.2V），电路工作在正常模式。

对于 PWM 模式，输出电压由 V_{CON} 引脚的电压设置，有

$$V_{OUT} = 3V_{CON} \qquad\qquad (7.2.4)$$

LM3200 评估板 PCB 布局图[275]如图 7.2.11 所示。

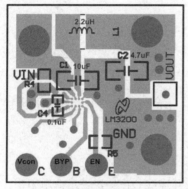

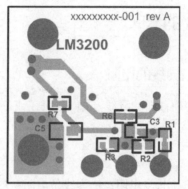

（a）顶层布局图 　　　　　　（b）底层布局图

图 7.2.11　LM3200 评估板 PCB 布局图

第 8 章
射频与微波电路 PCB 设计

8.1 PCB 的 RLC

8.1.1 PCB 导线的电阻

对于均匀横截面的导线，如 IC 引线或 PCB 上的线条，导体电阻与长度成正比，其单位长度的电阻[276-277]为

$$R_L = \frac{R}{l} = \frac{\rho}{A} \qquad (8.1.1)$$

式中，R_L 为单位长度电阻；R 为线条电阻；l 为互连线长度；ρ 表示体电阻率；A 为导线的横截面积。

〖举例〗 一个直径为 1mil、横截面均匀的金键合线，其横截面积 $A = \pi/4 \times 1\text{mil}^2 = 0.8 \times 10^{-6}\,\text{in}^2$，金的体电阻率约等于 $1\mu\Omega\cdot\text{in}$，可以求得其单位长度电阻为 $0.8\sim1.2\Omega/\text{in}$。

〖举例〗 对于 PCB 导线，如图 8.1.1 所示，对于 1oz 铜有：当 $Y = 0.0038\text{cm}$ 时，$\rho = 1.724 \times 10^{-6}$（$\Omega\cdot\text{cm}$），$R = 0.45\,Z/X\,\text{m}\Omega$。1 个正方形电阻（$Z=X$），$R = 0.45\text{m}\Omega/\square$[278]。

如图 8.1.2 所示，一条宽为 1in 长为 7mil 的 1/2oz 铜导线，流过 $10\mu\text{A}$ 的电流产生的压降为 $1.3\mu\text{V}$。

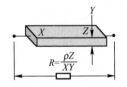

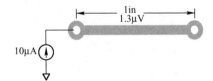

图 8.1.1　PCB 的导线电阻　　　　　图 8.1.2　一条 1in 铜导线产生的电压降

8.1.2 PCB 导线的电感

PCB 导线电感示意图如图 8.1.3 所示，PCB 导线电感[278]为

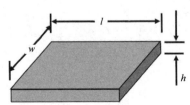

图 8.1.3　PCB 导线电感示意图

$$\text{电感}=0.0002l\left[\ln\left(\frac{2l}{w+h}\right)+0.2235\left(\frac{w+h}{l}\right)+0.5\right]\mu H \tag{8.1.2}$$

〖**举例**〗　一条 l=10cm、w=0.25mm、h=0.038mm 的 PCB 导线有 141nH 的电感。

对于图 8.1.4 所示有接地平面的 PCB 导线，有

$$L=\mu_0 h\frac{l}{w} \tag{8.1.3}$$

式中，$\mu_0=4\pi\times10^{-7}\dfrac{H}{m}=0.32\dfrac{nH}{in}$。

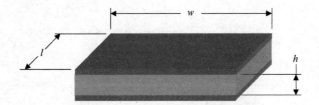

图 8.1.4　有接地平面的 PCB 导线

图 8.1.5 所示的宽度为 w 的有限平面 PCB 导线的电感[279]近似式为

$$L_{\text{平面}}(nH/cm)\approx 5\times h/w \tag{8.1.4}$$

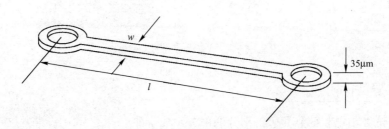

图 8.1.5　宽度为 w 的有限平面 PCB 导线

FR-4 介质材料的厚度会影响电感量的大小，见表 8.1.1。

表 8.1.1　FR-4 不同厚度的电感

FR-4 介质材料厚度（mil）	电感（pH/□）
8	260
4	130
2	65

环路面积对电感有明显的影响，例如图 8.1.6 所示的导线具有相同的尺寸，从左到右不同环路面积形状的电感分别为 730nH、530nH、330nH 和 190nH[278]。

不同 PCB 布线形式的电感值示例如图 8.1.7 所示[276]。

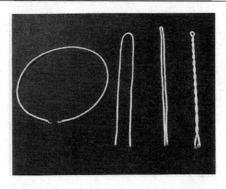

图 8.1.6　具有相同尺寸不同形状的导线

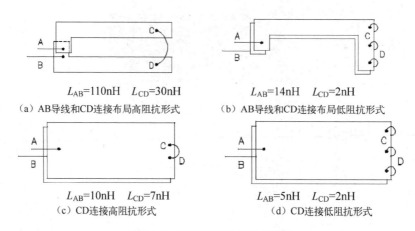

L_{AB}=110nH　　L_{CD}=30nH
（a）AB导线和CD连接布局高阻抗形式

L_{AB}=14nH　　L_{CD}=2nH
（b）AB导线和CD连接布局低阻抗形式

L_{AB}=10nH　　L_{CD}=7nH
（c）CD连接高阻抗形式

L_{AB}=5nH　　L_{CD}=2nH
（d）CD连接低阻抗形式

图 8.1.7　不同布线形式的电感值

8.1.3　PCB 导线的阻抗

导体的阻抗 Z 由电阻部分和感抗部分两部分组成，即

$$Z = R_{AC} + j\omega L \tag{8.1.5}$$

导体的阻抗是频率的函数，随着频率的升高，阻抗增加很快。

〖举例〗　一个直径为 0.065m，长度为 10cm 的导体，当频率为 10Hz 时，其阻抗为 5.29mΩ；当频率为 100MHz 时，其阻抗会达到 71.4Ω。又如一个直径为 0.04m、长度为 10cm 的导体，当频率为 10Hz 时，其阻抗为 13.3mΩ；当频率为 100MHz 时，其阻抗会达到 77Ω。

当频率较高时，导体的阻抗远大于直流电阻。如果将 10Hz 时的阻抗近似认为是直流电阻，则可以看出当频率达到 100MHz 时，10cm 长导体的阻抗是直流电阻的 1000 多倍。对于高速数字电路而言，电路的时钟频率是很高的，脉冲信号包含丰富的高频成分，因此会在地线上产生较大的电压，则地线阻抗对数字电路的影响十分可观。对于射频电路，当射频电流流过地线时，电压降也是很大的。

同一导体在直流、低频和高频情况下所呈现的阻抗是不同的，而导体的电感同样与导体半径、长度及信号频率有关。增大导体的直径对于减小直流电阻是十分有效的，但对于减小交流阻抗的作用很有限。而在 EMC 中，为了减小交流阻抗，一个有效的办法是将多根导线

并联。当两根导线并联时，其总电感 L 为

$$L = \frac{L_1 + M}{2} \tag{8.1.6}$$

式中，L_1 为单根导线的电感；M 为两根导线之间的互感。

从式（8.1.6）中可以看出，当两根导线相距较远时，它们之间的互感很小，总电感相当于单根导线电感的一半。因此，可以通过多条接地线来减小接地阻抗。但是当多根导线之间的距离过近时，要注意导线之间的互感增加的影响。

同时，在设计时应根据不同频率下的导体阻抗来选择导体截面的大小，并尽可能使地线加粗和缩短，以降低地线的公共阻抗。

PCB 导线的阻抗随频率变化的一个示例[279]见表 8.1.2。

表 8.1.2　PCB 导线的阻抗随频率变化的一个示例

	阻　　抗						
	w=1mm				w=3mm		
	l=1cm	l=3cm	l=10cm	l=30cm	l=3cm	l=10cm	l=30cm
直流，50Hz～1kHz	5.7mΩ	17mΩ	57mΩ	170mΩ	5.7mΩ	19mΩ	57mΩ
10kHz	5.75mΩ	17.3mΩ	58mΩ	175mΩ	5.9mΩ	20mΩ	61mΩ
100kHz	7.2mΩ	24mΩ	92mΩ	310mΩ	14mΩ	62mΩ	225mΩ
300kHz	14.3mΩ	54mΩ	225mΩ	800mΩ	40mΩ	175mΩ	660mΩ
1MHz	44mΩ	173mΩ	730mΩ	2.6mΩ	0.13mΩ	0.59mΩ	2.2mΩ
3MHz	0.13Ω	0.52Ω	2.17Ω	7.8Ω	0.39Ω	1.75Ω	6.5Ω
10MHz	0.44Ω	1.7Ω	7.3Ω	26Ω	1.3Ω	5.9Ω	22Ω
30MHz	1.3Ω	5.2Ω	21.7Ω	78Ω	3.9Ω	17.5Ω	65Ω
100MHz	4.4Ω	17Ω	73Ω	260Ω	13Ω	59Ω	220Ω
300MHz	13Ω	52Ω	217Ω		39Ω	175Ω	
1GHz	44Ω	170Ω			130Ω		

8.1.4　PCB 导线的互感

对于图 8.1.8 所示的在 PCB 表面上具有两根信号线、里面具有接地平面的印制电路板，在两根布线之间产生的互感[280]为

$$M = \frac{\mu l_0}{2\pi}\left[\ln\left(\frac{2u}{1+v}\right) - 1 + \frac{1+v}{u} - \frac{1}{4}\left(\frac{1+v}{u}\right)^2 + \frac{1}{12(1+v)^2}\right] \tag{8.1.7}$$

式中，W 为布线宽度（m）；d 为它们之间的间隔（m）；$u=l/w$；$v=2d/w$；l_0 为单位长度。

从式（8.1.7）可见，两导线之间的距离越小，互感 M 越大。

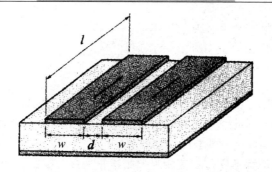

图 8.1.8　两根 PCB 导线的互感

8.1.5　PCB 电源平面/接地平面的电感

PCB 电源平面/接地平面伴随一定的电感。这些平面的几何特性决定其电感的大小。

电流在电源平面和接地平面中从一点流向另一点（因为类似于趋肤效应的特性），电流随之而分布开。这些平面中的电感称为分布电感，以每个方块上的电感值标识。此处的方块不涉及具体尺寸（决定电感量的是平面中一个部分的形状，而非尺寸）。

分布电感的作用与其他电感一样，抵抗电源平面（导体）中的电流量变化。电感会妨碍电容器响应器件瞬时电流的能力，因此应尽量降低。由于设计人员通常很难控制平面的 X-Y 形状，因此唯一可控的因素是分布电感值。这主要取决于将电源平面及其相关的接地平面隔开的电介质的厚度。

对于高频配电系统，电源平面/接地平面协同作业，二者产生的电感相互依存。电源和接地平面的距离决定这一对平面的分布电感。距离越短（电介质越薄），分布电感越低。不同厚度 FR-4 电介质所对应的分布电感的近似值见表 8.1.3。

表 8.1.3　不同厚度的 FR-4 电源平面至接地平面对所对应的电容和分布电感值

电介质厚度		电　感	电　容	
（μm）	（mil）	（pH/□）	（pF/in²）	（pF/cm²）
102	4	130	225	35
51	2	65	450	70
25	1	32	900	140

缩短 VCC 平面和 GND 平面的距离可降低分布电感。如果可能，请在 PCB 叠层中将 VCC 平面直接紧贴 GND 平面。面面相对的 VCC 平面和 GND 平面有时称为平面对。在过去，当时的技术不需要使用 VCC 和 GND 平面对，但如今高速密集型器件所涉及的速度和要求的巨大功耗则需要使用它们。

除提供低电感电流通路外，电源和接地平面对还可提供一定的高频去耦电容。随着平面面积的增大以及电源和接地平面间距的减小，这一电容的值将会增大。每平方英寸的电容见表 8.1.3。

8.1.6　PCB 导线的电容

在 PCB 上，大多数互连线都有横截面固定的信号路径和返回路径，因此信号路径与返回路径间的电容与互连线的长度成正比。用单位长度电容能方便地描述互连线线条间的电容。只要横截面是均匀的，单位长度电容就保持不变。

在均匀横截面的互连线中，信号路径与返回路径间的电容为

$$C = lC_L \tag{8.1.8}$$

式中，C 为互连线的总电容；C_L 为单位长度电容；l 为互连线的长度。

几种常见的横截面形式如图 8.1.9 所示，图中各单位长度电容的计算公式为[276]

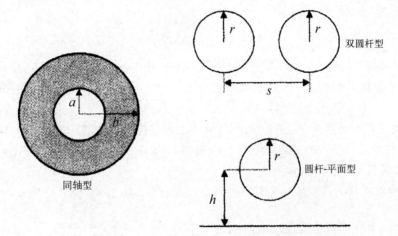

（a）同轴型、双圆杆型和圆杆-平面型的横截面几何结构

（b）微带线的横截面几何结构　　　　　　　（c）带状线的横截面几何结构

图 8.1.9　几种常见的横截面形式

微带线的单位长度电容计算公式为

$$C_L = \frac{0.67(1.41 + \varepsilon_r)}{\ln\left\{\dfrac{5.98h}{0.8w + t}\right\}} \approx \frac{0.67(1.41 + \varepsilon_r)}{\ln\left\{7.5\left(\dfrac{h}{w}\right)\right\}} \tag{8.1.9}$$

〖**举例**〗　如果线宽是介质厚度的两倍，即 $w=2h$（近似于 50Ω 传输线时的几何结构），相对介电常数为 4，则单位长度电容 $C_L=2.9$ pF/in。

带状线的单位长度电容计算公式为

$$C_L = \frac{1.4\varepsilon_r}{\ln\left\{\dfrac{1.9b}{0.8w + t}\right\}} \approx \frac{1.4\varepsilon_r}{\ln\left\{2.4\left(\dfrac{b}{w}\right)\right\}} \tag{8.1.10}$$

式中，C_L 为单位长度电容（pF/in）；ε_r 为绝缘材料的相对介电常数；h 为介质厚度（mil）；w 为线宽（mil）；t 为导体的厚度（mil）；b 为介质总厚度（mil）。

〖**举例**〗　如果介质总厚度 b 为线宽的 2 倍，即 $b=2w$（相当于 50Ω 传输线），这时单位长度电容 $C_L=3.8$ pF/in。

注意： 在 FR-4 板上，50Ω 传输线的单位长度电容大约为 3.5pF/in。

注意： 精确计算任意形状互连线（横截面是均匀）的单位长度电容，二维场求解器是一个最好的数值工具。

8.1.7　PCB 的平行板电容

两个铜板与它们之间的绝缘材料可以形成一个电容。PCB 的平行板电容结构示意图[276]如图 8.1.10 所示。电容值计算如下：

$$C = \varepsilon_0 \varepsilon_r \frac{lw}{h} = \varepsilon_0 \varepsilon_r \frac{A}{h} \tag{8.1.11}$$

式中，C 为电容量（pF）；ε_0 为真空介电常数（0.089pF/cm 或 0.225pF/in）；ε_r 为绝缘材料的相对介电常数（例如，FR-4 玻璃纤维板的 ε_r=4～4.8）；A 为平板的面积；h 为平板间距。

介电常数有时随频率而变化，如当频率从 1kHz 变化到 10MHz 时，FR-4 的 ε_r 就从 4.8 变化到 4.4，然而当频率从 1GHz 变化到 10GHz 时，FR-4 的 ε_r 就非常稳定。FR-4 的 ε_r 的具体值与环氧树脂和玻璃的相对含量有关。

FR-4 的介质材料的厚度影响电容量的大小，见表 8.1.4。

表 8.1.4　FR-4 的介质材料的厚度对电容的影响

FR-4 的介质材料的厚度（mil）	电容（pF/in²）
8	127
4	253
2	206

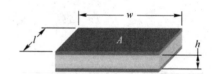

图 8.1.10　PCB 的平行板电容结构示意图

如图 8.1.11 所示，在多层 PCB 上的两条 10mil 的导线，层间距离 h 为 10mil（10mil=0.25mm），FR-4 的 $\varepsilon_r \approx 4.7$，$\varepsilon_0$=8.84 × 10^{-12}，则有

$$
\begin{aligned}
C &= \frac{\varepsilon_r \varepsilon_0 A}{h} = \frac{(41.9 \times 10^{-12})A}{h} \\
&= \frac{(41.9 \times 10^{-12}) \times (0.25 \times 10^{-3})^2}{0.25 \times 10^{-3}} \\
&= 0.01(\text{pF})
\end{aligned}
$$

A=0.25mm×0.25mm

图 8.1.11　PCB 上的电容

8.1.8　PCB 的过孔电容

相对接地平面，每个过孔都有对地寄生电容。过孔的寄生电容的值可以采用下面的公式估算[281]。

$$C = \frac{1.41 \varepsilon_r T D_1}{D_2 - D_1} \tag{8.1.12}$$

式中，D_2 为接地平面上间隙孔的直径（in）；D_1 为环绕通孔的焊盘的直径（in）；T 为印刷电路板的厚度（in）；ε_r 为电路板的相对介电系数；C 为过孔寄生容量（pF）。

在低频的情况下，寄生电容非常小，完全可以忽略。在高速数字电路中，过孔寄生电容的主要影响是使数字信号的上升沿减慢或变差。在高速数字电路和射频与微波电路 PCB 设计时，寄生电容的影响需要引起注意。

8.1.9　PCB 的过孔电感

PCB 的每个过孔都存在过孔电感，这个过孔电感的大小近似为 [281]

$$L = 5.08h\left[\ln\left(\frac{4h}{d}\right) + 1\right] \tag{8.1.13}$$

式中，L 为过孔电感（nH）；h 为过孔长度（in）；d 为过孔直径（in）。

对于射频与微波电路 PCB 设计，过孔电感的影响是不可忽略的。

〖举例〗　一个集成电路的电源去耦电路如图 8.1.12 所示，在电源平面和接地平面之间连接一个去耦电容，预期的希望是在电源平面和接地平面之间的高频阻抗为零。然而，实际情况并非如此。将电容连接到电源平面和接地平面的每个连接过孔电感都引入了一个小的但是可测量到的电感（nH 级）。过孔电感降低了去耦电容的有效性，使整个电源去耦效果变差。

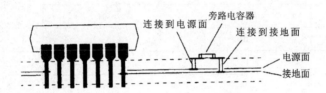

图 8.1.12　去耦电容利用过孔连接的示意图

8.1.10　典型过孔的 R、L、C 参数

典型过孔的 R、L、C 参数见表 8.1.5。

表 8.1.5　典型过孔的 R、L、C 参数

通孔直径	10mil			12mil			15mil			25mil		
焊盘直径	22mil			24mil			27mil			37mil		
阻焊盘直径	30mil			32mil			35mil			45mil		
参数	$R(\text{m}\Omega)$	$L(\text{nH})$	$C(\text{pF})$	$R(\text{m}\Omega)$	$L(\text{nH})$	$C(\text{pF})$	$R(\text{m}\Omega)$	$L(\text{nH})$	$C(\text{pF})$	$R(\text{m}\Omega)$	$L(\text{nH})$	$C(\text{pF})$
长度：60mil 板：5mil	1.55	0.78	0.48	1.25	0.74	0.53	0.97	0.68	0.60	0.57	0.53	0.83
长度：90mil 板：7mil	2.3	1.33	0.66	1.88	1.24	0.69	1.45	1.15	0.78	0.85	0.92	1.08

注：PCB（Planes）是均匀间隔的。

8.1.11　过孔的电流模型

过孔的电流模型如图 8.1.13 所示，电流通过过孔流入电路板。铜箔的厚度不同，允许通过的电流不同，过孔的功耗也不同。表 8.1.6 给出了流入不同铜厚度的过孔时的电流和功耗。

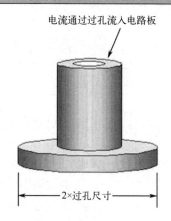

电流通过过孔流入电路板

2×过孔尺寸

图 8.1.13　过孔的电流模型

表 8.1.6　流入不同铜厚度的过孔时的电流和功耗

流入不同铜厚度的过孔时的电流（A）			过孔功耗（mW）
0.5oz 铜	1oz 铜	2oz 铜	
8	10	15	10
13	16	23	25
18	23	33	50
22	28	39	75
25	32	46	100

注：在 PCB 设计加工中，常用 oz（盎司）作为铜箔的厚度单位。1oz 铜厚度定义为 1in^2 面积内铜箔的厚度，对应的物理厚度为 35μm。

8.2　PCB 电源平面/接地平面

8.2.1　PCB 电源平面/接地平面的功能

在高速数字系统和射频与微波电路中，通常采用单独的 PCB 电源平面/接地平面，也称为 0V 参考面（接地层或接地平面）和电源参考面（电源层或电源平面），简称参考面。在一个 PCB 上（内）的一个理想参考面应该是一个完整的实心薄板，而不是一个"铜质充填"或"网络"。参考面可以提供若干个非常有价值的 EMC 和信号完整性（SI）功能。

在高速数字电路和射频与微波电路设计中采用参考面，可以实现[282-289]：

① 提供非常低的阻抗通道和稳定的参考电压。参考面可以为元器件和电路提供非常低的阻抗通道，提供稳定的参考电压。一个 10mm 长的导线或线条在 1GHz 频率时具有的感性阻抗为 63Ω，因此当我们需要从一个参考电压向各种元器件提供高频电流时，需要使用一个平面来分布参考电压。

② 控制走线阻抗。如果希望通过控制走线阻抗来控制反射（使用恰当的走线终端匹配技术），那么几乎总是需要有良好的、实心的、连续的参考面（参考层）。不使用参考层很难

控制走线阻抗。

③ 减小回路面积。回路面积可以看作是由信号（在走线上传播）路径与它的回流信号路径决定的面积。当回流信号直接位于走线下方的参考面上时，回路面积是最小的。由于 EMI 直接与回路面积相关，所以当走线下方存在良好的、实心的、连续的参考层时，EMI 也是最小的。

④ 控制串扰。在走线之间进行隔离和走线靠近相应的参考面是控制串扰最实际的两种方法。串扰与走线到参考面之间距离的平方成反比。

⑤ 屏蔽效应。参考面可以相当于一个镜像面，为那些不那么靠近边界或孔隙的元器件和线条提供了一定程度的屏蔽效应。即便在镜像面与所关心的电路不相连接的情况下，它们仍然能提供屏蔽作用。例如，一个线条与一个大平面上部的中心距为 1mm，由于镜像面效应，在频率为 100kHz 以上时，它可以达到至少 30dB 的屏蔽效果。元器件或线条距离平面越近，屏蔽效果就会越好。

当采用成对的 0V 参考面（接地平面）和电源参考面时，可以实现：

① 去耦。两个距离很近的参考面所形成的电容对高速数字电路和射频电路的去耦合是很有用的。参考面能提供的低阻抗返回通路，将减少退耦电容以及与其相关的焊接电感、引线电感产生的问题。

② 抑制 EMI。成对的参考面形成平面电容可以有效地控制差模噪声信号和共模噪声信号导致的 EMI 辐射。

8.2.2 PCB 电源平面/接地平面设计的一般原则

PCB 的电源平面/接地平面设计的一般原则[282-289]如下。

1. 分层

在多层 PCB 中，通常包含信号层（S）、电源（P）平面和接地（GND）平面。电源平面和接地平面通常是没有分割的实体平面，它们将为相邻信号走线的电流提供一个好的低阻抗的电流返回路径。信号层大部分位于这些电源或接地参考平面层之间，构成对称带状线或是非对称带状线。多层 PCB 的顶层和底层通常用来放置元器件和少量走线，这些信号走线要求不能太长，以减少走线产生的直接辐射。

2. 确定单电源参考平面

使用去耦电容是解决电源完整性的一个重要措施，而去耦电容只能放置在 PCB 的顶层和底层。去耦电容的走线、焊盘，以及过孔将严重影响去耦电容的效果，这就要求设计时必须考虑连接去耦电容的走线尽量短而宽，过孔尽量短。

〖举例〗 在一个高速数字电路中，可以将去耦电容放置在 PCB 的顶层，将第 2 层分配给高速数字电路（如处理器）作为电源层，将第 3 层作为信号层，将第 4 层设置成高速数字电路地。

此外，要尽量保证由同一个高速数字器件所驱动的信号走线以同样的电源层作为参考平面，而且此电源层为高速数字器件的供电电源层。

3. 确定多电源参考平面

在多电源参考平面，其平面将被分割成几个电压不同的实体区域。如果紧靠多电源层的是信号层，那么其附近的信号层上的信号电流将会遭遇不理想的返回路径，使返回路径上出现缝隙。对于高速数字信号，这种不合理的返回路径设计可能会带来严重的问题，所以要求高速数字信号布线应该远离多电源参考平面。

4. 确定多个接地参考平面

多个接地参考平面（接地层）可以提供一个好的低阻抗的电流返回路径，减小共模EMI。接地平面和电源平面应该紧密耦合，信号层也应该和邻近的参考平面紧密耦合。减小层与层之间的介质厚度可以达到这个目的。

5. 合理设计布线组合

一个信号路径所跨越的两个层称为一个"布线组合"。最好的布线组合设计是避免返回电流从一个参考平面流到另一个参考平面，而是从一个参考平面的一个点（面）流到另一个点（面）。而为了完成复杂的布线，走线的层间转换是不可避免的。在信号层间转换时，要保证返回电流可以顺利地从一个参考平面流到另一个参考平面。

在一个设计中，把邻近层作为一个布线组合是合理的。如果一个信号路径需要跨越多个层，作为一个布线组合通常是不合理的设计，因为一个经过多层的路径对于返回电流并不通畅。虽然可以通过在过孔附近放置去耦电容或者减小参考平面间的介质厚度等来减小地弹，但也非一个好的设计。

6. 设定布线方向

在同一信号层上，应保证大多数布线的方向是一致的，同时应与相邻信号层的布线方向正交。

〖举例〗 可以将一个信号层的布线方向设为 y 轴走向，而将另一个相邻的信号层布线方向设为 x 轴走向。

7. 采用偶数层结构

① 从所设计的 PCB 叠层可以发现，在介绍的经典叠层中，几乎全部是偶数层的，而不是奇数层，这种现象是由多种因素造成的。

- 从 PCB 的制造工艺可以了解到，PCB 中的所有导电层都覆在芯层上。芯层的材料一般是双面覆铜板。当全面利用芯层时，PCB 的导电层数就为偶数。
- 偶数层 PCB 具有成本优势。少一层介质和覆铜，奇数层 PCB 原材料的成本略低于偶数层的 PCB。因为奇数层 PCB 需要在芯层结构工艺的基础上增加非标准的层叠芯层黏合工艺，造成奇数层 PCB 的加工成本明显高于偶数层 PCB。与普通芯层结构相比，在芯层结构外添加覆铜将会导致生产效率下降，生产周期延长。在层压黏合以前，外面的芯层还需要附加的工艺处理，这增加了外层被划伤和错误刻蚀的风险。增加的外层处理将会大幅度提高制造成本。

- 当 PCB 在多层电路黏合工艺后，内层和外层在冷却时，不同的层压张力会引起 PCB 产生不同程度上的弯曲。而且随着 PCB 厚度的增加，具有两个不同结构的复合 PCB 弯曲的风险就越大。奇数层 PCB 容易弯曲，偶数层 PCB 可以避免电路板弯曲。

② 在设计时，如果出现了奇数层的叠层，可以采用下面的方法来增加层数。

- 如果设计 PCB 的电源层为偶数而信号层为奇数，则可增加信号层。增加的信号层不会导致成本的增加，但可以缩短加工时间，改善 PCB 质量。
- 如果设计 PCB 的电源层为奇数而信号层为偶数，则可采用增加电源层这种方法。而另一个简单的方法是在不改变其他设置的情况下在层叠中间加一个接地层。先按奇数层印制电路板布线，再在中间复制一个接地层。
- 在微波电路和混合介质（介质有不同介电常数）电路中，可以在接近 PCB 层叠中央增加一个空白信号层，这样可以最小化层叠的不平衡性。

8. 考虑成本

在制造成本上，相同的 PCB 面积，多层 PCB 的成本肯定比单层和双层 PCB 高，而且层数越多，成本越高。但考虑实现电路功能和 PCB 小型化，保证信号完整性、EMI、EMC 等性能指标等因素时，应尽量使用多层 PCB。综合评价，多层 PCB 与单双层 PCB 两者的成本差异并不会比预期的高很多。

8.2.3 PCB 电源平面/接地平面的叠层和层序

电源（VCC）和地（GND）平面在 PCB 叠层中的位置（层序）对电源电流通路的寄生电感产生重大影响。

在设计之初，就应当考虑层序问题。在高速数字电路和射频与微波电路设计中，高优先级电源应置于距 MCU 较近的位置（PCB 叠层的上半部分），低优先级电源应置于距 MCU 较远的位置（PCB 叠层的下半部分）。

对于瞬时电流较高的电源，相关电源（VCC）平面应靠近 PCB 叠层的上表面（FPGA 侧）。这会降低电流在到达相关电源（VCC）和 GND 平面前所流经的垂直距离（VCC 和 GND 过孔长度）。为了降低分布电感，应在 PCB 叠层中各 VCC 平面的附近放置一个 GND 平面。趋肤效应导致高频电流紧密耦合，与特定 VCC 平面临近的 GND 平面将承载绝大部分电流，用来补充 VCC 平面中的电流。因此，较为接近的 VCC 和 GND 平面被视作平面对。

并非所有 VCC 和 GND 平面对都位于 PCB 叠层的上半部分，因为制造过程中的约束条件通常要求 PCB 叠层围绕中心（相对于电介质厚度和蚀铜区域而言）对称分布。PCB 设计人员选择 VCC 和 GND 平面对的优先级，高优先级平面对承载较高的瞬时电流并置于叠层的较高位置，而低优先级平面对承载较低的瞬时电流，置于叠层的较低位置。

在高速数字电路和射频与微波电路设计中的 PCB 通常采用多层板结构[282-289]。典型的是采用四层板。四层板通常包含有 2 个信号层、1 个电源平面（电源层）和 1 个接地平面（接地层），经典的结构形式如图 8.2.1 所示，可以采用均等间隔距离结构和不均等间隔结构形式。均等间隔距离结构的信号线条有较高阻抗，可以达到 105~130Ω。不均等间隔结构的布线层的阻抗可以具体设计为期望的数值。紧贴的电源层和接地层具有退耦作用，如果电源层和接地层之间的间距增大，电源层和接地层的层间退耦作用会基本上不存在，电路设计时需在信号层（顶层）安装退耦电容。在四层板中，使用了电源层和接地层参考平面，使信号层到参考平面的物理尺寸要比双层板的小很多，可以减小 RF 辐射能量。

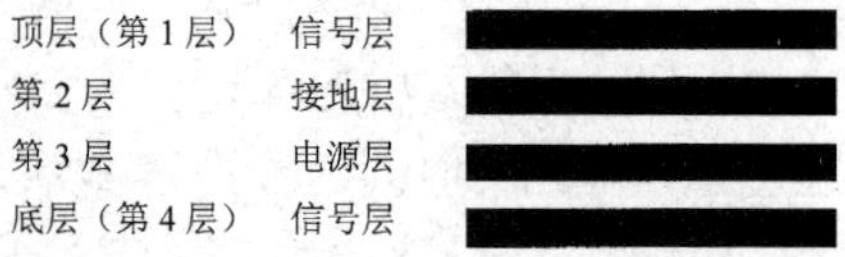

顶层（第 1 层）	信号层
第 2 层	接地层
第 3 层	电源层
底层（第 4 层）	信号层

图 8.2.1　四层板经典叠层结构形式

在四层板中，源线条与回流路径间的距离还是太大，仍然无法对电路和线条所产生的 RF 电流进行通量对消设计。可以在信号层布放一条紧邻电源层的地线，提供一个 RF 回流电流的回流路径，增强 RF 电流的通量对消能力。

如果四层板 PCB 不能够满足设计要求，可以采用更多层的 PCB。多层板的叠层设计可以有多种结构形式。例如，表 8.2.1 给出三种不同结构的六层板叠层设计形式，表 8.2.2 给出两种不同结构的八层板叠层设计形式。表 8.2.3 给出两种不同结构的十层板叠层设计形式。

表 8.2.1　三种不同结构的六层板叠层设计形式

层数	结构形式 1	结构形式 2	结构形式 3
第 1 层（顶层）	信号层（元器件，微带线）	信号层（元器件，微带线）	信号层（元器件，微带线）
第 2 层	信号层（埋入式微带线层）	接地平面	电源平面
第 3 层	接地平面	信号层（带状线层）	接地平面
第 4 层	电源平面	信号层（带状线层）	信号层（带状线平面）
第 5 层	信号层（埋入式微带线层）	电源平面	接地平面
第 6 层（底层）	信号层（元器件，微带线）	信号层（元器件，微带线）	信号层（元器件，微带线）

表 8.2.2　两种不同结构的八层板叠层设计形式

层数	结构形式 1	结构形式 2
第 1 层（顶层）	信号层（元器件，微带线）	信号层（元器件，微带线）
第 2 层	信号层（埋入式微带线层）	接地平面
第 3 层	接地平面	信号层（带状线层）
第 4 层	信号层（带状线层）	接地平面
第 5 层	信号层（带状线层）	电源平面
第 6 层	电源平面	信号层（带状线层）
第 7 层	信号层（埋入式微带线层）	接地平面
第 8 层（底层）	信号层（元器件，微带线）	信号层（元器件，微带线）

表 8.2.3　两种不同结构的十层板叠层设计形式

层数	结构形式 1	结构形式 2
第 1 层（顶层）	信号层（元器件，微带线）	信号层（元器件，微带线）
第 2 层	接地平面	信号层（埋入式微带线层）
第 3 层	信号层（带状线层）	+3.3V 电源平面

续表

层数	结构形式 1	结构形式 2
第 4 层	信号层（带状线层）	接地平面
第 5 层	接地平面	信号层（带状线层）
第 6 层	电源平面	信号层（带状线层）
第 7 层	信号层（带状线层）	接地平面
第 8 层	信号层（带状线层）	+5.0V 电源平面
第 9 层	接地平面	信号层（埋入式微带线层）
第 10 层（底层）	信号层（元器件，微带线）	信号层（元器件，微带线）

　　设计射频电路时，电源电路的设计和 PCB 布局常常被留到高频信号通路的设计完成之后。对于没有经过深思熟虑的设计，电路周围的电源电压很容易产生错误的输出和噪声，从而对射频电路的系统性能产生负面影响。合理分配 PCB 的板层、采用星型拓扑的VCC 引线，并在 VCC 引脚加上适当的去耦电容，将有助于改善系统的性能，获得最佳指标。

　　合理的 PCB 层分配便于简化后续的布线处理，对于一个四层 PCB（如 MAX2826 IEEE 802.11a/g 收发器的 PCB），在大多数应用中用电路板的顶层放置元器件和射频引线，第二层作为系统地，电源部分放置在第三层，任何信号线都可以分布在第四层。第二层采用不受干扰的接地平面布局对于建立阻抗受控的射频信号通路非常必要，还便于获得尽可能短的地环路，为第一层和第三层提供高度的电气隔离，使得两层之间的耦合最小。当然，也可以采用其他板层定义的方式（特别是在 PCB 具有不同的层数时），但上述结构是经过验证的一个成功范例。

　　大面积的电源层能够使 VCC 布线变得轻松，但是，这种结构常常是导致系统性能恶化的导火索。在一个较大平面上把所有电源引线接在一起将无法避免引脚之间的噪声传输，反之，如果使用星型拓扑则会减轻不同电源引脚之间的耦合。

　　〖举例〗 图 8.2.2 给出了星型连接的 VCC 布线方案[290]，取自 MAX2826 IEEE 802.11a/g收发器的评估板。图中建立了一个主 VCC 节点，从该点引出不同分支的电源线，为射频 IC的电源引脚供电。每个电源引脚使用独立的引线，为引脚之间提供了空间上的隔离，有利于减小它们之间的耦合。另外，每条引线还具有一定的寄生电感，这恰好是我们所希望的，它有助于滤除电源线上的高频噪声。

　　使用星型拓扑 VCC 引线时，还有必要采取适当的电源去耦，而去耦电容存在一定的寄生电感。事实上，电容等效为一个串联的 RLC 电路，电容器只是在频率接近或低于其 SRF时才具有去耦作用，在这些频点电容表现为低阻。

　　在 VCC 星型拓扑的主节点处最好放置一个大容量的电容器，如 2.2μF。该电容具有较低的 SRF，对于消除低频噪声、建立稳定的直流电压很有效。IC 的每个电源引脚需要一个低容量的电容器（如 10nF），用来滤除可能耦合到 VCC 线上的高频噪声。对于那些为噪声敏感电路（例如，VCC 的电源）供电的电源引脚，可能需要外接两个旁路电容。例如：用一个 10pF 电容与一个 10nF 电容并联提供旁路，可以提供更宽频率范围的去耦，尽量消除噪声对电源电压的影响。每个电源引脚都需要认真检验，以确定需要多大的去耦电容，实际电路在哪些频点容易受到噪声的干扰。

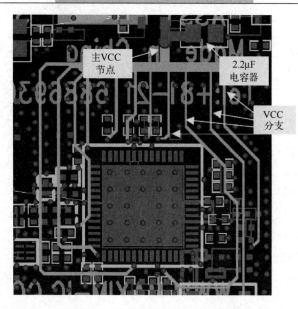

图 8.2.2   星型连接的 VCC 布线方案

良好的电源去耦技术与严谨的 PCB 布局、VCC 引线（星型拓扑）相结合，能够为任何射频系统设计奠定稳固的基础。尽管实际设计中还会存在降低系统性能指标的其他因素，但是，拥有一个"无噪声"的电源是优化系统性能的基本要素。

接地层的布局和引线同样是 WLAN 电路板设计的关键（如 MAX2826 IEEE 802.11a/g 收发器的电路板），它们会直接影响到电路板的寄生参数，存在降低系统性能的隐患。射频电路设计中没有唯一的接地方案，设计中可以通过几个途径达到满意的性能指标。可以将接地平面或引线分为模拟信号地和数字信号地，还可以隔离大电流或功耗较大的电路。根据以往 WLAN 评估板的设计经验，在四层板中使用单独的接地层可以获得较好的结果。凭借这些经验，用接地层将射频部分与其他电路隔离开，可以避免信号间的交叉干扰。如上所述，电路板的第二层通常作为接地平面，第一层用于放置元器件和射频引线。

接地层确定后，将所有的信号地以最短的路径连接到地层，通常用过孔将顶层的地线连接到接地层。需要注意的是，过孔呈现为感性。过孔精确的电气特性模型包括过孔电感和过孔 PCB 焊盘的寄生电容。如果采用这里所讨论的地线布局技术，可以忽略寄生电容。一个 1.6mm 深、孔径为 0.2mm 的过孔具有大约 0.75nH 的电感，在 2.5GHz/5.0GHz WLAN 波段的等效电抗大约为 12Ω/24Ω。因此，一个接地过孔并不能够为射频信号提供真正的接地，对于高品质的电路板设计，应该在射频电路部分提供尽可能多的接地过孔，特别是对于通用的 IC 封装中的裸露接地焊盘。不良的接地还会在接收前端或功率放大器部分产生辐射，降低增益和噪声系数指标。还需注意的是，接地焊盘的不良焊接会引发同样的问题。除此之外，功率放大器的功耗也需要多个连接接地层的过孔。

滤除其他电路的噪声、抑制本地产生的噪声，从而消除级与级之间通过电源线的交叉干扰，这是 VCC 去耦带来的好处。如果去耦电容使用了同一接地过孔，由于过孔与地之间的电感效应，这些连接点的过孔将会承载来自两个电源的全部射频干扰，不仅丧失了去耦电容的功能，而且还为系统中的级间噪声耦合提供了另外一条通路。

PLL 的实现在系统设计中总是面临巨大挑战，要想获得满意的杂散特性必须有良好的地线布局。目前，IC 设计中将所有的 PLL 和 VCO 都集成到了芯片内部，大多数 PLL 都利用数字电流电荷泵输出通过一个环路滤波器控制 VCO。通常，需要用二阶或三阶的 RC 环路滤波器滤除电荷泵的数字脉冲电流，得到模拟控制电压。靠近电荷泵输出的两个电容必须直接与电荷泵电路的地连接。这样，可以隔离地回路的脉冲电流通路，尽量减小 LO 中相应的杂散频率。第三个电容（对于三阶滤波器）应该直接与 VCO 的接地层连接，以避免控制电压随数字电流浮动。如果违背这些原则，将会导致相当大的杂散成分。

〖**举例**〗　图 8.2.3 所示为 PCB 布线的一个范例[290]，在接地焊盘上有许多接地过孔，允许每个 VCC 去耦电容有其独立的接地过孔。方框内的电路是 PLL 环路滤波器，第一个电容直接与 GND_CP 相连，第二个电容（与一个 R 串联）旋转 180°，返回到相同的 GND_CP，第三个电容则与 GND_VCO 相连。这种接地方案可以获得较高的系统性能。

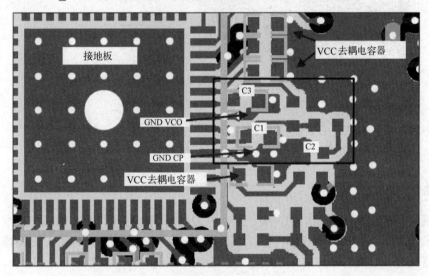

图 8.2.3　MAX2827 参考设计板上 PLL 滤波器元件布置和接地示例

一些公司为 PCB 的叠层设计提供 EDA 软件，辅助设计人员进行 PCB 叠层设计。有代表性的是 Polar Instruments Ltd.的 SB200a 叠层设计系统，如图 8.2.4 所示。

8.2.4　PCB 电源平面/接地平面的负作用

电源平面/接地平面结构是 PDN 功率传输性能最优良的部分，其有效频率非常高。电源平面/接地平面的主要缺点和负作用就是它表现为电磁谐振腔，谐振频率由平面大小和介质介电常数决定[277,287]：

$$f_{\mathrm{res}}(m,n) = \frac{1}{2\pi\sqrt{\mu_0\varepsilon_0\varepsilon_{\mathrm{r}}}}\sqrt{\left(\frac{m\pi}{a}\right)^2 + \left(\frac{n\pi}{b}\right)^2} \tag{8.2.1}$$

式中，μ_0 为真空磁导率；ε_0 为真空介电常数；ε_{r} 为相对介电常数；a 和 b 分别为平面的长和宽。

当电源平面/接地平面对的谐振模式被激励时，电源平面/接地平面对就会成为 PCB 重要的噪声源，同时也是一个边缘场辐射源。谐振腔的驻波会对附近的电路和互连造成严重耦合。

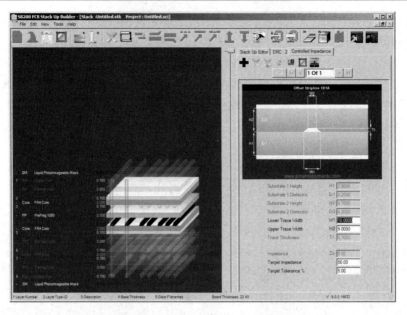

图 8.2.4   SB200a 叠层设计系统

8.3   PCB 传输线

8.3.1   微带线

微带线是于 1952 年被提出的，现在是人们最熟悉和在射频与微波电路中应用最普遍的传输线。微带线具有价廉、体积小，存在临界匹配和临界截止频率，容易与有源器件集成，生产中重复性好，以及与单片射频集成电路兼容性好等优点。

目前已经有各种不同的方法对微带线进行了研究，并已得出大量不同表示形式的公式及图表可利用，从而得出微带线的特性参数。

微带线的损耗比金属波导大，其损耗主要有三部分：导体损耗、介质损耗和辐射损耗。导体损耗是因电流流过导带和接地板而引起的欧姆损耗。在微波频率，除了硅以外的多数衬底材料，导体损耗甚大于介质损耗，所以导体损耗是主要的。辐射损耗是由微带线上的不连续性引起的，这些不连续性激励起高阶模并辐射能量。表面波传播也能引起辐射损耗。

微带线的工作频率受激励起高次模、较大的损耗、制造的公差、加工的脆弱性和显著的不连续性效应、由于从不连续处的辐射而引起的低 Q、工艺处理等因素的限制而不能太高。

对于射频电路来讲，要在 PCB 上实现线条阻抗控制，微带线是一种有效的拓扑结构。典型的微带线示意图如图 8.3.1 所示，对于平面结构，微带线是暴露于空气和介质间的。微带线线条阻抗的计算公式[284,291-292]为

$$Z_0 = \left(\frac{87}{\sqrt{\varepsilon_\mathrm{r} + 1.41}} \right) \ln \left(\frac{5.98H}{0.8W + T} \right) \ (\Omega), \ \text{对于 } 15 < W < 25\mathrm{mil} \text{ 有效} \tag{8.3.1}$$

$$Z_0 = \left(\frac{79}{\sqrt{\varepsilon_r + 1.41}} \right) \ln \left(\frac{5.98H}{0.8W + T} \right) \ (\Omega), \quad 对于 5 < W < 15\text{mil} \ 有效$$

$$C_0 = \frac{0.67(\varepsilon_r + 1.41)}{\ln \left(\dfrac{5.98H}{0.8W + T} \right)} \ (\text{pF/in}) \tag{8.3.2}$$

式中，Z_0 为特性阻抗（Ω）；W 为线条宽度；T 为印制线厚度；H 是信号线与参考平面的间距；C_0 为线条自身的电容（pF/单位长度）；ε_r 为平板材料的相对介电常数。

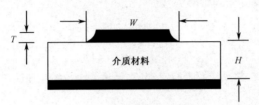

图 8.3.1　微带线示意图

当 W 与 H 的比值小于或等于 0.6 时，式（8.3.1）的典型精度为 ±5%；当 W 与 H 的比值在 0.6～2.0 之间时，精度下降到 ±20%。制造公差值通常取在 10% 以内。在信号频率为 1GHz 以下的设计中，可以忽略印制线厚度的影响。

信号沿微带线传输的延时[284]为

$$t_{\text{pd}} = 1.017\sqrt{0.475\varepsilon_r + 0.67} \ (\text{ns/ft}) \quad 或 \quad t_{\text{pd}} = 85\sqrt{0.475\varepsilon_r + 0.67} \ (\text{ps/in}) \tag{8.3.3}$$

式（8.3.3）表明，在这个传输线中，信号的传播速度仅仅与介质材料的介电常数相关。

8.3.2　埋入式微带线

埋入式微带线示意图如图 8.3.2 所示。与图 8.3.1 所示的微带线不同，埋入式微带线在铜线上方的平面也有介质材料，这个介质材料可以是芯线、阻焊层、防形变涂料、陶瓷或所需的为达到其他功能或机械性能而使用的材料。

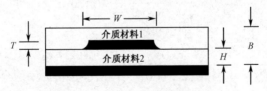

图 8.3.2　埋入式微带线示意图

注意：介质材料的厚度或许是不对称的。

埋入式微带线的特性阻抗计算公式[284,291-292]为

$$Z_0 = \left(\frac{87}{\sqrt{\varepsilon' + 1.41}} \right) \ln \left(\frac{5.98H}{0.8W + T} \right) \ (\Omega) \tag{8.3.4}$$

$$C_0 = \frac{1.41\,\varepsilon_r'}{\ln \left(\dfrac{5.98H}{0.8W + T} \right)} \ (\text{pF/in}) \tag{8.3.5}$$

式中，Z_0 为特性阻抗（Ω）；W 为线条宽度；T 为印制线厚度；H 为信号线与参考平面的间距；C_0 为线条自身的电容（pF/单位长度）；B 为两层介质的整体厚度；ε_r 为平板材料的相对介电常数；$0.1 < W/H < 3.0$；$0.1 < \varepsilon_r < 15$；ε_r' 为修正介电常数。

注意：埋入式微带线的阻抗计算公式与微带线的阻抗计算公式除了修正介电常数 ε_r' 不同外，其余的都相同。如果导体上的介质厚度大于 1mil，则 ε_r' 需要通过实验测量或场计算的方法来确定。

信号沿埋入式微带线传输的延时[284]为

$$t_{pd} = 1.017\sqrt{\varepsilon_r'} \text{ (ns/ft)} \quad \text{或} \quad t_{pd} = 85\sqrt{\varepsilon_r'} \text{ (ps/in)} \tag{8.3.6}$$

式中，$\varepsilon_r' = \varepsilon_r\{1 - e^{\left(\frac{-1.55B}{H}\right)}\}$；$0.1 < W/H < 3.0$；$1 < \varepsilon_r < 15$。

对于 ε_r=4.1 的 FR-4 芯材，埋入式微带线典型的传输延时为 0.35ns/cm 或 1.16ns/ft（0.137ns/in）。

8.3.3 单带状线

带状线是电路板内部的印制导线，位于两个平面导体之间。带状线完全为介质材料包围，并不暴露于外部环境中。

图 8.3.3 单带状线示意图

在带状线结构中，任何布线产生的辐射都会被两个参考平面约束住。带状线结构能够约束磁场并减小层间的串扰。参考平面会显著地减少 RF 能量向外部环境的辐射。单带状线示意图如图 8.3.3 所示。

单带状线的特性阻抗计算公式[284,291-292]为

$$Z_0 = \left(\frac{60}{\sqrt{\varepsilon_r}}\right)\ln\left(\frac{1.9B}{(0.8W+T)}\right) = \left(\frac{60}{\sqrt{\varepsilon_r}}\right)\ln\left(\frac{1.9(2H+T)}{(0.8W+T)}\right) \text{ (Ω)} \tag{8.3.7}$$

$$C_0 = \frac{1.41(\varepsilon_r)}{\ln\left(\frac{3.81H}{0.8W+T}\right)} \text{ (pF/in)} \tag{8.3.8}$$

式中，Z_0 为特性阻抗（Ω）；W 为线条宽度；T 为印制线厚度；H 为信号线与参考平面的间距；C_0 为线条自身的电容（pF/单位长度）；B 为两层参考平面间的介质厚度；ε_r 为平板材料的相对介电常数；$W/(H-T)<0.35$；$T/H<0.25$。

信号在带状线上的传输延时[284]为

$$t_{pd} = 1.017\sqrt{\varepsilon_r} \text{ (ns/ft)} \quad \text{或} \quad t_{pd} = 85\sqrt{\varepsilon_r} \text{ (ps/in)} \tag{8.3.9}$$

8.3.4 双带状线或非对称带状线

双带状线或非对称带状线示意图如图 8.3.4 所示，这种结构增强了布线层和参考平面之间的耦合。

双带状线的特性阻抗计算公式[284,291-292]为

$$Z_0 = \left(\frac{80}{\sqrt{\varepsilon_r}}\right) \ln\left[\frac{1.9(2H+T)}{(0.8W+T)}\right]\left[1 - \frac{H}{4(H+D+T)}\right] \quad (\Omega) \tag{8.3.10}$$

$$C_0 = \frac{2.82\varepsilon_r}{\ln\left[\dfrac{2(H-T)}{0.268W+0.335T}\right]} \tag{8.3.11}$$

式中，Z_0 为特性阻抗（Ω）；W 为线条宽度；T 为印制线厚度；H 为信号线与参考平面的间距；C_0 为线条自身的电容（pF/单位长度）；D 为信号层间的介质厚度；ε_r 为平板材料的相对介电常数。图 8.3.4 中的 B 是参考平面的间距；$W/(H–T)<(H–T)<0.35$；$T/H<0.25$。

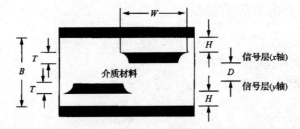

图 8.3.4　双带状线或非对称带状线示意图

双带状线结构的传输延时与单带状线相同。

注意： 当使用双带状线拓扑时，两层的布线必须相互正交，即一层布线为 x 轴方向，则另外一层布线就为 y 轴方向。

8.3.5　差分微带线和差分带状线

差分微带线和差分带状线示意图如图 8.3.5 所示。差分微带线没有顶部的参考平面，差分带状线有两个参考平面，而且两条差分带状线与两个参考平面具有相同的距离。差分布线从理论上讲不受共模噪声的干扰。

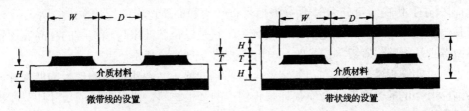

图 8.3.5　差分微带线和差分带状线示意图

当两对传输线互相靠近时，彼此会产生电磁耦合，这种传输线也称为耦合传输线。耦合带状线和耦合微带线常用来构造定向耦合器、滤波器、移相器、匹配网络等微波元件。

分析耦合线时，由于边界条件较复杂，用场解法分析将十分困难，目前广泛采用奇偶模方法，即将耦合线中传输的导行波看成是由奇模和偶模导行波叠加而成的。由于耦合系统本身是一个线性系统，因此可以分别求出两种模的特性参量，再将它们叠加起来得到耦合线的特性参量。

差模阻抗 Z_{diff} 的计算公式[284,291-292]（对于工作频率在 1GHz 以下的信号）为

$$Z_{\mathrm{diff}} \approx 2Z_0(1 - 0.48\mathrm{e}^{-0.96\frac{D}{H}}) \quad (\Omega) \quad （微带线）$$

$$Z_{\text{diff}} \approx 2Z_0(1 - 0.347\text{e}^{-2.9\frac{D}{B}}) \quad (\Omega) \quad （带状线） \tag{8.3.12}$$

$$Z_0 = \left(\frac{87}{\sqrt{\varepsilon_{\text{r}} + 1.41}}\right) \ln\left(\frac{5.98H}{0.8W + H}\right) \quad (\Omega) \quad （微带线）$$

$$Z_0 = \left(\frac{60}{\sqrt{\varepsilon_{\text{r}}}}\right) \ln\left(\frac{1.9B}{(0.8W + T)}\right) = \left(\frac{60}{\sqrt{\varepsilon_{\text{r}}}}\right) \ln\left(\frac{1.9(2H + T)}{(0.8W + T)}\right) \quad (\Omega) \quad （带状线） \tag{8.3.13}$$

式中，Z_0 为特性阻抗（Ω）；W 为线条宽度；T 为印制线厚度；H 为信号线与参考平面的间距；B 为参考平面的间距；ε_{r} 为平板材料的相对介电常数。

8.3.6　传输延时与介电常数的关系

电磁波的传播速度取决于周围介质的电特性。在空气或真空中，电磁波的传播速度为光速。在介质材料中，其传播速度会降低。

传播速度和有效相对介电常数 ε_{r}' 的关系[285]为

$$v_{\text{p}} = \frac{C}{\sqrt{\varepsilon_{\text{r}}'}} \quad （传播速度）$$

$$\varepsilon_{\text{r}}' = \left(\frac{C}{v_{\text{p}}}\right)^2 \quad （有效相对介电常数） \tag{8.3.14}$$

式中，v_{p} 为传播速度；$C = 3 \times 10^6 \text{m/s}$，或近似为 30cm/ns（12in/ns）；$\varepsilon_{\text{r}}'$ 为有效相对介电常数。

有效相对介电常数 ε_{r}' 是电信号沿导电路径发送时所测定的相对介电常数。有效相对介电常数可以用时域反射计（TDR）或通过测试传输延时和路径长度并通过计算来确定。

对于 $\varepsilon_{\text{r}} = 4.3$ 的 FR-4，不同布线拓扑结构的源和负载间的信号传输延时不同，例如，微带线为 1.68ns/ft（140ps/in），埋入式微带线为 2.11ns/ft（176ps/in）。

8.3.7　PCB 传输线设计与制作中应注意的一些问题

目前，PCB 传输线可分为射频/微波信号传输类和高速逻辑信号传输类的两大类。射频/微波信号传输类微带线与无线电的电磁波有关，它是以正弦波来传输信号的；高速逻辑信号传输类微带线是用来传输数字信号的，与电磁波的方波传输有关。

微带线对印制板基板材料在电气特性上有明确的要求。要实现传输信号的低损耗、低延迟，必须选用介电常数合适和介质损耗角正切小的基板材料，进行严格的尺寸计算和加工。微带线的结构简单，但计算复杂，各种设计计算公式都有一定的近似条件，很难得到一个理想的计算结果。工程上通常通过实验修正，以达到满意的工程效果。

下面以微带线为例，介绍 PCB 传输线设计与制作中应注意的一些问题[19-22]。

1. 基本设计参数

微带线横截面的结构如图 8.3.6 所示。相关设计参数如下：

① 基板参数：基板相对介电常数 ε_{r}、基板介质损耗角正切 $\tan\delta$、基板高度 h 和导线厚度 t。导带和底板（接地板）金属通常为铜、金、银、锡或铝。

② 电特性参数：特性阻抗 Z_0、工作频率 f_0、工作波长 λ_0、波导波长 λ_{g} 和电长度（角度）θ。

③ 微带线参数：宽度 W、长度 L 和单位长度衰减量 A_{dB}。

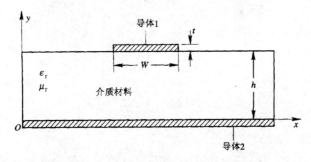

图 8.3.6　微带线的横截面结构示意图

　　构成微带线的基板材料、微带线的尺寸与微带线的电性能参数之间存在严格的对应关系。微带线的设计就是确定满足一定电性能参数的微带物理结构。

2.　微带线的常用设计方法

　　由上可见，微带线的计算公式极为复杂。在电路设计过程中使用这些公式是麻烦的。研究表明，微带线设计问题的实质就是求给定介质基板情况下阻抗与导带宽度的对应关系。目前使用的方法主要如下[19-22]。

　　（1）查表格

　　已经有研究者针对不同介质的基板，计算出了物理结构参数与电性能参数之间的对应关系，建立了详细的数据表格。设计者可以利用这种表格，操作步骤如下。

　　① 按相对介电常数选表格；

　　② 查阻抗值、宽高比 W/h、有效介电常数 ε_e 三者的对应关系，只要已知一个值，其他两个就可查出；

　　③ 计算，通常 h 已知，则 W 可得，由 ε_e 求出波导波长，进而求出微带线长度。

　　（2）利用微带线设计软件

　　许多公司已开发出了很好的计算微带线设计软件。例如，AWR 的 Microwave Office，输入微带线的物理参数和拓扑结构，就能很快得到微带线的电性能参数，并可调整或优化微带线的物理参数。

　　数学计算软件 MathCAD11 具有很强的功能，只要写入数学公式，就能完成计算任务。

　　（3）微带线计算实例

　　已知 $Z_0=75\Omega$，$\theta=30°$，$f_0=900\text{MHz}$，负载为 50Ω，计算无耗传输线的特性。

　　① 反射系数 Γ_L，回波损耗 R_L，电压驻波比 VSWR。

　　② 输入阻抗 Z_{in}，输入反射系数 Γ_{in}。

　　③ 基板为 FR-4 的微带线的宽度 W、长度 L 及单位损耗量 A_{dB}。

　　基板参数：基板相对介电常数 $\varepsilon_r=4.5$，损耗角正切 $\tan\delta=0.015$，基板高度 $h=62\text{mil}$，基板导线金属铜，基板导线厚度 $t=0.03\text{mm}$。

　　解：

① $\Gamma = \dfrac{Z_{\mathrm{L}} - Z_0}{Z_{\mathrm{L}} + Z_0} = \dfrac{50 - 75}{50 + 75} = -0.2$

$R_{\mathrm{L}} = 20\lg(|\Gamma_{\mathrm{L}}|) = -13.98\mathrm{dB}$

$\mathrm{VSWR} = \dfrac{1 + |\Gamma_{\mathrm{L}}|}{1 - |\Gamma_{\mathrm{L}}|} = 1.5$

② $Z_{\mathrm{in}} = Z_0 \dfrac{Z_{\mathrm{L}} + \mathrm{j}Z_0 \tan\theta}{Z_0 + \mathrm{j}Z_{\mathrm{L}} \tan\theta} = (58 + \mathrm{j}20)\Omega$

$\Gamma_{\mathrm{in}} = |\Gamma_{\mathrm{d}}|\, \mathrm{e}^{\mathrm{j}\theta_{\mathrm{d}}} = 0.2\mathrm{e}^{\mathrm{j}(180-60)^{\circ}}$

③ 用 Microwave Office 和 MathCAD11 都可以计算出微带物理参数如下。

$$W = 1.38\mathrm{mm}$$
$$L = 15.54\mathrm{mm}$$
$$A_{\mathrm{dB}} = 0.0057\mathrm{dB/m}$$

可见，决定微带线尺寸的就是设计导带的宽度和长度。

3. 微带线常用材料

构成微带线的材料就是金属和介质，对金属的要求是导电性能，对介质的要求是提供合适的介电常数，而不带来损耗。对材料的要求还与制造成本和系统性能有关。

（1）介质材料

高速传送信号的基板材料一般有陶瓷材料、玻纤布、聚四氟乙烯、其他热固性树脂等。表 8.3.1 给出了微波集成电路中常用介质材料的特性。微带线加工有两种实现方式：

表 8.3.1 微波集成电路中常用介质材料的特性

材　　料		损耗角正切 $\tan\delta \times 10^{-4}$ （10GHz 时）	相对介电常数 ε_{r}	电导率 σ	应　　用
氧化铝 陶瓷	99.5%	2	10	0.30	微带线
	96%	6	9	0.28	
	85%	15	8	0.20	
蓝宝石		1	10	0.40	微带线，集总参数元件
玻璃		20	5	0.01	微带线，集总参数元件
熔融石英		1	4	0.01	微带线，集总参数元件
氧化铍		1	7	2.50	微带线复合介质基片
金红石		4	100	0.02	微带线
铁氧体		2	14	0.03	微带线，不可逆元件
聚四氟乙烯		15	2.5		微带线

① 在基片上沉淀金属导带。这类材料主要是陶瓷类刚性材料。这种方法工艺复杂，加工周期长，性能指标好，在毫米波或要求高的场合使用。

② 在现成介质覆铜板上光刻蚀成印制板电路。这类材料主要是复合介质类材料。这种方法加工方便，成本低，是目前使用最广泛的方法，又称微波印制板电路。

在所有的树脂中，聚四氟乙烯的介电常数稳定，介质损耗角正切最小，而且耐高低温性和耐老化性能好，最适合于作高频基板材料，是目前采用量最大的微波印制板制造基板材料。

一些微波印制板基材带有铝衬板。此类带有铝衬板的基材的出现给制造加工带来了额外的压力，图形制作过程复杂，外形加工复杂，生产周期加长，因而在可用可不用的情况下，尽量不采用带铝衬板的基材。

（2）铜箔种类及厚度选择

目前最常用的铜箔厚度有 35μm 和 18μm 两种。铜箔越薄，越易获得高的图形精密度，所以高精密度的微波图形应选用不厚于 18μm 的铜箔。如果选用 35μm 的铜箔，则过高的图形精度使工艺性变差，不合格品率必然增大。研究表明，铜箔类型对图形精度亦有影响。目前的铜箔类型有压延铜箔和电解铜箔两类。压延铜箔较电解铜箔更适合于制造高精密图形，所以在材料订货时，可以考虑选择压延铜箔的基材板。

（3）环境适应性选择

现有的微波基材，对于标准要求的-55～+125℃环境温度范围都没有问题。但还应考虑两点：一是孔化与否对基材选择的影响，对于要求通孔金属化的微波板，基材 z 轴热膨胀系数越大，意味着在高低温冲击下，金属化孔断裂的可能性越大，因而在满足介电性能的前提下，应尽可能选择 z 轴热膨胀系数小的基材；二是湿度对基材板选择的影响，基材树脂本身吸水性很小，但加入增强材料后，其整体的吸水性增大，在高湿环境下使用时会对介电性能产生影响，因而选材时应选择吸水性小的基材或采取结构工艺上的措施进行保护。

4. 微带线的加工

现代微带电路板的外形越来越复杂，尺寸精度要求高，同品种的生产数量很大，必须要应用数控铣加工技术。因而在进行微波板设计时应充分考虑到数控加工的特点，所有加工处的内角都应设计成为圆角，以便于一次加工成形。

微波板的结构设计也不应追求过高的精度，因为非金属材料的尺寸变形倾向较大，不能以金属零件的加工精度来要求微波板。外形的高精度要求，在很大程度上可能是因为顾及了在微带线与外形相接的情况下，外形偏差会影响微带线长度，从而影响微波性能。实际上，参照国外的规范设计，微带线端距板边应保留 0.2mm 的空隙，这样即可避免外形加工偏差的影响。

微波印制板与普通的单双面板和多层板不同，不仅起着结构件、连接件的作用，更重要的是作为信号传输线的作用。这就是说，对高频信号和高速数字信号的传输用微波印制板的电气测试，不仅要测量线路（或网络）的"通断"和"短路"等是否符合要求，而且还应测量特性阻抗值是否在规定的合格范围内。

高精度微波印制板有大量的数据需要检验，如图形精度、位置精度、重合精度、镀覆层厚度、外形三维尺寸精度等。现行方法基本是以人工目视检验为主，辅以一些简单的测量工具。这种原始而简单的检验方法很难应对大量拥有成百上千数据的微波印制板批生产要求，不仅检验周期长，而且错漏现象多，因而迫使微波印制板制造向着批生产检验设备化的方向发展。

8.4　射频与微波电路 PCB 设计的一些技巧

一个良好的射频 PCB 设计要求达到：接地平面与参考接地点（直流电源负载）电位相

同，前向和反向电流耦合减小到足够低的水平，多层金属层 PCB 结构引起的附加电容、电感和电阻不明显，信号流过过孔时无显著衰减，系统的射频、数字和模拟电路之间的相互引起的附加干扰可以忽略[293]。

8.4.1　射频电路 PCB 基板材料选择

射频电路（也包括高速数字电路）对信号的传输质量和传输速率要求极高，PCB 设计存在共同关注的一些问题，如信号完整性、信号传输损耗、信号的延迟、电磁串扰、趋肤效应等。 PCB 设计过程涉及材料（含层压基板和铜箔）的选用、加工工艺技术控制和检测测试技术等多个方面。

常用的射频 PCB 基板材料有环氧玻璃纤维（FR-4）、聚四氟乙烯（PTFE）、聚苯醚（PPO 或 PPE）、低温共烧陶瓷（LTCC）和液晶聚合物（LCP）等。在选用 PCB 基板材料时通常需要注意介电常数、介质损耗、温度系数和尺寸稳定性等关键参数。铜箔应在满足抗剥离强度要求下，具有高表面平滑度和高刻蚀因子，刻蚀加工后的线路的线宽，以及线宽一致性等不能够影响线路的特性阻抗。

（1）介电常数

在射频电路中，为了能够满足对高速传输信号传输要求，通常要求 PCB 基板材料的介电常数小而且稳定。通常，传输线在均匀介质中的传输时，传输线的介电常数仅与芯板、半固化片有关，可认为介电常数不发生变化。对于表层传输线这种半开放式的结构，信号在非均匀介质中的传输，传输线感受的介电常数与介质层、阻焊层、空气层有关，此时的介电常数称为等效介电常数，可以使用场求解器得到。

由 8.3 节中的特性阻抗公式可知，相对介电常数直接影响传输线的特性阻抗，特性阻抗随着相对介电常数的减小而增大。

在 GHz 频段，常用的射频 PCB 基板材料的相对介电常数ε_r[294]：环氧玻璃纤维为 3.9～4.4，聚四氟乙烯为 2.17～3.21，聚苯醚为 0.04～3.38，低温共烧陶瓷为 5.7～9.1，液晶聚合物为 2.9～3.16。

（2）介质损耗

当射频信号流经 PCB 时，介质材料的材料特性将会引起信号的衰减，产生介质损耗。介质损耗与材料的损耗角正切 $\tan\delta$ 有关，也称为损耗因子（或衰减因子），反映介质材料的信号衰减能力。较小的损耗因子可减小介质电导和极化带来的滞后效应，减小信号在传输过程中的损失。

在 GHz 频段，常用的射频 PCB 基板材料的介质损耗[294]：环氧玻璃纤维为 0.02～0.025，聚四氟乙烯为 0.0013～0.009，聚苯醚为 0.001～0.009，低温共烧陶瓷为 0.001～0.006，液晶聚合物为 0.002。

PCB 材料的损耗因子越高，衰减就越严重。另外，信号的频率越高，衰减也越大。在低频频段，PCB 材料带来的衰减可以忽略。随着信号频率的升高，PCB 材料带来的衰减也随之升高。当信号频率升高到某一值时， PCB 材料带来的衰减会使射频电路系统的性能严重恶化，这个频率值称为 PCB 的上限频率。通常要求 PCB 的上限频率应保证至少为最高工作频率的 1.5 倍[294]。

常用的射频 PCB 基板材料的工作频率范围[294]：环氧玻璃纤维（FR-4）<10GHz、聚四

氟乙烯（PTFE）<40GHz、聚苯醚（PPO 或 PPE）<12GHz、低温共烧陶瓷（LTCC）<20GHz，液晶聚合物（LCP）<110GHz。

（3）其他参数

基材的热膨胀系数（CTE）与金属层（铜箔）的热膨胀系数应尽可能地一致而且比较小，否则由于两者的热膨胀系数不同会在其冷热温度的变化中，会直接造成金属层与基材的分离。

要求基材的吸水率要低。吸水率高会导致基材在受潮时吸收水分，由于水的介电常数很大，会直接影响基材的介电常数与介电损耗。在对于超过 1GHz 的电路系统，基板的吸水率会直接影响导致如天线、滤波器和数据传输线等电路的介电损耗增大。对于 10GHz 以上的电路系统来说，其对介电性能的影响是非常严重的，甚至可能会直接导致系统基板无法正常工作。

要求基材的导热性良好，能够降低系统的温度，提高芯片及线路的使用寿命。温度变化也会影响介电常数和介电损耗，从而影响信号的完整性和传输速率。

同时也要求基材的耐热机械性、抗压和化学性、剥离强度等必须良好。

8.4.2　利用电容的"零阻抗"特性实现射频接地

在射频电路板上，必须提供一个对输入和输出端口的任何射频信号都能作为"零"或参考点的共用射频接地点（即要求这些接地点必须是等电位的）。在射频电路板上的直流电源供电端和直流偏置端，直流电压必须保持在直流电源供电的原始值上，但对可能叠加在直流电压上的射频信号，必须使它对地短路或将其抑制到所要求的程度。换句话说，在直流电源供电和直流偏置端，其阻抗对交流或射频的电流或电压信号必须接近于零，即达到射频接地的目的[293,295]。

在一个射频电路板上的每一个射频模块中，不管是无源电路还是有源电路，射频接地都是不可缺少的部分。需要注意的是：在射频电路板的接地平面上，不同接地点的电位可能是不相等的。如果电路板的尺寸 L 远小于电路工作频率的 1/4 波长（λ），即无论电路板的长度还是宽度尺寸都远小于 50Ω 特性阻抗传输线的 1/4 波长，即 L<<λ/4，则它们的接地点电位相等。如果电路板的尺寸 L 大于或等于电路工作频率的 1/4 波长，即 L>λ/4，则它们的接地点电位一般不相等。因此需要进行特殊的处理，例如，利用"零阻抗"电容、半波长微带线或1/4 波长微带线使长传输线上或者大尺寸接地平面上的电位相等[293,295]。在进行电路测试时，不良的射频接地将导致对各种参数的测量误差。不良的射频接地也会降低电路性能，如产生附加噪声和寄生噪声，不期望的耦合和干扰，模块和器件之间的隔离变差，附加功率损失或辐射，附加相移，在极端情况下还会出现意想不到的功能错误。

电容是常用的射频接地元件。理论上，一个理想电容的阻抗 Z_C 是

$$Z_C = \frac{1}{j\omega C} \tag{8.4.1}$$

式中，C 为电容的容量；ω 为工作角频率。

从式（8.4.1）可以看到，对于直流电流或电压，$\omega=0$，电容的阻抗 Z_C 趋于无穷；而对于射频信号，$\omega \neq 0$，随着电容量增大，其阻抗变小。理想情况下，通过无限增大电容的容量 C，其射频阻抗能够接近零。

然而，期望通过在射频接地端与真实接地点之间连接一个容量无穷大的理想电容实现射频接地是不现实的。一般来说，只要电容容量足够大，能使射频信号能够接到一个足够低的电平就可以了。例如，一个直流电源供电端的射频接地，常用的设计方法[295]如图 8.4.1 所示，即在直流电源供电端的导线上连接多个不同容量（10pF～10μF）的电容到地，以实现射频接地。

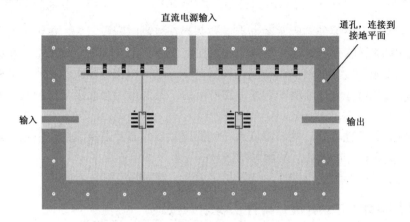

图 8.4.1   利用多个电容"可能实现的"的射频接地

但不幸的是，这种利用多个电容实现射频接地的方式往往达不到所希望的效果。正如 2.3 节"电容（器）的射频特性"中所介绍的那样，电容的射频等效电路是一个包含 R、L、C 的网络，会对不同的工作频率呈现出不同的阻抗特性。对于一个特定频率的射频信号而言，不同容值的电容可能呈现一个高阻抗的状态，但并不能够起到射频接地的作用。

从串联 RLC 电路的阻抗特性知道，当一个串联 RLC 回路产生串联谐振时，感抗与容抗相等，回路的阻抗最小（纯电阻 R）。对于一个质量良好的电容而言，其 R 很小，阻抗趋向为零。

如图 8.4.2 所示，在设计电路时，对于一个特定频率的射频信号，可以选择一个特定容值的电容，使它对这个特定频率的射频信号产生串联谐振，呈现一个低阻抗（零阻抗）的状态，从而实现射频接地。注意，串联谐振的电容和电感包括 PCB 的分布电容和分布电感。

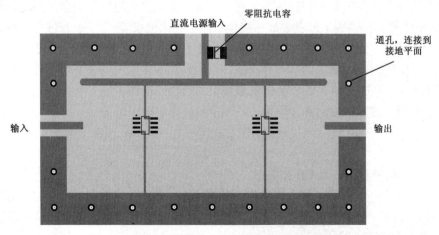

图 8.4.2   利用"零阻抗"电容实现 PCB 的射频接地

8.4.3 利用电感的"无穷大阻抗"特性辅助实现射频接地

在实现射频接地中，一个"无穷大阻抗"的电感对"零阻抗"的电容来说是一个很好的辅助元件。理论上，理想电感的阻抗 Z_L 是

$$Z_L = j\omega L \tag{8.4.2}$$

式中，L 为电感的感抗；ω 为工作角频率。

从式（8.4.2）可知，电感的阻抗 Z_L 对于 $\omega=0$ 的直流电流或电压来说为零。当 $\omega \neq 0$ 时，随着 ω 的增加或电感值的增大，其阻抗也在增大。对于特定频率的射频信号来说，如果电感 L 足够大，Z_L 的值可以很高。

正如在 2.4 节"电感（器）的射频特性"中所介绍的那样，在射频条件下，理想电感是永远也得不到的，电感器的射频等效电路是一个包含 R、L、C 的网络，对不同的工作频率呈现出不同的阻抗特性。当一个电感的自感与其附加电容工作在并联谐振的频率上时，阻抗会变得非常高，趋向开路状态（无穷大）。

在设计电路时，对于一个特定频率的射频信号，可以选择一个特定容值的电感，使它对这个特定频率的射频信号产生并联谐振，呈现一个高阻抗（无穷大阻抗）的状态，从而实现射频信号的隔离。

利用"阻抗无穷大"电感辅助"零阻抗"电容实现射频接地的连接形式[295]如图 8.4.3 所示，在图中，在点 P_0 和 P_1 之间插入了一个"阻抗无穷大"电感，而 P_0 是插入"阻抗无穷大"电感之前的同一根传输线上与外部的连接点。该"阻抗无穷大"电感会阻止外部的射频信号从 P_0 点传输到 P_1 点。在 P_1 点，来自 P_0 点的射频信号电压或功率可以显著地降低到想要的值，而 P_1 点和 P_0 点则保持相同的直流电压。

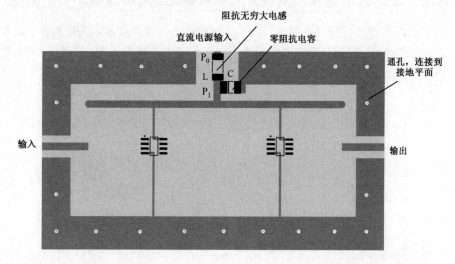

图 8.4.3 利用"阻抗无穷大"电感辅助"零阻抗"电容实现射频接地的连接形式

8.4.4 利用"零阻抗"电容实现复杂射频系统的射频接地

对于一个射频系统来说，射频电路的接地平面必须是一个等电位面，即在输入、输出和

直流电源及其他控制端必须有等于"零"电位的相应接地端。当 PCB 的尺寸比 50Ω信号线的 1/4 波长小得多时，由铜等高电导率材料制成的金属表面所构成的接地平面可以看作一个等电位面。然而，如果 PCB 尺寸和 50Ω信号线的 1/4 波长相等或大得多时，该接地平面就可能不是一个等电位面。也就是说，在工作频率范围内，当 PCB 的尺寸大于或等于工作频率的 1/4 波长时，该接地平面就可能不是一个等电位面。

在进行 PCB 的设计时，利用多个"零阻抗"电容可以实现复杂射频系统的射频接地，一个设计实例[295]如图 8.4.4 所示。

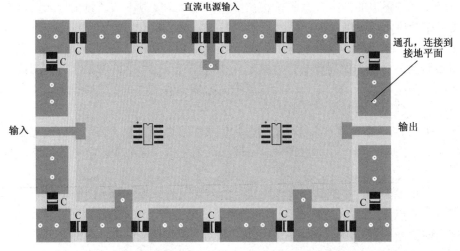

图 8.4.4　利用多个"零阻抗"电容实现复杂射频系统的射频接地的设计实例

8.4.5　利用半波长 PCB 连接线实现复杂射频系统的射频接地

从一些"短路线和开路线"资料可以知道，短路线在短路点及离短路点为 1/2 波长整数倍的点处，电压总是为 0。对于一个在工作频率范围内尺寸大于或等于 1/2 波长的 PCB 而言，利用半波长 PCB 连接线可以实现复杂射频系统的射频接地，一个设计实例[295]如图 8.4.5 所示。

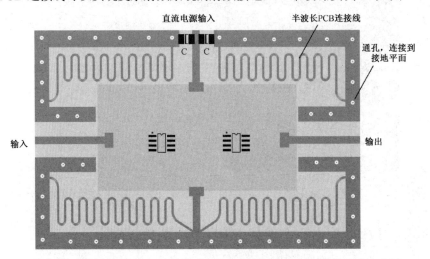

图 8.4.5　利用半波长 PCB 连接线实现复杂射频系统的射频接地的设计实例

8.4.6　利用 1/4 波长 PCB 连接线实现复杂射频系统的射频接地

从一些"短路线和开路线"资料可以知道，开路线在离开路端为 1/4 波长奇数倍的点处的输入阻抗为 0，相当于短路。对于一个在工作频率范围内尺寸大于或等于 1/4 波长的 PCB 而言，利用 1/4 波长 PCB 连接线可以实现复杂射频系统的射频接地，一个设计实例[295] 如图 8.4.6 所示。

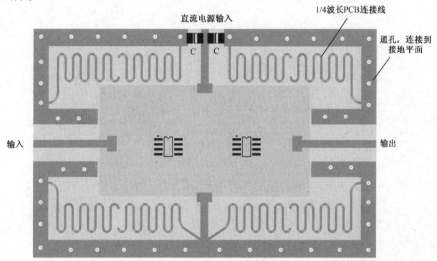

图 8.4.6　利用 1/4 波长 PCB 连接线实现复杂射频系统的射频接地的设计实例

8.4.7　利用 1/4 波长 PCB 微带线实现电路的隔离

利用开路线在离开路端为 1/4 波长奇数倍的点处输入阻抗为 0（相当于短路）这一特性，可以实现电路的隔离。一个实现变频器隔离的示意图如图 8.4.7 所示。

8.4.8　PCB 连线上的过孔数量与尺寸

在射频与微波频率范围内，过孔等效为一个包含电感、电阻和电容的电路，它们的值与过孔直径和 PCB 材料等参数及配置有关。如图 8.4.8（a）所示，过孔产生 4 个寄生参数：R、L、C_1 和 C_2。当过孔直径减小时，r 和 L 的值将随之增大；如图 8.4.8（b）所示，为了减小 R 和 L 的值，可以在连接线 A 和连接线 B 的相交区内，并排放置许多过孔。显然，如果存在 N 个过孔，则 r 和 L 的等效值将下降为原来的 $1/N$。它的缺点是 C_1 和 C_2 也增大了 N 倍。

注意：当射频与微波信号通过这些连接点时，射频与微波信号会有额外的衰减。

为减小 r 和 L 的值，应尽可能地增大通孔直径。理想过孔的直径 D 应该为

$$D > 10\text{mil} \,(1\text{mil} = 2.54 \times 10^{-5}\,\text{m}) \tag{8.4.3}$$

为更好地连接 PCB 顶层和底层的接地平面，希望在 PCB 的过孔数量多一些，过孔的间距 S 可以选取为

$$S = 4D \sim 10D \tag{8.4.4}$$

S 的选取与 PCB 的工作频率有关，工作频率越高所选择的 S 应该越小[293]。

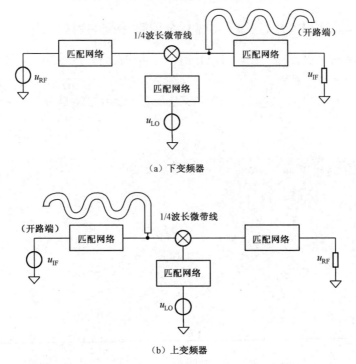

（a）下变频器

（b）上变频器

图 8.4.7   利用 1/4 波长 PCB 微带线实现变频器的隔离示意图

8.4.9   端口的 PCB 连线设计

如图 8.4.9 所示，在输入、输出和直流电源端口，需要保证在输入或输出连线与相邻地的边缘的间隔（即 W_1）必须足够宽。根据经验要求 $W_1 > 3W_0$[295]，使在输入或输出连线边界的电容可以忽略。对于一个射频电路，往往要求其输入、输出连接线的特性阻抗为 50Ω。

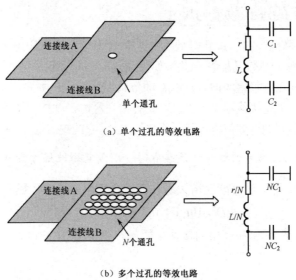

（a）单个过孔的等效电路

（b）多个过孔的等效电路

图 8.4.8   过孔的等效电路

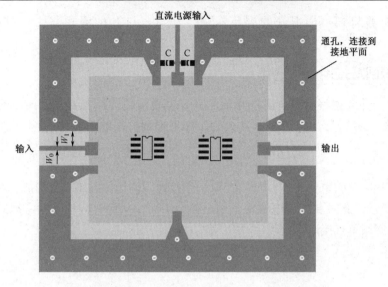

图 8.4.9 W_1 的尺寸示意图（$W_1 > 3W_0$）

如果输入和输出连接线设计为如图 8.4.10 所示的共面波导形式，可以不要求 $W_1 > 3W_0$。因此，在地表面可以添加更多的金属区域。在共面波导设计中，输入、输出连接线宽度 W_0 通常要比与之对应的 50Ω 特性阻抗微带线窄得多。同样，在连线和相邻地边缘之间的空隙也比 $3W_0$ 窄得多。因此，接地区域可扩展，其几何形状可更为简单。

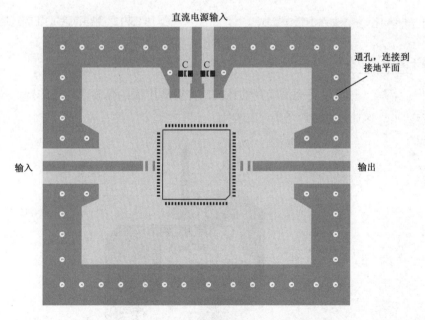

图 8.4.10   输入和输出连接线设计为共面波导形式

设计在 PCB 顶层的接地金属边框不仅可以提供良好的射频接地，同时也能够提供部分的屏蔽作用。如果金属边框与底层接地平面接地良好（即接地金属边框与底层接地平面的电位相等），大多数由 PCB 内电路产生并辐射出的电力线和外部干扰源的电力线会终止于接地金属边框，能够起到一个很好的屏蔽作用。注意，过孔的间距与工作频率有关，见 8.4.8 节。

8.4.10　谐振回路接地点的选择

众所周知，并联谐振回路内部的电流是其外部电流的 Q 倍（Q 为谐振回路的品质因数）。有时谐振回路内部的电流是非常大的，如果把谐振回路的电感 L 和电容 C 分别接地，如图 8.4.11 所示，由图可见，在接地回路中将有高频大电流通过，会产生很强的地回路干扰。

如果将谐振回路的电感 L 和电容 C 取一点接地，使谐振回路本身形成一个闭合回路，如图 8.4.12 所示，此时高频大电流将不通过接地平面，从而有效地抑制了地回路干扰。因此，谐振回路必须单点接地。

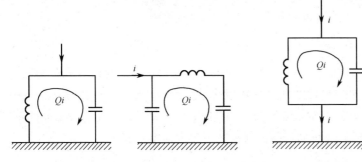

图 8.4.11　谐振回路的错误接地　　　　　图 8.4.12　谐振回路的正确接地

8.4.11　PCB 保护环

PCB 保护环是一种可以将充满噪声的环境（如射频电流）隔离在环外的接地技术。一个 PLL 滤波器保护环设计实例如图 8.4.13 所示。

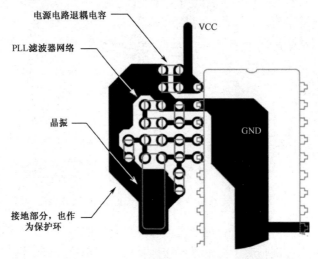

图 8.4.13　一个 PLL 滤波器保护环设计实例

8.4.12　利用接地平面开缝减小电流回流耦合

在讨论电路时，通常关注的是直流电源提供的前向电流，而经常忽略返回电流。返回电流是从电路接地点流向直流电源接地点而产生的。在实际的射频 PCB 上，由于回流在两个模块间的耦合，所以完全有可能会影响电路的性能[295]。

一个设计实例如图 8.4.14 所示。在图 8.4.14（a）中，由两个模块组成的电路安装在 PCB 上，PCB 的底层覆满了铜，并通过许多连接过孔连接到顶层接地部分。对直流电源而言，底层和顶层的铜覆盖的部分为直流接地提供了一个良好的平面。在直流电源和接地点 A、B 之间连接"零阻抗"的电容到地，使直流电源和接地点 A、B 之间对射频信号短路，不形成射频电压。只要 PCB 的尺寸比 1/4 波长小得多，整个接地部分就不会形成射频电压。虽然在这些模块间存在耦合，但也可以保证电路性能优良。

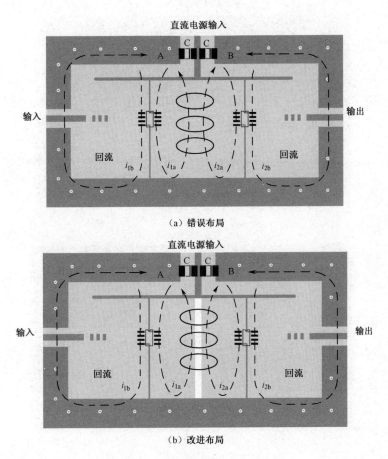

（a）错误布局

（b）改进布局

图 8.4.14　两个射频模块的回流分割

但实际上，根据 PCB 上的元件放置和区域的安排，在 PCB 上的电流模型是非常复杂的。从直流电源流出的所有电流必须返回它们相邻的接地点 A 和 B。如图 8.4.14（a）所示，从直流电源流出的电流用实线表示；从模块的接地点流向直流电源接地点 A 和 B 的回流用虚线表示。在每一个模块中的回流大致可分为两类，也就是图中的 i_{1a}、i_{1b} 和 i_{2a}、i_{2b}。电流 i_{1a} 和 i_{2a} 从模块 1 和 2 的接地点返回，流经底层覆铜的中央部分。电流 i_{1b} 和 i_{2b} 从模块 1 和 2 的接地点返回并分别流经底层覆铜的左侧和右侧。显而易见，只要在两组路径间的距离足够远，i_{1b} 和 i_{2b} 的返回电流就可以忽略。

由于 i_{1a} 和 i_{2a} 汇流在一起，故在 i_{1a} 和 i_{2a} 间的串扰是电磁耦合。当它们之间的耦合或串扰不可以忽略时，其相互作用就等同于模块 2 到模块 1 之间存在某种程度的反馈，而这种反馈可能会使电路的性能变差。减小这种耦合的一种简单方法如图 8.4.14（b）所示，可以在 PCB 底层中间覆铜部分切开一条缝，目的是尽可能消除或大大减小在 i_{1a} 和 i_{2a} 间的回流。

对于在 PCB 上安装有多个模块的电路，如图 8.4.15 所示，为消除或减小来自回流的耦合或串扰，需要在相邻的两个模块之间开一条缝（槽）。

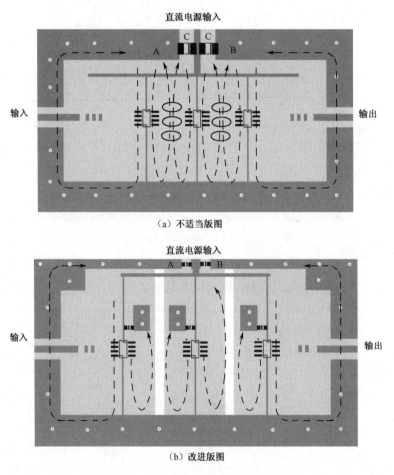

图 8.4.15 多个射频模块射频的回流与分割

由于采用共用的直流电源供电，所以进行 PCB 设计时也必须注意前向电流的耦合或串扰。如图 8.4.15（b）所示，可以为 PCB 上的每个独立模块提供直流电源，并加上许多"零阻抗"电容，以保证为每个模块提供的直流电源与其相应的相邻接地点 A、B、C 和 D

之间的电位差接近于零。在"零阻抗"电容之间必须有足够小的金属区域使得在"零阻抗"电容间的小金属块电位大致等于零电位。

注意：本节所介绍的"利用接地平面开缝减小电流回流耦合"与一些资料中所介绍的"避免接地平面开槽"的论述是从不同角度考虑的，应用时请注意它们的不同点。

8.4.13　隔离

在一个复杂的射频系统中，存在三种类型的隔离，即射频模块间的隔离、数字模块间的隔离，以及射频模块和数字模块间的隔离。除功率的大量模块必须特殊处理外，射频模块间的隔离和数字模块间的隔离有类似的难点，也有相同的解决方案。射频模块和数字模块间的隔离要稍微复杂一些。由于射频模块的功率通常要远远大于数字模块的功率，故一般射频模块的电流是 mA 级，而数字模块中的电流是μA 级。从功率角度来看，射频模块会对数字模块产生干扰。从频率观点来看，数字模块的脉冲信号是一个宽频带信号，包含多次谐波的高频成分，其中也可能包含射频信号的频率成分。数字模块会对射频模块产生干扰。因此，射频模块和数字模块间的隔离要比其他情况都要更困难一些。

在无线通信系统中，理想的隔离度级别大约是 130dB，它比从天线到数据输出端的有效信号总增益还要高 10dB。

在复杂的射频系统中，屏蔽是有效的隔离手段，能有效地抑制通过空间传播的各种电磁干扰。用电磁屏蔽的方法来解决电磁干扰问题的最大好处是不会影响电路的正常工作，因此不需要对电路做任何修改。

在射频系统中，对大功率、高频率的信号一定要进行屏蔽。屏蔽体的性能用屏蔽效能来衡量，即对给定外来源进行屏蔽时，在某一点上屏蔽体安放前后的电场强度或磁场强度的比值。

屏蔽体的屏蔽效能与很多因素有关，它不但与屏蔽体材料的电导率、磁导率及屏蔽体的结构、被屏蔽电磁场的频率有关，而且在近场范围内还与屏蔽体离场源的距离及场源的性质有密切关系。一般而言，屏蔽效果取决于反射和吸收的条件。但是当 PCB 采用金属盒屏蔽时，在 30MHz 以上频率范围内，反射要比吸收的影响更重要。

为获得有效的电屏蔽，在设计中必须考虑以下几个方面。

① 屏蔽体必须良好接地，最好是屏蔽体直接接地。

② 发挥屏蔽效果的关键是设计合理的屏蔽体形状，即如何设计屏蔽盒的开口和连接部分之间的间隙。必须增多屏蔽盒的连接部分，从而将开口和间隙的最长的边减至最小。屏蔽盒的连接部分必须具有较低的阻抗，而且必须相互紧密结合，不许有间隙。应确保屏蔽盒的金属表面没有绝缘材料涂层。

使用金属盒对测试板进行屏蔽，使用 1m 法对辐射噪声进行测量（信号频率为 25MHz）。假设屏蔽盒的开口总面积约为 2500mm^2。屏蔽盒开口的影响如图 8.4.16～图 8.4.19 [296]所示。从这些测量中可以看出，当开口面积被分割成小孔时可以获得较为优越的屏蔽效果。但是当屏蔽盒具有单个矩形开口时，将会显著地降低屏蔽效果。一般来说，盒形屏蔽比板状或线状屏蔽有更小的剩余电容，全封闭的屏蔽体比带有孔洞和缝隙的屏蔽体更为有效。

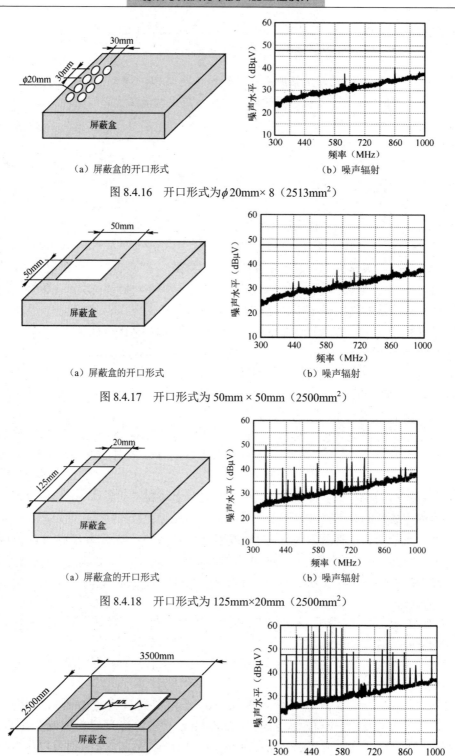

（a）屏蔽盒的开口形式　　　　　　（b）噪声辐射

图 8.4.16　开口形式为 ϕ20mm× 8（2513mm^2）

（a）屏蔽盒的开口形式　　　　　　（b）噪声辐射

图 8.4.17　开口形式为 50mm × 50mm（2500mm^2）

（a）屏蔽盒的开口形式　　　　　　（b）噪声辐射

图 8.4.18　开口形式为 125mm×20mm（2500mm^2）

（a）屏蔽盒的开口形式　　　　　　（b）噪声辐射

图 8.4.19　开口形式为 2500mm×3500mm

③ 设计中要注意屏蔽材料的选择：在时变场的作用下，屏蔽体上有电流流动，为了减小屏蔽体上的电位差，电屏蔽体应选用良导体，如铜和铝等。在射频 PCB 的设计中，铜屏蔽体表面应镀银，以提高屏蔽效能。

④ 对于电屏蔽来说，对电屏蔽体厚度没有特殊要求，只要屏蔽体结构的刚性和强度满足设计要求即可。

在一个复杂的射频系统中，由于相互隔离的要求比较高，所以各射频单元大多使用模块单独屏蔽封装，工作地通过螺钉或直接和模块连接。如图 8.4.20 所示，为防止接地环路过大，接地点的间距应小于最高频率的波长的 1/100，至少小于最高频率的波长的 1/20。各模块通过螺钉直接和机壳连接，机壳通过接地线和大地连接。PCB 布局应按信号处理的流程走直线，严禁从输出迂回到输入端。因为射频链路一般都有很高的增益，故输出的信号要比输入的信号高数十个 dB，尽管有屏蔽隔离，但设计不当仍会引起自激，会影响电路的正常工作。

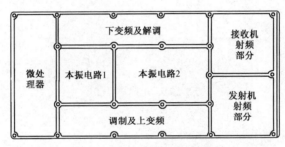

（a）射频模块单元的分隔示意图

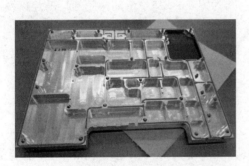

（b）射频模块单元屏蔽盒实物图

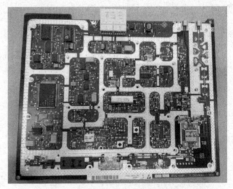

（c）射频模块单元电路板实物图

图 8.4.20　射频模块单元的分隔

8.4.14　PCB 走线形式

在射频与微波电路的设计中，电路通常是由器件和微带线组成的。在射频与微波电路 PCB 上的信号走线是微带线形式，它对电路性能的影响可能比电容、电感或电阻更大。认真处理走线是 RF 电路设计成功的保证。

1. 走线要保持尽可能短

有关微带线的设计请参考有关的资料。在 PCB 的设计中，$\lambda/4$（λ为波长）是非常重要的参数。超过$\lambda/4$ 的走线，对射频信号而言，可能会从短路状态变到开路状态，或者从零阻抗变成无限大阻抗。在进行 PCB 的设计时，走线要保持尽可能短，即要求

$$l \ll \frac{1}{4}\lambda \tag{8.4.5}$$

如果走线的长度与$\lambda/4$ 相当或大于$\lambda/4$，在进行电路仿真时必须将走线作为一个元件来对待。

在进行射频与微波电路 PCB 设计时，要求走线尽可能短，如图 8.4.21 所示。图 8.4.21（a）的走线人为拉长了，不是一个好的设计。

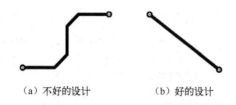

（a）不好的设计　　　　　　（b）好的设计

图 8.4.21　走线尽可能短

2. 走线的拐角尽可能平滑

在进行射频 PCB 设计时，要求走线的拐角尽可能平滑。在射频 PCB 中的拐角，特别是急拐弯的角度，会在电磁场中产生奇异点并产生相当大的辐射。在如图 8.4.22 所示的实例中，图（a）的拐角形式优于图（b）和图（c），因为图（a）是平滑的，是最短的连接线。

（a）圆弧形式（最好的）　　（b）45°（一般的）　　（c）直角形式（最差的）

图 8.4.22　走线的拐角形式

在进行射频与微波电路 PCB 设计时，要求将相邻的走线尽可能画成相互垂直形式，尽可能避免平行的走线。如果不能够避免两条相邻的走线平行，两条走线间的间距至少要 3 倍于走线宽度，使串扰可以被减小到能够允许的程度。如果两条相邻的走线传输的是直流电压或直流电流，则可以不用考虑这个问题。

3. 走线宽度的变化应尽可能的平滑

在进行射频与微波电路 PCB 的设计时，不仅对走线的拐角要求是重要的，对整条走线的平滑要求也是很重要的。如图 8.4.23（a）所示，走线从 A 到 B 的宽度有一个突然的改变（P 点）。从微带线的计算公式可知，微带线的特征阻抗主要取决于它的宽度。P 点的特征阻抗会从 Z_1 跳变到 Z_2。因此，该走线实际上成为一个阻抗变换器。这个阻抗额外跃变，对电

路性能来说可能导致灾难性的后果：射频功率可能在 P 点来回反射。另外，在 P 点，射频信号也会辐射出去，因此要求走线宽度渐渐改变，如图 8.4.23（b）所示，即要求走线的阻抗的变化是平缓的，以使在这条走线上附加的反射和辐射减小。

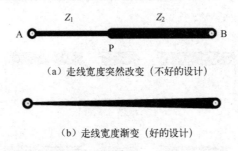

（a）走线宽度突然改变（不好的设计）

（b）走线宽度渐变（好的设计）

图 8.4.23　走线宽度的变化应是平滑的

对于阻抗为 50Ω 的微带线要求选择确定的走线宽度。注意：射频测试设备的输入端和输出端的阻抗是 50Ω，要求在射频模块输入端和输出端的走线阻抗必须保持在 50Ω。

4．注意走线之间的间距

"串扰"主要来自两相邻导体之间所形成的互感与互容。串扰会随着 PCB 的导线布局密度增加而越显严重，尤其是长距离总线的布局，更容易发生串扰的现象。这种现象是经由互容与互感将能量由一个传输线耦合到相邻的传输线上而产生的。串扰依发生位置的不同可以分成"近端串扰"和"远端串扰"。

走线之间的间距建议采用 3W 规则。3W 规则的含义是：当有接地平面时，对于宽度是 W 的信号线，如果其他走线的中心与它的中心之间的距离大于 3W，就能避免串扰。有研究表明要完全避免走线之间的串扰，需要更大地增加两者之间的距离。

通常采用的减小 PCB 走线串扰的一些措施有。

① 通过合理的布局使各种连线尽可能地短。

② 由于串扰程度与施扰信号的频率成正比，所以布线时应使高频信号线（上升沿很短的脉冲）远离敏感信号线。

③ 应尽可能增大施扰线与受扰线之间的距离，而且避免它们平行。

④ 在多层板中，应使施扰线和受扰线与接地平面相邻。

⑤ 在多层板中，应将施扰线与受扰线分别设计在接地平面或电源平面的相对面。

⑥ 尽量使用输入阻抗较低的敏感电路，必要时可以用旁路电容降低敏感电路的输入阻抗。

⑦ 地线对串扰具有非常明显的抑制作用，在施扰线与受扰线之间布一根地线，可以将串扰降低 6～12dB。可以采用地线和接地平面减小串扰电压的影响。

5．共面波导传输线的应用

通常，在设计 PCB 上的传输线时，都是考虑使用微带线来实现 50Ω 传输线，因为微带线是非常适合在 PCB 上实现的一种结构。共面波导严格说来也是一种传输线，它与微带线有着非常相似的结构，而且因为共面波导传输线比微带线周围多了"地"的存在，从而使共面波导传输线抗干扰能力更好。

共面波导是一种支持电磁波在同一个平面上传播的结构，通常是在一个电介质的顶部传播。经典的共面波导是在同一个导电介质平面上，由一个导体把一对接地平面分割开来所组成[297]，如图 8.4.24（a）所示。

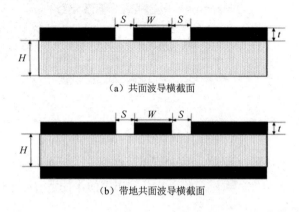

（a）共面波导横截面

（b）带地共面波导横截面

图 8.4.24　共面波导与带地共面波导

在理想情况下，电介质的厚度是无限大的。在实际情况中，只要满足电磁场在离开基底之前已经不再连续这一条件，就可以近似把这种结构认为是共面波导。如果在电介质的另外一边也加上接地平面的话，那么就可以构成另外一种共面波导，被称为有限地共面波导（FGCPW，Finite Ground-plane Coplanar Waveguide），或者直接简单地称为带地共面波导（GCPW）。

使用相同 PCB 参数（例如，板厚 H=1.2mm，ε_r=4.6，铜厚 t=0.018mm，间距 S=10mil）时，从仿真分析微带线和共面波导线宽与阻抗的关系中可以看出，在相同阻抗时，共面波导线在电路板上的宽度比微带线的宽度小很多。在 PCB 介质参数即板厚相同的条件下，相同线宽的共面波导的特性阻抗小于微带线特性阻抗。

在进行射频 PCB 设计时，当要传输的信号使用微带传输线时，如果使用多层板，此时布 50Ω 微带线的话，可以在顶层布射频线（传输线），然后把第二层定义成完整的接地平面，这样顶层和第二层之间的介质厚度可以人为控制，做到很薄，而顶层的线不用很宽就可以满足 50Ω 的特性阻抗（在其他相同的情况下，布线越宽，特性阻抗越小）。

但是，如果使用的是双层板，情况就不一样了。在双层板情况下，为了保证电路板的强度，要选取较厚的电路板材（至少不小于 0.8mm），这时，介质厚度 H 通常就会很大。此时，如果还使用微带线来实现 50Ω 的特性阻抗，那么顶层的走线必须很宽。例如，假设板子的厚度是 1.2mm，使用 FR-4 板材（ε_r=4.6），铜厚 t=0.018mm，使用 Polar Si8000 阻抗软件来计算线宽，得到线宽为 2.197mm。在射频微波频段，这个线宽是很难被接受的，因为此时各种元器件的引脚都是很小的，如果电路板大小再有限制的话，2mm 的走线具体实现起来也不容易。因此，根据前面的分析，可以使用共面波导线来实现 50Ω 传输线。

在 Polar Si8000 等软件中就有多种共面波导模型，可以选择满足实际应用条件的模型来进行计算。例如，在此选择 "surface Coplar Waveguide With Ground1B"，使用与前述相同的条件加上 D_1=7mil（0.178mm）来计算线宽。微带线与共面波导模型及参数设置、计算如

图 8.4.25 所示，最后得到线宽 *W*=0.9mm。如果使用更薄一些的板材（如微波基片），那么线宽可以做得更细，能够满足对线宽的要求。

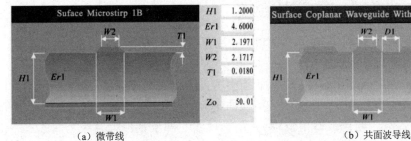

（a）微带线　　　　　　　　　　　　　　（b）共面波导线

图 8.4.25　相同 PCB 参数下微带线与共面波导线宽的计算

在射频 PCB 设计中，共面波导效应对微带传输线有很大的影响，因此在设计中应当十分小心。应注意的是，电路板中的共面波导效应既有负面影响又存在有利的一面，需要根据具体的设计要求作不同的选择。

8.4.15　寄生振荡的产生与消除

1. 寄生振荡的表现形式

在射频放大器或振荡器中，由于某种原因，会产生不需要的振荡信号，这种振荡称为寄生振荡。例如，小信号放大器的自激即属于寄生振荡。

产生寄生振荡的形式和原因是各种各样的，主要是由于电路中的寄生参数形成了正反馈，并满足了自激条件。振荡有单级振荡和多级振荡，有工作频率附近的振荡或远离工作频率的低频或超高频振荡。寄生振荡是由于电路的寄生参数满足振荡条件而产生的，且寄生参数存在的形式多种多样，一般无法定量。寄生振荡可能在一切有源电路中产生，电路中产生了寄生振荡后就会影响电路的正常工作，严重时，会完全破坏电路的正常工作。

电路中产生了寄生振荡后，在一般情况下，可以利用示波器观察出来。由于寄生参数构成了反馈环，故很难刚好满足 *KF*=1，如果环路中又没有高 *Q* 值的寄生振荡选频网络，则观察到的往往是失真的正弦波，或是张弛振荡。

在电路调试中，还可能观察到这样的现象，即寄生振荡与有用信号的存在与否及其幅度有关。这是因为元器件具有非线性特性，寄生参数形成的正反馈环的环路增益将随有用信号大小而发生变化。由如图 8.4.26 所示波形，可看到寄生振荡叠加在了有用信号上。寄生参数形成的正反馈环，只有在有用信号的幅度达到某一值时，环路增益才满足自激条件。

图 8.4.26　寄生振荡叠加在有用信号的部分波形上

然而，在有些情况下，寄生振荡的频率远高于示波器的上截止频率，此时寄生振荡将被示波器的放大器滤除而不能在荧光屏上显示出来。这时，可以通过测量器件的工作状况，分析其异常工作状况来判知是否有寄生振荡。例如，既观察不到元器件有输出信号波形，又测量不到正向偏压，甚至测出有反向偏压，可是却有直流电流通过元器件，这一现象表明产生了强烈的高频振荡。因为频率高，故观察不到波形。由于振荡幅度大，故产生了很大的自生反向偏压，这时如果用人手触摸电路的某些部位，有可能观察到元器件直流工作状态的变化。这是因为人手的寄生参数使寄生振荡的强度发生变化，从而改变了元器件的直流工作状态。

2. 寄生振荡的产生原因及其防止或消除方法

寄生振荡的产生原因是各种各样的，下面以几个常见的情况为例进行介绍。

（1）公用电源内阻抗的寄生耦合

公用电源内阻抗产生多级寄生振荡的原因也有多种：由于采用公共电源对各级馈电而产生寄生反馈（当多级放大器公用一个电源时，后级的电流流过公用电源，在电源内阻抗上产生的电压反馈到前面各级，便构成寄生反馈）；由于每级内部反馈加上各级之间的互相影响，如两个虽有内部反馈而不自激的放大器，级联后便有可能会产生自激振荡；各级间的空间电磁耦合会引起多级寄生振荡。

放大器各级和公用电源内阻抗产生的相移叠加的结果，可能在某个频率形成正反馈。有以下两种可能情况。

① 在低频端形成正反馈。形成正反馈的原理是：公用电源的滤波电容随着频率的降低，电抗增大，相移也增大，若各个放大级有耦合电容、变压器等低频产生相移的元件，总的相移就有可能满足正反馈条件。若各个放大级之间为直接耦合，仅有公用电源内阻抗产生的相移，是不会构成正反馈的。因此，对于放大器级间的耦合，应尽量避免采用电容或变压器耦合；当不得已而采用电容或变压器耦合时，应加大公用电源滤波电容的容量，或在各级供电电源之间加去耦滤波器，以减小反馈量，使之不满足自激条件。

② 在高频端形成正反馈。接于直流电源输出端的大容量滤波电容，具有相当可观的寄生电感。该寄生电感是和电容串联的。随着频率的升高，寄生电感的感抗不断增大，乃至超过电容的容抗，这时公用电源内阻抗便成为感性阻抗，当频率很高时，感抗便变得十分可观。后级输出交流电源也将产生相当大的电压反馈到前级。寄生电感产生的相移和放大器各级的高频相移叠加起来，就有可能在高频端的某一频率下满足自激条件。

防止和消除这种高频寄生振荡的方法是在原有的大容量滤波电容两端并联一个小容量的无感电容，如 $10^4 \sim 10^5 \text{pF}$ 的电容。这样，虽然在高频时，大容量的电容呈现为相当大的感抗，但并联的小容量无感电容却呈现为很小的容抗。当频率很高时，电源接线的引线电感也可能形成相当可观的寄生反馈，因此在布线时应尽可能缩短电源引线。若结构上无法缩短电源引线，可在电源引线的尽头，即在低电平级的供电点接一个小容量的无感电容到地，使之和引线电感构成一个低通滤波器。

在高频功率放大器及高频振荡器中，由于通常都要用到扼流圈、旁路电容等元件，故在某些情况下会产生低频寄生振荡。要消除由于扼流圈等引起的低频寄生振荡，可以适当降低扼流圈的电感数值和减小扼流圈的 Q 值。后者可用一个电阻和扼流圈串联实现。要消除由公共电源耦合产生的多级寄生振荡，可采用由 LC 或 RC 低通滤波器构成的去耦电路，使后级的高频电流不流入前级。

（2）元器件间分布电容、互感形成的寄生耦合

在高增益的射频放大器中，由于晶体管输入、输出电路通常有振荡回路，故通过输出、输入电路间的反馈（大多是通过晶体管内部的反馈电容），容易产生在工作频率附近的寄生振荡。任意两个元器件，都可能相互形成静电和互感耦合。距离越近，寄生耦合越强。当电

平相差越大的级构成寄生反馈时，*KF* 的数值也就越大，其所产生的不良影响就越严重。因此，在布局上，应避免将最前面一级和最末一级安装在相互接近的位置。当两者被不可避免地安装在较接近的位置时，可以在两者之间加静电或磁屏蔽。静电屏蔽宜选用电导率高的材料，磁屏蔽则应选用磁导率高的材料。静电屏蔽必须接地，否则起不到应有的作用。为减小互感耦合，在安装时应使两个元器件产生的磁场相互垂直，这有利于减小互感。

（3）引线电感、器件极间电容和接线电容构成谐振回路的高频寄生振荡

在单级射频功率放大器中，还可能因大的非线性电容 C_{BE} 而产生参量寄生振荡，以及由于晶体管工作到雪崩击穿区而产生负阻寄生振荡。实践还发现，当放大器工作于过压状态时，也会出现某种负阻现象，由此产生的寄生振荡（高于工作频率）只在放大器激励电压的正半周出现。

引线电感、器件极间电容和接线电容产生的高频寄生振荡的频率很高，往往在 100MHz 以上，一般不能在示波器上直接观察到，而只能通过间接的方法判知其存在。例如，测得器件的工作状态异常，出现与正常情况严重不相符的测量结果，但检查电路也未见有焊接和元件数值问题。以人体触摸和接近电路的某些部分，可能出现元器件工作状态的改变或输出波形的变化。有时即使是单管电路，也可能产生此类振荡。

缩短连接线是防止和消除这类寄生振荡的有效方法。缩短连接线，可使组成振荡回路的寄生电容和寄生电感因连接线缩短而减小，满足自激相位条件的频率会跟着升高，但器件的放大量却随频率升高而下降，从而使得自激的振幅条件难以满足，便不能产生寄生振荡。当缩短连接线有困难时，可以在器件的输入端串入一个防振电阻。接入防振电阻可以消除和防止寄生振荡。防振电阻连接在寄生振荡的谐振回路中，降低了环路的增益。防振电阻必须焊接在紧靠器件引脚处，否则它相当于接在谐振回路之外，也就是处于寄生反馈环以外，起不到应有的作用。防振电阻的接入，会损失输入有用信号，因此，应折中选用防振电阻的阻值。防振电阻的阻值，应远比器件输入电容在最高工作频率呈现的容抗小得多。

（4）负反馈环变为正反馈环

在电路中，为了实现提高电路性能往往会设计一些负反馈环路。但是当负反馈环所包含的电路级数较多时，由于各级电路相移的积累，就有可能在某些频率点变成正反馈。如果该频率满足全部起振条件，就会在电路中激起振荡。为消除和防止这种自激寄生振荡，必须在反馈环内加所谓频率补偿元件，破坏起振条件，使相位条件和振幅条件不能同时在某一频率得到满足。有不同的防止反馈放大器自激的频率补偿方法。最简单的办法是拉开各级截止频率的频差，可选择在上截止频率最低的一级接入电容，使之变得更低。当然，在采取这种措施时，应兼顾有用信号的高频分量，不应使其过度地衰减。

需要强调指出的是，防止和消除寄生振荡既涉及正确的电路设计，同时又涉及电路的实际安装，如导线应尽可能短，应减少输出电路对输入电路的寄生耦合，接地点应尽量靠近等，因此既需要有关的理论知识，也需要从实际中积累经验。

消除寄生振荡一般采用的是试验的方法。在观察到寄生振荡后，需要判断出是哪个频率范围的振荡，是单级振荡还是多级振荡。为此可能要断开级间连接，或者去掉某级的电源电压。在判断确定是某种寄生振荡后，可以根据有关振荡的原理分析产生寄生振荡的可能原因，参与寄生振荡的元件，并通过试验（更换元件，改变元件数值）等方法来进行验证。例如，对于放大器在工作频率附近的寄生振荡，主要消除方法是降低放大器的增益，如减小回

路阻抗或射极加小负反馈电阻等。要消除由于扼流圈等引起的低频寄生振荡，可以适当降低扼流圈电感数值和减小它的 Q 值。要消除由公共电源耦合产生的多级寄生振荡，可采用由 LC 或 RC 低通滤波器构成的去耦电路等。

8.5　PCB 天线设计实例

8.5.1　300～450MHz 发射器 PCB 环形天线设计实例

下面介绍的 PCB 环形天线与匹配网络设计实例适合 MAX1472、MAX1479 和 MAX7044 300～450MHz ASK 发射器[298]。

Maxim 的 MAX7044、MAX1472 和 MAX1479 都偏置在最大功率而不是最大线性度，这意味着功率放大器（PA）的谐波分量可能非常高。所有国家的标准制定机构都要求严格限制杂散发射功率，因此对 PA 的谐波功率进行抑制非常重要。

通常，Maxim 的 MAX7044、MAX1472 和 MAX1479 都采用小尺寸 PCB 环形天线。这些环路与此频段的波长相比非常小，环路的 Q 值特别高，因此存在阻抗匹配问题。环形天线与 Maxim 发送器 IC 之间的阻抗匹配的完整模式必须包括偏置电感、PA 的输出电容、引线、封装、寄生参量等。

本小节所设计的匹配网络用于匹配 MAX7044 发射器，用于 MAX1472 和 MAX1479 也能获得满意结果。MAX7044 在驱动 125Ω 负载时达到其最高效率，而 MAX1472 和 MAX1479 支持大约 250Ω 负载。这些网络用于 MAX1472 和 MAX1479 会增加 1dB 左右的失配，因此若希望补偿此损耗，可以稍加改变匹配网络，对本小节所示的匹配元件进行一些修改。

1.　小型环形天线的阻抗

面积为 A 的 PCB 小环形天线在波长为 λ 时，辐射阻抗为

$$R_{\text{rad}}=320\pi^4\ (A^2/\lambda^4) \tag{8.5.1}$$

环形天线的损耗电阻（忽略其介质损耗）与环形天线周长（P）、线宽（w）、磁导率（$\mu=400\pi$ nH/m）、电导率（σ，$5.8\times10^7\Omega$/m，铜的典型值）、频率（f）有关，可表示为

$$R_{\text{loss}}=(P/2w)(\pi f\mu/\sigma)^{1/2} \tag{8.5.2}$$

环形天线的电感与周长（P）、面积（A）、线宽（w）、磁导率（μ）有关，可表示为

$$L=(\mu P/2\pi)\ln(8A/Pw) \tag{8.5.3}$$

以上三个方程式，可以从相关的天线理论教科书中查阅到。

2.　PCB 上的小环形天线

一个典型的 PCB 上的小环形天线如图 8.5.1 所示，可近似看成 25mm×32mm 的长方形，线宽为 0.9mm，该尺寸可用于推导小环形天线的典型电阻和电抗。

基于该尺寸可以推导出环形天线的辐射阻抗 R_{rad}、环形天线的损耗电阻 R_{loss} 和环形天线的电感 L 三个参量值。

① 在 315MHz 时，$R_{\text{rad}}=0.025\Omega$，$R_{\text{loss}}=0.3\Omega$，$L=95$nH。

② 在 433.92MHz 时，$R_{rad}=0.093\Omega$，$R_{loss}=0.35\Omega$，$L=95nH$。

从所推导的参数可见，辐射电阻特别小。另外，由耗散损耗产生的电阻比辐射电阻大 10 倍以上。这意味着此环路最好的发射效率大约为 8%（在 315MHz）和 27%（在 433.92MHz）。通常，小环形天线只能辐射来自发射器功率的百分之几，因此必须采用匹配网络使失配损耗和匹配元件引起的附加损耗最小。

3. 带偏置电感的分离电容匹配网络

最简单的匹配网络采用的是"分离电容"形式，如图 8.5.2 所示，连接电容到具有偏置电感的 PA（功率放大器）输出可以调节 C_2，使其与 L_1（与 PA 电容有关）和残余电抗（来自 C_1 和环路形天线电感）组成并联谐振。电容器 C_1 的等效串联电阻（ESR）通常为 0.138Ω，因此带串联电容的小环形天线总电阻为 0.46Ω（在 315MHz）。在频率为 315MHz 的谐振匹配网络中，微型环路通过环路串联电抗和 C_1 转换成一个阻抗为 125Ω（MAX7044 获得最高效率的最佳负载）的等效并联电路。并联电容 C_2 和偏置电感 L_1 可用来调谐等效并联电路的电抗。

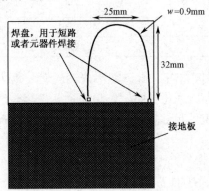

图 8.5.1　PCB 上的小环形天线

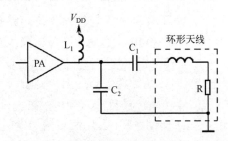

图 8.5.2　带偏置电感的分离电容匹配网络

注意：在 MAX7044 数据资料中引用的效率针对的是 50Ω 负载。辐射效率对应的最佳电阻可能不同。PA 在较宽的阻抗范围和功率等级下具有很高的效率。

C_1 和环路电感在所要求的频率点表现为正电抗，因此可以考虑用两个电容和环路电感作为 "L" 匹配网络（并联 C，串联 L），此网络将小环路电阻变换到 125Ω。从左往右看，它是一个低通、由高到低的匹配网络。偏置电感 L_1 对于匹配而言不是关键元件，但作为直流通路，为 PA 提供工作电流是必需的，并可用来抑制高次谐波。表 8.5.1 给出了用于分离电容匹配网络的理想元件值。

表 8.5.1　用于分离电容匹配网络的理想元件值

符　　号	频率与数值	
	315MHz	433.92MHz
C_1	2.82pF	1.47pF
C_2	63pF	43pF
L_1	36nH	27nH

表 8.5.1 中的 C_2 的电容值不包括大约 2pF 的 PA 输出端和 PCB 杂散电容的电容值。在本节中，此 2pF 电容在所有匹配计算中均被加入 C_2 的电容值中。

该匹配网络的 RF 功率传输特性曲线可以采用下面的公式进行计算，即

$$P_{OUT} / P_{IN} = 4R_S R_L / \left[(R_S + R_L)^2 + X_L^2 \right] \qquad (8.5.4)$$

式中，R_S 为源电阻；$(R_L + X_L)$ 为负载阻抗（负载阻抗是由匹配网络变换的环形天线阻抗）。这个表达式乘以天线效率和匹配元件引起的功耗，即可得到发射功率与可用功率之比。

实际上，小环形天线所具有的 Q 值比理论上预期的 Q 值低很多。根据实验室测量印制电路板环路（如图 8.5.1 所示）的结果进行计算，得到总等效串联电阻为 2.2Ω（在 315MHz），而不是理论值 0.46Ω。采用此电阻值时，匹配环路的标准电容和电感元件值见表 8.5.2。

表 8.5.2　分离电容匹配网络的实际元件值

符　　号	频率与数值	
	315MHz	433.92MHz
C_1	3.0pF	1.5pF
C_2	33pF	27pF
L_1	27nH	20nH

因为实际环路的损耗电阻比理论环路值大 4 倍左右，所以功率传输的最佳值大约为 -20dB，而不是 -14dB。尽管功率传输曲线在频带上比理论环路宽，但对由元件容差造成的峰值频率偏差和在指定频率降低的功率传输来讲，仍然足够宽。例如，当所有 3 个匹配元件的值高出 5% 时，传输功率会降到 -26dB。

为了扩展功率传输特性的频率，可以采用"去谐"匹配网络。"去谐"匹配网络可使得对元件容差的敏感度变小。用简单增加电阻到环形天线的"平滑"方法或把阻抗变换到与发射器不完全匹配的参数，皆可达到这一目的。

用任何一种方法扩展匹配带宽，都是以增加电阻的功耗或在失谐匹配网络造成较高的失配损耗为代价的。牺牲一定的功率损耗来获得所希望的功率传输可能是更好的解决方案，这是因为在窄带匹配中，频偏的影响非常大。

将环路阻抗变化到 500Ω 时所用的电感和电容元件值见表 8.5.3。

表 8.5.3　将环路阻抗变化到 500Ω 时所用的电感和电容值

符　　号	频率与数值	
	315MHz	433.92MHz
C_1	3.3pF	1.65pF（采用 2pF 与 3.3pF 串联）
C_2	22pF	22pF
L_1	27nH	20nH

在 315MHz 时，此电路的传输功率会减小到 -22dB，但在 5% 元件容差内，损耗变化会降到 3dB。

注意： 调谐网络的带宽越窄，"去谐"网络损耗越大。但带宽加宽，谐波抑制特性会变

差，可能不能够满足 FCC 对 315MHz 发射器的谐波抑制要求。FCC 要求所允许的发射场强为 6000μV/m，对应于 –19.6dBm 的发射功率，2 次谐波不能超过 200μV/m（–49dBm），因此对于满足最大平均发射功率的发射器来说，需要 30dB 谐波抑制。

4. 具有高载波谐波抑制的匹配网络

在匹配网络中增加一个低通滤波器，把一个π型网络插入分离电容匹配网络和发射器输出之间，即可实现良好的谐波抑制。因为π型网络也具有阻抗变换，所以阻抗变换有很多可能的组合。

在如图 8.5.3 所示的网络中，低通滤波器中的并联电容与分离电容匹配网络的并联电容组合，另一个并联电容用于调节容值，去谐偏置电感和 IC 中的杂散电容（作为匹配网络的一部分）。如图 8.5.3 所示的环形天线的近似匹配元件值见表 8.5.4。

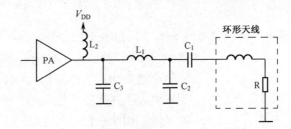

图 8.5.3　与低通滤波器相组合的分离电容匹配网络

表 8.5.4　改善谐波抑制的分离电容匹配网络的元件值

符　号	频率与数值	
	315MHz	433.92MHz
C_1	3.0pF	1.5pF
C_2	33pF	30pF
C_3	12pF	8.2pF
L_1	51nH	33nH
L_2	47nH	33nH

在图 8.5.3 中，分离电容器将低环路电阻变换到大约 150Ω（非常接近 PA 最高效率对应的 125Ω），而π型网络是为 125Ω 输入和输出阻抗设计的低通滤波器，其失配损耗仅为 –0.1dB，并且带宽较窄，对元件容差非常敏感。

利用分离电容匹配网络的失谐（但保持 125Ωπ 型低通滤波器），可以增加匹配网络的带宽（减小对元件容差的敏感度）。

表 8.5.5 中的 C_1 和 C_2 会使环形天线的并联电阻变换到 500Ω 左右，而不是最佳匹配所要求的 150Ω。天线和 125Ω 低通滤波器之间的有效失配会增加大约 2dB 的失配损耗，但扩展了匹配带宽。这意味着分离电容器匹配网络的输出是有意地设计成与π型网络不匹配。改变分离电容器，使变换后的环路电阻大于 500Ω，而保持同一π型匹配网络，可进一步扩展匹配带宽，但这会增大失配损耗。近似理想的匹配网络具有 49dB 的 2 次谐波抑制比，失配网络具有 44dB 的 2 次谐波抑制比。

表 8.5.5　改善谐波抑制、具有较宽频带的分离电容匹配网络的元件值

符　号	频率与数值	
	315MHz	433.92MHz
C_1	3.3pF	1.65pF
C_2	22pF	18pF
C_3	12pF	8.2pF
L_1	51nH	33nH
L_2	47nH	33nH

8.5.2　915MHz PCB 环形天线设计实例

1. 环形天线结构与等效电路

如图 8.5.4 所示的环形天线具有差分馈入端。如图 8.5.5 所示，也可以将接地平面作为环路的一部分，构成一个单端馈入的环形天线[299]。图 8.5.5 中的小箭头指示了电流流经环路的方向。在接地平面上，电流主要集中于地表面。因此，如图 8.5.5 所示的天线结构的电性能与如图 8.5.4 所示的差分馈入环路类似。

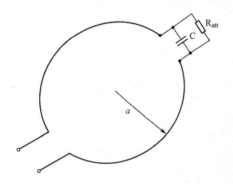

图 8.5.4　差分馈入的环形天线

若环路中的电流恒定，则可以将环路看作感应系数（Inductance）为 L 的辐射电感，此时，L 是绕线或 PCB 导线的电感值。此电感 L 与电容 C 一并构成了谐振电路。一般情况下，附加的电阻可降低天线的品质因数，并使得天线对元件的容差有更好的容忍度，但添加的电阻也将消耗一定的能量并降低天线的效率。

小型环形天线的等效电路如图 8.5.6 所示。

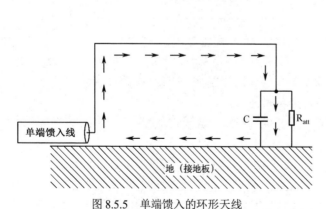

图 8.5.5　单端馈入的环形天线

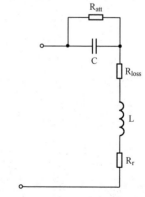

图 8.5.6　小型环形天线的等效电路

图 8.5.6 中的参数值可由下面几式计算：

$$R_{\text{loss}} = \frac{U}{2 \times w} \times \sqrt{\frac{\pi \times f \times \mu_0}{\sigma}} + R_{\text{ESR}} \qquad (8.5.5)$$

$$L = \mu_0 \times a \times \left(\ln\left(\frac{a}{b}\right) + 0.079 \right) \quad \text{（环形天线）} \tag{8.5.6}$$

$$L = \frac{2 \times \mu_0}{\pi} \times a \times \left(\ln\left(\frac{a}{b}\right) - 0.774 \right) \quad \text{（矩形天线）} \tag{8.5.7}$$

$$R_r = \frac{A^2}{\lambda^4} \times 31.17 \text{ k}\Omega \tag{8.5.8}$$

在上面的计算公式中，所采用的圆形环路的半径为 a。若采用矩形环路，假设矩形环路的边长为 a_1 及 a_2，则 $a = \sqrt{a_1 a_2}$ 的环形天线大约等效于边长为 a_1 及 a_2 的矩形天线。

用于构建环路的绕线长度（周长）称为 U。对于圆形环路来说，$U=2\pi a$；对于方形环路来说，$U=4a$。

在计算感应系数时，绕线半径 b 是必需的，此处的 b 是用于构建天线的实际绕线直径的 1/2。而在很多时候，环形天线是通过 PCB 上的导线实现的，此时可采用 $b=0.35d+0.24w$ 进行计算，式中的 d 是 PCB 铜线层的厚度，w 是 PCB 导线的宽度。

环形天线的辐射阻抗较小，其典型值小于 1Ω。损耗电阻 R_{loss} 包含了环路导体的电阻损耗及电容的损耗（等效串联电阻以 ESR 表示）。通常情况下，电容的等效串联电阻是不能被忽视的。铜箔片的厚度无须纳入损失电阻的计算中，因为趋肤效应（Skin Effect），电流将局限于导体的表面。

环路的电感 L（即绕线的电感）与电容 C 构成了串联谐振电路。该谐振电路的 LC 比率较大，且具有较高的品质因数（Q），从而使得天线对元件的容差较为敏感。这也是时常附加衰减电阻 R_{att} 以降低 Q 值的原因。

为了描述 R_{att} 对环形天线的影响，可对电路进行并串转换，并采用等效串联电阻 R_{att_trans} 表示。R_{att_trans} 的电阻值取决于电容及环路几何尺寸的可接受容差。

最大可用品质因数可通过电容容差 $\Delta C/C$ 计算得出，即

$$Q = \frac{1}{\sqrt{1 + \dfrac{\Delta C}{C}} - 1} \tag{8.5.9}$$

转化得到的串联衰减电阻为

$$R_{att\_trans} = \frac{2\pi f L}{Q} - R_r - R_{loss} \tag{8.5.10}$$

环形天线效率为

$$\eta = \frac{R_r}{R_r + R_{loss} + R_{att\_trans}} \tag{8.5.11}$$

在大多数的情况下，辐射电阻远小于损失电阻及转换衰减电阻，使得效率极为低下。在此类情况下，效率约为

$$\eta = \frac{Q R_r}{2\pi f L} \tag{8.5.12}$$

式中，R_r 取决于环路面积（对于圆形环路来说面积为 πa^2，对于方形回路来说面积为 a^2，而对于矩形回路来说面积为 $a_1 a_2$）。

图 8.5.7 展示了小型环形天线的效率相对于其直径的变化，在此假设容差为 5%。导线宽度假设为 1mm，铜箔片的厚度假设为 50μm，但上述两参数对效率的影响极其微弱，效率主要取决于衰减电阻 R_{att}。与所预想的情况一致，效率将随直径增加而提高。

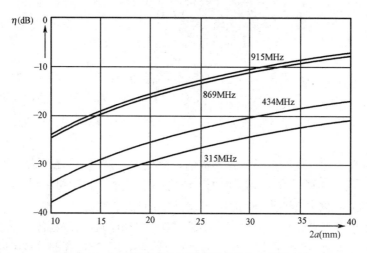

图 8.5.7　小型环形天线的效率相对于其直径的变化

2. 915MHz 环形天线设计实例

一个适合 TRF4903/TRF6903 的 915MHz 环形天线设计实例[299]如图 8.5.8 所示，其回路宽度为 25mm，高度为 11.5mm，导线宽度为 1.5mm，铜厚度为 50μm。根据前面介绍的公式，可以得到 L=40.9nH，R_r=0.22Ω，而且在 915MHz 谐振时需要的电容是 0.74pF。有关 TRF4903/ TRF6903 的更多内容请登录相关网站查询。

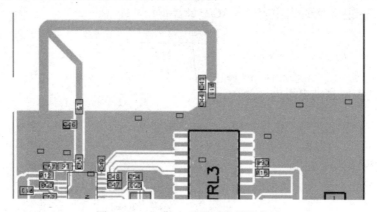

图 8.5.8　915MHz 环形天线设计实例

8.5.3　2.4GHz F 型 PCB 天线设计实例

一个适合 MC13191/92/93 收发器芯片[300]的 2.4GHz F 型 PCB 天线设计例如图 8.5.9～图 8.5.11 所示。在图 8.5.10 和图 8.5.11 中的 PCB 基材 FR-4 被除去一部分。有关 MC13191/92/93 芯片的更多内容请登录相关网站查询。F 型天线辐射图如图 8.5.12 所示。

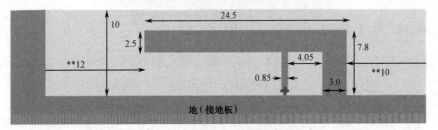

图 8.5.9　F 型天线设计例 1

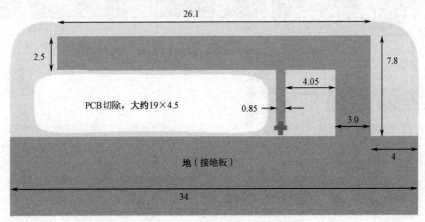

图 8.5.10　F 型天线设计例 2

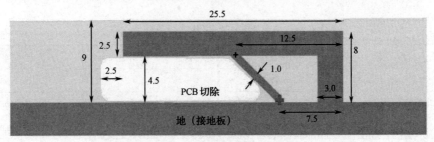

图 8.5.11　F 型天线设计例 3

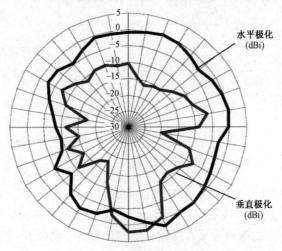

图 8.5.12　F 型天线辐射图

8.5.4　2.4GHz 倒 F PCB 天线设计实例

　　一个适合 TI 公司 CC24××和 CC25××系列收发器和发射器使用的 2.4GHz 倒 F PCB 天线如图 8.5.13 所示，工作频率为 2.4GHz，典型效率为 80%（EB）94%（SA），带宽为 280MHz @ VSWR 2:0，大小为 26mm×8mm[301]。2.4GHz 倒 F PCB 天线各部分尺寸见表 8.5.6。

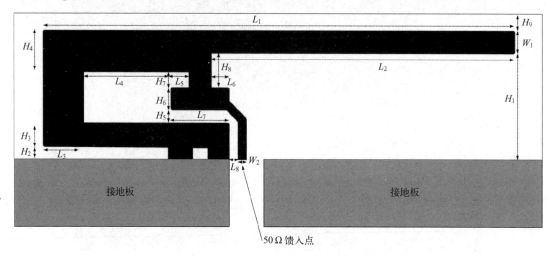

图 8.5.13　2.4GHz 倒 F PCB 天线

表 8.5.6　2.4GHz 倒 F PCB 天线各部分尺寸

符　号	尺　寸	符　号	尺　寸
H_1	5.70mm	W_2	0.46mm
H_2	0.74mm	L_1	25.58mm
H_3	1.29mm	L_2	16.40mm
H_4	2.21mm	L_3	2.18mm
H_5	0.66mm	L_4	4.80mm
H_6	1.21mm	L_5	1.00mm
H_7	0.80mm	L_6	1.00mm
H_8	1.80mm	L_7	3.20mm
H_9	0.61mm	L_8	0.45mm
W_1	1.21mm		

8.5.5　2.4GHz 蜿蜒式 PCB 天线设计实例

　　一个适合 STM32W108 系列 2.4GHz PCB 天线设计实例 [302]如图 8.5.14 所示，采用蜿蜒式微带天线设计形式。PCB 天线的设计对布局、印刷电路板材料的电气参数是十分敏感的，应尽可能接近所推荐使用的布局形式。推荐采用的基板参数见表 8.5.7。蜿蜒式天线阻抗的史密斯圆图如图 8.5.15 所示。

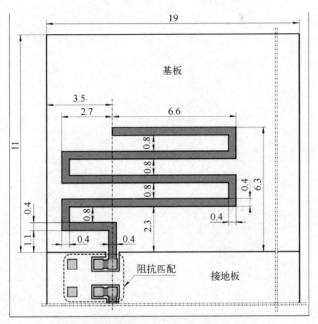

（a）蜿蜒式（Meander）PCB 天线

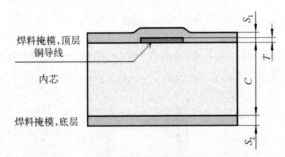

（b）在天线区域的 PCB 截面图

图 8.5.14 2.4GHz 蜿蜒式 PCB 天线设计实例

表 8.5.7 推荐采用的基板规格

层	尺寸					相对介电常数 ε_r
	标签	数值	单位	数值	单位	
焊料掩模，顶层	S_1	0.7	mil	17.78	μm	4.4
铜导线	T	1.6	mil	40.64	μm	...
内芯	C	28	mil	711.2	μm	4.4
焊料掩模，底层	S_2	0.7	mil	17.78	μm	4.4

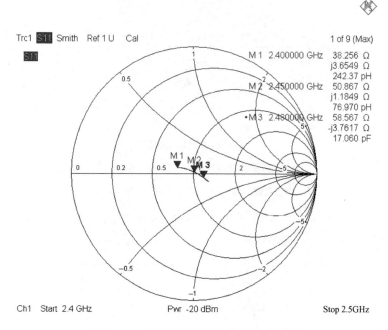

图 8.5.15 蜻蜓式天线阻抗的史密斯圆图

8.5.6 2.4GHz 全波 PCB 环形天线设计实例

一个适合 MC13191/92/93 收发器芯片[300]的 2.4GHz 全波 PCB 环形天线设计实例如图 8.5.16 所示，环的边长为 14mm，导线宽带为 3×3mm，加感线圈电感为 2×3.9nH，阻抗为 200Ω。

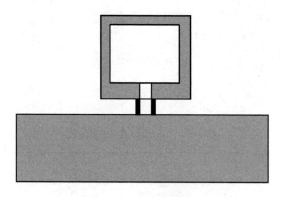

图 8.5.16 全波环形天线

8.5.7 2.4GHz PCB 槽（Slot）天线设计实例

一个适合 MC13191/92/93 收发器芯片[300]的 2.4GHz 槽（Slot）天线设计实例如图 8.5.17 所示，PCB 基材可以使用酚醛塑料（Pertinax）和 FR-4。所设计的槽（Slot）天线的长度为 26mm，宽度为 5mm，槽长度为 23mm，槽宽度为 0.6mm，馈电点为 2.7mm（离短边），阻抗大约为 200Ω。

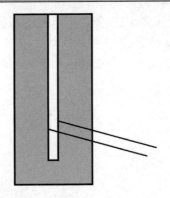

图 8.5.17　一个槽（Slot）天线设计例

8.5.8　2.4GHz PCB 片式天线设计实例

一个适合 MC13191/92/93 收发器芯片[300]的 2.4GHz PCB 片式天线设计实例如图 8.5.18 和图 8.5.19 所示。

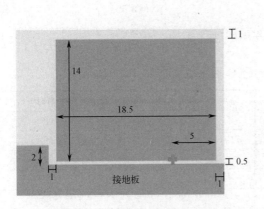

图 8.5.18　片式天线设计实例 1

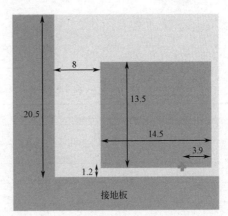

图 8.5.19　片式天线设计实例 2

8.5.9　2.4GHz 蓝牙、802.11b/g WLAN 片式天线设计实例

一个适合 CC24××、CC25×× 收发器和发射器使用的 2.4GHz 片式天线（Fractus® Compact Reach Xtend™）如图 8.5.20 所示。其频率范围为 2400～2500MHz，辐射效率大于 50%，带宽为 150MHz，峰值增益大于 0dBi，VSWR 小于 2：1，线性极化，质量为 0.1g，温度范围为 -40～ +85℃，阻抗为 50Ω，尺寸为 7mm×3mm×2mm[303]。片式天线 PCB 安装尺寸见表 8.5.8。

类似产品有微型天线 DUO mXTEND™ （NN03-320）是一个适合 5G 物联网使用的微型天线 [304]，频率范围为 3.4GHz～3.8GHz，平均效率大于 60%，峰值增益为 2.6dBi，驻波比小于 3.0：1，全向辐射方向图，线性极化，阻抗为 50Ω，尺寸为 7.0mm×3.0mm×2.0mm，重量（约）0.11g，温度为-40～+125℃。

微型天线 DUO mXTEND™ （NN03-310）是一个适合多频段使用的微型天线[305]，频率范围为 698～960MHz、1710～2690MHz、3400～3800MHz；三个频率范围的平均效率分别为大于 50%，大于 60%，大于 65%；三个频率范围的峰值增益分别为 1.5dBi、2.7dBi、3.1dBi；三个频率范围的驻波比分别为小于 3.0∶1，小于 3.0∶1，小于 2.0∶1；全向辐射方向图，线性极化，阻抗为 50Ω，尺寸为 30.0mm×3.0mm×1.0mm，重量约 0.25g，温度为 −40～+125℃。

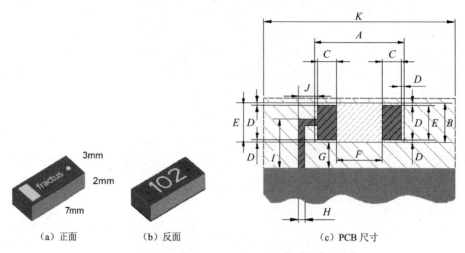

（a）正面　　　　　（b）反面　　　　　　　（c）PCB 尺寸

图 8.5.20　2.4GHz 片式天线

表 8.5.8　2.4GHz 片式天线 PCB 安装尺寸

符号	尺寸（mm）	符号	尺寸（mm）
A	7.00	G	2.00
B	3.00	H	0.50
C	1.50	I	3.75
D	0.20	J	1.50
E	2.60	K	15.00
F	3.60		

8.5.10　2.4GHz 和 5.8GHz 定向双频宽带印制天线实例

一个 2.4GHz 和 5.8GHz 定向双频宽带印制天线结构示意图[306]如图 8.5.21 所示，天线馈电端口采用 50Ω 的共面波导（CPW）传输线。Ant-A 为初始原型，包含一个环形结构和一个中心馈电带线结构。Ant-A 只在 2.4GHz 附近获得了较宽的谐振特性，且反射系数还需要进一步优化。在高频波段，特别是在所关心的 5.8GHz 频带内，不具有谐振模式。为了获得高频谐振特性，Ant-B 在 Ant-A 的基础上通过增加了一个 C 形带线，不仅调节了低频阻抗匹配状态，而且进一步地还获得了高频谐振模式，其在高频波段的-10dB 阻抗带宽为 9.9%（5.47～6.04GHz），然而，对于宽带天线来说，这个阻抗工作带宽是不够的，还需要进一步展宽。因此，Ant-C 在 Ant-B 的基础上，在背面进一步地增加了另一个 C 形带线，对天线的高频带宽进行必要地展宽。最终，天线可以获得的-10dB 双频阻抗带宽分别为 17.5%（2.14～2.53GHz）和 21.6%（5.32～6.5GHz），工作频率完全覆盖 WLAN 的 2.4GHz 和 5.8GHz 频带。进一步的设计是采用蘑菇形的周期性 EBG 结构作为天线反射器，使其在两个宽频范围内实现了定向辐射。结果表明，天线回波损耗小于-10dB 的带宽分别为 34%（1.83～2.58GHz）和 12.2%（5.62～6.35GHz），低频增益大于 5dBi，高频增益大于 9dBi。

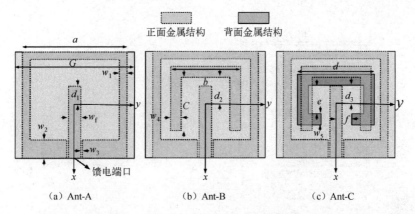

图 8.5.21　2.4GHz 和 5.8GHz 定向双频宽带印制天线结构示意图

各天线参数的优化值为：G=50mm，h_1=1.6mm，h_2=4.4，h=10mm，a=42mm，b=28.5mm，c=20.5mm，d=30mm，e=13.5mm，f=6.5mm，d_1=8mm，d_2=10.5mm，w_1=4mm，w_2=7.5mm，w_3=1mm，w_4=3.5mm，w_5=3.5mm，w_f=4mm。

8.5.11　2.75～10.7GHz E 面对称切割小型化超宽带天线实例

一个 E 面对称切割小型化超宽带天线 [307] 如图 8.5.22 所示。天线的物理尺寸仅为 7mm×23mm×1.6mm。各部分具体尺寸参数见文献[307]。

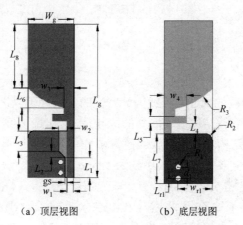

图 8.5.22　E 面对称切割超宽带天线结构图

制作天线的板材采用相对介电常数为 4.4，厚度为 1.6mm 的 FR-4。将一个 50Ω 的 SMA 接头焊接在天线馈线输入端口，对天线进行测试。从天线仿真和测试结果可知，此款天线仿真的工作频带为 2.78～11GHz，测试的工作频带为 2.75～10.7GHz。

8.5.12　六陷波超宽带天线实例

一个新型的六陷波超宽带天线和谐振结构[308]如图 8.5.23 所示，通过在辐射贴片上添加一个 T 形谐振枝节、一个弯枝节、开一个 U 形槽，在馈线附近引入 C 形枝节、反 C 形枝节，以及在地板上开一对对称的 L 形槽，实现了六陷波特性，有效地抑制了窄带系统和超宽带系统之间的相互干扰。

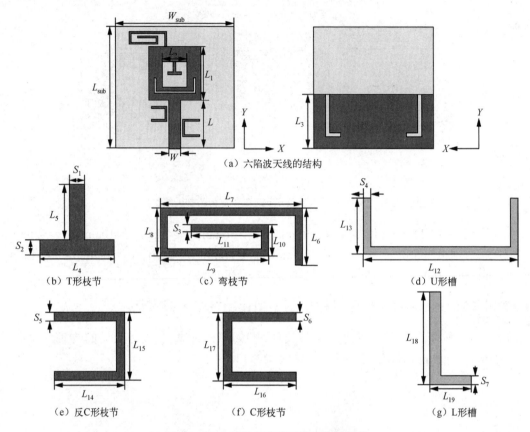

（a）六陷波天线的结构

（b）T形枝节　　（c）弯枝节　　　　　　　（d）U形槽

（e）反C形枝节　　　（f）C形枝节　　　　　　（g）L形槽

图 8.5.23　六陷波超宽带天线和谐振结构

通过研究 6 个陷波结构的尺寸对天线陷波特性的影响，可以设计出所需频段陷波的超宽带天线。整个设计过程中陷波结构调节顺序的原则是，先调影响天线陷波个数多的结构，再调影响天线陷波个数少的结构。优化后天线的各部分具体参数参考文献[308]。制作天线的材料为聚四氟乙烯，相对介电常数为 3.5，厚度为 1.5mm。该天线是一款能够对 2.3～2.7GHz、3.3～3.7GHz、4.5～5GHz、5.5～5.9GHz、7.2～7.7GHz 和 8～8.5GHz 这 6 个频段陷波的超宽带天线，有效地抑制了微波互联网 WIMAX（2.3～2.4GHz、2.5～2.69GHz、3.3～3.8GHz）、无线局域网 WLAN（2.4～2.484GHz、5.15～5.825GHz）、国际卫星波段（4.5～4.8GHz）、卫星 X 波段（7.25～7.75GHz）和国际电信联盟（ITU）波段（8.01～8.5GHz）与超宽带系统之间的相互干扰。

8.5.13　毫米波雷达 PCB 天线设计实例

汽车用毫米波雷达的工作频率主要为 24GHz 频段和 77GHz 频段。24GHz 频段主要用于短距雷达，探测距离约 50m。77GHz 频段雷达有 76～77GHz 和 77～81GHz 两个频段，带宽分别为 1GHz 和 4GHz，其带宽优势显著提高了分辨率和精度。77GHz 频段雷达由于频率高，波长短，使设计的雷达收发器或天线等组件较小，从而减小了雷达的外形尺寸，易于在车身中安装和隐藏。79GHz 频段（77~81GHz）毫米波雷达具有更宽的信号带宽，可进一步提高雷达传感器的分辨率，增大扫描角度，甚至实现 4D 成像。

1. 毫米波雷达的 PCB 结构形式

77GHz 频段毫米波雷达系统模块基于 FMCW 雷达的设计方案，大多采用如 TI、Infineon 或 NXP 等的完整的单芯片解决方案，芯片内集成了射频前端、信号处理单元和控制单元，提供多个信号发射和接收通道。雷达模块的 PCB 设计依据客户在天线设计上的不同而有所不同，主要有图 8.5.24 所示的几种方式[309]。

图 8.5.24（a）采用超低损耗的 PCB 材料作为最上层天线设计的载板，天线设计通常采用微带贴片天线，叠层的第二层作为天线和其馈线的接地层。叠层的其他 PCB 材料均采用 FR-4 的材料。这种设计相对简单，加工容易，成本低。但由于超低损耗 PCB 材料的厚度较薄（通常 0.127mm），需要关注铜箔粗糙度对损耗和一致性的影响。同时，微带贴片天线较窄的馈线需要关注加工的线宽精度控制。

图 8.5.24（b）采用介质集成波导（SIW）电路进行雷达的天线设计，雷达天线不再是微带贴片天线。除天线外，其他 PCB 叠层仍和第一种方式一样采用 FR-4 的材料作为雷达控制和电源层。这种 SIW 的天线设计选用超低损耗的 PCB 材料，以降低损耗增大天线辐射。材料的厚度通常选择较厚 PCB，可以增大带宽，也可以减小铜箔粗糙度带来的影响，而且不存在较窄线宽在加工时的其他问题，但需要考虑加工 SIW 的过孔和位置精度问题。

图 8.5.24（c）采用超低损耗材料设计多层板的叠层结构。依据不同的需求，可能其中几层使用超低损耗材料，也有可能全部叠层均使用超低损耗材料。这种设计方式大大增加了电路设计的灵活性，可以增大集成度，进一步减小雷达模块的尺寸，但缺点是相对成本较高，加工过程相对复杂。

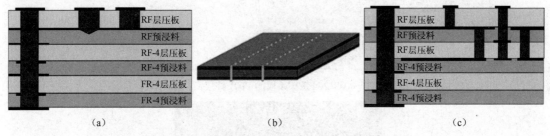

图 8.5.24　采用不同设计的毫米波雷达 PCB 结构形式

2. PCB 材料选择[309]

根据毫米波雷达的 PCB 结构形式可以选择不同的 PCB 材料。例如，不含玻璃布的 RO3003 材料，其性能能够满足 77GHz 毫米波雷达的需求。RO3003 具有非常稳定的介电常数，超低的损耗特性（常规测试 10GHz 下的损耗因子为 0.001）；同时不含有玻璃布的结构，可减小在毫米波频段下带来局部的介电常数的变化，消除信号的玻璃纤维效应，以增加毫米波雷达的相位稳定性。RO3003 也具有超低吸水率特性（0.04%@D48/50）；极低介电常数随温度变化稳定性（$-3×10^{-6}/℃$）；可以提供多种铜箔类型和铜厚的选择，有助于提高加工精度和合格率。

改进的 RO3003G2 在材料系统中对填料进行了优化，减小填料颗粒，提高材料系统均一性，进一步减小整板及批次之间的介电常数容差；更小和均一的填料也使得在 PCB 加工过程中可以实现更小的过孔设计。RO3003G2 选择更为光滑的铜箔，降低了电路中的插入损耗，可以匹配 79GHz 频段（77～81GHz）毫米波雷达对 PCB 材料性能的要求。

CLTE-MW 是基于 PTFE 树脂体系的材料，具有非常小的损耗因子特性（10GHz 时为损耗因子为 0.0015），采用了特殊的低损耗开纤玻璃布增强，与均匀的填料一起，可提供出色的尺寸稳定性，使玻纤效应影响降到最低，有从 3～10mil 的多种厚度选择，适合用于77GHz 毫米波射频多层板的应用。

RO4830 的介电常数与 77GHz 毫米波雷达最常用的低介电常数相匹配；同时具有极低的插入损耗特性和与易加工性等特点，选用特殊的低损耗开纤玻璃布也提高了材料在毫米波频段的性能一致性，可以使天线可以获得更一致的相位特性和更高的天线增益。

3. 设计实例

TI 公司的 AWR2243 是一个单芯片、76～81GHz FMCW（频率调制连续波）收发器，AWR2243EVM 板的 PCB[310]采用图 8.5.24（a）所示的混合叠层结构，叠层结构如图 8.5.25所示。罗杰斯（Roqers）RO4835 LoPro 型芯材用于金属层 1 和 2 之间。剩余层 2～6 刻蚀在FR-4 芯和预浸料基板上。AWR2243EVM 板天线部分的 PCB 截图如图 8.5.26 所示。有关AWR2243EVM 板的电路原理图和 PCB 布局图的更多信息，请登录相关网站查询。

层	叠层结构	描述	类型	基底厚度	加工后的厚度	ε_r介电常数	铜覆盖率
1				0.689	2.067		100.000
		Roqers 4835 4mil 芯材	Roqers 4835	4.000	4.000	3.480	
2				1.260	1.260		73.000
		Iteq IT180A 预浸料 1080	介质	4.195	2.830	3.700	
		Iteq IT180A 预浸料 1080	介质	4.195	2.830	3.700	
3				1.260	1.260		69.000
		Iteq IT180A 28 mil 芯材 1/1	FR-4	28.000	28.000	4.280	
4				1.260	1.260		48.000
		Iteq IT180A 预浸料 1080	介质	4.195	2.691	3.700	
		Iteq IT180A 预浸料 1080	介质	4.195	2.691	3.700	
5				1.260	1.260		72.000
		Iteq IT180A 4 mil 芯材 1/H	FR-4	4.000	4.000	3.790	
6				0.689	2.067		100.000

（左侧标注 56.21）

图 8.5.25　AWR2243EVM 板的 PCB 叠层结构示意图

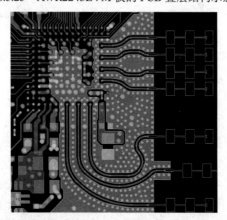

图 8.5.26　AWR2243EVM 板天线部分的 PCB 截图

第 9 章
射频与微波功率放大器的热设计

9.1 热设计基础

9.1.1 热传递的三种方式

在电子产品中只要有温度差就有热传递，通过热传递可以达到对印制板组装件的散热和冷却。热传递有三种方式：传导、辐射和对流。

1. 传导

材料的热传导能力与热导率（K）、导热方向的截面积和温差成正比，与导热的长度和材料厚度成反比。IPC 标准提供的不同材料的热导率[311]见 9.1.1。传导散热需要有较高热导率的材料或介质，常用铝合金或铜作为散热器材料，对于大功率元器件可以外加材料厚度较厚的散热器。

表 9.1.1　IPC 标准提供的不同材料的热导率

材　　料	热导率 K［W/(m·℃)］	热导率 K［K/(℃·s)］
静止的空气	0.0267	0.000066
环氧树脂	0.200	0.00047
导热环氧树脂	0.787	0.0019
铝合金 1100	222	0.530
铝合金 3003	192	0.459
铝合金 5052	139	0.331
铝合金 6061	172	0.410
铝合金 6063	192	0.459
铜	194	0.464
低碳钢	46.9	0.112

2. 辐射

热辐射是指通过红外射线（IR）的电磁辐射传热。辐射能量的大小与材料的热辐射系数、物体散热的有效表面积及热能的大小有关。在材料有相同热辐射系数的条件下，无光泽或暗表面比光亮或有光泽的表面热辐射更强。在选择散热器或散热面时，选无光泽的暗表面散热效果会更好一些。相互靠近的元器件或发热装置（如大功率器件等）彼此都会吸收对方的热辐射能量，加大两者之间的距离，可以降低相邻元器件的热辐射影响。

3. 对流

对流是在流体和气体中的热能传递方式，是最复杂的一种传热方式。热传输的速度与物体的表面积、温差、流体的速度和流体的特性有如下函数关系。

$$Q_e = h_c \times A_s \times (T_s - T_a) \tag{9.1.1}$$

式中，Q_e 为对流的热传输速率；h_c 为热传输系数；A_s 为物体的表面积；T_s 为固体的表面温度；T_a 为环境温度。

热传输系数受固体的形状、物理特性，流体的种类、黏性、流速和温度、对流方式（强制对流或自然对流）等因素的影响。

对于空气介质，不同对流方式的热传输系数见表 9.1.2。

表 9.1.2　空气中不同对流方式的热传输系数

对　流　方　式	热传输系数 h_c
自然对流	$0.0015 \sim 0.015 W/(in^2 \cdot ℃)$
强制对流	$0.015 \sim 0.15 W/(in^2 \cdot ℃)$

从表中可以看出，强制对流可以大大提高热传输系数，提高散热效果。

9.1.2　温度（高温）对元器件及电子产品的影响

一般而言，温度升高会使电阻阻值降低，使电容器的使用寿命降低，使变压器、扼流圈的绝缘材料的性能下降。温度过高还会造成焊点变脆、焊点脱落，焊点机械强度降低；结温升高会使晶体管的电流放大倍数迅速增大，导致集电极电流增大，最终导致器件失效。

造成电子设备故障的原因虽然很多，但高温是其中最重要的因素［其他因素的重要性排序依次是振动（Vibration）、潮湿（Humidity）、灰尘（Dust）］。例如，温度对电子设备的影响高达 60%。

温度和故障率的关系是成正比的，可以用下式来表示。

$$F = A_C - \frac{E}{KT} \tag{9.1.2}$$

式中，F 为故障率；A_C 为常数；E 为功率；K 为玻耳兹曼常数；T 为结点温度。

有统计资料表明，电子元器件温度每升高 2℃，可靠性下降 10%，温升 50℃时的寿命只有温升为 25℃时的 1/6。有数据显示表明，45%的电子产品损坏是由于温度过高引起的，由此可见热设计的重要性。

9.1.3　温度减额设计

半导体器件的质量和可靠性受使用环境的影响很大，其中温度是一个主要参数。即使是相同质量的产品，如果使用环境恶劣（如高温），可靠性就会降低；如果使用环境良好（如较低温度），可靠性就会提高。即使在最大额定值之内，如果在像寿命试验那样非常恶劣的条件下使用，也有可能引发损耗故障，所以减额设计是非常重要的[312]。

减额有设计极限的减额和制造不良的减额两种。

（1）设计极限的减额

在使用条件极其恶劣等（相当于在实际使用时间内已进入损耗故障区）情况下，如果不减额使用，就必须预定在实际使用一段期间后的保养时交换全部元器件。

（2）制造不良的减额

如果使用条件恶劣而在实际使用时间内没有进入损耗故障区，就有可能忽视在偶发故障区发生的故障概率。

在表 9.1.3 中，假设温度项目中的接合部温度在间歇使用（1 天使用 3h 左右）时，大致能使用 10 年。当降低结温，在高可靠性的条件下使用时，全天候工作大致能工作 10 年。

特别说明：表 9.1.3 到表 9.1.7 摘自 Renesas Electronics Inc.的《可靠性手册》[312]，主要作用是展示半导体器件工作可靠性与温度的关系，所以不再展开解释其中具体一些名词和变量。

表 9.1.3　减额设计的标准示例①

减额要素②		二极管	晶体管	IC	HyIC	LD
温度	接合部温度③	≤110℃ (T_j≤60℃)			—	≤110℃ (T_j≤60℃)
	器件的环境温度③	Topr min ～ Topr max (T_a=0 ～ 45℃)				Topr min ～ Topr max T_a 根据个别规格书
	其他	功耗、环境温度、散热条件 $T_j=P_d×\theta_{ja}+T_a$			—	—
湿度	相对湿度	相对湿度 =40% ～ 80%				
	其他	通常在因急剧的温度变化而产生结露时，对印制电路板进行表面处理				无结露
电压	耐压	≤最大额定值 ×0.8 ≤最大额定值 ×0.5)	≤最大额定值 ×0.8	符合产品目录的推荐条件	符合交货规格书的推荐条件	
	过电压	实施包含静电破坏的过电压的防止对策				
电流	平均电流	≤I_C×0.5 ≤I_C×0.25	≤I_C×0.5	≤I_C×0.5 （尤其是功率 IC）	符合交货规格书的推荐条件	
	峰值电流	≤I_f(率值)×0.8	≤I_C(率值)×0.8	≤I_C(率值)×0.8 （尤其是功率 IC）	符合交货规格书的推荐条件	
	其他	—	—	考虑扇出、负载阻抗	—	考虑光输出 P_{omax}
功率	平均功率	≤最大额定值 ×0.5 （尤其是齐纳二极管）	≤最大额定值 ×0.5 （尤其是功率晶体管）	≤最大额定值 ×0.5 （尤其是功率 IC、高频率 IC）	符合交货规格书的推荐条件	$V_f×I_f×$Duty
脉冲④	ASO	不超过个别产品目录的最大额定值				
	电涌	≤I_f(浪涌)	≤I_C(峰值)	≤I_C(峰值)	符合交货规格书的推荐条件	

① 特殊的使用条件除外。

② 必须尽可能同时满足这些减额要素。

③ 尤其对于高可靠性，必须使用（）内所示的值。

④ 一般对于过渡状态，包括电涌等的峰值电压、电流、功率、接合部温度不能超过最大额定值，并用上述的平均值进行减额以保证可靠性。ASO 因使用的电路而不同，请预先向本公司的技术人员询问。

温度减额的特性示例[312]见表 9.1.4。一般根据以下两种观点推定可靠度。

① 如果温度升高，就会加速半导体器件的构成物质的化学反应，从而导致不良。

② 是否能保证在实际使用中不发生损耗故障，应根据可靠性试验的结果，以及实际使

用时的标准环境条件，通过给定各故障模式，求已确认的寿命试验数据和实际使用条件之间的加速系数，然后进行减额。一般只通过温度加速得不到充分的加速率，需要与电压、温差等的加速率并用。在塑料材料的玻璃化温度等与常温区不同的反应所决定的故障模式中，有可能做出错误的判断，所以需要仔细研究温度的加速极限。

表 9.1.4　温度减额的特性示例

减额的应用例子		温度减额
应力因素	接合部温度	
故障判断基准	电特性的劣化	
故障机理	化学反应引起的劣化	

概要：

横轴表示绝对温度的倒数，纵轴表示该温度规定的故障率的发生时间。因为不良由物质的化学反应引起，所以一般需要从外部施加能量来引发反应。

按照化学反应论，此能量由热运动能提供。根据麦克斯韦-玻尔兹曼法则，热运动能的分布为

$$寿命 = 常数 \times \exp\left(\frac{E_a}{kT}\right)$$

式中，E_a 为激活能 (eV)；T 为绝对温度 (K)；k 为玻尔兹曼常数 $(8.617 \times 10^{-5}\,\text{eV/K})$。

减额数据的计算方法：

求 T_j 为 150℃ 的寿命试验和 T_j 为 65℃ 的加速系数 α。激活能用氧化膜绝缘破坏的一般值0.5eV。

$\alpha = \exp(0.5/8.617 \times 10^{-5}/(273+65))$
$\quad\quad \exp(0.5/8.617 \times 10^{-5}/(273+150))$

功率晶体管的功率循环减额的特性示例[312]见表 9.1.5。假设故障机理是结构材料的热疲劳破坏。通常，此模式与损耗故障模式有关，所以充分的减额计算对功率器件非常重要。需要计算在半导体器件的生命周期中用多大的温差、外加多少循环的热交变应力，并将其反映到热设计中。

表 9.1.5　功率晶体管的功率循环减额的特性示例

减额的应用例子		功率晶体管的温差减额
应力因素	接合部温度差	
故障判断基准	$\theta_{\text{ch-c}}$ 的劣化	
故障机理	焊料疲劳	

概要：

温差的 n 次方和功率循环极限成正比。

$$循环寿命数 = 常数 \times 温差^n$$

对此式的两边取对数

$$\lg(循环寿命数) = n \times \lg(温差) + \lg(常数)$$

假设横轴为功率循环 ON/OFF 时的接合部温度差 (ΔT_{ch}) 的对数，纵轴为此时功率循环极限数的对数，就能近似于直线。

因此，能从功率晶体管的使用条件求设备的耐用年限。相反，设备的要求耐用年限能决定功率晶体管的散热条件。

当 $\Delta T_{\text{ch}} = 90℃$ 时，10000 次循环实际产品的例子

减额数据的计算方法：

假设 T_C 的实测值为 85℃、P_C=20W、$\theta_{\text{ch-c}}$=1.0℃/W，则 $T_{j\,\text{max}}$=85+20×1.0=105℃，与 T_a=25℃ 的温差 ΔT_j=80℃。

从图表中读取此时的循环寿命，得到可使用的循环数。

在 TO-3PFM 的情况下，n 大约是 5，因此能简单地计算可靠性试验数据为 85 的条件和实际使用条件之间的加速率。

电压、电流和功率的减额对防止破坏现象特别有效，尤其是此破坏现象和温差减额有着密切的关系。结构缺陷的进展使破坏强度逐渐变弱，即使初期没有破坏性的应力也变为具有破坏性的应力强度模型的对象。

实际使用条件不是用单一条件所能记述的，而是随着时间的推移发生连续性的变化。通常假设最坏的条件，通过减额判断其是否可以使用。但是，当无论如何也无法将条件归纳为单一条件时，就重新换算为如下的标准条件（复合应力温差加速的特性示例参照表 9.1.6，复合应力温度加速的特性示例参照表 9.1.7），然后进行减额。

表 9.1.6　复合应力温差加速的特性示例

减额的应用例子		功率晶体管的温差减额（例）
应力因素	接合部温度差	多个条件下的温度减额：
故障判断基准	$\theta_{\text{ch-c}}$ 的劣化	
故障机理	焊料疲劳	首先，求实际使用条件和寿命试验条件之间的加速系数。
概要： 只在固定条件下不一定能说明实际使用环境的变化。例如，在盛夏季节，汽车在高速公路上行驶后，如果在高速公路服务区关闭发动机，就对汽车发动机室的温度等非常不好。 假设此时的 T_{ch} 是 175℃，平均一年发生 50 次；假设通常使用时的 T_{ch} 是 125℃，平均一天开关 5 次。 当可靠性试验的条件为 ΔT=90℃时，计算上述条件相当于可靠性试验条件下的多少循环。 但是，假设寿命 = 常数 × 温差 ^{n}，则 n=5。		$\alpha_1=\{(175-25)/90\}^5$=21.4 倍 $\alpha_2=\{(125-25)/90\}^5$=1.88 倍 假设当 ΔT=90℃时，需要的循环数为 m，则 m=50 次／年 ×10 年 ×21.4+365 日 ×10 年 ×5 次／日 × 1.88 当 ΔT=90℃时，寿命试验大约为 45000 个循环。 如果用在严格的环境下，加速极限是个问题。此时，请向本公司的销售技术部询问。

表 9.1.7　复合应力温度加速的特性示例

减额的应用例子		复合应力温度的减额例子
应力因素	接合部温度差	多个温度条件下的减额：
故障判断基准	$\theta_{\text{ch-c}}$ 的劣化	$\alpha_1=\exp(0.6/8.517e^{-5}/(273+165)$
故障机理	焊料疲劳	$\quad\exp(0.6/8.517e^{-5}/(273+175)$
概要： 只用固定条件不一定能说明实际使用环境的变化。例如，在盛夏季节，汽车在高速公路上行驶后，如果在高速公路服务区关闭发动机，就对汽车发动机室的温度等非常不好。 假设此时的 T_j 是 165℃，平均一年发生 10h；假设通常使用时的 T_j 是 125℃，平均一天行驶 5h。 当可靠性试验的条件为 T=175℃时，计算上述条件相当于可靠性试验条件下的多少小时。 但是，假设寿命 = 常数 × $\exp\left(\dfrac{E_a}{kT}\right)$，则 E_a=0.6。		$\quad$=0.71 倍 $\alpha_2=\exp(0.6/8.517e^{-5}/(273+125)$ $\quad\exp(0.6/8.517e^{-5}/(273+175)$ $\quad$=0.14 倍 相当于 175℃可靠性试验时间的实际使用条件 t 为 t=0.71×10h／年 ×10 年 +0.14×365 日／年 ×10 年 × 5h／日=2620h 将寿命试验时的确认时间控制在 1000h 以内，这对此后的质量保证极其重要。 如果用在严格的环境下，加速极限是个问题。此时，请向本公司的销售技术部询问。

9.2 射频与微波功率放大器器件的封装与热特性

9.2.1 射频与微波功率放大器器件的封装

与其他类型的集成电路一样，射频与微波功率放大器器件也有多种封装形式，如图 9.2.1 所示。一个器件型号也可以有几种封装形式，如图 9.2.2 所示。通常，在射频与微波功率放大器器件的数据手册（数据表）中都会给出相关型号和尺寸等参数。

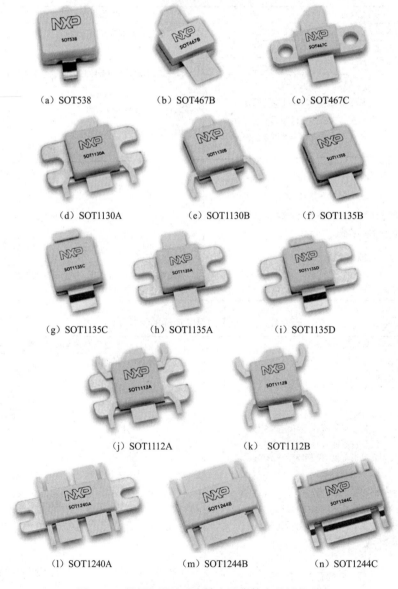

(a) SOT538   (b) SOT467B   (c) SOT467C

(d) SOT1130A   (e) SOT1130B   (f) SOT1135B

(g) SOT1135C   (h) SOT1135A   (i) SOT1135D

(j) SOT1112A   (k) SOT1112B

(l) SOT1240A   (m) SOT1244B   (n) SOT1244C

图 9.2.1 射频与微波功率放大器器件多种封装形式

（a）CASE 1618-02 TO-270 WB-14 NR1　　　（b）CASE 1621-02 TO-270 WB-14 GNR1

（c）CASE 1617-02 TO-272 WB-14 NBR1

图 9.2.2　一个器件型号的几种封装形式

各射频与微波功率放大器器件生产商网站也可以提供有关 IC 封装的相关信息。例如，ADI 公司网站的"Packages Index（封装索引）"如图 9.2.3 所示。

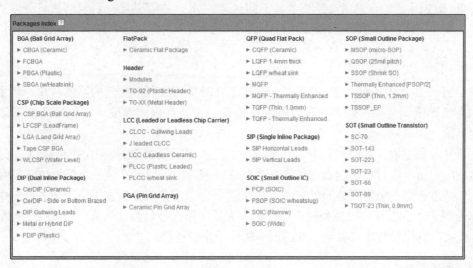

图 9.2.3　ADI 公司网站的"Packages Index（封装索引）"

9.2.2　与器件封装热特性有关的一些参数

与器件封装热特性有关的一些参数[313-314]如下。

1. 结到周围环境的热阻 θ_{JA}

热阻一般用符号 θ 来表示，单位为℃/W。除非另有说明，热阻指热量在从热 IC 结点传导至环境空气时遇到的阻力。热阻也可以将其表示为 θ_{JA}，即结到环境的热阻。

结到周围环境的热阻 θ_{JA} 被定义为从芯片的 pn 结到周围空气的温差与芯片所耗散的功率

之比。θ_{JA} 的单位是℃/W。

当电路的封装不是很好地向部件内其他元器件散热的时候，θ_{JA} 是较好的热阻指示参数。

在器件数据手册中，通常会给出各种不同封装的 θ_{JA}。在评估哪一种封装不会过热，以及在环境温度和功耗已知的情况下确定芯片结温的时候，这是一个非常有用的参数。

热阻 θ_{JA} 与周围空气温度 T_A、半导体结温 T_J、半导体的功耗 P_D 的关系如下。

$$T_J = T_A + P_D \times \theta_{JA} \tag{9.2.1}$$

式中，T_J 为半导体结温（℃）；T_A 为周围空气温度（℃）；P_D 为半导体的功耗（W），θ_{JA} 为结到周围环境热阻（℃/W），$\theta_{JA} = \theta_{JC} + \theta_{CH} + \theta_{HA}$；$\theta_{JC}$ 为结到外壳热阻（℃/W），θ_{CH} 为外壳到散热器热阻（℃/W），θ_{HA} 为散热器到周围空气热阻（℃/W）。

2. 结到外壳的热阻 θ_{JC}

结到外壳的热阻 θ_{JC} 被定义为从芯片的 pn 结到外壳的温差与芯片所耗散的功率之比。θ_{JC} 的单位是℃/W。

θ_{JC} 这一参数与管壳到周围环境的热阻无关，而 θ_{JA} 参数是与此热阻有关的。当电路的封装被安排成可以向部件中其他元器件散热的时候，θ_{JC} 是较好的热阻指示参数。

在 IC 数据手册中，通常会给出各种不同封装的 θ_{JC}。在评估哪一种封装最不会过热以及在外壳温度和功耗已知的情况下确定出芯片结温的时候，这是一个非常有用的参数。

3. 自由空气工作温度 T_A

自由空气工作温度条件 T_A 被定义为运放工作时所处的自由空气的温度，在一些资料中也称为环境温度。其他一些参数可以随温度而变，导致在极值温度下工作性能的下降。T_A 以℃为单位。

在器件数据手册（数据表）中，T_A 的范围被列入绝对最大值的表内，因为如果超过了表中的这些应力值，则可以引起器件的永久性损坏；同时也不表示在这一极值温度下器件仍可正确工作，也许会影响到产品的可靠性。T_A 的另一个温度范围在数据手册（数据表）中被列为推荐工作条件。T_A 还可以在数据手册（数据表）中用作参数测试条件，以及用于典型曲线图中。此外，这个参数还可以用作曲线图中的一个坐标变量。

4. 最高结温 T_J

最高结温 T_J 被定义为芯片可以工作的最高温度。其他一些参数会随温度而变，导致在极值温度下性能变坏。T_J 的单位是℃。

T_J 这一参数被列在绝对最大值的表内，因为超过这些数据的应力值可以引起器件的永久性损坏。同时也不表示在这一极值温度下器件可以正确工作，也许会影响到产品的可靠性。

5. 存储温度参数 T_S 或 T_{stg}

存储温度参数 T_S 或 T_{stg} 被定义为器件可以长期储存（不加电）而不损坏的温度。T_S 或 T_{stg} 的单位是℃。

6. 60s 壳温

60s 壳温被定义为管壳可以安全地暴露 60s 的温度。这个参数通常被规定为绝对最大值，并用作自动焊接工艺的指导数据。60s 壳温的单位是℃。

7. 10s 或 60s 引脚温度

10s 或 60s 引脚温度被定义为引脚可以安全地暴露 10s 或 60s 的温度。这个参数通常被归入绝对最大值，并用作自动焊接工艺的指导数据。10s 或 60s 引脚温度的单位是℃。

8. 功耗 P_D

功耗 P_D 被定义为提供给器件的功率减去由器件传递给负载的功率。可以看出，在空载时，$P_D = V_{CC} \times I_{CC}$ 或者 $P_D = V_{DD+} \times I_{DD}$。功耗 P_D 的单位是 W。

9. 连续总功耗

连续总功耗被定义为一个运放封装所能耗散的功率，其中包括负载。这个参数一般被规定为绝对最大值。在数据手册表中，它可以分为周围温度和封装形式两部分。连续总功耗以 W 为单位。

9.2.3　器件封装的基本热关系

器件封装的基本热关系[315]如图 9.2.4 所示。

需要注意的是，图 9.2.4 中的串行热阻模拟的是一个器件的总的热阻路径。因此，在计算时，总热阻 θ 为两个热阻之和，即 $\theta_{JA} = \theta_{JC} + \theta_{CA}$，$\theta_{JA}$ 为结到环境热阻，θ_{JC} 为结到外壳热阻，θ_{CA} 为外壳到环境热阻。注：θ、θ_{JA}、θ_{JC} 和 θ_{CA} 在一些资料中也采用 R_θ、$R_{\theta JA}$、$R_{\theta JC}$ 和 $R_{\theta CA}$ 形式表示。

给定环境温度 T_A、P_D（器件总功耗）和热阻 θ，即可算出结温 T_J。

$$T_J = T_A + (P_D \times \theta_{JA}) \qquad (9.2.2)$$

注意：$T_{J(MAX)}$ 通常为 150℃（有时为 175℃）。

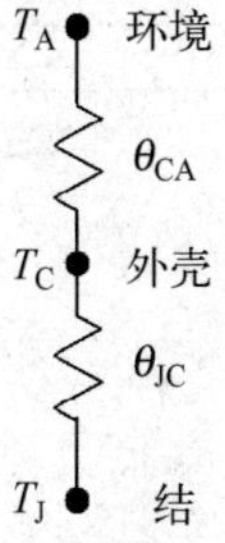

图 9.2.4　器件封装的基本热关系

根据图 9.2.4 中所示关系和式（9.2.2）可知，要维持一个低的结温 T_J，必须使热阻 θ 或功耗 P_D（或者二者同时）较低。

在器件中，温度参考点通常选择芯片内部最热的那一点，即在给定封装中芯片内部的最热点。其他相关参考点为 T_C（器件的外壳温度）或 T_A（环境空气的温度）。由此可以得到上面提及的各个热电阻 θ_{JC} 和 θ_{CA}。

结到外壳热阻 θ_{JC} 通常在器件数据表（手册）中都会给出，不同的器件封装不同，结到外壳热阻 θ_{JC}（$R_{\theta JC}$）也不同，如图 9.2.5～图 9.2.7 所示。MRF184R1（1.0GHz，60W，28V，RF POWER MOSFET）采用与 MRF9030LR1（945MHz，30W，26V，RF POWER MOSFET）相同的封装，由于器件功率不同，结到外壳热阻 θ_{JC}（$R_{\theta JC}$）也不同。

（a）CASE 466-03,STYLE 1,PLD-1.5 封装

Characteristic	Symbol	Value $^{(2)}$	Unit
Thermal Resistance, Junction to Case	$R_{\theta JC}$	4	°C/W

（b）结到外壳热阻 $R_{\theta JC}$（数据表截图）

图 9.2.5　MRF1513NT1（520MHz，3W，12.5V，RF POWER MOSFET）

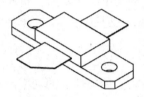

（a）CASE 360B-05,STYLE 1,NI-360 封装（数据表截图）

Characteristic	Symbol	Value	Unit
Thermal Resistance, Junction to Case	$R_{\theta JC}$	1.9	°C/W

（b）结到外壳热阻 $R_{\theta JC}$（数据表截图）

图 9.2.6　MRF9030LR1（945MHz，30W，26V，RF POWER MOSFET）

Characteristic	Symbol	Max	Unit
Thermal Resistance, Junction to Case	$R_{\theta JC}$	1.1	°C/W

图 9.2.7　MRF184R1（1.0GHz，60W，28V，RF POWER MOSFET）（数据表截图）

　　需要明确的是，这些热阻在很大程度上取决于封装，因为不同的材料拥有不同水平的导热性。一般而言，导体的热阻类似于电阻，铜最好（铜的热电阻最小），其次是铝、钢等。因此，铜管脚封装具有最佳的散热性能，即最小（最低）的热阻 θ。

　　通常，一个热阻 $\theta=100℃/W$ 的器件，表示 1W 功耗将产生 100℃ 的温差，例如功耗减小 1W 时，温度可以降低 100℃。请注意，这是一种线性关系，例如 500mW 的功耗将产生 50℃ 的温度差。

　　低的温度差 ΔT 是延长半导体寿命的关键，因为，低的温度差 ΔT 可以降低最大结温。对于任意功耗 P_D（单位为 W），都可以用以下等式来计算有效温差（ΔT）（单位为℃）：

$$\Delta T = P_D \times \theta \tag{9.2.3}$$

式中，θ 为总热阻。

　　〖举例〗 AD8017AR，热阻 $\theta \approx 95℃/W$，因此，1.3W 的功耗将使结到环境温度差达到 124℃。利用这一公式就可以预测芯片内部的温度，以便判断热设计的可靠性。当环境温度为 25℃ 时，允许约 150℃ 的内部结温。实际上，多数环境温度都在 25℃ 以上，因此允许的功耗更小。

9.2.4 常用 IC 封装的热特性

一些常用 IC 封装热特性（θ_{JA} 为结到环境热阻，θ_{JC} 为结到外壳热阻）见表 9.2.1，它给出了一些封装和引脚数的热特性的典型值[316]。对于一个特定的器件，其数据表列表的数据反映该器件封装的热特性。

在表 9.2.1 中，θ_{JA} 测试数据是在 SEMI 或 JEDEC 标准板上获得的。

表 9.2.1　一些 IC 器件封装热特性（结到环境 θ_{JA} 和结到外壳 θ_{JC}）

封　装	引　脚	θ_{JA}	θ_{JC}	板　型	层　数	注　释
BGA	225	58	8.5	JEDEC	2	(19mm×19mm)
BGA	400	25	3.6	JEDEC	2	(27mm×27mm)
BGA	625	13.8	3.1	JEDEC	4	(27mm×27mm)
CERDIP	16	75.9		SEMI	2	
CERDIP	40	44.5		SEMI	2	
CQFP	240(32×32)	20	0.25	JEDEC	2	热沉
CSP	32(5×5)	108.2		JEDEC	2	焊盘焊接到板，没有过孔到焊盘
CSP BGA	196	43.7	5	JEDEC	2	(15mm×15mm)
JLCC	44	53	7	非标准		
LCC	44	40	6	SEMI	2	散热片
LGA	16(9.1×11.6)	25.7	25.9	JEDEC	4	
LQFP	64	37.3	3.1	JEDEC	4	(10mm×10mm)
LQFP	128	36.1	3.8	SEMI	2	(14mm×20mm)
PDIP(N)	16	116.8	38.9	SEMI	2	
PDIP(W)	28	73.6	23.5	SEMI	2	
PLCC	20	89.4	46	SEMI	2	
PLCC	84	31.7	10.5	SEMI	2	
PLCC(Thermaily Enhanced)	44	30.2		SEMI 2		
QFP	100	50	6	SEMI	2	(14mm×20mm)
QFP	160	40.5	6.7	SEMI	2	(28mm×28mm)
QSOP	16	150	39	SEMI	2	
SC70	6	340.2	228.9	非标准	4	
SOIC	16	124.9	42.9	SEMI	2	
SOIC(W)	28	71	23	SEMI	2	
SOIC(W)Batwing	24	61	22	JEDEC	2	
SOT23	6	229.6	92	SEMI	2	
SSOP	16	139	56	SEMI	2	

续表

封　　装	引　　脚	θ_{JA}	θ_{JC}	板　　型	层　　数	注　　释
SSOP	28	109	39	SEMI	2	
TSSOP	28	98	14	SEMI	2	
TSSOP	48(W)	115	32	SEMI	2	

SEMI 板是垂直安装的，符合 SEMI 标准 G42-88，符合 SEMI 标准 G38-87 的测试方法。这些标准在 SEMI 国际标准中的第 4 卷：封装。

JEDEC 板是水平安装的。标准板采用厚度为 1.57mm 的 FR-4，在 PCB 裸露的表面有 2oz/ft 铜导线。这是一种影响较低的导热系数（热阻）测试板。采用 JEDEC 的 4 层电路板是为了获得接近最好的情况下的热性能值。JEDEC 的 4 层电路板采用厚度为 1.60mm 的 FR-4，包括 4 个铜层。两个内部层为实心铜层（1oz 或 35μm 厚）。两个表面层为 2oz 铜。

9.2.5　器件的最大功耗声明

由于可靠性等原因，电路设计也越来越需要考虑热管理的要求。所有器件都针对结温（T_J）规定了安全上限，通常为 150℃（有时为 175℃）。与最大电源电压一样，最大结温是一种最差情况限制，不得超过此值。在保守的（可靠的）设计中，一般都应留有充分的安全裕量。请注意，由于器件的寿命与工作结温成反比，留有充分的安全裕量这一点至关重要。简言之，器件的温度越低，越有可能达到最长寿命。

对功耗和温度限制是很重要的，在器件的数据手册中都有描述，如图 9.2.8 所示。ADA4891 具有 5 引脚 SOT-23 封装（146℃/W）、8 引脚 SOIC_N 封装（115℃/W）、8 引脚 MSOP 封装（133℃/W）、14 引脚 SOIC_N 封装（162℃/W）、14 引脚 TSSOP 封装（108℃/W）多种封装形式。

这些声明的要求决定了器件的工作条件，如器件功耗、印刷电路板的封装安装细则等 [313,315]。

MAXIMUM POWER DISSIPATION

The maximum power that can be safely dissipated by the ADA4891-1/ADA4891-2/ADA4891-3/ADA4891-4 is limited by the associated rise in junction temperature. The maximum safe junction temperature for plastic encapsulated devices is determined by the glass transition temperature of the plastic, approximately 150°C. Temporarily exceeding this limit can cause a shift in parametric performance due to a change in the stresses exerted on the die by the package. Exceeding a junction temperature of 175°C for an extended period can result in device failure.

ADA4891-1/ADA4891-2/ADA4891-3/ADA4891-4 可以安全散热的最大功耗受到其结温上升的限制。对于塑封器件来说，最安全的结温取决于塑料的玻璃化转变温度，约为+150℃。若偶尔超出这一限制，可能因封装对基片的影响而导致参数性能发生改变。当结温超过+175℃保持一段时间后，器件将会损坏（失效）。

图 9.2.8　ADA4891 数据手册中关于最大功耗的声明（英文原文及翻译）

〖**举例**〗 5W，700～2700MHz LDMOS 驱动晶体管 BLP7G22-05 所推荐的壳温与功耗的关系如图 9.2.9 所示。

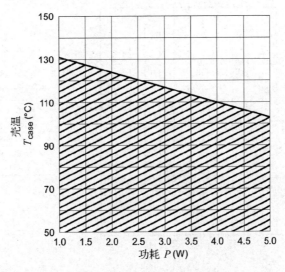

图 9.2.9　BLP7G22-05 所推荐的壳温与功耗的关系

9.2.6　最大功耗与器件封装和温度的关系

不同型号的器件采用相同的或者不同的封装形式，由于器件的功能不同，器件的最大功耗与器件封装和温度的关系也会不同。

1．ADA4891 的最大功耗与器件封装和温度的关系[317]

ADA4891 采用 5 引脚 SOT-23、8 引脚 SOIC_N 和 MSOP、14 引脚 SOIC_N 和 TSSOP 多种封装形式。

器件的功耗（P_D）为器件的静态功耗与器件所有输出的负载驱动功耗之和，其计算公式如下。

$$P_D=(V_T×I_S)+(V_S-V_{OUT})×(V_{OUT}/R_L) \tag{9.2.4}$$

式中，V_T 为总供电电压（轨到轨）；I_S 为静态电流；V_S 为正电压；V_{OUT} 为放大器的输出电压；R_L 为放大器的输出端负载。

为了保证器件正常的工作，必须遵守图 9.2.10 所示的最大功耗与器件封装和温度的关系（也称为最大功耗减额特性曲线）。图 9.2.10 中数据是将式（9.2.4）中的 T_J 设置为 150℃，在 JEDEC 标准 4 层板上所测得的。

ADA4891 各种封装的热阻 θ_{JA} 见表 9.2.2。

2．AD8002 的最大功耗与器件封装和温度的关系

AD8002 放大器采用 PDIP（N-8）、SOIC（SO-8）和 μSOIC（RM-8）三种封装形式，额定工作温度范围为-40～85℃工业温度范围。芯片结温（T_J）升高会限制 AD8002 封装的最大安全功耗。达到玻璃化转变温度 150℃左右时，塑料的特性会发生改变。即使只是暂时超过

150℃这一温度限值也会改变封装对芯片作用的应力，从而永久性地改变 AD8002 的参数性能。长时间超过 175℃的结温会导致芯片器件出现变化，因而可能造成故障。

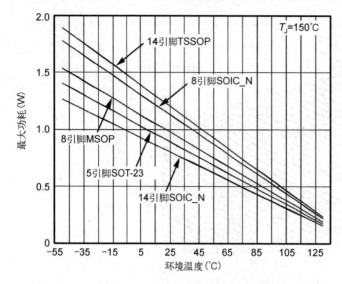

表 9.2.2　ADA4891 各种封装的热阻 θ_{JA}

封装类型	θ_{JA}(℃/W)
5 引脚 SOT-23	146
8 引脚 SOIC_N	115
8 引脚 MSOP	133
14 引脚 SOIC_N	162
14 引脚 TSSOP	108

图 9.2.10　ADA4891 的最大功耗与器件封装和温度的关系

AD8002 的 PDIP（N-8）、SOIC（SO-8）和 μSOIC（RM-8）三种封装形式与功耗和温度的关系[318]如图 9.2.11 所示，为了确保正常运行，这是必须遵守的最高功率降额曲线。

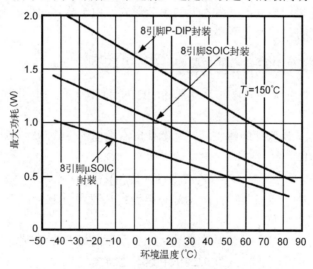

图 9.2.11　AD8002 的最大功耗与器件封装和温度的关系

3. THS3110/THS3111 的最大功耗与器件封装和温度的关系

THS3110 和 THS3111 采用具有热增强型（PowerPAD）的 MSOP-8 封装，其封装形式如图 9.2.12 所示，其热阻、功耗和温度的关系[319]如图 9.2.13 所示。PowerPAD MSOP-8 封装的 PCB 设计图如图 9.2.14 所示。

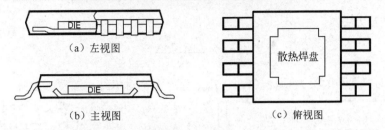

（a）左视图

（b）主视图

（c）俯视图

图 9.2.12　热增强型封装（PowerPAD）的视图

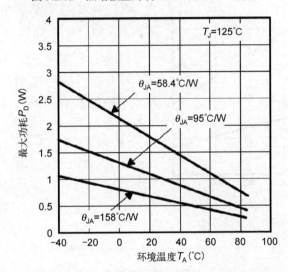

图 9.2.13　热阻、功耗和温度的关系

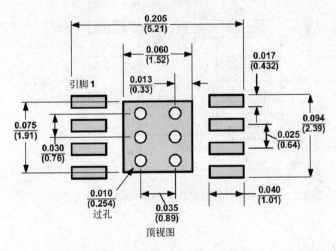

图 9.2.14　PowerPAD MSOP-8 封装的 PCB 设计图（单位：in/mm）

图 9.2.13 所示数据是在没有空气流动和 PCB 尺寸为 3in×3in（76.2mm×76.2mm）条件下测试获得的。

注意：具有 PowerPAD（DGN）的 MSOP-8 封装，θ_{JA}=58.4℃/W；没有焊接时，θ_{JA}=158℃/W。θ_{JA}=95℃/W 是 SOIC-8 封装（使用 JEDEC 标准低 K 测试 PCB）。

器件的最大功耗为

$$P_{\mathrm{Dmax}} = \frac{T_{\max} - T_{\mathrm{A}}}{\theta_{\mathrm{JA}}}$$ (9.2.5)

式中，P_{Dmax} 为放大器的最大功耗（W）；$T_{\max}$ 为最大绝对值结点温度（℃）；T_{A} 为环境温度（℃）；$\theta_{\mathrm{JA}} = \theta_{\mathrm{JC}} + \theta_{\mathrm{CA}}$，$\theta_{\mathrm{JC}}$ 为结到外壳的热阻（℃/W），θ_{CA} 为外壳到环境空气的热阻（℃/W）。

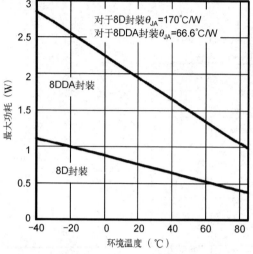

4. THS4601 的最大功耗与器件封装和温度的关系

THS4601 采用 8D 和 8DDA 两种封装形式。对于 8D 封装，$\theta_{\mathrm{JA}} = 170$℃/W；而 8DDA 封装的 $\theta_{\mathrm{JA}} = 66.6$℃/W，8DDA 封装是具有 PowerPAD 的 8 引脚 SOIC 封装形式。最大功耗与环境温度的关系如图 9.2.15 所示。DDA 封装形式 PowerPAD PCB 设计如图 9.2.16 所示，通孔连接到地[320]。

图 9.2.15　最大功耗与环境温度的关系

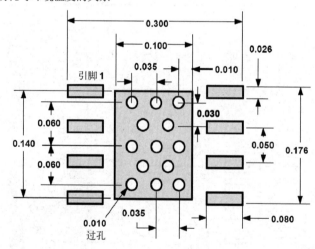

图 9.2.16　8DDA 封装形式 PowerPAD PCB 设计（单位：in）

9.3　PCB 的热设计

9.3.1　PCB 的热性能分析

PCB 在加工、焊接和试验的过程中，要经受多次高温、高湿或低温等恶劣环境条件的考验。例如，焊接时需要经受在 260℃下持续 10s 的考验，无铅焊接需要经受在 288℃下持续 2min 的考验，且试验时可能要经受 125～65℃温度的循环考验。如果 PCB 基材的耐热性差，在这样的条件下，它的尺寸稳定性、层间结合力和板面的平整度都会下降，在热状态下导线的抗剥力也会降低。试验和加工中的温度影响，也是 PCB 设计时必须考虑的热效应。

大气环境温度的变化，以及电子产品工作时，元器件和印制导线的发热都会导致产品产生温度变化。产生 PCB 温升的直接原因是电路功耗元器件的存在。电子元器件均不同程度地存在功耗，其发热强度会随功耗的大小而变化。PCB 中温升的两种现象为局部温升或大面积温升，以及短时温升或长时间温升。

许多对 PCB 的热设计考虑不周的印制板组装件，在加工中会遇到诸如金属化孔失效、焊点开裂等问题。即使组装中没有发现问题，在整机或系统中开始时还能稳定工作，但是经过长时间连续工作后元器件发热，热量散发不好，导致元器件的温度系数变化工作不正常，整机或系统就会出现许多问题。当热量过大时，甚至会使元器件失效、焊点开裂、金属化孔失效或 PCB 基板变形等。因此，在设计 PCB 时必须认真进行热性能分析，针对各种温度变化的原因采取相应措施，降低产品温升或减小温度变化，将热应力对 PCB 组装件焊接和工作时的影响程度保持在组装件能进行正常焊接、产品能正常工作的范围内。

一般可以从以下几个方面进行 PCB 的热性能分析。

① 电气功耗：单位面积上的功耗；PCB 上功耗的分布。

② PCB 的结构：PCB 的尺寸；PCB 的材料。

③ PCB 的安装方式：垂直安装或水平安装方式；密封情况和离机壳的距离。

④ 热辐射：PCB 表面的辐射系数；PCB 与相邻表面之间的温差和它们的绝对温度。

⑤ 热传导：安装散热器；其他安装结构件的传导。

⑥ 热对流：自然对流；强迫冷却对流。

上述各因素的分析是解决 PCB 温升问题的有效途径，往往在一个产品和系统中这些因素是互相关联和依赖的。大多数因素应根据实际情况来分析，只有针对某一具体实际情况才能比较正确地计算或估算出温升和功耗等参数。

9.3.2　PCB 基材的选择

1. 选材[321-323]

高耐热性、高频性、高散热性（高导热性）是当前提高 PCB 基板材料性能的三大研究主题。高导热基板材料是制造具有散热功效的 PCB 的重要基材。

目前主要有陶瓷基板、金属基板和有机树脂基板三大类 PCB 散热基板。三大类 PCB 散热基板在耐热性、热传导性、耐电压性、机械强度、可加工性、热膨胀率、成本等方面存在差异（优势与劣势）。

陶瓷基板是较早出现的一类散热基板，主要有氧化铝（Al_2O_3）陶瓷基板、氮化铝（AlN）陶瓷基板、氮化硅（Si_3N_4）陶瓷基板。前两种陶瓷基板占整个陶瓷基板市场的 90%以上。而在这两种陶瓷基板中，以氮化铝基板更多些。陶瓷基板导热性很高，热导率一般可达到 35～170W/(m·K)，这是其他类型的散热基板目前所望尘莫及的。陶瓷基板主要应用于有高耐电压性、高耐热性要求的领域，如电解电源的晶闸管变换器、汽车及摩托车等的换流器。近年来，陶瓷基板在太阳能电池用功率换流器（倒相器）基板、风力发电用电动机控制基板、车载及移动电话基站用 DC/DC 调节器、电气化列车及电动汽车用散热基板等领域中大量运用。

金属基板包括以金属板材（铝、铜、铁等）为基材的金属基覆铜板，还包括金属基复合基板，如目前具有代表性的有铜-石墨（Cu-Graphite）和铝-碳化硅（Al-SiC）复合基板。铝基的金属基板是占这类基板总市场规模 90%以上的最典型的金属基板品种。金属基散热基板占有 LED-LCD 背光源模块基板主要市场。汽车电子领域也为金属基板提供了很大的应用市场。同时，金属基板也迅速地渗透、扩张进入部分陶瓷电源基板、陶瓷大功率基板等的应用领域。

有机树脂散热基板材料具有薄型化（0.025～0.05mm）、低热阻（0.6℃/W 以下）、高耐电压、高柔韧性等特点。有机树脂基板的基板材料包括许多品种，如高导热复合基 CCL（CEM-3）、高导热环氧-玻璃纤维布基 CCL（高导热白色 FR-4）及其半固化片、高导热挠性覆铜板、高导热树脂胶片（或绝缘树脂膜）和厚铜箔基板材料等。由于它们在性能上的差异，在应用上各有侧重。

陶瓷基板、金属基板和有机树脂基板三大类散热基板的散热方式都属于导热方式。根据热辐射原理，目前一种所谓"高辐射率基板材料"正在研发中，它利用基板的辐射传热功能解决电子产品的散热问题。"高辐射率基板材料"也可能成为以辐射传热为特点的"第四类散热基板"。

2. CTE（热膨胀系数）的匹配

在进行 PCB 的设计时，尤其是进行表面安装用 PCB 的设计时，首先应考虑材料的 CTE 匹配问题。器件封装的基板有刚性有机封装基板、挠性有机封装基板、陶瓷封装基板 3 类。采用模塑技术、模压陶瓷技术、层压陶瓷技术和层压塑料 4 种方式进行封装的器件，PCB 基板用的材料主要有高温环氧树脂、BT 树脂、聚酰亚胺、陶瓷和难熔玻璃等。由于器件封装基板用的这些材料耐温较高，x、y 方向的热膨胀系数较低，故在选择 PCB 材料时应了解元器件的封装形式和基板的材料，并考虑元器件焊接时工艺过程温度的变化范围，选择热膨胀系数与之相匹配的基材，以降低由材料的热膨胀系数差异引起的热应力。

基材的玻璃化转变温度（T_g）是衡量基材耐热性的重要参数之一。一般基材的 T_g 低，热膨胀系数就大，特别是在 Z 方向（板的厚度方向）的膨胀更为明显，容易使镀覆孔损坏；基材的 T_g 高，膨胀系数就小，耐热性相对较好，但是 T_g 过高基材会变脆，机械加工性下降。因此，选材时要兼顾基材的综合性能。

采用陶瓷基板封装的元器件的 CTE 典型值为 $5×10^{-6}～7×10^{-6}$/℃，无引线陶瓷芯片载体 LCCC 的 CTE 范围是 $3.5×10^{-6}～7.8×10^{-6}$/℃，有的器件的基板材料采用了与某些 PCB 基材相同的材料，如 PI、BT 和耐热环氧树脂等。不同材料的 CTE 值见表 9.3.1 [324]。在选择 PCB 的基材时应尽量考虑使基材的热膨胀系数接近于器件基板材料的热膨胀系数。

表 9.3.1   不同材料的 CTE 值

材 料	CTE 范围（$×10^{-6}$/℃）
散热片用铝板	20～24
铜	17～18.3

续表

材　料	CTE 范围（×10⁻⁶/℃）
环氧 E 玻璃布	13～15
BT 树脂-E 玻璃布	12～14
聚酰亚胺-E 玻璃布	12～14
氰酸酯-E 玻璃布	11～13
氰酸酯-S 玻璃布	8～10
聚酰亚胺 E 玻璃布及铜-因瓦-铜	7～11
非纺织芳酰胺/聚酰亚胺	7～8
非纺织芳酰胺/环氧	7～8
聚酰亚胺石英	6～10
氰酸酯石英	6～9
环氧芳酰胺布	5.7～6.3
BT-芳酰胺布	5.0～6.0
聚酰亚胺芳酰胺布	5.0～6.0
铜-因瓦-铜 13.5/75/13.5	3.8～5.5

注：该表中的数据从 IPC-2221 标准图表查出。

3. 铜箔厚度的选择

　　PCB 的铜箔厚度有多种规格。通常将厚度大于 105μm（单位面积质量 915g/m² 或 3oz/ft²）及以上的铜箔（经表面处理的电解铜箔或压延铜箔）统称为厚铜箔，将厚度 300μm 及以上的铜箔称为超厚铜箔。

　　厚铜箔及超厚铜箔的主要产品规格[325]见表 9.3.2。目前在实际生产及应用中的厚铜箔及超厚铜箔厚度规格主要有 105μm、140μm、175μm、210μm、240μm、300μm、400μm、500μm 等。

表 9.3.2　厚铜箔及超厚铜箔的主要产品规格

名称	标称厚度	单位面积质量		标称厚度	
	μm	g/m²	oz/ft²	μm	mil
厚铜箔	105	915.0	3	102.9	4.05
	140	1220.0	4	137.2	5.40
	175	1525.0	5	171.5	6.75
	210	1830.0	6	205.7	8.10
	240	2135.0	7	240.1	9.45
超厚铜箔	300		8.5	291.6	11.48
	350		10	342.9	13.50
	400		12	411.6	16.20
	500		14.5	497.4	19.58

　　注：参照、参考了 IPC-4562、IPC-4101C、联合铜箔（惠州）有限公司、卢森堡电路铜箔有限公司、Gould 电子有限公司、古河电工公司、大阳工业公司等的铜箔标准、产品说明书的部分内容编制。

如表 9.3.3 所示，PCB 导线的载流能力取决于线宽、线厚（铜箔厚度）、容许温升等因素。

表 9.3.3   PCB 导线的载流能力与容许温升

容许温升（℃）	10			20			30		
铜箔厚度（oz）	1/2	1	2	1/2	1	2	1/2	1	2
线宽（in）	最大电流（A）								
0.010	0.5	1.0	1.4	0.6	1.2	1.6	0.7	1.5	2.2
0.015	0.7	1.2	1.6	0.8	1.3	2.4	1.0	1.6	3.0
0.020	0.7	1.3	2.1	1.0	1.7	3.0	1.2	2.4	3.6
0.025	0.9	1.7	2.5	1.2	2.2	3.3	1.5	2.8	4.0
0.030	1.1	1.9	3.0	1.4	2.5	4.0	1.7	3.2	4.0
0.050	1.5	2.6	4.0	2.0	3.6	6.0	2.6	4.4	7.3
0.075	2.0	3.5	5.7	2.8	4.5	7.8	3.5	6.0	10.0
0.100	2.6	4.2	6.9	3.5	6.0	9.9	4.3	7.5	12.5
0.200	4.2	7.0	11.5	6.0	10.0	11.0	7.5	13.0	20.5
0.250	5.0	8.3	12.3	7.2	12.3	20.0	9.0	15.0	24.5

数据来源：MIL-STD-275 Printed Wiring for Electronic Equipment。

目前提高 PCB 散热能力是依靠宽导线、厚铜箔、多层结构、大面积铺铜或芯层内置厚铜箔层、添加金属底板（如金属基 PCB 的采用）、增加导热孔等设计方案去实现的。考虑到电子产品向着薄、轻、小型化发展，以及高密度布线发展的趋势，PCB 制造技术的发展更加注重采用厚铜箔解决大功率 PCB 散热问题。

注意： 射频功率放大器电路 PCB 基材的选择应综合射频电路特性和散热要求进行选择。

9.3.3   元器件的布局

考虑 PCB 的散热时，元器件的布局要求如下。

① 对 PCB 进行软件热分析时，应对内部最高温升进行设计控制，以使传热通路尽可能短，传热横截面尽可能大。

② 可以考虑把发热高、辐射大的元器件专门设计安装在一个 PCB 上。发热元器件应尽可能置于产品的上方，条件允许时应处于气流通道上。注意使强迫通风与自然通风方向一致，使附加子板、元器件风道与通风方向一致，且尽可能使进气与排气有足够的距离。

③ 板面热容量应均匀分布。注意不要把大功耗元器件集中布放，如无法避免，则要把矮的元器件放在气流的上游，并保证足够的冷却风量流经热耗集中区。

④ 进行元器件的布局时应考虑对周围零件热辐射的影响。在水平方向上，大功率元器件尽量靠近 PCB 边沿布置，以便缩短传热路径；在垂直方向上，大功率元器件尽量靠近PCB 上方布置，以便减少这些元器件工作时对其他元器件温度的影响。对温度比较敏感的部件、元器件（含半导体器件）应远离热源或将它们隔离，最好安置在温度最低的区域（如设备的底部），如前置小信号放大器等要求温漂小的元器件、液态介质的电容器（如电解电容

器）等时，最好使它们远离热源，千万不要将它们放在发热元器件的正上方。多个元器件最好在水平面上交错布局。

从有利于散热的角度出发，PCB 最好是直立安装，板与板之间的距离一般不应小于 2cm，而且元器件在 PCB 上的排列方式应遵循一定的规则。

对于自身温升超过 30℃的热源，一般要求：① 在风冷条件下，电解电容等温度敏感元器件离热源的距离要求不小于 25mm；② 在自然冷条件下，电解电容等温度敏感元器件离热源的距离要不小于 4.0mm。

集成电路的排列方式对其温升的影响实例如图 9.3.1 所示，图中显示了一个大规模集成电路（LSI）和小规模集成电路（SSI）混合安装的两种布局方式。LSI 的功耗为 1.5W，SSI 的功耗为 0.3W。工程实例实测[326]结果表明，采用如图 9.3.1（a）所示布局方式会使 LSI 的温升达 50℃，而采用如图 9.3.1（b）所示布局方式导致的 LSI 的温升为 40℃，显然采纳后面一种方式对降低 LSI 的失效率更为有利。

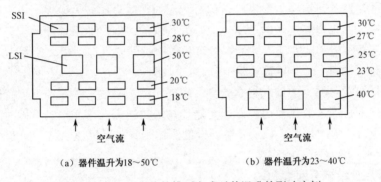

（a）器件温升为18～50℃　　　　　　　　（b）器件温升为23～40℃

图 9.3.1　集成电路的排列方式对其温升的影响实例

⑤ 进行元器件布局时，在板上应留出通风散热的通道（见图 9.3.2），通风入口处不能设置过高的元器件，以免影响散热。采用自然空气对流冷却时，应将元器件按长度方向纵向排列；采用强制风冷时，应将元器件横向排列。发热量大的元器件应设置在气流的末端，对热敏感或发热量小的元器件应设置在冷却气流的前端（如风口处），以避免空气提前预热，降低冷却效果。强制风冷的功率应根据 PCB 组装件安装的空间大小，散热风机叶片的尺寸和元器件正常工作的温升范围，经过流体热力学计算来确定，一般选用直径为 2～6in 的直流风扇。

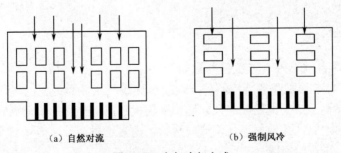

（a）自然对流　　　　　　　　　　（b）强制风冷

图 9.3.2　空气冷却方式

⑥ 为了增加板的散热功能，并减少由分布不平衡引起的 PCB 的翘曲，在同一层上布设

的导体面积不应小于板面积的 50%。

⑦ 热量较大或电流较大的元器件不要放置在 PCB 的角落和四周边缘，只要有可能应安装于散热器上，远离其他元器件，并保证散热通道通畅。

⑧ 电子设备内 PCB 的散热主要依靠空气流动实现，因此散热器的位置应考虑利于对流。在设计时要研究空气流动路径，合理地配置元器件或 PCB。由于空气流动时总是趋向阻力小的地方流动，故在 PCB 上配置元器件时，要避免在某个区域留有较大的空域。在整机中，对于多块 PCB 的配置也应注意同样的问题。

发热量过大的元器件不应贴板安装，并外加散热器或散热板。散热器的材料应选择导热系数高的铝或铜制造。为了减少元器件体与散热器之间的热阻，必要时可以涂覆导热绝缘脂。对于体积小的电源模块一类发热量大的产品，可以将元器件的接地外壳通过导热脂与模块的金属外壳接触散热。

开关管、二极管等功率元器件应该尽可能可靠地接触到散热器。常用的方法是将元器件的金属壳贴在散热器上，这样方便生产，但是相应的热阻会比较大；现在也有用锡膏直接将管子焊在金属板上面来提高接触的可靠性、降低热阻的，但这要求焊接的工艺非常好。一般国内的焊接工艺并不能用此方法，因为焊接容易在接触面留气泡，用 CT 扫描可以发现锡膏焊接表面容易留有气泡，这会导致热阻上升。

元器件焊接在散热器上的情况很少看到，现在用得最多的方法是将元器件通过散热膏直接固定在散热器上。通过散热膏可以保证元器件与散热器表面可靠接触，同时还可以减小热阻。它的热阻没有想象的那么大，从实际温升的测试结果也可以说明这个问题。

⑨ 尽可能利用金属机箱或底盘散热。

⑩ 采用多层板结构有助于 PCB 的热设计。

⑪ 使用导热材料。为了减少热传导过程的热阻，应在高功耗元器件与基材的接触面上使用导热材料，提高热传导效率。

⑫ 选择阻燃型或耐热型的板材。对于功率很大的 PCB，应选择与元器件载体材料热膨胀系数相匹配的基材，或采用金属芯 PCB。

⑬ 对于特大功率的器件，可利用热管技术（类似于电冰箱的散热管）通过传导冷却的方式给元器件体散热。对于在高真空条件下工作的 PCB，因为没有空气，不存在热的对流传递，故采用热管技术是一种有效的散热方式。

⑭ 对于在低温下长期工作的 PCB，应根据温度低的程度和元器件的工作温度要求，采取适当的升温措施。

9.3.4　PCB 布线

考虑 PCB 的散热时，PCB 布线的要求如下。

① 应将大的导电面积和多层板的内层地线设计成网状并靠近板的边缘，这样可以降低因为导电面积发热而造成的铜箔起泡、起翘或多层板的内层分层。但是高速、高频电路信号线的镜像层和微波电路的接地层不能设计成网状，因为这样会破坏信号回路的连续性，改变特性阻抗，引起电磁兼容问题。

应加大 PCB 上与大功率元器件接地散热面的铜箔面积。如果采用宽的印制导线作为发热元器件的散热面，则应选择铜箔较厚的基材，其热容量大，利于散热。应根据元器件功耗、环境温度及允许最大结温来计算合适的表面散热铜箔面积，保证原则为 $T_j \leqslant (0.5 \sim 0.8) T_{jmax}$，但是为防止铜箔过热起泡、板翘曲，在不影响电性能的情况下，元器件下面的大面积铜最好设计成网状，一个推荐的设计实例如图 9.3.3 所示。

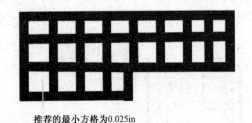

推荐的最小方格为0.025in

（a）推荐的设计网格实例

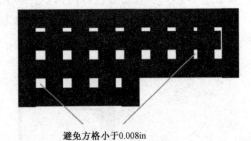

避免方格小于0.008in

（b）应避免的设计网格实例

图 9.3.3　网格设计实例

② 对于 PCB 表面宽度大于等于 3mm 的导线或导电面积，在波峰焊接或再流焊过程中会增加导体层起泡、板子翘曲的可能性，也能对焊接起到热屏蔽的作用，增加预热和焊接的时间。在设计时，应考虑在不影响电磁兼容性的情况下，同时为了避免和减少这些热效应的作用，将直径大于 25mm 的导体面积采用开窗的方法设计成网状结构，导电面积上的焊接点用隔热环隔离，这样可以防止因为受热而使 PCB 基材铜箔鼓胀、变形（见图 9.3.4）。

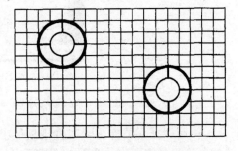

图 9.3.4　有焊盘的散热面的网状设计

③ 对于面积较大的连接盘（焊盘）和大面积铜箔（大于 $\phi 25$mm）上的焊点，应设计焊盘隔热环，在保持焊盘与大的导电面积电气连接的同时，将焊盘周围部分的导体蚀刻掉形成隔热区。焊盘与大的导电面积的电连接通道的导线宽度也不能太窄，如果导线宽度过窄会影响载流量，如果导线宽度过宽又会失去热隔离的效果。根据实践经验，连接导线的总宽度应为连接盘（焊盘）直径的 60%为宜，每条连接导线（辐条或散热条）的宽度为连接导线的总宽度除以通道数。这样做的目的是使热量集中在焊盘上以保证焊点的质量，而且在焊接时可以减少加热焊盘的时间，不至于使其余大面积的铜箔因热传导过快、受热时间过长而产生起泡、鼓胀等现象。

例如，与焊盘连接有 2 条电连接通道导线，则导线宽度为焊盘直径的 60%除以 2，多条导线以此类推。假设连接盘直径为 0.8mm（设计值加制造公差），则连接通道的总宽度为

0.8×60%=0.48（mm）。

按 2 条通道算，则每条宽度为 0.48÷2=0.24（mm）。

按 3 条通道算，则每条宽度为 0.48÷3=0.16（mm）。

按 4 条通道算，则每条宽度为 0.48÷4=0.12（mm）。

如果计算出的每条连接通道的宽度小于制造工艺极限值，应减少通道数量使连接通道宽度达到可制造性要求。例如，计算出 4 条通道的宽度为 0.12mm 时，有的生产商达不到要

求，此处就可以改为 3 条通道，则宽度为 0.16mm，一般生产商都可以制造出达到该要求的产品。

④ PCB 的焊接面不宜设计大的导电面积，如图 9.3.5 所示。如果需要有大的导电面积，则应按上述第②条要求将其设计成网状，以防止焊接时因为大的导电面积热容量大，吸热过多，延长焊接的加热时间而引起铜箔起泡或与基材分离，并且表面应有阻焊层覆盖，以避免焊料润湿导电面积。

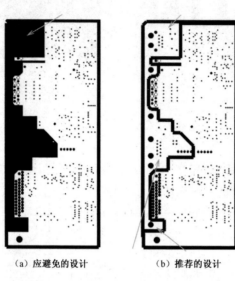

（a）应避免的设计　　　　　（b）推荐的设计

图 9.3.5　应避免大面积覆铜的设计实例

⑤ 应根据元器件电流密度规划最小通道宽度，特别注意要在接合点处通道布线。大电流线条应尽量表面化。在不能满足要求的条件下，可考虑采用汇流排。

⑥ 对 PCB 上的接地安装孔应采用较大焊盘，以充分利用安装螺栓和 PCB 表面的铜箔进行散热。应尽可能多安放金属化过孔且孔径、盘面应尽量大，以依靠过孔帮助散热。设计一些散热通孔和盲孔，可以有效提高散热面积和减少热阻，提高 PCB 的功率密度。如果在 LCCC 元器件的焊盘上设立导通孔，在电路生产过程中用焊锡将其填充，可使导热能力提高，且电路工作时产生的热量能通过盲孔迅速传至金属散热层或背面设置的铜箔从而散发掉。在一些特定情况下，还专门设计和采用了有散热层的 PCB，散热材料一般为铜/铝等材料，如一些电源模块上采用的 PCB。

9.3.5　均匀分布热源的稳态传导 PCB 的热设计

一个安装有扁平封装集成电路的多层 PCB[326]如图 9.3.6 所示，当每个器件的耗散功率近似相等时，热负荷基本上是均匀分布的。

当考虑任一窄条上的器件时（如截面 *A-A* 所示），热输入可按均匀分布的热负荷来估算。在典型的 PCB 上，热量是从元件流向器件下面的散热条，然后再流到 PCB 的边缘而散去的。散热条通常是用铝或铜制造而成的，具有高热导率。对于热源均匀分布的 PCB 而言，其最高温度在 PCB 的中心，最低温度在 PCB 的边缘，这样就形成了抛物线式的分布，如图 9.3.7 所示。

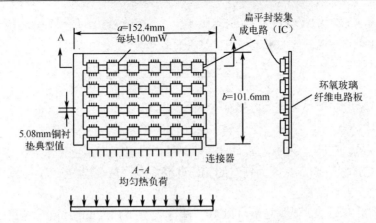

图 9.3.6 安装有扁平封装集成电路的多层 PCB

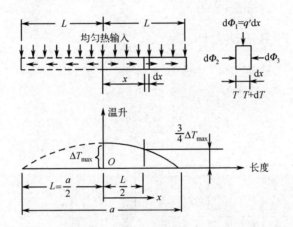

图 9.3.7 PCB 上均匀热负荷的温度抛物线分布示意图

经推导可得，在具有均匀分布热负荷的窄条上的最大温升是

$$\Delta T_{\max} = \frac{\Phi L}{2\lambda A} \tag{9.3.1}$$

式中，Φ 是 1/2 铜条的输入热流量；L 是铜条的长度；$\lambda=287\text{W}/(\text{m}\cdot\text{K})$（铜的热导率）；$A$ 是横截面面积。

当求一侧长为 L 的散热条中间点的温升时，经推导可得，窄条中间点的温升公式为

$$\Delta T = \frac{3\Phi L}{8\lambda A} \tag{9.3.2}$$

当只考虑长为 L 的窄条时，窄条中间点温升与最大温升之比表示为

$$\frac{\text{中间点} \Delta T}{\text{最大} \Delta T_{\max}} = \frac{3\Phi L/8\lambda A}{\Phi L/2\lambda A} = \frac{3}{4} \tag{9.3.3}$$

〖**举例**〗 对于如图 9.3.6 所示安装有扁平封装集成电路的多层 PCB 而言，假设每块扁平封装的耗散功率为 100mW；元件的热量要通过 PCB 上的铜衬垫传导至 PCB 的边缘，然后进入散热器；散热器表面温度为 26℃，元件壳体允许温度约为 100℃，铜衬垫质量为 56.7g（厚 0.0711mm）。下面计算从 PCB 边缘到中心的温升：已知 $\Phi=3\times0.1=0.3\text{W}$（铜条的输入热流量），

L=76.2mm（长度），*λ*=287W/(m·K)（铜的热导率），*A*=5.08×0.0711×10⁻⁶=3.613×10⁻⁷m²（横截面面积），将以上数据代入式（9.3.1）得到该铜条的温升为

$$\Delta T = \frac{\Phi L}{2\lambda A} = \frac{0.30 \times 76.2 \times 10^{-3}}{2 \times 287 \times 3.613 \times 10^{-7}} = 110°C$$

元器件壳体温度由散热器表面温度加上铜条温升确定，即

$$T_c = (26 + 110)°C = 136°C$$

对于如图 9.3.6 所示的 PCB，其对流和辐射的散热量很小，主要依靠传导散热。在这种情况下，显然 PCB 温升偏高。因为规定的元器件壳体允许最高温度约为 100℃，所以这项设计不能采纳。

如果铜条的厚度加倍，质量达到 113.4g，即厚度为 0.1422mm，温升将是 55℃。这个温升对于任何表面高于 46℃左右的散热器来说，还是太高了。考虑到高温应用，良好的设计是将铜衬垫的厚度增加到 0.2844mm 左右。

9.3.6 铝质散热芯 PCB 的热设计

一个采用铝质散热芯的 PCB[326]如图 9.3.8 所示，它将扁平封装集成电路用搭接焊安装在薄层电路板上，再将薄层电路板胶接到了铝板的两侧。

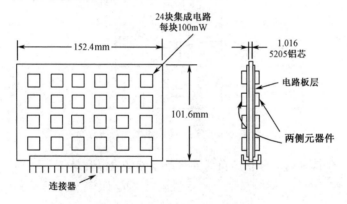

图 9.3.8　传热良好的铝芯电路板

在这种铝质散热芯的 PCB 上，可以安装两倍之多的集成电路，总的耗散功率是仅在一侧有元器件的 PCB 的两倍。如果所有元器件具有大致相同的耗散功率，则铝质散热芯的 PCB 将产生均匀的热负荷，如图 9.3.7 所示，其温升分布也是抛物线式的。

如果采用合理的热设计，则 PCB 上的铝散热芯和铜散热芯能够传导大量热量。由于温升小，所以这种设计形式尤其适用于高温场合。

对于如图 9.3.8 所示的传导冷却 PCB（铝芯电路板），从散热板中心到边缘的热流路径如图 9.3.9 所示。

板的两侧安装电子元器件，每侧元器件产生的耗散功率为 2.4W，则 PCB 的总耗散功率为 4.8W。用式（9.3.1）可求散热板的温升。已知 *Φ*=2.4W，*L*=76.2mm（散热板长度），*λ*=144W/(m·K)（5052 铝芯的导热系数），*A*=1.016×101.6×10⁻⁶=1.032×10⁻⁴m²（横截面面积），将以上数据代入式（9.3.1），得

$$\Delta T = \frac{\Phi L}{2\lambda A} = \frac{2.4 \times 76.2 \times 10^{-3}}{2 \times 144 \times 1.032 \times 10^{-4}} = 6.2\,℃$$

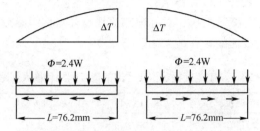

图 9.3.9　铝芯电路板上均匀分布的热负荷

注意：此计算结果不包括薄层电路板的温升，只适用于铝芯电路板。

9.3.7　PCB 之间的合理间距设计

电子设备机箱的自然冷却包括传导、自然对流和辐射换热。自然冷却 PCB 机箱内电子元件的温升，既取决于 PCB 上电子元件的耗散功率和设备的环境条件，又受到 PCB 叠装情况，特别是 PCB 间距的影响。

PCB 在机箱中往往是竖直放置的，而多块 PCB 是平行排列的。因此，在自然冷却条件下，在由 PCB 组成的电子设备中，合理布置 PCB 之间的间距是很重要的。

由于 PCB 上的电子元件形状各异，各类元件的热耗形式和系统工作模式不同，给最佳布置间距的研究带来了一定困难，所以在进行研究时应对 PCB 进行模型化处理。竖直通道的流动模型[326]如图 9.3.10 所示。

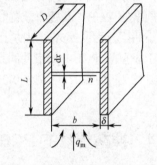

图 9.3.10　竖直通道的流动模型

按照牛顿冷却公式，竖直平行板的总换热量为

$$\Phi_{\mathrm{T}} = \alpha A \Delta T = \alpha (2L \cdot D) \cdot \Delta T \cdot n \tag{9.3.4}$$

$$a = (\mathrm{Nu} \cdot \lambda)/b$$

$$n = W/(b+\delta)$$

式中，α 为对流换热表面传热系数（W/(m^2·K)）；L 为板高度（m）；D 为板宽度（m）；ΔT 为板壁与气体的温差（℃）；λ 为气体的导热系数（W/(m^2·K)）；n 为板片数；W 为 PCB 的叠装总宽度（m）；b 为板的间距（m）；δ 为板的厚度（m）。

Elembas 通过试验研究得出，对称的等温竖直平行板在最大传热量时，平行板通道的

$$\mathrm{Ra} = \mathrm{Gr} \cdot \mathrm{Pr} = 54.3, \ \mathrm{Nu} = 1.31$$

式中，Pr 为普朗克数；Gr 为格拉晓夫数；Nu 为努塞尔数。

将有关参数代入，经数学处理后，得到最佳间距为

$$b_{\mathrm{opt}} = 2.714/P^{1/4} \tag{9.3.5}$$

$$P = (c_{\mathrm{p}} \bar{\rho}^2 \, g \alpha_{\mathrm{V}} \Delta t)/(\mu \lambda L)$$

式中，c_p 为比定压热容（kJ/(kg·K)）；$\bar{\rho}$ 为空气平均密度（kg/m^3）；g 为重力加速度（m/s^2）；α_V 为气体的体膨胀系数（K^{-1}）；ΔT 为板与空气的温差（℃）；μ 为气体的动力黏度（Pa·s）；λ 为气体的导热系数（W/(m·K)）。

用同样方法可得出非对称等温板、对称恒热流板及非对称恒热流板的最佳间距。表 9.3.4 汇总列出了这四种情况的最佳间距和最大间距值[326]。

表 9.3.4　印制电路板模型化通道的最佳间距和最大间距值

模块类型	最佳间距 b_{opt}	Ra=Gr·Pr	Nu $= ab/\lambda$	最大间距 b_{max}
对称等温板	$b_{opt}=2.714/P^{1/4}$	54.3	1.31	$b_{max} = 4.949/P^{1/4}$ Ra = 600
非对称等温板	$b_{opt}=2.154/P^{1/4}$	21.6	1.04	$b_{max} = 3.663/P^{1/4}$ Ra = 180
对称恒热流板	$b_{opt}=1.472R^{-0.2}$	6.916	0.62	$b_{max} = 4.782R^{-0.2}$ Ra = 2500
非对称恒热流板	$b_{opt}=1.169R^{-0.2}$	2.183	0.492	$b_{max} = 3.81R^{-0.2}$ Ra = 800
备　注	① $P = (c_p \bar{\rho}^2 g \alpha_V \Delta t)/(\mu \lambda L)$ m^{-4} ② $R = (c_p \bar{\rho}^2 g \alpha_V q)/(\mu \lambda^2 L)$ m^{-5}　　（q 为热流密度，单位为 W/m^2）			

对于依靠自然通风散热的 PCB，为提高其散热效果，应考虑气流流向的合理性。对于一般规格的 PCB，其竖直放置时的表面温升较水平放置时小。计算表明，竖直安装的 PCB，其最小间距应为 19mm，以防止自然流动的收缩和阻塞。在这种间距条件下的 71℃ 的环境中，对于小型的 PCB，如组件的耗散功率密度为 0.0155W/cm^2，则组件表面温度约为 100℃（即温升约为 30℃）。因此，0.0155W/cm^2 的功率密度值是自然对流冷却 PCB 耗散功率的许用值。

9.4　裸露焊盘的 PCB 设计

9.4.1　裸露焊盘简介

器件的裸露焊盘（EPAD）对充分保证器件的性能，以及器件充分散热是非常重要的。

一些采用裸露焊盘的器件示例如图 9.4.1 所示，是大多数器件封装下方的焊盘，裸露焊盘在通常称之为引脚 0（如 ADI 公司）。裸露焊盘是一个重要的连接，芯片的所有内部接地都是通过它连接到器件下方的中心点。不知读者是否注意到，目前许多器件（包括转换器和放大器）中缺少接地引脚，其原因就在于采用了裸露焊盘。

（a）QFN/SON　　　　（b）QFP　　　　（c）xSOP/SOIC　　　　（d）TO

图 9.4.1　一些采用裸露焊盘的器件示例

裸露焊盘的热通道和 PCB 热通道示意图[327]如图 9.4.2 所示。

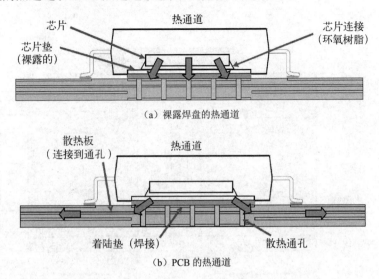

（a）裸露焊盘的热通道

（b）PCB 的热通道

图 9.4.2　裸露焊盘的热通道和 PCB 热通道示意图

TI 公司采用裸露焊盘的 PowerPAD™热增强型封装 PCB 安装形式和热传递（散热）示意图[328]如图 9.4.3 所示。

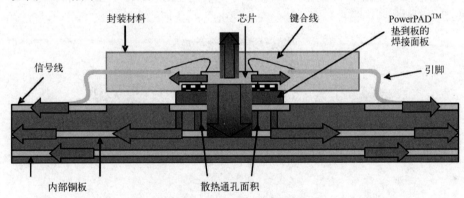

图 9.4.3　PowerPAD™热增强型封装 PCB 安装形式和热传递（散热）示意图

裸露焊盘的热性能测量需要专门设计的 PCB 模板。例如，采用嵌入式热传递平面的热性能测 PCB 模板，采用顶层式热传递平面的热性能测量 PCB 模板。

9.4.2　裸露焊盘连接的基本要求

裸露焊盘使用的关键是将此引脚妥善地焊接（固定）到 PCB 上，实现牢靠的电气和热连接。如果此连接不牢固，就会发生混乱，换言之，可能引起设计无效。

实现裸露焊盘最佳电气和热连接的基本要求[329]如下。

① 在可能的情况下，应在各 PCB 层上复制裸露焊盘，这样做的目的是与所有接地和接地层形成密集的热连接，从而快速散热。此步骤与高功耗器件及具有高通道数的应用相关。在电气方面，这将为所有接地层提供良好的等电位连接。

如图 9.4.4 所示，甚至可以在底层复制裸露焊盘，它可以用作去耦散热接地点和安装底侧散热器的地方。

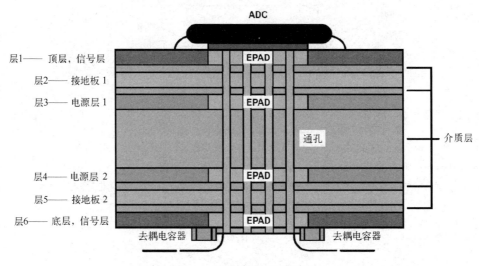

图 9.4.4　裸露焊盘布局示例

有引线引脚端的 OMP（Overmolded Package，二次成型封装）射频功率器件与 PCB 和散热器的连接示意图 [330] 如图 9.4.5 所示。二次成型封装（OMP，Overmolded Package）是一种基于引线框架的塑料封装，具有从封装侧面突出的引线和用于大功率散热的底部金属法兰。

（a）PCB 通过底座连接到散热器，适用于鸥翼型大功率封装

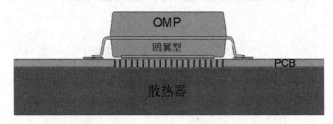

（b）带有通孔连接到散热器的 PCB，适用于鸥翼型小功率封装

（c）通过 PCB 空腔连接到散热器，适用于直引线封装

图 9.4.5　有引线引脚端的 OMP 射频器件与 PCB 和散热器的连接示意图

无引线引脚封装的 LGA （Land Grid Array，触点栅格阵列）射频功率器件通过 PCB 与散热通道的连接示意图[330]如图 9.4.6 所示。LGA 封装是一种表面安装器件，通过器件底部的触点与 PCB 进行电气连接。

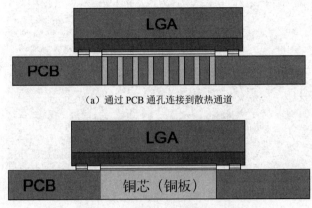

（a）通过 PCB 通孔连接到散热通道

（b）嵌入铜芯的 PCB 连接到散热通道

图 9.4.6　无引线引脚封装的 LGA 射频器件与 PCB 的连接示意图

② 将裸露焊盘分割成多个相同的部分，如同棋盘。在打开的裸露焊盘上使用丝网交叉格栅，或使用阻焊层。此步骤可以确保器件与 PCB 之间的稳固连接。在回流焊组装过程中，无法决定焊膏如何流动并最终连接器件与 PCB。

如图 9.4.7 所示，裸露焊盘布局不当时，连接可能存在，但分布不均。可能只得到一个连接，并且连接很小，或者更糟糕，位于拐角处。

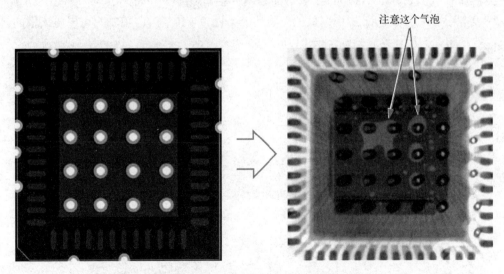

图 9.4.7　裸露焊盘布局不当的实例

如图 9.4.8 所示，将裸露焊盘分割为较小的部分可以确保各个区域都有一个连接点，实现裸露焊盘更牢靠、更均匀的连接。

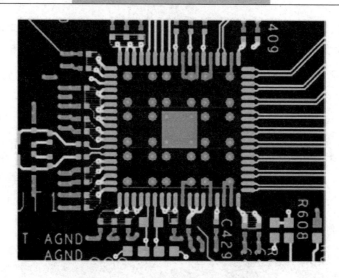

图 9.4.8 较佳的裸露焊盘布局实例

③ 应当确保各部分都有过孔连接到地。要求各区域都足够大，足以放置多个过孔。组装之前，务必用焊膏或环氧树脂填充每个过孔，这一步非常重要，可以确保裸露焊盘焊膏不会回流到这些过孔空洞中，影响正确连接。

9.4.3 裸露焊盘散热通孔的设计

1. 散热通孔的数量与面积对热阻的影响

散热通孔（Thermal Via）的数量与面积对热阻的影响 [328] 如图 9.4.9 和图 9.4.10 所示。图 9.4.9 为 JEDEC 的 2 层电路板的热阻比较。图 9.4.10 为 JEDEC 的 4 层电路板的热阻比较，散热通孔的尺寸为 0.33mm（0.013in）。

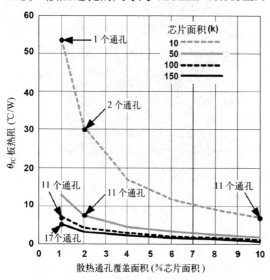

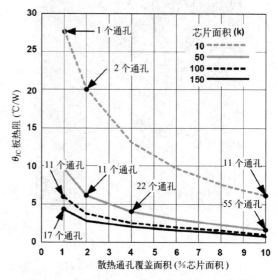

图 9.4.9 散热通孔的数量与面积
对热阻的影响（JEDEC 的 2 层电路板）

图 9.4.10 散热通孔（尺寸为 0.33mm）的数量
与面积对热阻的影响（JEDEC 的 4 层电路板）

改善 FR-4 PCB 热传递的廉价方法是在导电层之间增加散热通孔。如图 9.4.11 所示，通常采用镀通孔（PTH）。通孔是通过钻孔和镀铜创建的，其方式与用于层之间的电互连 PTH 或通孔相同[331-332]。

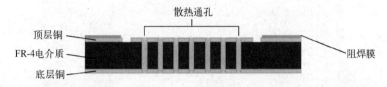

图 9.4.11　具有散热通孔的 FR-4 PCB 横截面图

以适当的方式添加散热通孔可以改善 FR-4 PCB 的热阻。单个通孔的热阻可以利用公式 $\theta = l/(k \times A)$ 计算，式中，l 为层厚度；k 为热导率；A 为与热源接触的面积。使用表 9.4.1 中的热导率，可以计算出尺寸为 0.6mm 的散热通孔的热阻为 96.8℃/W。注意：计算没有考虑热源的尺寸、扩散、对流热阻或边界条件的影响。

对于多个通孔的热阻，可以采用式（9.4.1）计算。

$$\theta_{\text{vias}} = l/(N_{\text{vias}}kA) \tag{9.4.1}$$

注意，式（9.4.1）仅当热源直接作用于热通道时才适用。否则，由于热扩散效应，热阻将增大。要计算 IC 器件散热焊盘下方区域的总热阻，必须确定 PCB 电介质层和通孔的等效热阻。为了简单起见，将两个热阻视为并联状态。包含散热通孔和 FR-4 PCB 的总热阻由式（9.4.2）计算[331-332]：

$$\theta_{\text{vias}\|\text{FR-4}} = [(l/\theta_{\text{vias}}) + (l/\theta_{\text{FR-4}})]^{-1} \tag{9.4.2}$$

表 9.4.1　包括散热通孔的 FR-4 PCB 层的典型热导率

层/材料	厚度（μm）	热导率（W/(m·K)）
Sn-Ag-Cu-焊锡	75	58
顶层铜	70	398
PCB 电介质	1588	0.2
填充式散热通孔（Sn-Ag-Cu）	1588	58
底层铜	70	398
阻焊膜（可选择）	5	4.2

使用表 9.4.1 中的热导率值，可以通过添加多层的热阻，来计算多层 FR-4 PCB 的总热阻。

$$\theta_{\text{PCB}} = \theta_{\text{layer1}} + \theta_{\text{layer2}} + \theta_{\text{layer3}} + \cdots + \theta_{\text{layerN}} \tag{9.4.3}$$

对于给定层，热阻由下式给出：

$$\theta = l/(k \times A) \tag{9.4.4}$$

式中，l 为层厚度；k 为热导率；A 为与热源接触的面积。

注意：这种计算没有考虑热源的尺寸、扩散、对流热阻或边界条件的影响。

2. 散热通孔的面积、数量与布局形式

散热通孔的面积、数量与布局形式[328]如图 9.4.12 所示。

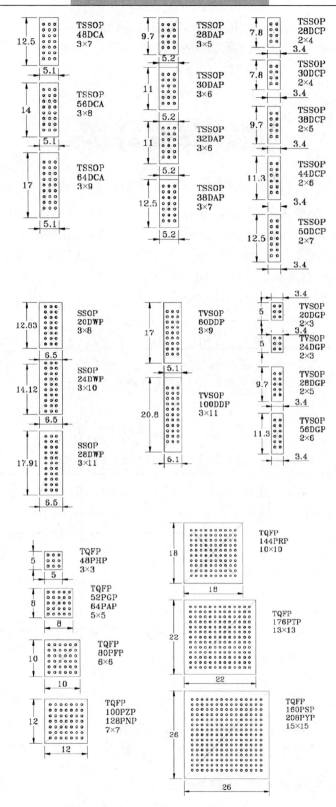

图 9.4.12 散热通孔的面积、数量与布局形式

注意：裸露焊盘尺寸和散热通道建议与特定器件的数据表核对，应使用在数据表中列出的最大焊盘尺寸。推荐使用具有阻焊定义（限制）的焊盘，以防止裸露焊盘封装引脚之间的短路。

9.4.4　裸露焊盘的 PCB 设计实例

1. 16 引脚或 24 引脚 LFCSP 无铅封装裸露焊盘的 PCB 设计实例 1

LFCSP 封装示意图[333]如图 9.4.13 所示。LFCSP 与芯片级封装（CSP）类似，是用铜引脚架构基板的无铅塑封线焊封装。外围输入/输出焊盘位于封装的外沿，与印制电路板的电气连接是通过将外围焊盘和封装底面上的裸露焊盘焊接到 PCB 上实现的。将裸露焊盘焊接到 PCB 上，从而有效传导封装热量。

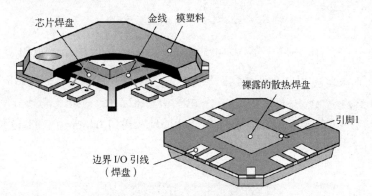

芯片焊盘　金线　模塑料

裸露的散热焊盘

引脚1

边界 I/O 引线（焊盘）

图 9.4.13　LFCSP 封装示意图

ADA4950-x（差分 ADC 驱动器）采用 3mm×3mm、16 引脚 LFCSP 无铅封装（ADA4950-1，单通道）或 4mm×4mm、24 引脚 LFCSP 无铅封装（ADA4950-2，双通道），具有裸露的焊盘，裸露焊盘的 PCB 设计实例[334]如图 9.4.14 所示，采用过孔与接地平面连接。

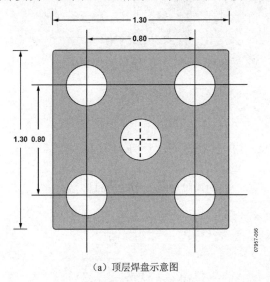

1.30

0.80

1.30　0.80

07957-056

（a）顶层焊盘示意图

图 9.4.14　差分 ADC 驱动器 ADA4950-x 系列裸露焊盘的 PCB 设计示意图

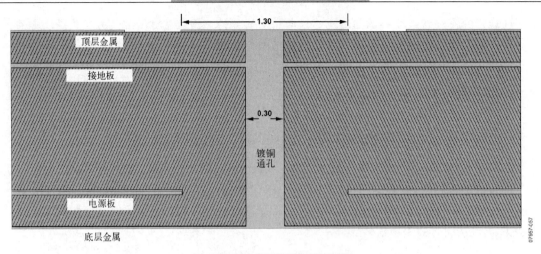

（b）顶层焊盘与接地板通孔连接示意图

图 9.4.14　差分 ADC 驱动器 ADA4950-x 系列裸露焊盘的 PCB 设计示意图（续）

注意： 过孔用来实现不同层的互联，如图 9.4.15 所示。过孔存在电感和电容[335]。对于一个 1.6mm（0.063in）厚 PCB 上的 0.4mm（0.0157in）的过孔，过孔电感均为 1.2nH。在 FR-4 介质材料上，对于一个 1.6mm（0.063in）间隙，围绕孔周围 0.8mm（0.031in）焊盘，电容均为 0.4pF。

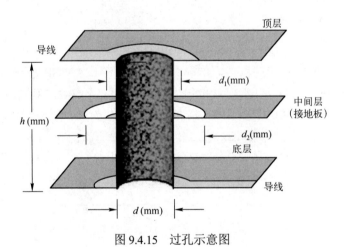

图 9.4.15　过孔示意图

式中，ε_r 为 PCB 介质的相对介电常数（对于 FR-4 基材，$\varepsilon_r \approx 4.5$）。

$$L(\text{nH}) \approx \frac{h}{5}\left[1 + \ln\left(\frac{4h}{d}\right)\right] \tag{9.4.5}$$

$$C(\text{pF}) \approx \frac{0.0555\varepsilon_r h d_1}{d_2 - d_1} \tag{9.4.6}$$

$$Z_0(\Omega) = 31.6\sqrt{\frac{L(\text{nH})}{C(\text{pF})}} \tag{9.4.7}$$

$$T_{\mathrm{P}}(\mathrm{ps/cm}) = 31.6\sqrt{L(\mathrm{nH})C(\mathrm{pF})} \tag{9.4.8}$$

2. 16 引脚或 24 引脚 LFCSP 无铅封装裸露焊盘的 PCB 设计实例 2[336,337]

ADA4930-1/ADA4930-2 是超低噪声（1.2nV/$\sqrt{\mathrm{Hz}}$）、低失真、高速差分放大器，非常适合驱动分辨率最高 14 位、0～70MHz 的 1.8V 高性能 ADC。ADA4930-1 采用 3mm×3mm 16 引脚无铅 LFCSP 封装，ADA4930-2 采用 4 mm×4mm 24 引脚无铅 LFCSP 封装。

ADA4930-1/ADA4930-2 是高速器件。要实现其优异的性能，必须注意高速 PCB 设计的细节。

首先要求是采用具有优质性能的接地和电源层的多层 PCB，尽可能覆盖所有的电路板面积。在尽可能靠近器件处将供电电源引脚端直接旁路到附近的接地平面。每个电源引脚端推荐使用两个并联旁路电容（1000pF 和 0.1μF），应该使用高频陶瓷芯片电容，并且采用 10μF 钽电容在每个电源引脚端到地之间提供低频旁路。

杂散传输线路电容与封装寄生可能会在高频时构成谐振电路，导致过大的增益峰化或振荡。信号路径应该短而直，避免寄生效应。在互补信号存在的地方，用对称布局来提高平衡性能。当差分信号经过较长路径时，要保持 PCB 走线相互靠近，将差分线缆缠绕在一起，尽量降低环路面积。这样做可以降低辐射的能量，使电路不容易产生干扰。使用射频传输线将驱动器和接收器连接到放大器。

如图 9.4.16 所示，清除输入/输出引脚附近的接地和低阻抗层，反馈电阻（R_{F}）、增益电阻（R_{G}）和输入求和点附近的区域都不能有地和电源层，使杂散电容降到最低，这样可以降低高频时放大器响应的峰值。

图 9.4.16　ADA4930-1 R_{F} 和 R_{G} 附近的接地和电源层的露空

如果驱动器/接收器大于放大器波长的 1/8，则信号走线宽度应保持最小。这种非传输线路配置要求清除信号线路下方和附近的接地和低阻抗层。

裸露散热焊盘与放大器的接地引脚内部相连。将该焊盘焊接至 PCB 的低阻抗接地层可确保达到额定的电气性能，并可提供散热功能。为进一步降低热阻，建议利用过孔将焊盘下方所有层上的接地层连在一起。

推荐的 PCB 裸露焊盘尺寸（mm）如图 9.4.17 所示。散热通孔连接到底层的接地层（见图 9.4.18）。

有关 LFCSP 和法兰封装的 RF 功率放大器的热管理计算请参考"ADI 公司应用笔记 AN-1604"。

注意：ADA4932-x 也可以采用类似设计。

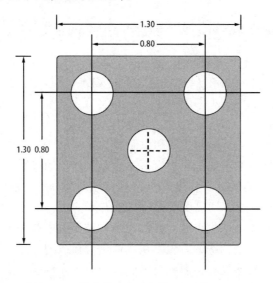

图 9.4.17　推荐的 PCB 裸露焊盘尺寸（mm）

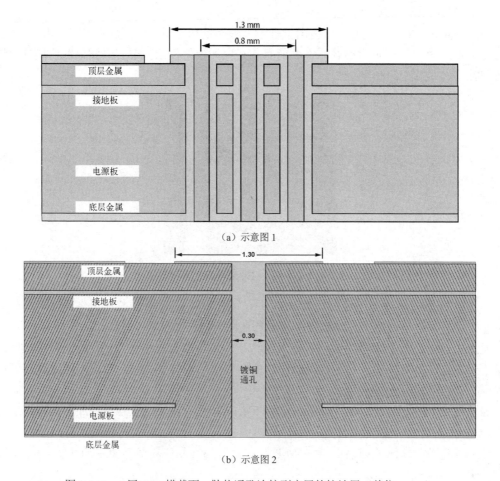

（a）示意图 1

（b）示意图 2

图 9.4.18　4 层 PCB 横截面：散热通孔连接到底层的接地层（单位：mm）

3. DDA PowerPAD™ 裸露焊盘的 PCB 设计实例[338]

THS3092/THS3096 采用 DDA PowerPAD™ 裸露焊盘，裸露焊盘的 PCB 示意图（单位：in）如图 9.4.19 所示。

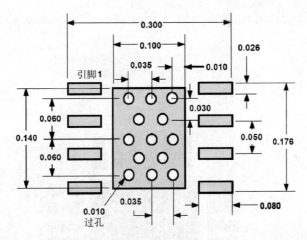

图 9.4.19 DDA PowerPAD™ 裸露焊盘的 PCB 示意图（单位：in）

4. DGN PowerPAD™ 裸露焊盘的 PCB 设计实例[339]

THS3110/THS3111 采用 DGN PowerPAD™ 裸露焊盘，裸露焊盘的 PCB 示意图（单位：in/mm）如图 9.4.20 所示。

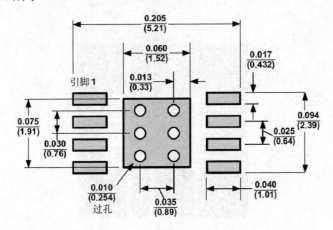

图 9.4.20 DGN PowerPAD™ 裸露焊盘的 PCB 示意图

5. PQFN/QFN 裸露焊盘的 PCB 设计实例

PQFN 封装的射频功率器件安装在 PCB 上的典型横截面图[340]如图 9.4.21（a）所示。PQFN-24 和 PQFN-16 封装的 PCB 焊盘布局图例如图 9.4.21（b）和图 9.4.21（c）所示。

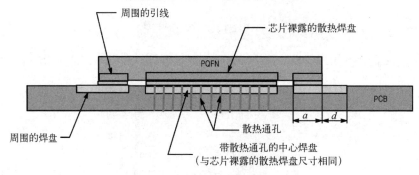

（a）PQFN 封装安装在 PCB 上的典型横截面图

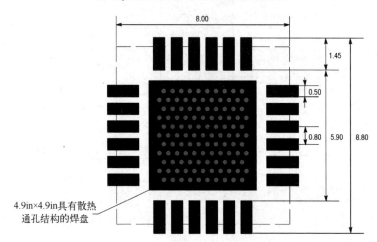

（b） PQFN-24 封装的 PCB 焊盘布局图例

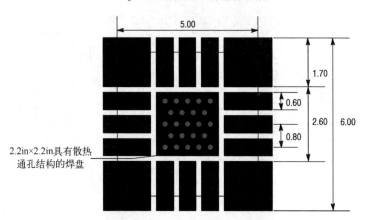

（c）PQFN-16 封装的 PCB 焊盘布局图例

图 9.4.21　PQFN 裸露焊盘的 PCB 设计实例（单位：in）

6. 空腔封装（Air Cavity Packages）的 PCB 设计实例

一个 PCB 绑定到导热载体上，射频功率器件通过空腔连接到导热载体的安装示例[341]如图 9.4.22 所示。

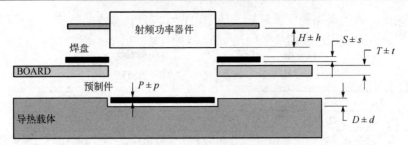

（a）射频功率器件通过空腔连接到导热载体的安装示例

（b）PCB 绑定到导热载体上

图 9.4.22　空腔封装（Air Cavity Packages）的 PCB 设计实例

9.5　散热器的安装与接地

9.5.1　散热器的安装

对于功率器件，为了降低接合部温度，一般使用散热板将热量散发到外部。给半导体器件安装的散热板有散热效果，而且为了不失可靠性，需要注意以下一些事项[312]。

1. 硅脂膏的选择

为了提高器件和散热板之间的热传导性和散热效果，一般在器件和散热板的接触面上，均匀地涂上一层薄的硅脂膏。此时，有些器件会吸收硅脂膏油而使芯片涂层材料产生膨胀。

为了避免芯片涂层材料产生膨胀，在选择硅脂膏时，请使用以特殊配方的树脂和低亲和性油为基础的产品（例如，信越化学工业公司生产的 G746 或者相当的产品）。金属封装器件不受此限制。

如果使用其他油脂，有可能无法保证质量。另外，当油脂的稠度比较低（硬）时，有可能在用螺丝固定时产生树脂裂纹，而且如果涂上过量的油脂就会对树脂施加过大的应力，所以必须注意。

2. 必须使用最佳的紧固转矩

紧固转矩太小会导致热阻的增大，紧固转矩太大会导致器件变形、芯片破坏以及引脚断线等故障。因此，作为最佳的紧固转矩，请采用表 9.5.1 范围内的数值。另外，有关热阻和绝缘体厚度以及紧固转矩之间的关系如图 9.5.1 和图 9.5.2 所示。

表 9.5.1　典型封装的最佳紧固转矩

封装典型	最佳紧固转矩（kg·cm）
TO-3	6～10
TO-66	6～10
TO-3P	6～8
TO-3PFM	4～6
TO-220	4～6
TO-220FM	4～6
TO-126	4～6
TO-202	4～6
功率 IC	4～8

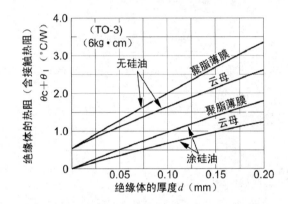

图 9.5.1　绝缘体的厚度和热阻的关系（典型示例）

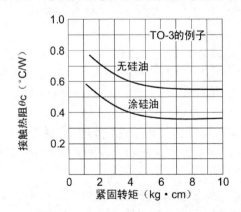

图 9.5.2　紧固转矩和接触热阻的关系

3. 散热板平坦度的注意事项

将器件紧固到散热板时，如果散热板不合适，就会因影响散热效果，并且因施加过大的应力而引起特性老化和树脂裂纹。因此，关于散热板必须遵守以下几点。

① 对于散热板弯曲的凸凹，螺孔间隔不能超过 0.05mm（见图 9.5.3 和图 9.5.4）。另外，扭曲也不能超过 0.05mm。

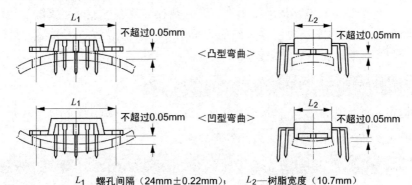

L_1 螺孔间隔（24mm±0.22mm）； L_2—树脂宽度（10.7mm）

图 9.5.3 散热板的弯曲（QIL 和 DIL 封装示例）

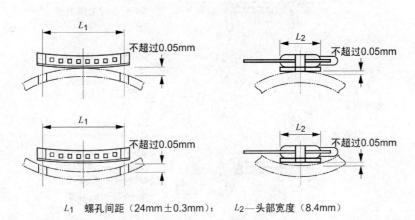

L_1 螺孔间距（24mm±0.3mm）； L_2—头部宽度（8.4mm）

图 9.5.4 散热板的弯曲（SIL 封装示例）

② 当散热板是铝板、铜板和铁板时，必须在确认没有毛刺后进行螺孔的倒棱处理。

③ 必须将散热板和器件的接触面磨光（精细加工）。

④ 在 IC 头部和散热板之间不能夹有锉屑等异物。

⑤ 散热板的螺孔间隔和器件的螺孔间隔必须一致（例如：功率 IC/SP-10T 的螺孔间隔为 24mm±0.3mm）。如果太宽或者太窄，就会使树脂产生裂纹。

4. 不能直接焊接器件的散热片

如果直接焊接器件散热片，外加的热量就会变大，远远超过器件接合部温度的保证值，给器件带来坏的影响，导致破坏或者明显缩短寿命等。

5. 不能对封装施加机械应力

在固定时，如果紧固工具（螺丝刀、夹具和工具等）接触塑封，不仅会使封装产生裂纹，而且也会对内部施加机械应力，加速器件连接部的疲劳，以致产生破坏和断线不良，所以必须注意。

6. 不能在焊接引脚后给器件安装散热板

如果在引脚焊接到印刷电路板后给器件安装散热板，就有可能因引脚的长短不一或者印刷电路板和散热板尺寸的偏差而使过大的应力集中到引脚，导致引脚脱落、封装破坏和断线。因此，必须在将器件安装到散热板后焊接引脚。

7. 不能对器件的散热片和封装进行加工和变形处理

如果对器件的散热片进行切断和变形处理，或者对封装进行加工和变形处理，就会导致热阻增大或者对器件内部施加异常应力而引起故障。

8. 安装功率器件时请使用推荐的部件（垫片、垫圈、接线片、螺丝和螺母等）（参照图 **9.5.5**）

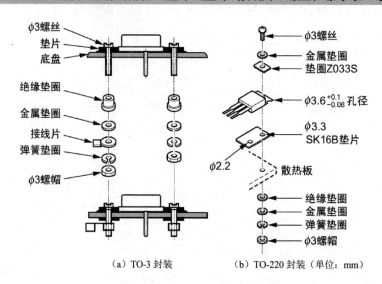

（a）TO-3 封装　　　　（b）TO-220 封装（单位：mm）

图 9.5.5　功率晶体管的安装示例

9. 使用的螺丝

给器件安装散热板时所使用的螺丝大致分为小螺丝和自攻螺丝，在使用螺丝时，需要注意以下几点。

① 必须使用 JIS-B1101 规定的球面圆头小螺丝和扁圆头小螺丝相当的螺丝。

② 沉头螺丝会对器件施加异常应力，绝对不能使用（见图 9.5.6）。

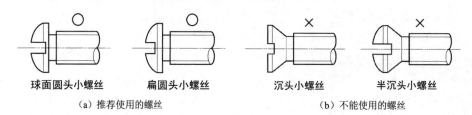

球面圆头小螺丝　　扁圆头小螺丝　　　沉头螺丝　　　半沉头小螺丝

（a）推荐使用的螺丝　　　　　　　　（b）不能使用的螺丝

图 9.5.6　推荐的螺丝种类和不能使用的螺丝种类

③ 在使用自攻螺丝时，也必须严守上述的紧固转矩。

④ 在使用自攻螺丝时，不能使用比器件安装部孔径大的自攻螺丝。否则，散热板和器件的安装孔产生螺纹而引起故障。

10. 散热板的螺孔

① 螺孔太大：散热板的孔径和倒棱不能大于螺丝头的直径。尤其对于将铜板用作凸缘材料的器件（TO-220 和功率 IC 等），紧固转矩会使铜板和塑封变形。

② 螺孔太小：尤其在使用自攻螺丝时，紧固转矩增大并超过上述推荐的紧固转矩，或者得不到所要的接触电阻。

11. 安装其他散热板时的注意事项和建议

① 如果在 1 个散热板上安装 2 个以上的器件，每个器件的热阻就会增大（参照图 9.5.7）。

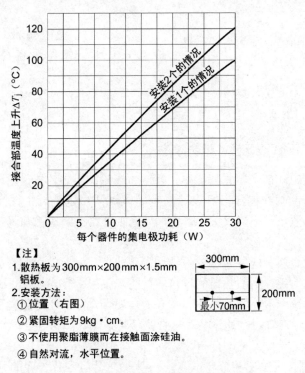

图 9.5.7　1 个散热板上安装 2 个器件的情况

② 因散热关系，需要形状和大小都合适的散热板。另外，必须根据需要实施强制冷却，在实际使用状态下测量产品的管壳温度，并用产品目录记载的热阻值计算接合部温度。

12. 安装时的损坏示例[312]

（1）TO-220 封装安装时封装的损坏

现象和原因：在安装功率晶体管时，空气螺丝刀的转矩大于等于 10kg·cm，并且散热板的安装孔太大，因而发生晶体管头部和塑料界面剥离。因空气螺丝刀的种类，紧固转矩的偏差变大。如果转矩大于等于 8kg·cm 或者散热板的安装孔大于螺丝头的直径或者散热板安装孔部分的平坦性较差，就会发生晶体管头部的变形或者头部和塑料界面的剥离。

对策：紧固转矩必须在推荐的规格范围内，TO-220 封装的推荐范围为 4~6kg·cm。散热板安装孔部分平坦度必须在 50μm 以内，安装孔不能大于螺丝头的直径，并使用附属的金属垫圈（例如，YZ033S）。

（2）TO-3 封装安装散热板时芯片产生裂纹

现象和原因：如图 9.5.8 所示，由于散热板的安装孔径较大并被过度倒棱，所以在安装晶体管时，最初被紧固的螺孔周围陷入倒棱部分，并导致晶体管管座发生倾斜。因此，在紧固另一侧的螺丝时，整个晶体管管座发生变形，使内部芯片至少被施加超过两倍的规定应力而产生芯片裂纹。

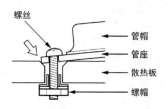

图 9.5.8　TO-3 封装安装散热板时芯片产生裂纹

对策：① 使散热板的孔径（也包含倒棱部分）小于螺丝头直径。② 使用适当的紧固转矩。

9.5.2　散热器的接地

1. 带散热器的半导体器件的分布参数模型

在许多电子系统中，都采用了高功率、高速、高频的半导体器件，需要针对半导体器件采取元件级的 EMI 抑制和特殊的热设计。半导体器件可以是一个很高效的射频能量辐射源，采用金属散热器散热时不能仅关心热力学要求，还必须考虑散热器尺寸可能引起射频能量辐射。

散热器通常采用金属制成并包括翅片结构。散热器尺寸可能引起射频能量辐射，取决于处理器的频谱。一般地说，当散热器的尺寸增加时，辐射效率也增加。最大的辐射量可以发生在各种频率下，取决于散热器的尺寸和装置的自谐振频率。由于处理器与其他电路和局部结构靠得很近，射频噪声辐射会通过各种耦合路径将射频噪声传导到外部电路中去。

一个带散热器的半导体器件的分布参数模型[286]如图 9.5.9 所示，L 为芯片封装的引线电感，C_1 为芯片衬底到接地平面的分布电容，C_2 为散热片到芯片衬底的分布电容，C_3 为散热片到接地平面或机架的分布电容。例如，一个带有散热器的典型的 VLSI 的自谐振频率约为 200~800MHz。

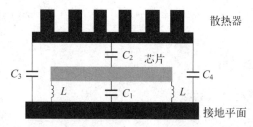

图 9.5.9　带散热器的半导体器件的分布参数模型

　　研究表明，半导体器件（如 VLSI）衬底工作在 100MHz 或以上的时钟速率时，会在器件封装内产生大量的共模电流。封装内部的晶片（或衬底）放置在更靠近封装壳，而不是封装底座的位置。将散热器置于器件封装的顶部，封装内部的晶片到散热器金属平板的距离比到接地平面的距离更近。芯片内部的共模辐射电流无法耦合到接地平面上去。射频能量只能由装置辐射到自由空间中去。发生在散热器上的共模耦合就使得这个根据热力学要求设计的散热器结构变成了偶极天线，能够很有效地向自由空间辐射。

　　差模退耦电容器是连接在电源平面和接地平面之间的电容器，用于除去逻辑状态转换时注入这些平面的开关噪声。采用退耦电容消除的只是电源和地之间的差模射频电流，不能够除去元件内部产生的共模噪声。一些陶瓷封装的器件的顶部（底部）具有接地焊盘，可以实现进一步的差模退耦。

2. 散热器的接地设计实例

　　一个散热器的接地设计实例 [282]如图 9.5.10 所示。

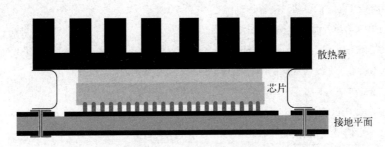

图 9.5.10　一个散热器的接地设计实例

　　一般的设计要求散热器一定要接地，也就是要使散热器处在地电位，然而有源的 VLSI 是在射频电压电位。在散热器和接地平面之间的导热复合物是两个大金属平板之间的绝缘层，这就完全符合构成一个电容器的条件。这样一来，接地散热器就起到一个大共模退耦电容器（元件和地）的作用。这个共模退耦电容器则可以为芯片衬底到 0V 参考系统之间提供一个内部产生的共模噪声的交流短路通道。这个共模电容器使射频能量耦合或短路出去。

　　散热器接地可以有效地导热，用来除去封装内部产生的热量；采用接地散热片可以产生屏蔽；所构成的法拉第屏蔽，可以防止半导体器件（如 VLSI）内部的高速时钟频率电路产生的射频能量辐射到自由空间去，或者耦合到临近的元件中去；所构成的共模退耦电容器结构，可以通过交流能量耦合方式，经芯片衬底直接入到地，除去封装内芯片衬底上的共模射频电流。

　　如果散热器采用了接地设计，栅栏的接地桩（或指采用的其他 PCB 安装方法）必须在距处理器中心小于 1/4in（6.4mm）处连接到 PCB 的接地平面，也可以在栅栏的每个接地桩脚处并联连接 0.1μF 并联 0.001μF 或 0.01μF 并联 100pF 两个电容器。对于可能产生超过 1GHz 的射频辐射的 VLSI 或类似的器件，需要围绕器件封装四周的设置更多的多点接地。可以采用一些退耦电容，用来弥补散热器所带来的 $\lambda/4$ 机械尺寸问题，有效地抑制 EMI 频谱能量。

参 考 文 献

[1] Avago Technologies Limited. AMMC-5620 6 - 20 GHz high gain amplifier data sheet[Z]. 2014.

[2] NXP Semiconductors. BLP7G22-05 LDMOS driver transistor[Z]. 2014.

[3] NXP Semiconductors. BGU7060 analog high linearity low noise variable gain amplifier[Z]. 2014.

[4] ANADIGICS, Inc. AWL6153 2.4 GHz wireless lan power amplifier module data sheet[Z]. 2008.

[5] STMicroelectronics. SD1275-01 RF power bipolar transistor VHF mobile applications[Z]. 2004.

[6] NXP Semiconductors. BLF8G09LS-400PW; BLF8G09LS-400PGW power LDMOS transistor[Z]. 2014.

[7] Murata Inc. Chip monolithic ceramic capacitors[Z]. 2004.

[8] TDK Corp. 倒装型积层贴片陶瓷片式电容器[Z]. 2012.

[9] Murata Inc.聚合物铝电解电容器[Z]. 2010.

[10] Altera Corporation. Comparison of power distribution network design methods[Z]. 2009.

[11] Murata Inc. Noise suppression by EMIFILr Basics of EMI filters[Z]. 2012.

[12] TDK Corp. c115-mlf 多层片式电感器 MLF 系列[Z]. 2012.

[13] Murata Inc. c05c[1] Chip Inductors (Chip Coils)[Z]. 2012.

[14] TDK Corp. 信号线线用多层片式磁珠 MMZ 系列[Z]. 2012.

[15] TDK Corp. 电源线用多层片式磁珠 MPZ(STD)系列[Z]. 2012.

[16] Murata Inc. c31c [1] SMD/BLOCK type EMI suppression filters[Z]. 2012.

[17] TDK Corp. EMC 对策用铁氧体磁芯[Z]. 2012.

[18] Maxim Integrated Inc. 设计指南 742　阻抗匹配与史密斯(Smith)圆图：基本原理 [Z]. 2012.

[19] 陈邦媛. 射频通信电路[M]. 北京：科学出版社，2002.

[20] 雷振亚. 射频/微波电路导论[M]. 西安：西安电子科技大学出版社，2005.

[21] 张玉兴. 射频模拟电路[M]. 北京：电子工业出版社，2002.

[22] Reinhold Ludwig. 射频电路设计理论与应用[M]. 王子宇，张肇仪，徐承和，译. 北京：电子工业出版社，2002.

[23] 刘长军，黄卡玛，闫丽萍.射频通信电路设计[M]. 北京：科学出版社，2005.

[24] Analog Devices, Inc. ADL5535 20MHz 至 1.0GHz 中频增益模块 [Z]. [2024-05-15]. https://www.analog.com/cn/products/adl5535.html.

[25] Cotter W Sayre. 无线通信设备与系统设计大全[M]. 张之超，黄世亮，吴海云，等译. 北京：人民邮电出版社，2004.

[26] 卢万铮. 天线理论与技术[M]. 西安：西安电子科技大学出版社，2002.

[27] 爱普科斯(EPCOS). 协同合作使用共用天线[Z]. 2012.

[28] Avago Technologies. ACMD-6207 LTE Band 7 Duplexer with Balanced Rx Port [Z]. 2013.

[29] 顾宝良. 通信电子线路[M]. 北京：电子工业出版社，2002.

[30] 于洪珍. 通信电子电路[M]. 北京：清华大学出版社，2005.

[31] 谢沅清，邓刚. 通信电子电路[M]. 北京：电子工业出版社，2005.

[32] Andrei Grebennikov. 射频与微波功率放大器设计[M]. 张玉兴，赵宏飞，译. 北京：电子工业出版社，2006.

[33] 啜钢，王文博，常永宇，等. 移动通信原理与系统[M]. 北京：北京邮电大学出版社，2005.

[34] 黄智伟. 射频电路设计[M]. 北京：电子工业出版社，2006.

[35] 黄智伟. 通信电子电路[M]. 北京：机械工业出版社，2007.

[36] 陈星弼，张庆中. 晶体管原理与设计[M]. 北京：电子工业出版社. 2006.

[37] 孟庆巨，刘海波，孟庆辉. 半导体器件物理[M]. 北京：科学出版社. 2005.

[38] 童诗白，华成英. 模拟电子技术基础[M]. 4 版. 北京：高等教育出版社. 2006.

[39] 杨凌. 模拟电子线路[M]. 北京：机械工业出版社. 2007.

[40] Michael Quirk, Julian Serda. 半导体制造技术[M]. 韩郑生 译. 北京：电子工业出版社. 2005.

[41] 刘恩科，朱秉升，罗晋生. 半导体物理[M]. 4 版. 北京：国防工业出版社. 2011.

[42] R. M. Warner, B. L. Grung. Semiconductor-Device Electronics（英文版）[M]. 北京：电子工业出版社. 2002.

[43] 赵正平. 固态微波毫米波,太赫兹器件与电路的新进展[J]. 半导体技术，2011, 36(12):8.

[44] 陈炽. 氮化镓高电子迁移率晶体管微波特性表征及微波功率放大器研究[D]. 西安：西安电子科技大学，2013.

[45] 张波，陈万军，邓小川，等. 氮化镓功率半导体器件技术与进展[J]. 固体电子学研究，2010, 30(1):1-10.

[46] Chen Tangsheng, Jiao Gang, Xue Fangshi, et al. Undoped AlGaN/GaN microwave power HEMT [J]. 固体电子学研究与进展，2004, 25(2):247-247.

[47] Renesas Electronics Corp. NPN silicon RF transistor 2SC5753 [Z]. 2011.

[48] Mitsubishi Electric Corp. RD70HVF1 RoHS compliance, silicon MOSFET power transistor, 175MHz,70W 520MHz,50W [Z]. 2006.

[49] NXP Semiconductors. BLF888A; BLF888AS UHF power LDMOS transistor [Z]. 2015.

[50] TriQuint. TGF2819-FL 100W peak power, 20W average power, 32V DC – 3.5 GHz, GaN RF power transistor [Z]. 2012.

[51] MAURY MICROWAVE. Specifications subject to change without notice active harmonic load-pull with realistic wideband communications signals[Z]. 2014.

[52] Renesas Electronics Corp. RQA0011DNS silicon N-Channel MOS FET data sheet[Z]. 2014.

[53] M/A-COM Technology Solutions Inc. MRF393 The RF line controlled "Q" broadband power transistor 100W, 30 to 500MHz, 28V[Z]. 2014.

[54] NXP Semiconductors. AN11504 BFU590Q ISM 433 MHz PA design[Z]. 2014.

[55] NXP Semiconductors. AN11502 BFU590G ISM 866 MHz PA design[Z]. 2014.

[56] Maxim Integrated Products, Inc. 3.6V, 1W RF power transistors for 900MHz applications MAX2601/MAX2602[Z]. 2014.

[57] M/A-COM Technology Solutions Inc. MRF10502 Microwave pulse power silicon NPN transistor 500W (peak), 1025–1150MHz[Z]. 2014.

[58] M/A-COM Technology Solutions Inc. MAPRST1030-1KS avionics pulsed power transistor 1000W, 1030MHz, 10μs pulse, 1% duty [Z]. 2014.

[59] M/A-COM Technology Solutions Inc.PH2731-75L Radar pulsed power transistor 75 W, 2.7 - 3.1 GHz, 300 μs pulse, 10% duty [Z]. 2014.

[60] Mitsubishi Electric Corporation. RoHS compliance, silicon MOSFET power transistor 30MHz,16W RD16HHF1[Z]. 2014.

[61] STMicroelectronics. STEVAL-TDR004V1 RF power amplifier demonstration board using two SD2933 N-channel enhancement-mode lateral MOSFETs[Z]. 2014.

[62] STMicroelectronics. AN1229 Application note SD2932 RF MOSFET for 300 W FM amplifier [Z]. 2014.

[63] STMicroelectronics. STEVAL-TDR028V1 RF power amplifier demonstration board based on the STAC2942B [Z]. 2014.

[64] STMicroelectronics. STEVAL-TDR029V1 RF power amplifier demonstration board based on the STAC2942B [Z]. 2014.

[65] STMicroelectronics. STAC3932B HF/VHF/UHF RF power N-channel MOSFET [Z]. 2014.

[66] STMicroelectronics. STAC4932B HF/VHF/UHF RF power N-channel MOSFET [Z]. 2014.

[67] M/A-COM Technology Solutions Inc. DU2880U RF power MOSFET transistor 80 W, 2 - 175 MHz, 28 V [Z]. 2014.

[68] Freescale Semiconductor. MRF1511 175MHz, 8W, 7.5V lateral N-Channel broadband RF power MOSFET[Z]. 2014.

[69] Mitsubishi Electric Corp. RD02LUS2 RoHS compliance, silicon MOSFET power transistor 470MHz, 2W, 3.6V[Z]. 2014.

[70] M/A-COM Technology Solutions Inc. MRF158 The broadband lateral N-Channel broadband RF power MOSFET 2W, 500MHz, 28V [Z]. 2014.

[71] Freescale Semiconductor. MRF1513 520MHz, 3 W, 12.5 V lateral N-channel broadband RF power MOSFET[Z]. 2014.

[72] Mitsubishi Electric Corp. RoHS Compliance, Silicon MOSFET power transistor 520MHz,60W,12.5V RD60HUF1C[Z]. 2014.

[73] Mitsubishi Electric Corp. RoHS compliance,silicon MOSFET power transistor,175MHz,527MHz,870MHz, 7W RD07MUS2B [Z]. 2014.

[74] Mitsubishi Electric Corp. RoHS compliance, silicon MOSFET power transistor, 900MHz, 50W, 12.5V RD50HMS2[Z]. 2014.

[75] Renesas Electronics Corp. Application Note : RQA0011DNS Silicon N-channel MOSFET[Z]. 2014.

[76] Freescale Semiconductor. MRF186/D 1.0GHz, 120W, 28V RF power field effect transistor[Z]. 2014.

[77] Freescale Semiconductor. MRF9120LR3 880MHz, 120W, 26V lateral N-channel RF power MOSFET[Z]. 2014.

[78] Freescale Semiconductor. MRF182/D 1.0 GHz, 30 W, 28V lateral N-channel broadband RF power MOSFET[Z]. 2014.

[79] Freescale Semiconductor. MRF9030LR1 945MHz, 30W, 26V Lateral N-channel broadband RF power MOSFET[Z]. 2014.

[80] NXP Semiconductors. 1-2000 MHz, 4 W, 28 V Lateral N-Channel Broadband RF Power MOSFET MW6S004NT1[Z]. 2014.

[81] Nitronex.Gallium Nitride 28V, 25W RF Power Transistor NPTB00025[Z]. 2014.

[82] STMicroelectronics. AN1224 Application note Evaluation board using SD57045 LDMOS RF transistor for FM broadcast application [Z]. 2023.

[83] STMicroelectronics. 400W, 28/32V, HF to 1GHz RF power LDMOS transistor RF3L05400CB4 [Z]. 2023.

[84] NXP Semiconductors. 1.8–400MHz, 600W, 65V wideband RF power LDMOS transistor MRFX600H [Z]. 2023.

[85] NXP Semiconductors. 1.8–400MHz, 1800W, 65V wideband RF power LDMOS transistor MRFX1K80N [Z]. 2023.

[86] Ampleon. ART1K6FH Power LDMOS transistor[Z]. 2023.

[87] STMicroelectronics. STEVAL-TDR014V1 Demonstration board based on the PD55008-E for UHF mobile radio[Z]. 2023.

[88] Ampleon. BLF573; BLF573S Power LDMOS transistor[Z]. 2023.

[89] NXP Semiconductors. AN10953 BLF645 10 MHz to 600 MHz 120 W amplifier[Z]. 2023.

[90] STMicroelectronics. STEVAL-TDR022V1 RF power amplifier using the PD85025-E for UHF OFDM and 2-way mobile radios[Z]. 2023.

[91] STMicroelectronics. 150W, 28/32V, HF to 1GHz RF power LDMOS transistor RF3L05150CB4[Z]. 2023.

[92] STMicroelectronics. STEVAL-TDR023V1 RF power amplifier using 1 x PD55025-E N-channel enhancement-mode lateral MOSFETs[Z]. 2023.

[93] STMicroelectronics. 250W, 28/32V, HF to 1GHz RF power LDMOS transistor RF3L05250CB4[Z]. 2023.

[94] Wolfspeed. Thermally-enhanced high power RF LDMOS FET 700W, 50V, 470-806MHz PTVA047002EV [Z]. 2023.

[95] Ampleon. BLF898; BLF898S UHF power LDMOS transistor[Z]. 2023.

[96] Ampleon. BLF888A; BLF888AS UHF power LDMOS transistor[Z]. 2023.

[97] Ampleon. AN11062 Broadband DVB-T UHF power amplifier with the BLF888A[Z]. 2023.

[98] STMicroelectronics. 400 W, 50 V, 0.4 to 1 GHz RF power LDMOS transistor RF5L08350CB4[Z]. 2023.

[99] STMicroelectronics. PD84006L-E RF power transistor, LDMOST plastic family[Z]. 2023.

[100] STMicroelectronics. 250W, 28/32V, HF to 1GHz, RF power LDMOS transistor ST05250[Z]. 2023.

[101] STMicroelectronics. 30W, 50V, HF to 1.5GHz RF power LDMOS transistor RF5L15030CB2[Z]. 2023.

[102] STMicroelectronics. PD57018-E RF power transistors LDMOST plastic family[Z]. 2023.

[103] STMicroelectronics. PD57018-E RF power transistor LDMOS plastic family[Z]. 2023.

[104] STMicroelectronics. PD57006 PD57006S RF power transistor LDMOS plastic family [Z]. 2023.

[105] STMicroelectronics. STEVAL-TDR007V1 3 stages RF power amplifier demonstration board using: PD57002-E, PD57018-E, 2 x PD57060- E[Z]. 2023.

[106] Wolfspeed. Thermally-Enhanced High Power RF LDMOS FET 1000 W, 50 V, 1030 / 1090 MHz PTVA101K02EV[Z]. 2023.

[107] Ampleon. BLA9H0912L-1200P; BLA9H0912LS-1200P power LDMOS transistor[Z]. 2023.

[108] STMicroelectronics. STAC0912-250 LDMOS avionics radar transistor[Z]. 2023.

[109] Wolfspeed. Thermally-enhanced high power RF LDMOS FET 700W, 50V, 1200 – 1400MHz

PTVA127002EV[Z]. 2023.

[110] Ampleon. BLF6G15L-250PBRN Power LDMOS transistor[Z]. 2023.

[111] Ampleon. AN109231.5GHz Doherty power amplifier for base station applications using the BLF6G15L-250PBRN[Z]. 2023.

[112] STMicroelectronics. 80W, 28V, 1.3 to 1.7 GHz RF power LDMOS transistor RF2L16080CF2[Z]. 2023.

[113] Wolfspeed. Thermally-enhanced high power RF LDMOS FET 100W, 28V, 2300 – 2400MHz PXAC241002FC[Z]. 2023.

[114] STMicroelectronics. 180W, 32V, 2.3 to 2.5GHz RF power LDMOS transistor ST24180[Z]. 2023.

[115] STMicroelectronics. 280W, 28V, 2.4 to 2.5GHz RF power LDMOS transistor RF2L24280CB4[Z]. 2023.

[116] STMicroelectronics. 75W, 28V, 3.1 to 3.6GHz RF power LDMOS transistor RF2L36075CF2[Z]. 2023.

[117] M/A-COM Technology Solutions Inc. MAPC-A1501 GaN amplifier 65 V, 1300 W 960 - 1215 MHz[Z]. 2023.

[118] NXP Semiconductors. CLF1G0035-100; CLF1G0035S-100 Broadband RF power GaN HEMT[Z]. 2023.

[119] RF Micro Devices Inc. Application Note RFG1M20180, 2110MHz to 2170MHz, 48V, 300W doherty reference design[Z]. 2023.

[120] RF Micro Devices Inc. RFG1M20180 180W GaN Power Amplifier 1.8GHz to 2.2GHz[Z]. 2023.

[121] Wolfspeed. 240W, 1.8 - 2.3GHz, GaN HEMT for WCDMA, LTE, WiMAX CGH21240F[Z]. 2023.

[122] NXP Semiconductors. 2300–2400MHz, 80W, 48V airfast RF Power GaN tansistor A3G23H500W17S [Z]. 2023.

[123] Wolfspeed. Thermally-enhanced high power RF GaN on SiC HEMT 250W, 48V, 2490 – 2690MHz GTRA262802FC[Z]. 2023.

[124] Wolfspeed. 5W, 0.5 - 2.7GHz, 50V, GaN HEMT CMPA0527005F [Z]. 2023.

[125] Wolfspeed. 240W, 2.7-3.1GHz, 50-ohm input/output Matched, GaN HEMT for S-band radar systems CGH31240F[Z]. 2023.

[126] Ampleon. CLF1G0035-200P; CLF1G0035S-200P Broadband RF power GaN HEMT [Z]. 2023.

[127] Wolfspeed. Thermally-enhanced high power RF GaN on SiC HEMT 280W, 48V, 3400 – 3600MHz GTRA362802FC[Z]. 2023.

[128] Wolfspeed. Thermally-enhanced high power RF GaN on SiC HEMT 400W, 48V, 3600 – 3800MHz GTRA384802FC[Z]. 2023.

[129] Wolfspeed. 30W, 3.3-3.9MHz, 28V, GaN HEMT for WiMAX CGH35030F[Z]. 2023.

[130] M/A-COM Technology Solutions Inc. NPTB00025 GaN power transistor, 28V, 25W DC - 4GHz[Z]. 2023.

[131] Wolfspeed. Thermally-enhanced high power RF GaN on SiC HEMT 235W, 48V, 3700 – 4100MHz GTRA412852FC[Z]. 2023.

[132] M/A-COM Technology Solutions Inc. MAPC-S1504 GaN amplifier 50 V, 60W 5.2 - 5.9 GHz[Z]. 2023.

[133] Wolfspeed. 6GHz 25 W 28 V RF power GaN HEMT CG2H40025 [Z]. 2023.

[134] Stanford Microdevices. SGA-6486 DC-1800MHz silicon germanium HBT cascadeable gain block data sheet[Z]. 2023.

[135] RF Micro Devices, Inc. RF5110G 3V general purpose/GSM power amplifier data sheet[Z]. 2023.

[136] Avago, Avago Technologies. MGA-22003 2.3-2.7 GHz 3x3mm WiMAX and WiFi power amplifier[Z]. 2014.

[137] ANADIGICS, Inc. AWL6951 2.4/5 GHz 802.11a/b/g/n WLAN power amplifier[Z]. 2014.

[138] TriQuint. TGA2578-CP 2 to 6 GHz, 30W GaN power amplifier[Z]. 2014.

[139] Mini-Circuits. Return loss vs. VSWR table of return loss vs. voltage standing wave ratio[Z]. 2014.

[140] Avago Technologies. MGA-43013 High linearity 728 - 756 MHz power amplifier module[Z]. 2014.

[141] RF Micro Devices, Inc. Application Note : 3V RF power amplifier RF5110G[Z]. 2014.

[142] Maxim Integrated . MAX2232/MAX2233 900MHz ISM-Band, 250mW power amplifiers with analog or digital gain control[Z]. 2014.

[143] RF Micro Devices, Inc. SPA2318Z 1700MHz to 2200MHz 1 watt power amp with active bias[Z]. 2014.

[144] NXP Semiconductors. 400-2400 MHz, 17.5 dB 33 dBm InGaP HBT GPA heterojunction bipolar transistor MMG3006NT1[Z]. 2014.

[145] RF Micro Devices, Inc. RF5163 3V-5V, 2.5GHz linear power amplifier amplifier[Z]. 2014.

[146] NXP Semiconductors. BGA7130 400 MHz to 2700 MHz 1 W high linearity silicon amplifier[Z]. 2014.

[147] Texas Instruments Inc. 3.3GHz To 3.8GHz 1W power amplifier[Z]. 2023.

[148] NXP Semiconductors. 40-4000 MHz, 19.5 dB 25 dBm InGaP HBT GPA MMG3014NT1[Z]. 2023.

[149] Analog Devices, Inc. GaAs, pHEMT, MMIC, single positive supply, DC to 7.5 GHz, 1 W power amplifier HMC637BPM5E[Z]. 2023.

[150] Microsemi Corp. DC-10 GHz 1 W GaAs MMIC pHEMT distributed power amplifier MMA053PP5[Z]. 2023.

[151] Qorvo, Inc. 9-11 GHz 7W GaAs power amplifier TGA2704SM[Z]. 2023.

[152] Qorvo, Inc. 13 -18 GHz power amplifier TGA2514N-FL[Z]. 2023.

[153] Avago Technologies Limited. Application Note : 6 - 20 GHz high gain amplifier AMMC-5620[Z]. 2023.

[154] Microsemi Corp. DC-24 GHz 0.5 W GaAs MMIC pHEMT self-biased distributed power amplifier MMA052PP45[Z]. 2023.

[155] TriQuint Semiconductor. 18-27 GHz 1W power amplifier TGA1135B-SCC[Z]. 2023.

[156] Avago Technologies. AMGP-6432 28-31 GHz 2W SMT packaged power amplifier[Z]. 2023.

[157] Avago Technologies. AMMC-6431 25-33 GHz 0.7W power amplifier MMIC[Z]. 2023.

[158] Qorvo, Inc. 32-38 GHz 3 W power amplifier QPA2575 [Z]. 2023.

[159] TriQuint Semiconductor. 36 - 40 GHz power amplifier TGA1073C-SCC[Z]. 2023.

[160] Analog Devices, Inc. 20 GHz to 54 GHz, GaAs, pHEMT, MMIC, 31 dBm (1 W) power amplifier ADPA7008[Z]. 2023.

[161] Analog Devices, Inc. 81 GHz to 86 GHz, 1 W E-band power amplifier with power detector ADMV7810[Z]. [Z]. 2023.

[162] Wolfspeed. Wideband LDMOS Two-stage Integrated Power Amplifier 2 X 15 W, 48 V, 575 – 960 MHz PTGA090304MD [Z]. 2023.

[163] Ampleon. BLM9H0610S-60PG LDMOS 2-stage power MMIC [Z]. 2023.

[164] NXP Semiconductors. 1400-2200 MHz, 2.5W AVG., 28 V Airfast RF LDMOS Wideband Integrated Power Amplifiers A2I20D020GNR1 [Z]. 2023.

[165] Ampleon. BLM10D1822-60ABG LDMOS 2-stage integrated Doherty MMIC [Z]. 2023.

[166] Wolfspeed. Wideband LDMOS Two-stage Integrated Power Amplifier 2×10W, 28 V, 1805 – 2200 MHz PTMC210204MD[Z]. 2023.

[167] NXP Semiconductors. 2300–2690 MHz, 8.3W, 28 V Airfast RF LDMOS Integrated Power Amplifier A3I25D080N [Z]. 2023.

[168] Ampleon. BLM10D3438-70ABG LDMOS 3-stage integrated Doherty MMIC [Z]. 2023.

[169] NXP Semiconductors. 3200-4000 MHz, 3.4 W, 28V Airfast RF LDMOS Wideband Integrated Power Amplifier A3I35D025WGNR1[Z]. 2023.

[170] Analog Devices, Inc. 0.01 GHz to 1.1 GHz >10 W GaN Power Amplifier HMC1099[Z]. 2023.

[171] Analog Devices, Inc. 46 dBm (40 W), 0.9 GHz to 1.6 GHz, GaN Power Amplifier ADPA1105 [Z]. 2023.

[172] M/A-COM Technology Solutions Inc. NPA1008A GaN Amplifier 28 V, 5 W 20 - 2700 MHz [Z]. 2023.

[173] Wolfspeed. 75 W, 2.7 - 3.5 GHz, GaN MMIC, Power Amplifier CMPA2735075F1 [Z]. 2023.

[174] Qorvo, Inc. 100 W S-Band GaN Power Amplifier QPA3055P [Z]. 2023.

[175] Analog Devices, Inc. 2.7 GHz to 3.8 GHz >10 W GaN Power Amplifier HMC1114PM5E[Z]. 2023.

[176] Wolfspeed. 25 W, 2500 - 6000 MHz, GaN MMIC Power Amplifier CMPA2560025F [Z]. 2023.

[177] Qorvo, Inc. 1 – 8 GHz 10 W GaN Power Amplifier QPA1003D[Z]. 2023.

[178] Wolfspeed.25 W, 8.5 - 11.0 GHz, GaN MMIC, Power Amplifier CMPA801B025[Z]. 2023.

[179] Wolfspeed. 35 W, 9.0 - 11.0 GHz, GaN MMIC, Power Amplifier CMPA901A035F[Z]. 2023.

[180] Wolfspeed.25 W, 6.0 - 12.0 GHz, GaN MMIC, Power Amplifier CMPA601C025F[Z]. 2023.

[181] Qorvo, Inc. 12 W X-Band Power Amplifier QPA2612 [Z]. 2023.

[182] Qorvo, Inc. 5 W X-Band Power Amplifier QPA2611[Z]. 2023.

[183] Qorvo, Inc. 2W X-Band Power Amplifier QPA2610 [Z]. 2023.

[184] Qorvo, Inc. 13.4-16.5 GHz 50 W GaN Power Amplifier TGA2219-CP[Z]. 2023.

[185] Qorvo, Inc. 2-18 GHz 4 W GaN Power Amplifier TGA2214-CP[Z]. 2023.

[186] Analog Devices, Inc. 8W Flange Mount GaN MMIC Power Amplifier, 2 - 20 GHz HMC1087F10 [Z]. 2023.

[187] Qorvo, Inc. 27 – 31 GHz 7 W GaN Power Amplifier QPA2210D[Z]. 2023.

[188] Qorvo, Inc. 28-32 GHz 8.5 W GaN Power Amplifier CMD217[Z]. 2023.

[189] Qorvo, Inc. 32 – 38 GHz 10 W GaN Amplifier TGA2222 [Z]. 2023.

[190] Avago Technologies. Power Amplifier for 2.45 GHz 802.11g WLAN using Avago Technologies'MGA-412P8 GaAs MMIC [Z]. 2014.

[191] ANADIGICS, Inc. Application Note: 2.4 GHz Wireless LAN Power Amplifier Module AWL6153[Z]. 2014.

[192] RF Micro Devices, Inc. 3V, 1.8GHz to 2.8GHz Linear Power Amplifier RF5117 [Z]. 2014.

[193] Broadcom Inc. MGA-43024 2.4 GHz WLAN Power Amplifier Module[Z]. 2014.

[194] RF Micro Devices, Inc. 3V, 5GHz Linear Power Amplifier RF5300[Z]. 2014.

[195] ANADIGICS, Inc. AWL9924 2.4/5 GHz 802.11a/b/g WLAN Power Amplifier[Z]. 2014.

[196] RF Micro Devices, Inc.. RFPA5201E WiFi Power Amplifier 5.0V, 2.4GHz to 2.5GHz[Z]. 2014.

[197] RF Micro Devices, Inc. RFPA5208 WiFi Power Amplifier 2.4GHz to 2.5GHz [Z]. 2014.

[198] RF Micro Devices, Inc.. RFPA2226 2.2GHz TO 2.7GHz 2W InGaP AMPLIFIER[Z]. 2014.

[199] Avago Technologies. MGA-25203 4.9-5.9GHz 3×3mm WiFi Power Amplifier[Z]. 2014.

[200] Microchip Technology Inc. 2.4 GHz 高线性度 WLAN 前端模块 SST12LF09 [Z]. 2014.

[201] RF Micro Devices, Inc. RF5395 2.4GHz to 2.5GHz 802.11b/g/n WiFi Front End Module[Z]. 2014.

[202] RF Micro Devices, Inc. RFFM4201 3.3V to 5V, 2.4GHz to 2.5GHz High Power Front End Module [Z]. 2014.

[203] Texas Instruments Incorporated.CC2591 2.4-GHz RF Front End[Z]. 2023.

[204] ANADIGICS, Inc.AWL9966 802.11a/b/g/n WLAN/Bluetooth FEIC[Z]. 2014.

[205] ANADIGICS, Inc. AWL9280 802.11b/g/n Power Amplifier, LNA and TX/RX/BT Switch [Z]. 2014.

[206] Qorvo US, Inc. QPF4006 37 - 40. 5 GHz GaN Front End Module[Z]. 2023.

[207] Texas Instruments Incorporated. THS9000 50 MHz to 750 MHz CASCADEABLE AMPLIFIER [Z]. 2014.

[208] Analog Devices, Inc.700 MHz to 1000 MHz GaAs Matched RF PA Predriver ADL5322[Z]. 2014.

[209] Avago Technologies. ALM-31122 700MHz-1GHz 1 W High Linearity Amplifier[Z]. 2014.

[210] Avago Technologies. ALM-32120 0.7GHz-1.0GHz 2W High Linearity Amplifier [Z]. 2014.

[211] Stanford Microdevices. Application Note: SGA-6486 DC-1800 MHz HBT Cascadeable Gain Block[Z]. 2014.

[212] Stanford Microdevices, Inc. SXA-289 5-2000 MHz Medium Power GaAsHBT Amplifier[Z]. 2014.

[213] Skyworks Solutions, Inc. SKY65009-70LF: 250 – 2500 MHz Linear Power Amplifier Driver[Z]. 2014.

[214] Analog Devices, Inc.1 MHz to 2.7 GHz RF Gain Block AD8353[Z]. 2014.

[215] Skyworks Solutions, Inc. SKY65099-360LF: 700 to 2700 MHz Broadband Linear Amplifier Driver[Z]. 2014.

[216] Analog Devices, Inc. 1800 MHz to 2700 MHz, 1 W RF Driver Amplifier ADL5606[Z]. 2014.

[217] Qorvo, Inc. 2W Linear Amplifier TQP9111 [Z]. 2014.

[218] Qorvo, Inc. 1W Linear Amplifier TQP9113 [Z]. 2014.

[219] Stanford Microdevices, Inc. Design Application Note: AN022 SGA-9289 Amplifier Application Circuits[Z]. 2014.

[220] NXP Semiconductors. MMZ38333BT1 3.8 GHz Linear Power Amplifier and BTS Driver [Z]. 2014.

[221] Analog Devices, Inc. 400 MHz 至 4000 MHz ½ W RF 驱动放大器 ADL5324[Z]. 2014.

[222] Maxim Integrated Products, Inc. MAX2612–MAX2616 40MHz to 4GHz Linear Broadband Amplifiers[Z]. 2014.

[223] Qorvo Inc. QPA9119 ½ W High Linearity Amplifier[Z]. 2014.

[224] Qorvo, Inc. High Gain, 0.5 W Driver Amplifier QPA9120[Z]. 2014.

[225] Qorvo, Inc. High Gain, 0.5 W Driver Amplifier QPA9121[Z]. 2014.

[226] Stanford Microdevices, Inc. SGA3363Z DC to 5500MHz, Cascadable SiGe HBT MMIC Amplifier [Z]. 2014.

[227] Avago Technologies.MGA-83563 +22dBm 3V Power Amplifier for 0.5– 6 GHz Applications [Z]. 2014.

[228] Texas Instruments Inc. TRF37A75 40-6000 MHz RF Gain Block[Z]. 2014.

[229] Qorvo Inc. 2-6 GHz Driver Amplifier CMD231C3[Z]. 2014.

[230] Qorvo, Inc. DC-10GHz Distributed Driver Amplifier CMD314[Z]. 2014.

[231] Qorvo, Inc. 6 – 12 GHz 2.5 W GaN Driver Amplifier QPA2598 [Z]. 2023.

[232] Qorvo, Inc. 13 - 18 GHz 2W GaN Driver Amplifier TGA2958-SM[Z]. 2023.

[233] Avago Technologies .6 - 20 GHz Amplifier AMMC – 5618 [Z]. 2014.

[234] Qorvo Inc. 2 – 20 GHz 2 W GaN Amplifier QPA2213D[Z]. 2023.

[235] Qorvo Inc. 2-20 GHz Driver Amplifier CMD295C4 [Z]. 2023.

[236] TriQuint Semiconductor. 32 - 45GHz Wide Band Driver Amplifier TGA4521[Z]. 2014.

[237] TriQuint Semiconductor. Q-Band Driver Amplifier TGA4042[Z]. 2014.

[238] Qorvo, Inc. 28 – 38 GHz 0.4 W GaN Driver Amplifier QPA2225D [Z]. 2023.

[239] Analog Devices, Inc. Eamon Nash.AN-653 应用笔记改善高动态范围均方根射频功率检波器的温度稳定性和线性度 [Z]. 2014.

[240] Analog Devices, Inc. Eamon Nash . AN-1040 应用笔记 RF 功率校准提高无线发射机的性能[Z]. 2014.

[241] Linear Technology Corp. LTC5537 宽动态范围 RF/IF 对数检波器[Z]. 2014.

[242] Linear Technology Corp. LTC5507 - 100kHz 至 1GHz RF 功率检波器[Z]. 2014.

[243] Maxim Integrated Products, Inc. MAX2016 LF-to-2.5GHz Dual Logarithmic Detector/ Controller for Power, Gain, and VSWR Measurements [Z]. 2014.

[244] Maxim Integrated Products, Inc. MAX2015 0.1GHz to 2.5GHz, 75dB Logarithmic Detector/Controller [Z]. 2014.

[245] Analog Devices, Inc.50 Hz to 2.7 GHz 60 dB TruPwr. Detector AD8362[Z]. 2014.

[246] Analog Devices, Inc.AD8314 100 Hz to 2.7GHz，45 dB，RF Detector/Controller[Z]. 2014.

[247] Linear Technology Corp. LT5504 800MHz to 2.7GHz RF Measuring Receiver [Z]. 2014.

[248] Linear Technology Corp. LT5534 50MHz to 3GHz RF Power Detector with 60dB Dynamic Range [Z]. 2014.

[249] Analog Devices, Inc.AD8312 50Hz to 3.5GHz RF Detector[Z]. 2014.

[250] Texas Instruments Inc. LMH2100 50 MHz to 4 GHz 40 dB Logarithmic Power Detector for CDMA and WCDMA[Z]. 2014.

[251] Analog Devices, Inc.100 MHz to 6 GHz TruPwr Detector　ADL5500 [Z]. 2014.

[252] Analog Devices, Inc. 电路笔记 CN-0187CN-0187 针对高速、低功耗和 3.3 V 单电源而优化的波峰因数、峰值和均方根 RF 功率测量电路[Z]. 2014.

[253] Linear Technology Corp. LTC5536 600MHz to 7GHz Precision RF Detector with Fast Comparator Output[Z]. 2014.

[254] Analog Devices, Inc. AD8318 1MHz to 8GHz,60dB Log Detector/Controller [Z]. 2014.

[255] Texas Instruments, Inc. LMH2110 8-GHz Logarithmic RMS Power Detector with 45-dB Dynamic Range[Z]. 2014.

[256] Analog Devices, Inc. AD8317 1MHz to 10GHz 50dB Log Detector/Controller[Z]. 2014.

[257] Analog Devices, Inc. 10 MHz 至 10 GHz 67 dB TruPwr 检波器 ADL5906[Z]. 2014.

[258] Linear Technology Corp. 40MHz to 10GHz RMS Power Detector with 57dB Dynamic Range LTC5582 [Z]. 2014.

[259] Linear Technology Corp. UltraFast™ 7ns Response Time 15GHz RF Power Detector with Comparator LTC5564[Z]. 2014.

[260] Analog Devices, Inc. LTC5597 100MHz to 70GHz Linear-in-dB RMS Power Detector with 35dB Dynamic Range [Z]. 2023.

[261] Analog Devices, Inc. LTC5596 100MHz 至 40GHz 对数线性 RMS 功率检波器[Z]. 2023.

[262] Texas Instruments Inc. TI 智能手机解决方案 [Z]. 2014.

[263] Maxim Integrated Products, Inc.应用笔记 A3908C 蜂窝手机的噪声控制[Z]. 2014.

[264] Maxim Integrated Products, Inc. 应用笔记 3174 为蜂窝电话选择最佳的电源管理[Z]. 2014.

[265] HONG KONG ATT TECHNOLOGY CO.,LIMITED . admin ，LDO 与 DC DC 的差异详解[Z]. 2014.

[266] Texas Instruments Inc. zhct201 Sureena Gupta, 如何为噪声敏感型应用选择一款线性稳压器[Z]. 2014.

[267] Murata Manufacturing Co., Ltd. Ta1151 面向系统内 EMC 与便携式终端 PMIC 的杂波对策技术[Z]. 2014.

[268] Maxim Integrated Products, Inc. W-CDMA 电源极大地提高了发送效率[Z]. 2014.

[269] Texas Instruments Inc. ZHCA566 利用 SuPA（LM32XX）给手持设备射频功率放大器供电 [Z]. 2014..

[270] Analog Devices, Inc. David Bennett 和 Richard DiAngelo.脉冲雷达用 GaN MMIC 功率放大器的电源管理[Z]. 2023.

[271] Texas Instruments Inc. PMU For Baseband and RF-PA Power TPS657120 [Z]. 2014.

[272] Texas Instruments. ZHCSAP9D 750mA 微型、可调节、降压 DC-DC 转换器 LM3242 [Z]. 2014.

[273] Texas Instruments Inc. ZHCSB99 LM3263 高电流降压 DC-DC 转换器[Z]. 2014.

[274] Texas Instruments Inc. zhcs805c LM3269 降压-升压转换器[Z]. 2014.

[275] Texas Instruments Inc. SNVS970A LM3279 Buck-Boost Converter with MIPI® RFFE Interface for 3G and 4G RF Power Amplifiers[Z]. 2014.

[276] Texas Instruments Inc. SNVS319C LM3200 Miniature, Adjustable, Step-Down DC-DC Converter with Bypass Mode for RF Power Amplifiers[Z]. 2014.

[277] Eric Bongatin. 信号完整性分析[M]. 北京：电子工业出版社，2008

[278] 张木水，等. 信号完整性分析与设计[M]. 北京：电子工业出版社，2010

[279] Texas Instruments Inc. Precision Analog Designs Demand Good PCB Layouts[Z]. 2023.

[280] Michel Mardinguian. 辐射发射控制设计技术[M]. 北京：科学出版社，2008

[281] 久保寺忠. 高速数字电路设计与安装技巧[M]. 北京：科学出版社，2006

[282] Howard Johnson 等. 高速数字设计[M]. 北京：电子工业出版社，2004

[283] 王守三.PCB 的电磁兼容设计技术、技巧与工艺[M]. 北京：机械工业出版社，2008

[284] 黄智伟. 印制电路板（PCB）设计技术与实践（第 3 版）[M]. 北京：电子工业出版社，2017

[285] Douglas Brooks. 信号完整性问题和印制电路板设计[M]. 北京：机械工业出版社，2006

[286] Mark I.Montrose. 电磁兼容和印制电路板理论、设计和布线[M]. 北京：人民邮电出版社，2002.12

[287] Mark I.Montrose. 电磁兼容的印制电路板设计[M]. 北京：机械工业出版社，2008

[288] 张木水. 高速电路电源分配网络设计与电源完整性分析[D].西安电子科技大学，2009

[289] 黄智伟. 高速数字电路设计入门[M]. 北京：电子工业出版社，2012

[290] Henry W.Ott.电子系统中噪声的抑制与衰减技术[M]. 北京：电子工业出版社，2003

[291] Maxim Integrated Products, Inc.设计指南 3630WiFi 收发器的电源和接地设计[Z]. 2014.

[292] IPC. IPC-D-317A Design Guidelines for Electronic Packaging Utilizing High-Speed Techniques[Z]. 2014.

[293] IPC. IPC-2141 Controlled Impedance Circuit Boards and High Speed Logic Design[Z]. 2014.

[294] 李缉熙. 射频电路工程设计 [M]. 北京：电子工业出版社，2014

[295] 陈涛. 面向 5G 高频通讯多层 LCP 线路信号完整性研究[D].广东工业大学，2020.

[296] 李缉熙. 射频电路与芯片设计要点[M]. 北京：高等教育出版社，2007.6

[297] Murata Inc. c33c[1] Noise Suppression by EMIFILr Digital Equipment Application Manual[Z]. 2014.

[298] 梁智能. 共面波导效应对射频电路板的影响及其应用[J].空间电子技术，2011.3:66-69.

[299] Maxim Integrated Products, Inc.MAX7044 300MHz to 450MHz High-Efficiency, Crystal-Based +13dBm ASK Transmitter[Z]. 2014.

[300] Texas Instruments，Inc. SWRA046A ISM-Band and Short Range Device Antennas[Z]. 2014.

[301] Freescale Semiconductor, Inc.Compact Integrated Antennas Designs and Applications for the MC13191/92/93[Z]. 2014.

[302] Texas Instruments Inc. Audun Andersen. Design Note DN0007 2.4 GHz Inverted F Antenna[Z]. 2014.

[303] STMicroelectronics .AN3359 Application note Low cost PCB antenna for 2.4GHz radio: Meander design[Z]. 2014.

[304] Texas Instruments Inc. Compact Reach XtendTM Bluetooth®, 802.11b/g WLAN Chip Antenna[Z]. 2014.

[305] ignion[NN]. APPLICATION NOTES DUO mXTEND[TM] (NN03-320)[Z]. 2014.

[306] ignion[NN]. APPLICATION NOTES DUO mXTEND[TM] (NN03-310)[Z]. 2014.

[307] 史玉霞. 用于无线局域网的宽带平面印刷天线设计[D]. 电子科技大学，2017.

[308] 徐莉. 小型化超宽带封装天线的研究与设计 [D].电子科技大学，2017.

[309] 刘汉，等. 新型六陷波超宽带天线的设计[J]. 通信学报，2016.12 （Vol.37 No.12）：115-123.

[310] 袁署光. 汽车毫米波雷达设计趋势及其设计中的 PCB 材料解决方案[Z]. 2023.

[311] Texas Instruments Inc. Chethan Kumar Y.B., Anil Kumar KV, and Randy Rosales. TI mmWave Radar sensor RF PCB Design, Manufacturing and Validation Guide[Z]. 2023.

[312] 张文典. 实用表面组装技术[M]. 北京：电子工业出版社，2008

[313] Renesas Electronics Inc. 可靠性手册 [Z]. 2014.

[314] Walt Jung，等. 运算放大器应用技术手册[M]. 北京：人民邮电出版社，2009

[315] Bruce Carter. 运算放大器权威指南[M]. 北京：人民邮电出版社，2009

[316] Analog Devices, Inc. MT-093 指南 散热设计基础 [Z]. 2014.

[317] Analog Devices, Inc. Thermal Characteristics of IC Assembly [Z]. 2014.

[318] Analog Devices, Inc. Low Cost CMOS, High Speed, Rail-to-Rail Amplifiers Data Sheet ADA4891-1/ADA4891-2/ADA4891-3/ADA4891-4[Z]. 2014.

[319] Analog Devices, Inc. Dual 600 MHz, 50 mW Current Feedback Amplifier AD8002[Z]. 2014.

[320] Texas Instruments Inc. Low Noise, High Voltage, Current Feedback, Operational Amplifier THS3110 [Z]. 2014.

[321] Texas Instruments Inc. High-speed, FET-input operational amplifier THS4601[Z]. 2014.

[322] 林金堵. PCB 高温升和高导热化的要求和发展−PCB 制造技术发展趋势和特点（3）[J]. 印制电路信息，2017.7:5-9.

[323] 祝大同. 高导热性 PCB 基板材料的新发展（一）[J]. 覆铜板资讯，2012.3:19-25.

[324] 祝大同. 高导热性 PCB 基板材料的新发展（二）[J]. 覆铜板资讯，2012.4:18-22.

[325] 姜培安. 印制电路板的可制造性设计[M]. 北京：中国电力出版社 2007

[326] 蒋卫东. 覆铜板用厚铜箔产品的性能及其应用[J]. 印制电路信息，2013.2:13-17.

[327] 余建祖，等. 电子设备热设计及分析技术[M]. 北京：北京航空航天大学出版社，2008.

[328] Texas Instruments Inc. Using Thermal Calculation Tools for Analog Components[Z]. 2023.

[329] Texas Instruments Inc. PowerPAD™ Thermally Enhanced Package [Z]. 2014.

[330] Analog Devices, Inc. Rob Reeder.高速 ADC PCB 布局布线技巧 [Z]. 2018.

[331] Ampleon. AN11183 Mounting and soldering of RF transistors in overmolded plastic packages [Z]. 2023.

[332] Cree, Inc. Optimizing PCB Thermal Performance for Cree® XLamp® LEDs[Z]. 2018.

[333] Cree, Inc. Optimizing PCB Thermal Performance for Cree® XLamp® XQ & XH Family LEDs[Z]. 2018.

[334] Analog Devices, Inc. AN-772 Application Note Gary Griffin . A Design and Manufacturing Guide for the Lead Frame Chip Scale Package (LFCSP) [Z]. 2014.

[335] Analog Devices, Inc.Low Power, Selectable Gain Differential ADC Driver, G = 1, 2, 3 ADA4950-1/ADA4950-2[Z]. 2014.

[336] Avago Technologies, Inc. PCB 设计秘籍[Z]. 2022.

[337] Analog Devices, Inc.超低噪声驱动器，适用于低压 ADCADA4930-1/ADA4930-2[Z]. 2014.

[338] Analog Devices, Inc.低功耗差分 ADC 驱动器 ADA4932-1/ADA4932-2 [Z]. 2014.

[339] Texas Instruments Inc.THS3092 THS3096 High-Voltage, Low-DistortionI, Current-Feedback Operational Amplifiers [Z]. 2014.

[340] Texas Instruments Inc. Low Noise, High Voltage, Current Feedback, Operational Amplifier THS3111 [Z]. 2014.

[341] NXP. Quan Li, Lu Li, Richard Rowan, and Mahesh Shah . AN3778 PCB Layout Guidelines for PQFN/QFN Style Packages Requiring Thermal Vias for Heat Dissipation [Z]. 2018.

[342] NXP. Keith Nelson, Quan Li, Lu Li, and Mahesh Shah .AN1908 Solder Reflow Attach Method for High Power RF Devices in Air Cavity Packages [Z]. 2023.

反侵权盗版声明

电子工业出版社依法对本作品享有专有出版权。任何未经权利人书面许可，复制、销售或通过信息网络传播本作品的行为；歪曲、篡改、剽窃本作品的行为，均违反《中华人民共和国著作权法》，其行为人应承担相应的民事责任和行政责任，构成犯罪的，将被依法追究刑事责任。

为了维护市场秩序，保护权利人的合法权益，本社将依法查处和打击侵权盗版的单位和个人。欢迎社会各界人士积极举报侵权盗版行为，本社将奖励举报有功人员，并保证举报人的信息不被泄露。

举报电话：（010）88254396；（010）88258888

传　　真：（010）88254397

E-mail：dbqq@phei.com.cn

通信地址：北京市海淀区万寿路 173 信箱
　　　　　电子工业出版社总编办公室

邮　　编：100036